SUPERCORDES ET AUTRES FICELLES

SUPERCORDES ET AUTRES FICELLES

Voyage au cœur de la physique

Carlos Calle
Physicien, chercheur au
Kennedy Space Center (NASA)

Traduit de l'anglais par
Danielle Lederer
Maître de conférences
à l'Université Denis Diderot (Paris 7)

et par **Claude Guthmann**
Professeur
à l'Université Denis Diderot (Paris 7)

Avec la collaboration de
René Cuillierier

DUNOD

L'édition originale de cet ouvrage a été publiée
par IOP Publishing Ltd sous le titre :
Superstrings and other things ; A Guide to Physics.

Originally published in English by IOP Publishing Ltd,
Dirac House, Temple Back, Bristol BS1 6BE, England.

First published 2001

Illustration de couverture :
Digital Vision

ISBN 2 10 007447 4

Avant-propos

Mon poste de chercheur au centre spatial Kennedy de la NASA me permet d'être aux premières loges de l'exploration planétaire. J'ai la chance de connaître chaque jour l'émerveillement de la découverte. Je suis physicien, aussi n'y a-t-il rien d'étonnant à ce que la science en général et la physique en particulier me passionnent. J'ai écrit ce livre pour partager cette fascination avec les gens qui s'intéressent à la nature et qui voudraient savoir ce que l'on ressent lorsque l'on découvre comment elle fonctionne.

La physique a progressé de façon stupéfiante au cours du siècle écoulé. Il y a tout juste cent ans, Max Planck et Albert Einstein introduisaient le concept de quantum d'énergie qui fonde la mécanique quantique. Depuis cinquante ans, cette théorie révolutionnaire provoque un déferlement ininterrompu d'idées nouvelles et d'innovations techniques.

Nous voici au début du XXIe siècle et la physique continue sa marche inexorable. Nous sommes sur la piste d'une fascinante « théorie de tout » qui unifiera toutes les forces de la nature en une seule et unique interaction et grâce à laquelle nous accéderons au commencement de l'univers et peut-être à son destin.

Certes, ces nouvelles théories font appel à beaucoup de mathématiques, mais les concepts sur lesquels elles reposent ne sont pas difficiles à comprendre. J'ai enseigné en première année d'université pendant plusieurs années, et il m'est arrivé de m'adresser à des étudiants non scientifiques ou de faire des conférences publiques sur divers aspects de la physique. Je me suis toujours efforcé de réduire au maximum la part des mathématiques au cours de ces exposés, afin de me concentrer sur les concepts importants.

Ce livre est le fruit de cette expériencc. Il cst destiné au lecteur avisé qui s'intéresse à la physique. Il sera utile aux spécialistes des autres disciplines, tout comme à ceux qui travaillent dans des domaines non scientifiques. Il conduit le lecteur des principes élémentaires aux débats les plus actuels sur la structure de la matière, sur la nature du temps et sur les origines de l'univers. Ce livre traite des concepts et il contient le moins possible de mathématiques. Parfois, j'ai présenté des calculs algébriques simples lorsqu'ils permettent de mieux comprendre le processus de la découverte — par exemple pour montrer l'élégante démarche grâce à laquelle Newton découvrit la loi de la gravitation universelle —, mais on peut sauter ces petits intermèdes d'algèbre élémentaire sans perdre le fil de l'exposé. Le lecteur qui arrivera à la fin de cet ouvrage sera récompensé de ses efforts : il aura acquis une compréhension élémentaire des concepts fondamentaux de la physique et une bonne idée des limites actuelles de cette discipline.

J'ai divisé ce livre en six parties. Après le chapitre premier qui introduit quelques préliminaires et plante le décor, la première partie expose la mécanique et introduit le concept d'énergie. Dans la deuxième partie, nous découvrons l'atome et son noyau et nous nous initions à la structure de la matière. L'ouvrage se poursuit avec la thermodynamique dans la troisième partie, les notions liées à l'électricité et au magnétisme dans la quatrième, les ondes et la lumière dans la cinquième et, enfin, dans la sixième partie, le reste de l'histoire de la physique moderne, du développement de la théorie quantique et de la relativité aux théories contemporaines sur la structure de la matière.

Remerciements

Je tiens en premier lieu à remercier mon épouse, le Docteur Luz Marina Calle, chercheur à la NASA, soutien infatigable tout au long des nombreuses années qu'a duré la rédaction de ce livre. Elle a été le témoin des hauts et des bas, des difficultés, des retours en arrière et de la lente progression de ce travail. Elle a lu la totalité du manuscrit et fait des suggestions qui l'ont rendu plus clair, tout particulièrement en ce qui concerne les chapitres pour lesquels sa formation en chimie physique s'est révélée précieuse.

Je remercie le Professeur Karen Parshall, de l'Université de Virginie, qui a lu attentivement les premières versions des quatre premiers chapitres et a fait de nombreuses suggestions. Je remercie aussi les professeurs Georges H Lenz, Scott D Hyman, Joseph Giammarco, et Robert L. Chase du département de Physique de Sweet Briar College, qui ont lu tout ou partie du manuscrit et ont fait nombre de commentaires précieux. Je dois à Karla Faulconer une grande partie des illustrations de ce livre. Je remercie aussi Qwen Hudson, Rebecca Harvey et Rachelle Raphael de leur aide au cours des différentes phases de préparation du manuscrit. Je tiens à signaler l'aide inestimable apportée par mon fils Daniel, aujourd'hui ingénieur informaticien chez Digital Paper, qui a lu tout le manuscrit, fait des suggestions importantes et qui fut mon premier cobaye lorsque j'ai voulu tester la clarté des parties difficiles.

Il est impossible d'écrire un livre sans le faire critiquer par ses collègues. Leurs critiques, leurs corrections et parfois leurs compliments m'ont permis de mener cet ouvrage à son terme. Plus d'une douzaine de professeurs d'Université ont relu ce livre aux différents stades de son élaboration et je les remercie de leurs conseils. J'ai particulièrement apprécié le travail de deux d'entre eux. Le professeur Michael J. Hones de l'Université de Villanova, a lu le manuscrit quatre fois, avec toujours des critiques et des suggestions importantes. Le professeur Kirby W. Kemper de l'Université de Floride, a relu le livre plusieurs fois et proposé des modifications, des corrections et de meilleures façons d'exposer certaines idées. Ils ont tous deux grandement amélioré la qualité de ce livre.

Enfin, je remercie Nicki Dennis, Simon Laurenson et Victoria Le Billon de chez IOP Publishing, ainsi que Graham Saxby, de leur compréhension et de leur efficacité lors de la réalisation de cet ouvrage à partir de mon manuscrit.

Carlos I. Calle
Centre spatial Kennedy, Floride.

Table des matières

Deuxième partie

LA STRUCTURE DE LA MATIÈRE

Troisième partie

THERMODYNAMIQUE

1

La physique ou la science fondamentale

Qu'est-ce que la physique ?

La physique s'intéresse au fonctionnement de l'univers au niveau le plus fondamental. Les mêmes lois sont à l'œuvre partout, de la chute d'un flocon de neige à l'éruption d'un volcan, de l'explosion d'une étoile lointaine à l'origine du cosmos.

On imagine sans peine un enfant interrogeant sa mère, par une belle nuit froide du Paléolithique, et demandant dans une langue désormais oubliée : « qui a fait le monde ? ». De toute évidence, de telles questions sont universelles et autant que nous le sachions, les gens s'intéressent à l'origine et à la nature du monde depuis qu'ils sont véritablement humains.

Chacun peut se reconnaître dans l'interrogation posée par le grand physicien autrichien Erwin Schrödinger : « Je ne sais pas d'où je viens, ni où je vais, ni qui je suis ». Et chacun cherche à y répondre. C'est ce qui rend cette quête particulièrement passionnante. Les scientifiques ont déchiré quelques-uns des voiles qui recouvraient ces questions fondamentales et universelles. Ils ont élaboré un mode de pensée nouveau et élégant, solidement établi sur les travaux de Galilée, de Newton, d'Einstein et de bien d'autres que nous rencontrerons au cours de notre incursion dans le monde de la physique.

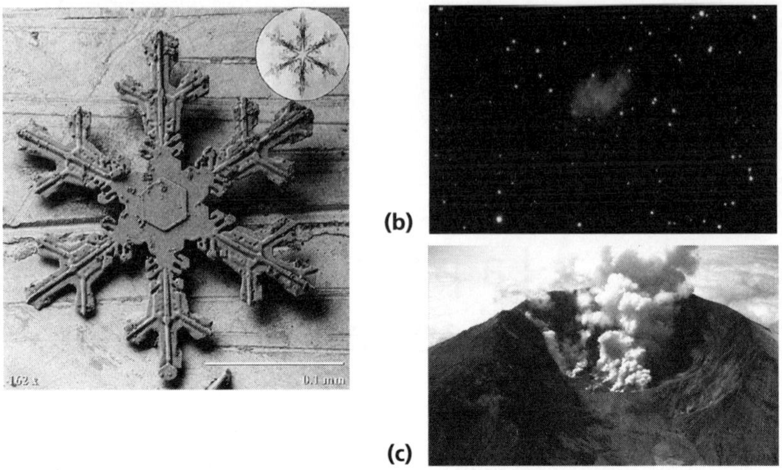

Figure 1.1 Les lois de la physique s'appliquent à la chute d'un flocon de neige **(a)**, à l'explosion d'une étoile **(b)** ou à l'éruption d'un volcan **(c)**.
Avec l'aimable autorisation de W.P. Wirgin (a) et de la NASA (b).

Puisque la physique vise à décrire l'univers au niveau le plus fondamental, elle cherche à faire intervenir un minimum de lois pour expliquer les phénomènes les plus variés. Donnons quelques exemples.

Chacun peut constater que lorsque l'on place un morceau de sucre dans l'eau, il s'y dissout. Le liquide devient alors plus épais, plus dense, c'est-à-dire plus visqueux. En général, nous ne prêtons pas attention à ce phénomène. En général, mais pas toujours.

Un an après la fin de ses études, le jeune Albert Einstein observa ce phénomène et s'y intéressa. À cause de son caractère indépendant, Einstein n'avait pas trouvé de poste universitaire et gagnait sa vie comme tuteur ou comme remplaçant. Il remplaçait un professeur de mathématiques à l'école technique de Winterthur, près de Zurich, entre mai et juillet 1901, lorsqu'il commença à s'interroger sur le problème de l'eau sucrée. « C'était peut-être en buvant du thé », écrivit plus tard un des ses premiers collaborateurs.

Einstein a simplifié le problème en considérant que les molécules de sucre sont de petits corps durs flottant dans un liquide sans structure. Cette simplification lui permit de faire des calculs qui auraient été impossibles autrement et qui décrivaient la façon dont les molécules de sucre diffusent dans l'eau et augmentent sa viscosité.

Le chercheur de 22 ans ne s'arrêta pas là. Il mesura les valeurs de la viscosité de différentes solutions, les introduisit dans sa théorie, et en déduisit la taille des molécules de sucre. Il détermina ainsi le nombre de molécules contenues dans une masse donnée d'une substance donnée (le nombre d'Avogadro). À l'aide de ce nombre, il pouvait désormais déterminer la masse de n'importe quel atome ! Einstein publia ces résultats dans un article intitulé *Nouvelle détermination de la taille des molécules*.

Dans la foulée, il publia un autre article très important dans lequel il expliquait les déplacements erratiques en zigzags des particules de fumée. Cherchant toujours à cerner les problèmes les plus fondamentaux, Einstein montra que ce mouvement désordonné était la preuve de l'existence des molécules et des atomes. « Mon but principal, écrivit-il plus tard, était de trouver des faits démontrant autant que possible l'existence d'atomes de taille finie. »

Figure 1.2 Albert Einstein.

Environ un siècle plus tôt, Joseph von Fraunhofer, illustre physicien allemand, avait découvert que la continuité apparente du spectre solaire est une illusion. Cette découverte semble sans aucun rapport avec notre propos, mais elle constitue pourtant le point de départ d'un chemin long et sinueux qui devait mener à la compréhension des atomes. Onzième et dernier fils d'un verrier, Fraunhofer fit son apprentissage de souffleur de verre à l'âge de 12 ans. Trois ans plus tard, un terrible accident bouleversa sa vie : l'immeuble de la pension dans laquelle il vivait s'écroula, et il fut le seul survivant. Maximilien Ier, électeur de Bavière, accourut sur les lieux et eut pitié de lui. Il lui donna dix-huit ducats. Grâce à ce petit capital, Fraunhofer acheta des livres d'optique et quelques machines avec lesquelles il ouvrit son propre atelier de travail du verre. En faisant passer la lumière du Soleil à travers des prismes de grande qualité, Fraunhofer s'aperçut qu'il manquait certaines couleurs dans le spectre ainsi formé. Il était rayé par de nombreuses lignes noires très fines. Intrigué, Fraunhofer continua ses observations et mesura l'emplacement de plusieurs centaines de raies. Il plaça le prisme derrière l'oculaire d'un télescope et se rendit compte que, dans le spectre des étoiles, les raies noires n'étaient pas exactement les mêmes que dans la lumière du Soleil. Il découvrit plus tard que lorsqu'on la décompose à l'aide d'un prisme, la lumière émise par un gaz chaud présente des raies brillantes qui se trouvent aux mêmes emplacements que les raies sombres du spectre solaire.

Nous savons aujourd'hui que les interruptions du spectre découvertes par Fraunhofer proviennent de l'interaction de la lumière avec la matière. Les couleurs qui manquent dans le spectre dépendent de la nature des corps qui entourent la source et que la lumière doit traverser pour nous parvenir.

Au printemps 1925, un physicien âgé de 25 ans atteint d'une forte fièvre, Werner Heisenberg, décida d'aller passer deux semaines de vacances sur une petite île de la mer du Nord, loin des fleurs et du pollen. L'année précédente, Heisenberg avait essayé de comprendre l'interaction de la lumière et de la matière. Il cherchait une expression mathématique de la position des raies spectrales et avait imaginé qu'on découvrirait une relation simple en considérant les atomes comme de minuscules pendules oscillants. Au calme sur son île, Heisenberg parvint à son expression, inventant du même coup une nouvelle mécanique adaptée aux atomes. La théorie de Heisenberg se révéla très puissante, bien au-delà de son objectif initial.

En 1984, l'image du pendule oscillant connut un nouveau développement. John Schwarz, de l'Institut de technologie de Californie (Caltech), et Michael B. Green, de l'Université de Londres, émirent l'hypothèse que les particules élémentaires qui constituent l'atome sont en fait des cordes vibrantes. Les différentes particules que l'on observe correspondent à différents types ou *modes* d'oscillations de ces cordes, analogues aux différentes modes de vibration d'une corde de guitare. Cette idée brillante, qui fut incroyablement difficile à développer, donna naissance à une théorie très puissante, d'une très grande beauté, qui explique et résout un grand nombre des difficultés rencontrées par les théories précédentes. La version actuelle de cette théorie, qu'on appelle la *théorie des supercordes* et que nous présenterons au chapitre 25, devrait permettre d'unifier toute la physique et de comprendre les tout premiers instants de l'histoire cosmique. Loin d'être achevée, la théorie des supercordes est l'un des domaines de recherche les plus actifs à l'heure actuelle.

Dans tous les cas que nous venons d'évoquer, un scientifique a observé un phénomène de la nature, a simplifié sa description et a édifié pour l'expliquer une théorie qui s'appuie sur les connaissances accumulées par le passé, mais qui prédit des phénomènes nouveaux. C'est de cette façon qu'on fait de la physique. Ce livre montre que nous pouvons nous aussi faire de la physique et partager l'enthousiasme des chercheurs.

La méthode scientifique : progresser grâce à ses erreurs

Contrairement à ce qui se passe dans d'autres professions, un chercheur ne réalise pas un objet fini. Aucune théorie scientifique ne sera jamais définitivement *juste*. « Rien ne peut arriver de mieux à une théorie, écrivait Albert Einstein, que de nous mener à une nouvelle théorie plus large dont elle est un cas limite ».

La science se distingue des autres activités humaines par sa méthode empirique, basée sur l'observation ou sur l'expérience. Selon le philosophe Karl Popper, ce qui fonde vraiment la science, c'est la possibilité de découvrir des contre-exemples empiriques. On ne peut jamais prouver qu'une théorie est juste, mais il est possible de montrer qu'elle est fausse.

La méthode scientifique consiste à élaborer une théorie en se basant sur ce que l'on sait déjà. À l'aide de cette théorie, le chercheur prédit le résultat d'expériences qui n'ont pas encore été faites. Si, lors de ces expériences, les résultats ne sont pas en accord avec les prédictions, on en déduit que la théorie est fausse. Si les résultats s'accordent avec la théorie, le travail des chercheurs consiste à faire d'autres prédictions, qui seront vérifiées à leur tour. Aucune expérience ne peut prouver qu'une théorie est juste, mais une seule suffit à montrer qu'elle est fausse.

Dans les années 1950, les chercheurs s'étonnaient d'observer une foule de particules subatomiques dont l'existence n'avait pas été prévue. L'idée qu'on se faisait de la structure de la matière jusqu'en 1940 — et que nous exposerons aux chapitres 7 et 8 — était assez simple : la matière était constituée d'atomes formés d'un petit noyau entouré d'un nuage d'électrons. Les noyaux eux-mêmes contenaient deux types de particules : les protons et les neutrons. Les nouvelles particules que l'on observait ne s'intégraient pas du tout dans ce tableau. Deux théories furent élaborées pour expliquer leur existence. L'une d'elles décrivait une sorte de « démocratie des particules », dans laquelle aucune n'était plus fondamentale que les autres. Cette idée fut si bien acceptée par la communauté scientifique américaine que l'auteur de la seconde théorie, Murray Gell-Mann, en poste à Caltech, décida de publier son article dans une revue européenne, où il espérait rencontrer moins d'opposition à ses nouvelles idées. Gell-Mann et George Zweig, tous deux au Caltech, avaient supposé de façon indépendante que, parmi les particules chaque jour plus nombreuses que l'on observait, certaines, notamment le proton et le neutron, étaient formées de particules plus petites, indivisibles, auxquelles Gell-Mann donna le nom de *quarks*. Des combinaisons différentes de deux ou trois quarks constituaient la plupart des particules. Si l'on admettait cette théorie, la prolifération que l'on observait ne posait plus aucun problème. L'important était que les objets dont étaient faites ces particules soient simples et peu nombreux.

Quelle était la bonne théorie ? En 1959, l'Université de Stanford fit construire un grand accélérateur de particules capable, entre autres choses, de déterminer si les quarks existaient. Sept ans plus tard, des expériences réalisées au laboratoire de l'Accélérateur linéaire de Stanford permirent de montrer la présence de quarks à l'intérieur des protons et des neutrons. Ces résultats ont été confirmés depuis par de nombreuses expériences. Les quarks sont désormais considérés comme les constituants fondamentaux de la matière, et la théorie de la démocratie des particules n'a plus cours. Nous verrons dans les derniers chapitres de ce livre que cette nouvelle théorie de la matière est loin d'être complète. Néanmoins, les connaissances qu'on en a tirées ont permis non seulement de mieux comprendre le monde dans lequel nous vivons, mais aussi d'élaborer la technologie du monde contemporain, qui repose largement sur la puce d'ordinateur.

Nous pouvons résumer la méthode scientifique en disant que nos erreurs nous enseignent toujours quelque chose. La connaissance scientifique progresse en faisant des suppositions, des conjectures qui sont passées au crible de l'esprit critique et d'expériences déterminantes. Ces conjectures et ces suppositions peuvent rester en lice après ces tests, mais rien ne prouve qu'elles sont vraies. « La réfutation même d'une théorie, écrit Popper, nous fait toujours faire un pas vers la vérité. C'est ainsi que nos erreurs sont une source de connaissance. »

La physique et les autres sciences

Il arrive souvent que des physiciens s'intéressent à des phénomènes qui relèvent normalement d'autres disciplines et qu'ils utilisent avec succès leurs propres connaissances pour traiter ces problèmes. La formulation récente de la théorie selon laquelle l'extinction en masse des dinosaures a été produite par la chute d'une météorite géante est un bon exemple. Elle illustre aussi la façon dont les chercheurs appliquent la méthode scientifique au cours de leurs travaux.

En 1980, le prix Nobel de physique Luis Alvarez et son fils Walter, professeur de géologie de l'Université de Californie, à Berkeley, publièrent dans la revue *Nature* un article dans lequel ils affirmaient qu'une météorite géante s'était écrasée sur la Terre, il y a quelque 65 millions d'années, provoquant l'extinction de la plupart des espèces vivantes, parmi lesquelles les dinosaures sont les plus célèbres. Alvarez et ses collaborateurs ont utilisé des données géologiques pour élaborer leur théorie. Walter Alvarez avait raconté à son père que la couche d'argile de 1 cm d'épaisseur qui se trouve en Italie entre les strates calcaires du Crétacé et celles de l'ère tertiaire (début de l'âge des mammifères) s'était déposée exactement au moment où avaient disparu les petits animaux aquatiques qui vivaient dans les mers de la région. La coïncidence était d'autant plus troublante que les dinosaures avaient, eux aussi, disparu à la même époque.

« *Vous êtes renvoyés. Il va essayer les mammifères.* »

Figure 1.3 Théorie non académique de l'extinction des dinosaures. Sydney Harris.

Cette couche d'argile — que l'on retrouve dans le monde entier et qu'on appelle la limite K-T — présente une concentration en iridium anormalement élevée. On trouve de l'iridium en petites quantités dans la croûte terrestre, mais cet élément est beaucoup plus abondant dans le centre de la Terre et dans les météorites. Le père et le fils supposèrent qu'en mesurant la quantité d'iridium dans la limite K-T, on pourrait évaluer sa durée de formation. Ils pensaient que l'iridium provenait de poussières météoritiques qui étaient tombées régulièrement sur la Terre pendant des milliers d'années. Si tel était le cas, en mesurant la concentration en iridium dans l'argile et dans les couches situées au-dessous et au-dessus (correspondant à des roches formées plus tôt et plus tard), on pourrait déterminer le temps pendant lequel l'iridium s'était accumulé dans la limite K-T. Pour cela, ils firent équipe avec Franck Asaro et Helen Michel, chimistes nucléaires au *Lawrence Berkeley Laboratory.* Asaro et Michel constatèrent que la couche d'argile contenait trois cent fois plus d'iridium que les couches situées de part et d'autre.

Luis Alvarez pensait que ces quantités anormales devaient avoir une origine extraterrestre. Depuis sa formation, la Terre est percutée par des météorites. Mais si l'iridium provient des météorites, pourquoi s'est-il soudain accumulé si rapidement ? Pourquoi le dépôt a-t-il ensuite retrouvé sa vitesse normale ? Et surtout, pourquoi cela a-t-il coïncidé avec la disparition de près de cinquante pour cent des espèces vivantes ?

Figure 1.4 Couche limite K-T contenant une grande concentration d'iridium. Avec l'aimable autorisation de Alessandro Montanari.

Les Alvarez imaginèrent d'abord que l'iridium avait été apporté par une autre source, par exemple par l'explosion d'une supernova proche du Système solaire. Certains astrophysiciens considéraient déjà que les supernovae expliquaient les extinctions en masse. Puisque ces explosions considérables produisent des éléments lourds, Luis Alvarez décida de vérifier si les échantillons de la couche d'argile en contenaient. Des analyses minutieuses ne révélèrent aucun élément lourd, et l'idée de la supernova fut abandonnée.

Tandis que Walter retournait en Italie pour prélever d'autres échantillons, son père s'attelait à la théorie, « inventant, comme il l'écrivit plus tard, un nouveau scénario chaque semaine pendant six semaines, et les démolissant l'un après l'autre ». Il envisagea d'abord qu'un astéroïde ou une comète s'était fragmenté en traversant l'atmosphère, produisant de grandes quantités de poussières qui étaient ensuite retombées sur le sol, un peu comme la comète qui s'est brisée en 1908 au-dessus de Tunguska, en Sibérie. Malheureusement, les calculs montraient que l'astéroïde devait faire 10 kilomètres de diamètre et qu'un astéroïde de cette taille ne peut pas se briser en traversant l'atmosphère. La comète de Tunguska était plus petite.

Alvarez en tira la conclusion suivante. Il y a soixante-cinq millions d'années, une comète ou un astéroïde de dix kilomètres de diamètre a heurté la Terre et s'est désintégrée, projetant d'énormes quantités de matière dans l'atmosphère. Cette poussière est restée en suspension pendant plusieurs années, bloquant les rayons du Soleil, soumettant le monde à une nuit prolongée qui stoppa la photosynthèse (le mécanisme grâce auquel, en présence de lumière, les plantes transforment l'eau et le dioxyde de carbone en oxygène et en matière organique). Ne trouvant plus de plantes pour se nourrir, les animaux sont morts de faim. Nous observons aujourd'hui les vestiges de cette poussière dans la limite K-T, entre les dépôts du Crétacé et ceux du Tertiaire. Alvarez a déterminé la taille de l'objet qui a percuté la Terre à partir de la concentration en iridium dans les météorites, qui est connue, et des mesures effectuées sur l'argile italienne par les chercheurs qui travaillaient avec lui.

D'autres chercheurs ont suggéré qu'une éruption volcanique de grande envergure suffirait à expliquer l'extinction en masse du Crétacé. Ils ont découvert d'importantes quantités d'iridium dans les poussières projetées par l'éruption du volcan Kilauea à Hawaii, et ils en ont conclu que l'iridium qui se trouve dans le noyau de la Terre est susceptible d'être ramené en surface. Pendant quelques années, on a utilisé l'une ou l'autre de ces deux théories. Pourtant, leurs prédictions ne sont pas identiques et les scientifiques ont cherché fébrilement à trouver de nouvelles preuves. Aujourd'hui, la balance semble pencher en faveur de la théorie de la collision, mais on attend le résultat d'un nouveau forage.

Pourtant, la méthode scientifique ne permet pas de prouver qu'une théorie est juste. Une théorie peut être éliminée, ce qui donne plus de crédit à celles qui survivent, mais ne les prouve pas pour autant. Comme l'a dit un plaisantin lors d'une conférence sur le sujet, « certains ne croiront jamais qu'une météorite a tué les dinosaures à moins qu'on ne leur montre un squelette de dinosaure le crâne défoncé, une bague d'iridium au doigt ».

La taille des choses : les mesures

Pour la plupart, les travaux des physiciens sont fondés sur des observations et sur des mesures. Pour décrire les phénomènes de la nature et communiquer leurs observations, les scientifiques doivent se mettre d'accord sur un système d'unités cohérent.

Tout au long de l'histoire, plusieurs systèmes d'unités ont été utilisés. Cela commença chez les Babyloniens et les Égyptiens, il y a quelques milliers d'années. La première unité connue, la coudée, basée sur la longueur du bras, est mentionnée sur un papyrus égyptien. D'après la Genèse, l'arche de Noé était longue de 500 coudées (environ 150 m). Comme la longueur du bras varie d'un individu à l'autre, il en allait de même pour la coudée utilisée par diverses civilisations. Les Égyptiens utilisaient une coudée courte de 0,45 m, et une coudée royale, de 0,52 m. Les Romains utilisaient le millier de pas, soit la longueur de mille doubles pas de légionnaire, qui était égal à 5 000 pieds romains. Au XVe siècle, la reine Bess d'Angleterre ajouta 280 pieds au mile, pour le rendre égal à huit furlongs.

En 1790, Thomas Jefferson proposa un système en base 10, dans lequel une décade serait égale 10 pieds, une route à 10 décades, un furlong à 10 routes et un mile à 10 furlongs. Ce système fut rejeté par le Congrès.

La Révolution française montra plus d'intérêt pour les sciences et un nouveau système en base 10, le système métrique, vit le jour. Ce système, basé sur le mètre, (du grec *metron*, mesure), est plus universel. Au lieu d'utiliser l'anatomie humaine, le mètre adopté par la Convention en 1795 fut défini comme la dix millionième partie du quart du méridien terrestre, entre l'équateur et le pôle Nord (figure 1.5).

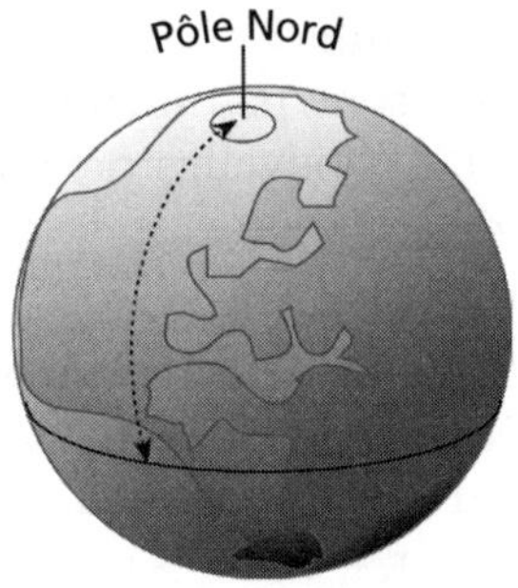

Figure 1.5 Le mètre fut initialement défini comme la dix millionième partie de la longueur du quart du méridien terrestre, entre le pôle Nord et l'équateur.

Une fois le mètre défini, on pouvait introduire une unité de volume, le litre, en construisant un cube d'un dixième de mètre de côté. À partir du litre, on a défini une unité de masse, le kilogramme, qui est la masse d'un litre d'eau. Pour obtenir des unités plus grandes, précisées par des préfixes grecs, on utilise des puissances de dix. Pour les unités plus petites, on utilise des préfixes latins.

La cohérence, l'universalité de ce système d'unités et la facilité avec laquelle il permet d'en créer d'autres en ajoutant un simple préfixe, assurèrent son succès à travers l'Europe du XIXe siècle. À l'heure actuelle, une version élargie du système métrique — le Système international d'unités (ou système SI) — est utilisée par 95 % de la population mondiale. C'est le système officiel utilisé en sciences. Le tableau 1.1 indique les préfixes utilisés dans le système SI.

Tableau 1.1 Préfixes des puissances de dix.

Valeur	Symbole	Préfixe
10^{18} = 1 000 000 000 000 000 000	E	exa
10^{15} = 1 000 000 000 000 000	P	peta
10^{12} = 1 000 000 000 000	T	téra
10^{9} = 1 000 000 000	G	giga
10^{6} = 1 000 000	M	méga
10^{3} = 1 000	k	kilo
10^{2} = 100	h	hecto
10^{1} = 10	da	déca
10^{-1} = 0,1	d	déci
10^{-2} = 0,01	c	centi
10^{-3} = 0,001	m	milli
10^{-6} = 0,000 001	µ	micro
10^{-9} = 0,000 000 001	n	nano
10^{-12} = 0,000 000 000 001	p	pico
10^{-15} = 0,000 000 000 000 001	f	femto
10^{-18} = 0,000 000 000 000 000 001	a	atto

On voit sur le tableau 1.1 que, pour les nombres très grands ou très petits, il est plus commode d'utiliser la notation scientifique. Les nombres sont écrits comme le produit d'un nombre compris entre 0 et 1 par une puissance de 10. Le rayon de la Terre, par exemple, qui est égal à 6 380 km, sera écrit en notation scientifique : $6{,}380 \times 10^{30}$ km. Pour comprendre cette notation, remarquons qu'on peut écrire 1 000 de la façon suivante :

$$1\,000 = 10 \times 10 \times 10 = 10^3.$$

Le rayon de la Terre vaut donc :

$$6\,380 \text{ km} = 6{,}380 \times 1\,000 \text{ km} = 6{,}380 \times 10^3 \text{ km}.$$

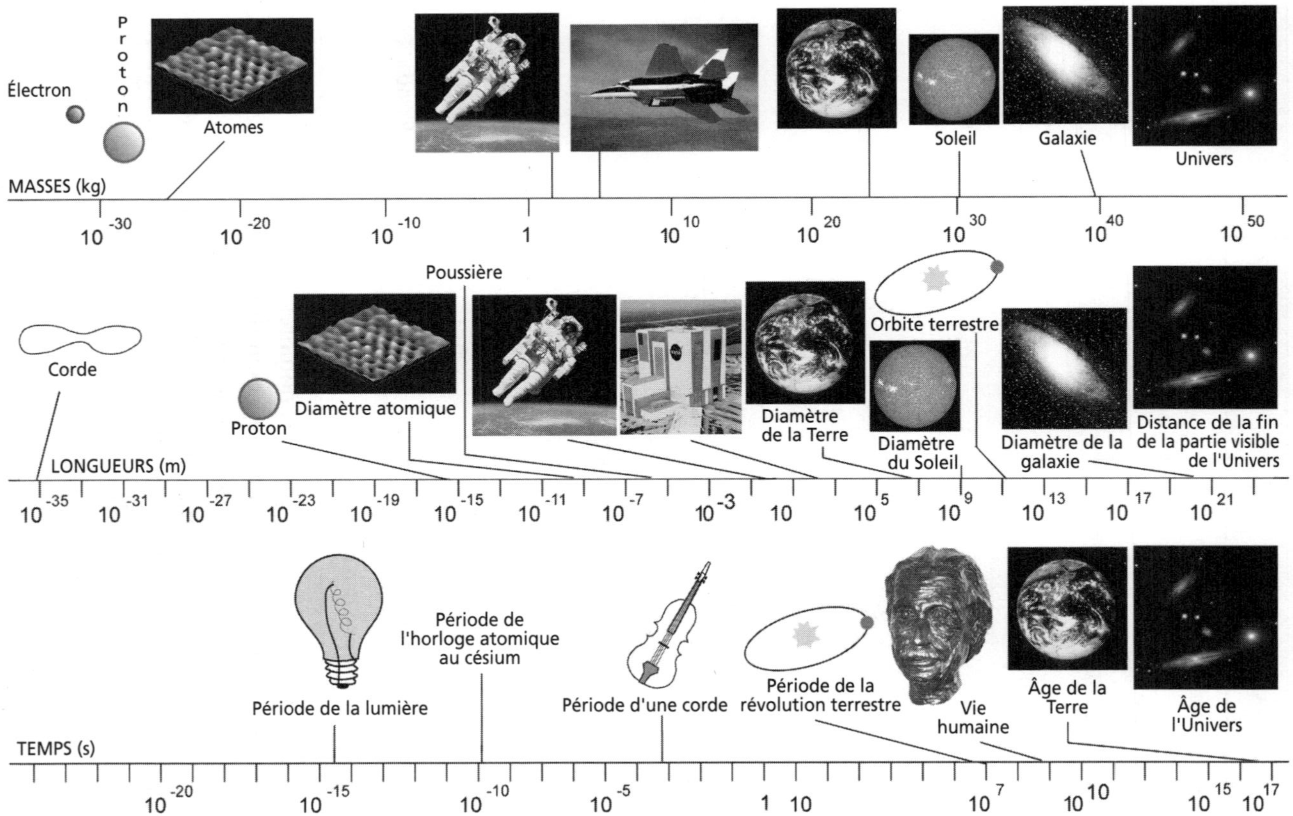

Figure 1.6 Spectre des masses, des longueurs et des durées que l'on trouve dans l'univers.

Unités fondamentales

Toutes les grandeurs mécaniques peuvent s'exprimer en fonction de trois grandeurs fondamentales, la longueur, la masse et le temps. Les unités SI pour ces grandeurs sont :

Grandeur	Unité fondamentale	Symbole
longueur	mètre	m
masse	kilogramme	kg
temps	seconde	s

La Conférence générale des poids et mesures, qui s'est tenue à Paris en 1983, a défini le mètre comme la distance parcourue par la lumière pendant un temps égal à 1/299 792 458 seconde. Remarquez la précision avec laquelle l'unité de longueur est définie en fonction de l'unité de temps. Ceci n'est possible que parce que la seconde est définie avec une précision égale à une partie par million de milliards ! La conférence générale des poids et mesures de 1967 a défini la seconde comme la durée de 9 192 631 770 périodes d'un rayonnement particulier émis par le césium. On mesure cette durée grâce à l'horloge atomique au césium, si précise qu'elle n'avancerait ou ne retarderait que de trois secondes tout au plus en un million d'années (figure 1.7).

Figure 1.7 Horloge atomique du *National Institute of Standards and Technology*, Washington, DC. Avec son aimable autorisation.

« Oh, lala ! Il est 12 h 15 min 093 642 175. C'est l'heure du déjeuner. »

La troisième grandeur fondamentale de la mécanique est la masse. La masse mesure la résistance qu'un objet oppose lorsque l'on tente de changer son état de mouvement. Pour un objet immobile par rapport à l'observateur, la masse mesure également la quantité de matière qui se trouve à l'intérieur de l'objet. L'unité standard de masse est le kilogramme, masse d'un cylindre en platine iridié, soigneusement conservé au bureau des poids et mesures de Sèvres, à côté de Paris. Le kilogramme est défini à partir du mètre, qui est défini à partir de la seconde. Des copies du kilogramme étalon se trouvent dans divers pays, et des balances de très grande précision permettent de comparer la masse d'un étalon à celles d'autres objets, avec une incertitude de quelques millionièmes.

Il n'est pas possible de comparer avec précision la masse d'un atome à celle de l'étalon standard. Mais on sait comparer entre elles, de façon très précise, les masses des différents atomes. C'est pourquoi les masses des atomes sont exprimées en unité de masse atomique (uma). On a donné à la masse de l'atome de carbone la valeur de 12 uma. Exprimée en kilogrammes, l'unité de masse atomique vaut :

$$1 \text{ uma} = 1{,}660\,542\,2 \times 10^{-27} \text{ kg}$$

Aux confins de la physique : les très petits nombres

Que signifie une masse de 1 660 540 2 × 10^{-27} kg ? Partons d'un grain de sel, dont la masse est égale à un dix millième de gramme et, avec de bons instruments, coupons-le en dix parties égales. Coupons encore une de ces parties en dix morceaux, et ainsi de suite. Nous n'arriverons pas ainsi jusqu'à l'électron, car, comme nous le verrons dans les chapitres 7 et 8, l'électron n'est que l'un des constituants de l'atome. Quant à l'atome, même s'il est possible de le diviser, cela ne peut se faire en le « découpant » à l'aide d'un instrument.

Grains de sel grossis 100 fois.
Avec l'aimable autorisation de V. Cummings, ©NASA.

Supposons tout de même que nous ayons poursuivi la division jusqu'à obtenir la plus petite quantité de sel possible : la molécule de sel. Une molécule de sel de table a une masse d'environ 9×10^{-23} g. Arrondissons à 10^{-22} g. S'il vous faut, disons, une seconde pour effectuer chaque découpage en dix parties, au bout de combien de temps obtiendrez-vous les molécules de sel ? La réponse est 3×10^{10} ans.

Les astrophysiciens estiment que l'univers a environ 10^{10} ans. Pour découper notre grain de sel en molécules comme nous venons de l'imaginer, il nous faudrait un temps égal à l'âge de l'univers.

La physique et les mathématiques

Les mathématiques et la physique sont étroitement mêlées. Les mathématiques sont une invention de l'esprit humain, issue de notre aptitude à manier des idées abstraites, alors que la physique s'intéresse au monde matériel réel. Pourtant, pour décrire les phénomènes naturels, les physiciens utilisent des concepts inventés par des mathématiciens qui ne leur prévoyaient aucune application hors de leur domaine. Le prix Nobel de physique Sheldon Glashow a écrit : « C'est pour moi un mystère que des concepts mathématiques — comme les nombres réels et complexes ou la théorie des groupes —, qui sont de pures inventions de l'imagination humaine, soient indispensables à la description du monde réel ».

De leur côté, les physiciens ont été amenés à élaborer des techniques mathématiques puissantes. Newton a inventé le calcul différentiel pour traiter l'attraction exercée par la Terre sur les objets qui se trouvent à sa surface. Les mathématiciens ont continué à développer le calcul différentiel pour lui donner la forme qu'il a aujourd'hui.

Les mathématiques sont l'outil de la physique, le langage grâce auquel on exprime la structure du monde. Cependant, dans ce livre, nous nous intéressons aux *concepts* de la physique. En général, il est possible de les présenter en utilisant des mots et des exemples. Il arrivera pourtant qu'il n'y ait aucun substitut possible à l'élégance et à la concision d'une formule mathématique simple. Nous utiliserons alors la formule pour voir de quelle manière elle explique de nouveaux concepts, et comment elle les relie à ceux que l'on connaît déjà. Le lecteur doit se souvenir que notre but est de comprendre la physique, pas les mathématiques qui la décrivent.

Les pionniers de la physique : mesure de la circonférence de la Terre

Comme nous venons de le voir, le mètre a été défini en 1795 comme la dix millionième partie du quart du méridien terrestre, entre l'équateur et le pôle nord. Pour que cette définition ait un sens, il fallait connaître de façon précise la longueur du méridien entre l'équateur et le pôle nord. Comment a-t-on mesuré les dimensions de la Terre, avant la technologie du vingtième siècle ?

Le rayon de la Terre est connu depuis l'Antiquité grecque. Ératosthène, qui vivait au troisième siècle avant notre ère à Alexandrie, en Égypte, découvrit une méthode astucieuse pour déterminer le rayon de la Terre. Il avait entendu dire que, dans la ville de Syène (ancienne cité construite sur le Nil à côté de l'actuelle Assouan), le premier jour de l'été, à midi, le Soleil se réfléchissait au fond d'un puits. Dans sa ville d'Alexandrie, ce même jour, les rayons du soleil n'étaient pas verticaux, mais faisaient un angle de 7° avec la verticale. Un angle de 7° correspond à peu près au cinquantième d'un cercle, la distance entre Syène et Alexandrie est donc égale au cinquantième de la circonférence de la Terre.

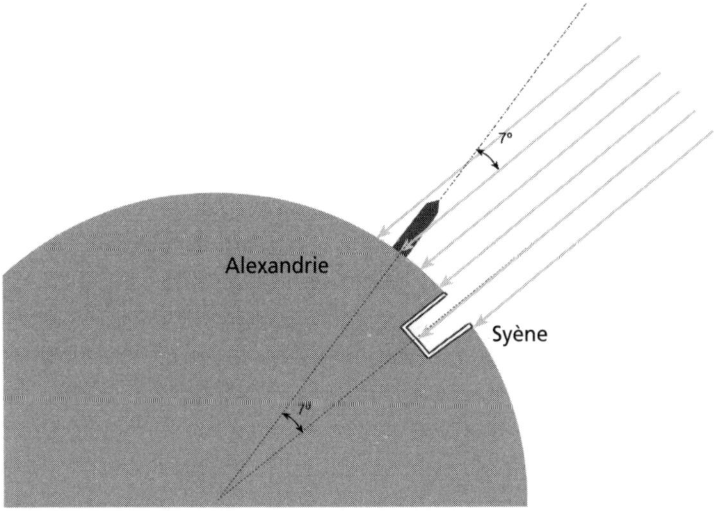

À l'époque d'Ératosthène, on pensait que cette distance était égale à 5 000 stades ; la circonférence de la Terre était donc égale à 250 000 stades. On ne connaît pas très bien la valeur des unités utilisées par les Grecs, mais on sait que le stade variait entre 154 et 215 mètres. En prenant la valeur moyenne de 185 m, le résultat ne dépasse les mesures modernes que d'environ 15 %, ce qui est tout à fait remarquable.

[illegible]

Première partie

Les lois de la mécanique

2

La description du mouvement

Comprendre le mouvement

Pour appréhender le monde, il est indispensable de comprendre ce qu'on appelle le mouvement, c'est-à-dire la façon dont les objets se déplacent dans l'espace. Léonard de Vinci a écrit : « Comprendre le mouvement, c'est comprendre la nature ». Si nous savons de quelle façon un objet se déplace à un moment donné, nous sommes en mesure de déterminer où il était auparavant et de prévoir où il se trouvera plus tard, pourvu que l'environnement ne soit pas modifié. En physique, nous sommes amenés à décrire le mouvement des différents objets que nous observons, qu'il s'agisse d'avions, de voitures, de ballons de basket, d'ondes sonores, d'électrons, de planètes ou d'étoiles.

Pour étudier le mouvement des objets, il faut commencer par étudier le déplacement d'un objet simple. Un objet dont les divers constituants ne se déplacent pas les uns par rapport aux autres — un ballon ou un pavé par exemple — est plus simple qu'un objet formé de plusieurs parties, parce que nous n'avons pas besoin de tenir compte des mouvements de ces parties : il nous suffit de connaître la façon dont se déplace l'objet dans son ensemble. Sur une surface, un ballon roule et un pavé glisse. Lequel de ces mouvements est le plus simple ? Il serait plus commode de ne pas avoir à déterminer au préalable la forme de l'objet ou sa structure interne. Les physiciens simplifient le problème en s'intéressant au mouvement d'un « point matériel », un objet idéal qui n'a pas de taille, et n'a donc ni structure ni forme.

Intéressons nous, pour commencer, au mouvement d'un point. Bien entendu, il nous arrivera de nous référer au mouvement d'objets réels, comme les voitures, les balles de tennis, les fusées ou les personnes. Mais en ce qui nous concerne, si nous ne tenons pas compte de la structure interne d'un tel objet et que nous n'envisageons pas qu'il puisse tourner sur lui-même, cet objet se comportera comme un point.

Le mouvement uniforme

« Mon but est de présenter une toute nouvelle science traitant d'un sujet très ancien » écrivait Galilée dans son livre intitulé *Discours et démonstrations mathématiques concernant deux sciences nouvelles*. Et il continuait : « Il n'y a peut-être rien dans la nature qui soit plus ancien que le mouvement, et les livres écrits sur ce sujet par les philosophes ne sont ni rares, ni petits ; j'ai pourtant découvert par l'expérience des propriétés sur ce sujet qu'il est utile de connaître et qui n'avaient jamais été jusqu'ici ni observées, ni démontrées ».

Galilée, l'un des premiers scientifiques modernes, et le premier à avoir découvert les propriétés du mouvement, est né à Pise la même année que Shakespeare en Angleterre, et trois jours avant la mort de Michel-Ange. C'était en 1564. Son nom complet était *Galileo Galilei*, suivant une coutume Toscane qui consistait à donner comme prénom au fils aîné une variation sur le nom de famille.

Son père, musicien renommé, souhaitait que son fils fût médecin, profession beaucoup plus lucrative à l'époque. Il s'inscrivit donc à l'Université de Pise pour étudier la médecine. À la suite d'une conférence sur la géométrie, qui l'incita à étudier les travaux d'Archimède, le jeune étudiant décida que la science et les mathématiques étaient beaucoup plus intéressantes que la médecine. Galilée demanda à son père de le laisser changer de voie ; heureusement pour l'humanité, le père y consentit.

Ses compétences scientifiques valurent à Galilée une grande réputation dans toute l'Italie et, à l'âge de 26 ans, il fut nommé professeur de mathématiques à l'Université de Pise. Là, il se plongea dans la science fondamentale. Il se fit aussi des ennemis, particulièrement parmi les professeurs les plus âgés et respectés, qui n'appréciaient pas les opinions et les vues défendues par un jeune Galilée dépourvu de tact. C'est un peu pour cette raison, et aussi parce que la république de Venise se trouvait, en 1600, au cœur de la Méditerranée, ce qui revient à dire au centre du Monde, que Galilée accepta le poste de professeur de Mathématiques à l'université de Padoue, où il entreprit les travaux d'astronomie qui devaient lui valoir une gloire immortelle.

Ses *Discours concernant deux sciences nouvelles* furent publiés en 1638. Dans le chapitre *De motu locali,* sur le changement de position, il écrit :

> *L'exposé comprend trois parties : la première présente le mouvement stationnaire ou uniforme, la deuxième traite du mouvement accéléré que nous rencontrons dans la nature, et la troisième a pour sujet ce que l'on appelle les mouvements violents, et les projectiles.*

Galilée poursuit en expliquant ce qu'est le « mouvement stationnaire ou uniforme » :

> *Par mouvement régulier ou uniforme, j'entends que les distances parcourues par un point mobile pendant des temps égaux quelconques, sont elles aussi égales.*

La figure 2.1 présente un exemple de mouvement uniforme : elle montre les positions successives d'un athlète courant sur une piste de 100 mètres à une allure constante. Les cadrans situés le long de la piste indiquent qu'il faut au coureur des intervalles de temps égaux, de six secondes, pour parcourir des intervalles de distance égaux, de dix mètres.

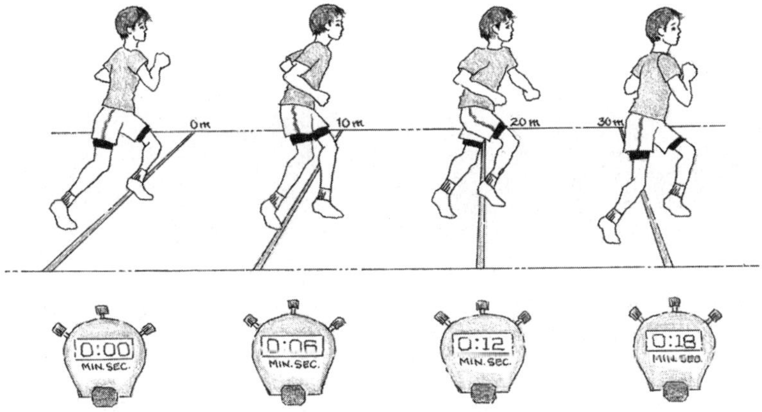

Figure 2.1 Positions successives d'un coureur sur une piste rectiligne.

Vitesse moyenne

Le coureur de la figure 2.1 parcourt 10 mètres en 6 secondes, soit 100 mètres en 60 secondes (1 minute). Nous pouvons dire que le coureur se déplace de cent mètres par minute. La vitesse moyenne est définie comme le quotient de la distance parcourue totale par le temps mis pour parcourir cette distance. Si nous utilisons la lettre d pour représenter la distance et la lettre t pour le temps, nous pouvons écrire la *vitesse moyenne* comme :

$$\bar{v} = \frac{\text{distance parcourue}}{\text{temps nécessaire}} = \frac{d}{t}$$

La barre au-dessus du v indiquant qu'il s'agit d'une valeur moyenne. Le coureur de notre exemple parcourt 100 mètres en 1 minute, sa vitesse moyenne est donc :

$$v = \frac{d}{t} = \frac{100 \text{ m}}{1 \text{ min}} = 100 \text{ m/min}$$

La figure 2.2 montre une photo stroboscopique d'un disque de dioxyde de carbone solide (ou glace sèche) en mouvement uniforme. Le disque, posé sur la surface polie d'une table, a été légèrement poussé. Dans la pièce obscure, le diaphragme de l'appareil de photo est laissé ouvert et à intervalles réguliers, on déclenche un éclair lumineux. Ces éclairs (déclenchés tous les dixièmes de seconde dans cette expérience) sont l'unique source lumineuse dans la pièce, de sorte que les images successives du disque n'impressionnent la pellicule qu'au moment où un éclair est émis. La règle montre que le disque parcourt 13 cm entre deux éclairs. Le disque parcourt donc 13 cm pendant chaque intervalle de 0,1 seconde, ou encore 130 cm en une seconde. Nous pouvons dire que le disque se déplace à la vitesse moyenne de 130 cm par seconde.

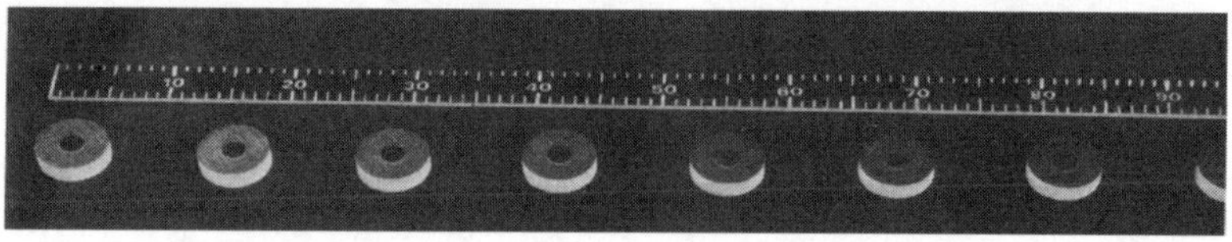

Figure 2.2 Photo à expositions multiples d'un disque de « glace sèche » se déplaçant sur une surface lisse. PROJECT PHYSICS, ©Holt, Rinehart and Winston Inc., 1981. Reproduit avec l'aimable autorisation de l'éditeur.

Les unités de vitesse se présentent comme le quotient d'une unité de longueur par une unité de temps. On peut donc exprimer la vitesse en kilomètres par heure, mètres par seconde, centimètres par minute… L'unité SI de vitesse est le mètre par seconde (m/s).

Dans les deux cas que nous venons d'exposer, la vitesse ne change pas. Le coureur et le disque se déplacent à vitesse constante — ou uniforme —, tout au moins pendant les intervalles de temps considérés. En fait, très peu de mouvements sont uniformes. En général, la vitesse varie. Si vous conduisez de chez vous jusqu'au cinéma, vous êtes immobile au départ, vous accélérez jusqu'à 40 kilomètres à l'heure et continuez probablement à cette vitesse pendant quelques minutes, jusqu'à ce que vous soyez obligés de ralentir pour prendre un virage, ou pour vous arrêter à un feu rouge. La vitesse à laquelle vous roulez change un grand nombre de fois au cours de votre trajet. Vous pouvez malgré tout déterminer votre vitesse moyenne, en divisant la distance totale que vous avez parcourue par le temps mis pour effectuer ce parcours.

Donnons un exemple numérique ; un enfant met 15 minutes pour se rendre à bicyclette chez un de ses amis, à 2 kilomètres de chez lui. Il parle pendant vingt minutes avec son ami avant de repartir chez ses grands-parents, quatre kilomètres plus loin. Il y arrive 25 minutes après. La distance totale parcourue est égale à 6 kilomètres (deux pour aller chez son ami, puis quatre pour arriver chez ses grands-parents), et l'enfant a mis au total 60 minutes pour arriver, la vitesse moyenne est donc :

$$\bar{v} = \frac{d}{t} = \frac{6 \text{ km}}{60 \text{ min}} = 6 \text{ km/h}$$

Remarquez que nous avons tenu compte du temps passé par l'enfant chez son ami pour déterminer la durée du parcours.

Vitesse instantanée

La vitesse moyenne nous donne une information utile. Lors d'un voyage, nous pouvons calculer la vitesse moyenne correspondant à une partie du trajet, et l'utiliser pour prévoir l'heure de notre arrivée, à condition de continuer à conduire dans les mêmes conditions. Pourtant, il arrive que nous ayons besoin de plus d'informations.

Il vous a fallu quatre heures de voiture pour aller de Paris à Rennes, une distance de 360 kilomètres. La vitesse moyenne est, dans ce cas, égale à 90 kilomètres par heure. Mais vous savez qu'à certains moments, vous avez roulé nettement plus vite, tandis que les embouteillages vous ont forcé à avancer très lentement en certains endroits. Connaître la vitesse moyenne au cours de ce déplacement ne permet pas de savoir à quelle vitesse vous avez réellement roulé, ni si vous vous êtes arrêté en cours de route. C'est la *vitesse instantanée*, quand on peut la mesurer, qui donne l'information sur les détails du voyage. La vitesse instantanée est celle que nous indique le compteur de la voiture, c'est la vitesse à un instant donné.

Supposons que vous fassiez un trajet de 80 km que vous parcourrez d'habitude en une heure. Si votre compteur tombe en panne en cours de route, vous ne pouvez pas être certain de n'avoir à aucun moment dépassé la vitesse limite de 90 km par heure, même si le trajet vous a pris, cette fois encore, une heure. En revanche, si vous vous êtes chronométré entre les bornes kilométriques, et si vous avez parcouru chaque kilomètre à peu près en quarante-cinq secondes, vous savez que vous avez conservé une vitesse proche de 80 km/h tout au long du parcours. Pour mesurer votre vitesse de façon plus précise, il faut réduire l'intervalle de temps considéré à, disons, une seconde, pendant laquelle vous aurez parcouru environ 22 mètres, et même, avec des appareils de précision, réduire cet intervalle à un dixième de seconde. Bien sûr, la distance parcourue pendant ce petit intervalle de temps ne vous donnera toujours pas la vitesse instantanée, mais la vitesse moyenne pendant un intervalle de temps très petit.

Les instruments modernes permettent de mesurer la vitesse d'un objet pendant des intervalles de temps suffisamment courts pour que cela donne une excellente approximation de la vitesse instantanée. Les mathématiques permettent de déterminer la vitesse instantanée en utilisant le calcul différentiel, technique mise au point il y a 300 ans par Isaac Newton.

Le vecteur vitesse : rapidité et direction

Il arrive que la *direction* dans laquelle nous nous déplaçons ait aussi de l'importance. Un pilote d'avion a besoin de savoir si le vent souffle fort, et s'il vient du nord ou de l'est. Dans la langue française, il n'existe qu'un seul mot, vitesse, pour désigner d'une part ce que l'on appelle la vitesse dans la vie courante, c'est-à-dire rapidité du déplacement, et ce que les physiciens entendent par ce mot. Nous appellerons « vecteur vitesse » la vitesse au sens des physiciens, notion qui contient des informations à la fois sur l'allure du mouvement — « l'amplitude » du vecteur vitesse —, sur sa direction et son sens. La vitesse n'est pas la seule grandeur pour laquelle il est nécessaire de préciser une amplitude, une direction et un sens. Toutes ces grandeurs, représentées par des vecteurs, sont appelées des quantités *vectorielles*. Les grandeurs qui ne font pas intervenir de direction sont appelées des grandeurs *scalaires*.

Vecteurs

Comme on l'a déjà signalé, les grandeurs vectorielles ont à la fois une amplitude, une direction et un sens. Nous représentons un vecteur par une flèche, dont la longueur est proportionnelle à l'amplitude de la quantité considérée, et dont le sens indique celui de la quantité en question. On inscrit des flèches au-dessus des lettres qui représentent les quantités vectorielles. Dans les livres, on utilise aussi des lettres en caractères gras (**v**, **V**) pour représenter les vecteurs, et les lettres ordinaires (*v*, *V*) lorsqu'il s'agit de leurs amplitudes.

Aux confins de la physique : le frottement

Si le disque de glace sèche que l'on voit sur la photo de la figure 2.2 parcourt des distances égales en des temps égaux, c'est parce que le frottement entre le disque et la surface bien polie de la table est négligeable. Quand deux surfaces sont en contact, les atomes qui se trouvent sur ces deux surfaces interagissent les uns avec les autres, d'une façon qui dépend de la structure atomique de chacun des corps, et ils s'accrochent les uns aux autres. Bien que le phénomène général soit globalement connu, les détails de son mécanisme commencent tout juste à être compris. Des chercheurs de l'Institut de technologie de Georgie (USA) ont utilisé un microscope à force atomique, capable de mesurer les forces qui s'exercent entre deux objets séparés de moins de 10 nanomètres, pour examiner ce qui se passe lorsque l'on promène la pointe d'une minuscule sonde de nickel sur une surface d'or.

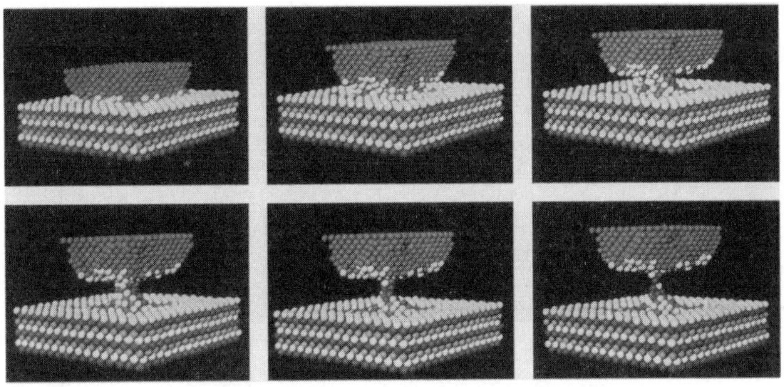

Frottement à l'échelon atomique entre une pointe de nickel et une surface d'or. *Scientific American*.

Lorsqu'on éloigne légèrement la pointe après qu'elle a été en contact avec la surface, on constate qu'il s'est constitué un « cou » d'atomes entre les deux surfaces, une sorte de pont à l'échelle atomique. Lorsqu'on éloigne la pointe suffisamment, le cou est rompu, et la pointe reste couverte d'atomes d'or. Pourquoi les atomes d'or vont-ils sur la pointe de nickel plutôt que l'inverse ? Il se trouve qu'il faut moins d'énergie pour arracher un atome d'or de la surface d'or qu'il n'en faut pour arracher un atome de nickel d'une surface de nickel. Les chercheurs pensent que ces différences d'énergie expliquent les différences de frottement entre les divers matériaux.

Pour comprendre comment s'ajoutent les vecteurs, considérons l'exemple suivant. Une personne souhaite acheter un livre. Elle va chez un de ses amis, à 3 km de chez elle, puis tous deux se rendent à la librairie, située à 4 km dans la même direction (voir figure 2.3a). Bien évidemment, la distance totale parcourue par la personne est égale à 7 km. Les deux parties du déplacement ayant eu lieu dans la même direction, la personne se trouve à 7 km de chez elle (figure 2.3b).

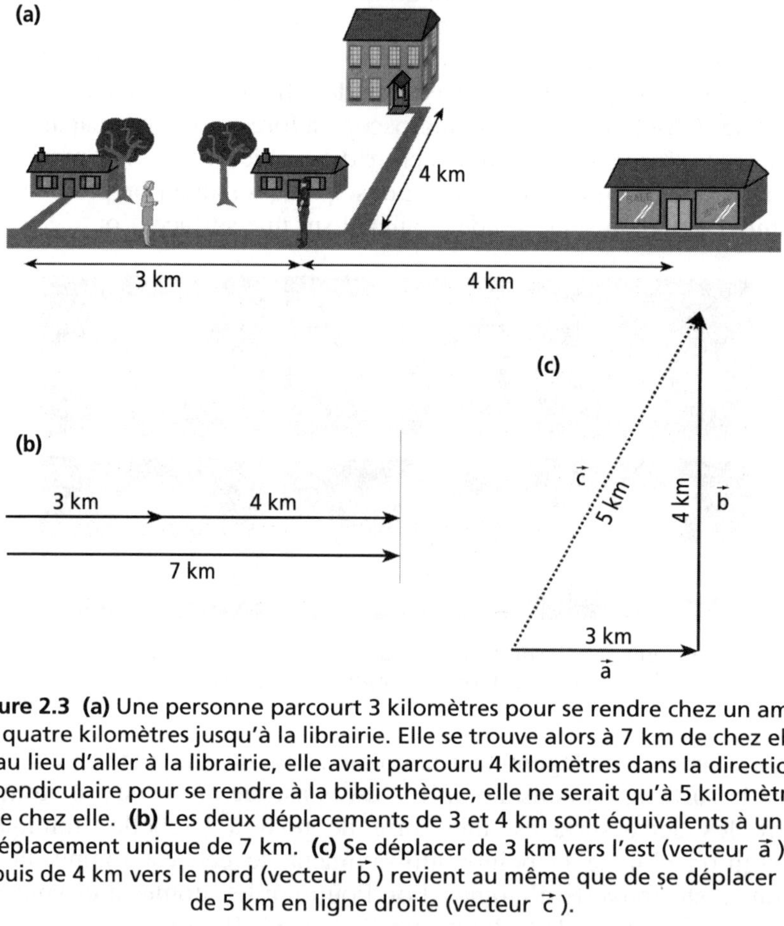

Figure 2.3 **(a)** Une personne parcourt 3 kilomètres pour se rendre chez un ami, puis quatre kilomètres jusqu'à la librairie. Elle se trouve alors à 7 km de chez elle. Si, au lieu d'aller à la librairie, elle avait parcouru 4 kilomètres dans la direction perpendiculaire pour se rendre à la bibliothèque, elle ne serait qu'à 5 kilomètres de chez elle. **(b)** Les deux déplacements de 3 et 4 km sont équivalents à un déplacement unique de 7 km. **(c)** Se déplacer de 3 km vers l'est (vecteur $\vec{a}$) puis de 4 km vers le nord (vecteur $\vec{b}$) revient au même que de se déplacer de 5 km en ligne droite (vecteur $\vec{c}$).

Supposons maintenant que l'ami lui suggère, plutôt que d'acheter le livre, de l'emprunter à la bibliothèque (figure 2.3a). La bibliothèque se trouve, elle aussi, à 4 km de la maison de l'ami, mais au nord, et non à l'est, comme l'indique la figure 2.3b. Arrivée à la bibliothèque, la personne se trouve alors à 5 km seulement de chez elle. C'est le théorème de Pythagore qui nous donne la distance : $\sqrt{(4^2 + 3^2)}$ km = 5 km. Si elle l'avait souhaité, la personne aurait pu marcher tout droit depuis chez elle jusqu'à la bibliothèque. Le vecteur $\vec{c}$ est équivalent aux deux vecteurs $\vec{a}$ et $\vec{b}$ considérés ensemble. En d'autres termes, se déplacer de trois kilomètres vers l'est, puis de 4 km vers le nord, revient au même que de se déplacer de 5 km tout droit jusqu'à la bibliothèque. Nous donnons au vecteur $\vec{c}$ le nom de *résultante* des vecteurs $\vec{a}$ et $\vec{b}$; l'opération correspondante s'appelle l'addition des vecteurs.

On peut aussi tracer les vecteurs $\vec{a}$ et $\vec{b}$ en partant du même point (figure 2.4). Pour obtenir la résultante $\vec{c}$, on construit alors un parallélogramme dont $\vec{a}$ et $\vec{b}$ sont deux côtés : le vecteur $\vec{c}$ est la diagonale de ce parallélogramme (qui est un rectangle dans le cas présenté ici). N'importe quel vecteur $\vec{c}$ peut être considéré comme la résultante — ou la somme — de deux vecteurs $\vec{a}$ et $\vec{b}$, perpendiculaires l'un à l'autre. Ces deux vecteurs sont appelés les *composantes* du vecteur initial.

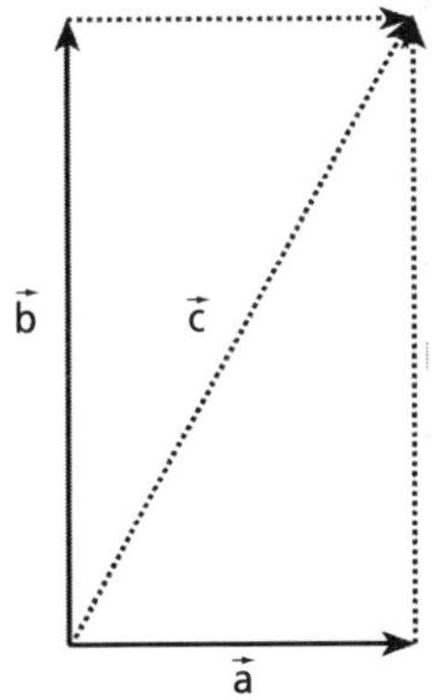

Figure 2.4 Addition de deux vecteurs par la méthode du parallélogramme.

Accélération

« Les propriétés du mouvement uniforme viennent d'être étudiées, mais il reste à considérer le mouvement accéléré » écrit Galilée dans le chapitre *De motu locali* du *Discours concernant deux sciences nouvelles*. Il continue :

> *Tout d'abord, il paraît souhaitable de trouver et d'expliciter une définition qui s'accorde mieux aux phénomènes de la nature. Nous le comprenons vraiment lorsque nous considérons la relation profonde qui existe entre le temps et le mouvement.*

Donnons un exemple de cette relation entre le temps et le mouvement : Laure et Mathieu se demandent si Laure a eu raison d'acheter une voiture d'occasion. Laure dit que le vendeur lui a affirmé que la voiture pouvait passer de 0 à 80 km/h en moins de 10 secondes. Mathieu ne pense pas que la voiture puisse le faire, et craint que le compteur n'ait été trafiqué. Pour en finir avec cette discussion, Laure demande à Mathieu de l'accompagner dans la voiture et de noter, de seconde en seconde, la vitesse de la voiture pendant qu'elle accélère. Comme c'est une chose difficile à réaliser, ils demandent aussi à dix de leurs amis de se placer le long d'une portion de route droite, horizontale et peu fréquentée, à égale distance les uns des autres. Ils devront noter le moment exact où la voiture passe devant eux. Les dix amis sont à dix mètres les uns des autres, et déclenchent leurs chronomètres numériques au moment où Laure appuie sur l'accélérateur. Laure et Mathieu rassemblent les résultats de leurs amis dans le tableau suivant :

x	0	10	20	30	40	50	60	70	80	90	100
t	0	3,2	4,4	5,5	6,3	7,1	7,7	8,4	8,9	9,5	10

La vitesse n'est pas constante, puisque la voiture accélère. Cela se voit en examinant les chiffres. Il a fallu 3,2 secondes à Laure pour parcourir les 10 premiers mètres, mais seulement 1,2 seconde pour les dix mètres suivant. Pour les dix derniers mètres, il a suffi d'une demi-seconde !

D'après le compteur de la voiture, au bout de 10 secondes, Laure roulait à 72 km/h. Pour vérifier, Laure calcule la vitesse moyenne pendant le parcours des derniers 10 mètres, qui est égale au quotient de la distance parcourue (10 m) par le temps mis pour le faire (0,5 s), soit :

$$\bar{v} = \frac{10\text{ m}}{0{,}5\text{ s}} = 20\text{ m/s}$$

c'est-à-dire 72 km/h, ce qui est en accord avec ce qu'a noté Mathieu en regardant le compteur, qui n'a donc pas été trafiqué. Puisque la vitesse moyenne au cours des dix derniers mètres était égale à 72 km/h, la vitesse pour le centième mètre était un peu supérieure (76,8 km/h, dans ce cas). En définitive, compte tenu du fait qu'elle n'a réalisé qu'un seul essai, Laure considère qu'il est possible de passer de 0 à 80 km/h en à peu près 10 secondes.

Lorsque nous disons que la voiture « passe de 0 à 80 km/h en dix secondes », nous voulons bien évidemment dire que la voiture accélère depuis l'immobilité jusqu'à la vitesse de 80 km/h en dix secondes, ou, dans le cas de la voiture de Laure, à 72 km/h en dix secondes. L'accélération est le taux de variation de la vitesse, et elle s'exprime dans une unité qui est le quotient d'une unité de longueur par le produit de deux unités de temps (kilomètre par heure par seconde, par exemple). On définit l'accélération moyenne comme :

$$\bar{\mathbf{a}} = \frac{\Delta \mathbf{v}}{t}$$

où $\Delta\mathbf{v}$ est la variation de vitesse qui se produit pendant un intervalle de temps t. La lettre grecque Δ (delta majuscule) est ainsi utilisée pour représenter la variation d'une grandeur, ici la variation de la vitesse. L'unité d'accélération SI est le mètre par seconde au carré (m/s^2).

Puisque la vitesse est une quantité vectorielle, l'accélération aussi. Quand la direction de la vitesse d'un objet change, même si l'amplitude reste constante, cet objet a une accélération, puisque son vecteur vitesse change. Considérons une voiture qui roule sur un circuit à la vitesse de 120 km/h, et ne peut pas aller plus vite. Tant que la voiture roule le long d'une partie rectiligne du circuit, son vecteur vitesse reste constant, et son accélération est nulle. Mais, lorsque la voiture aborde un virage, et bien que l'indication du compteur de vitesse ne change pas, la voiture a une accélération, puisque le vecteur vitesse tourne. Cette accélération n'est pas dirigée dans le sens du déplacement de la voiture : elle est perpendiculaire à la ligne que dessine la route sur le sol, et dirigée vers l'intérieur du virage.

Mouvement uniformément accéléré

Dans l'exemple de la voiture de Laure, l'accélération de la voiture était constante. Autrement dit, la vitesse augmentait à un taux constant. Dans son ouvrage, Galilée qualifie un tel mouvement, dont l'accélération est constante, de mouvement uniformément accéléré. Il écrit :

> *Tout comme l'uniformité du mouvement est définie et conçue en utilisant des temps égaux et des distances égales (nous disons que le mouvement est uniforme lorsque des distances égales sont parcourues pendant des temps égaux), nous pouvons, en considérant des intervalles de temps égaux, concevoir que les augmentations de vitesse se produisent simplement.*
>
> *On peut donc définir le mouvement uniformément accéléré de la façon suivante :*
>
> *On dira qu'un mouvement est uniformément accéléré lorsque les augmentations de vitesse réalisées au cours d'intervalles de temps égaux quelconques sont elles-mêmes égales.*

Le mouvement uniformément accéléré est un cas particulier de mouvement accéléré, car il n'est pas obligatoire que l'accélération soit constante. Nous ne considérons ici que ce cas particulier. Quand l'accélération est constante, l'accélération est égale à l'accélération moyenne. Nous pouvons donc écrire :

$$a = \bar{a} = \frac{\Delta v}{t}$$

Prenons un exemple numérique. Un automobiliste arrive sur une portion rectiligne d'autoroute avec une vitesse de 30 km/h et, en cinq secondes, accélère jusqu'à 55 km/h. Que vaut l'accélération ? Nous pouvons calculer la variation de vitesse :

$$\Delta v = 55 \text{ km/h} - 30 \text{ km/h} = 25 \text{ km/h}$$

L'accélération vaut donc :

$$a = \frac{\Delta v}{t} = \frac{25 \text{ km/h}}{5 \text{ s}} = 5 \text{ km/h/s}$$

ce qui veut dire que, chaque seconde, le conducteur augmente sa vitesse de 5 km/h.

Si nous connaissons l'accélération d'un objet qui se déplace selon un mouvement uniformément accéléré, et que nous voulons savoir de combien a varié sa vitesse au bout d'un temps t, nous pouvons inverser la formule, et nous trouvons :

$$\Delta v = at$$

On peut par exemple utiliser cette formule pour déterminer la vitesse au décollage d'un avion. Supposons que la vitesse de l'avion augmente de 10 km/h en une seconde, c'est-à-dire que son accélération est égale à 10 km/h/s. Si l'avion décolle 36 secondes après avoir commencé à accélérer, la vitesse au moment du décollage s'obtient à partir de la formule précédente : en effet, la variation de vitesse au cours de ces 36 secondes est tout simplement égale à la vitesse de décollage v puisque, au départ, la vitesse était nulle. Lorsque l'avion décolle, sa vitesse vaut donc :

$$v = at = \left(\frac{10 \text{ km/h}}{\text{s}}\right) = 360 \text{ km/h}$$

La chute des corps

Un exemple important de mouvement uniformément accéléré est le mouvement vertical d'un objet qui tombe. L'accélération, g, est due à l'attraction de la Terre sur l'objet considéré. L'amplitude de g à la surface de la Terre est de 9,8 m/s^2. La valeur de g varie légèrement avec l'altitude, la latitude et les caractéristiques du relief environnant. Dans le chapitre suivant, nous verrons comment Galilée a déterminé cette valeur pour la première fois. Pour l'instant, nous nous contentons de présenter la chute des corps comme exemple de mouvement uniformément accéléré puisque, si l'on néglige la résistance de l'air, tous les objets proches de la Terre tombent avec une accélération $g = 9{,}8$ m/s^2. Puisque, ici, $a = g$, l'équation donnant la variation de vitesse s'écrit sous la forme :

$$\Delta v = gt$$

Bien souvent, le corps en chute libre est initialement immobile. Dans ce cas, au bout d'un certain temps t, la vitesse est passée de zéro à la valeur de la vitesse instantanée v. La variation de vitesse pendant l'intervalle de temps t est égale à la valeur de la vitesse instantanée à l'instant t :

$$v = gt \qquad \Delta v = gt$$

Ainsi, au bout d'une seconde, la pierre lâchée du pont par le garçon de la figure 2.5 se déplace vers le bas à une vitesse $v = 9{,}8$ m/s$^2 \times 1$ s $= 9{,}8$ m/s. Au bout de 5 secondes, la vitesse a atteint la valeur $v = 9{,}8$ m/s$^2 \times 5$ s $= 49$ m/s. Le tableau 2.1 indique, à intervalles de 1 seconde, les vitesses instantanées d'un corps qui tombe.

Figure 2.5 Au bout d'un temps t, la vitesse instantanée de la pierre lâchée depuis le pont vaut $v = gt$.

Le tableau 2.1 illustre la définition de Galilée du mouvement uniformément accéléré : les augmentations de vitesse qui se produisent pendant des temps égaux, sont égales. Nous voyons que, pour chaque intervalle de 1 seconde, la vitesse augmente de 9,8 m/s. Ce résultat est en accord avec l'idée que nous nous faisons de l'accélération dans la vie quotidienne. Lorsque nous disons qu'un objet accélère, nous voulons tout simplement dire que *plus le temps passe, plus la vitesse est grande*. On pourrait aussi bien dire que, plus l'objet s'éloigne, et plus sa vitesse est grande. À vrai dire, Galilée a écrit quelque part qu'il avait d'abord pensé définir le mouvement uniforme sous forme d'une relation entre la vitesse et la distance parcourue.

Tableau 2.1 Vitesse instantanée au cours de la chute d'un objet initialement immobile.

Durée de la chute (en s)	Vitesse (en m/s)
0	0
1	9,8
2	19,6
3	29,4
4	39,2
5	49
6	58,8
7	68,6
8	78,4
9	88,2
10	98

Nous savons déjà calculer la vitesse en fonction du temps écoulé. Comment trouvons-nous la distance parcourue lorsque la vitesse augmente ? Galilée voulait trouver une formule qu'il serait possible de vérifier avec les instruments limités de son époque. Il a montré, à partir des définitions de la vitesse moyenne et de l'accélération, que la distance parcourue par un objet en chute libre initialement immobile vaut :

$$d = \frac{1}{2}gt^2$$

L'accélération due à la pesanteur, g, étant constante, la distance parcourue est proportionnelle au carré du temps écoulé. La pierre lâchée par le garçon de la figure 2.5 parcourt 4,9 m pendant la première seconde. En deux secondes, c'est-à-dire en un temps double, la distance parcourue est quatre fois plus grande, soit 19,6 mètres ; et en trois secondes, la pierre a atteint une distance *neuf* fois plus grande : 44 mètres.

Les pionniers de la physique : la méthode de Galilée

Quand il a établi la formule qui donne la distance parcourue par un corps en chute libre, Galilée voulait trouver des quantités qu'il pourrait mesurer. Il avait écrit qu'un mouvement est uniformément accéléré lorsque l'objet acquiert des accroissements de vitesse égaux pendant des intervalles de temps égaux. Avec les horloges rudimentaires que l'on possédait alors, il était impossible de mesurer des accroissements de vitesse pendant des temps égaux.

Galilée avait observé que, lorsqu'un objet tombe, sa vitesse passe régulièrement de 0 à sa valeur finale v_{fin}. Il s'était rendu compte du fait que, lorsqu'une grandeur change de façon uniforme, sa valeur moyenne est à mi-chemin entre la valeur initiale et la valeur finale. Puisque la vitesse initiale de l'objet qu'on lâche est nulle, sa vitesse moyenne est égale à $\frac{1}{2}v_{fin}$ (à mi-chemin entre 0 et v_{fin}). Il suffit alors d'utiliser la définition de la vitesse moyenne, $\bar{v} = \frac{d}{t}$, pour trouver la distance parcourue pendant le temps t :

$$d = \bar{v} \times t$$

et donc :

$$d = \frac{1}{2}v_{fin} \times t$$

Galilée ne pouvait pas vérifier cette formule non plus, car il aurait fallu mesurer la vitesse d'un corps juste avant qu'il ne touche le sol, ce qui est encore très difficile de nos jours.

Mais nous avons vu que la vitesse finale d'un objet qui tombe est $v_{fin} = gt$. Nous pouvons remplacer v_{fin} par cette valeur dans la formule qui donne d :

$$d = \frac{1}{2}gt \times t = \frac{1}{2}gt^2$$

C'est ce type d'expression que cherchait Galilée. Elle relie la distance totale parcourue par l'objet au cours de sa chute à la durée de la chute : ce sont deux quantités faciles à mesurer. Pourtant, les instruments de mesure dont disposait Galilée ne lui permirent de vérifier la formule que de façon indirecte.

Le mouvement des projectiles

Galilée avait divisé son étude du mouvement en trois parties ; la troisième est l'étude des projectiles. « Je me propose maintenant de trouver les propriétés des corps dont le mouvement se compose de deux autres mouvements, l'un uniforme et l'autre accéléré de façon naturelle. C'est le type de mouvement que l'on observe lors du déplacement des projectiles. »

Considérons une particule lancée sur un plan horizontal, en l'absence de frottement. D'après ce qui a été longuement expliqué dans les pages précédentes, nous savons que la particule va se déplacer sur ce plan suivant un mouvement uniforme et sans fin, pourvu que le plan ne soit pas limité. Mais si le plan est

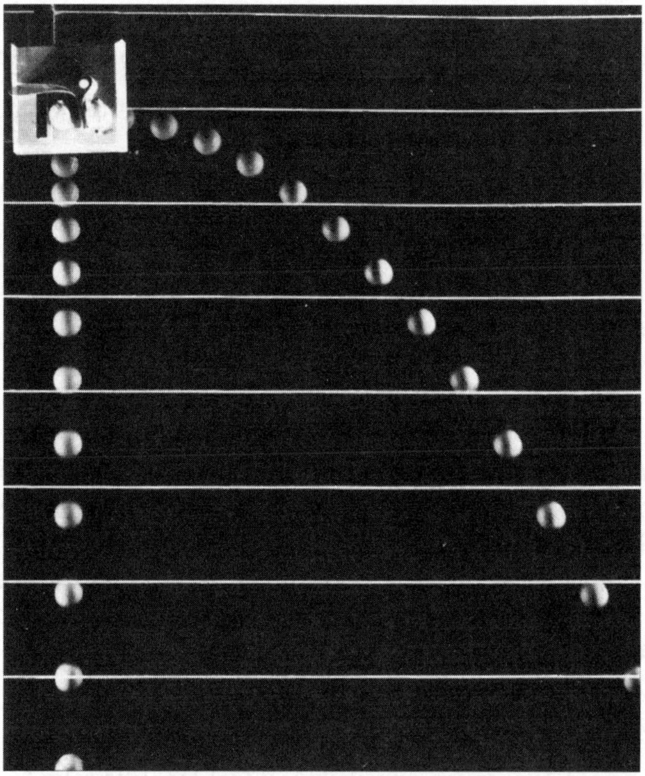

Figure 2.6 Photographie stroboscopique de deux balles lâchées en même temps de la même hauteur. Au départ, on a communiqué une vitesse horizontale à l'une des balles qui se déplace latéralement tout en tombant. Les droites horizontales tracées sur la photographie nous permettent de voir que les deux balles vont toucher le sol en même temps. Haber-Schaim, Dodge, Gardner et Shore, *PSSC Physics*, 7e édition, Kendall/Hunt Publishing Company, 1991.

limité et surélevé, au moment où elle franchira le bord du plan, la particule en mouvement, que nous supposons pesante, va acquérir, en plus du mouvement uniforme qu'elle avait précédemment, une tendance à aller vers le bas, due à son propre poids ; il en résultera un mouvement qui est la composition d'un mouvement uniforme horizontal et d'un autre, vertical et uniformément accéléré.

La photographie de la figure 2.6, réalisée en éclairage stroboscopique, illustre le raisonnement de Galilée. Deux balles tombent simultanément de la même hauteur. Une des balles est tout simplement lâchée tandis que l'autre est en même temps poussée horizontalement. Les lignes horizontales équidistantes qui se trouvent sur la photo montrent que les deux balles gardent en permanence la même altitude au cours de leur chute, leurs accélérations vers le sol étant identiques. Cette accélération est celle de la pesanteur g : la vitesse initiale horizontale communiquée à l'une des balles ne modifie pas son mouvement vertical. Si l'on observe attentivement la photo, on voit que les distances horizontales entre deux positions successives de cette balle sont égales : la composante horizontale du mouvement reste uniforme. Le mouvement vertical de la balle n'affecte pas son mouvement horizontal.

L'indépendance du mouvement vertical et du mouvement horizontal permet de prévoir la position d'un projectile tant qu'il est en l'air : il suffit d'utiliser ce que nous avons appris sur le mouvement de chacune de ses composantes. Le mouvement horizontal est uniforme, à la vitesse constante v_x, et le mouvement vertical est accéléré, avec une accélération constante g.

3

La mécanique : les lois du mouvement de Newton

La notion de force

La notion de force est au cœur de la mécanique. La notion intuitive de *force* est fondée sur l'activité musculaire. Lorsque nous poussons ou que nous tirons un objet, nous exerçons sur lui une *force* (figure 3.1). Pousser une tondeuse à gazon, tracter un chariot chargé, s'appuyer sur les bras d'un fauteuil pour se

Figure 3.1 La jeune femme exerce une force sur la poussette. Il existe d'autres forces dans la nature.

lever, tourner une clé de contact entre le pouce et l'index, toutes ces actions consistent à appliquer des forces. Mais dans la nature, toutes les forces ne sont pas nécessairement associées à l'activité des muscles. Lorsqu'on approche un petit aimant d'un clou, une *force magnétique* attire l'aimant vers le clou. Une *force gravitationnelle* maintient la Lune en orbite autour de la Terre, la Terre autour du Soleil et nous maintient nous, collés sur le sol.

La notion de force intervient directement dans la formulation des lois de la mécanique. La découverte de ces lois constitue l'acte de naissance de notre compréhension moderne de l'univers.

Les anciennes idées sur le mouvement

À l'heure actuelle, tout le monde sait que si l'on néglige le petit effet de la résistance de l'air, les objets tombent avec une accélération constante qui leur est communiquée par la force de pesanteur exercée par la Terre. Cette accélération est identique pour tous les corps en chute libre. Au début du XVIIe siècle pourtant, personne ne le savait. À cette époque, on pensait au contraire que les objets les plus lourds tombaient plus vite que les plus légers. Cette croyance provenait de l'enseignement d'Aristote, la plus grande autorité scientifique de l'Antiquité.

Né en 384 avant note ère dans la province grecque de Macédoine, Aristote perdit très tôt ses parents et fut élevé par des amis de sa famille. À l'âge de dix-sept ans, il partit pour Athènes afin de parfaire son éducation. Plus tard, il entra dans l'académie de Platon où il devint « l'intelligence de l'école », comme le disait Platon lui-même. Par la suite, Aristote devait fonder à Athènes sa propre école, le Lycée, nommée d'après un temple d'Apollon tout proche que l'on appelait Lykaios ou Lyceius (apparemment parce qu'il protégeait les récoltes contre les loups : *lykoi*). C'était la fameuse « école des péripatéticiens » où Aristote donnait parfois ses cours tout en marchant dans le jardin.

Les leçons d'Aristote ont été rassemblées en près de 150 volumes, dont seuls 50 sont parvenus jusqu'à nous. Les écrits d'Aristote ont été pratiquement oubliés jusqu'au treizième siècle de notre ère. Pendant le reste du Moyen Âge, Aristote devint l'un des plus grands philosophes et certainement l'un des plus influents.

Selon Aristote, la Terre et le Ciel étaient fondamentalement différents et les lois qui s'y appliquaient n'étaient pas les mêmes. La frontière entre ces deux régions était délimitée par la sphère de la Lune, au-dessus de laquelle tout mouvement était circulaire, uniforme et perpétuel. Ces régions célestes étaient le royaume de l'immuable, le domaine de l'éther où les choses étaient éternelles. Au contraire, dans la région située en dessous de la sphère de la Lune, tous les mouvements avaient lieu suivant des droites. Les choses étaient soumises au changement à cause des interactions entre le chaud et le froid, le sec et l'humide. Les quatre combinaisons de ces propriétés correspondaient aux quatre « éléments » : la Terre (chaude et humide), l'Eau (froid et humide), l'Air (froid et sec) et le Feu (chaud et sec). Chacun de ces éléments avait un lieu naturel, et le mouvement procédait d'une tentative des choses pour revenir à leur place. La Terre se trouvait au centre de tout et un objet principalement constitué de terre, une pierre par exemple, tombait vers la Terre qui était son lieu naturel.

Ainsi, la chute d'un corps vers la Terre est un exemple de mouvement naturel. Qui plus est, comme un objet lourd contient plus de terre qu'un objet léger, il manifeste une tendance plus forte à retrouver sa place naturelle. Selon Aristote, les objets plus lourds tombent plus vite. Il a fallu dix-neuf siècles et le génie de Galilée pour corriger cette erreur.

L'acte de naissance de la science moderne

Dans ses *Discours sur deux sciences nouvelles*, Galilée présente ses théories sous la forme d'une discussion entre trois personnes. Simplicio, qui expose les idées d'Aristote, Salviati qui est l'interprète de Galilée et Sagredo, qui personnifie le profane intelligent. Après s'être demandés si Aristote avait vérifié expérimentalement qu'une pierre lourde tombe plus vite qu'une pierre légère, Simplicio et Salviati continuent :

> SALVIATI (GALILÉE). – *Si nous prenons deux pierres dont les vitesses naturelles sont différentes et que nous les assemblons, il est évident que la plus rapide va être retardée par la plus lente, et la plus lente entraînée par la plus vive. Êtes-vous d'accord avec moi sur ce point ?*
>
> SIMPLICIO (ARISTOTE). – *Vous avez incontestablement raison.*
>
> SALVIATI (GALILÉE). – *S'il en est ainsi, et si la grande pierre se déplace avec une vitesse disons de huit, et la plus petite avec une vitesse de quatre, alors quand on les met ensemble, le système va se mouvoir avec une vitesse plus petite que huit. Mais, quand elles sont accrochées ensemble, les deux pierres constituent une pierre plus grosse que celle qui bougeait auparavant avec la vitesse de huit. Donc le corps le plus lourd se meut avec moins de vitesse que le plus léger ; conséquence qui contredit votre hypothèse. Vous voyez que, partant de votre hypothèse que le corps plus lourd se déplace plus vite que le corps plus léger, je déduis que le corps plus lourd se déplace plus lentement.*
>
> SIMPLICIO (ARISTOTE). – *Je suis abasourdi. Cela dépasse mon entendement.*

En fait, en 1604, Galilée avait démontré de façon théorique que les corps en chute libre sont accélérés vers le sol et que cette accélération est constante. Leur mouvement est, comme on le dit depuis, uniformément accéléré. C'est d'ailleurs à propos de la chute des corps que Galilée a défini le mouvement uniformément accéléré. Toutefois, avec les horloges et les instruments de l'époque, il lui était impossible de vérifier le bien fondé de ses prédictions théoriques. La légende selon laquelle il lançait des objets depuis la Tour penchée de Pise est très probablement fausse.

Figure 3.2 Tableau peint en 1841 par G. Bezzuoli.

Galilée (l'homme de haute taille placé au centre qui montre un livre de la main droite) fait la démonstration d'une de ses expériences en faisant rouler une bille sur un plan incliné. En changeant l'inclinaison du plan et en constatant que, pour chaque angle, l'accélération était constante, Galilée déduisit que, pour un angle de 90° (plan vertical), l'accélération de la bille serait encore constante. Il ne pouvait pas réaliser cette expérience, car il n'existait pas d'instruments de mesure du temps assez précis pour chronométrer la chute de la bille, trop rapide. (Alinary/Art Resource, NY)

Galilée s'est rendu compte qu'il existait un moyen détourné de vérifier sa théorie. Quand une bille roule sur un plan légèrement incliné, elle descend vers le sol avec une accélération moindre et il devient possible de la chronométrer avec une bonne précision. Galilée a effectivement construit un plan incliné, et il a laissé des notes détaillées décrivant des centaines d'expériences. Dans les *Discours sur deux sciences nouvelles*, c'est Salviati qui raconte en détail ces expériences. En changeant l'inclinaison du plan et en déterminant l'accélération de la bille lorsqu'elle roule dessus, Galilée constata que, pour chaque angle, l'accélération était constante et il en déduisit qu'elle le serait encore dans le cas limite d'un angle égal à 90°. Et, bien entendu, l'angle de 90° correspond à la chute libre.

Nous voyons ici comment Galilée réussit à contrer les arguments aristotéliciens grâce à son rationalisme mathématique, mais aussi comment il fonda la méthode scientifique moderne sur l'observation et l'expérimentation. En s'appuyant sur une analyse mathématique des hypothèses, on peut prévoir des phénomènes que l'on compare quantitativement aux résultats d'expériences conçues à cet effet. Galilée se rendait compte qu'il avait fondé la méthode expérimentale. Il écrit dans ses *Discours* :

> SALVIATI. – … *Nous pouvons dire que nous venons d'ouvrir pour la première fois la porte à une nouvelle méthode, porteuse d'un grand nombre de résultats magnifiques, et qui attireront dans le futur l'attention d'autres esprits.*

Les pionniers de la physique : dialogues de Galilée avec Aristote

SIMPLICIO. – Votre explication est tout à fait admirable ; pourtant j'ai du mal à penser qu'une balle de fusil tombe aussi vite qu'un boulet de canon.

SALVIATI. – Pourquoi ne pas dire un grain de sable aussi rapidement qu'une meule ? Mais, Simplicio, je sais que vous n'allez pas prendre exemple sur tous ceux qui font dévier la discussion de son véritable sujet en s'arrêtant à un de mes propos auquel manque une paille de vérité, et qui derrière cette paille, occultent les erreurs des autres qui sont grosses comme des poutres. Aristote dit : « une boule de métal de 100 livres, tombant d'une hauteur de 100 pieds touchera le sol avant qu'une boule pesant une livre ait parcouru un pied ». Moi je dis qu'elles arrivent au sol en même temps. Lorsqu'on fait l'expérience, on trouve que la plus grosse a deux doigts d'avance sur la plus petite ; vous n'allez pas profiter de ces deux doigts pour cacher les quatre-vingt-dix-neuf pieds d'Aristote, ni faire remarquer la petite erreur que j'ai faite, et passer sous silence la très grosse qu'il a commise.

Galileo Galilei, *Discours et démonstrations mathématiques à propos des deux sciences nouvelles*, 1638.

Galilée énonce le principe d'inertie

Au cours d'une de ses expériences, Galilée lâche deux balles, « l'une, disons en plomb et l'autre en liège, qui tombent depuis une hauteur de 150 ou 200 brasses [200 à 300 mètres] ». Il écrit dans ses *Discours* : « l'expérience montre que les deux balles… arrivent par terre avec des vitesses pratiquement égales ». Galilée considère ici que la résistance opposée par l'air lorsque la vitesse est élevée n'est pas beaucoup plus grande que lorsque la vitesse est faible. Plus loin, il explique :

> *En ce qui concerne la vitesse, plus elle est élevée, plus grande est la résistance qui lui est opposée par l'air, ce qui gène d'autant plus les objets qu'ils sont légers. Ainsi, pour un objet lourd qui tombe, l'accélération devrait se*

maintenir, et la distance parcourue rester en proportion du carré de la durée de la chute ; pourtant, aussi lourd soit-il, quand un objet tombe d'une très grande hauteur, la résistance de l'air finit par le priver de la possibilité d'augmenter sa vitesse, et transforme la chute en mouvement uniforme. Ceci se produit d'autant plus rapidement et pour des hauteurs d'air d'autant plus faibles que l'objet en mouvement est plus léger.

Galilée affirme que l'accélération d'un objet diminue au cours de sa chute à cause de la résistance de l'air, jusqu'à ce que cette résistance devienne égale au poids de l'objet. Il ne peut alors plus accélérer et continue sa chute à vitesse constante, parce que les forces qui agissent sur lui se compensent. Ceci contredit l'idée aristotélicienne selon laquelle, pour maintenir un corps en mouvement, il faut exercer une force, de sorte que si cette force motrice est équilibrée par une autre, le mouvement s'arrête. Selon Galilée, un objet qui se déplace à vitesse constante en suivant une ligne droite conserve ce mouvement bien qu'il ne soit plus en contact avec sa cause. On peut interpréter ceci comme une tendance qu'ont les corps à résister à tout changement de leur état de mouvement. Newton devait donner à cette propriété le nom d'inertie. Dans son ouvrage sur les *Deux sciences nouvelles,* Galilée écrit quant à lui :

J'ai imaginé un mobile lancé sur un plan horizontal, toutes les résistances ayant été supprimées. D'après ce qui a été dit ailleurs de façon détaillée, il est évident que le mouvement tranquille (uniforme) sur ce plan durerait éternellement si le plan avait une dimension infinie.

Figure 3.3 Une patineuse glissant en ligne droite sur de la glace parfaitement lisse ne ralentirait jamais. Dans la réalité, elle est ralentie par la résistance de l'air et un peu de frottement sur le sol (même une patinoire olympique n'est pas parfaitement lisse).

Galilée est arrivé à cette conclusion importante de façon très ingénieuse. Il écrit : « supposons que la descente [d'un objet] ait eu lieu suivant un plan en pente descendante AB, que l'objet quitte pour continuer son mouvement sur un plan en pente montante BC ». De la même façon que le poids d'un pendule remonte après une oscillation, pratiquement à la hauteur de laquelle il a été lâché, l'objet décrit par Galilée va retrouver son altitude initiale sur le plan BC. « Et ceci est vrai, que les pentes des deux plans soient égales ou non, comme celles des plans AB et BD ». Ainsi, si l'on modifie la pente du plan situé à droite, sur la figure 3.4, l'objet devra rouler de plus en plus loin (jusqu'à C, D puis E) pour arriver à la même hauteur. Lorsque le plan est horizontal, le corps ne retrouve jamais la hauteur d'où il est parti, et il doit « conserver une vitesse égale à celle qu'il avait acquise en arrivant en B après sa chute depuis A ».

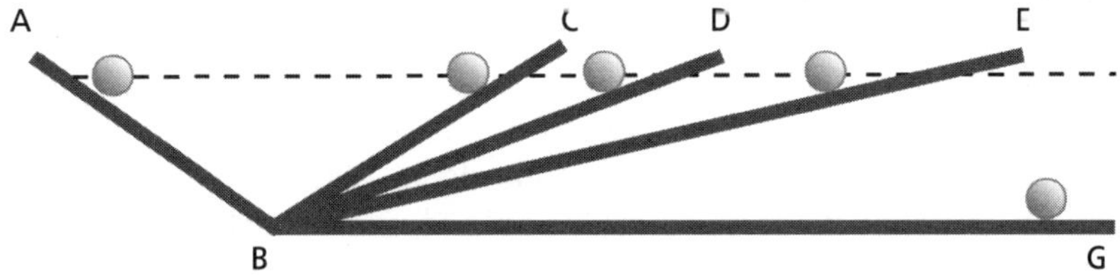

Figure 3.4 Conception ingénieuse de Galilée pour démontrer que, si l'on néglige le frottement, un objet qui se déplace sur un plan horizontal va continuer à se déplacer à vitesse constante, sans s'arrêter.

Les historiens des sciences ne sont pas tous d'accord pour affirmer que Galilée croyait à la possibilité d'un plan « de dimension infinie ». Certains pensent que lorsqu'il écrit « rouler éternellement » il décrit en réalité un objet qui reste à une altitude constante au-dessus de la Terre plutôt qu'un corps qui se déplace en ligne droite dans l'espace. Il est clair en tout cas que Galilée avait compris qu'un objet était susceptible de se déplacer avec une vitesse uniforme, non accélérée. Il revenait à Isaac Newton d'exploiter les idées de Galilée pour énoncer les lois du mouvement.

Première loi de Newton : le principe d'inertie

Isaac Newton est né à Woolsthorpe, dans le comté du Lincolnshire, le jour de Noël 1642, l'année même où mourait Galilée. Son père, Isaac, est mort trois mois avant sa naissance. On ne sait pas grand-chose des premières années de son éducation, si ce n'est qu'il fréquenta deux petites écoles dans les villages voisins de Woolsthorpe. À douze ans, Newton fut inscrit à la King's school de Grantham, à quelques kilomètres au nord de Woolsthorpe, où sa curiosité intellectuelle se révéla. Il construisit des jouets mécaniques et des horloges et commença à s'intéresser au temps, à l'espace et au mouvement des objets.

La physique au quotidien : la tour de Pise

À l'heure actuelle, la tour de Pise est inclinée d'un angle de 321 minutes d'arc, de sorte que son sommet est décalé de 5,227 mètres par rapport à sa base. Cette inclinaison exerce une contrainte importante sur le mur sud de la tour, et pourrait provoquer son effondrement.

Cette tour penchée n'est restée verticale que peu de temps au cours de ses 800 ans d'existence. Immédiatement après sa construction au douzième siècle, elle s'est inclinée vers le nord. Elle s'est redressée quelques années plus tard et elle est restée droite pendant près d'un siècle avant de commencer à s'incliner de façon inquiétante vers le sud, au début du XIVe siècle. Au début de XVIIe siècle, quand Galilée vivait à Pise, la tour s'était déjà inclinée de 180 minutes d'arc.

La construction de la tour a commencé en 1173 sur la *Piazza dei Miracoli*. C'était un campanile qui faisait partie d'une cathédrale et d'un baptistère grandioses, construits dans un mélange de styles roman et gothique. Le sol au-dessous de la place était constitué de plusieurs couches de calcaire et de sable. Toute la surface de la place s'est enfoncée, lentement et de façon irrégulière, certaines portions du terrain s'effondrant plus vite que d'autres. L'une de ces portions se trouve exactement sous la tour.

Depuis 1911, date à laquelle on a commencé à surveiller la tour de façon régulière, le sommet s'est décalé d'environ 1,2 mm par an. Plusieurs tentatives pour enrayer cette progression furent entreprises, mais aucune n'a réussi. En 1990, le gouvernement italien a constitué une commission internationale d'experts à qui il a demandé d'étudier les moyens de stabiliser la tour. En 1992, pour empêcher les murs de casser, on a cerclé le premier étage avec des bandes d'acier. En 1993, la commission a suggéré de placer 750 tonnes de plaques de plomb sur l'anneau de béton qui entoure le bâtiment, côté nord. Pendant neuf mois, ce contrepoids a stoppé l'inclinaison de la tour et l'a même redressée d'environ 2,5 cm.

En 1995, on a remplacé les plaques de plomb par un deuxième anneau, arrimé par des câbles d'acier aux couches de calcaire profondes. Des essais de consolidation des couches calcaires qui se trouvent sous la tour sont en cours. L'une des techniques consiste à assécher une partie du calcaire qui se trouve sous le côté nord de la tour, de façon à ce qu'il se tasse un peu, provoquant ainsi un léger affaissement du terrain au nord de la tour. On envisage d'obtenir le même résultant en retirant un peu de calcaire de ce côté.

En 1660, Newton entra au Trinity College et, cinq ans plus tard, il obtint son diplôme de *bachelor of arts*. La même année, la grande peste frappa aux portes de Londres et quand l'Université ferma ses portes en juin 1665, Newton dut se rendre dans la ferme de sa mère à Woolsthorpe. Il ne retourna pas à Cambridge avant le 22 avril 1667. Pendant son séjour de deux ans dans le domaine de sa mère, son génie mathématique se développa et ses recherches arrivèrent à leur point culminant en octobre 1666. Cette période d'intense créativité est en général connue sous le nom d'*annus mirabilis*, l'année des merveilles. Elle a été artificiellement rassemblée sur la seule année 1666 à des fins commémoratives. C'est à ce moment que Newton réalisa ses expériences sur la nature de la lumière, achevant sa théorie des couleurs au cours de l'hiver 1666. Il commença également à observer les comètes, passant des nuits entières dehors jusqu'à ce qu'il tombe malade de fatigue, comme il le raconta plus tard à son biographe. Dans le même temps, il esquissait les grandes lignes de ce qui allait devenir sa théorie des « fluxions », désormais connue sous le nom de « calcul différentiel ». C'est aussi pendant cette période glorieuse que Newton établit les bases de sa mécanique céleste et découvrit la loi de la gravitation universelle. « Tout cela eut lieu pendant les deux années de la peste, en 1665 et 1666, a écrit Newton, car j'étais alors à la fleur de l'âge pour l'imagination, et je m'intéressais aux mathématiques et à la philosophie [c'est-à-dire à la physique] plus que je ne l'ai jamais fait depuis. »

On ne sait pas bien pourquoi Newton, ayant eu l'idée de la gravitation universelle, négligea de publier ses résultats pendant près de vingt ans. Quand il le fit finalement, à l'instigation d'Edmond Halley, son ami le plus proche, il offrit au monde ce que beaucoup considèrent comme le plus grand traité scientifique jamais écrit, les *Philophiae naturalis principia mathematica* (Principes mathématiques de la philosophie de la nature). La physique contenue dans les *Principia* est encore utilisée de nos jours pour guider nos satellites de communication, les navettes spatiales et les sondes robotisées qui explorent le Système solaire (figure 3.5).

Les *Principia* sont composés de trois livres, ou parties. Dans le livre I, sur le mouvement des corps, Newton expose la physique des corps en mouvement. Cette première partie est précédée de ses « axiomes, ou lois du mouvement » :

> *Tout corps se maintient dans son état d'immobilité ou de mouvement rectiligne et uniforme, à moins de subir une force qui l'oblige à modifier cet état.*

Après l'énoncé de cette loi, Newton écrit : « Les projectiles gardent leur mouvement dans la mesure où ils ne sont pas ralentis par la résistance de l'air,

Figure 3.5 La physique exposée dans les *Principia* nous sert encore pour prédire le mouvement des véhicules spatiaux.. Avec l'aimable autorisation de la NASA.

ni poussés vers le bas par la force de gravité ». Ainsi, tant qu'aucune force n'agit sur lui, un objet conserve son état de mouvement. L'immobilité par rapport à un observateur est un cas particulier de mouvement rectiligne et uniforme. Newton exprime ici de façon claire ce que Galilée tentait d'expliquer, à savoir qu'un objet en mouvement rectiligne à vitesse constante continue de se déplacer suivant la même ligne droite et avec la même vitesse, à moins qu'une force ne lui soit appliquée. Son effet est alors de modifier le vecteur vitesse.

La tendance des corps à conserver leur état de mouvement (immobilité ou mouvement à vitesse constante) est qualifiée d'inertie. L'inertie n'est autre que la résistance opposée par tout objet lorsque l'on tente de modifier son état de mouvement. Elle dépend de la masse de l'objet. Un objet lourd présente une grande inertie : il est difficile de le mettre en mouvement ou de l'arrêter une fois qu'il est lancé. Les objets plus légers sont plus faciles à déplacer. C'est l'inertie qui pousse en avant les passagers d'une voiture lorsqu'elle freine brusquement. C'est encore à cause d'elle qu'il est difficile de faire démarrer une voiture sur une route verglacée. C'est également l'inertie qui oblige les passagers d'un manège à se cramponner pour éviter d'être éjectés et qui fait éclater les volants en fonte de certaines machines lorsqu'ils tournent trop vite. La première loi de Newton est aussi appelée principe de l'inertie.

La physique au quotidien : les ceintures de sécurité

Une ceinture de sécurité coulisse librement quand on la tire et se bloque quand la voiture s'arrête brusquement. Le fonctionnement des ceintures de sécurité est fondé sur le principe d'inertie.

La ceinture s'enroule autour d'un arbre. Une roue dentée qui tourne librement en temps normal est solidaire de cet arbre. Le dispositif contient une plaque allongée, dont une partie située vers le centre forme une pointe, qui peut pivoter autour du même axe. Quand la voiture freine brusquement, la partie la plus lourde de cette plaque se déplace vers l'avant du fait de son inertie ce qui engage la pointe dans la roue dentée. Le mouvement de la plaque est, quant à lui, arrêté par un petit cliquet engagé dans une fente de la plaque. Ce cliquet est solidement fixé à la carrosserie de la voiture.

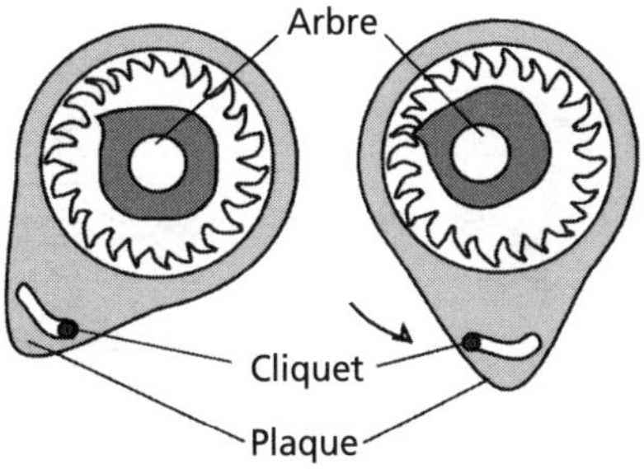

Quand vous tirez sur la ceinture, vous n'arrivez pas à la bloquer, car la pointe n'est pas engagée dans la roue dentée. Quand le conducteur appuie brusquement sur le frein, ou quand la voiture heurte un obstacle, la vitesse diminue rapidement. Vous-même, tout ce qui se trouve dans la voiture sans être attaché, et surtout la plaque dans le mécanisme de la ceinture, tout continue à se déplacer à la vitesse qui était celle de la voiture quelques secondes auparavant. Les objets vont probablement tomber par terre, mais, en s'engageant dans la roue dentée, la pointe de la plaque vous évitera d'aller heurter le pare-brise.

Jusqu'ici, nous avons évoqué des forces qui agissent sur des objets et modifient leur état de mouvement. Pourtant, chacun a tenté de pousser un meuble très lourd, une armoire par exemple, sans arriver à le déplacer. Dans ce cas, la force que nous appliquons est compensée par la force de frottement du sol sur l'armoire. On dit alors que la somme des forces agissant sur l'armoire est nulle. Les forces sont des quantités vectorielles, et ceci nous permet de comprendre comment il est possible d'exercer plusieurs forces sur un objet et d'avoir une force résultante égale à zéro. Si aucune des deux équipes qui tirent sur la corde de la figure 3.6 ne parvient à faire bouger l'autre, c'est que la force totale appliquée sur la corde est nulle, bien que tous les membres des deux équipes exercent des forces différentes sur la corde. Les trois femmes de l'équipe de gauche exercent trois forces distinctes F_1, F_2, et F_3, tandis que les hommes de l'équipe de droite exercent trois autres forces, F'_1, F'_2 et F'_3, différentes des précédentes et différentes entre elles. On résume la situation dans un diagramme où les longueurs des vecteurs sont proportionnelles à l'amplitude des forces correspondantes. Tous ces vecteurs sont dirigés suivant la direction et le sens de la force qu'ils représentent. Comme la longueur totale des trois vecteurs agissant à gauche est égale à la longueur totale des trois vecteurs qui agissent en sens inverse à droite, le vecteur qui représente la somme des six forces est nul. Ce qui signifie que la force totale exercée sur la corde est égale à zéro. Nous disons alors que la corde est en équilibre.

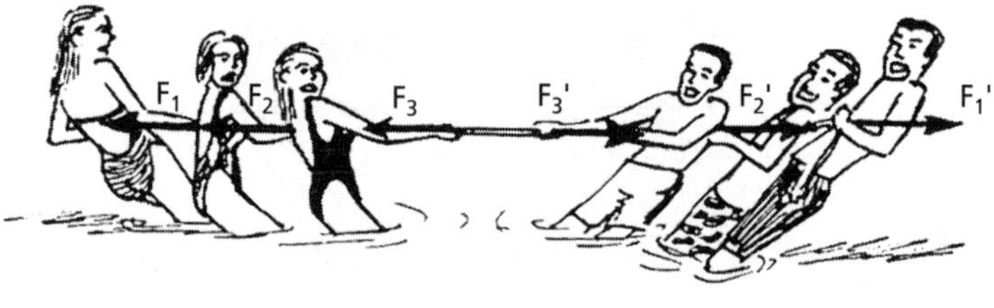

Figure 3.6 Équilibre : La force totale qui agit sur la corde est nulle car aucune des équipes ne parvient à tirer l'autre. Les forces qui agissent sur la corde sont toutes différentes les unes des autres, mais leur résultante est nulle.

La première loi de Newton affirme que si la force totale qui agit sur un objet est nulle, l'état de mouvement de cet objet ne change pas. Ainsi, si l'objet est en équilibre, sa vitesse (et plus précisément son vecteur vitesse) reste constante. Cette vitesse peut avoir n'importe quelle valeur, y compris zéro pour un objet immobile. Cela montre que le mouvement rectiligne et uniforme l'état d'immobilité sont équivalents, en ce qui concerne la première loi de Newton. À bien y regarder, on se rend compte qu'une vitesse est toujours donnée par rapport à un point de repère. Lorsque vous voyagez en avion, le livre que vous lisez est immobile par rapport à vous mais, par rapport au sol, il se déplace en même temps que tout le contenu de l'avion, à la vitesse de 1 000 km/h. L'hôtesse de l'air qui marche à 2 km/h vers l'avant de la cabine, se déplace donc à 1 002 km/h par rapport au sol. Qu'un objet soit immobile ou qu'il se déplace avec une vitesse constante, cela dépend du système de référence auquel on rapporte son mouvement. Les systèmes de référence particuliers dans lesquels le principe d'inertie est valide sont qualifiés de *référentiels inertiels* ou *référentiels d'inertie*. Ainsi, la notion de mouvement est totalement relative et cette idée est inhérente aux lois de Newton. Il en était d'ailleurs parfaitement conscient.

Deuxième loi de Newton : la loi des forces

La première loi de Newton décrit ce qui se passe lorsque la somme des forces exercées sur un objet est nulle. Que se passe-t-il dans les autres cas ? Toujours d'après la première loi, le vecteur vitesse de l'objet va être modifié. Autrement dit, il va subir une accélération. Cette accélération a la même direction et le même sens que la force résultante. Dans le Livre I des *Principia*, Newton explique :

> *Le changement de mouvement est proportionnel à la force appliquée, et se produit dans la direction de la droite le long de laquelle elle s'exerce.*

D'après la deuxième loi de Newton, quand une force agit brièvement sur un corps, par exemple quand une raquette de tennis frappe une balle, il se produit un changement de l'état de mouvement proportionnel à cette force. Si la force agit de façon continue, par exemple si l'on pousse un chariot pendant un certain temps, il se produit à chaque instant une accélération proportionnelle à la force appliquée.

Pour illustrer cette deuxième loi, imaginons que l'on pousse une voiture dont la batterie est en panne (figure 3.7a). La masse de la voiture est égale à 1 000 kg. Pour l'accélérer jusqu'à la vitesse de 5 km/h, il faut exercer une force F pendant 10 secondes.

Figure 3.7 **(a)** Une force **F** appliquée sur la voiture de masse m, lui communique une accélération $\mathbf{a}$, et la vitesse de la voiture passe de zéro à une valeur v en un temps t. **(b)** Une force égale à 3**F** donne à la voiture une accélération 3$\mathbf{a}$, faisant passer sa vitesse à 3$\mathbf{v}$ pendant le même temps t.

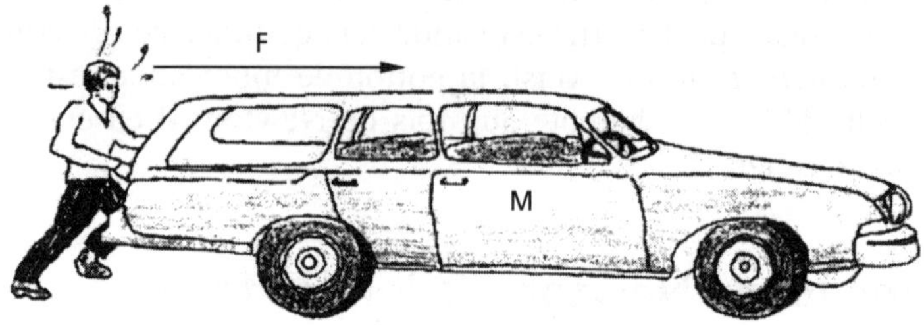

Figure 3.8 Pour communiquer une même accélération à une masse plus grande, il faut une force plus grande.

Si deux amis viennent aider le conducteur (figure 3.7b), la force exercée sera environ trois fois plus grande. Appliquée à la voiture pendant dix secondes, cette force $3F$ produit une accélération trois fois plus supérieure qui amènera la voiture à la vitesse de 15 km/h, ce qui suffit peut-être à faire démarrer le moteur. D'après ce qui précède, pour une masse constante, nous pouvons écrire que :

F est proportionnelle à a, ou $F \propto a$

Si c'est un break de deux tonnes qui est en panne de batterie, on comprend qu'il faudra pousser plus fort pour l'amener de 0 à 5 km/h en 10 secondes. Pour être précis, puisque le break et deux fois plus lourd que la voiture, il faut appliquer une force deux fois plus grande pour provoquer la même accélération. Pour une accélération donnée, nous écrivons donc que :

F est proportionnelle à m.

Dans un cas, nous avons vu que pour une masse constante, la force appliquée est proportionnelle à l'accélération. Dans l'autre, nous constatons que pour une accélération donnée, la force appliquée est proportionnelle à la masse de l'objet. Nous pouvons combiner ces deux lois en une seule équation :

$$\boldsymbol{F} = m\boldsymbol{a}$$

qui est l'expression mathématique de la deuxième loi de Newton. Lorsqu'on passe d'une proportionnalité à une égalité, on introduit en général une constante. Dans le cas que nous considérons, si l'on utilise les unités SI, la constante est égale à 1. Remarquez que la force et l'accélération sont toutes deux des quantités vectorielles.

Nous pouvons reformuler la deuxième loi de la façon suivante :

L'accélération d'un objet est proportionnelle à la force totale qui s'exerce sur lui, et inversement proportionnelle à sa masse.

L'unité SI de force est le *newton* (N), défini comme la force qui, appliquée à une masse de 1 kg, produit une accélération de 1 m/s^2. D'après cette définition, nous pouvons écrire :

$$1 \text{ N} = 1 \text{ kg·m/s}^2$$

Dans l'expression de la deuxième loi de Newton, c'est la force totale $\boldsymbol{F}$ qui, agissant sur un objet de masse m, produit une accélération $\boldsymbol{a}$.

Troisième loi de Newton : la loi de l'action et de la réaction

Grâce à la deuxième loi, nous pouvons maintenant calculer la force moyenne qu'il faut exercer, par exemple, pour faire passer une voiture de 0 à 100 km/h en 10 secondes. On commence par déterminer la masse de la voiture, puis on la multiplie par l'accélération moyenne obtenue à partir de la vitesse initiale, de la vitesse finale, et de la durée considérée. Mais, d'où vient cette force ? Du moteur de la voiture, serait-on tenté de répondre. Certes, mais ce moteur ne fait que provoquer le mouvement des roues (si elles ne touchent pas terre, la voiture n'avance pas). Qui plus est, les roues agissent sur le pavé, pas sur la voiture. En réalité, la réponse à notre question se trouve dans la troisième loi de Newton :

> *Pour toute action, il existe aussi une réaction égale. Autrement dit, les actions réciproques exercées l'un sur l'autre par deux objets sont toujours égales, et dirigées en sens contraires.*

« Tout ce qui tire, ou pousse l'autre est tiré ou poussé de façon égale par cet autre » écrit Newton. Les roues de la voiture poussent sur le pavé avec une force qui provient du moteur. À cette action correspond une réaction exercée par le pavé sur les roues, force qui fait avancer la voiture. Ces deux forces égales, celle des roues sur le pavé et celle du pavé sur les roues, agissent sur des corps *différents* (ici le pavé et les roues).

Ce que dit la troisième loi de Newton c'est que dans la nature, les forces apparaissent toujours deux par deux, agissant sur des objets différents. Il ne peut pas exister de force unique, isolée, qui agirait sur un corps sans qu'une autre force d'égale intensité agisse ailleurs.

Ainsi, d'après la troisième loi, la force qui retient la Lune autour de la Terre, F_{TL}, est égale et opposée à la force d'attraction exercée par la Lune sur la Terre, F_{TL}, (figure 3.9). L'attraction que la Terre exerce sur un objet est appelée le *poids* de l'objet, P. Lorsque nous lâchons une balle, l'attraction de

Figure 3.9 La Terre et la Lune s'attirent mutuellement, avec des forces égales et opposées.

la Terre fait tomber la balle vers le centre de la Terre avec une accélération de 9,8 m/s^2 (si nous négligeons la résistance de l'air). C'est, comme nous l'avons vu au chapitre 2, l'accélération due à la pesanteur, *g*. D'après la deuxième loi de Newton, cette force due à la pesanteur, ou poids (*P*), est donnée par la relation :

$$P = mg$$

où *m* est la masse de l'objet. La troisième loi affirme quant à elle que l'objet attire lui aussi la Terre avec une force égale à ce poids et opposée (figure 3.10). Cependant, la deuxième loi montre aussi que l'accélération de la Terre sous l'effet de cette force est parfaitement négligeable :

$$F = P = M_T a = mg$$

Puisque M_T est beaucoup plus grande que *m*, *a* doit être beaucoup plus petite que *g*.

Figure 3.10 La Terre attire la balle avec une force que l'on appelle le poids de la balle. La balle attire la Terre avec une force égale et opposée.

Figure 3.11 Les patineurs tirent sur les bras l'un de l'autre avec des forces égales et opposées.

Deux objets qui interagissent l'un avec l'autre obéissent à la troisième loi de Newton. Les patineurs de la figure 3.11 tirent sur les bras de leur partenaire avec des forces égales et opposées agissant sur deux corps différents — en l'occurrence, celui des patineurs.

4

L'Énergie

Qu'est-ce que l'énergie ?

L'énergie est une notion essentielle aux yeux des scientifiques. On la retrouve sous de nombreuses formes : l'énergie mécanique, l'énergie thermique, l'énergie électromagnétique, l'énergie chimique et l'énergie nucléaire. En fait, dès qu'il se passe quelque chose dans l'univers, lorsqu'une étoile lointaine explose ou qu'une feuille morte tombe d'un arbre, de l'énergie change de forme. La notion d'énergie nous est familière, mais serions-nous capable de la définir convenablement ? Qu'est-ce que l'énergie ? Peut-on la mesurer ? Peut-on la toucher ?

L'énergie est un concept abstrait, introduit par les physiciens pour mieux comprendre la nature. Du coup, nous ne pouvons pas avoir en tête une image de ce qu'*est* l'énergie et il est très difficile de la décrire de façon simple. On peut cependant comprendre ce qu'elle *fait*. L'énergie, c'est la capacité à produire du travail. Mais pour comprendre vraiment ce que veut dire cette définition, il faut commencer par savoir ce que les physiciens — qui ont l'habitude d'utiliser des mots de la vie courante avec un sens particulier — entendent par « travail ».

La notion de travail

L'idée de travail implique qu'un effort est fourni pour produire quelque chose. Toutefois, ce que l'on appelle travail en physique est assez différent de ce qu'on entend habituellement par ce mot. Nous devons donc distinguer soigneusement ces deux significations. Quelques exemples permettent de préciser le sens du mot travail en physique. Imaginons le cas d'une voiture dont la batterie est morte. Son propriétaire décide de pousser le véhicule jusqu'à la station-service située à 200 mètres. Pour pousser la voiture, il exerce une force. S'il ne parvient pas à faire bouger la voiture, les physiciens considèrent qu'il ne produit aucun travail, quoi qu'en pense celui qui s'escrime contre le véhicule. En revanche, si la voiture se déplace sous l'effet de la force exercée, on dit qu'un certain travail lui a été fourni. L'homme qui pousse sur la voiture (figure 4.1a) ne produit du travail que s'il est en mesure de lui faire parcourir une certaine distance. S'il essaye de pousser un bulldozer, il est probable qu'il n'arrivera pas à le faire bouger. Le travail produit dans ce cas est nul, bien qu'incontestablement l'homme se fatigue (figure 4.1b).

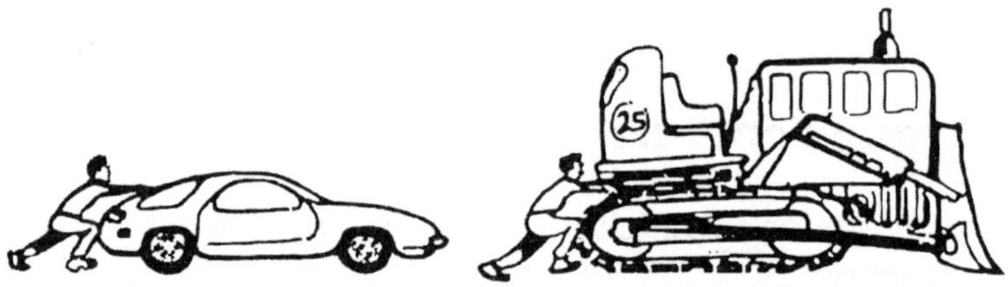

(a) (b)

Figure 4.1 **(a)** Un travail est fourni quand la force exercée par la personne déplace la voiture sur une certaine distance. **(b)** L'homme qui pousse sur le bulldozer n'arrive pas à le faire bouger. Dans ce cas, aucun travail n'est fourni.

Considérons maintenant une voyageuse qui tire une valise dans un aéroport (figure 4.2a). La valise roule sur le sol horizontal tandis la voyageuse tire sur la poignée. Nous savons tous, par expérience, que si elle tire sur la poignée dans une direction trop proche de la verticale, son effort pour déplacer la valise ne sera pas efficace. Si la valise est vraiment très lourde, la voyageuse doit se pencher, et tirer sur la poignée pratiquement à l'horizontale. En fait, c'est dans cette direction horizontale que la force déplace le plus efficacement la valise (même si la position n'est pas confortable ; voir la figure 4.2c). Si on tire dans une direction perpendiculaire à celle du déplacement souhaité, tous les efforts sont perdus : la force qu'on exerce ne sert à rien en ce qui concerne le déplacement de la valise sur le sol.

Si, dans toutes les situations que nous venons de décrire, la voyageuse exerce une force égale, le travail fourni à la valise est maximum lorsque la direction de la force est parallèle à celle du déplacement. Il sera nul si la force est perpendiculaire au déplacement, et prendra des valeurs intermédiaires

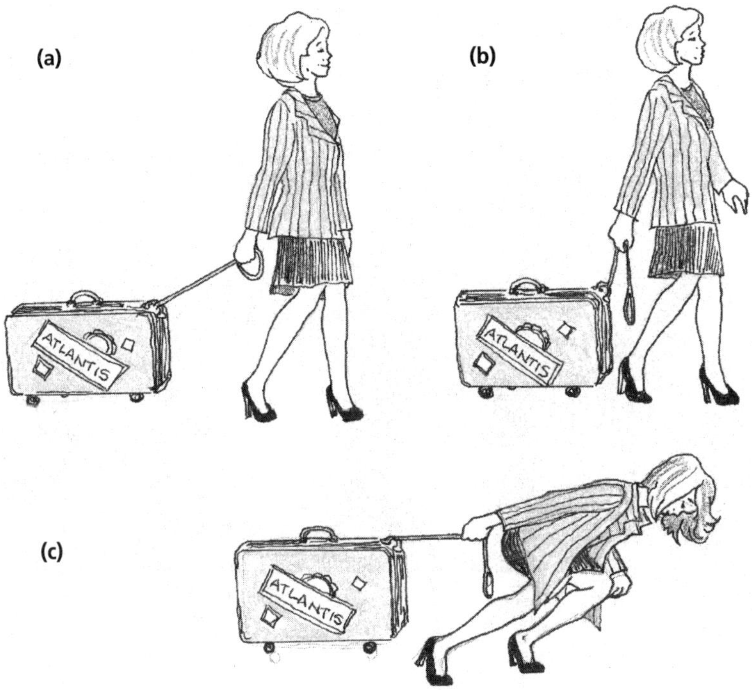

Figure 4.2 (En haut) Déplacement d'une valise de poids modéré. Si on tire presque verticalement sur la lanière, on n'arrive pas à faire avancer la valise. (En bas) Pour tirer de façon efficace une valise très lourde, il faut se pencher en avant et tirer dans la direction horizontale.

quand la force est appliquée dans une autre direction. Plus la direction de la force est proche de celle du déplacement, plus la force produit de travail. Nous pouvons dire que le travail est une mesure de la productivité d'une force. Dans le cas simple où la force est constante et agit dans la direction du mouvement d'un objet, comme sur les figures 4.2c et 4.3, le travail fourni est le produit de la force par la distance parcourue par l'objet, soit :

$$\text{Travail} = \text{force} \times \text{distance} \qquad \text{ou} \qquad W = F \times d$$

Quand la force n'agit pas dans la direction du mouvement, on peut la décomposer en deux composantes, l'une parallèle à la direction du mouvement, et l'autre perpendiculaire. D'après ce que nous venons de voir, seule la composante parallèle au mouvement produit du travail.

Il est intéressant de remarquer que, lorsqu'une personne marche sur une surface horizontale en portant sa valise, la force exercée pour empêcher la valise de tomber ne produit aucun travail puisque cette force est verticale et

Figure 4.3 La force exercée par le cheval est dans la même direction que le mouvement qui en résulte. Dans ce cas, le travail est égal au produit de l'amplitude de la force par la distance parcourue.

que le déplacement est horizontal ! Et pourtant, si la valise est lourde, et si la distance à parcourir est grande, cette personne commence à transpirer. Pourquoi ? En fait, même si l'on reste immobile, il est fatiguant de porter une valise. En réalité, il se produit bien un mouvement, mais il a lieu à l'intérieur du bras qui tient la valise : les fibres musculaires produisent effectivement du travail. Pendant que l'on porte la valise, des impulsions nerveuses excitent sans cesse les muscles du bras. À chaque impulsion, une fibre musculaire se contracte puis se détend. À tout moment, un grand nombre de fibres musculaires sont contractées, tandis que les autres sont détendues. Mais, dans la mesure où nous nous intéressons au mouvement de la valise, qui n'est pas lié à l'activité des muscles à l'intérieur du bras, nous arrivons à la conclusion correcte que la valise, elle, ne reçoit aucun travail.

Unités de travail et d'énergie

L'unité d'énergie dans le système SI, tout comme celle du travail (puisque l'énergie est la capacité à produire du travail, les deux doivent s'exprimer dans la même unité), est le *joule* (J). Ce nom a été donné en hommage au physicien anglais James Prescott Joule (1818-1889) dont les travaux ont clarifié les concepts de travail et d'énergie. Le joule combine les unités de force et de longueur :

$$1\ \mathrm{J} = 1\ \mathrm{N{\cdot}m}$$

Donnons deux exemples pour nous rendre compte de ce que vaut un joule. Il faut environ un travail de 1 joule pour soulever un ballon du sol jusqu'aux épaules, tandis qu'il faut une énergie de 10 joules pour prendre un manuel de physique sur l'étagère du bas de la bibliothèque, et se relever pour le lire. Cela ne semble pas énorme.

Pourtant, quand on s'intéresse aux atomes ou aux électrons, le joule est une unité beaucoup trop grande. On utilise alors une autre unité, l'électron-volt (eV). On passe de l'une à l'autre par la conversion suivante :

$$1\ \mathrm{eV} = 1{,}6 \times 10^{-19}\ \mathrm{J}$$

On utilise fréquemment un multiple de l'électron-volt, le MeV, qui vaut un million d'eV.

Le concept d'énergie

La notion de travail est très utile pour comprendre celle d'énergie. Comme nous l'avons dit en commençant ce chapitre, l'énergie est la capacité à produire un travail. Autrement dit, l'énergie nous permet d'accomplir des tâches, de fournir du travail à d'autres objets. Nous pouvons aussi considérer l'énergie comme le résultat d'un travail. C'est l'énergie chimique contenue dans le corps de la personne de la figure 4.4 qui lui permet de fournir du travail à la voiture en la poussant. Du coup, cette énergie chimique est transférée à la voiture sous forme d'énergie de mouvement et aussi, en partie, de chaleur (c'est-à-dire en énergie thermique), parce que les pneus frottent sur le pavé.

L'énergie ainsi conçue comme une chose stockée à l'intérieur d'un système et qui lui permet de produire du travail a été d'abord appelée *vis viva* (« force vive » en latin) par le philosophe allemand Gottfried W. Leibnitz (1646-1716), parce qu'il pensait que seuls les êtres vivants étaient susceptibles de produire du travail. Le scientifique anglais Thomas Young (1773-1829) s'aperçut que les objets inanimés sont eux aussi capables de produire du travail : par exemple le vent, lorsqu'il fait tourner les ailes d'un moulin ou qu'il propulse un navire. Il proposa le nom d'« énergie », fabriqué à l'aide de mots grecs signifiant « travail à l'intérieur », pour qualifier cette capacité de travail contenue dans un système.

Parmi tous les types d'énergie que nous avons énumérés au début du chapitre, nous n'allons considérer pour l'instant que l'énergie mécanique.

Dans la suite de ce livre, nous étudierons d'autres formes d'énergie. L'énergie mécanique d'un corps provient de son état de mouvement, de sa position dans l'espace, ou de sa structure interne.

Figure 4.4 L'énergie est la capacité à fournir du travail. C'est l'énergie chimique contenue dans le corps du jeune homme qui lui permet de fournir un travail à la voiture.

L'énergie due au mouvement

D'après ce que nous avons vu, le travail implique la présence de forces et de mouvement. Un objet en mouvement est susceptible de produire du travail : l'eau d'un torrent fait tourner une meule, le vent met en branle les ailes d'un moulin ou propulse un voilier, et un camion qui percute l'arrière d'une voiture à l'arrêt la fait sans aucun doute avancer de quelques mètres.

Donc, un *objet en mouvement possède de l'énergie*. Et cette énergie est bien *due* au mouvement. L'eau stagnante ne fait rien tourner du tout, et en l'absence de vent, l'air est aussi inutile au moulin qu'au voilier. Nous appelons « énergie cinétique » l'énergie d'un objet en mouvement. Le mot « cinétique » a été utilisé pour la première fois en 1856 par le physicien anglais Lord Kelvin ; il vient du mot grec qui signifie « mouvement ». La quantité d'énergie cinétique que possède un objet dépend de sa masse et de sa vitesse. Ainsi, un gros camion qui se déplace à la même vitesse qu'une voiture a plus d'énergie cinétique, parce que sa masse est plus grande. Par ailleurs, un coureur a plus d'énergie cinétique qu'une personne de même masse en train de marcher, parce que sa vitesse est plus grande. L'énergie cinétique, énergie d'un objet qui vient de son mouvement, augmente donc avec la masse de l'objet et avec sa vitesse. Elle est égale à la moitié du produit de la masse m par le carré de la vitesse, v^2 :

$$\text{Énergie Cinétique } (EC) = \frac{1}{2}mv^2$$

Les pionniers de la physique :
James Prescott Joule (1818-1899)

Deuxième fils d'un riche brasseur, James Joule bénéficia d'une bonne éducation. Quand il était jeune, il reçut les cours d'un chimiste de renom, John Dalton, et fit preuve de talent pour les sciences. À dix-neuf ans, il entreprit plusieurs expériences pour déterminer la nature des électroaimants, et il en publia les résultats.

Né en 1818 près de Manchester, en Angleterre, Joule manifesta très tôt son intérêt pour les machines qui se trouvaient dans la grande brasserie de son père. Cet intérêt le prépara à concevoir des expériences et à construire les appareils nécessaires à leur réalisation. Très tôt, il fut préoccupé par la précision des mesures. Il était tellement passionné que, pendant sa lune de miel, il prit le temps de fabriquer un thermomètre particulier, pour mesurer la différence de température entre le haut et le bas d'une chute d'eau que lui et sa femme avaient visitée.

Quand Joule eut quinze ans, son père tomba malade et cessa de travailler. Bien que la bonne marche de la fabrique lui prît beaucoup de temps, Joule poursuivit ses activités scientifiques. À 22 ans, il calcula la quantité d'énergie produite par un courant électrique, et il passa les dix années suivantes à concevoir des expériences pour mesurer l'énergie de toutes les façons possibles.

Son premier rapport sur ces expériences fut accueilli avec scepticisme, et fut même rejeté. La Royal Society n'accepta pas son premier article et Joule dut se contenter de présenter ses résultats lors de conférences publiques. Le rapport finit par être publié dans un journal de Manchester, à la demande de son frère qui y tenait la critique musicale.

Finalement, son travail attira l'attention des autres chercheurs, et Joule fut apprécié à sa juste valeur. Il fut élu à la Royal Society en 1850, et devint plus tard le président de l'association britannique pour le développement des sciences. En 1854, sa femme mourut, après seulement six années de mariage, et Joule, profondément affecté, se réfugia dans son travail. En 1875, il commença à connaître des difficultés financières et la reine Victoria lui octroya une pension. À la fin de sa vie, il fut perturbé par les applications militaires de ses travaux. Il mourut en 1889, à l'âge de 71 ans, après une longue maladie.

L'énergie due à la position

Une boule de neige immobile en haut d'une colline n'a pas d'énergie cinétique, puisqu'elle ne bouge pas. Pourtant, elle est *potentiellement* capable de fournir du travail, voire de démolir le bonhomme de neige qui se trouve au pied de la falaise de la figure 4.5. Il suffit pour cela de la faire basculer : elle sera alors accélérée par la force de gravitation exercée par la Terre. Ce type d'énergie, que nous appelons *énergie potentielle* (gravitationnelle), provient de l'éloignement d'un objet par rapport à la surface de la Terre. Le qualificatif « potentielle » rappelle que cette énergie est en quelque sorte mise en réserve et on ajoute « gravitationnelle » parce que dans ce cas précis, c'est la force de gravitation exercée par la Terre qui fait tomber l'objet vers le sol dès qu'il en a la possibilité. Remarquez en effet que, à moins que l'enfant ne la pousse, la boule restera immobile en haut de la falaise. Lorsqu'on la pousse un peu, elle n'a plus d'appui sur la falaise, et se retrouve au-dessus du sol, à une hauteur égale à celle de la falaise : elle tombe. Ce que nous appelons ici le sol est donc, en fait, l'endroit le plus bas accessible à un objet, compte tenu de la

Figure 4.5 La boule de neige possède de l'énergie potentielle du fait de son éloignement par rapport au sol. Si on la fait basculer du haut de la falaise, cette énergie lui permettra de casser le bonhomme de neige qui se trouve au-dessous.

situation. Cette position la plus basse est un *niveau de référence* à partir duquel on caractérise la position de l'objet. Nous pouvons choisir à notre guise le niveau de référence qui semble le mieux adapté.

L'énergie potentielle dépend aussi de la masse de l'objet. Sans aucun doute, le noyer qui tombe sur une maison après une tempête fait beaucoup plus de dégâts (plus de travail !) qu'une simple noix tombant sur le même toit. Lorsqu'on fait varier l'altitude d'un objet, son énergie potentielle varie aussi car sa distance au sol change. Si vous prenez une caisse pleine de livres par terre et si vous la placez sur une chaise, la caisse a gagné de l'énergie potentielle parce que sa distance au sol a augmenté. Cette énergie provient du travail fourni par vos muscles pour soulever la caisse en vous opposant à la force de pesanteur. Si vous décidez de poser la caisse sur la table plutôt que sur la chaise, son énergie potentielle augmente de façon proportionnelle à l'accroissement de sa hauteur. Cette augmentation de l'énergie vient du travail supplémentaire que vous avez dû fournir pour monter la caisse de la chaise jusqu'à la table. Si on pousse la caisse de livres quand elle se trouve sur la table, elle arrivera par terre avec une vitesse plus grande que si on la laisse tomber du haut de la chaise. Son énergie cinétique sera donc plus grande si elle tombe de la table.

Résumons-nous : l'énergie potentielle gravitationnelle est l'énergie que possède un objet du fait de sa distance à la surface de la terre. L'énergie potentielle est proportionnelle à la masse de l'objet et à sa hauteur par rapport à un niveau de référence.

Déterminer l'expression exacte de l'énergie potentielle de gravitation n'est pas difficile. Nous calculons pour cela le travail fourni par le garçon de la figure 4.6 lorsqu'il soulève sa balle, de masse m, jusqu'à la hauteur h. La force de pesanteur attire la balle vers la Terre donc, pour éloigner la balle de la Terre, le garçon doit exercer une force dirigée vers le haut, qui empêche la balle de tomber, et la fait même se déplacer lentement vers le haut. Le travail qu'il fournit ainsi augmente l'énergie potentielle de la balle.

Choisissons comme niveau de référence le sol de la pièce : avant qu'on la soulève, la balle a une énergie potentielle nulle. Le travail fourni par le garçon lorsqu'il soulève la balle est égal au produit de la force appliquée par le déplacement de la balle, c'est-à-dire la hauteur h de la table. L'amplitude de la force qu'il exerce pour soulever la balle lentement, sans accélération, est égale au poids de la balle, mg. Cette force est dirigée dans le sens du déplacement. Ainsi :

$$W = Fh = mgh$$

Le garçon a donc fourni un travail $W = mgh$ à la balle. C'est ce que l'on appelle l'énergie potentielle de la balle lorsqu'elle est sur la table. Si la balle

Figure 4.6 Quand le garçon la soulève lentement, la balle acquiert de l'énergie potentielle de gravitation.

roule et tombe de la table, elle va acquérir de l'énergie cinétique : cette énergie cinétique prendra justement la valeur *mgh* quand la balle arrivera au niveau de référence.

$$EP_{\text{grav}} = mgh$$

Il existe d'autres sortes d'énergie potentielle (figure 4.7). Quand nous poussons l'un vers l'autre deux aimants, pôle nord contre pôle nord, il se produit une augmentation de l'énergie potentielle magnétique. Si vous comprimez un ressort en le tenant entre vos mains, l'énergie potentielle due à l'élasticité du ressort augmente.

Dans tous les cas, l'énergie potentielle est contenue dans le système de corps qui interagissent. Après avoir rapproché les aimants, par exemple, nous pouvons maintenir l'un des deux immobile et lâcher l'autre. Quel que soit l'aimant que l'on lâche, il va s'éloigner de l'autre, en utilisant l'énergie potentielle disponible pour la transformer en énergie cinétique : cette énergie potentielle se trouve donc dans le système des deux aimants en interaction. Quand, une balle lâchée depuis une certaine hauteur tombe vers la Terre, on pourrait penser

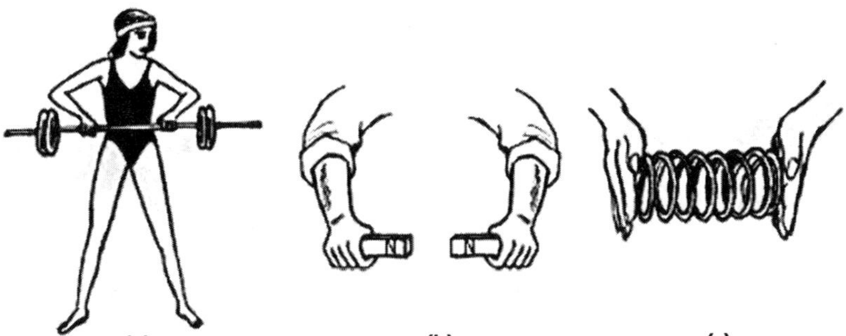

(a) (b) (c)

Figure 4.7 Différents types d'énergie potentielle. **(a)** L'énergie potentielle des haltères augmente au fur et à mesure qu'on les soulève. **(b)** L'énergie potentielle des aimants augmente quand on les rapproche l'un de l'autre, les pôles nord étant dirigés l'un vers l'autre. **(c)** L'énergie potentielle du ressort augmente tandis qu'on le comprime.

qu'avant la chute, l'énergie potentielle appartenait à la balle. En fait, si l'on trouvait un moyen d'attacher la balle en un point fixe par rapport au Soleil, c'est la Terre que nous verrions tomber vers la balle. Dans ce cas, l'énergie potentielle se trouve dans le système Terre + balle. Pour augmenter l'énergie potentielle d'un système, c'est-à-dire pour écarter la balle et la Terre ou rapprocher les aimants, il faut en général faire appel à une personne ou à un système extérieur au système étudié (par exemple le garçon qui soulève sa balle).

Énergie potentielle d'élasticité

Le ressort étiré de la figure 4.8 contient de l'énergie. On l'appelle l'énergie potentielle d'élasticité. Si nous exerçons une force **F** sur un ressort, l'augmentation de longueur du ressort est proportionnelle à la force (tant que l'allongement n'est pas excessif). Nous pouvons écrire la force exercée par une personne qui tire lentement sur le ressort sous la forme :

$$\mathrm{F} = kx$$

où k est la constante dite de rappel du ressort. Cette relation est connue sous le nom de loi de Hooke. D'après la troisième loi de Newton, lorsque son élongation est égale à x, le ressort exerce donc une force sur la personne égale à :

$$\mathrm{F} = -kx$$

La force que nous exerçons pour allonger le ressort passe de zéro, quand le ressort est « au repos » (ni allongé, ni comprimé) à la valeur kx, quand son allongement est égal à x. La force moyenne est donc égale à :

$$\bar{F} = \frac{0 + kx}{2} = \frac{1}{2}kx$$

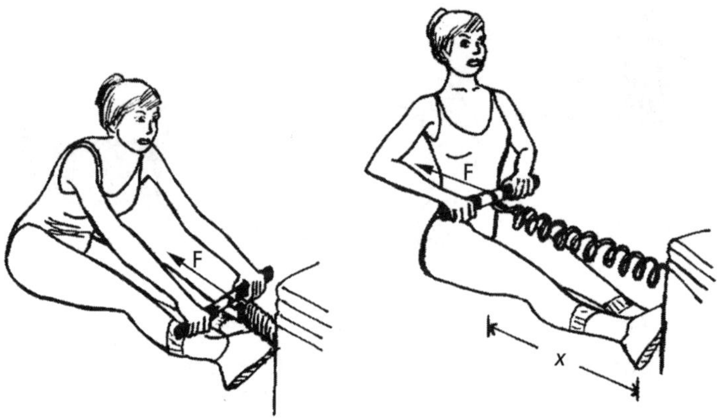

Figure 4.8 Par rapport à sa position au repos, le ressort est étiré : la force est proportionnelle à l'allongement *x*.

Le travail que nous devons fournir pour lutter contre la force élastique du ressort, et déplacer son extrémité de sa position au repos jusqu'à la valeur x, est égal au produit cette force moyenne par le déplacement x :

$$W = \bar{F}x = \left(\frac{1}{2}kx\right)x = \frac{1}{2}kx^2$$

Ce travail, exercé par une personne extérieure lors de la déformation du ressort, a été emmagasiné dans le ressort sous forme d'énergie potentielle d'élasticité :

$$EP_{élasticité} = \frac{1}{2}kx^2$$

Travail et variation de l'énergie cinétique

Nous avons vu que, lorsqu'une balle tombe, sa vitesse s'accroît au cours du temps, à cause de l'accélération engendrée par la force de gravitation. Par conséquent, son énergie cinétique augmente. Il existe une relation entre l'augmentation de l'énergie cinétique de la balle et le travail des forces qui agissent sur elle. Cette relation est appelée *théorème de l'énergie cinétique* ou, parfois, théorème des forces vives. Elle est tout à fait générale et s'énonce de la façon suivante. *Lorsqu'une ou plusieurs forces agissent sur un objet pendant qu'il se déplace d'un point à un autre, la variation de l'énergie cinétique de cet objet entre les deux points est égale au travail de toutes les forces qui agissent sur lui, calculé le long du trajet suivi entre les deux points.*

Dans le cas de la balle qui tombe, la force de pesanteur est dirigée vers le bas et le déplacement se produit, lui aussi, vers le bas. Le travail de la force de pesanteur le long du chemin parcouru par la balle est *positif* : la variation d'énergie cinétique est positive, ce qui signifie que l'énergie cinétique de la balle *augmente*. Considérons maintenant la balle après qu'elle a rebondi sur le sol : elle remonte jusqu'à une certaine hauteur. Pendant que la balle remonte, la force de pesanteur est toujours dirigée vers le bas, mais le déplacement est maintenant dirigé vers le haut : on considère alors que le travail de la force de pesanteur est *négatif*. Ce travail négatif fait diminuer l'énergie cinétique de la balle. Cela traduit le fait que, pendant que la balle monte, la force de pesanteur la freine. Nous savons bien que la vitesse de la balle diminue, jusqu'à devenir nulle au moment où la balle fait demi-tour pour retomber vers le sol.

Ainsi, quand une force est dirigée dans le même sens que le déplacement de l'objet, son travail pendant le déplacement est positif ; on dit qu'il s'agit d'un *travail moteur*. Quand la force et le déplacement sont en sens contraires, le travail est négatif, et l'on parle de *travail résistant*. Quand la force est perpendiculaire au déplacement de l'objet, son travail est nul. C'est le cas de la force exercée pour porter une valise, quand le déplacement de la valise est horizontal.

Nous avons vu que le garçon de la figure 4.6 exerce un travail sur la balle, quand il la déplace pour la poser sur la table. Pourtant, l'énergie cinétique de la balle, qui était nulle quand elle était sur le sol, est encore nulle quand on la pose sur la table : la variation d'énergie cinétique est donc nulle, bien qu'un travail ait été fourni. C'est bien sûr parce qu'en plus de l'action du garçon, il s'exerce une autre force sur la balle : la force de pesanteur. La force exercée par le garçon est dirigée vers le haut, comme le déplacement de la balle, et son travail est positif. La force exercée par la Terre est dirigée vers le bas, et son travail pendant le déplacement de la balle est négatif. Les deux travaux sont égaux mais de signe contraire, de sorte que leur somme est nulle, ce qui permet à la balle de garder une énergie cinétique constante, et pratiquement nulle, pendant tout son déplacement.

Travail et variation de l'énergie potentielle

Dans le cas que nous venons de décrire, le travail que le garçon a fourni à la balle a servi à modifier la distance entre la Terre et la balle, il a donc servi à *augmenter l'énergie potentielle gravitationnelle* du système Terre + balle. L'énergie potentielle contenue dans ce système est liée à la force de gravitation que les deux objets exercent l'un sur l'autre, c'est-à-dire à une force *intérieure* à ce système. Si la balle repose sur le sol, l'attraction gravitationnelle de la Terre ne la fera certainement pas monter sur la table. Pour augmenter l'énergie potentielle du système sans changer son énergie cinétique, il faut une intervention extérieure qui fournit un travail. Nous venons de voir que ce travail est égal et opposé à celui de la force de pesanteur au cours du même déplacement, il ne dépend donc pas de la personne ou du mécanisme particulier utilisé pour déplacer la balle.

Remarquons que, pour faire diminuer la hauteur à laquelle se trouve la balle sans lui communiquer d'énergie cinétique, il faut encore faire intervenir une personne extérieure, par exemple le garçon de la figure 4.6. Il doit à chaque instant retenir la balle pour l'empêcher de tomber rapidement sous l'action de la force de pesanteur ; il exerce donc une force vers le haut alors que le déplacement de la balle se fait vers le bas : ce travail est négatif. Il sert à diminuer l'énergie potentielle du système de la Terre et de la balle, sans modifier son énergie cinétique.

Forces conservatives et non conservatives

Quand nous prenons un objet, initialement immobile sur le sol, et que nous le soulevons lentement jusqu'à une hauteur h, nous lui fournissons un travail qui est opposé à celui de la force de pesanteur au cours de ce déplacement. Le travail de la force de pesanteur vaut :

$$W = -\,mgh$$

Si l'objet est un livre de 1 kg et que nous le soulevons de 0,5 m, le travail que nous exerçons est de $1\ \text{kg} \times 9{,}8\ \text{ms}^{-2} \times 0{,}5 = 4{,}9\ \text{J}$. Si on déplace le livre sur une droite horizontale, la force de pesanteur est perpendiculaire au déplacement et ne fournit aucun travail, et nous non plus. Le travail que nous fournissons ne dépend pas du chemin suivi pour déplacer le livre entre les deux points. Nous pouvons le déplacer tout droit entre les deux points (chemin 1 de la figure 4.9), ou le déplacer d'abord sur le côté, puis vers le haut, puis à nouveau latéralement, mais dans l'autre sens pour aboutir au même endroit (chemin 2) ; en fait, on pourrait suivre n'importe quel chemin qui va d'un point à l'autre (chemin 3). Le travail fourni par la force de gravitation entre ces points sera toujours le même. Une telle force, dont le travail ne dépend pas du chemin suivi, est appelée *force conservative*, et il est possible de lui associer une énergie potentielle.

En revanche, si vous placez un livre sur votre table et que vous le faites glisser en ligne droite (figure 4.10), le travail que vous exercez pour lutter contre la force de frottement entre le livre et la table est plus petit que si vous aviez décidé de faire glisser le livre entre les mêmes points, mais en faisant le tour de la table. Le travail effectué par la force de frottement dépend du chemin suivi. On appelle « non conservatives » ou « dissipatives » les forces dont le travail dépend du chemin suivi. On ne peut pas leur associer une énergie potentielle.

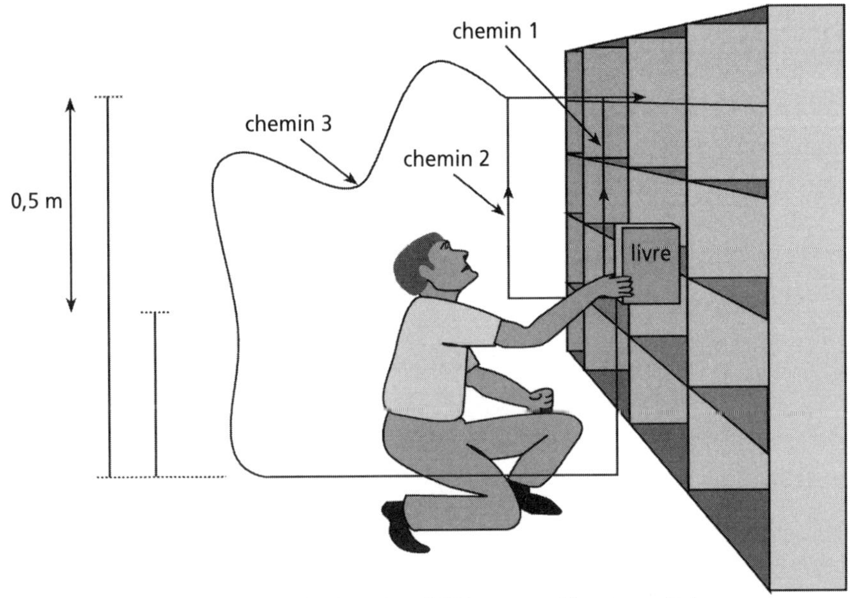

Figure 4.9 Trois chemins différents qu'il est possible de faire suivre à un livre pour le déplacer d'une étagère à une autre. Le travail de la force de pesanteur est le même le long de ces trois chemins.

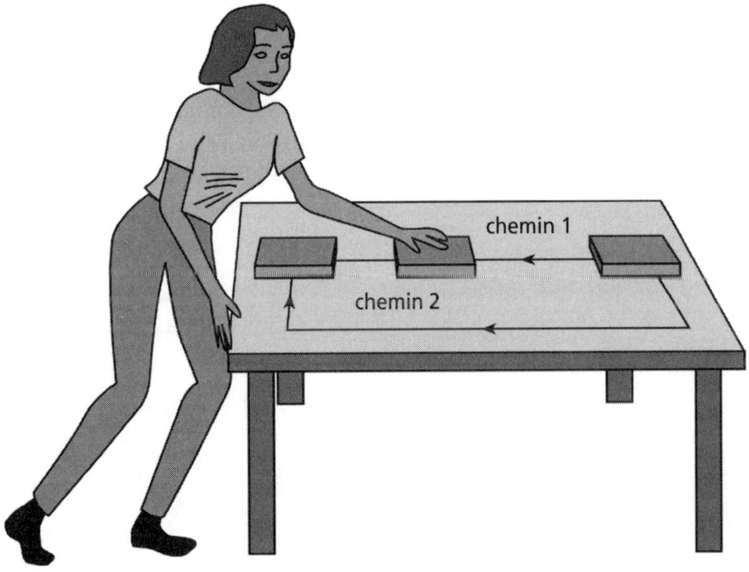

Figure 4.10 Quand on fait glisser le livre le long du chemin n° 2, le travail de la force de frottement est plus grand que lorsqu'on suit la ligne droite n° 1. La force de frottement n'est pas conservative.

5

Conservation de l'énergie et de la quantité de mouvement

Transformation de l'énergie

Nous avons vu au chapitre précédent que tout travail correspond à la variation d'une ou plusieurs formes d'énergie. Une partie de l'énergie chimique contenue dans notre corps est transformée en énergie potentielle quand nous soulevons une balle, et cette énergie se transforme ensuite en énergie cinétique quand nous lâchons la balle et qu'elle tombe vers le sol. Ainsi, l'énergie peut être transférée d'une forme à une autre. Avant que le rocher de la figure 5.1 ne roule le long de la pente, son énergie est potentielle. Pendant qu'il tombe, son énergie potentielle se transforme progressivement en énergie cinétique. Une fois arrivé en bas, le rocher n'a plus d'énergie potentielle.

On comprendra mieux comment l'énergie passe d'une forme à une autre en considérant la petite fille sur la balançoire de la figure 5.2. Quand la balançoire est en *H*, elle s'immobilise un instant et le sens de son déplacement change : son énergie cinétique est alors nulle, mais son énergie potentielle est maximale, parce que la balançoire est arrivée à sa hauteur maximale. Au point *B* la situation est inversée : la balançoire y passe avec une vitesse maximale (l'énergie cinétique est maximale), mais son énergie potentielle est nulle, parce qu'elle ne peut pas descendre plus bas. L'énergie cinétique recommence à diminuer après le passage de balançoire en *B*. En même temps, l'énergie

Figure 5.1 L'énergie potentielle du rocher va être transformée en énergie cinétique tandis qu'il roulera le long de la pente.

potentielle augmente tandis que la balançoire approche du point *H'* (qui se situe à la même hauteur que *H*) où elle s'immobilise un court instant. En ce point, l'énergie cinétique est redevenue nulle.

Remarquez que nous avons choisi le point le plus bas de la trajectoire de la balançoire comme point de référence où l'énergie potentielle est nulle. Nous aurions aussi bien pu choisir le niveau du sol. En ce cas, au point *B*, l'énergie potentielle de la balançoire prendrait une valeur minimale non nulle. Puisque la balançoire ne touche jamais le sol, l'énergie potentielle passe d'un maximum en *H* à un minimum en *B*, tandis que l'énergie cinétique passe de zéro en *H* à son maximum en *B*. C'est donc la *différence* d'énergie potentielle entre le point le plus haut et le point le plus bas qui est importante. Ainsi que nous l'avons dit au chapitre 4, le point de référence où l'énergie potentielle est nulle est arbitraire.

Il est souvent commode de choisir comme point de référence, où l'énergie potentielle prend la valeur zéro, le point le plus bas susceptible d'être atteint par l'objet considéré.

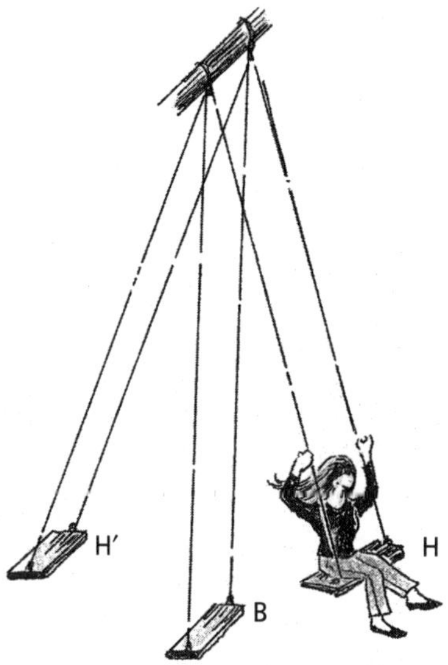

Figure 5.2 La petite fille qui se balance passe du point le plus élevé *H*, jusqu'au point le plus bas *B*. L'énergie potentielle qu'elle a en *H* se transforme en énergie cinétique, qui atteint sa valeur maximale au point *B*.

Le principe de conservation de l'énergie

La balançoire que nous venons de décrire est évidemment idéale. Nous savons bien que la balançoire ne remonte pas à la même hauteur si la petite fille ne s'élance pas. Dans la situation idéale où l'on suppose qu'il n'y a pas de frottement, la balançoire va continuer à osciller entre les points *H* et *H'*, en faisant indéfiniment passer son énergie de la forme cinétique à la forme potentielle, et *vice versa*. Quand l'une des formes d'énergie augmente l'autre diminue, et la somme des deux reste constante. Cette valeur constante est appelée l'énergie mécanique totale *E* du système. En n'importe quel point, la somme des deux formes d'énergie doit avoir la même valeur. Nous pouvons écrire cette condition sous la forme :

Énergie cinétique + énergie potentielle = énergie mécanique = constante

Ce principe dit de la conservation de l'énergie mécanique impose que la somme de l'énergie cinétique et de l'énergie potentielle d'un *système isolé* reste constante. Un système isolé est un système sur lequel n'agit aucune force extérieure, et dans lequel aucune énergie n'entre ni ne sort. Dans le cas de la balançoire idéalisée, c'est-à-dire sans frottement de la part de l'air ni des montants, le système isolé est constitué par la balançoire, la petite fille et la Terre.

Dans les situations idéales étudiées jusqu'à présent, les forces agissant sur le système étaient des forces conservatives. Pourtant, en général, un système est soumis à la fois à des forces conservatives et à des forces dissipatives (comme les frottements). Dans la réalité, ainsi que nous l'avons dit précédemment, lorsque la fille sur la balançoire monte et descend, elle pousse de l'air sur les côtés et perd un peu d'énergie. Même si nous remplaçons la petite fille par un mannequin rigide, et que nous enfermons toute la balançoire dans un récipient sous vide, la balançoire n'arrivera pas à la même hauteur à chaque remontée. Les crochets de métal qui tiennent la corde frottent contre la barre, quel que soit le soin avec lequel on les a graissés, et cela produit de l'*énergie thermique*, qui se traduit par une augmentation de la température de la barre et des crochets. Cette énergie thermique est ensuite dissipée dans l'environnement sous forme de chaleur, ce qui provoque une diminution de l'énergie contenue dans la balançoire. Au fur et à mesure que la petite fille se balance, de l'énergie mécanique se transforme en énergie thermique et en conséquence, à chaque aller-retour, la hauteur atteinte par la balançoire diminue. De même, quand un enfant glisse sur un toboggan, une partie de son énergie cinétique se transforme énergie thermique. Ceci viole le principe de conservation de l'énergie mécanique, tel que nous l'avons énoncé, car l'énergie thermique n'est pas de l'énergie mécanique.

Est-il possible de tenir compte des forces non conservatives tout en préservant le principe de conservation de l'énergie ? Oui ! Si nous tenons compte de toutes les formes d'énergie contenues dans un système, nous pouvons élargir le principe de conservation de l'énergie mécanique pour énoncer un principe plus général :

L'énergie n'est ni créée ni détruite ; elle passe seulement d'une forme à une autre.

L'énergie de masse

En 1905, Einstein a encore élargi le principe de conservation de l'énergie pour y inclure la masse. Dans le cinquième article qu'il écrivit cette année-là, alors qu'il n'avait que 26 ans, Einstein montra que la masse et l'énergie sont équivalentes. La fameuse formule, $E = mc^2$ donne l'énergie qui est équivalente à une masse donnée m (c étant la vitesse de la lumière).

Selon Einstein, la masse est une forme d'énergie et réciproquement : l'énergie est une forme de masse. Ainsi, par exemple, la réaction chimique qui produit de l'eau en combinant un kg d'hydrogène avec quatre kg d'oxygène dégage suffisamment d'énergie pour faire fonctionner un sèche-cheveux pendant vingt heures. Si nous avions une balance assez précise, nous pourrions constater que la masse de l'eau formée n'est pas exactement égale à la somme des masses d'hydrogène et d'oxygène : il en manque un milliardième. Cette perte de masse correspond exactement à l'énergie dégagée au cours de la réaction. L'énergie dégagée lors de réactions nucléaires est un exemple encore plus spectaculaire, comme nous le verrons au chapitre 23. Au cours d'une réaction nucléaire, avec la même quantité d'hydrogène, on obtiendrait dix millions de fois plus d'énergie. Comme dans le cas de la réaction chimique, les produits formés ont une masse inférieure à celle des produits initiaux. C'est ce défaut de masse qui est transformé en énergie.

Cette extension du principe de conservation de l'énergie due à Einstein est très puissante, mais, dans la vie quotidienne, on peut la négliger. Un oiseau en vol a une énergie plus grande qu'un oiseau posé sur une branche, et par conséquent, une masse plus élevée. Mais cette augmentation de masse est si infime qu'elle est impossible à mesurer.

Les pionniers de la physique : lettres de physiciens

« J'ai entendu dire que vous êtes sur le sentier de la guerre et envisagez de modifier la conservation de l'énergie, tant d'un point de vue microscopique que macroscopique. J'attends avant de donner une opinion, mais je pense toujours que : “Il y a plus de choses sur la Terre et dans les cieux que n'en peut rêver notre philosophie”. » C'est ce qu'écrivait en novembre 1929 le physicien néo-zélandais Ernest Rutherford, au physicien danois Niels Bohr.

La lettre de Rutherford faisait allusion à une découverte faite quelques années auparavant concernant le comportement de certaines particules subatomiques. On avait observé que les énergies cinétiques des particules émises dans un certain processus radioactif n'étaient pas en accord avec les lois régissant le mouvement des dites particules. Malgré tous les efforts des expérimentateurs, une partie de l'énergie semblait perdue. Bohr, figure centrale de la physique du XXe siècle (que nous retrouverons au chapitre 7), commença à douter de la validité du principe de conservation de l'énergie pour ces processus, et la lettre de Rutherford (que nous retrouverons lui aussi au chapitre 7) fait état de son inquiétude.

En février de la même année, le théoricien allemand Wolfgang Pauli avait écrit, dans une lettre adressée à son ami le physicien Oscar Klein, qu'« en envisageant une violation du principe de la conservation de l'énergie, Bohr est complètement sur une fausse piste ». En décembre de l'année suivante, Pauli écrivit une lettre, adressée aux physiciens qui assistaient à la conférence de Tübingen, et qui commençait ainsi : « Chères Mesdames et chers Messieurs radioactifs, j'ai peut-être trouvé l'idée de la dernière chance sur le problème de la violation de la conservation de l'énergie : la possibilité qu'il existe... des particules neutres, que j'appellerai des neutrons. On pourrait résoudre le problème de la violation de la conservation de l'énergie en imaginant qu'un neutron est émis en même temps que les autres particules, de façon que la somme des énergies... reste constante ».

« À l'heure actuelle, continue Pauli dans sa lettre, je n'ose rien publier sur cette idée, et c'est de façon confidentielle que je m'adresse à vous, mes chers radioactifs, pour vous demander s'il existerait une preuve expérimentale de l'existence d'un tel neutron... ». Et il termine ainsi : « j'admets que ma porte de sortie n'a pas *a priori* l'air très probable, car, s'ils existaient, on aurait sans doute déjà vu les neutrons depuis longtemps. Mais seuls gagnent ceux qui prennent des risques ».

Pauli a gagné. Son « neutron », rebaptisé « neutrino » (petit neutre) par le physicien italien Enrico Fermi, fut mis en évidence vingt-cinq ans plus tard.

Les physiciens croient fermement au principe de conservation de l'énergie. Dès qu'un nouveau phénomène semble violer ce principe, plutôt que d'accepter qu'il puisse en être ainsi, les physiciens se mettent à chercher un objet ou une particule cachée, qui pourrait être le dépositaire de l'énergie manquante. Après le neutrino, bien d'autres particules ont été découvertes de cette façon.

Le rendement

Le principe de conservation de l'énergie affirme que l'énergie peut changer de forme, mais qu'elle ne peut pas disparaître. Pourtant, dans tous les processus qui font intervenir, par exemple, des frottements, on perd le contrôle d'une partie de l'énergie : elle se dissipe dans l'environnement. Les parties mobiles d'une automobile, par exemple, doivent être soigneusement lubrifiées, de façon à réduire les frottements. Si nous oublions de mettre de l'huile dans le moteur, il s'échauffe, et la chaleur produite par les frottements est dégagée dans l'air. Le meilleur des moteurs est incapable de récupérer l'énergie une fois qu'elle a été dissipée par les frottements.

D'après le principe de conservation de l'énergie, s'il y a des pertes d'énergie, l'énergie introduite dans le moteur doit être égale au travail récupéré plus les pertes. Bien entendu, plus les pertes sont réduites, et plus le travail que l'on récupère est grand, s'approchant ainsi de la valeur de l'énergie introduite. Les machines réelles sont toujours sujettes à des pertes : le travail utile est donc toujours inférieur à l'énergie consommée. Le quotient du travail récupéré par l'énergie consommée permet de comparer diverses machines. On définit le rendement d'une machine par la relation :

$$\text{rendement} = \frac{\text{travail ou énergie utile}}{\text{travail ou énergie dépensée}}$$

Soit, en utilisant les symboles :

$$r = \frac{W_{\text{utile}}}{E_{\text{dépensée}}} < 1$$

Le rendement est souvent exprimé sous la forme d'un pourcentage (après avoir été multiplié par cent). Le tableau 5.1 présente les rendements d'un certain nombre de machines qui transforment l'énergie.

Tableau 5.1 Rendement de machines transformant l'énergie.

	Rendement, ε (%)
Lampe incandescente	4
Lampe fluorescente	20
Moteur automobile (essence)	25
Moteur automobile (diesel)	35
Poèle domestique	65
Moteur électrique	95
Générateur électrique	99

La physique au quotidien : le rendement des automobiles

De nos jours, une flotte de 800 millions de véhicules parcourt les routes du monde. Ces véhicules consomment la moitié du pétrole extrait sur la planète, et dégagent du monoxyde de carbone et d'autres gaz qui détériorent l'environnement. La plupart des états industrialisés ont mis au point des méthodes pour réduire les émissions des voitures et économiser l'énergie.

La plupart des procédés d'économie d'énergie font appel à de nouveaux moteurs et de nouvelles carrosseries pour améliorer le rendement. Ces avancées ont permis de réduire de moitié la consommation de pétrole aux États-Unis au cours des quinze dernières années.

Certaines pertes d'énergie se produisent à l'intérieur du moteur lui-même. Le frottement entre les diverses pièces du moteur transforme une partie de l'énergie utilisable en chaleur, qui se dissipe dans l'atmosphère. D'autres pertes d'énergie ont lieu lors de la transmission, parce que les frottements prélèvent une partie de l'énergie. Enfin, les frottements sur le sol et la résistance de l'air (la traînée aérodynamique) qui apparaissent quand la voiture se déplace produisent d'autres pertes.

Ces dernières années, les fabricants ont mis au point des moteurs conçus pour limiter ces pertes. Certains utilisent de nouveaux matériaux très légers et des mécanismes d'injection de l'essence contrôlés par ordinateur. Une voiture expérimentale est équipée d'un système assisté par ordinateur, qui éteint le moteur quand la voiture ralentit et le remet en marche quand on appuie sur l'accélérateur.

Pour améliorer le rendement de la transmission, problème qui consiste à maintenir toute la réserve de puissance possible sans perte d'énergie, on envisage de nouveaux types de changements de vitesses, contrôlés par ordinateur. On améliore aussi le rendement en ajoutant des vitesses. C'est pourquoi une courroie de transmission, équivalente à un nombre infini de vitesses, augmente l'efficacité de la transmission.

Finalement, l'utilisation de plastique, d'aluminium et d'acier de grande qualité réduit le poids du véhicule et donc le frottement sur les pneus. Les profils aérodynamiques améliorent l'esthétique des nouvelles voitures en même temps qu'ils réduisent leur traînée.

Puissance

La grande pyramide de Gizeh, en Égypte, a été construite par des milliers de paysans qui ont, pendant des années, préparé, transporté et disposé 2 300 000 cubes de 2,5 tonnes en moyenne. Si l'on devait la reconstruire de nos jours, en utilisant les mêmes matériaux mais avec le matériel et les techniques modernes, il faudrait beaucoup moins de temps. Toutefois, le travail total fourni resterait le même, puisqu'il faudrait monter chacun des 2 300 000 cubes au même emplacement. En revanche, l'utilisation des techniques de construction qui permettraient de réaliser le monument en un temps réduit modifierait une autre grandeur physique : la puissance. La puissance n'est autre que le rythme auquel le travail est fourni. Si l'on utilise la lettre P pour noter la puissance, on écrit :

$$P = \frac{W}{t}$$

et, puisque l'énergie est la capacité à produire du travail, la puissance peut aussi être exprimée comme le quotient d'une énergie par un temps, soit :

$$P = \frac{E}{t}$$

C'est James Watt (1736-1819), un ingénieur écossais qui tentait d'améliorer les machines à vapeur, qui fut le premier à tenter de décrire la puissance d'une machine en la comparant à celle qui est fournie par un cheval. Il observa qu'en cinq secondes un cheval pouvait soulever un poids de 250 kg à une hauteur de 1,5 m. Il en déduisit qu'en une seconde, un cheval moyen pouvait soulever 250 kg de 30 cm. Il appela la puissance correspondante le cheval-vapeur.

L'unité de puissance dans le système SI est le *watt* (W), en l'honneur de James Watt. Un watt est égal à un joule par seconde. C'est cette même unité que l'on retrouve dans les notices des appareils électriques. Un radiateur électrique de 1 500 watts consomme 1 500 joules d'énergie électrique par seconde. Un cheval-vapeur est égal à 746 watts.

Il arrive que l'on exprime l'énergie à l'aide d'une unité de puissance, d'après la définition : $E = Pt$. Quand nous utilisons un radiateur de 1 000 watts pendant une heure, l'énergie totale consommée est égale à un kilowatt-heure. Cette unité d'énergie nous est familière : c'est elle qui apparaît sur nos factures d'électricité.

Calculons maintenant la puissance fournie par une force lorsqu'on déplace un objet à vitesse constante, par exemple en le poussant le long d'une pente. Écrivons le travail exercé sous la forme

$$W = Fd$$

où d est la distance parcourue sous l'action de la force F, et remarquons que le quotient d/t n'est autre que la vitesse v : la puissance vaut donc :

$$P = \frac{W}{t} = \frac{Fd}{t} = Fv$$

Quantité de mouvement et impulsion

Supposons que vous soyez en train de descendre une petite côte à bicyclette. En arrivant sur le plat, vous êtes trop fatigué pour pédaler et vous continuez en roue libre. Nous l'avons tous constaté, la bicyclette ne s'arrête pas immédiatement. Elle continue à rouler pendant un certain temps, malgré le frottement des pavés sur les pneus et la résistance, beaucoup plus importante, de l'air. Si la bicyclette continue à rouler, c'est qu'elle possède une certaine *quantité* de mouvement. Si l'on supprimait les frottements, la bicyclette continuerait à rouler éternellement. C'est ce que dit la première loi de Newton : en absence de force, un objet conserve sa vitesse et la direction de son mouvement. Grâce au concept de quantité de mouvement, on peut maintenant quantifier l'énoncé de la première loi de Newton.

Revenons à la bicyclette. Supposons qu'un garçon de 50 kg pédale sur une route horizontale. Dès qu'il atteint la vitesse de 20 km/h, il arrête de pédaler et continue en roue libre. Son amie, qui pèse 60 kg, décide de vérifier jusqu'où elle peut aller en utilisant la même bicyclette. Elle s'arrête elle aussi de pédaler lorsqu'elle atteint la vitesse de 20 km/h et il se trouve qu'elle parcourt une plus grande distance que le garçon, ce qu'on aurait pu prédire sans même assister à l'expérience. Sa masse étant plus élevée, la jeune fille a une quantité de mouvement plus grande que le garçon.

Notre héros demande maintenant à son frère, qui a un an de plus mais pèse lui aussi 50 kg, de tenter l'expérience. Le frère est plus fort et arrive à une vitesse de 30 km/h avant d'arrêter de pédaler. Cette fois encore, tout le monde sera d'accord pour prédire que l'aîné roulera sur une plus longue distance, tout simplement parce que sa vitesse est plus grande. Il a, lui aussi, une quantité de mouvement supérieure à celle du frère cadet.

La quantité de mouvement dépend à la fois de la masse et de la vitesse. Elle est égale au produit de la masse par la vitesse. On utilise la lettre p pour désigner la quantité de mouvement, et on écrit :

$$p = mv$$

Les unités de quantité de mouvement s'obtiennent en multipliant une unité de masse par une unité de vitesse.

La quantité de mouvement est une quantité vectorielle. En fait, elle est proportionnelle au vecteur vitesse du corps considéré :

$$\mathbf{p} = m\mathbf{v}$$

La quantité de mouvement étant une grandeur vectorielle, un objet qui se déplace « à vitesse constante » peut néanmoins voir varier sa quantité de mouvement parce que la direction de son vecteur vitesse est modifiée. C'est le cas, par exemple, d'un objet qui décrit des cercles à vitesse constante.

Quand on pousse une tondeuse à gazon de masse m sur une pelouse, elle accélère. Par conséquent, sa quantité de mouvement augmente. Ainsi, si nous exerçons une force sur un objet pendant un certain temps, la quantité de mouvement de l'objet change. Si vous poussez une voiture en panne pendant quelques secondes, sa quantité de mouvement augmente un peu. Si vous la poussez avec la même force pendant une minute, la quantité de mouvement de la voiture augmente davantage. On appelle « impulsion » I le produit de la force appliquée par le temps pendant lequel on l'applique, $F.t.$ Cette impulsion n'est autre que la quantité de mouvement fournie à l'objet par l'application de la force :

$$I = Ft = \Delta p$$

Les unités d'impulsion sont le produit d'une unité de force par une unité de temps. Dans le système SI, l'unité d'impulsion est le Newton-seconde (Ns). D'après la relation que nous venons d'écrire, c'est aussi l'unité de la quantité de mouvement.

Cette notion d'impulsion permet de comprendre pourquoi les parachutistes ont intérêt à plier les genoux lorsqu'ils atteignent le sol. La variation de la quantité de mouvement que le parachutiste doit subir est fixée : il arrive sur le sol avec une vitesse qui est déterminée par la taille de son parachute, et il s'immobilise. La quantité de mouvement doit donc passer de la valeur qu'elle avait juste avant l'arrivée sur le sol à zéro. Le temps nécessaire à cette variation de quantité de mouvement détermine l'intensité de la force exercée sur ses jambes. Plus il allonge cette durée en pliant les genoux, et moins la force moyenne qui s'exerce est importante.

La physique au quotidien : les airbags

Les « airbags » qui protègent les conducteurs et leurs passagers constituent sans doute le plus efficace des systèmes de protection passive utilisés dans les voitures. Lorsqu'un capteur électronique détecte une diminution rapide de la vitesse, un contact électrique s'établit et amène un petit explosif à libérer rapidement de l'azote dans le sac (l'azote représente 78 % de l'air que nous respirons).

Les airbags sont conçus pour se gonfler uniquement dans le cas d'une collision frontale équivalente à la rencontre d'un mur à la vitesse de 20 km/h. À cette vitesse, en moins de 8 secondes, la force que le mur exerce sur la voiture pour l'arrêter provoque de graves blessures ou même la mort du conducteur. Dans la mesure où l'airbag se gonfle en 1/25 s, le conducteur heurte le coussin d'azote constitué par l'airbag. Ce coussin se déforme et le conducteur continue à avancer dans l'airbag avant de s'arrêter.

La variation de quantité de mouvement est la même que s'il n'y avait pas eu d'airbag, puisque la voiture s'arrête complètement. En revanche, la force qui arrête le conducteur s'exerce pendant un temps plus long. La variation de quantité de mouvement est égale à l'impulsion, qui est elle-même égale au produit de la force résultante F par le temps t pendant lequel elle s'exerce. Puisque le produit Ft a la même valeur avec ou sans airbag (il est égal à la variation de quantité de mouvement), une valeur plus grande de t implique une valeur plus petite de la force F. Cette force plus petite ne blesse pas le conducteur.

Après le choc, l'azote s'échappe à travers l'étoffe du sac qui se dégonfle rapidement pour ne pas étouffer le conducteur.

Conservation de la quantité de mouvement

Il suffit d'observer le monde autour de soi pour constater que tous les corps en mouvement finissent par s'arrêter. Même les machines les plus modernes ne peuvent pas fonctionner éternellement. Skylab, le premier laboratoire de l'espace, est retombé sur Terre par petits morceaux après avoir effectué plus de 31 000 orbites autour de la Terre. Les mouvements célestes ne sont pas plus éternels que les autres. Les étoiles explosent et disparaissent, et avec elles leur système planétaire, quand elles en ont un. Dans quelques milliards d'années, notre Soleil gonflera et absorbera Mercure et Vénus, ce qui modifiera les trajectoires des autres planètes.

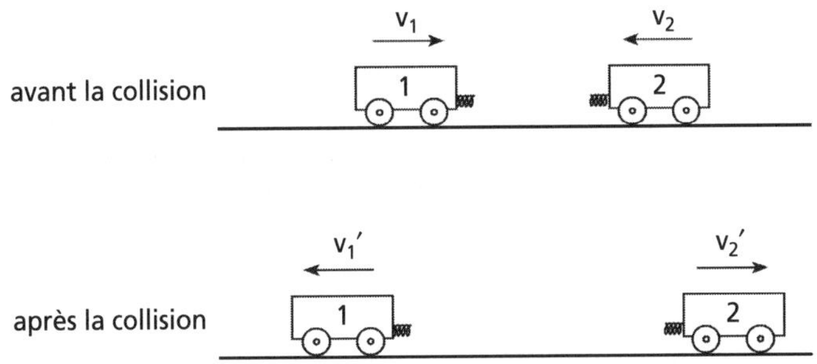

Figure 5.3 Deux chariots identiques roulent l'un vers l'autre avec la même vitesse *v*. Après le choc, ils s'éloignent l'un de l'autre avec des vitesses égales entre elles.

Un objet mis en mouvement par rapport à un observateur finit par s'immobiliser, à cause de ses interactions avec les autres corps dans l'univers. Il existe cependant une grandeur qui n'est pas modifiée lors de ces interactions : c'est la quantité de mouvement totale de tous les corps en interaction. Pour illustrer ce principe, considérons deux chariots identiques qui roulent l'un vers l'autre à la même vitesse. Pendant qu'ils se rapprochent, il est possible que leurs vitesses diminuent à cause des frottements, ce que l'on peut éviter, mais qui n'est pas important ici. Si, juste avant le choc, les vitesses des deux chariots sont égales, elles le sont encore juste après le choc. Si les pare-chocs des chariots sont fixés à l'aide de ressort parfaitement élastiques, les amplitudes des vitesses avant et après le choc sont les mêmes. Sinon, elles peuvent être différentes. Mais il n'en reste pas moins que, dans tous les cas, les chariots rebondissent après la collision avec des vitesses égales et opposées. Ainsi, la somme des deux vecteurs vitesses est nulle avant le choc et elle l'est encore après. Dans ce cas particulier, la somme des vecteurs vitesses est conservée.

Ajoutons maintenant des poids sur l'un des chariots de façon à doubler sa masse et lançons-le à nouveau contre l'autre (figure 5.4). Cette fois, la somme des deux vecteurs vitesses ne garde pas après le choc la valeur qu'elle avait avant. Le chariot le plus léger rebondit avec une vitesse plus grande que le

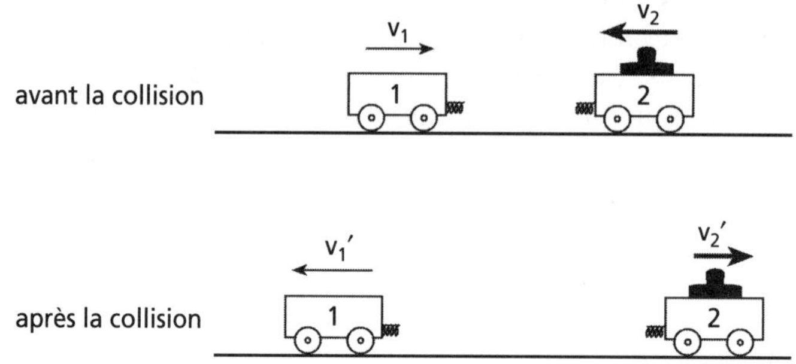

Figure 5.4 Si l'on ajoute un poids sur le chariot 2, on constate que ce n'est pas la vitesse qui est la quantité conservée, mais la quantité de mouvement totale des deux chariots : elle garde la même valeur avant et après la collision.

chariot plus lourd. Il est clair, dans ce cas plus général, que la somme des vecteurs vitesses n'est pas une quantité conservée : le fait que les masses des chariots sont différentes l'interdit. La quantité de mouvement totale serait-elle conservée ? En multipliant chaque vecteur vitesse par la masse correspondante, nous obtenons la quantité de mouvement de chaque chariot et, en faisant leur somme, la quantité de mouvement totale des deux chariots : on constate alors que la quantité de mouvement totale garde la même valeur avant et après la collision. Si nous notons avec des primes les quantités après le choc, nous avons :

$$\dot{p}_1 + \dot{p}_2 = \dot{p}'_1 + \dot{p}'_2$$

Il s'agit d'une relation entre quantités vectorielles, elle est vraie pour chacune des trois composantes des vecteurs qui apparaissent dans les deux membres. C'est une loi très importante de la physique. On l'appelle *principe de la conservation de la quantité de mouvement*, et on peut l'énoncer de la façon suivante : *quand aucune force extérieure n'agit sur un système, la quantité de mouvement totale de ce système est conservée.* C'est une loi générale et universelle, c'est-à-dire qu'elle s'applique à tous les systèmes de corps, n'importe où dans l'univers, pourvu qu'ils ne soient soumis à aucune force extérieure.

Le principe de conservation de la quantité de mouvement a été formulé pour la première fois par le physicien hollandais Christian Huygens, l'un des plus brillants contemporains de Newton. En faisant appel à la cinématique et à la géométrie, Huygens a généralisé les résultats de John Wallis et Robert Boyle qui, en réponse à un concours de la Royal Society sur le comportement des corps lors des collisions, avaient suggéré en 1668 que le produit *mv* était conservé.

Collisions élastiques et inélastiques

Il existe un gadget bien connu constitué de cinq ou six billes d'acier suspendues par des fils à deux montants horizontaux et parallèles. On l'appelle parfois le « berceau de Newton ». On saisit une bille à un bout, on l'élève d'une certaine hauteur h et on la lâche. Elle percute alors la bille suivante qui ne bronche pas. La quantité de mouvement de la première bille est transmise par la série de billes qui restent immobiles jusqu'à la dernière, qui monte alors jusqu'à la même hauteur h. Ce mouvement se poursuit pendant plusieurs allers-retours.

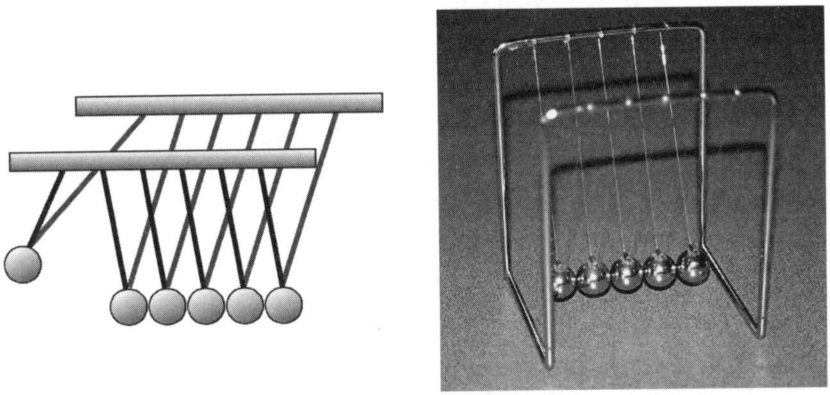

Figure 5.5 La bille qui se balançait cogne la première des billes immobiles. Sa quantité de mouvement est transmise à cette bille immobile qui cogne la suivante, et ainsi de suite, jusqu'à ce que la dernière bille s'élève d'une hauteur pratiquement égale à celle d'où la première a été lâchée. À elle seule, la conservation de la quantité de mouvement ne permet pas d'expliquer entièrement ce phénomène.

En 1666, Huygens assista à une démonstration similaire réalisée avec un système à deux billes devant la Royal Society de Londres qui venait juste d'être créée. Pendant près de deux ans, les membres de la Royal Society s'escrimèrent à comprendre pourquoi la bille qui était frappée montait pratiquement jusqu'à la hauteur h, tandis que la première s'immobilisait complètement au moment de la collision. Nous pouvons affirmer, d'après le principe de conservation de la quantité de mouvement, que la quantité de mouvement totale des billes après le choc doit être égale à celle de la bille en mouvement avant le choc. Mais rien ne permettait de prédire le mouvement de chacune des billes.

En 1868, Huygens expliqua à la Royal Society qu'il fallait tenir compte d'une autre loi de conservation. Outre la quantité de mouvement, la somme des produits mv^2 calculés pour chacune des billes se conserve également. Le lecteur aura reconnu que ce produit divisé par 2 n'est autre que ce qu'on appelle aujourd'hui l'énergie cinétique.

Ainsi, lors des chocs entre les billes d'acier, l'énergie cinétique est elle aussi conservée. On appelle *collisions élastiques* les collisions au cours desquelles l'énergie cinétique est conservée. C'est le cas lorsque les objets considérés ne changent pas de forme et ne s'échauffent pas pendant le choc. Les pare-chocs parfaitement élastiques reprennent leur forme d'origine immédiatement après la collision, et deux sphères « parfaitement dures » se cognent sans changer de forme. Bien entendu, il n'existe pas de ressorts parfaitement élastiques ni de sphères parfaitement dures, c'est pourquoi lors de la démonstration faite à la Royal Society, la bille montait « pratiquement » et pas « exactement » à la hauteur h d'où la première avait été lâchée.

Les collisions dans lesquelles l'énergie cinétique n'est pas conservée sont appelées « collisions inélastiques ». La collision de deux automobiles en est un exemple. Quel que soit le type de collisions, la quantité de mouvement d'un système isolé est conservée.

Canons et fusées

Considérons d'abord le canon de la figure 5.6 sur laquelle nous avons noté M la masse du canon et m celle du boulet. Il est évident que, puisque le canon et les boulets sont immobiles avant le tir, la quantité de mouvement totale du système canon plus boulet est nulle. La conservation de la quantité de mouvement impose que la quantité de mouvement soit encore nulle après le tir, si l'on peut négliger les forces exercées par le sol sur le canon. Le boulet a alors une vitesse V, et une quantité de mouvement $p_b = mV$. Quant au canon, il recule à la vitesse v et sa quantité de mouvement vaut $p_c = Mv$. Après le tir, la quantité de mouvement totale doit être nulle. Autrement dit :

$$p_b = p_c = 0$$

Figure 5.6 Après le tir, le boulet de canon se déplace vers la droite avec une vitesse V, et le canon recule avec une vitesse v plus petite, parce que sa masse est plus grande.

Décidons de compter positivement les déplacements dans le sens de la vitesse du boulet. L'amplitude de la quantité de mouvement du projectile vaut mV, tandis que celle du canon, qui se déplace dans le sens opposé vaut $M(-v)$. Nous pouvons donc écrire la loi de conservation de la quantité de mouvement sous la forme :

$$mV + M(-v) = 0$$

ou :

$$mV = Mv$$

Cette relation montre que le canon, dont la masse est importante, se déplace avec une vitesse inférieure et dans le sens opposé au boulet dont la vitesse est plus grande, à cause de sa masse plus faible. Les quantités de mouvement du canon et du boulet sont égales, et de sens opposés.

Les fusées fonctionnent sur le même principe. Les gaz brûlés dans une chambre à combustion atteignent des pressions élevées et s'échappent de la fusée par une tuyère, ce qui propulse l'engin dans la direction opposée (figure 5.7). Comme dans le cas du canon, la quantité de mouvement des gaz éjectés vers l'arrière est égale à celle du reste de la fusée, qui se déplace dans le sens opposé. Soit :

$$M_{\text{fusée}} v_{\text{fusée}} = m_{\text{gaz}} V_{\text{gaz}}$$

Cette expression est une approximation, car nous n'avons pas tenu compte de la diminution de masse qui résulte de l'éjection des gaz. De plus, elle ne serait valable que pour une fusée située dans l'espace, loin de l'attraction gravitationnelle de la Terre.

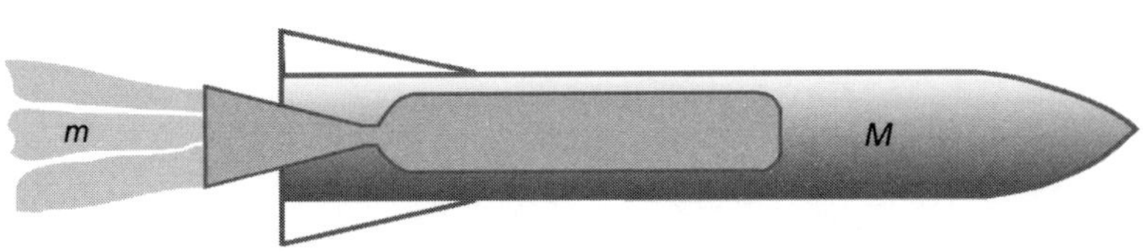

Figure 5.7 Les gaz sont éjectés à travers un ajutage avec une quantité de mouvement *mV* ; la fusée se déplace dans le sens opposé avec une quantité de mouvement *Mv*.

6

Les rotations et la loi de la gravitation universelle

Les mouvements de rotation

Sans nous en apercevoir, nous passons notre vie à décrire des cercles. La Terre pivote sur elle-même en 24 heures et tourne autour du Soleil en un an (figure 6.1a). Le Système solaire tourne également, et avec lui des milliards d'autres étoiles, autour du centre de notre galaxie, la Voie lactée. La Voie lactée fait partie d'un amas de galaxies appelé Groupe local qui est lui aussi en rotation dans l'espace (figure 6.1b). Jusqu'ici, nous avons limité notre étude du mouvement aux déplacements à une dimension, dans lesquels l'objet considéré va tout entier d'un point à un autre en suivant une ligne droite, sans changer d'orientation dans l'espace. C'est ce que l'on appelle un « mouvement de translation ». Dans ce chapitre, nous allons élargir notre étude aux déplacements le long de cercles, ce qui nous aidera à comprendre les lois de la gravitation découvertes pas Newton.

Quand on étudie les mouvements circulaires, il convient de distinguer la *rotation* de la *révolution*. Un tourne-disque est en *rotation* autour de son axe, tandis que le mouvement de la Terre autour du Soleil est une *révolution*. Le tourne-disque en rotation ne se déplace pas. En revanche, lors de sa révolution autour du Soleil, les coordonnées de la Terre dans l'espace changent. De plus, la Terre tourne sur elle-même : le mouvement du tourne-disque est une rotation pure, tandis que celui de la Terre combine une révolution et une rotation.

(a)

(b)

(c)

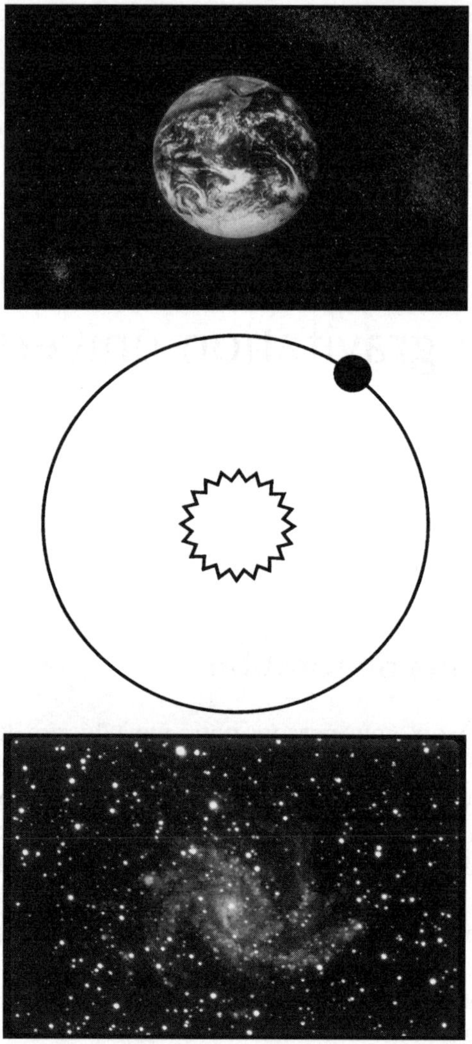

Figure 6.1 La Terre pivote autour de son axe **(a)**, et tourne autour du Soleil **(b)**. Notre système solaire se trouve dans l'un des bras spiraux de la Voie Lactée, notre galaxie. La galaxie elle-même est en rotation autour de son centre. **(c)** Photo de la galaxie spirale NGC-6946, dont on pense qu'elle a une structure similaire à celle de la Voie Lactée. Avec l'aimable autorisation de la NASA.

Considérons un manège, et admettons qu'il tourne à vitesse constante. Sur la figure 6.2, nous avons représenté le manège vu de dessus et pivotant dans le sens inverse des aiguilles d'une montre. Un enfant monté sur un cheval du manège, à la distance r du centre, décrit une trajectoire circulaire. Comme vous vous en êtes sans doute rendu compte, plus l'enfant est éloigné du centre et plus sa vitesse est grande. Autrement dit, la vitesse du mouvement circulaire est proportionnelle à la distance au centre. Ce phénomène est illustré de façon claire lors des spectacles de patinage sur glace. Les patineurs forment une ligne en se tenant bras dessus bras dessous et commencent à faire tourner leur formation : les patineurs du centre se déplacent très peu, tandis que ceux qui se trouvent aux extrémités peinent à garder la bonne vitesse afin de maintenir la ligne bien droite.

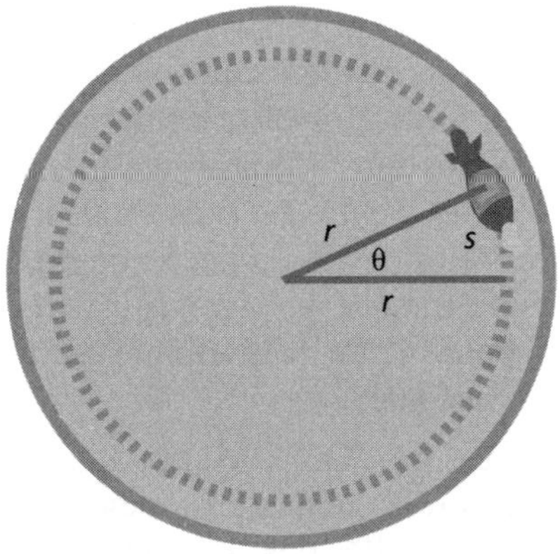

Figure 6.2 Un manège vu du dessus qui tourne dans le sens inverse des aiguilles d'une montre.

Quand le manège de notre exemple est en rotation par rapport au sol, le rayon qui va de son centre à l'enfant balaye un angle θ (la lettre grecque thêta) pendant le temps t qu'il faut à l'enfant pour parcourir une distance s (figure 6.2). La variation de cet angle au cours du temps est la même, quel que soit l'endroit où se trouve l'enfant sur le manège. On la qualifie de *vitesse angulaire* du manège. Il est d'usage de noter les quantités angulaires à l'aide de lettres grecques aussi utiliserons-nous un oméga minuscule (ω) pour désigner cette vitesse angulaire. S'il faut 18 secondes au manège pour faire un tour complet, on peut dire que sa vitesse angulaire est de 20°/s (360° en 18 secondes). La Terre, de son côté, tourne autour de l'axe des pôles à la vitesse angulaire de 15°/h (360 degrés en 24 heures).

Comme nous venons de le voir, la vitesse v d'un point de la plate-forme dépend de sa distance au centre de rotation, tandis que le manège tout entier tourne avec la même vitesse angulaire ω. La vitesse angulaire est donc une grandeur plus pertinente pour décrire les mouvements de rotation. L'unité de vitesse angulaire la plus utilisée est le radian par seconde — la conversion des degrés en radians étant donnée par 360° = 2π radians. (Dans ce livre, toutefois, nous exprimerons aussi les vitesses angulaires en degrés par seconde). La vitesse d'un point de la plate-forme et la vitesse angulaire du manège sont reliées par l'expression $v = r\omega$, ω étant exprimé en radians par seconde.

Aux confins de la physique : les lecteurs de CD-ROM

Sur les ordinateurs, les lecteurs de CD-ROM transfèrent les informations à des vitesses qui varient suivant la technologie utilisée par le fabricant. Dans les lecteurs de première génération, la tête de lecture se déplaçait du centre du disque vers l'extérieur et les données étaient transférées à vitesse constante. Pour que cette vitesse de transfert soit constante, il faut que la vitesse linéaire de la tête le long de la piste le soit, quelle que soit sa position. Ceci oblige à faire tourner le disque plus vite lorsque la tête de lecture est près du centre et plus lentement à mesure qu'elle s'en éloigne. La vitesse angulaire n'est donc pas constante : elle diminue lorsque le rayon qui repère la position de la tête de lecture augmente. Cette technologie porte le nom de VLC, pour vitesse linéaire constante.

Sur les nouveaux lecteurs de CD-ROM, qui atteignent des vitesses de transfert 52 fois supérieures à celles des anciens, la vitesse angulaire reste constante, comme celle des disques durs ou des lecteurs magnéto-optiques. Cette technologie porte le nom approprié de vitesse angulaire constante (VAC), et impose un transfert des données à vitesse variable, puisque la vitesse linéaire à laquelle la piste défile devant la tête augmente avec la distance au centre. Cela signifie que, pour un lecteur de CD-ROM $\times$ 52, la vitesse de transfert n'est que 22 fois supérieure à celle des anciens lecteurs lorsque les informations se trouvent près du centre du disque et qu'elle n'atteint une vitesse 52 fois supérieure que pour les données gravées à l'extérieur.

Il existe une troisième technologie, appelée vitesse angulaire partiellement constante (VAPC), qui combine les deux précédentes. La vitesse angulaire reste constante sur la partie centrale du disque, mais diminue vers l'extérieur.

Une fois que la plate-forme a fait un tour complet, l'angle θ atteint la valeur 360°. On a l'habitude d'appeler *période* du mouvement, notée T, le temps nécessaire pour faire un tour complet. Pendant un tour, un point parcourt une distance égale à 2πr. On peut donc écrire sa vitesse linéaire sous la forme :

$$v = \frac{2\pi r}{T}$$

Moment d'une force et moment cinétique

Supposons qu'en utilisant une clé à molette de taille moyenne, vous n'arriviez pas à dévisser un boulon grippé. Votre expérience vous souffle que vous avez de meilleures chances d'y parvenir en utilisant une clé de taille supérieure (figure 6.3). La force que vous appliquez sur les deux clés est pourtant la même. La seule chose qui change c'est qu'avec une poignée plus longue, vous pouvez exercer la force plus loin de la pince. Cette force est alors plus efficace.

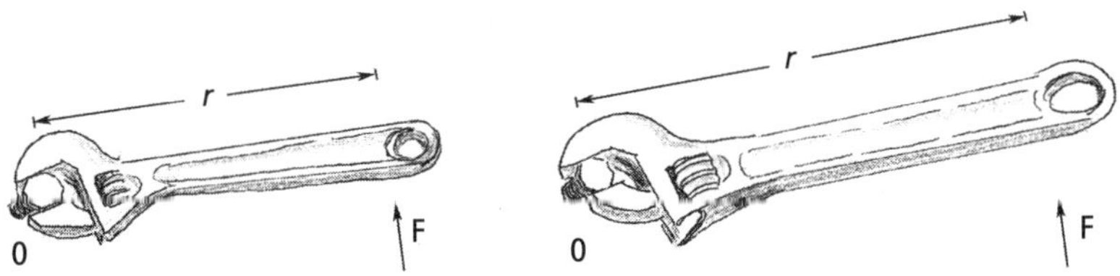

Figure 6.3 On arrive plus facilement à débloquer un boulon coincé quand on utilise une clé plus grande, parce que la poignée est plus longue.

Il est plus facile d'ouvrir une porte très lourde en poussant loin des gonds. Si vous poussez du mauvais côté, vous réussirez peut-être à ouvrir la porte, mais vous savez bien que ce sera beaucoup plus dur.

Ces expériences montrent que pour faire tourner un objet, il faut non seulement appliquer une force, mais aussi faire attention à l'endroit où on l'applique. Sur la figure 6.3, la clé tourne autour du centre du boulon, O, et la force est appliquée au point P. La distance entre le point O et le point d'application de la force est qualifiée de *bras de levier*, r. La quantité qui mesure l'efficacité de la force pour faire tourner le boulon est nommée *moment de la force*, noté τ (la lettre grecque tau), et elle dépend à la fois de l'intensité de la force et de la longueur du bras de levier. Le moment est défini comme le produit de la force par le bras de levier :

$$\text{moment} = \text{bras de levier} \times \text{force}$$

$$\tau = rF$$

Ainsi, pour mettre un objet en rotation, vous devez exercer un moment sur cet objet. Le disque de la figure 6.4 ne commencera à tourner autour de son centre que si la force est appliquée ailleurs qu'au point A, par exemple en B ou C. Exercée en A, la force ne provoquera aucune rotation : son moment est nul parce que le bras de levier est nul.

Nous avons appris au chapitre 5 que lorsque la force résultante agissant sur un objet est nulle, la quantité de mouvement de cet objet reste constante. En ce qui concerne les objets qui tournent, c'est le moment des forces qui modifie leur état de rotation. En d'autres termes, si un objet n'est pas en train de tourner, il

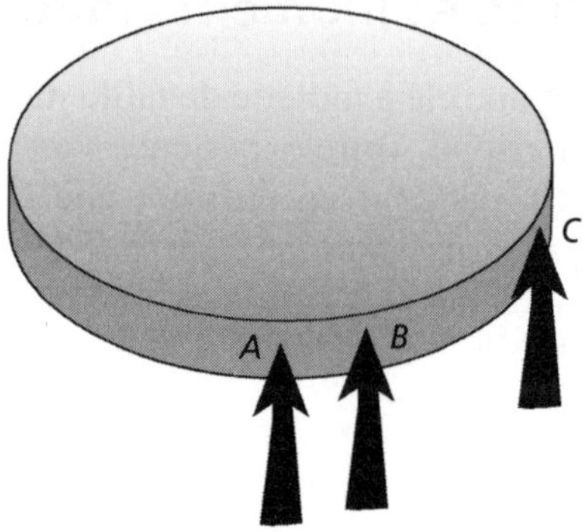

Figure 6.4 La même force est appliquée au disque à différentes distances du centre de rotation. Pour toutes les positions autres que A (B ou C par exemple), le disque se met à tourner.

faut un moment pour le faire pivoter. S'il est en train de tourner à vitesse angulaire constante, il faut appliquer un moment pour le faire tourner plus vite ou pour le ralentir. Enfin, il faut exercer un moment pour immobiliser un objet en rotation. En ce sens, le moment joue pour les mouvements de rotation le même rôle que la force pour les translations. Quand la résultante des moments qui agit sur un objet est nulle, le *moment cinétique* de cet objet est constant. Le moment cinétique est une mesure de « quantité de rotation » d'un objet. Il équivaut, pour les rotations, à la quantité de mouvement pour les translations.

Puisque le moment cinétique est analogue à la quantité de mouvement, nous devons pouvoir l'exprimer à l'aide des grandeurs correspondantes. Nous avons défini la quantité de mouvement comme le produit de la masse par la vitesse, $p = mv$, où la masse mesure l'inertie d'un corps, c'est-à-dire la résistance qu'il oppose à toute modification de son état de mouvement. De la même façon, nous définirons le moment cinétique d'un corps comme le produit de sa vitesse angulaire par une grandeur qui mesure son *inertie de rotation*, c'est-à-dire sa résistance à toute modification de son état de rotation. On appelle *moment d'inertie, I,* la grandeur qui mesure cette résistance. En général, le moment d'inertie d'un objet dépend de l'axe autour duquel on essaye de les faire tourner. Il est plus facile de faire tourner un bâton autour de son axe longitudinal que de le mettre en rotation autour d'un axe perpendiculaire passant par son milieu, parce que dans ce deuxième cas, une grande partie de la masse du bâton est éloignée de l'axe de rotation.

Le moment d'inertie d'un corps change si l'on modifie la façon dont sa masse est répartie autour de l'axe de rotation. Ce phénomène est bien illustré par une patineuse qui tournerait sur elle-même les bras écartés avant de les ramener le long du corps (figure 6.5). Lorsqu'elle a les bras écartés, son moment d'inertie est plus grand, parce qu'une partie de sa masse est située plus loin de l'axe de rotation.

Figure 6.5 Quand la patineuse rapproche les bras de son torse, le moment d'inertie de son corps par rapport à l'axe de rotation diminue, et sa vitesse de rotation augmente : son moment cinétique reste constant.

Utilisons la lettre L pour désigner le moment cinétique, on écrit :

$$L = I\,\omega$$

Nous pouvons considérer que le moment cinétique caractérise la tendance d'un objet à continuer à tourner, du fait de son inertie.

La physique au quotidien : les retournements d'un chat

Les chats réalisent l'un des tours les plus spectaculaires dont un animal domestique soit capable. Bien des d'enfants le savent : quand on lâche un chat la tête en bas d'une hauteur d'environ 1 m, il parvient à se retourner et à retomber sur ses pattes, sans se faire mal. Ce n'est pas seulement étonnant à voir, cela semble défier la loi de conservation du moment cinétique. En fait, un examen attentif de ce que fait le chat pendant le tiers de seconde que dure sa chute montre que c'est précisément la conservation du moment cinétique qui lui permet de se retourner.

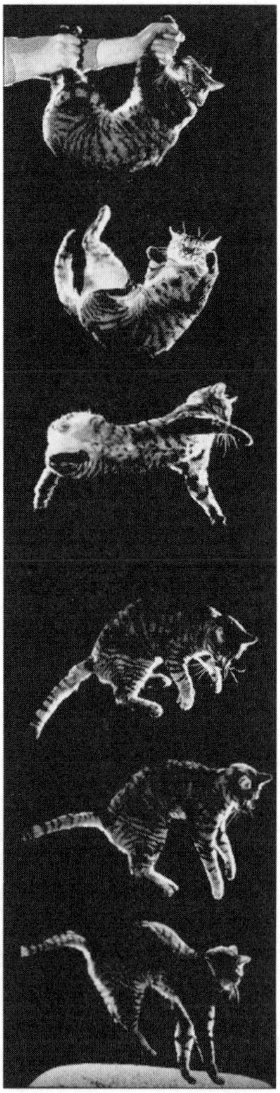

Quand le chat est lâché, son corps ne pivote pas. La loi de conservation du moment cinétique affirme qu'à moins qu'une force extérieure n'exerce un moment sur lui, il devrait tomber sans tourner. Deux forces agissent sur le chat au cours de sa chute : la pesanteur et le frottement de l'air. La force de pesanteur n'exerce pas de moment : comme Newton l'a montré, on peut considérer que la force de pesanteur agit au centre de masse du chat, ce qui ne produit aucun moment. Les forces de frottement ont bien un moment, mais elles sont trop faibles pour provoquer le retournement. Comment le chat arrive-t-il à se retourner ?

Un examen attentif des photos, prises en stroboscopie, permet de le comprendre. Sur la deuxième photo, on remarque que le chat a rapproché ses pattes avant de son corps, et que ses pattes arrière sont étirées. Cette position réduit le moment d'inertie de l'avant du corps, et l'augmente à l'arrière. Le corps étant plié au milieu, l'avant et l'arrière ne tournent pas autour du même axe. Cette deuxième photo révèle que le haut du corps a tourné vers nous, d'environ 90°, et le bas vers l'arrière de la photo, d'environ 10°. Le moment d'inertie de la partie postérieure du corps est plus grand que celui de la partie antérieure et les rotations se produisent en sens contraire, les moments cinétiques des deux parties du corps se compensent donc.

La situation que l'on observe sur la troisième photo est inversée : les pattes avant sont tendues, ce qui augmente le moment d'inertie de l'avant du corps, et les pattes arrière sont repliées. L'arrière du corps a pivoté d'un angle important, pendant que l'avant tournait dans l'autre sens d'un angle plus petit. Les trois dernières photos montrent le chat qui ne pivote plus et atterrit sans dommage.

Ainsi que nous l'avons dit, le moment cinétique d'un objet est conservé : il reste constant si la résultante des moments qui agissent sur lui est nulle. Ce résultat important porte le nom de *théorème de la conservation du moment cinétique*. Il s'agit d'une loi de conservation analogue à celles que nous avons déjà rencontrées : celles de l'énergie et de la quantité de mouvement. On observe les effets de la conservation du moment cinétique lorsqu'on regarde une patineuse tourner sur la pointe de ses patins. Si elle commence à tourner avec les bras écartés et qu'elle les rapproche ensuite de son corps, son moment d'inertie diminue. Le frottement n'a que peu d'influence dans cette situation et le moment des forces extérieures est donc nul : le moment cinétique doit donc rester constant. Puisque le moment cinétique est égal au produit du moment d'inertie par la vitesse angulaire, la diminution du moment d'inertie est compensée par une augmentation de la vitesse angulaire : la patineuse tourne plus vite.

L'accélération centripète

Isaac Newton fut l'un des premiers à prendre conscience de l'importance des mouvements circulaires. Il montra que, pour qu'un objet se déplace suivant un cercle, il faut qu'il soit soumis à une force résultante non nulle. Cette force imprime à l'objet une accélération, que l'on appelle *accélération centripète.*

Quand on fait tournoyer une balle attachée à une ficelle, la balle continue à tourner suivant un cercle tant que l'on maintient la ficelle tendue. Que l'on coupe la ficelle, et la balle poursuivra son mouvement rectiligne dans la direction qu'avait son vecteur vitesse au moment où la ficelle a été coupée (si l'on néglige la force de pesanteur). On voit donc que la ficelle exerce sur la balle une force dirigée vers le centre du cercle et qui empêche la balle de se déplacer suivant une ligne droite. Cette force porte le nom de *force centripète,* du latin *centripetus* « qui cherche le centre ».

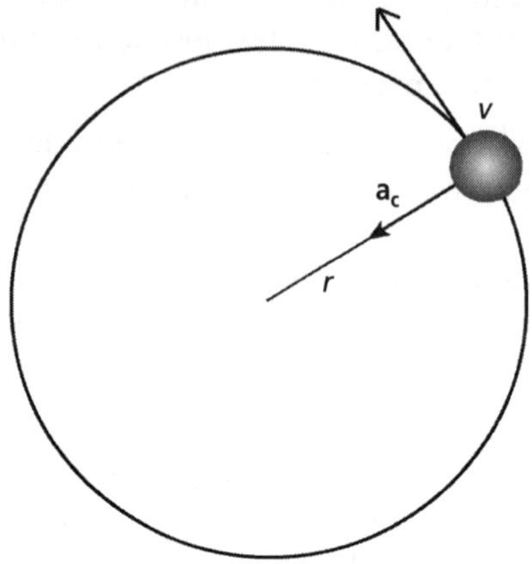

Figure 6.6 Un objet qui décrit un cercle de rayon *r*, avec une vitesse constante *v*, possède une accélération centripète $a_c = v^2/r$.

La force centripète communique donc à la balle une accélération, dirigée vers le centre du cercle. Quand la balle tourne plus vite, on sent que la ficelle tire davantage sur la main. Au contraire, la balle continuant à tourner à la même vitesse, si on augmente la longueur de la ficelle, la force qui s'exerce sur la main diminue. Nous en déduisons que l'accélération centripète augmente quand la vitesse augmente (elle augmente en fait proportionnellement au carré de la vitesse), et qu'elle diminue quand le rayon du cercle parcouru augmente. En fin de compte, un objet qui se déplace à vitesse constante v le long d'un cercle de rayon r (figure 6.6) subit une accélération centripète a, dirigée vers le centre du cercle, proportionnelle au carré de la vitesse, et inversement proportionnelle au rayon :

$$a_c = \frac{v^2}{r}$$

La deuxième loi de Newton donne l'expression de la force centripète responsable de cette accélération. Pour un objet de masse m, la force centripète vaut $F_c = ma_c$ ou encore

$$F_c = \frac{mv^2}{r}$$

Cette expression donne la valeur de la force nécessaire pour maintenir un objet en mouvement uniforme à distance constante d'un centre fixe. Prenons l'exemple d'une voiture qui roule dans un virage : c'est le frottement de la route sur les pneus qui fournit cette force. Si la route est mouillée, ou recouverte de neige ou de glace, la force de frottement risque d'être insuffisante

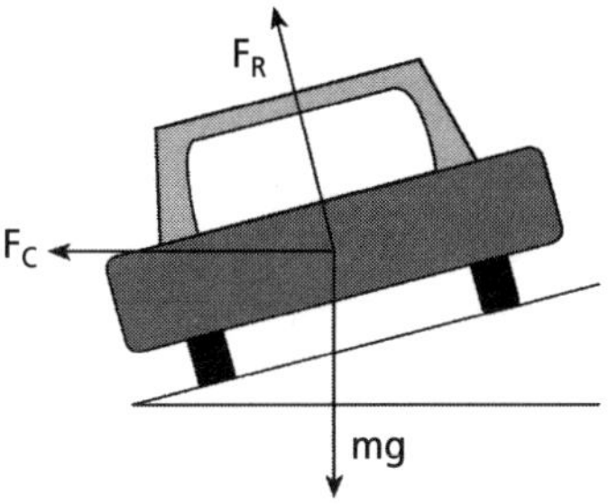

Figure 6.7 Lorsque le virage est relevé, la réaction normale de la piste sur la voiture, $F_{R,}$ a une composante horizontale qui contribue à la force centripète.

pour permettre à la voiture de négocier son virage. Par ailleurs, la force centripète nécessaire pour maintenir la voiture sur une trajectoire circulaire est proportionnelle au carré de la vitesse, et même sur une route sèche, une voiture qui roule trop vite est susceptible de déraper. Dans les anciens circuits de formule 1, les voitures prenaient les virages à grande vitesse et les pistes étaient parfois relevées de façon à ce que la réaction perpendiculaire exercée par la piste sur les pneus de la voiture, F_r, ait une composante horizontale égale à la force centripète nécessaire.

Les satellites

Le 26 juillet 1963, les États-Unis ont lancé *Syncom* 2, premier satellite de télécommunications en orbite géostationnaire (c'est-à-dire restant à la verticale du même point de la Terre, à une altitude de 35 725 km). *Syncom* 2 décrit un mouvement circulaire uniforme autour du centre de la Terre avec une vitesse angulaire telle qu'il parcourt un tour complet dans un temps égal à la période de rotation de la Terre. Ces informations suffisent pour calculer la vitesse du satellite sur son orbite : on divise la longueur parcourue par le temps de ce parcours. Pendant une période de 24 heures, la longueur parcourue est égale à la circonférence du cercle, soit à $2\pi r$ où r est le rayon de l'orbite. Le rayon est la distance entre le satellite et le centre de la Terre, soit : r = rayon de la Terre + altitude du satellite = 6 367 km + 35 725 km = 42 092 km. La vitesse linéaire de *Syncom* 2 est donc égale à :

$$v = \frac{2\pi r}{T} = \frac{2 \times 3{,}14 \times (42\,092 \times 10^3)}{24 \times 60 \times 60}$$

c'est-à-dire :

3 061 m/s ou 11 020 km/h.

Comme nous venons de le voir, il faut une force centripète pour maintenir le satellite sur une orbite circulaire. La valeur de l'accélération centripète ($a_c = v^2/r$) est égale à 0,22 m/s^2. Quelle est l'origine la force correspondante ? C'est encore une fois grâce au génie d'Isaac Newton qu'on a compris que la force qui retient ce satellite autour de la Terre est aussi celle qui fait tourner la Lune autour de la Terre et qui maintient la Terre et les autres planètes du Système solaire en orbite autour du Soleil. Il s'agit de la force que l'on appelle « gravitation ». En comprenant qu'il s'agissait d'une force universelle — l'une des quatre connues à l'heure actuelle — Newton a accompli l'une des plus grandes réalisations de l'esprit humain. Racontons les étapes de cette découverte.

Les origines de notre conception de l'univers

Pour situer dans une perspective historique la découverte de la loi de la gravitation par Newton, il nous faut remonter à l'époque du second empire babylonien, situé en Mésopotamie sur le territoire correspondant aujourd'hui à l'Irak. En l'an 3 000 avant notre ère, les Babyloniens avaient entrepris une étude systématique du ciel grâce à laquelle ils pensaient choisir le meilleur moment pour entreprendre les semailles et les récoltes. L'astronomie moderne trouve son origine dans leurs découvertes. Selon les Babyloniens, le Soleil, la Lune et les cinq planètes visibles à l'œil nu, Mercure, Venus, Mars, Jupiter et Saturne étaient des êtres divins. Il était donc important de suivre de près leurs mouvements dans le ciel. Les Babyloniens utilisèrent leurs connaissances des trajectoires du Soleil et de la Lune pour établir un calendrier. Ils avaient remarqué que les trajectoires des planètes n'étaient pas aussi simples que celles du Soleil ou de la Lune : leur progression vers l'est s'interrompait parfois. La planète revenait alors en arrière, s'arrêtait à nouveau puis repartait vers l'est.

Une partie des connaissances acquises par les Babyloniens est parvenue jusqu'aux Grecs. C'est avec la culture grecque, de l'an – 600 à l'an 400, que la science de l'Antiquité a atteint son plus haut niveau. Contrairement à leurs prédécesseurs, les Grecs essayaient de trouver des causes rationnelles aux phénomènes qu'ils observaient, et ne les tenaient pas pour des manifestations divines. Thalès de Milet, né en 640 avant notre ère, est universellement reconnu comme le fondateur de la philosophie grecque. Thalès tentait d'interpréter les modifications du monde à partir de mécanismes physiques.

Pythagore, né à Samos en 580 avant notre ère, pensait que la Terre était une sphère qui se trouvait au centre de l'univers. Cette idée fut reprise dans une théorie plus complète par Aristote, qui pensait que la Terre était immobile, et fixée au centre du ciel dont la voûte tournait. Considérablement compliqué par Ptolémée, ce modèle, connu sous le nom de *géocentrique* — centré sur la Terre —, fut accepté pratiquement par tout le monde pendant dix-huit siècles ; pourtant, certains penseurs, notamment Aristarque de Samos, avaient une vision différente. Aristarque, qui vécut entre 310 et 230 avant notre ère, estimait que c'était le Soleil qui était fixé au centre de l'univers, et que la Terre se déplaçait autour de lui sur une orbite circulaire. Il pensait aussi que la Terre pivotait sur elle-même autour dc son axe en même temps qu'elle tournait autour du Soleil, et que cet axe était incliné par rapport au plan de l'orbite terrestre.

Cependant, ce modèle faisait face à un obstacle majeur : la Terre paraissait bel et bien immobile. Comment pouvait-elle tourner autour du Soleil, puisqu'on ne détectait aucun mouvement ? On aurait aussi dû observer un déplacement apparent de la position des étoiles, au fur et à mesure que la Terre se déplaçait (figure 6.8). On ne parvint jamais à observer ce déplacement apparent des étoiles, ou parallaxe, et le modèle *héliocentrique* — centré sur le Soleil — d'Aristarque fut abandonné. À l'heure actuelle, nous savons que les étoiles sont trop éloignées pour qu'il soit possible d'observer la parallaxe à l'œil nu. Ce n'est qu'en 1838, à l'aide d'un télescope, que l'astronome Allemand Friedrich Bessel observa pour la première fois la parallaxe d'une étoile.

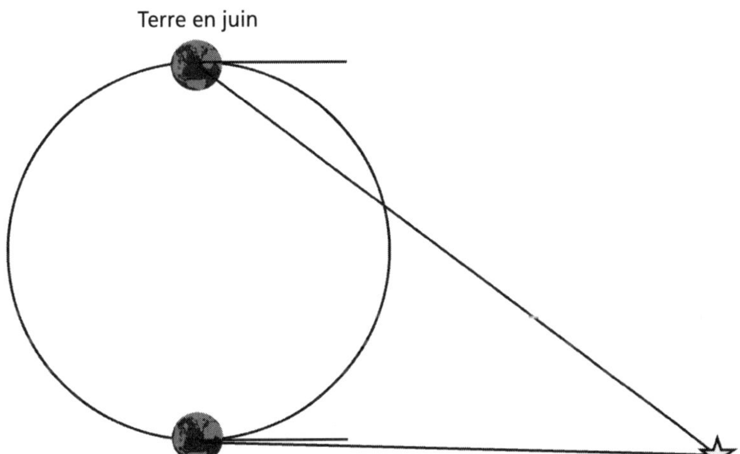

Figure 6.8 Déplacement apparent de la position d'une étoile causé par le déplacement de la Terre autour du Soleil.

Le modèle géocentrique mis au point par Claudius Ptolémée au IIe siècle avant notre ère, plaçait la Terre au milieu du ciel. Le mouvement des planètes, tel qu'on l'observait dans le ciel, paraissait compliqué — nous savons maintenant qu'il résulte de la composition du mouvement propre des planètes autour du Soleil avec celui de la Terre, (figure 6.9a). Pour le décrire, Ptolémée imagina que les planètes décrivaient de petits cercles, appelés *épicycles.* Le centre de chaque épicycle décrivait une orbite circulaire autour de la Terre, nommée déférent. La composition de ces mouvements sur deux cercles revenait à faire circuler les planètes sur des trajectoires cycloïdales. Hélas, pour que ces trajectoires correspondent aux observations, il fallait imaginer que le centre du grand cercle (le déférent) ne coïncide pas exactement avec le centre de la Terre. Il en était toujours proche, mais sa position variait d'une planète à l'autre. Par ailleurs, il fallait aussi que la vitesse de l'épicycle soit constante, non pas par rapport au centre du déférent, mais par rapport à un autre point de l'espace, appelé équant (figure 6.9b). L'accumulation des mesures sur la position des planètes rendit nécessaire d'ajouter de nouveaux épicycles : les épicy-

(a)

(b)

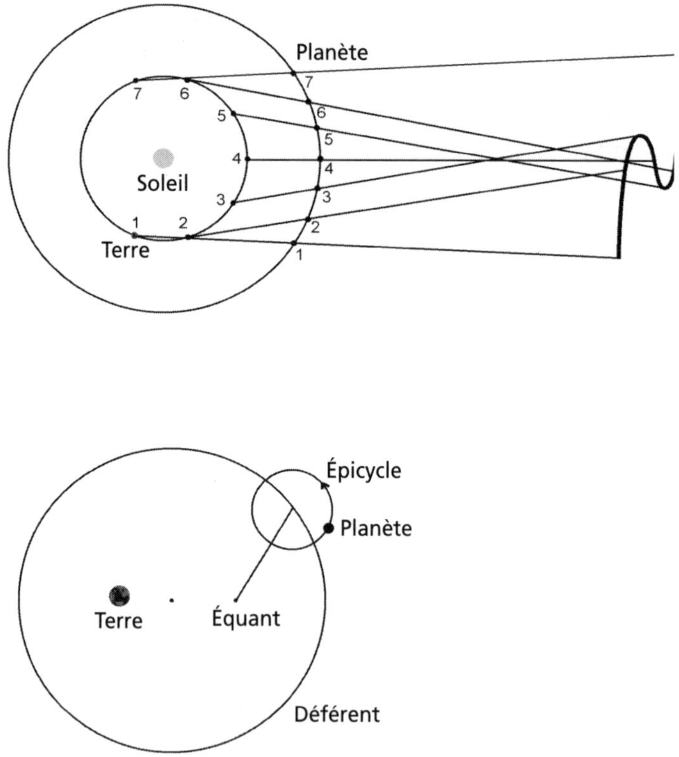

Figure 6.9 **(a)** Positions réelles de la Terre et d'une autre planète lors de leur rotation autour du Soleil. La partie droite du schéma indique le mouvement apparent de la planète dans le ciel, tel qu'on l'observe depuis la Terre en mouvement. **(b)** Le système de Ptolémée.

cles tournaient sur des épicycles, et la planète se déplaçait en fin de compte sur le dernier et le plus petit. Ptolémée finit par concevoir un système à 40 épicycles, qui rendait compte avec une bonne précision des observations de l'époque. Son modèle fut publié dans *la Grande Syntaxe*, un traité en treize volumes recueilli par les Arabes après la destruction de la fameuse bibliothèque d'Alexandrie, et connu sous le nom de *Al Magiste* (le plus grand). Introduit en Europe par les Arabes, ce livre y resta célèbre pendant plus d'un millier d'années, sous le nom d'*Almageste*.

Les lois de Kepler pour le mouvement des planètes

De l'époque d'Aristote et de Ptolémée jusqu'à celle de Copernic, treize siècles plus tard, la compréhension des mouvements célestes ne fit aucun progrès. Né le 19 février 1473 dans la petite ville de Torun en Pologne, Nikolaj Kopernik (ou Nicolaus Copernicus, son nom latin) commit l'acte révolutionnaire qui transforma les idées ancrées dans les esprits depuis plus de mille ans. Il suivit tout d'abord des cours à l'Université de Cracovie, puis à celle de Bologne en Italie, où il s'intéressa à l'astronomie.

L'atmosphère intellectuelle qui régnait alors en Italie favorisait la critique des idées reçues. Le système de Ptolémée était compliqué et sans élégance et, quel que soit le nombre d'épicycles utilisés, il ne permettait même plus de rendre compte des observations astronomiques récentes. Copernic était particulièrement rebuté par l'équant, point que Ptolémée avait introduit pour que tous les mouvements célestes restent bien circulaires et uniformes. Copernic n'était pas dupe : le mouvement était circulaire par rapport au centre du déférent et uniforme par rapport à l'équant, mais ces deux points étaient différents. Il comprit alors que tout serait beaucoup plus simple si c'était le Soleil, plutôt que la Terre, qui se trouvait au centre de l'univers. Il établit donc un modèle dans lequel la Terre et les cinq planètes connues, Mercure, Venus, Mars, Jupiter et Saturne décrivent des mouvements circulaires autour du Soleil.

Le modèle héliocentrique de Copernic était hérétique, puisqu'il retirait à la Terre sa place au centre de la Création ; c'est pourquoi Copernic retarda la publication de sa théorie jusqu'aux dernières années de sa vie. Sollicité par certains de ses amis, Copernic finit par autoriser la publication de sa théorie dans un livre, *De Revolutionibus* (Sur les révolutions), qui parut en 1543, quelques semaines avant sa mort, à l'âge de 70 ans.

La révolution copernicienne ne fut admise qu'au début du XVIIe siècle. Johannes Kepler avait alors 30 ans. Il avait travaillé comme assistant dans l'excellent observatoire de l'astronome danois Tycho Brahé et utilisa des observations très précises de la position de la planète Mars pour démontrer que son orbite n'est pas un cercle, mais une ellipse. Ainsi s'apercevait-on finalement que les orbites circulaires à cause desquelles on avait été obligé d'inventer les épicycles et les déférents des théories pré-coperniciennes, ne coïncidaient pas avec les véritables trajectoires des planètes.

Kepler est né en décembre 1571, à Weil der Stadt, dans la région vinicole de Württemberg au sud de l'Allemagne. Il suivit des cours à l'Université de Tübingen, où il obtint son diplôme en 1588 et fut converti à la théorie de Copernic par l'un de ses professeurs. À son départ pour l'observatoire de Tycho Brahé, Kepler avait déjà publié un livre, *Mysterium Cosmographicum*, dans lequel il postulait qu'il y avait six planètes parce qu'il y avait cinq solides parfaits[1]. S'il partit travailler dans l'observatoire de Brahé, c'est pour rechercher des données plus précises afin d'étayer cette théorie.

Il lui fallut six ans, et des milliers de pages de calcul, pour venir à bout du secret de l'orbite de Mars. Au cours de sa « bataille avec Mars », ainsi qu'il qualifiait son travail, Kepler comprit que la vitesse d'une planète devait être reliée à sa distance au Soleil, puisque « c'est le Soleil qui crée le mouvement ». L'orbite n'étant pas circulaire mais elliptique, la distance au Soleil était variable. Rappelons-nous qu'une ellipse est une courbe bien précise, qu'on peut tracer en plaçant deux punaises à une certaine distance l'une de l'autre, et en y attachant un fil d'une certaine longueur. Lorsqu'on déplace un crayon de sorte que le fil reste tendu, le crayon dessine une ellipse (figure 6.10). Les deux points où sont attachées les extrémités du fil s'appellent les *foyers* de l'ellipse. Le fil n'étant pas élastique, la somme des distances d'un point de l'ellipse à ses deux foyers est la même pour tous les points de l'ellipse. Kepler plaça le Soleil sur l'un des foyers de l'ellipse. Ses calculs montraient que la planète se déplaçait plus rapidement lorsqu'elle était proche du Soleil, et plus lentement quand elle en était éloignée.

Kepler entreprit d'étudier de façon plus précise la variation de la vitesse de la planète le long de son orbite autour du Soleil. Au terme de calculs longs et ennuyeux, il découvrit que le rayon qui va du Soleil à la planète balaye des aires égales pendant des temps égaux. Quand le mouvement est circulaire et

1. Il n'y a que cinq solides réguliers : la pyramide triangulaire (tétraèdre), dont les faces sont quatre triangles équilatéraux ; le cube dont les six faces sont des carrés ; l'octaèdre avec huit triangles équilatéraux ; le dodécaèdre dont les douze faces sont des pentagones et l'icosaèdre avec vingt triangles équilatéraux. Il existe une sphère tangente à toutes les faces d'un de ces solides, et l'on peut aussi les inscrire dans une sphère, c'est-à-dire placer tous ses sommets sur une sphère.

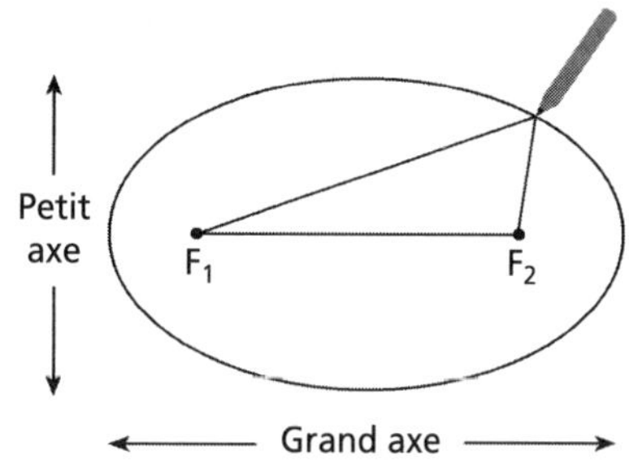

Figure 6.10 Une ellipse.

uniforme, des arcs égaux sont parcourus en des temps égaux, de sorte qu'il faut deux fois plus de temps pour parcourir la moitié d'un cercle que le quart. En revanche, quand l'orbite est elliptique, lorsque la planète va d'un point A à un point B tous deux proches du Soleil (figure 6.11), l'aire balayée est plus petite que lorsqu'elle se déplace sur l'arc allant de *C* à *D*, de même longueur, mais qui se trouve à une distance plus grande du Soleil.

Ainsi, quand elle est éloignée du Soleil, la planète se déplace plus lentement et la longueur de l'arc parcouru pendant un temps donné est plus petite que lorsqu'elle en est proche. S'il a fallu un certain temps pour parcourir l'arc AB, il faudra le même temps pour aller de *C* à E. Kepler publia ces deux découvertes en 1609, dans un deuxième livre intitulé *Astronomia Nova* (la Nouvelle astronomie). Elles constituent les fondements de l'astronomie moderne, et sont désormais connues sous le nom de première et deuxième lois de Kepler.

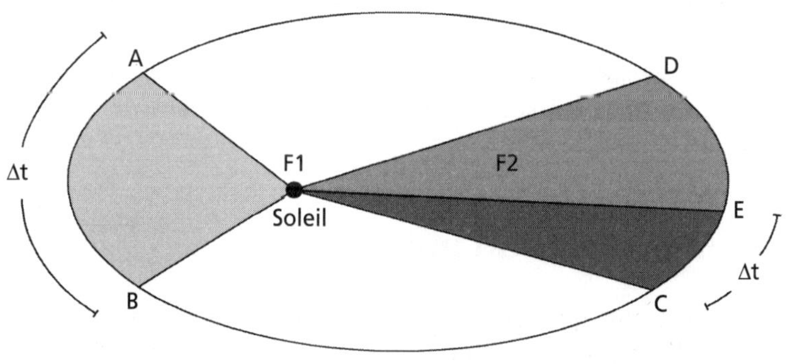

Figure 6.11 Deuxième loi de Kepler ou loi des aires : pour se déplacer depuis A jusqu'en B, il faut à la planète le même temps Δt que pour aller de C à D. L'aire balayée par le segment qui va du Soleil à la planète lorsque celle-ci passe de A à B est la même que lorsqu'elle va de C à E.

Kepler n'en resta pas là. Convaincu que le Dieu créateur était également musicien, il entreprit de démontrer qu'il existait une relation entre les distances des planètes au Soleil et leurs vitesses, semblable à celle qui relie les fréquences des notes de musique dans un accord harmonieux. Après bien des efforts, il lui fallut admettre que « le Dieu Créateur n'avait pas souhaité introduire de proportions harmoniques dans les durées des années planétaires ». Malgré tout, ses efforts n'avaient pas été inutiles. Il avait découvert une relation entre les distances des planètes au Soleil et leurs périodes de révolution : « les durées des périodes de deux planètes quelconques se trouvent dans le rapport sesquialtère (un et demi) de leurs distances moyennes », ce qui signifie que les carrés des périodes de révolution de deux planètes (le temps qui leur est nécessaire pour décrire une orbite complète autour du Soleil) sont proportionnels aux cubes de leurs distances moyennes au Soleil. Appelons T la période d'une planète et r sa distance moyenne au Soleil, la troisième loi de Kepler stipule :

$$\frac{T_1^2}{T_2^2} = \frac{r_1^3}{r_2^3}$$

Les indices 1 repèrent les quantités relatives à l'une des planètes, et les indices 2 celles relatives l'autre. Cette découverte remarquable, connue sous le nom de troisième loi de Kepler, fut exposée dans son ouvrage monumental *Harmonici Mundi* (les Harmonies du monde), publié en 1619.

En résumé, on peut formuler les trois lois de Kepler de la façon suivante :

1 *Loi des orbites :* chaque planète se déplace autour du Soleil sur une orbite elliptique, dont le Soleil occupe un des foyers.

2 *Loi des aires* : quand une planète se déplace par autour du Soleil, sa vitesse varie de sorte que le rayon qui va du Soleil à la planète balaye des aires égales, pendant des temps égaux.

3 *Loi des harmoniques ou loi des périodes :* les carrés des périodes de révolution de deux planètes sont proportionnels aux cubes de leurs distances moyennes au Soleil.

La loi de la gravitation universelle

Kepler avait pressenti que, pour maintenir une planète en orbite autour du Soleil, il fallait l'intervention d'une force, ou *anima motrix*, et que cette force provenait du Soleil. En étudiant les lois du mouvement, Galilée, contemporain de Kepler, était arrivé à la conclusion qu'un objet se déplace en ligne droite et à vitesse constante si aucune force n'agit sur lui. Cette idée, reprise par Newton, devint la première loi du mouvement ou le principe d'inertie.

Dans sa deuxième loi, Newton affirme que, pour modifier l'état de mouvement d'un objet, il faut lui appliquer une force. Au début de ce chapitre, nous avons signalé que, pour qu'un objet garde un mouvement circulaire, il est nécessaire qu'une force résultante non nulle s'exerce sur lui. Cette force, appelée force centripète, est dirigée vers le centre du cercle.

Pour Newton, c'était une évidence : si une planète tourne autour du Soleil, c'est qu'elle subit une force dirigée exactement vers le Soleil. Quelle est l'origine de cette force ? Newton fit l'hypothèse qu'entre deux corps, où qu'ils se trouvent dans l'univers, il existe une force d'attraction universelle. La troisième loi de Kepler lui permit de déterminer que cette force est inversement proportionnelle au carré de la distance qui les sépare. Il s'agit là d'un des problèmes qui l'occupaient lors de son séjour dans la ferme de sa mère, à Woolsthorpe, au cours des années de peste. On ne sait pas s'il a résolu l'intégralité du problème à cette époque. William Stuckey, son biographe, qui a travaillé à partir de ses conversations avec Newton et d'interviews de ses amis, écrivit que le 15 avril 1726, « après le dîner, il faisait doux et nous sommes allés boire du thé dans le jardin, à l'ombre de pommiers, seuls tous les deux. Il me confia, parmi d'autres choses, que la situation était la même qu'autrefois, lorsque l'idée de la gravitation lui était venue à l'esprit : en voyant tomber une pomme, alors qu'il était d'humeur méditative. »

En revanche, on sait que pendant près de vingt ans, Newton négligea de publier ce qui est l'une des plus grandes découvertes de l'humanité. S'il finit par le faire, c'est que deux scientifiques de grand renom, Edmond Halley et Robert Hooke, avaient, eux aussi, trouvé l'expression mathématique de la force de gravitation, même s'ils avaient été incapables d'en démontrer la justesse. En janvier 1684, Halley s'était convaincu du fait que la force qui maintient les planètes sur leurs orbites « décroît de façon proportionnelle au carré de la distance ». Il fit part de cette conclusion à Hooke qui se vanta d'avoir trouvé exactement le même résultat, et d'en avoir une démonstration mathématique, mais il ne la montra pas. Il ne le pouvait probablement pas. Halley décida alors d'en discuter avec son ami Newton. Abraham DeMoivre, membre de la Royal Society et ami de Newton et Halley, raconte cette visite :

> *Après qu'ils eurent passé un certain temps ensemble, le Dr [Halley] lui demanda quelle serait la courbe décrite par les planètes si la force d'attraction vers le Soleil était proportionnelle à l'inverse du carré de la distance au Soleil. Sir Isaac répondit immédiatement que ce serait une ellipse.*
>
> *Le docteur, frappé de stupéfaction et de joie, demanda comment il le savait. Mais, répondit Newton, parce que je l'ai calculé.*

Comment Newton avait-il déterminé l'expression de la force de gravitation ? On ne connaît pas les détails de la technique qu'il utilisa pour mettre au point sa théorie, mais dans un livre intitulé *A view of Sir Isaac Newton's Philosophy* publié à Londres en 1728, Henry Pemberton raconte ceci :

> *Il se trouvait dans le jardin et se mit à réfléchir à propos de la puissance de la force de pesanteur. Puisque cette puissance n'était pas réduite de façon appréciable aux endroits éloignés du centre de la Terre, ni en haut des constructions les plus importantes, ni même au sommet des plus hautes montagnes, il lui parut raisonnable de considérer que cette puissance devait s'étendre beaucoup plus loin qu'on ne le pensait habituellement ; et pourquoi pas aussi haut que la Lune, se demanda-t-il ? S'il en était ainsi, le mouvement de la Lune devait être influencé par la pesanteur ; peut-être était-ce elle qui maintenait la Lune sur son orbite ? Mais, même si la force de pesanteur n'était pas affaiblie de façon appréciable par de petites modifications de la distance au centre de la Terre, il était pourtant très possible qu'à la distance de la Lune, sa puissance diffère sensiblement de sa valeur ici-bas. En tentant d'évaluer l'importance de cette diminution, il se dit que, si la Lune restait en orbite à cause de la force de pesanteur, il ne faisait aucun doute que les planètes inférieures tournaient autour du Soleil sous l'effet d'une puissance comparable. Comparant les périodes de plusieurs planètes à leurs distances au Soleil, il découvrit que, si une force analogue à la pesanteur les maintenait sur leurs trajectoires, cette force devait décroître comme le carré de l'augmentation de la distance.*

Dans une note écrite en 1714, Newton lui-même raconte qu'il commença « à penser que la pesanteur s'étendait jusqu'à l'orbite de la Lune. Ayant mis au point une façon de mesurer la force de pression qu'exerce sur une sphère un globe qui tourne à l'intérieur de cette sphère, et en tenant compte de la loi de Kepler sur les périodes des planètes, j'ai montré que les forces qui maintiennent les planètes sur leur orbite sont proportionnelles aux inverses du carré de leurs distances au centre… »

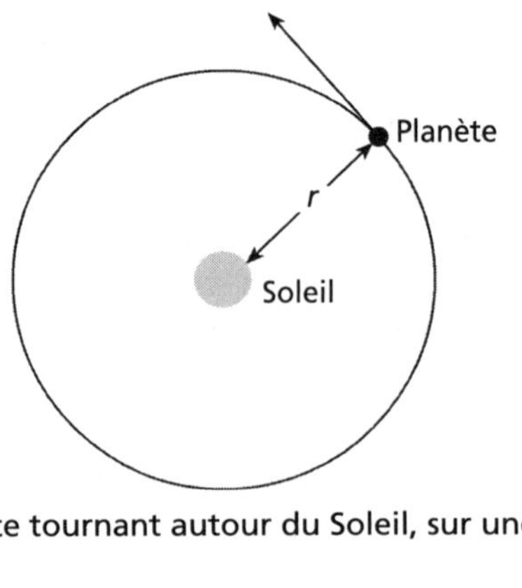

Figure 6.12 Planète tournant autour du Soleil, sur une orbite circulaire.

Ces récits nous permettent de reconstituer la technique utilisée par Newton. Considérons une planète, de masse *m,* qui tourne autour du Soleil (figure 6.12) : si cette planète se déplace à la vitesse v et suit une orbite pratiquement circulaire, de rayon r; la force centripète qui la maintient sur cette orbite est :

$$F_c = \frac{mv^2}{r}$$

Notons T la période de la planète : sa vitesse est égale au quotient de la circonférence du cercle $(2\pi r)$ par la période, soit $v = 2\pi r/T$. L'expression de la force centripète fait intervenir le carré de la vitesse, $v^2 = 4\pi^2 r^2/T^2$, nous obtenons donc :

$$F_c = \frac{mv^2}{r} = \frac{m(4\pi^2 r^2)}{r(T^2)}$$

Multiplions le numérateur et le dénominateur par, r et réarrangeons le tout. On trouve :

$$F_c = \frac{4\pi^2 m}{r^2} \times \left(\frac{r^3}{T^2}\right)$$

L'expression entre parenthèses, r^3/T^2, est le quotient du cube de la distance de la planète au Soleil par le carré de sa période. D'après la troisième loi de Kepler il est constant. Notons-le K ; la force centripète s'écrit alors :

$$F_c = \frac{4\pi^2 m}{r^2} \times (K)$$

ou encore, multipliant le numérateur et le dénominateur par la masse du Soleil, M_S :

$$F_c = \left(\frac{4\pi^2 K}{M_S}\right)\frac{M_S m}{r^2}$$

C'est alors que le génie de Newton lui fit faire un incroyable bond. Bien que le calcul ait été fait pour une planète tournant autour du Soleil, Newton affirma que la même expression s'appliquait à l'attraction exercée par la Terre sur la Lune, mais aussi sur une pomme tombant de l'arbre, et, en fait, entre deux objets quelconques de l'univers, à condition de considérer la quantité entre parenthèses comme une constante universelle. C'est la loi de la gravitation universelle : où qu'ils se trouvent dans l'Univers, deux objets quelconques, de masses M et m et situés à la distance r l'un de l'autre, exercent l'un sur l'autre une force donnée par l'expression :

$$F = G\frac{Mm}{r^2}$$

La valeur de la constante universelle, G, fut déterminée en 1798 par Henry Cavendish, qui mesura la force d'attraction entre deux sphères de plomb. La valeur admise aujourd'hui est, en unités SI :

$$G = 6{,}67 \times 10^{-11} \mathrm{Nm^2/kg^2}$$

La loi de la gravitation universelle ne se contente pas d'énoncer que la Terre attire la Lune avec une force qui la maintient sur son orbite, ou que le Soleil exerce une force analogue sur la Terre et les autres planètes du système solaire, ni même que c'est cette même force qui provoque la chute d'une pomme. Cette loi universelle, qui rend compte de ce qui se passe dans l'Univers, affirme également que *vous* attirez le Soleil vers vous avec une force qu'il est possible de calculer. Cela nous permet d'entrevoir l'envergure de l'intelligence de Newton. Comme l'écrit l'historien des sciences I. Bernard Cohen, « aucune mathématique — que ce soit l'algèbre, la géométrie ou le calcul différentiel — ne justifie une idée aussi audacieuse. On ne peut que constater qu'il s'agit d'un de ces hauts faits qui écrasent les hommes ordinaires lorsqu'ils se trouvent face au génie ».

Newton a vérifié le bien-fondé de sa grande théorie en étudiant le mouvement de la Lune, dont il se rendait compte qu'elle *tombait* en permanence vers la Terre. Pour s'en convaincre, il suffit de se rappeler que si l'on « éteignait » la force de gravitation, en vertu de la première loi de Newton, la Lune partirait en ligne droite, prenant littéralement la tangente à sa trajectoire circulaire. C'est la force de gravitation qui fait tomber la Lune de cette droite vers l'orbite circulaire (figure 6.13). Newton savait que la distance séparant le centre de la Terre du centre de la Lune est égale à environ 60 fois le rayon de la Terre. Selon la loi de la gravitation, la force variait comme $1/r^2$ et l'accélération de la Lune devait donc être égale à $1/60^2$ fois l'accélération de la pesanteur à la surface de la Terre. À son époque on avait déjà déterminé que l'accélération de la pesanteur vaut 9,8 m/s^2. En tenant compte de ces données, on trouvait que l'accélération de la Lune vers la Terre devait être égale à (1/3 600) 9,80 m/s^2 = 2,72 mm/s^2.

Pour comparer ce résultat et le mouvement réel de la Lune, Newton a calculé l'accélération centripète subie par la Lune, compte tenu du fait que sa période de révolution est égale à 27,32 jours. Nous avons vu que l'accélération centripète s'écrit sous la forme :

$$a_c = \frac{v^2}{r} = \frac{4\pi^2 r}{T^2}$$

Pour cette accélération, Newton obtint la valeur de 2,74 mm/s^2, en excellent accord avec sa théorie.

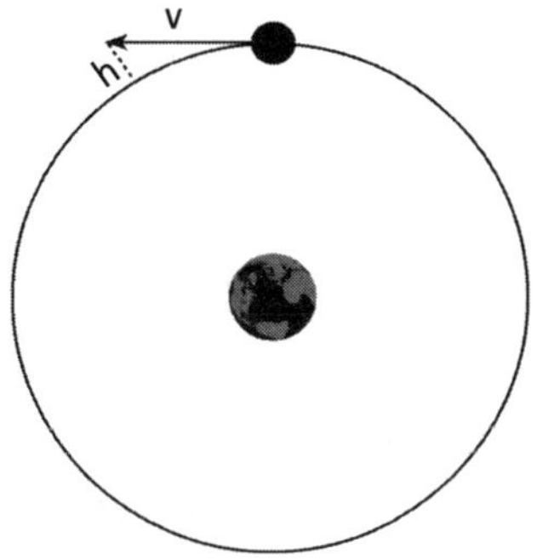

Figure 6.13 Chute de la Lune vers la Terre. Selon la première loi de Newton, si l'on supprimait la force de pesanteur entre la Terre et la Lune, celle-ci continuerait à se déplacer suivant une droite, à la vitesse *v*. La force de gravitation tire la Lune vers la Terre et provoque sa « chute », de hauteur *h*, par rapport à l'orbite rectiligne.

Certains historiens pensent que Newton a effectué ce calcul à l'âge de 23 ans, au cours de son *annus mirabilis* (année des merveilles) mais que, à cause de données erronées sur la distance de la Lune, cette première tentative ne donna pas le bon résultat. Six ans plus tard, de nouvelles mesures du rayon de la Terre permirent de réévaluer la distance de la Lune. Newton refit alors son calcul et put ainsi vérifier qu'il était en accord avec sa théorie.

La loi de la gravitation universelle permet de définir de façon plus précise ce qu'est le *poids* d'un objet : il s'agit de *la résultante des forces de gravitation exercées sur cet objet par* ***tous*** *les corps de l'univers*. Lorsqu'un objet se trouve au voisinage de la surface de la Terre, la force gravitationnelle exercée par notre planète est beaucoup plus grande que celle de tous les autres corps de l'univers, dont nous pouvons négliger l'influence : le poids d'un objet proche de la surface de la Terre est donc égal à la force de gravitation exercée par la Terre.

Le poids d'un objet de masse *m*, proche de la surface de la Terre, est donc :

$$P = F_g = \mathrm{G}\frac{M_T m}{r_T^2}$$

Au chapitre 3, nous avons vu que Galilée avait découvert que le poids d'un objet est proportionnel à sa masse :

$$P = mg$$

g étant l'accélération due à la pesanteur. À partir de ces deux relations, nous déduisons :

$$g = G\frac{M_T}{r_T^2}$$

Cette formule montre que l'accélération due à la pesanteur est la même pour tous les objets proches de la surface de la Terre.

Aux confins de la physique : les mesures de la distance de la Lune

Quand il tenta de vérifier l'universalité de sa loi, Newton pensait que la Lune se trouvait à une distance égale à 60 fois le rayon terrestre. C'est l'astronome grec Aristarque qui, en 280 avant notre ère, imagina un moyen de déterminer les distances et les tailles relatives du Soleil et de la Lune. Il avait compris que, lors du premier et du dernier quartier, le Soleil la Terre et la Lune se placent aux sommets d'un triangle rectangle. Il mesura avec soin l'angle entre les directions du Soleil et de la Lune qu'il trouva égal à 87°. Cette valeur implique que le Soleil est 20 fois plus loin de nous que la Lune.

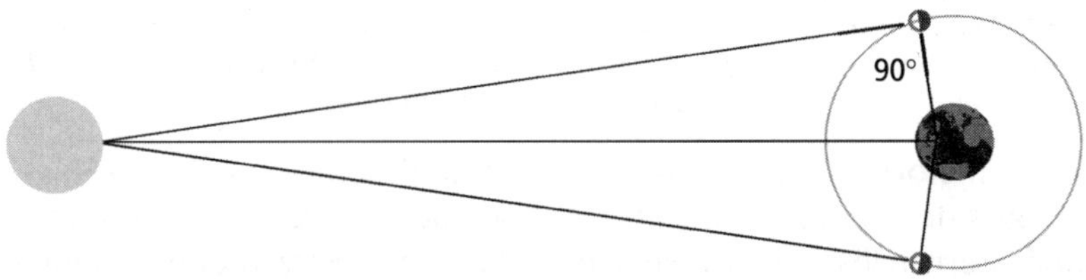

Aristarque réalisa aussi une estimation des tailles relatives de la Terre du Soleil et de la Lune. Pendant une éclipse de Lune, il mesura le temps qu'il fallait à la Lune pour traverser l'ombre de la Terre, ce qui lui permit de trouver que le diamètre de la Terre était trois fois plus grand que celui de la Lune. Pour évaluer le diamètre du Soleil, il tint compte de ce que, depuis la Terre, les diamètres apparents de la Lune et du Soleil sont pratiquement égaux. Sachant que le Soleil était vingt fois plus éloigné que la Lune, il en déduisit que le Soleil était aussi vingt fois plus gros.

Tout ce qu'il manquait pour déterminer complètement ces dimensions et ces distances était une mesure du rayon de la Terre. Quatre-vingts ans plus tard, une façon de le faire fut imaginée par l'astronome grec, Ératosthène. Les résultats trouvés par Aristarque pour la taille et la distance du Soleil sont mauvais, parce qu'il est difficile de déterminer exactement le moment où la Lune passe par le premier ou le dernier quartier, ce qui donne une grande incertitude sur la mesure des angles. Mais sa détermination de la taille de la Lune et de sa distance au centre de la Terre est incroyablement proche de celles qui prévalent de nos jours.

À l'heure actuelle, les lasers permettent de mesurer la distance de la Lune avec une précision de 1 centimètre. De 1969 à 1971, les astronautes des missions Apollo ont placé des miroirs sur la surface lunaire.

Depuis la Terre, on envoie un signal laser en direction de ces miroirs et, 2,6 secondes plus tard, on détecte le signal réfléchi. La vitesse de la lumière étant connue de façon extrêmement précise, on peut déterminer avec une grande précision la distance de la Lune, ainsi que sa variation au cours du mouvement de la Lune sur son orbite.

Les voyages dans l'espace et le mouvement orbital

Newton avait compris que la Lune tombe vers la Terre. De même, tout satellite placé autour de la Terre est un objet en chute libre. Nous pouvons l'expliquer autrement, en utilisant un schéma paru dans les *Principia* de Newton (figure 6.14). Une pierre lancée horizontalement du sommet d'une montagne retombe sur le sol en suivant la trajectoire qui aboutit au point *D*. Si on la lançait avec une vitesse plus grande — par exemple en utilisant un engin

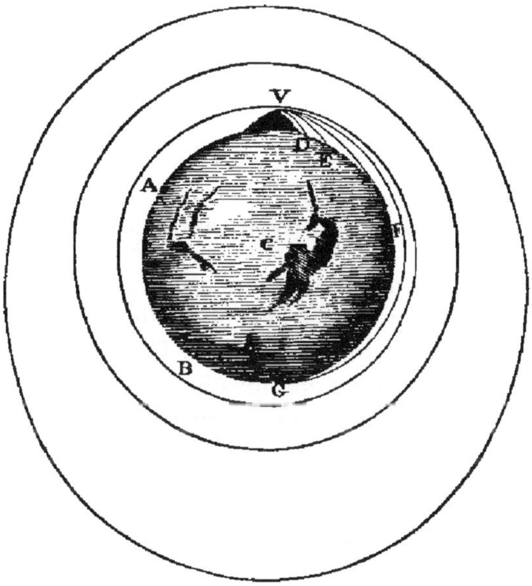

Figure 6.14 Un projectile, lancé depuis le sommet d'une montagne peut suivre des trajectoires différentes : « plus grande est la vitesse avec laquelle il est jeté, plus la distance qu'il parcourt avant de retomber sur la Terre est grande. Nous pouvons imaginer d'augmenter cette vitesse jusqu'à ce que, dépassant les limites de la Terre, le projectile parte dans l'espace sans l'avoir touchée ». (Newton, *System of the World*)

mécanique —, la pierre toucherait la Terre en un point E plus éloigné, d'une part parce que sa vitesse initiale était plus grande, mais aussi parce que la surface de la Terre, qui est courbe, se dérobe. Quand on donne à la vitesse de départ des valeurs de plus en plus grandes, la pierre heurte la Terre en F, puis en G et, finalement, si on la lançait avec une vitesse suffisamment grande, sa trajectoire suivrait la courbure de la Terre : la pierre tomberait vers la Terre sans jamais toucher son sol. La pierre serait alors en orbite.

Ainsi, un satellite en orbite autour de la Terre est en chute libre : il est sans cesse accéléré vers le centre de la Terre. Quelle est son accélération ? La force qui agit sur le satellite est une force de pesanteur. Toutefois l'accélération due à la pesanteur n'est pas égale à 9,8 m/s^2, comme c'est le cas à la surface de la planète, mais à l'accélération de la pesanteur à l'altitude du satellite.

Dans une navette spatiale en orbite autour de la Terre, la navette, les astronautes, ainsi que tous les objets qui se trouvent à bord, semblent ne rien peser, parce que la navette est en chute libre. Comme le montrent les images télévisées transmises de l'espace, lorsqu'un astronaute lâche son stylo, celui-ci continue à tourner autour de la Terre à la même vitesse que le reste de la navette, de sorte qu'il semble flotter à l'intérieur du vaisseau. Comme la force de gravitation est proportionnelle à la masse des objets, l'attraction subie par le stylo engendre une accélération égale à celle qui est imprimée à l'astronaute, ce qui leur permet de tourner autour de la Terre en suivant le même cercle.

Aux confins de la physique : le système GPS

En orbite à 20 000 km d'altitude, une armada de 21 satellites, émettant de façon continue, permet à chacun de déterminer sa position sur la Terre, en principe au millimètre près. Dans les années 1970, les satellites du système GPS ont été mis en place par le ministère américain de la défense à des fins militaires, mais une utilisation civile avait également été prévue.

Ces satellites émettent en permanence des ondes radio de haute fréquence. Ces signaux se propagent dans toutes les directions à la vitesse de la lumière. La vitesse de la lumière étant connue de façon très précise, il suffit de savoir le temps qu'il a fallu à un signal pour arriver en un endroit donné pour déterminer la distance d'un des satellites. Les concepteurs du système GPS ont utilisé une technique bien connue des astronomes pour déterminer la distance des autres planètes. Cette technique suppose l'envoi de signaux codifiés, à des instants déterminés à l'avance. La comparaison du signal reçu avec ce code, qui est public, permet de déterminer l'heure à laquelle a été émis le signal, et de savoir le temps qu'il lui a fallu pour arriver depuis le satellite.

Il ne suffit pas de connaître la distance qui nous sépare d'un satellite pour déterminer notre position dans l'espace. Si vous savez que l'un des satellites se trouve à 25 000 km de vous, vous pouvez vous trouver n'importe où sur une sphère de 25 000 km de rayon, centrée sur le satellite. En déterminant la distance à un deuxième satellite, on réduit l'éventail des positions possibles à un cercle (l'intersection des sphères centrées sur les deux satellites). Avec une troisième distance, il ne reste plus que deux points possibles (les intersections de la troisième sphère avec le cercle précédent) et un quatrième satellite vous permet de ne garder qu'un seul de ces points.

Le système GPS ayant été mis au point à des fins militaires, les signaux étaient cryptés de façon à empêcher d'éventuels ennemis d'utiliser le système pour connaître la position des troupes des États-Unis. Mais, pour permettre une utilisation civile limitée, on publiait des informations, légèrement fausses, sur les instants où les signaux étaient émis. Dans l'esprit des concepteurs du système, ces erreurs devaient permettre aux autres de déterminer les positions à 100 mètres près. Très vite, les techniciens ont trouvé le moyen de contourner l'incertitude sur l'heure exacte d'émission, et sont parvenus à déterminer les positions à quelques millimètres près. On a alors cessé de dégrader volontairement le signal, ce qui a porté la précision des appareils à une vingtaine de mètres. Il est possible d'atteindre une précision d'un millimètre en utilisant des corrections en vente dans le commerce, qui sont fournies par les garde-côtes aux États Unis.

Au chapitre 3, nous avons présenté la masse comme une mesure de l'inertie d'un corps. D'après la deuxième loi de Newton, la force qui agit sur un objet est proportionnelle à l'accélération imprimée à l'objet et à la résistance qu'il oppose à toute modification de son état de mouvement, c'est-à-dire à sa *masse inertielle*. Dans le présent chapitre, nous avons nommé « masse » une quantité qui est proportionnelle à la force de gravitation. Nous aurions pu l'appeler « *masse gravitationnelle* ». Une expérience, réalisée à Budapest en 1922 par Roland von Eötvös, a montré que les forces gravitationnelles qui agissent sur divers objets sont exactement proportionnelles à leurs masses. Autrement dit, dans les limites de la précision de cette expérience, la masse inertielle et la masse gravitationnelle sont égales. Un nouvel examen des résultats d'Eötvös a révélé un léger écart entre la masse inertielle et la masse gravitationnelle. Ceci signifierait que la gravitation n'agit pas exactement dans les bonnes proportions. S'il en est ainsi, un objet dont la masse gravitationnelle est plus forte tombe vers le sol avec une accélération plus grande. Des chercheurs ont proposé d'expliquer ce résultat à l'aide d'une nouvelle force, la *cinquième force.* Cette cinquième force serait liée au nombre total de protons et de neutrons présents dans les noyaux des diverses substances qui constituent les corps considérés. De nouvelles expériences ont été réalisées au *Los Alamos National Laboratory* et au *Joint Institute for Laboratory Astrophysics* du Colorado. Elles ont jeté des doutes sur l'existence de la cinquième force. Des expériences plus sophistiquées sont en cours qui devraient clarifier la situation. Remarquons tout de même que les différences dont il est question ici sont extrêmement faibles.

Deuxième partie

La structure de la matière

7

Les atomes : pierres de construction de l'Univers

La structure sous-jacente de l'univers

Les interrogations sur la nature de la matière sont sans doute aussi anciennes que l'humanité. On pense que Thalès de Milet — un penseur grec qu'Aristote considérait comme le fondateur de la philosophie européenne — s'est posé cette question voici vingt-cinq siècles. À l'évidence, une des raisons qui poussent les gens à étudier le monde est de découvrir la nature cachée des choses. Nous nous sommes intéressés jusqu'ici au comportement général de la matière. Nous allons maintenant nous attacher à décrire sa structure sous-jacente.

L'hypothèse atomique

Si une catastrophe planétaire détruisait la civilisation et que vous soyez l'un des rares survivants, quel message voudriez-vous transmettre aux générations futures ? Richard Feynman, prix Nobel de physique, avait une idée précise de la réponse à cette question : *l'hypothèse atomique*. Feynman la formulait de la façon suivante :

> *Toute chose est constituée d'atomes — des petites particules qui se déplacent sans cesse dans tous les sens, s'attirent quand leur distance est faible, et se repoussent quand on essaye de les presser les unes sur les autres.*

Pourquoi cette information est-elle si importante ? Parce qu'elle fonde toute la physique moderne, celle qui a rendu possible la puce d'ordinateur, la télévision, les télécommunications et l'électronique. La physique contemporaine a vu le jour avec la naissance de l'hypothèse atomique, à la fin du XIXe siècle.

Les premières idées sur l'atome

C'est peut-être le philosophe grec Leucippe (dont on pense qu'il est né à Milet vers 490 avant notre ère) qui est à l'origine de l'idée d'atome, mais c'est son élève Démocrite qui l'a véritablement introduite dans la pensée grecque. Démocrite affirmait que la matière était faite de petites particules insécables, qu'il appela *atomes*, d'après le mot grec qui signifie indivisible. La méthode scientifique telle que nous la concevons aujourd'hui n'existait pas à l'époque et personne n'entreprenait de comparer les idées avec l'expérience. Pour choisir entre différentes théories, les gens se laissaient guider par leurs goûts et leurs préférences. Il se trouve que les idées de Démocrite n'eurent pas beaucoup de succès parmi ses contemporains.

L'idée d'atome resta donc endormie jusqu'au XIXe siècle, époque à laquelle elle fut ranimée par les travaux du chimiste anglais John Dalton. Dalton élabora une théorie dans laquelle la matière était constituée d'atomes, qu'il pensait indivisibles. Les atomes d'un élément donné étaient identiques, et ces atomes se groupaient, lors de réactions chimiques, pour former des molécules.

À cette époque, les physiciens avaient déjà accumulé un certain nombre de connaissances en électricité et avaient identifié ce que Benjamin Franklin — homme politique et physicien américain — avait appelé la *charge positive* et la *charge négative*. Des expériences avaient montré que les charges de même signe se repoussent, tandis qu'une charge négative et une charge positive mises en présence s'attirent (figure 7.1). En étudiant la façon dont le courant électrique décompose l'eau et d'autres substances chimiques, le physicien anglais Michael Faraday comprit que l'électricité se présente sous la forme d'unités ou de particules. En 1891, ces particules reçurent le nom d'*électrons*.

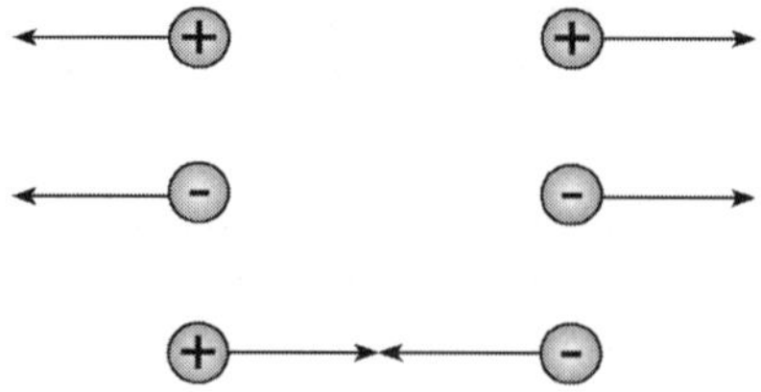

Figure 7.1 Des charges semblables (toutes deux positives ou toutes deux négatives) se repoussent, tandis que des charges différentes (une positive et une négative) s'attirent.

Grâce à ces deux découvertes, les physiciens n'allaient pas tarder à comprendre un phénomène qui leur semblait sans rapport avec ce qui précède et qui les étonnait depuis des années. Au cours des dix dernières années du XIXe siècle, ils s'étaient interrogés sur la nature de la lueur, étrange et fascinante, qui apparaissait lorsqu'on faisait passer un courant dans un tube dont on avait évacué l'air. Deux disques métalliques, les *électrodes*, scellés aux extrémités d'un long tube de verre étaient reliés à un générateur de haute tension (figure 7.2). Quand la connexion était établie, on voyait une lueur verte dans le tube. Certains expérimentateurs placèrent un corps fluorescent à l'intérieur du tube et constatèrent que lui aussi luisait quand un courant passait. Les rayons semblaient provenir de l'électrode reliée à la borne négative, la *cathode* et on les nomma pour cela « rayons cathodiques ». Le tube lui-même fut appelé « tube cathodique ». Il préfigure nos téléviseurs, et le nom d'écran cathodique continue à être utilisé pour désigner les moniteurs des ordinateurs.

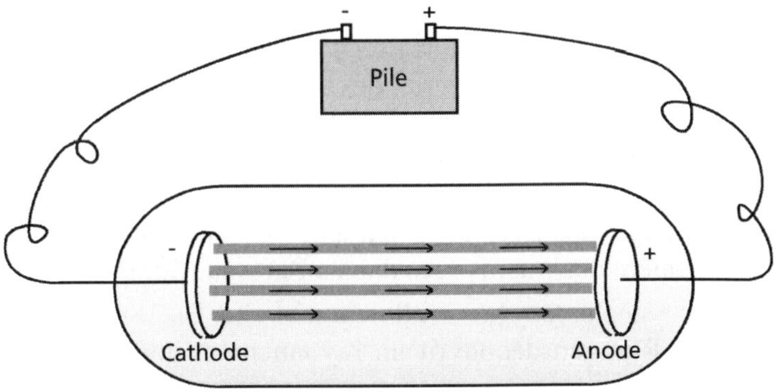

Figure 7.2 Quand on branche la pile aux électrodes qui se trouvent à l'intérieur d'un tube dans lequel on a fait le vide, une lueur verte apparaît dans le tube. Ce dispositif porte le nom de tube cathodique.

Sir Joseph John Thomson était alors directeur du laboratoire Cavendish, à Cambridge. Pendant plus de dix ans, à la tête d'une équipe de vingt personnes, « J.J. » mit au point des expériences sur les tubes cathodiques pour tenter de comprendre la nature de la fameuse lueur. De toute évidence, *quelque chose* sortait de la cathode et allait cogner l'électrode positive en traversant le vide. Le 29 avril 1997, Thomson annonça que le faisceau luisant n'était pas constitué d'ondes lumineuses comme le croyaient la plupart des physiciens. Les rayons cathodiques étaient formés de particules (des « corpuscules », comme on disait alors) transportant de l'électricité négative. Ces particules quittaient l'électrode chargée négativement et se dirigeaient vers l'anode positive. Thomson parvint à montrer que ces corpuscules étaient des électrons, et réussit aussi à déterminer le rapport de leur charge électrique et de leur masse. Cette valeur lui permit ensuite d'établir que la masse des électrons était environ deux mille fois plus petite que celle du plus léger des atomes, l'hydrogène.

La découverte de Thomson eut d'énormes conséquences. De Démocrite à Dalton, on avait toujours considéré que les atomes étaient les constituants élémentaires de la matière. Pourtant Thomson venait de découvrir quelque chose qui était deux mille fois plus petit qu'un atome ! Une conclusion s'imposait : les atomes n'étaient pas indivisibles. Ils étaient constitués d'électrons. Thomson énonça donc que les électrons étaient les constituants de base des atomes.

Les premiers modèles de l'atome

Au début du XXe siècle, on commençait à admettre l'idée que la matière était faite d'atomes. Après la découverte de l'électron en 1897, Thomson et d'autres physiciens prirent conscience du fait que les atomes devaient avoir une structure complexe. Thomson lui-même élabora un modèle d'atome qualifié de « plum-pudding », car il représentait l'atome comme une sphère homogène de charge positive, dans laquelle les électrons négatifs étaient incrustés à la manière des raisins secs dans un gâteau (figure 7.3).

À la fin du XIXe siècle, les choses allaient très vite. En 1895, en Allemagne, Wilhelm Konrad Röntgen découvrit un rayonnement invisible et très péné-

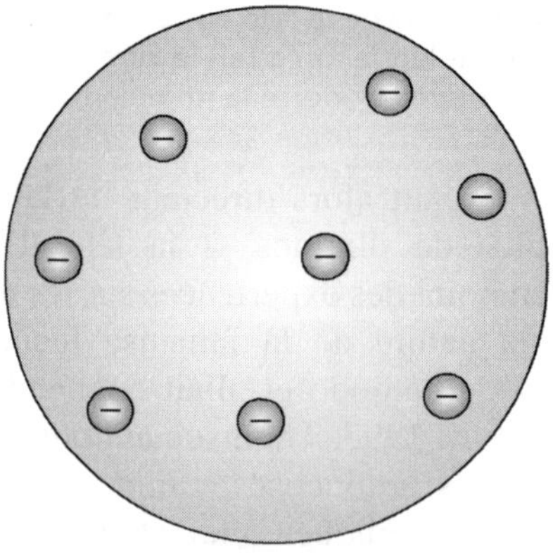

Figure 7.3 Le modèle de l'atome de Thomson : une sphère homogène de charge positive dans laquelle les électrons négatifs sont incrustés.

trant, qu'il appela rayons X. Quelques semaines après l'annonce de la découverte de Röntgen devant la société de médecine physique de Würtzburg, Antoine Henri Becquerel découvrit à Paris la radioactivité en faisant des expériences sur des sels d'uranium. Pierre et Marie Curie, qui travaillaient dans le laboratoire de Becquerel, découvrirent deux autres corps radioactifs, qu'ils appelèrent le polonium et le radium.

C'est cependant Ernest Rutherford, un Néo-Zélandais qui avait travaillé sous la direction de J.J. Thomson au laboratoire Cavendish, qui mit en évidence le fait que les rayons émis par le radium étaient au moins de deux natures différentes. En plaçant de fines lames d'aluminium sur le trajet de ces rayons, il découvrit qu'une partie seulement était arrêtée. Il donna le nom de rayons alpha à ceux qui étaient ainsi arrêtés. Les autres rayons, qui pénétraient à l'intérieur de lames plus épaisses, furent appelés rayons bêta. Un troisième type de rayonnement, les rayons gamma, serait découvert un an plus tard. En 1900, les Curie et Henri Becquerel montrèrent que les rayons bêta avaient des charges négatives. En 1907, Rutherford établit que les rayons alpha étaient constitués d'atomes d'hélium dépouillés de leurs électrons : ils étaient donc chargés positivement.

En 1908, Rutherford reçut le prix Nobel pour ses travaux sur la radioactivité. La plupart des chercheurs font leurs grandes découvertes *avant* d'avoir le prix Nobel. Tel ne fut pas le cas de Rutherford. Cette même année, lui et son assistant Hans Geiger cherchaient un moyen de détecter les rayons alpha, et découvrirent qu'un écran recouvert de sulfure de zinc scintillait à l'endroit où une particule alpha l'avait touché. Voilà qui pouvait servir à détecter les particules. Rutherford, à l'aide de son détecteur, entreprit d'étudier la structure des atomes.

Il y avait tout de même un problème. Rutherford savait que les atomes étaient trop petits pour être vus. Comment étudier quelque chose qu'on ne peut pas voir ? Si l'on expédie un projectile sur un objet invisible, on peut obtenir des informations sur cet objet et sur la façon dont il interagit avec le projectile. Il suffit d'étudier le comportement du projectile après la collision. Le son produit par la chute d'une pierre qui tombe dans un puits nous renseigne ainsi sur sa profondeur (figure 7.4), même quand on ne voit pas le fond. C'est plus ou moins ce que Rutherford avait décidé de faire. Ayant disposé un écran de sulfure de zinc à une certaine distance derrière une feuille d'or, il « sonda » les atomes d'or en les bombardant de particules alpha. Hans Geiger, qui s'occupait de la détection, observa que la plupart des particules alpha traversaient la feuille d'or sans encombre avec une déviation minime d'un ou deux degrés. Ce résultat était tout à fait compatible avec le modèle atomique du plum-pudding inventé par Thomson. Une particule alpha (de charge positive) n'était pas déviée lorsqu'elle passait rapidement au milieu

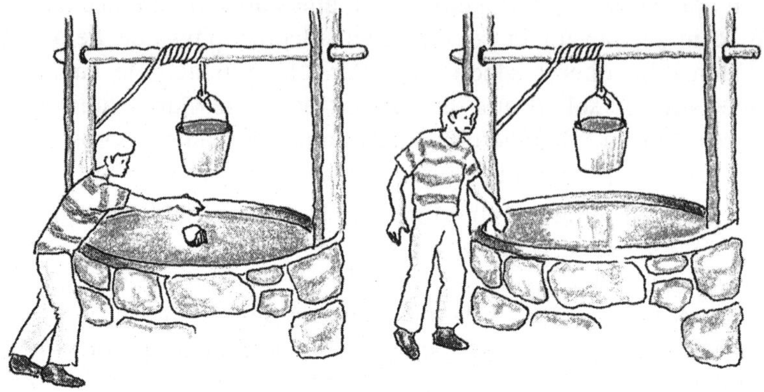

Figure 7.4 Bien qu'on ne puisse pas voir la surface de l'eau d'un puits profond, on peut déterminer sa profondeur en écoutant le son produit par la chute d'une pierre. De même, l'expérience de Rutherford lui permettait d'étudier l'atome, trop petit pour qu'on puisse le voir directement.

des électrons. Quant à la charge positive du modèle de Thomson, répartie uniformément dans tout le volume de l'atome, elle n'était pas assez concentrée pour agir notablement sur la particule. Ainsi, quand la particule alpha pénétrait à l'intérieur de l'atome, la charge positive du pudding pouvait certes la ralentir, mais pas dévier significativement sa trajectoire. Pour en avoir le cœur net, Rutherford demanda tout de même à un jeune étudiant, Ernest Marsden, d'aller vérifier jusqu'à des angles de 45° si quelques particules alpha n'étaient pas déviées plus fortement.

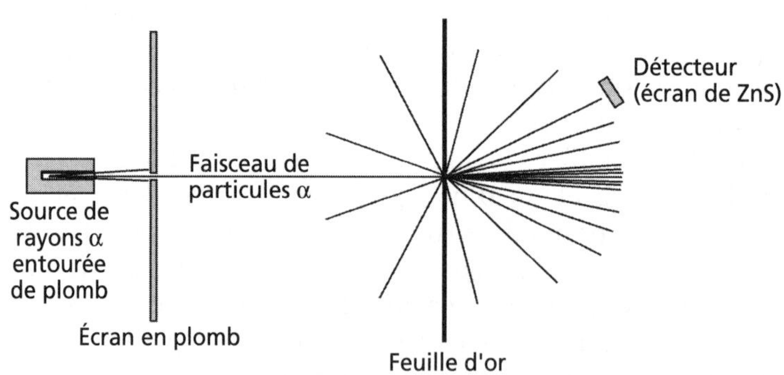

Figure 7.5 Représentation schématique de l'expérience de Rutherford. Les grandes valeurs de la déviation des particules diffusées ont amené Rutherford à la conclusion que l'atome devait avoir un noyau, chargé positivement.

Et Marsden observa quelques scintillations à 45°. Encouragé par ce résultat, il décida de placer le détecteur à des angles plus grands, supérieurs même à 90°, et des scintillations continuèrent à apparaître. Même quand il se plaçait carrément derrière la source de rayons alpha ! Rutherford était abasourdi. Des déviations pareilles le forçaient à conclure que l'atome possédait un noyau concentré, chargé positivement. Quelque vingt ans plus tard, il fit ce commentaire : « c'est la chose la plus incroyable qui me soit jamais arrivée. C'était comme si une balle dc pistolet tirée sur une feuille de papier de soie était revenue sur moi. En y réfléchissant, je me suis rendu compte que cette diffusion vers l'arrière devait résulter d'une collision unique et, quand je fis les calculs, je vis qu'il était impossible d'obtenir un tel résultat à moins de considérer que la plus grande partie de l'atome était concentrée dans un noyau minuscule ».

En 1911, Rutherford publia son modèle d'atome, dans lequel la charge positive est concentrée dans un noyau qui contient pratiquement toute la masse de l'atome, et où les électrons, chargés négativement, se répartissent uniformément autour du noyau (figure 7.6). Rutherford avait calculé que 99,9 % de la masse était contenue dans le noyau, dont le volume était environ 10^{14} fois plus petit que celui de l'atome.

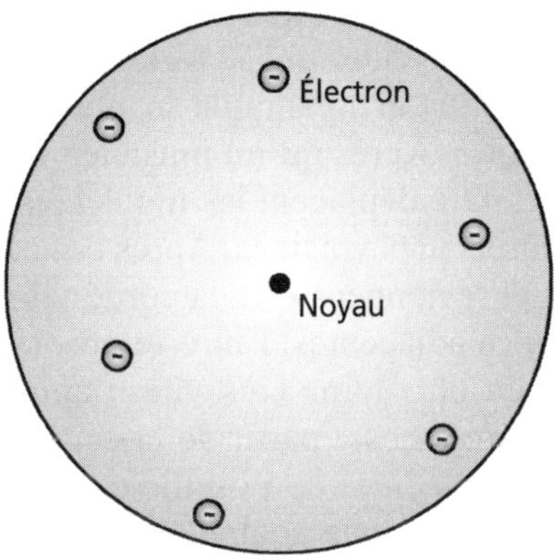

Figure 7.6 L'atome de Rutherford : le noyau chargé positivement est entouré par les électrons chargés négativement, qui se répartissent uniformément dans une sphère autour du noyau.

Le physicien japonais Hantaro Nagaoka, l'un des premiers physiciens du Japon, avait proposé un modèle d'atome semblable dans lequel un anneau d'électrons était en orbite autour d'un petit noyau. Il n'avait pas, comme Rutherford, déduit ce modèle de résultats expérimentaux et il ne semble pas que Rutherford ait connu le modèle de Nagaoka.

Le modèle de Rutherford expliquait très bien les résultats de l'expérience. Il y avait pourtant un problème majeur. Les physiciens savaient que, si une particule chargée tourne autour d'un point, elle rayonne de l'énergie. Les électrons tournant autour du noyau auraient donc dû perdre une partie de leur énergie et tomber sur le noyau en moins d'une microseconde ! Si tel avait été le cas, les atomes auraient été instables, et nous n'aurions pas été là pour nous poser toutes ces questions.

En 1913, Niels Bohr, un physicien danois de 28 ans qui avait travaillé avec Rutherford en Angleterre, proposa une solution à ce problème en exploitant un résultat remarquable obtenu quelques années auparavant sur la lumière. Jusque-là, on avait toujours considéré la lumière comme un phénomène ondulatoire. Mais la découverte en question avait remis en cause cette certitude et elle allait valoir le prix Nobel à deux des scientifiques les plus célèbres de tous les temps : Albert Einstein et Max Planck. Pour comprendre l'importance de leurs travaux, nous devons d'abord nous familiariser avec le langage des ondes. Une étude plus détaillée sera présentée dans le chapitre 15.

Les ondes et les quanta

Nous avons tous déjà vu des ondes : que ce soit dans l'eau ou le long d'une corde vibrante (figure 7.7). Les rides qui se forment à la surface de l'eau après la chute d'un caillou constituent l'exemple le plus familier de propagation d'un phénomène ondulatoire. Après qu'un musicien l'a pincée, les vibrations rapides d'une corde de guitare déplacent les molécules de l'air environnant et les poussent contre les molécules voisines. Après ces collisions, les premières molécules rebondissent et reviennent vers la corde vibrante, qui les renvoie à nouveau vers les molécules adjacentes. Entre-temps, ces dernières sont allées en cogner d'autres un peu plus loin. Très vite, l'agitation des molécules se propage dans toutes les directions à partir de la corde de guitare. Leur va-et-vient finit par affecter les molécules de l'oreille et, après la traversée du canal auriculaire, provoque des vibrations analogues dans le tympan. Ces oscillations déplacent à leur tour des cellules ciliaires de quelques millièmes de millimètres d'épaisseur, dont le mouvement induit des impulsions électriques transmises au cerveau à une vitesse de 160 km par heure. Là, par un mécanisme qui ne relève pas pour le moment de la physique, vous ressentez une sensation parfois agréable.

Toutes ces ondes sont des ondes mécaniques, et l'expérience quotidienne enseigne qu'elles ne peuvent se propager qu'à l'intérieur d'un milieu (l'eau, l'air, le tympan ou les cellules ciliaires). Certes, les ondes sonores sont invisibles, mais chacun sait qu'il leur faut un milieu pour se propager. L'élasticité

Figure 7.7 Les rides qui se forment à la surface de l'eau sont l'un des exemples les plus familiers de propagation des ondes.

du milieu assure ainsi qu'une déformation créée en un point est transmise jusqu'à un autre point. Pendant que cette déformation se propage, de l'énergie est transmise à travers le milieu, sans transport de matière. Ainsi, une onde est un mécanisme grâce auquel d'énergie est transmise sans qu'il soit besoin de déplacer de la matière. Pour s'en convaincre, il suffit d'observer un morceau de bois flottant à la surface de l'eau. Au passage des ondes, il monte et descend, mais il ne se déplace pas avec l'onde. L'eau monte et descend en même temps que le morceau de bois, perpendiculairement à la surface, tandis que l'onde et l'énergie qu'elle transporte se propagent le long de cette surface.

La lumière, en revanche, est une onde qui se propage en l'absence de milieu. Les phénomènes d'interférence sont la principale manifestation de l'aspect ondulatoire de la lumière. Si on lâche deux cailloux dans un bassin, il se forme deux systèmes d'ondes. En certains endroits, les crêtes de ces ondes se rencontrent et se renforcent, tandis qu'en d'autres, là où une crête rencontre un creux, leurs effets s'annulent (figure 7.8). Quand deux crêtes ou deux creux se rencontrent, les deux vagues interfèrent de façon constructive, et quand une crête rencontre un creux, les deux ondes interfèrent de façon destructive. Ainsi, en additionnant deux mouvements ondulatoires, on peut obtenir… une absence de mouvement. Rien de tel ne se produit avec des particules.

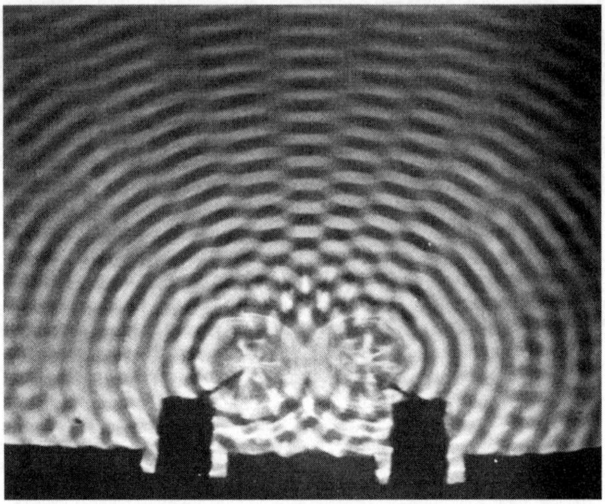

Figure 7.8 Interférences de deux ondes. Les ondes sont produites par les vibrations de deux bâtons dans une cuve d'eau. Ces ondes circulaires se combinent et forment un motif où alternent des régions où l'eau est immobile et d'autres où elle bouge. (Haber-Schaim, Dodge, Gardner et Shore : PSSV 7e édition, Kendall/Hunt Publishing Company, 1991).

De ce bref survol tirons quelques conclusions importantes. Les ondes ne se comportent pas comme des particules. Les particules se déplacent en ligne droite quand aucune force ne s'exerce sur elles et elles ne donnent pas lieu à des interférences. Les ondes se propagent dans toutes les directions à partir de leur source et sont susceptibles d'engendrer des figures d'interférences.

Certains philosophes grecs avaient cru que la lumière était formée d'un flux de particules se déplaçant en ligne droite. Au XVIIe siècle, Isaac Newton lui-même avait défendu cette idée. Cependant, à la fin du XIXe, les physiciens disposaient de preuves écrasantes en faveur de la théorie ondulatoire de la lumière. Depuis les expériences réalisées par Thomas Young vers 1803, on savait que la lumière donne lieu à des phénomènes d'interférence caractéristiques des ondes. Young avait également montré que les différentes longueurs d'ondes de la lumière correspondent aux diverses couleurs que nous percevons.

Les couleurs irisées qui apparaissent à la surface des bulles de savon sont dues à des interférences. Elles se produisent lorsque les ondes lumineuses qui se sont réfléchies sur la face « avant » de la lame d'eau savonneuse parviennent à notre œil en même temps que celles qui sont réfléchies sur la face « arrière » de cette lame. En fonction de l'épaisseur de la paroi de la bulle, certaines longueurs d'onde — c'est-à-dire certaines couleurs — interfèrent de façon destructive. La lumière blanche, qui est un mélange de toutes les longueurs d'ondes, est alors privée de certaines couleurs et le faisceau qui parvient à notre œil apparaît coloré (les pourpres correspondent ainsi à de la lumière blanche amputée de certaines couleurs dans le bleu et le violet).

Au tournant du siècle, il semblait absolument évident que la lumière était une onde, et pourtant, comme on va le voir, cette idée devait être sérieusement remise en question.

En 1900, le physicien allemand Max Planck travaillait sur la relation entre la température d'un corps et le rayonnement qu'il émet. Ce problème préoccupait les physiciens depuis un certain temps : tous leurs modèles prédisaient une émission dans l'ultraviolet totalement différente de ce que montrait l'expérience : c'est ce qu'on appelait la «catastrophe ultraviolette». Jusque-là, on avait toujours considéré que les corps chauds émettaient du rayonnement de façon continue. Après quelques tentatives infructueuses, Planck introduisit avec réticence l'hypothèse que le rayonnement n'était pas émis de façon continue, mais par petits paquets distincts. Les formules qu'il en déduisit correspondaient exactement aux résultats expérimentaux. Suivant cette hypothèse nouvelle (et, comme on allait le découvrir, révolutionnaire), la quantité d'énergie émise par un corps chauffé ne peut prendre que certaines valeurs bien déterminées, comme si elle était émise par petits paquets. Planck donna à ces paquets le nom de *quanta* d'énergie. La quantité d'énergie émise faisait intervenir une certaine quantité h, que l'on appelle désormais la constante de Planck, et qui est égale à $6{,}63 \times 10^{-34}$ Js.

La découverte de Planck était un « geste de désespoir », ainsi qu'il l'écrivit plus tard, qui ne correspondait à aucune idée physique précise et dont l'unique but était de rendre compte d'un résultat expérimental particulier. Pendant le reste de sa vie, il tenta en vain de trouver une explication à résultat dans le cadre de la physique classique.

En 1905, le jeune Albert Einstein, qui n'avait toujours pas trouvé de poste de professeur, travaillait comme employé au bureau des brevets de Berne. Comme il l'expliqua plus tard, le travail n'était pas très prenant et lui laissait beaucoup de temps libre pour ses travaux personnels. Entre autres problèmes, il cherchait à comprendre pourquoi certains métaux émettent des électrons quand ils sont éclairés. Ce phénomène — qualifié d'effet photoélectrique — était observé depuis 1887, mais les physiciens s'étonnaient du fait que les énergies cinétiques des électrons libérés par le métal étaient sans rapport avec l'intensité de la lumière utilisée pour l'éclairer. En fait, les métaux émettaient des électrons même quand cette intensité était extrêmement faible.

Einstein comprit que cette incohérence provenait de l'hypothèse selon laquelle la lumière est une onde, car une onde de faible intensité ne peut pas communiquer beaucoup d'énergie aux électrons. En s'appuyant sur la théorie de Planck, Einstein postula que la lumière ne se comporte pas seulement comme une onde, ainsi que le montrent les phénomènes d'interférence, mais aussi comme des paquets d'énergie distincts, qu'il appela quanta de lumière ou *photons*. Un faisceau lumineux d'une certaine couleur est toujours composé des mêmes paquets d'énergie. La seule différence entre un faisceau de faible intensité et un faisceau de même couleur et d'intensité plus forte provient du *nombre* de ces paquets. Même si les quanta de lumière sont moins nombreux dans un faisceau de faible intensité, chacun d'eux est tout aussi capable de provoquer l'émission d'un électron rapide que dans un faisceau plus intense.

Ainsi, Einstein généralisa la théorie de Planck. Il supposa que les quanta d'énergie introduits par Planck étaient des caractéristiques réelles et générales de la lumière, plutôt que des artifices de calculs liés à une propriété particulière relative à un seul phénomène. La lumière n'est pas seulement *émise* sous forme de paquets d'énergie, elle est *constituée* de ces paquets.

Le modèle de l'atome de Bohr

Nous voici maintenant armés pour comprendre les idées qui fondent le modèle atomique de Niels Bohr. L'atome de Bohr était semblable au modèle planétaire de Rutherford, avec toutefois quelques différences importantes. Bohr supposait que les électrons tournaient autour du noyau sur des orbites particulières, qu'il appelait « orbites stationnaires ». Les électrons, portant une charge négative, sont attirés par la charge positive du noyau. Cette force d'attraction électrique fournit à l'électron l'accélération centripète qui le maintient autour du noyau. Sur ces orbites, l'énergie de l'électron (la somme de son énergie cinétique et de son énergie potentielle) reste constante et les électrons n'émettent donc pas d'énergie. Un électron ne rayonne de l'énergie que lorsqu'il tombe d'une orbite stationnaire à une autre, plus basse, ce qui diminue son énergie mécanique. Pour qu'un électron saute sur une orbite supérieure, il lui faut absorber de l'énergie. Ainsi, lorsque les électrons passent d'une orbite (ou état) stationnaire à l'autre, ils émettent ou absorbent de l'énergie.

Bohr utilisa la formule de Planck pour caractériser les orbites stationnaires sur lesquelles peuvent se trouver les électrons : c'est ce qu'il appelait les conditions de quantification. Il admit que la valeur du moment cinétique L des électrons sur leur orbite ne pouvait prendre que certaines valeurs. La plus petite valeur permise était tout simplement égale à la constante de Planck h divisée par 2π. Les autres valeurs de L étaient des multiples entiers de cette valeur, c'est-à-dire :

$$L = \frac{nh}{2\pi}$$

où n est un nombre entier positif. Ainsi, le moment cinétique de l'électron était « quantifié », ce qui veut dire qu'il ne pouvait prendre que certaines valeurs discrètes, séparées les unes des autres. À chaque valeur du moment cinétique correspond une valeur de l'énergie qu'il est facile de calculer. Dans le modèle de Bohr, chaque orbite correspond à un *niveau d'énergie.*

Plus l'orbite est éloignée du noyau, plus l'énergie correspondante est grande. Tous les électrons d'un atome se placent sur l'une des orbites autorisées, où ils ont une énergie déterminée. L'énergie totale de l'atome est donc quantifiée. Une analogie de mécanique classique permet de comprendre cette notion. Sur un escalier, une bille possède elle aussi une énergie potentielle quantifiée : cette énergie ne peut augmenter ou diminuer que de quantités fixées, déterminées par la hauteur des marches. Sur un plan incliné, au contraire, l'énergie de la bille peut prendre toutes les valeurs intermédiaires.

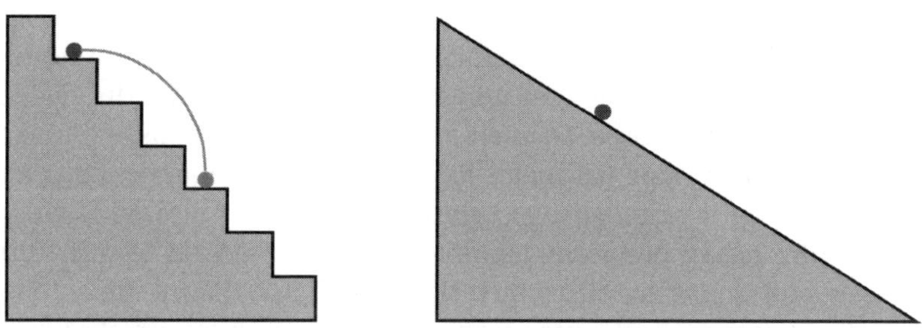

Figure 7.9 Lorsque la bille est sur l'escalier, son énergie potentielle est quantifiée puisque la bille ne peut pas flotter entre deux marches. En revanche, l'énergie potentielle de la bille qui roule sur le plan incliné peut avoir n'importe quelle valeur intermédiaire.

La quantification de l'énergie d'un atome (la présence de niveaux d'énergie discrets) impose que la lumière émise ou absorbée par l'atome quand l'un de ses électrons passe d'une orbite à l'autre soit, elle aussi, quantifiée. Bohr a admis que, lorsqu'un atome passe d'un niveau d'énergie à un autre, un photon est émis ou absorbé. L'énergie de ce photon doit être égale à la différence d'énergie entre les deux niveaux. La figure 7.10 montre un diagramme de niveaux d'énergie et plusieurs transitions possibles. Puisque chaque niveau d'énergie correspond à une valeur particulière du moment cinétique, nous utilisons le nombre entier n pour repérer les divers niveaux. Le niveau d'énergie le plus bas, « l'état fondamental », correspond à $n = 1$. Pour les niveaux d'énergie plus grande, n prend les valeurs 2, 3, etc. Le nombre n est qualifié de nombre quantique principal.

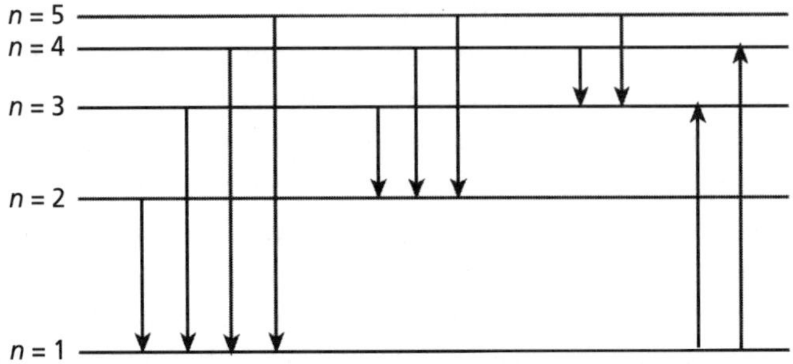

Figure 7.10 Diagramme simplifié des niveaux d'énergie d'un atome. On a indiqué plusieurs transitions possibles.

Bohr a calculé les énergies correspondant aux transitions entre les différents niveaux d'un atome d'hydrogène, et il constata qu'elles s'accordaient parfaitement à l'expérience. Malheureusement, on s'aperçut rapidement que sa théorie ne donnait pas de bons résultats pour les atomes plus compliqués. Il y avait aussi d'autres problèmes. On n'avait aucune description du mécanisme par lequel un électron absorbe ou émet un photon lorsqu'il passe d'une orbite à l'autre, et rien ne venait justifier l'hypothèse selon laquelle l'électron ne rayonne pas tant qu'il reste sur une orbite stationnaire. Quoi qu'il en soit, la théorie de Bohr fut la première tentative d'explication de la structure des atomes et, en tant que telle, elle a ouvert la voie à une théorie plus complète, la mécanique quantique, qui a magnifiquement réussi. Nous en étudierons les concepts de base dans la sixième partie de ce livre.

Les molécules

Le modèle de Bohr n'est pas tout à fait satisfaisant, puisqu'il ne s'applique pas aux atomes plus compliqués que l'atome d'hydrogène, mais il peut tout de même être utilisé pour déterminer les propriétés de l'hydrogène et comme point de départ pour des calculs approximatifs sur les autres atomes. Le modèle de Bohr a aussi servi à décrire les interactions entre les atomes. L'obtention de résultats plus précis exige des calculs plus sophistiqués s'appuyant sur la mécanique quantique.

Les atomes d'un élément donné sont susceptibles de se lier à d'autres atomes de façon très spécifique. Ces liaisons sont régies par la disposition des électrons des divers atomes en présence autour de leur noyau. Deux atomes ou plus peuvent se combiner pour former une *molécule*. La combinaison de deux atomes d'hydrogène (H) et d'un atome d'oxygène (O) forme par exemple une molécule d'eau (H_2O). Deux atomes de carbone (C), trois atomes d'hydrogène et un de chlore (Cl) constituent une molécule de chlorure de vinyle, gaz cancérogène produit en grandes quantités parce qu'il sert à la fabrication du chlorure de polyvinyle (PVC), une matière plastique très utile. Vingt atomes de carbone, vingt-huit atomes d'hydrogène et un d'oxygène constituent la molécule de rétinol, précurseur des molécules de rhodopsine et d'iodopsine responsables de l'absorption de la lumière dans les cellules photo-réceptrices de l'œil, les cônes et les bâtonnets.

On peut se figurer une molécule comme une configuration stable de plusieurs noyaux et d'électrons. Considérée ainsi, la molécule devient une sorte d'atome élargi. Les atomes qui forment une molécule donnée perdent leur identité et les molécules deviennent les nouveaux blocs de construction de la matière. Les divers atomes qui forment une molécule sont liés par la mise en commun de leurs électrons. Deux électrons mis en commun forment une liaison moléculaire. On appelle ce type de liaison une liaison *covalente*.

Toutes les combinaisons d'atomes ne forment pas des molécules. Certains atomes se groupent pour former des *composés*, ou sels. On peut considérer qu'un composé est formé par l'association de plusieurs atomes qui gardent leur identité sans donner lieu à une entité à part. La liaison *ionique* en est un exemple. Dans une liaison ionique, la « colle » provient de l'attraction électrique entre des *ions* portant des charges opposées. Rappelons-nous que les atomes sont électriquement neutres, formés d'un noyau positif au centre, et d'électrons négatifs qui lui tournent autour. Comme les électrons se trouvent à la périphérie de l'atome, on peut en retirer ou en ajouter d'autres. L'atome n'est dès lors plus électriquement neutre, on le qualifie d'ion. Un ion positif est un atome auquel il manque un ou plusieurs électrons, tandis qu'on forme un ion négatif en ajoutant un ou plusieurs électrons à un atome neutre. Les deux ions d'un composé n'existent pas en tant qu'unités isolées, mais dans des ensembles regroupant plusieurs paires. Le sel de table est un exemple de composé dans lequel une liaison ionique s'établit entre un ion sodium (Na^+) et un ion chlorure (Cl^-). Si nous retirons un électron à un atome de sodium neutre pour former l'ion positif (Na^+), et que nous ajoutons cet électron à un atome de chlore pour former un ion négatif (Cl^-), les deux ions ainsi formés, l'un positif et l'autre négatif s'attirent mutuellement. Il faut une certaine quantité d'énergie pour les éloigner l'un de l'autre. Dans ce cas précis, il faut une énergie totale de 1,3 eV. Malgré tout, l'énergie d'interaction totale entre les deux ions est plus grande que 1,3 eV. Il est énergétiquement plus favorable pour les ions d'être chargés que de remettre les électrons en place pour reconstituer des atomes neutres.

La physique au quotidien : la vinification

Dans certains pays, on trouve la mention « présence de sulfites » sur certaines étiquettes de vin. En fait, le vin contient du dioxyde de soufre, molécule formée par la combinaison d'un atome de soufre et de deux atomes d'oxygène. La proportion de dioxyde de soufre naturellement présente dans le vin ne dépasse pas 10 à 20 millionièmes, mais une loi exige des viticulteurs de porter cette mention quand elle est supérieure à 10 millionièmes. Cette indication a pour but de protéger un certain nombre de personnes qui souffrent d'asthme, et pourraient présenter une allergie au dioxyde de soufre (c'est le cas d'environ 5 % des asthmatiques).

La molécule de dioxyde de soufre joue un rôle important dans le processus de vinification. Le vin est fabriqué à partir de raisin fermenté. Une fois les grappes mûres écrasées et leur jus récupéré, des levures (organismes unicellulaires présents sur la peau du raisin) transforment le jus en alcool, processus que l'on appelle la fermentation. Quand tout le sucre a été transformé en alcool, le jus de raisin est devenu du vin. L'immense diversité des vins produits dans le monde ne provient pas uniquement des différentes variétés de raisin, mais aussi du récipient dans lequel on fait fermenter le vin (chêne ou acier inoxydable), de la température à l'intérieur de ce récipient, de sa taille, et aussi du temps pendant lequel on a conservé le vin par la suite.

Au cours du processus de fermentation, le jus de raisin produit naturellement du dioxyde de soufre. Comme cette quantité est très faible, les viticulteurs en ajoutent. Le dioxyde de soufre empêche la prolifération d'une bactérie qui ferait tourner le vin en vinaigre. Il inhibe également le développement de levures sauvages qui prolongeraient la fermentation des vins doux après qu'ils ont été mis en bouteille. Enfin, le dioxyde de soufre est un antioxydant ; c'est-à-dire qu'il empêche l'oxygène de se combiner au vin.

Bien qu'il existe une liaison entre les atomes de sodium et ceux de chlore, il ne se forme pas de molécule. Chaque ion sodium est entouré de six ions chlore et chaque ion chlore est entouré de six ions sodium. Comme il n'y a pas de liaison préférentielle entre deux ions particuliers, on ne peut pas identifier une molécule NaCl.

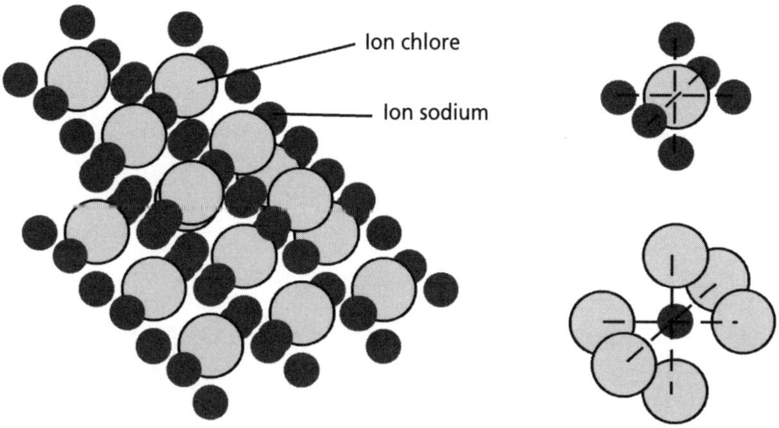

Figure 7.11 Représentation du composé ionique NaCl. Chaque ion Na^+ est entouré de 6 ions Cl^-, et chaque ion Cl^- est entouré de 6 ions Na^+. Comme aucun ion Na^+ n'est attaché à un ion Cl^- unique, il n'y a pas de molécules NaCl distinctes.

8

Au cœur de l'atome : le noyau

Les ingrédients : les protons et les neutrons

En 1931, Werner Heisenberg, professeur de physique âgé de 29 ans à l'Université de Leipzig, annonça à Niels Bohr qu'il renonçait à s'occuper de questions fondamentales « qui sont trop difficiles pour moi ». Heisenberg faisait allusion à son incapacité à expliquer la physique du noyau atomique à partir de la mécanique quantique, qu'il avait inventée cinq ans auparavant. Dans le numéro de Noël du *Berliner Tageblatt,* il écrivit que, pour progresser sur des questions fondamentales telles que l'étude du noyau par la mécanique quantique, il fallait attendre de nouvelles découvertes concernant les petits morceaux de matière qui se trouvent au cœur de l'atome. « Je doute que l'année 1932 nous apporte ces connaissances ».

Heisenberg se trompait. Six mois plus tard, les découvertes attendues s'étaient produites et il avait achevé la première étude quantique du noyau. Sa théorie est devenue le fondement de la physique nucléaire contemporaine. Les expériences de diffusion des particules alpha réalisées par Rutherford avaient fourni aux physiciens quelques indications sur la taille, sur la charge et la masse du noyau de l'atome. Ce noyau a un rayon d'environ 10^{-15} m, il est chargé positivement et contient pratiquement toute la masse de l'atome.

L'atome lui-même est dix mille fois plus grand, et électriquement neutre. Si l'atome était agrandi à la taille d'un amphithéâtre, le noyau serait représenté par un petit pois placé au centre.

Dès que l'existence du noyau fut démontrée, les physiciens réfléchirent à sa composition. Rutherford avait montré que les charges positives élémentaires observées en Allemagne par Eugen Goldstein dès 1886 étaient en fait des noyaux d'hydrogène. Il proposa de nommer ces particules *protons*. On détermina que la masse du proton était 1836 fois plus grande que celle de l'électron, mais que la charge positive qu'il contenait était exactement égale et opposée à celle de l'électron. Pour l'élément le plus léger, l'hydrogène, les choses étaient assez simples : son noyau était constitué d'un seul proton et un électron tournait autour, ce qui assurait la neutralité de l'atome. L'hypothèse était confirmée par le fait que le rapport des masses du noyau d'hydrogène et de l'électron était bien égal au rapport des masses du proton et de l'électron.

Les pionniers de la physique : la note éliminatoire de Heisenberg

Sans doute le physicien le plus important du début du vingtième siècle après Einstein et Bohr, Werner Heisenberg est arrivé comme un météore au sommet de la profession. Il a publié son premier article scientifique à 20 ans, inventé la mécanique quantique à 24 ans, obtenu une chaire de physique à l'Université à 25 ans et le prix Nobel à 32 ans.

Grâce à son talent et à sa réussite en physique théorique, Heisenberg a terminé son mémoire en très peu de temps. En Allemagne, à l'époque, les étudiants qui entraient à l'Université pouvaient soit obtenir un diplôme, soit préparer un doctorat. Ceci supposait qu'un professeur vous admette dans son programme de recherches, sans contrainte sur les cours à suivre. Heisenberg choisit le doctorat et suivit des cours de mathématiques et de physique théorique, mais négligea les travaux pratiques. Le professeur Wilhelm Wien était responsable du laboratoire de physique, et faisait aussi partie du jury de l'examen final d'Heisenberg. Heisenberg n'ayant pas été capable d'expliquer en détail le fonctionnement d'une pile électrique, ni de répondre à un certain nombre de questions sur les microscopes et les télescopes, Wien décida de lui mettre une note qui le ferait échouer à son mémoire. Heureusement pour Heisenberg, les autres professeurs décidèrent d'augmenter leurs propres notes et il fut finalement reçu.

Les choses ne fonctionnaient pas aussi bien pour les autres atomes. On savait qu'il y avait deux électrons dans un atome d'hélium et, par conséquent, qu'il devait y avoir deux protons dans son noyau. Pourtant, sa masse n'était pas égale au double de la masse de l'atome d'hydrogène. Rutherford avait identifié le noyau de l'atome d'hélium à une particule alpha, et on savait que sa charge était opposée à celle de deux électrons. Puisqu'il était plus lourd que deux protons, il devait contenir autre chose.

En 1920, Rutherford prédit l'existence d'une particule neutre, sans charge électrique, qui aurait la même masse qu'un proton. William D. Harkings, aux États-Unis, et Orme Masson, en Australie, firent la même prédiction à peu près au même moment. Harkings proposa d'appeler *neutron* cette nouvelle particule subatomique. Douze ans plus tard, en 1932, James Chadwick, qui avait auparavant travaillé chez Rutherford, annonça la découverte du neutron. Pour cette découverte, Chadwick reçut le prix Nobel en 1935.

À l'annonce de la découverte des neutrons, Heisenberg comprit que cette particule neutre était la clé de la physique du noyau. Dans un article en trois parties devenu un classique, *Sur la composition des noyaux atomiques*, Heisenberg postula que les noyaux étaient constitués de deux types de particules, les protons et les neutrons. Des expériences réalisées ultérieurement ont confirmé le bien fondé de cette interprétation. Les deux particules nucléaires portent le nom collectif de *nucléons*.

La composition du noyau

L'image du noyau que nous présentons ici est essentiellement celle qui fut proposée par Heisenberg au début des années 1930. Le noyau est constitué de protons et de neutrons. Les protons ont une charge électrique égale à $1{,}6 \times 10^{-19}$ C où le C est l'abréviation de coulomb, l'unité SI de la charge électrique. La masse d'un proton est égale à $1{,}673 \times 10^{-27}$ kg, un peu inférieure à celle du neutron qui vaut $1{,}675 \times 10^{-27}$ kg. Comme nous l'avons déjà dit, les neutrons n'ont pas de charge électrique.

Les électrons et les protons ont des charges égales et opposées, et les atomes sont électriquement neutres : le nombre de protons contenus dans le noyau doit donc être égal au nombre d'électrons qui gravitent autour. Dans un atome d'oxygène, par exemple, il y a 8 protons dans le noyau, et 8 électrons qui tournent autour.

Le nombre de protons présents dans le noyau détermine le numéro atomique, Z. Le numéro atomique de l'oxygène est donc 8. Le nombre total de nucléons — c'est-à-dire de protons et de neutrons — est la masse

Figure 8.1 Le noyau de l'isotope le plus courant de l'hydrogène est formé d'un proton, représenté par une petite sphère avec un + rappelant sa charge positive. Le noyau de deutérium, autre isotope de l'hydrogène, contient un proton et un neutron.

atomique de l'atome, *A*, parce qu'elle donne approximativement la masse totale de l'atome. L'atome d'oxygène dont le noyau contient 8 protons et 8 neutrons a donc une masse atomique égale à 16. Le nombre de neutrons est donné par un nombre neutronique, *N*, tel que :

$$A = Z + N$$

Les différents noyaux sont désignés par les symboles utilisés en chimie pour désigner les éléments chimiques correspondants. On utilise donc la lettre H pour le noyau d'hydrogène, la lettre O pour celui d'oxygène, et ainsi de suite. Les différents types de noyaux sont désignés par le terme de *nucléide*. Pour donner une description complète d'un nucléide, on indique le symbole chimique de l'élément, *E*, son nombre atomique *Z* et sa masse atomique *A* sous la forme :

$$^{A}_{Z}\mathrm{E}$$

Il n'est pas nécessaire de préciser le nombre neutronique, puisque $N = A - Z$. Par exemple, le noyau d'oxygène avec ses huit protons et ses huit neutrons s'écrit $^{16}_{8}\mathrm{O}$, sa masse atomique étant égale à 16. Pour le noyau d'hélium, qui contient deux protons et deux neutrons, on écrit : $^{4}_{2}\mathrm{HE}$.

Le nombre de protons dans un noyau, ou nombre atomique, caractérise l'élément chimique. Ainsi, par exemple, le noyau du carbone contient 6 protons. Ceci détermine le nombre de ses électrons, 6, et par conséquent la manière dont cet atome se lie à d'autres atomes, autrement dit ses propriétés chimiques. En revanche, pour un même élément, le nombre de neutrons peut varier. On trouve ainsi des atomes de carbone qui contiennent des nombres de nucléons différents, comme $^{12}_{6}\mathrm{C}$, $^{13}_{6}\mathrm{C}$ et $^{14}_{6}\mathrm{C}$ avec 6, 7 et 8 neutrons respectivement. Les noyaux qui contiennent le même nombre de protons mais des nombres de neutrons différents sont appelés des *isotopes*. Le noyau de l'isotope de l'hydrogène le plus courant est constitué d'un seul proton, ainsi que nous l'avons vu. Il existe cependant un autre isotope de l'hydrogène, plus rare, le *deutérium* ou hydrogène lourd, qui contient un proton et un neutron (figure 8.1). L'eau constituée d'oxygène et de deutérium est qualifiée d'eau lourde. Les propriétés chimiques de l'eau lourde sont identiques à celles de l'eau ordinaire, mais ses propriétés physiques sont différentes. Par exemple, elle bout à une température légèrement plus élevée que l'eau ordinaire.

On a utilisé l'isotope ${}^{12}_{6}C$ du carbone pour définir une nouvelle unité de masse, que l'on utilise pour les calculs atomiques et nucléaires. Cette nouvelle unité a été introduite pour tenir compte de la légère différence entre les masses du proton et du neutron. L'unité de masse atomique (uma) est définie comme la douzième partie de la masse de l'atome de l'isotope ${}^{12}_{6}C$. Puisque la définition se réfère à l'atome dans son ensemble, cette masse inclut celle des six électrons de cet isotope :

$$1 \text{ uma} = 1{,}660\,556 \times 10^{-27} \text{ kg}$$

Le tableau qui suit donne les masses du proton, du neutron et de l'électron en uma et en kg.

Particule	Masse en uma	Masse en kg
Proton	1,007 276	$1{,}672 \times 10^{-27}$
Neutron	1,008 665	$1{,}6750 \times 10^{-27}$
Électron	$5{,}486 \times 10^{-4}$	$9{,}109\,4 \times 10^{-31}$

La colle qui tient le noyau

Cette description du noyau contient cependant un paradoxe. Nous savons que des charges positives se repoussent (figure 8.2).

Figure 8.2 Force électrostatique de répulsion entre deux protons.

Dans la mesure où le noyau ne contient que des protons chargés positivement et des neutrons qui n'ont pas de charge, la répulsion électrostatique des protons devrait faire exploser le noyau. La force électrique de répulsion qui s'exerce entre deux protons d'un même noyau est en effet environ 1 million de fois plus intense que la force d'attraction électrique entre le noyau et les électrons. Les neutrons ne sont apparemment d'aucune aide : ils n'ont pas de charge et n'ont aucune raison de rester ensemble. Et pourtant, les noyaux n'explosent pas. Pourquoi ? Il doit exister une autre force d'attraction, plus intense que la force électrique de répulsion entre deux protons lorsqu'ils sont proches l'un de l'autre, et cette force doit aussi agir sur les neutrons afin de maintenir le tout. Cette force est appelée *force nucléaire* ou *interaction forte* (figure 8.3). Lorsque deux protons sont situés à environ 2×10^{-15} m l'un de l'autre, l'interaction forte est cent fois plus intense que la répulsion électrostatique.

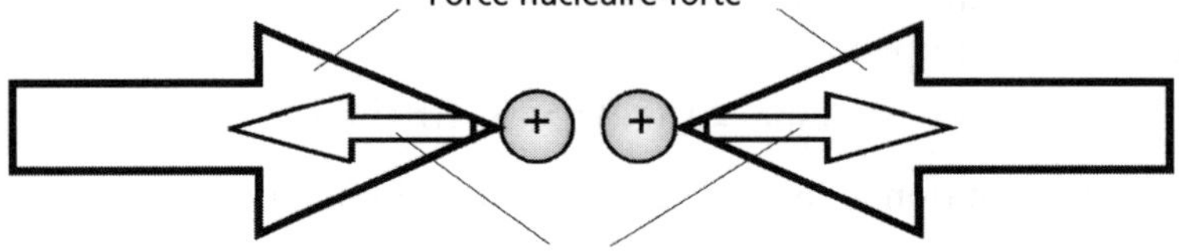

Figure 8.3 La force nucléaire d'attraction entre deux protons situés à 2×10^{-15} m l'un de l'autre est 100 fois plus forte que la force de répulsion électrostatique.

L'interaction nucléaire ne dépend pas de la charge. Elle agit de la même façon sur le neutron et sur le proton (figure 8.4). C'est une interaction à courte portée : elle ne se manifeste que lorsque les distances sont très petites, de 10^{-14} m à 10^{-15} m. Quand la distance entre les nucléons s'accroît, cette force tend rapidement vers zéro. À cause de cette faible portée, un nucléon n'interagit qu'avec ses plus proches voisins à l'intérieur du noyau. Dans un noyau qui contient plus de trente nucléons, la force ressentie par un nucléon ne dépend pas du nombre total de nucléons dans le noyau, elle se limite à ses plus proches voisins. L'interaction est alors dite *saturée*.

La force électrique, elle, a une portée infinie, de sorte qu'un proton ressent toujours les forces exercées par les autres protons du noyau. Lorsqu'il y a trop de protons à l'intérieur d'un noyau, la somme des forces de répulsion est susceptible de l'emporter sur l'attraction due à l'interaction nucléaire forte, ce qui rend le noyau instable. On dit que ce type de noyaux est *radioactif*, comme ceux que Rutherford étudiait dans ses expériences.

Puisque la force nucléaire maintient les nucléons à l'intérieur du noyau, il faut fournir du travail pour les séparer. Tout comme il faut fournir du travail pour séparer deux aimants collés l'un à l'autre par leurs pôles opposés (figure 8.5). À l'inverse, si vous rapprochez des aimants en plaçant leurs pôles opposés face-à-face, ils tirent sur vos mains : c'est la force magnétique qui fournit un travail. L'énergie nécessaire pour déplacer vos mains provient de l'énergie potentielle stockée dans les aimants, qui diminue quand les

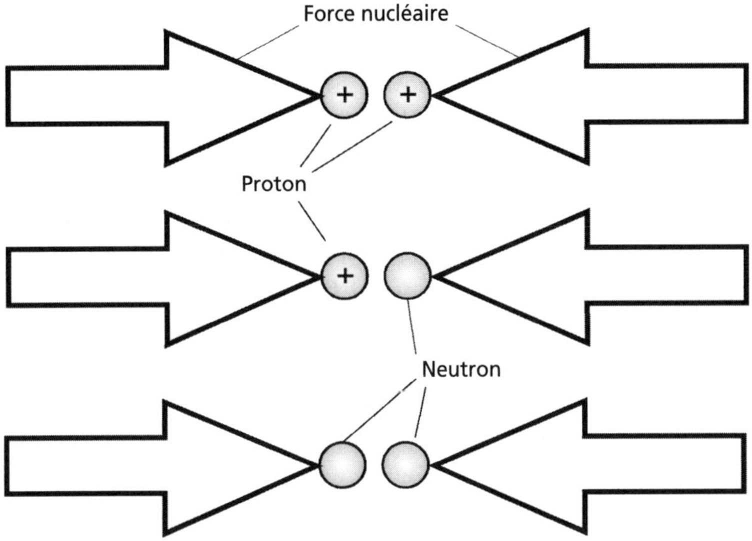

Figure 8.4 La force nucléaire agit de la même façon sur les neutrons et les protons. On dit que la force nucléaire est indépendante de la charge.

aimants se rapprochent. De la même façon, quand les nucléons se rassemblent pour former un noyau, cela libère de l'énergie. Ainsi, l'énergie totale du noyau (système lié) est plus petite que l'énergie totale des nucléons lorsqu'ils sont séparés. Cette différence s'appelle *l'énergie de liaison* ; elle est égale au travail qu'il faut fournir pour séparer les nucléons qui composent le noyau.

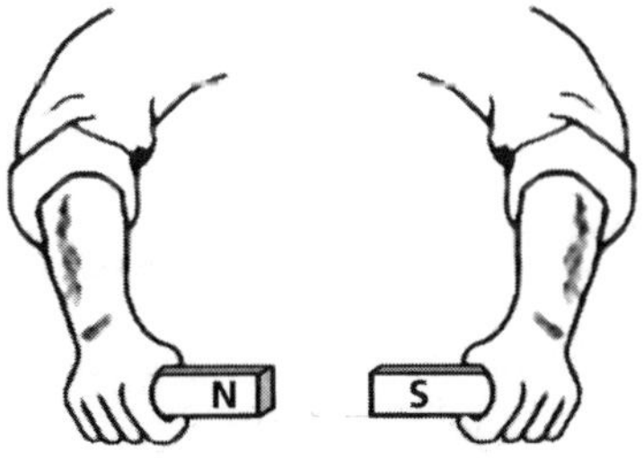

Figure 8.5 Lorsque leurs pôles opposés se font face, il faut exercer du travail pour écarter les aimants. Si vous arrêtez de tirer, les aimants vont se rapprocher l'un de l'autre, en entraînant vos mains et en fournissant du travail. L'énergie ainsi utilisée pour faire bouger vos mains était emmagasinée dans les aimants.

Depuis la théorie d'Einstein de la relativité restreinte, on sait que l'énergie et la masse sont équivalentes et, par conséquent, que si l'énergie des nucléons libres est plus grande que celle du noyau, alors la masse des nucléons séparés doit être plus grande que celle du noyau constitué des mêmes nucléons. Cette différence de masse est libérée sous forme d'énergie lorsque les nucléons sont rapprochés les uns des autres, selon la formule $E = mc^2$, où c est la vitesse de la lumière, égale à $2{,}997\ 925 \times 10^8$ m/s.

Grâce à la formule d'Einstein on peut calculer l'équivalent en énergie d'une masse déterminée. Pour calculer l'équivalent d'une uma, il suffit de reprendre la valeur en kg de l'uma, soit $1{,}660\ 566 \times 10^{-27}$ kg :

$$E = mc^2 = (1{,}660\ 566 \times 10^{-27}\ \text{kg}) \times (2{,}997\ 925 \times 10^8\ \text{m/s}^2)$$
$$= 14{,}924\ 4 \times 10^{-11}\ \text{kg m}^2/\text{s}^2$$

Nous avons utilisé les unités du système SI tout au long de ce calcul et l'énergie que nous trouvons est donc exprimée en joules. On peut également exprimer ce résultat en MeV. On trouve :

$$E = mc^2 = 931{,}5\ \text{MeV}$$

La figure 8.6 illustre le fait que la masse du noyau, et donc aussi la masse de l'atome ($^4_2$He sur la figure), est plus petite que la masse totale des deux protons, des deux neutrons et des deux électrons. C'est cette masse manquante, ou défaut de masse, qui maintient ensemble les éléments de l'atome.

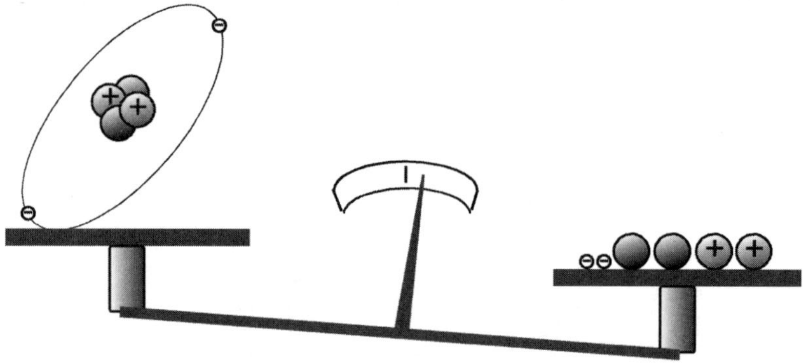

Figure 8.6 L'atome d'hélium a une masse plus petite que les particules qui le constituent.

Pour comparer les forces qui agissent sur les nucléons à l'intérieur des noyaux, il est utile de calculer l'énergie de liaison *par* nucléon. On l'obtient en divisant l'énergie de liaison totale par le nombre de masse A. Pour l'hélium, que nous considérons ici, l'énergie de liaison est égale à 28,3 MeV, et le nombre de masse est égal à 4. L'énergie de liaison par nucléon est donc égale à 7,1 MeV. Si on calcule l'énergie de liaison par nucléon pour différents noyaux et qu'on reporte les résultats sur un graphe en fonction du nombre de masse, on constate que cette énergie augmente avec le nombre de masse : elle passe de 1,1 MeV pour le deutérium (un isotope de l'hydrogène) à environ 8 MeV pour l'oxygène 16. Pour les noyaux dont le nombre de masse est supérieur à 16, l'énergie de liaison par nucléon reste à peu près constante, augmentant très légèrement jusqu'à A = 50, où elle culmine à 8,7 MeV. Elle décroît ensuite, jusqu'à 7,5 MeV pour A = 250 (figure 8.7). Le pic que l'on observe autour de A = 50 correspond aux éléments voisins du fer dans le tableau périodique. Il signifie que pour arracher un nucléon à l'un de ces atomes, il faut plus d'énergie que pour les autres : ce sont donc les noyaux les plus stables.

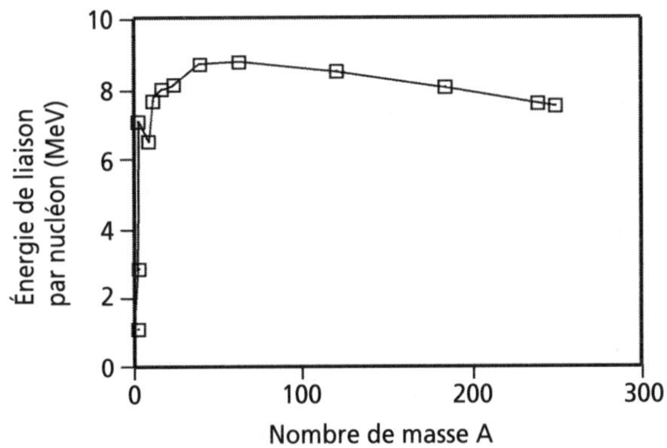

Figure 8.7 Énergie de liaison par nucléon en fonction de la masse atomique. Les noyaux proches du milieu du tableau périodique (masse atomique comprise entre 50 et 60) sont plus stables que les éléments situés aux extrémités, puisque leurs énergies de liaison par nucléon sont les plus grandes.

Taille et forme du noyau

La plupart des noyaux ont une forme pratiquement sphérique, et un diamètre d'environ 10^{-15} m. On a commencé à mesurer la taille des noyaux à l'aide d'expériences de diffusion analogues à celles de Rutherford : des particules alpha rapides étaient envoyées sur le noyau, et détectées de l'autre côté. Comme dans l'expérience de Rutherford, l'examen de la distribution des particules alpha après leur interaction avec le noyau fournit une information sur la taille du noyau cible. Des informations supplémentaires ont été obtenues en remplaçant les particules alpha par des électrons. Les électrons ont l'avantage de ne pas ressentir la force nucléaire, et ils ne sont donc déviés que par leurs interactions avec les protons du noyau.

On a ainsi mesuré un certain nombre de paramètres, qui ont livré des informations sur la taille des noyaux. Les résultats expérimentaux montrent que le volume du noyau est proportionnel au nombre de masse A. Cela qui signifie que les nucléons sont tassés les uns contre les autres à peu près de la même façon dans tous les noyaux. Imaginons que l'on rapproche deux noyaux identiques constitués chacun de 30 nucléons, sans rien modifier d'autre. Le volume de l'ensemble sera le double du volume d'un seul noyau. Considérons maintenant un noyau unique de 60 nucléons. Puisqu'il occupe le même volume que les deux noyaux de 30 nucléons juxtaposés, c'est que les nucléons y sont arrangés à peu près de la même façon que dans chacun des noyaux plus petits.

Les niveaux d'énergie nucléaire

Tout comme les électrons, les neutrons et les protons des noyaux doivent obéir aux règles de la mécanique quantique. Ces règles affirment que les nucléons ne peuvent se déplacer que sur certaines orbites. Ces orbites sont décrites par quatre caractéristiques ou *nombres quantiques*.

Comme pour les électrons des atomes, le nombre quantique n détermine l'énergie du nucléon sur son orbite. Ce nombre ne peut prendre que des valeurs entières, 1, 2, 3, 4, etc. Plus le nombre quantique n est grand, et plus l'énergie est élevée. Dans la plupart des raisonnements, nous pouvons considérer que plus l'énergie d'un nucléon est grande, plus il se déplace rapidement sur son orbite à l'intérieur du noyau.

Le deuxième nombre quantique, celui du moment cinétique, détermine la forme de l'orbite. Les valeurs élevées de ce nombre quantique correspondent à des orbites circulaires, tandis que les plus petites correspondent à des orbites elliptiques. Le troisième et le quatrième des nombres quantiques déterminent le sens dans lequel tourne le nucléon et l'orientation dans l'espace de son orbite.

À l'aide de ces quatre nombres quantiques, on détermine les valeurs permises de l'énergie. Comme l'indique la figure 8.8, ces énergies sont réparties en groupes ou *couches*. Comme c'est souvent le cas en mécanique quantique, il faut prendre garde à ne pas attribuer un sens trop littéral à ces couches. Toutes les orbites des nucléons ont le même rayon moyen. Les couches se réfèrent aux valeurs de l'énergie, pas à la taille des orbites.

Figure 8.8 Niveaux d'énergie nucléaire. Les énergies des nucléons se répartissent sur des couches, séparées par des zones interdites. Il faut noter que les nucléons qui ont une grande énergie n'ont pas nécessairement des orbites plus étendues : le diagramme ne prend en compte que les valeurs de l'énergie.

9

Les fluides

Les états de la matière

Les atomes, qui constituent toute la matière de l'univers, sont arrangés de différentes façons dans les pierres, l'eau, les galaxies, les arbres ou les êtres humains. Des atomes distincts peuvent se combiner de diverses façons, formant ainsi différentes substances. Quand les atomes qui constituent un corps ne bougent pas trop les uns par rapport aux autres, ils occupent des positions à peu près fixes et se placent suivant des motifs géométriques qui rendent leur énergie d'interaction minimale. Si ce motif se répète dans tout le corps, il s'agit d'un *cristal* (figure 9.1).

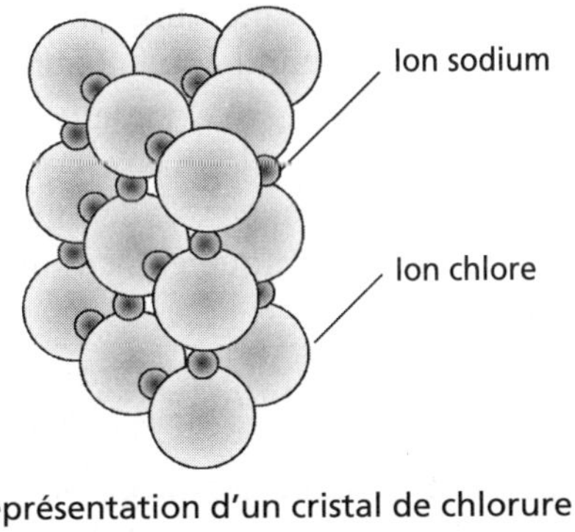

Figure 9.1 Représentation d'un cristal de chlorure de sodium.

Les atomes d'un corps sont également susceptibles de se placer dans des configurations beaucoup plus désordonnées dans lesquelles il est impossible de distinguer un motif répété à grande échelle. Si ces atomes se déplacent peu les uns par rapport aux autres, on a affaire à un solide non cristallin, ou *amorphe.* Dans les cristaux et les solides amorphes les forces qui lient les atomes entre eux sont assez intenses pour que le corps conserve sa forme : c'est la caractéristique des solides.

Quand les forces de liaison sont plus faibles, les atomes ou les molécules n'occupent pas des positions fixes les uns par rapport aux autres et se déplacent de façon erratique. Ces corps sont qualifiés de *fluides*. Les liquides et les gaz sont des fluides. Dans un liquide, les forces de liaisons sont encore assez intenses pour que les molécules restent groupées, mais elles sont suffisamment faibles pour que le liquide puisse s'écouler. Au contraire, les molécules d'un gaz ont des mouvements chaotiques et n'interagissent entre elles que pendant les brefs instants où elles entrent en collision. Les molécules du gaz n'étant pas liées les unes aux autres, un gaz remplit tout le récipient dans lequel il se trouve.

La masse volumique

S'il vous est arrivé de soulever une petite bouteille remplie de mercure, vous avez probablement été surpris de porter un liquide aussi lourd. En fait, le mercure n'est pas à proprement parler « plus lourd » que l'eau ou qu'un autre liquide. Il n'est pas difficile de trouver un récipient rempli d'eau qui pèse le même poids que la petite bouteille de mercure. La seule différence est que la bouteille d'eau correspondante est bien plus grande. Le mercure est plus dense que l'eau. Si vous prenez des volumes égaux d'eau et de mercure, le mercure pèse beaucoup plus lourd : 13,6 fois plus, pour être précis. Si vous voulez des poids égaux d'eau et de mercure, la quantité d'eau nécessaire occupera un volume 13,6 fois plus grand que la bouteille de mercure.

Quand on considère des volumes égaux de deux substances, celle qui a la plus grande masse a aussi la plus grande masse volumique. Et lorsque vous prenez la même masse de deux substances, celle qui est la plus dense occupe un volume plus petit. La masse volumique est, comme son nom l'indique, la masse par unité de volume, ou :

$$masse\ volumique = \frac{masse}{volume}$$

On utilise en général la lettre grecque ρ (rho) pour désigner la masse volumique. Si nous notons m la masse d'un corps et V son volume, nous pouvons écrire cette relation en utilisant les symboles :

$$\rho = \frac{m}{V}$$

Le gramme a été tout d'abord défini comme la masse d'un centimètre cube d'eau. La masse volumique de l'eau est donc égale à 1 g/cm^3, ou 1 000 kg/m^3. Le tableau 9.1 donne la masse volumique de quelques autres corps usuels.

Tableau 9.1 Masse volumique de quelques corps.

Substance	Masse volumique	Substance	Masse volumique
Hydrogène*	0,090	Sang humain	1 060
Hélium*	0,175 8	Eau de mer	1 300
Air*	1,29	Os	1 700 à 2 000
Oxygène*	0,4	Fer	7 800
Bois (chêne)	600 à 900	Cuivre	8 930
Vapeur (100°)	600	Argent	10 500
Huile	900	Plomb	11 300
Glace	920	Mercure	13 600
Eau (4 °C)	1 000	Or	19 300

* À la pression atmosphérique au niveau de la mer et à 0 °C.

Pression

Les fluides exercent des forces sur les autres corps. Puisqu'un fluide prend la forme du récipient qui le contient, la force qu'il exerce sur ce récipient n'est pas localisée en un point, mais répartie sur toute la surface. Considérez un verre d'eau, par exemple. En moyenne, chaque molécule d'eau se déplace à une vitesse de quelques centaines de kilomètres par heure et se cogne plusieurs milliards de fois par seconde à la surface du verre ; de plus, le nombre de molécules d'eau contenues dans le verre est énorme. Chaque collision avec la surface exerce une force minuscule. De l'accumulation de ces forces microscopiques exercées sur la surface par toutes les collisions qui ont lieu à chaque seconde, résulte la force totale exercée par l'eau sur le verre, sur le fond comme sur les parois latérales. Il est donc plus pertinent de considérer la force exercée par le fluide par unité de surface qu'on appelle la *pression, p*. Soyons plus précis. La force que le fluide exerce sur une petite surface est toujours perpendiculaire à cette surface, dirigée du fluide vers la surface, et elle est égale au produit de la pression par l'aire de la surface considérée.

L'unité SI de pression est le newton par mètre carré (N/m^2), que l'on appelle le pascal (Pa), en l'honneur du scientifique français Blaise Pascal (1623-1662), qui réalisa d'importants travaux sur les fluides.

Arrêtons-nous un instant pour présenter quelques exemples, qui permettront de mieux comprendre la notion de pression. Si vous tenez un clou entre le pouce et l'index, la pointe du clou s'enfonce davantage dans votre doigt que sa tête (figure 9.2a). La pression exercée par la pointe du clou est plus grande, parce que la même force s'exerce sur une surface plus petite. Plus la surface sur laquelle une force donnée s'exerce est petite, et plus la pression est grande. Réciproquement, la pression diminue quand la surface devient plus grande. Les raquettes, qui permettent de marcher sur la neige, sont conçues selon ce principe (figure 9.2b). En augmentant la surface de contact avec la neige, on diminue la pression. Quand une personne tombe dans l'eau d'un lac recouvert d'une mince couche de glace, les secours approchent en rampant, de façon à minimiser la pression que leur corps exerce sur la glace.

(a) (b)

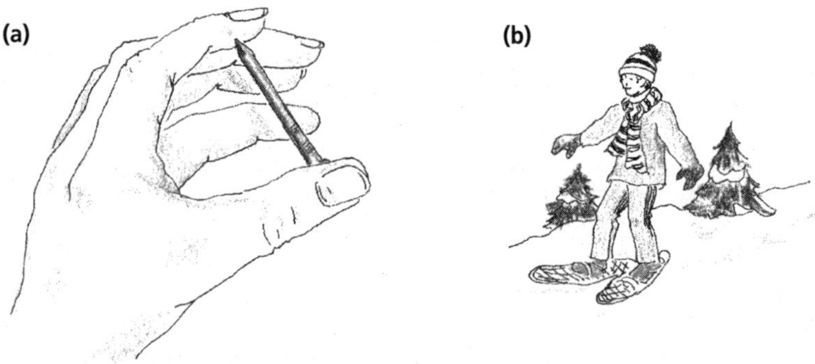

Figure 9.2 **(a)** La même force s'appliquant sur une surface plus petite, la pointe du clou s'enfonce davantage dans votre peau que sa tête. **(b)** En augmentant la surface de contact avec la neige, on réduit la pression, et l'enfant ne s'enfonce pas dans la neige.

De façon générale, la pression varie d'un point à l'autre à l'intérieur d'un fluide, mais elle garde la même valeur quand on reste dans un plan horizontal. Considérons, dans un récipient rempli de fluide, une portion de ce fluide ayant la forme d'un cylindre horizontal, et imaginons un moment que l'on a isolé ce cylindre du reste du fluide, par un emballage de masse pratiquement nulle (figure 9.3a). L'ensemble du fluide, y compris le cylindre considéré, est en équilibre. Sur les deux disques verticaux qui limitent le cylindre, le fluide situé à l'extérieur exerce des forces dues à la pression, l'une dirigée vers la droite et l'autre vers la gauche. Ces forces sont les seules qui s'exercent sur le cylindre dans cette direction : elles doivent donc se compenser, sinon, d'après la deuxième loi de Newton, le cylindre se mettrait en mouvement. Les deux surfaces sur lesquelles s'exercent ces forces de pression étant égales, la pression a même valeur sur les deux faces. Ainsi, dans un fluide, la pression a la même valeur en tous les points situés à la même hauteur.

Ce résultat est également vrai quand un détour est nécessaire pour passer d'un point à l'autre en restant dans le liquide, comme dans un tube en U, par exemple (figure 9.3b). Si deux points se trouvent à la même hauteur, et s'il est possible de passer d'un point à l'autre en restant à l'intérieur du même fluide, alors la pression a la même valeur en ces deux points. C'est ce qu'on appelle le *principe des vases communicants.*

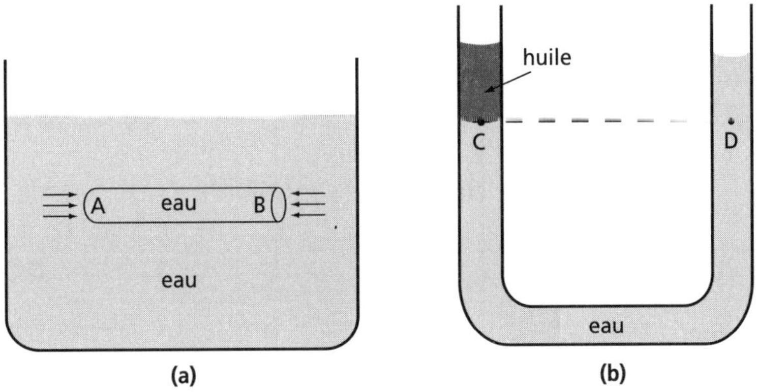

Figure 9.3 **(a)** À l'équilibre, le cylindre reste immobile. La résultante de toutes les forces qui agissent sur lui doit être nulle : aux points *A* et *B*, qui sont situés à la même hauteur, les pressions doivent donc être égales. **(b)** Aux points *C* et *D* aussi les pressions sont égales, à condition de pouvoir passer de *C* à *D* sans rencontrer un fluide différent.

La pression atmosphérique

Dans les *Discours et démonstrations mathématiques concernant deux nouvelles sciences* (1638), Galilée écrit qu'on ne peut pas, à l'aide d'une pompe, tirer de l'eau d'un puits de plus de dix mètres de profondeur. À l'époque, on utilisait beaucoup les pompes pour obtenir de l'eau, mais personne ne savait exactement comment elles fonctionnaient, ni pourquoi il y avait une limite à la profondeur des puits.

C'est un élève de Galilée, Evangelista Torricelli, qui résolut le problème. En étudiant les résultats de ses propres expériences, ainsi que ceux de ses contemporains Guericke, Pascal et Boyle, il comprit que les pompes fonctionnaient grâce à la pression exercée par l'air. Lorsqu'on pompe, on réduit la pression dans le haut du tuyau. La pression que l'air exerce sur la surface de l'eau du puits pousse sur l'eau, et la fait monter dans le tuyau.

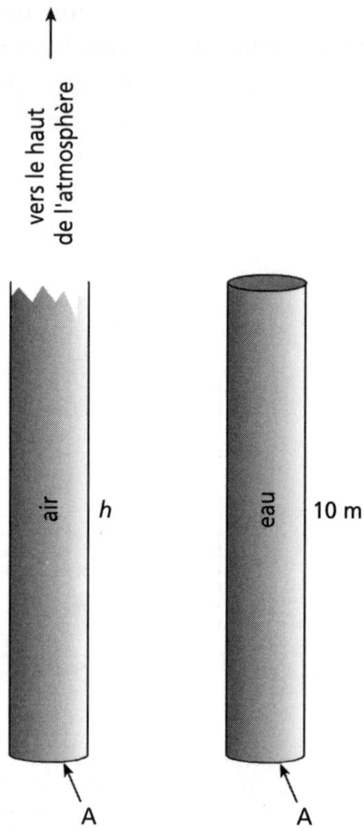

Figure 9.4 Une colonne d'eau d'environ dix mètres de haut exerce la même pression que la colonne d'air qui se trouve au-dessus de la surface de la Terre.

Si l'air exerce une pression, c'est parce que la couche d'air qui entoure la Terre a un poids. La force exercée sur un mètre carré de la surface de la Terre par la colonne d'air qui le surplombe est égale à 101 300 N. La pression de l'atmosphère au niveau de la mer est donc $101{,}3 \times 10^3$ N/m^2 ou 101,3 kPa. C'est la pression atmosphérique normale, correspondant à une *atmosphère* (atm). Ainsi :

$$1 \text{ atm} = 101{,}3 \text{ kPa}$$

Une colonne d'eau d'un mètre carré de surface pour 10 mètres de hauteur pèse, elle aussi, 101,3 kN. Cette colonne d'eau exerce donc la même pression que l'air qui se trouve au-dessus de la Terre (figure 9.4). Si, à l'intérieur d'une bonne pompe, on parvient à réduire la pression pratiquement à zéro, la pression atmosphérique peut faire monter l'eau d'environ 10 mètres. Mais elle ne la fera pas monter de onze mètres, par exemple, car il faudrait pour cela une pression plus grande que la pression atmosphérique au niveau de la mer.

Lorsque vous renversez un verre d'eau sur une cuvette remplie d'eau, l'eau du verre ne se vide pas dans la cuvette. D'après le principe des vases communicants, sous le verre, la pression est égale à la pression atmosphérique, elle est donc plus grande que celle qui correspond au poids de l'eau contenue dans le verre. La pression atmosphérique pousse l'eau vers le haut du verre (figure 9.5).

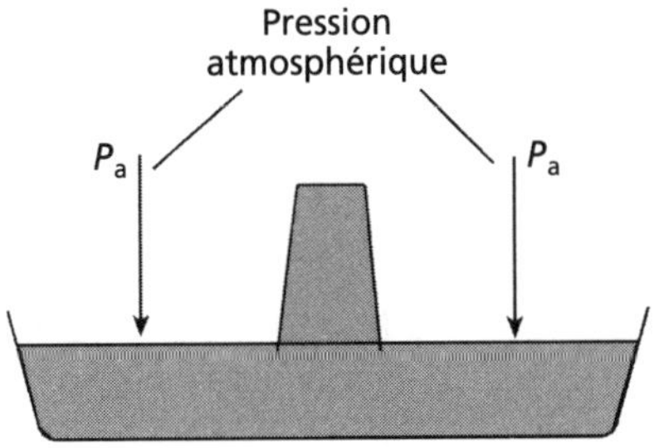

Figure 9.5 D'après le principe des vases communicants, la pression au point A est égale à la pression atmosphérique, et plus grande que celle du poids de l'eau contenue dans le verre. L'eau remplit tout le verre et pousse vers le haut contre la paroi horizontale.

Torricelli ne faisait pas ses expériences sur la pression de l'air avec de l'eau, mais avec du mercure. La densité du mercure est 13,6 fois plus grande que celle de l'eau, il suffit donc d'une colonne 13,6 fois plus petite pour équilibrer la pression atmosphérique. Sans y laisser entrer d'air, renversons, sur une cuve contenant du mercure, un tube de verre plein de mercure : la pression atmosphérique empêche ce mercure de couler hors du tube (figure 9.6). Au niveau de la mer, la pression de l'air fait ainsi tenir une colonne de mercure de 760 mm de haut. À des altitudes plus élevées, la pression de l'air est plus faible, puisqu'il y a moins d'air au-dessus, et la hauteur du mercure qui reste dans le tube est inférieure à 760 mm. Un appareil comme celui de Torricelli, que l'on utilise pour mesurer la pression atmosphérique, s'appelle un *baromètre*, du mot grec *baros*, qui signifie poids.

Une pression égale à celle qui est exercée par une colonne de mercure de 1 mm de haut est appelée un *torr*, en l'honneur de Torricelli. Au niveau de la mer, la valeur moyenne de la pression atmosphérique est égale à 101,3 kPA, ou 760 mm de mercure, soit encore 760 torrs. On dit aussi que cette pression vaut 1 atmosphère standard (atm).

Connaissant la pression de l'air, nous pouvons calculer la masse de l'air qui se trouve au-dessus de nous. Admettons que, quand nous sommes debout, notre corps a une section d'environ 0,70 m^2. Le poids de l'air qui se trouve au-dessus est égal au produit de la pression par cette surface, soit 71×10^3 N.

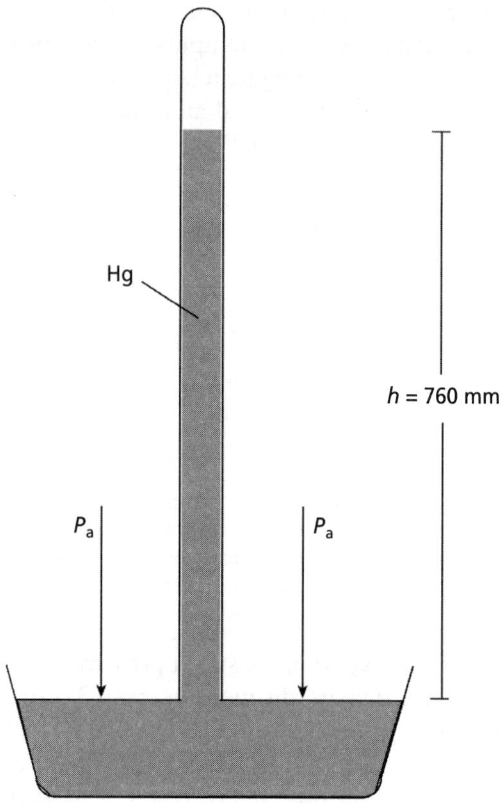

Figure 9.6 Le baromètre de Torricelli est formé d'un tube en verre, rempli de mercure et retourné sur une cuvette de mercure. On a pris soin qu'il n'y ait pas d'air dans le tube, au-dessus du mercure (on y trouve cependant de la vapeur de mercure, à une pression très faible). La pression exercée par l'atmosphère au niveau de la mer est égale à celle qu'exerce une colonne de 760 mm de mercure.

Ce poids est égal à mg, et la valeur de l'accélération de la pesanteur, g, est encore égale à 9,8 m/s^3 à des altitudes de plusieurs dizaines de kilomètres. La masse d'air qui se trouve au-dessus de nous est donc égale à 7 200 kg.

Nous ne sommes certainement pas capables de porter une masse de 7 200 kg sur nos épaules ! Pourquoi ne sommes-nous pas écrasés par ce poids énorme ? Parce que les forces dues à la pression de l'air s'exercent dans toutes les directions, et pas uniquement vers le bas. Chaque petite surface de notre corps est soumise à cette pression, de sorte que l'air nous pousse vers le haut, vers le bas, et latéralement. De plus, l'air contenu à l'intérieur de nos poumons pousse également de l'intérieur vers l'extérieur de notre corps. La somme de toutes ces forces est à peu près nulle — en fait, elle est très petite et dirigée vers le haut, comme nous le verrons —, de sorte que nous ne sommes pas écrasés au sol par la pression atmosphérique.

À l'intérieur d'un avion de ligne, la pression est maintenue à une valeur au moins égale à celle de l'air à 2 500 mètres au-dessus du niveau de la mer. Aux États-Unis, tant qu'ils n'ont pas subi une inspection minutieuse, les avions qui ont déjà effectué plus de 55 000 atterrissages ne sont pas autorisés à voler à plus de 7 500 m d'altitude. En effet, si leur fuselage était affaibli par des fissures, à 8 000 m la différence de pression entre l'intérieur et l'extérieur pourrait provoquer une rupture. En 1988, un avion qui avait fait plus de 90 000 atterrissages s'est ouvert en survolant Hawaï à une altitude de 8 000 m. La partie haute du fuselage, à l'arrière du cockpit, a été en partie arrachée, ce qui provoqua la mort d'un membre de l'équipage qui fut aspiré hors de la cabine.

Pression dans les liquides

Lorsque vous plongez dans une piscine, vous ressentez la pression de l'eau sur vos tympans. Au fur et à mesure que vous vous enfoncez dans un lac ou dans l'océan, la pression augmente. Cette augmentation de pression avec la profondeur est due au poids de l'eau qui se trouve au-dessus de vous.

La femme de la figure 9.7. nage à une profondeur h (1 mètre, par exemple) en dessous de la surface de l'eau. Pour connaître la valeur de la pression à cette profondeur, considérons la colonne d'eau qui se trouve au-dessus d'un petit carré de la peau de son dos, dont la surface est égale à A. Son volume est donné par la relation $V = Ah$, et sa masse par $m = \rho V = \rho(Ah)$, où ρ est la masse volumique de l'eau.

Figure 9.7 À une profondeur h au-dessous de la surface, la pression est égale à $p_0 + \rho gh$.

Cette colonne d'eau est en équilibre et donc, la somme des forces qui s'exercent sur elle doit être nulle, sinon, d'après la deuxième loi de Newton, l'eau se mettrait en mouvement. Considérons les forces verticales qui agissent sur cette colonne. Il y a le poids de la colonne d'eau, dirigé vers le bas et égal à mg, la force qu'exerce la pression atmosphérique p_0 sur le haut de la colonne, égale à p_0A et dirigée elle aussi vers le bas, et la réaction exercée par le dos de la nageuse, dirigée vers le haut. D'après la troisième loi de Newton, la réaction exercée par le dos sur l'eau est égale et de sens contraire, à la force exercée par l'eau sur le dos. Si p est la pression à l'endroit où se trouve la nageuse, la force exercée par l'eau sur une surface A de son dos est égale à pA. L'équilibre de la colonne d'eau nous montre alors que :

$$pA = p_0A + \rho gAh$$

c'est-à-dire :

$$p = p_0 + \rho gh$$

La pression en un point à la profondeur h sous la surface de l'eau est plus grande que la pression atmosphérique, et la différence est proportionnelle à la profondeur h. Ceci est vrai dans les liquides parce que leur masse volumique, constante, ne dépend pas de la profondeur. Les liquides sont incompressibles parce que les électrons qui se trouvent dans les atomes, déjà très proches les uns des autres, s'opposent à tout rapprochement supplémentaire. La profondeur h doit être mesurée à partir de la surface de l'eau en contact avec l'air libre. Si, nageant en profondeur, vous pénétrez dans une anfractuosité de rocher entièrement remplie d'eau, la pression que vous ressentez ne dépend pas de la distance entre votre tête et le rocher, mais bien de la distance entre votre tête et la surface de l'eau, même si vous ne pouvez plus la voir à cause du rocher. La pression ne dépend pas de la forme du récipient, et elle a la même valeur en tous les points du liquide qui se trouvent à la même hauteur, comme nous l'avons montré au début de ce chapitre.

En faisant une simple soustraction, on trouve facilement la différence de pression entre deux points du liquide qui ne sont pas à la même hauteur : la pression atmosphérique n'apparaît plus dans le résultat, qui reste donc vrai même quand le liquide ne se trouve pas à l'air libre, mais dans un récipient fermé. À l'intérieur d'un liquide, la différence de pression entre deux points est toujours proportionnelle à leur différence d'altitude et à la masse volumique du liquide.

Ainsi, si nous poussons sur un liquide, par exemple au moyen d'un piston comme sur la figure 9.8, la pression que le piston exerce sur le liquide se transmet en tous les points du liquide, sans aucune atténuation, puisque les différences de pression entre deux points du liquide ne changent pas. Ce résultat fut découvert en 1651 par le scientifique et philosophe français Blaise Pascal, et il est connu sous le nom de *principe de Pascal.*

Regardons la figure 9.8 : la pression exercée par la force F qui pousse le piston de la partie gauche du récipient est transmise en tous les points du liquide, ce qui modifie les forces qu'ils exercent sur les parois du récipient. En particulier, l'augmentation de pression est transmise aux points du liquide qui se trouvent juste en dessous du piston de droite, qui se soulève quand on appuie sur celui de gauche.

Figure 9.8 La pression extérieure que l'on exerce en un point du liquide se transmet intégralement dans tout le liquide. C'est ce qu'on appelle le « principe de Pascal ».

Le principe de Pascal s'applique aux liquides en équilibre. C'est une conséquence de l'incompressibilité des liquides. On ne peut pas l'appliquer dans les gaz, car il faut alors tenir compte des modifications de volume qui se produisent quand on change la pression.

Le fonctionnement de l'élévateur hydraulique, représenté sur la figure 9.9, est basé sur le principe de Pascal. La force f que l'on exerce sur la surface a du piston provoque, juste en dessous du piston, une pression égale à f/a. Cette pression se transmet en tous les points du liquide, et en particulier au liquide qui se trouve en dessous du pont qui porte la voiture. Appelons A la surface du pont : la pression du liquide au-dessous cette plate-forme, multipliée par A, doit être égale au poids de la voiture. La surface A est beaucoup plus grande que a, de sorte que la force F qui soulève la voiture est beaucoup plus grande que celle que l'on exerce sur le piston de gauche. Ainsi, un élévateur hydraulique est un « amplificateur de force » : une petite force appliquée d'un côté engendre, de l'autre côté, une force assez grande pour soulever la voiture. En contrepartie, le déplacement du piston est beaucoup plus grand que celui du pont, dans la proportion A/a.

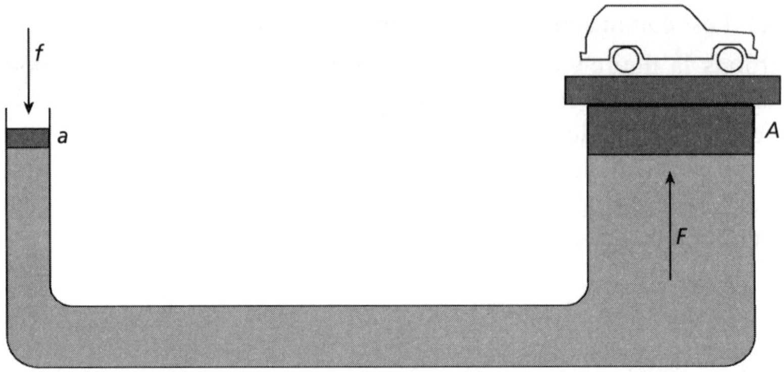

Figure 9.9 Élévateur hydraulique : la surpression $p = f/a$ qu'exerce la force f qui agit sur le piston d'aire a est transmise en tous les points du liquide. La force F que le liquide exerce sur la grande surface est donc plus grande que la force f qu'on exerce depuis l'extérieur sur la petite surface du piston de gauche. Cette force F est capable d'équilibrer le poids de la voiture.

Le dispositif de freinage d'une voiture, représenté de façon schématique sur la figure 9.10, s'explique aussi grâce au principe de Pascal. Quand on appuie sur la pédale de frein, l'augmentation de pression qui en résulte est transmise par le liquide de frein, ce qui pousse les plaquettes ou les garnitures au contact des disques ou des tambours. C'est le frottement de ces solides les uns contre les autres qui ralentit la voiture.

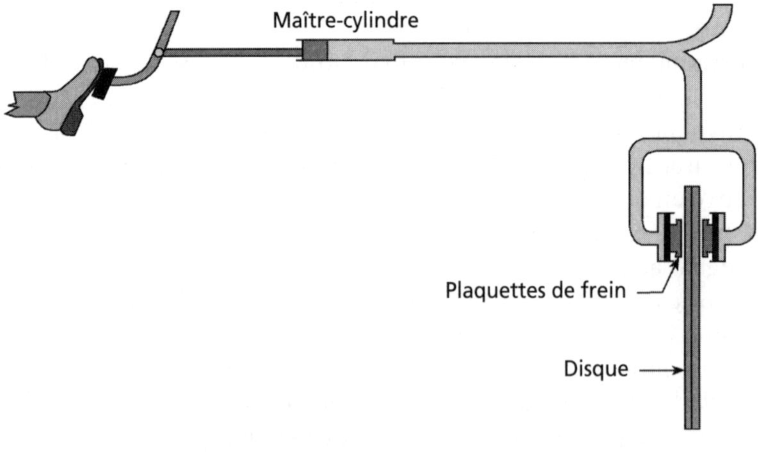

Figure 9.10 Dispositif de freinage d'une voiture.

Le principe d'Archimède

Au troisième siècle avant notre ère, le roi de Syracuse Hiéron II s'adressa à son parent Archimède, qui se trouvait être le plus grand savant de l'époque. Il voulait savoir si une couronne en or, qu'il avait fait réaliser, contenait plus d'argent que ce qui était autorisé, mais il ne voulait pas que la couronne soit abîmée.

Les appareils mécaniques ingénieux qu'il avait inventés avaient valu à Archimède une grande réputation. On raconte qu'il mit au point des machines de guerre qui retardèrent de trois ans les envahisseurs romains assiégeant la ville. Des grues, installées sur les falaises au bord de la mer, portaient de lourdes pierres, que l'on laissait tomber sur les soldats qui s'en approchaient. À l'aide d'autres grues, on soulevait les bateaux qui accostaient, et on les renversait. On dit aussi qu'Archimède construisit un grand miroir qui réfléchissait la chaleur du Soleil sur les bateaux romains et leur faisait prendre feu.

Il y a sans doute une part d'exagération dans ces histoires, d'autant qu'on ne les connaît que de façon indirecte, à travers les récits de Grecs qui vécurent bien plus tard. Archimède lui-même n'attachait aucun prix à ces engins, qu'il considérait comme sans importance en comparaison avec la science véritable : il ne publia que ses travaux scientifiques.

On peut concevoir l'importance de ces travaux en considérant la méthode qu'il utilisa pour déterminer le nombre π. Il calcula le périmètre de polygones inscrits â l'intérieur d'un cercle, ainsi que celui de polygones inscrits â l'extérieur pour obtenir un encadrement du périmètre du cercle. Il démontra ainsi que la valeur de π est comprise entre $3 + 10/71$ et $3 + 1/7$. Personne ne fit mieux jusqu'â l'invention du calcul différentiel par Newton.

Pour revenir à la couronne du roi, Archimède avait des doutes sur la possibilité de déterminer, sans la détruire, la quantité d'or qu'elle contenait. Un jour, tandis qu'il s'installait dans sa baignoire, il se rendit compte que l'eau débordait, et se dit — c'est du moins ce que raconte l'histoire — que la quantité d'eau qui débordait devait avoir le même volume que la partie de son propre corps qui se trouvait dans l'eau. Ainsi, en plongeant dans l'eau un bloc d'or pur de même poids que la couronne, on pouvait déterminer le volume que devait avoir la couronne. Si la couronne contenait de l'argent, le volume d'eau qu'elle déplacerait serait plus grand, puisque la masse volumique de l'argent est plus faible que celle de l'or. On raconte qu'Archimède était tellement surexcité par cette idée, qu'il courut vers le palais, sans vêtements, et en criant « eurêka ! eurêka ! » (J'ai trouvé !). Grâce à cette méthode, Archimède montra que la couronne contenait plus d'argent qu'il n'était autorisé, et Hiéron II fit exécuter le bijoutier malhonnête.

En prolongeant son idée, Archimède mit au point ce que l'on appelle désormais le *principe d'Archimède*, qui peut s'énoncer de la façon suivante :

Principe d'Archimède : Tout corps, plongé dans un fluide, subit une poussée verticale dirigée de bas en haut, égale au poids de fluide déplacé.

Nous avons tous remarqué qu'il est assez facile de soulever une pierre tant qu'elle est dans l'eau, et beaucoup plus difficile quand elle est sur la berge. S'il vous est arrivé d'enseigner la natation à quelqu'un, vous avez dû remarquer à quel point il est facile de porter une personne qui se trouve dans l'eau. L'eau exerce une force dirigée vers le haut sur les objets qui y sont plongés. Cette force, appelée « poussée d'Archimède », provient de la différence de pression qui existe entre le haut et le bas de l'objet. La pression est plus grande aux points les plus profond d'un fluide. Sur la partie haute de l'objet, elle est donc légèrement inférieure à celle qui s'exerce sur la partie basse. Cette différence de pression se traduit par une force, dirigée vers le haut, qui s'exerce sur le corps immergé.

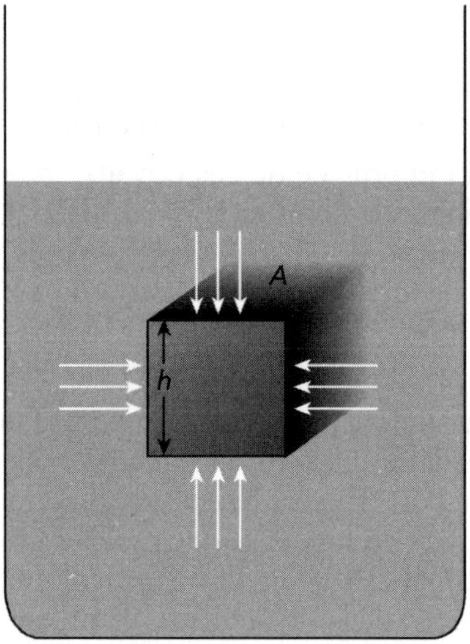

Figure 9.11 La poussée qui s'exerce sur le cube immergé vient de la différence de pression entre la base et le sommet. Cette poussée est égale au poids du fluide déplacé par le cube, et ne dépend pas de la masse volumique du cube lui-même. Cette propriété constitue le « principe d'Archimède ».

Pour comprendre le principe d'Archimède, considérons le petit cube d'aluminium plongé dans l'eau, représenté sur la figure 9.11. Imaginons que, d'une façon ou d'une autre, ce petit cube soit enlevé, et remplacé par une quantité supplémentaire d'eau. Ce volume de liquide nouvellement introduit, qui ne présente aucune différence avec celui qui l'entoure, se trouve alors à l'équilibre. Ce volume d'eau est soumis aux mêmes forces de pression que le cube d'aluminium et, puisque le liquide est à l'équilibre, ces forces compensent exactement son poids. Les forces de pression ne changent pas quand on remplace le cube d'aluminium par un cube d'eau. Si nous remplaçons maintenant le liquide supplémentaire par un cube de plomb de mêmes dimensions que le cube d'aluminium du début, ce nouveau cube, plus lourd, sera soumis à la même poussée que le premier cube et que l'eau elle-même, quand ils étaient au même endroit. La force qui pousse chacun de ces cubes vers le haut est toujours la même et elle est égale au poids du cube d'eau, c'est-à-dire au poids de l'eau déplacée.

On voit bien que, plus la quantité d'eau déplacée par un corps immergé est grande, et plus la poussée est importante. Les bateaux flottent, et pourtant ils sont fabriqués en acier, qui est beaucoup plus dense que l'eau. Si nous récupérons tout l'acier qui a servi à construire un bateau, et si nous lui donnons la forme d'un cube massif, il coulera (voir figure 9.12). Le volume de l'eau déplacée par le cube d'acier n'est pas assez grand pour que la poussée d'Archimède puisse équilibrer son poids. Lorsque cette même quantité d'acier prend la forme d'un bateau, c'est-à-dire d'une grande cuvette vide, le même poids d'acier déplace un volume d'eau beaucoup plus grand, correspondant à un poids plus grand. D'après le principe d'Archimède, la quantité d'eau déplacée étant plus grande, la poussée exercée sur le bateau est plus grande elle aussi, suffisante pour le faire flotter.

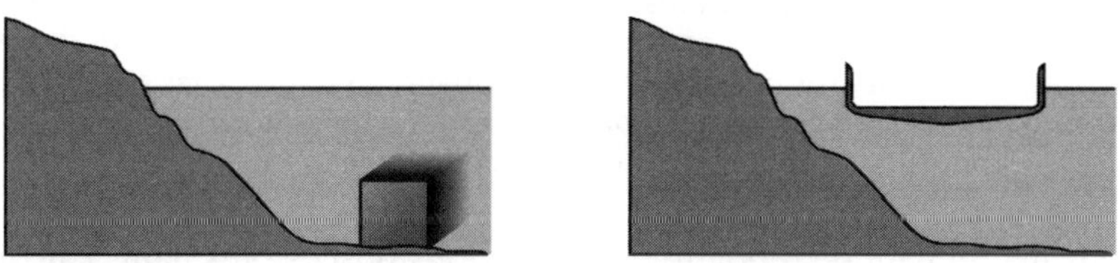

Figure 9.12 Une masse donnée d'acier ayant la forme d'un cube coule, parce que le volume d'eau qu'elle déplace n'est pas assez grand. Sous la forme d'un bateau, la même quantité d'acier déplace plus d'eau, et le bateau flotte.

Tension superficielle et capillarité

Pourquoi une goutte de liquide est-elle sphérique ? Comment une araignée peut-elle marcher à la surface d'une mare ? Par quel miracle fait-on flotter une lame de rasoir quand on la pose avec précaution à la surface d'un verre d'eau ?

Tous ces phénomènes sont liés à une même propriété des liquides : leur « *tension superficielle* ». Pour comprendre l'origine de la tension superficielle, intéressons-nous à une molécule d'eau qui se trouve à l'intérieur d'un verre d'eau (figure 9.13) : de tous les côtés, d'autres molécules d'eau l'entourent, et les forces d'interactions qui s'exercent sur elle se compensent. Si la molécule se trouve maintenant à la surface du verre d'eau, elle n'a de voisines que sur les côtés et en dessous. Elle est donc attirée vers l'intérieur du liquide par des forces qui ne sont pas compensées. Le liquide proche de la surface est alors comprimé et la surface du liquide tend à devenir aussi petite que possible.

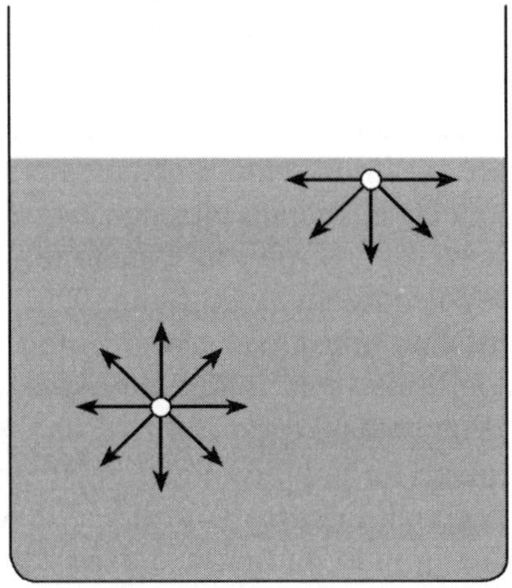

Figure 9.13 Au milieu de l'eau, une molécule est soumise à des forces qui l'attirent dans toutes les directions ; la force totale est nulle. Sur la surface, une molécule est attirée vers le bas, car il n'y a pas de molécules au-dessus d'elle. Les molécules situées sur la surface résistent quand on tente de les séparer des autres, de sorte que la surface se comporte comme une membrane élastique, capable de porter de petits objets.

Essayons maintenant de répondre aux questions posées plus haut. Une goutte d'eau prend une forme sphérique parce que, pour un volume donné, la sphère présente la plus petite surface possible. Sous une lame de rasoir posée à la surface de l'eau, les molécules s'enfoncent légèrement : les forces exercées par leurs voisines sont alors dirigées vers le haut, et elles empêchent la lame de rasoir de couler. L'interface du liquide et de l'air se comporte donc comme une membrane élastique. Que les araignées et les petits insectes puissent marcher sur l'eau s'explique de la même façon.

La tension superficielle explique également l'action des détergents. La constante de tension superficielle de l'eau, environ 0,07 N/m, est assez élevée, comme on peut s'en convaincre en la comparant à celle d'autres substances dans le tableau 9.2. Quand on ajoute du détergent à l'eau, sa tension superficielle diminue. L'eau pénètre alors plus facilement à l'intérieur des fibres du tissu, où elle dissout la saleté.

Tableau 9.2 Constantes de tension superficielle de quelques corps, à la température ordinaire.

Corps	Constante de tension superficielle (N/m)
Benzène	0,0289
Mercure	0,465
Eau	0,0728
Eau savonneuse	0,025

La tension superficielle correspond à une énergie par unité de surface. À l'équilibre, la surface d'un liquide adopte la configuration qui lui confère la plus petite énergie possible : les liquides minimisent donc leur surface. Les unités de tension superficielle se présentent donc comme le quotient d'une unité d'énergie par une unité de surface, par exemple le J/m^2 dans le système SI. Mais 1 J = 1 Nm, et nous pouvons donc aussi écrire l'unité de tension superficielle, le Nm/m^2 comme un N/m, c'est-à-dire une force divisée par une longueur. Les valeurs du tableau 9.2 sont exprimées à l'aide de cette unité. Ceci montre que l'on peut considérer la tension superficielle comme une force par unité de longueur, plutôt que comme une énergie par unité de surface. On peut déterminer expérimentalement la tension superficielle en tirant sur une boucle de fil posée sur la surface d'un liquide. Quand elle se soulève, la boucle entraîne la surface de l'eau, qui s'étire et finit par se détacher. On mesure la force exercée sur la boucle au moment de la rupture (figure 9.14).

Si vous regardez attentivement la surface de l'eau dans un récipient en verre, vous verrez que, près du verre, la surface se courbe vers le haut et que l'eau semble monter un peu le long de la paroi (figure 9.15) : elle forme ce qu'on appelle un *ménisque*. On appelle « forces cohésives » les forces qui s'exercent entre les molécules du liquide. Les molécules subissent d'autres forces, qui tendent à les accrocher aux parois du récipient, et que l'on qualifie de « forces adhésives ». Quand l'eau est en contact avec du verre, les forces adhésives sont plus grandes que les forces cohésives, de sorte que les molécules d'eau proches du verre sont plus attirées vers le verre que vers les autres molécules d'eau : elles sont légèrement tirées vers le haut, au-dessus de la surface de l'eau. À l'inverse, les forces cohésives qui s'exercent entre les atomes de mercure sont plus grandes que les forces adhésives entre le mercure et le verre. Un atome de mercure proche d'une paroi de verre subit

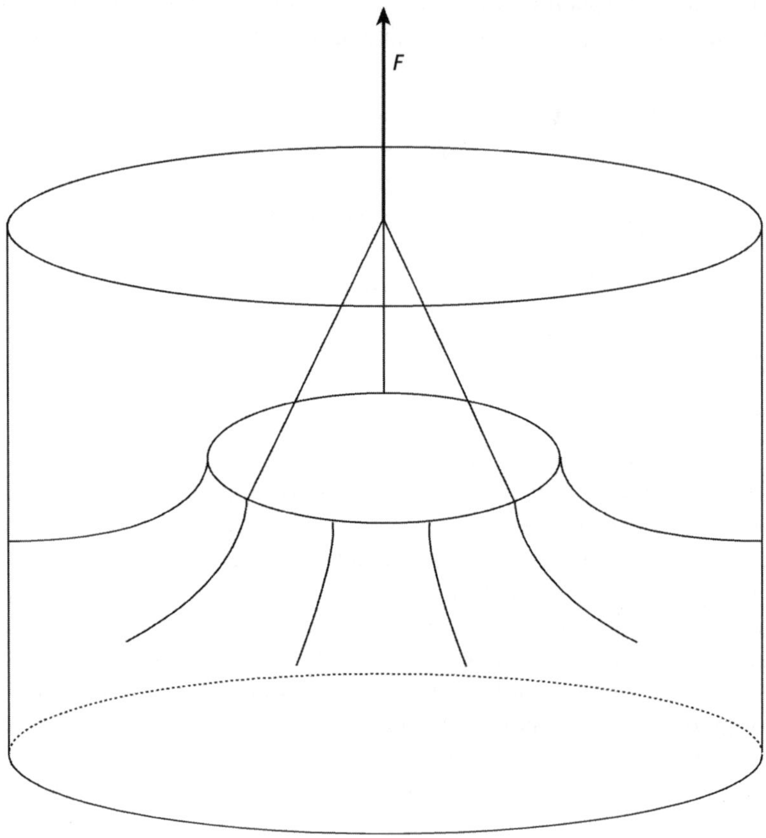

Figure 9.14 On mesure la force au moment où la surface, étirée, se détache du fil. On déduit de cette force la constante de tension superficielle du liquide.

une attraction dirigée vers les autres atomes de mercure plus grande que celle qui l'attire vers la paroi, ce qui incurve la surface du liquide vers le bas et la maintient éloignée de la paroi de verre. On dit d'un ménisque qui se courbe vers le haut qu'il est « *positif* », et « *négatif* » s'il se courbe vers le bas, comme c'est le cas de la surface du mercure dans un récipient en verre.

Introduisons un tube très étroit dans un récipient rempli d'eau (figure 9.16) : à l'intérieur du tube, l'eau monte plus haut que la surface dans le reste du récipient. Ce phénomène est appelé « *capillarité* », parce qu'il se produit dans des tubes qui ont le diamètre « d'un cheveu ». La hauteur de l'eau dans le tube est telle que les forces adhésives qui tirent le liquide vers le haut compensent son poids. Plus le diamètre du tube est petit, plus l'eau s'élève. Lorsque le bord d'une serviette en coton trempe dans l'eau, l'eau

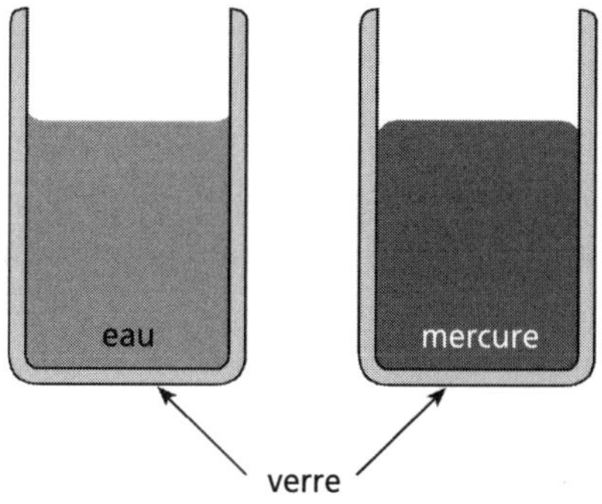

Figure 9.15 La courbure de la surface de liquide, au voisinage de la paroi du récipient, est appelée « ménisque ». Les forces cohésives de l'eau sont plus faibles que les forces adhésives entre l'eau et le verre : le ménisque est *positif*. À l'inverse, les forces cohésives du mercure sont plus fortes que les forces adhésives entre le mercure et le verre : le ménisque est *négatif*.

envahit le tissu, parce que les forces adhésives entre le coton et l'eau sont plus grandes que les forces cohésives à l'intérieur de l'eau. Inversement, un vêtement en laine n'est pas complètement détrempé quand l'extrémité d'une manche trempe dans l'eau, parce que les forces adhésives entre l'eau et la laine sont plus faibles que les forces cohésives de l'eau. Les fibres de la laine sont couvertes de petites écailles, ce qui n'est pas le cas pour celles du coton. Quand la laine est placée dans l'eau, les écailles des fibres voisines viennent au contact les unes des autres. Les fibres creuses de la laine peuvent absorber de l'humidité, sans que leur surface écaillée soit mouillée. Les vêtements en laine sont donc plus confortables par temps de pluie, et le coton est plus adapté à la fabrication de serviettes.

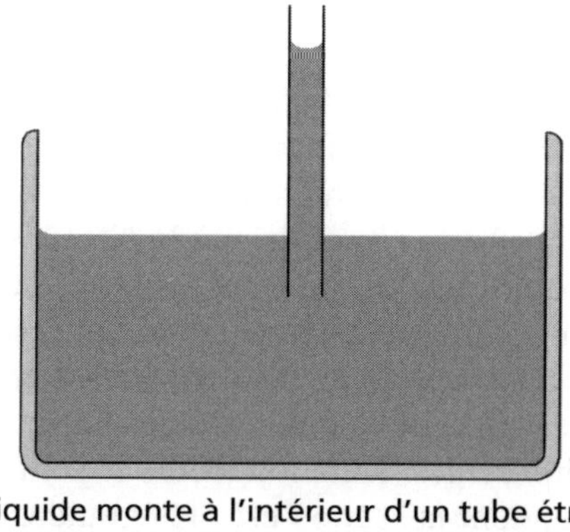

Figure 9.16 Le liquide monte à l'intérieur d'un tube étroit : c'est un des phénomènes connus sous le nom de capillarité.

La capillarité est aussi la responsable de l'humidité des caves : l'eau pénètre dans les petites cavités qui criblent les parpaings utilisés pour construire les murs. Pour l'en empêcher, il faut enduire l'extérieur des murs d'un revêtement imperméable. Grâce à la capillarité, l'eau de pluie est retenue dans les petits espaces qui se trouvent même dans un sol bien tassé. Les plantes qui poussent dans ce terrain utilisent cette eau pour réaliser la photosynthèse, mécanisme par lequel, en présence de lumière, les plantes vertes transforment l'eau et le dioxyde de carbone en oxygène et en corps organiques.

Les fluides en mouvement

Si on branche un ajutage au bout d'un tuyau d'arrosage, l'eau sort plus vite et se trouve propulsée plus loin. L'explication de ce phénomène a été donnée par un mathématicien Suisse du XVIIIe siècle, Daniel Bernoulli, dont le but n'était pas simplement de décrire le comportement de l'eau à la sortie d'un tuyau. Le principe de Bernoulli explique également que les avions volent, et qu'il est possible de taper sur un ballon en lui faisant suivre une trajectoire courbe.

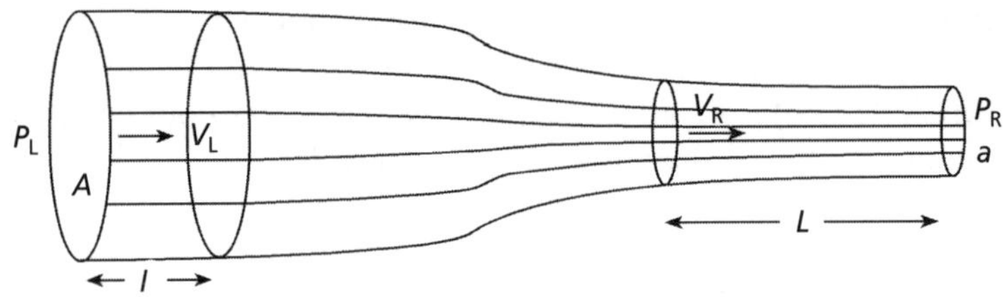

Figure 9.17 Deux tuyaux de diamètres différents, raccordés de façon que le passage de l'un à l'autre soit progressif.

Mettons bout à bout deux tuyaux différents, et faisons couler de l'eau. Le raccord assure un passage progressif du diamètre de l'un des tuyaux à l'autre (figure 9.17). Pour représenter la direction de la vitesse de l'eau, on trace des courbes qui sont tangentes en chaque point à la vitesse du fluide : les « *lignes de courant* ». Les liquides sont incompressibles : la quantité d'eau qui traverse la section A, à gauche, pendant un certain intervalle de temps est donc exactement la même que celle qui traverse la section a, située à droite, pendant le même intervalle. Les deux volumes V_g et V_d sont donc égaux. Leurs sections étant différentes, leurs longueurs le sont aussi : la longueur du volume situé à gauche, dont la section est plus grande, est plus courte que la longueur du volume de droite. L'eau s'écoule donc plus vite dans la partie de tuyau la plus étroite. Nous comprenons maintenant comment l'ajutage du tuyau d'arrosage permet d'arroser plus loin : il rétrécit la section du tuyau, et l'eau en sort avec une vitesse plus grande.

Quand elle coule dans la partie droite du tuyau, la vitesse de l'eau est plus grande que lorsqu'elle s'écoule à gauche : il faut donc qu'un travail lui ait été fourni pour provoquer l'augmentation correspondante d'énergie cinétique. Pour un volume donné dans le fluide, ce travail ne peut provenir que des forces exercées par le fluide situé en amont et en en aval. Or, lorsqu'elle passe de la partie gauche du tuyau à la partie droite l'eau s'écoule plus vite, c'est-à-dire que son énergie cinétique augmente : le travail effectué par le fluide dans la section large de gauche, qui est moteur, doit être plus grand (en valeur absolue) que celui qui est fourni à droite qui, lui, est résistant. La pression du fluide est donc plus grande là où la section est plus large et la vitesse plus petite, et plus faible là où la section est petite et la vitesse grande.

Le *principe de Bernoulli* énonce que la pression d'un fluide augmente quand sa vitesse diminue et, réciproquement, qu'elle diminue quand la vitesse augmente.

Nous pouvons maintenant comprendre ce qui maintient les avions en l'air. La figure 9.18 représente une aile d'avion, vue en coupe. La surface supérieure de l'aile est incurvée, tandis que la surface inférieure est plate, de sorte que l'air qui passe au-dessus de l'aile doit parcourir une plus grande distance que celui qui passe par en dessous. La vitesse de l'air est donc plus grande sur le dessus de l'aile qu'en dessous. Le principe de Bernoulli affirme que la pression sous de l'aile est plus élevée. Grâce à cette différence de pression, l'air exerce sur l'aile une force dirigée vers le haut.

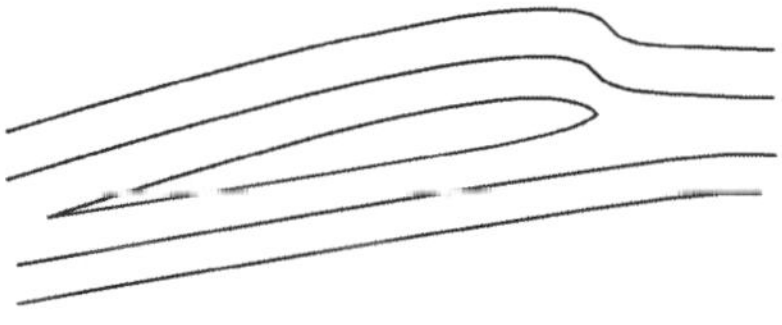

Figure 9.18 Coupe d'une aile d'avion : l'air qui passe près de la surface supérieure parcourt une distance plus grande que celui qui passe près le la surface inférieure. La pression au-dessous de l'aile est plus grande que la pression au-dessus, puisque la vitesse y est plus petite. Cette différence de pression donne naissance sur l'aile à une force dirigée vers le haut, que l'on appelle la portance.

Le principe de Bernouilli a une conséquence amusante et un peu paradoxale qu'il est facile d'observer sans aucun instrument. Soufflez sur la surface supérieure d'une feuille de papier que vous tenez devant vous (figure 9.19) : la vitesse de l'air qui passe au-dessus de la feuille est plus grande que celle de l'air pratiquement immobile qui se trouve au-dessous. La pression est alors plus grande sous la feuille de papier, ce qui la soulève.

Figure 9.19 La pression au-dessous de la feuille de papier, où l'air est pratiquement immobile, est plus grande que la pression au-dessus, où circule l'air que vous soufflez. Il en résulte une force, dirigée vers le haut.

Le système cardio-vasculaire humain

Le système cardio-vasculaire de l'homme est constitué d'un ensemble fermé de tuyaux qui contiennent un fluide : le sang. Le sang circule à l'intérieur d'artères, de veines et de capillaires, qui irriguent toutes les parties du corps. La longueur cumulée de tous les vaisseaux sanguins est de plusieurs kilomètres.

Actionné par les muscles cardiaques, le cœur est une pompe qui propulse le sang dans ces vaisseaux. Un cœur humain mesure en moyenne $13 \times 9 \times 6$ cm, et pèse 300 g. Au cours d'une vie de 70 ans, le cœur bat 3 milliards de fois et pompe environ 250 millions de litres de sang, ce qui remplirait un stade de football jusqu'à la hauteur des genoux. Cette pompe comporte quatre cavités : deux oreillettes, et deux ventricules (figure 9.20). Le sang qui revient du corps arrive dans les oreillettes, passe dans les ventricules, puis se dirige vers les poumons et le reste du corps. Quatre valves contrôlent le flux du sang à l'intérieur du cœur : les valves tricuspide et mitrale, et les valvules de l'artère pulmonaire et de l'aorte.

La physique au quotidien : des balles qui décrivent des courbes

Les joueurs de tennis savent lancer des balles dont la trajectoire ne semble pas naturelle. Pour cela, ils lui donnent un effet au moment où ils frappent, c'est-à-dire qu'ils la mettent en rotation. Quand elle pivote, la balle entraîne dans sa rotation un peu de l'air qui l'entoure.

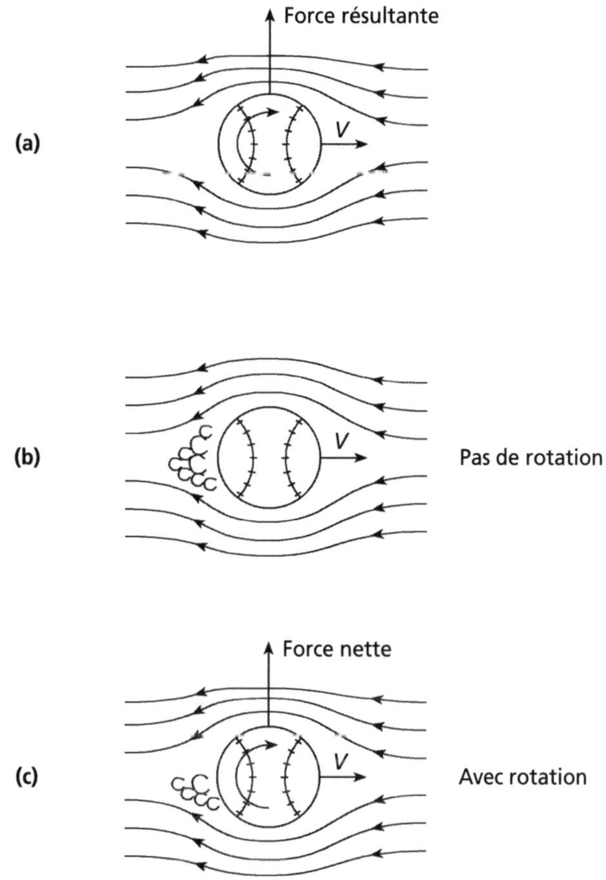

(a) Vue de dessus : l'air se déplace plus vite du côté de la balle où les lignes de courant se sont proches, et la pression y est plus petite. La balle dévie. **(b)** Quand la balle ne pivote pas sur elle-même, les lignes de courant sont symétriques : la zone de turbulence se trouve exactement derrière la balle. **(c)** Quand la balle pivote, la région de turbulence est décalée sur un côté. La balle dévie.

La vitesse de l'air est alors plus grande d'un côté de la balle que de l'autre. D'après le principe de Bernoulli, la pression est plus petite du côté où la vitesse de l'air est plus grande. Cette différence de pression fait dévier la balle.

On peut comprendre ce comportement en examinant la circulation de l'air autour de la balle. Quand une balle se déplace avec une grande vitesse, l'air qui se trouve dans son sillage a des mouvements irréguliers et turbulents. Si la balle pivote sur elle-même, elle entraîne l'air environnant de sorte que la région de turbulence se déplace légèrement dans le sens de la rotation. Cette position asymétrique de la zone de turbulence amène les lignes de courant à se resserrer d'un côté de la balle. Les lignes de courant dessinent des tuyaux imaginaires, que le fluide ne traverse pas. Le resserrement des lignes de courant est identique à la diminution du diamètre d'un tuyau, de sorte que la vitesse devient plus grande. De façon analogue, la vitesse diminue là où les lignes de courant s'écartent. La pression est donc plus petite du côté de la balle où les lignes de courant se resserrent, ce qui provoque la déviation de la balle vers cette région.

Lorsqu'il vole à très petite vitesse, un avion engendre une portance insuffisante et risque de tomber, parce que la différence de pression entre les deux faces de l'aile est proportionnelle à la vitesse de l'avion. En revanche, les oiseaux réussissent à voler à des vitesses faibles. Leur secret réside dans une particularité anatomique : l'aile hybride ou *alula*.

Tout repose sur quelques plumes situées sur le pouce de l'aile. Quand ils ralentissent pour se poser ou quand ils décollent, les oiseaux décalent ces plumes du reste de l'aile. L'air qui s'écoule le long de la partie supérieure de l'aile doit alors passer par une fente étroite séparant les deux groupes de plumes, ce qui accélère le flux d'air et augmente la différence de pression entre le dessus et le dessous de l'aile.

Le sang qui revient de la tête par la veine cave supérieure, des bras, du foie, des muscles, des reins et des jambes par la veine cave inférieure, pénètre dans l'oreillette droite, située dans la partie supérieure du cœur. Une troisième veine ramène dans l'oreillette droite le sang en provenance du cœur lui-même : la coronaire. Tout ce sang, appauvri en oxygène, est poussé dans le ventricule droit, et passe par la valve tricuspide. La contraction du ventricule droit l'envoie dans l'artère pulmonaire, vers les poumons où il sera enrichi en oxygène. La valvule de l'artère pulmonaire l'empêche de revenir à l'intérieur du cœur.

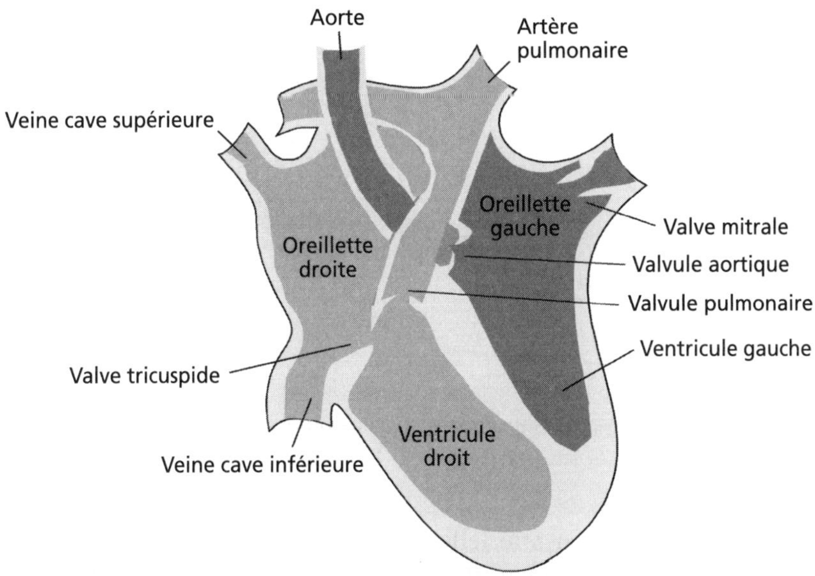

Figure 9.20 Le cœur humain est fait de quatre cavités : les oreillettes droite et gauche, les ventricules droit et gauche.

Dans l'oreillette gauche, un peu plus petite, pénètre le sang oxygéné qui revient des poumons par quatre veines pulmonaires. Il est envoyé dans le ventricule gauche à travers la valve mitrale. Au moment où le ventricule droit éjecte le sang dans l'artère pulmonaire, le ventricule gauche se contracte, et force le sang à sortir du cœur par l'aorte, en direction de toutes les artères du corps.

Cette succession de contractions et de dilatations, qui assure le pompage du sang vers l'intérieur et vers l'extérieur du cœur, est commandée par un système intrinsèque, constitué par les divers nœuds et le faisceau de His. Le cœur bat entre 70 et 80 fois par minute : contraction, dilatation. Lorsque le cœur se dilate, ce que l'on appelle la *diastole*, la pression est typiquement de 80 mm Hg (mercure), tandis que lorsqu'il se contracte, ce qu'on appelle la *systole*, la pression devient maximale et prend une valeur d'environ 120 mm Hg.

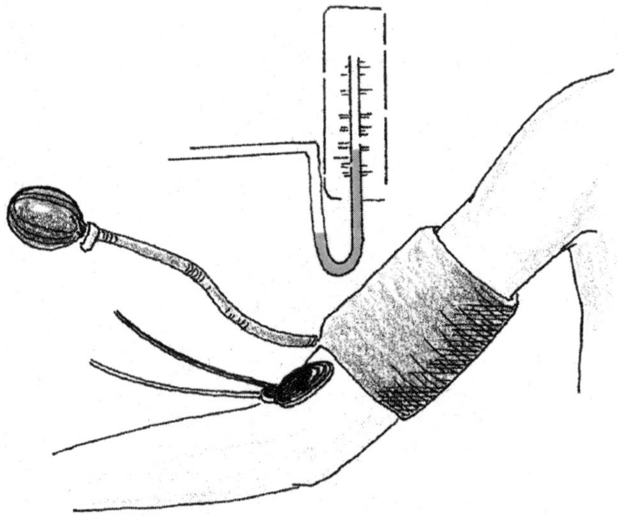

Figure 9.21 Un sphygmomanomètre, ou tensiomètre, utilisé pour mesurer la tension artérielle.

On détermine la pression artérielle à l'aide d'un tensiomètre, appareil qui mesure la pression au moment de la systole et de la diastole (figure 9.21). Mais nous avons vu que la pression augmente en profondeur. Chez une personne couchée, la pression des artères ne varie pas de plus de 2 mm Hg d'un point à l'autre du corps, cette petite différence provenant d'une légère résistance à la progression du sang dans les artères. Au contraire, quand la personne est debout, la différence de pression entre le cœur et les pieds est de l'ordre de 10 mm Hg. La partie supérieure du bras se trouve pratiquement au niveau du cœur, et la pression y est à peu près égale à celle à la sortie du cœur. Pour mesurer la pression, on place donc le tensiomètre au niveau du bras, à l'intérieur d'un bracelet gonflable. Ce bracelet est relié par un tube en caoutchouc à un manomètre à mercure, ou à une balance à ressort, et quelqu'un écoute, à l'aide d'un stéthoscope, les bruits à l'intérieur de l'artère. Le bracelet est gonflé jusqu'à ce que la circulation du sang dans l'artère du bras soit bloquée. Il est alors dégonflé peu à peu, jusqu'à ce que sa pression soit égale à celle de la systole. Le sang peut alors recommencer à circuler dans l'artère, mais seulement par intermittence, au moment de la systole. L'artère du bras n'est alors que partiellement ouverte et sa section est petite, de sorte que l'écoulement du sang est rapide, ce qui le rend bruyant. Le stéthoscope permet de déterminer l'instant où la circulation reprend, et on mesure alors la pression systolique en observant le manomètre. En continuant à dégonfler le bracelet, on rend sa pression plus faible que la pression systolique, mais le sang ne coule toujours pas au moment de la diastole. Lorsque la pression à l'intérieur du bracelet devient égale à la pression diastolique, le sang circule en permanence. Au moment où cessent les bruits de la circulation intermittente, le manomètre relié au bracelet indique la pression diastolique.

Chez un adulte en bonne santé, la pression systolique en situation normale varie de 110 à 140 mm Hg, et la pression diastolique de 60 à 90 mm Hg.

TROISIÈME PARTIE

Thermodynamique

10

La chaleur et la température

La chaleur est une forme d'énergie

Lorsqu'on pousse un livre posé sur une table polie, le travail fourni est transformé en énergie cinétique et le livre se déplace à une certaine vitesse. Pourtant, une fois lâché, le livre ne poursuit pas son mouvement à vitesse constante. Au contraire, il ralentit et s'arrête rapidement. Qu'est devenue son énergie cinétique ? Le livre est toujours à la même hauteur sur la table, aussi son énergie potentielle n'a-t-elle pas varié. L'énergie mécanique n'est donc pas conservée. Comme nous l'avons mentionné au chapitre 5, ce sont les frottements qui ont dissipé une partie de cette énergie mécanique. Dans ce cas précis, il est difficile de vérifier ce qui s'est passé, mais si l'on disposait d'instruments assez sophistiqués, on s'apercevrait que le livre tout comme la table sont plus chauds qu'auparavant, c'est-à-dire que leur température est plus élevée. Ceci est confirmé par l'expérience quotidienne : le frottement élève la température des corps. Quand il fait froid, nous frottons nos mains l'une contre l'autre pour les réchauffer ; la température des roues d'une moto augmente quand on freine, à cause du frottement des garnitures de frein et les pneus s'échauffent eux aussi à cause du frottement sur l'asphalte (figure 10.2). Nous savons également qu'en attendant assez longtemps, le livre et la table, les roues et les pneus finissent tous par retourner à la température ambiante. Reprenons l'exemple du livre : il est toujours immobile sur la table et sa température est maintenant redevenue la même qu'avant qu'on ne le pousse. L'énergie correspondant au travail fourni par la poussée n'a pourtant pas disparu. Pendant que leur température redescendait, le livre et la table ont restitué cette énergie dans l'air environnant. On appelle *chaleur* l'énergie qui passe ainsi d'un corps à un autre — en général sous l'effet d'une différence de température — sans que pour autant l'énergie mécanique des corps en présence soit modifiée.

Figure 10.1 Le livre que nous avons poussé sur la table ralentit, puis s'arrête. Qu'est devenue son énergie cinétique ?

Figure 10.2 Le frottement des garnitures de frein sur les roues élève leur température.

La chaleur est donc une forme d'énergie. On ne l'a compris qu'au milieu du dix-neuvième siècle. Avant cette date, on pensait que la chaleur était un fluide qui s'écoulait des corps chauds vers les corps froids. On croyait que ce fluide calorique (ainsi que l'avait appelé le chimiste français Lavoisier) était une quantité conservée, car on avait remarqué que, lorsqu'on mélange deux masses égales d'eau, l'une chaude et l'autre froide, on obtient de l'eau tiède dont la température est exactement la moyenne des deux températures initiales. On en déduisait que le fluide calorique se transmettait sans perte de l'eau chaude à l'eau froide.

L'inconvénient de cette interprétation est qu'elle ne permet pas d'expliquer l'élévation de température causée par le frottement. Les premières idées correctes sur la chaleur émergèrent à l'occasion d'expériences menées par Benjamin Thompson. Né américain, il prit la nationalité britannique, obtint un titre de noblesse allemand, et mena une vie étrange et mouvementée. Le futur comte Rumford est né en 1753 à Woburn, dans le Massachussets, à quelques kilomètres du lieu de naissance de Benjamin Franklin (mais cinquante années plus tôt).

Les pionniers de la physique : le comte Rumford

Fils de fermier, Benjamin Thompson fut tout d'abord commis chez un commerçant. À dix-neuf ans, il épousa une veuve riche et plus âgée, qui venait de la ville de Rumford (l'actuelle Concord), dans le New Hampshire. Pendant la Guerre d'Indépendance, les sympathies de Thompson allaient à la couronne Britannique, et il servit le roi en espionnant ses compatriotes.

Quand les Britanniques quittèrent Boston, Thompson fut contraint de fuir à Londres, quittant sa femme et sa fille. À la fin de la guerre, il resta en Angleterre et fut anobli par le roi Georges III. Malheureusement, on l'accusa plus tard d'espionner pour le compte des Français et d'accepter des pots-de-vin. En 1783, le roi l'autorisa à s'engager en Bavière et Thompson partit en Allemagne où il travailla comme intendant à la cour de l'Électeur Karl Theodor de Bavière. Il servit bien l'Électeur, et fut récompensé par le titre de Comte du Saint Empire Romain en 1790. Thompson choisit le nom de la ville natale de sa femme, et devint le Comte Rumford.

En 1798, alors qu'il surveillait l'usinage d'un canon à Munich, Thompson remarqua que le métal devenait si chaud qu'il rougeoyait. Il fallait le refroidir avec de l'eau froide. Rumford décida d'étudier ce phénomène et réalisa un certain nombre d'expériences. Il trempait le métal chauffé dans de l'eau froide et déterminait la vitesse à laquelle la température de l'eau s'élevait. Il constata que la quantité de chaleur produite par le frottement quand le foret tournait contre le métal aurait été suffisante pour faire fondre le fer si on ne l'avait pas refroidi à l'eau. Il se rendit également compte du fait que la quantité de chaleur que l'on pouvait fournir de cette façon, non seulement n'était *pas* constante, comme le voulait la théorie du calorique, mais qu'elle était même sans limite, tant que l'on fournissait du travail. Dans son rapport à la Royal Society, intitulé *Une étude sur la source de chaleur qui est mise en œuvre par le frottement*, Rumford écrivit :

> *En raisonnant sur ce sujet, nous ne devons pas oublier ce fait remarquable que la source de la chaleur qui apparaît par frottement, lors de ces expériences, semble de toute évidence être inépuisable... Il me paraît très difficile, pour ne pas dire impossible, de penser à quelque chose qui pourrait être produit et transmis comme l'est la chaleur lors de ces expériences, si ce n'est le mouvement.*

Rumford avait conclu de façon brillante — et juste — que c'était le mouvement du foret qui avait été transformé en chaleur et que la chaleur était une forme de travail. Son estimation du rapport entre travail et chaleur donne une valeur très proche de celle qui est admise aujourd'hui.

En dépit des intuitions de Rumford, le calorique demeura la théorie dominante pendant près de quarante ans. Dans les années 1830, James Prescott Joule s'inspira des expériences de Rumford en les améliorant. Il mesura la quantité de chaleur dégagée par le passage d'un courant électrique et la compara à l'énergie mécanique nécessaire pour faire fonctionner le générateur très simple qui produisait ce courant. Dans une autre expérience, il mesura la chaleur dégagée lorsqu'on forçait de l'eau à passer dans des tuyaux, et il la compara au travail nécessaire pour maintenir l'écoulement d'eau dans ces tuyaux. Dans un appareil qu'il avait conçu, on comprimait un gaz dans un récipient que l'on plaçait ensuite dans de l'eau. On comparait le travail qu'il avait fallu pour comprimer le gaz à la chaleur reçue par l'eau.

La plus connue des expériences de Joule repose sur un appareil dans lequel une roue, dotée d'ailettes en laiton et immergée dans l'eau, est mise en mouvement par la chute d'un poids auquel elle est reliée par une poulie (figure 10.3). L'énergie potentielle perdue par le poids lors de sa chute est comparée à la chaleur reçue par l'eau, dont on mesure l'élévation de température.

Dans son rapport présenté à la Royal Society en 1890, intitulé *Sur l'équivalent mécanique de la chaleur*, Joule tire de cette expérience la conclusion « que la quantité de chaleur produite par le frottement des corps, qu'ils soient solides ou liquides, est toujours proportionnelle à la quantité d'énergie dépensée. » Joule avait ainsi établi que la chaleur est une forme d'énergie, en contradiction avec la théorie du calorique.

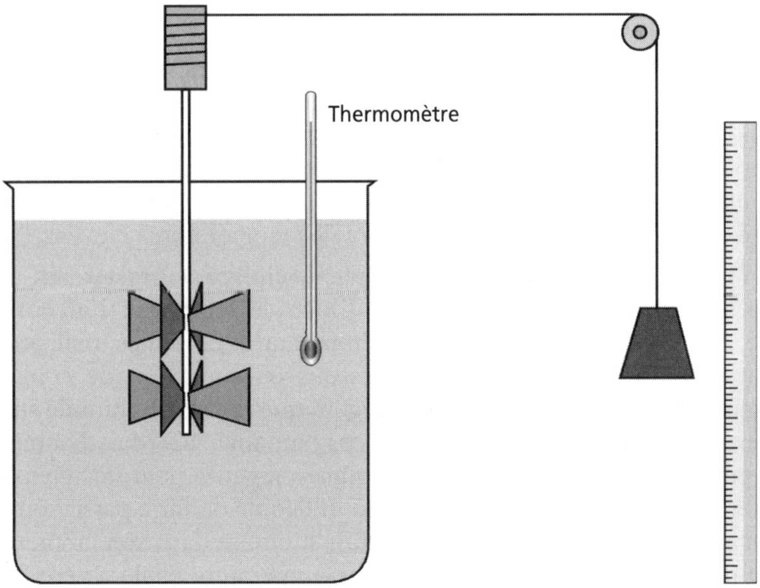

Figure 10.3 L'appareil de Joule pour mesurer l'équivalent mécanique de la chaleur.

Mesure des températures

La température est un concept familier que nous utilisons pour décrire le degré de « chaud » ou de « froid » d'un corps, c'est pourquoi nous y avons fait référence sans la définir dans les paragraphes précédents. L'instrument qui sert à mesurer la température, le thermomètre, nous est, lui aussi, familier.

Un thermomètre mesure la variation d'une grandeur physique qui change avec la température, comme le volume d'un gaz ou d'un liquide par exemple. L'idée de quantifier notre notion intuitive du chaud et du froid à l'aide de nombres remonte à l'Antiquité. Au deuxième siècle avant notre ère, le physicien grec Galen imagina une échelle de température fondée sur les points de fusion de la glace et d'ébullition de l'eau. Les physiciens arabes et latins ont effectivement mis au point une échelle numérique allant de 0 à 4, mais, faute d'instruments, ils se basaient uniquement sur leurs sensations. Au XVIIe siècle, Galilée inventa un véritable thermomètre. L'appareil consistait en un tube de verre rempli d'air, communiquant avec un tube plus fin, gradué, et plongé dans un récipient rempli d'eau colorée. Quand il faisait froid, l'air contenu dans le premier tube se contractait et l'eau colorée montait dans le tube gradué. Quand il faisait chaud, l'air se dilatait et le niveau de l'eau baissait. Le thermomètre de Galilée n'était pas très précis, car il ne tenait pas compte des variations de la pression atmosphérique.

En 1657, un disciple de Galilée améliora ce système et fabriqua des thermomètres avec des tubes scellés, de façon à éviter les effets de la pression atmosphérique. Ces thermomètres exploitaient la dilatation et la contraction de l'alcool en fonction des changements de température, et furent utilisés dans toute l'Europe. Hélas, l'alcool bout à une température relativement basse, ce qui rendait impossible la mesure des températures élevées.

En 1714, le physicien Gabriel Fahrenheit, émigré à Amsterdam après la mort de ses parents en Allemagne, eut l'idée de remplacer l'alcool par du mercure, ce qui permit de mesurer des températures extrêmes, bien au-dessus du point d'ébullition de l'eau et au-dessous de son point de congélation. Treize ans auparavant, Newton avait suggéré que la température de fusion de l'eau devait être égale à 0, et celle du corps humain à 12. Mais Fahrenheit ne voulait pas être obligé d'utiliser des nombres négatifs pour désigner les très basses températures des hivers hollandais. Il décida de faire partir son échelle du point de fusion le plus bas qu'il pourrait atteindre dans son laboratoire, en ajoutant du sel dans l'eau. Il décréta cette température égale à zéro. Puis, au lieu de diviser en douze l'intervalle séparant son point zéro de la température du corps humain (ainsi que l'avait suggéré Newton), il décida de le diviser en huit fois douze, c'est-à-dire en 96 degrés, afin que son échelle dispose d'un plus grand nombre de divisions. En 1724, Fahrenheit modifia son échelle de façon à ce que la température d'ébullition de l'eau se trouve exactement à 180 degrés au-dessus de la température de fusion de l'eau pure. Compte tenu de cette correction, la température du corps humain est égale à 98,4 °F, et le point d'ébullition de l'eau à 212 °F.

En 1742, l'astronome suédois Anders Celsius proposa une nouvelle échelle de température, dans laquelle la température du point de fusion était 100°, et celle de l'ébullition de l'eau au niveau de la mer, 0°. L'année suivante, il renversa son échelle, en prenant comme zéro la température de fusion de l'eau et en attribuant 100° au point d'ébullition. Comme il y avait 100 degrés entre le point de fusion et le point d'ébullition, cette échelle fut longtemps qualifiée de centigrade. Aujourd'hui, on parle plutôt d'échelle Celsius.

Sur l'échelle Fahrenheit, 180° séparent la température de fusion de l'eau de sa température d'ébullition. Ce même intervalle est divisé en 100° sur l'échelle de Celsius. Un degré Celsius est donc plus grand qu'un degré Fahrenheit, le rapport entre les deux étant égal à 180/100, soit 9/5. De plus, la température d'ébullition de l'eau est égale à 32° dans l'échelle Fahrenheit, et à 0° dans l'échelle Celsius. Par conséquent, on passe des degrés Celsius aux degrés Fahrenheit en multipliant la température Celsius par 9/5 et en ajoutant 32 :

$$T_F = \frac{9}{5}T_C + 32$$

Inversement, on convertit les degrés Fahrenheit en degrés Celsius de la façon suivante :

$$T_C = \frac{5}{9}(T_F - 32)$$

En 1848, le physicien anglais William Thomson, futur Lord Kelvin, élabora un autre système auquel il allait donner son nom. Kelvin avait montré qu'il ne pouvait pas exister de température inférieure à 273,15° en dessous de 0 °C. Il proposa de compter la température à partir de ce zéro absolu en conservant les mêmes intervalles que dans l'échelle de Celsius. Ainsi, seule la position du zéro change. Pour convertir en kelvins une température exprimée en degrés Celsius, on ajoute tout simplement 273,15. En utilisant la notation T pour la température exprimée en kelvins (ou température absolue), on obtient :

$$T = T_C + 273{,}15$$

La figure 10.4 présente les trois échelles de température que nous venons de présenter. Les intervalles ne sont égaux que pour les kelvins et les degrés Celsius.

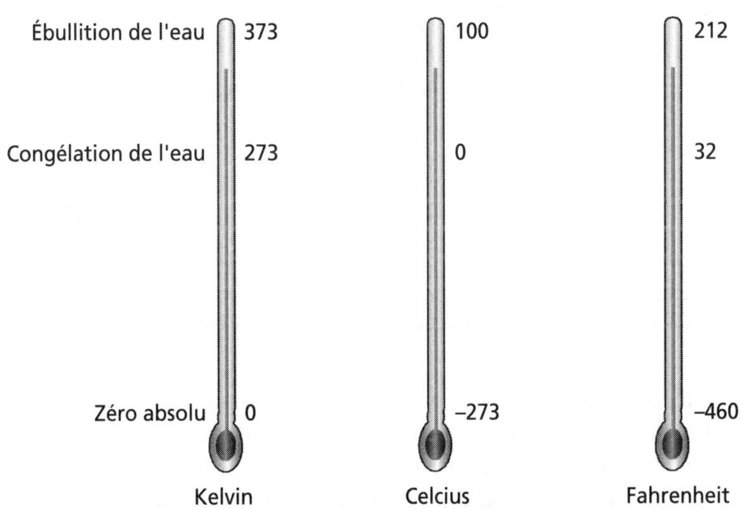

Figure 10.4 Comparaison des échelles de températures de Fahrenheit, Celsius et Kelvin.

Température et chaleur

Mais, au fond, qu'est-ce que la température ? Quand nous mesurons la température d'un corps, nous obtenons une information sur l'énergie cinétique moyenne des atomes et des molécules qui constituent ce corps. Quand un corps est chaud, ces molécules s'agitent davantage. La température est une mesure de l'énergie cinétique moyenne de cette agitation. Plus la température est élevée, plus l'énergie cinétique moyenne est grande, ce qui signifie que les vitesses des molécules sont plus grandes.

Rumford et Joule ont établi que la chaleur est une forme d'énergie. Quelle est la différence entre la chaleur et la température ? Avant de répondre à cette question, nous devons décrire le comportement des atomes et des molécules à l'intérieur d'un corps. Ils sont perpétuellement en mouvement. Dans les gaz et les liquides, ils se déplacent de façon désordonnée. Ils peuvent aussi tourner sur eux-mêmes. Lorsqu'un fluide est constitué d'atomes, comme c'est le cas de l'hélium, l'énergie cinétique de *rotation* de ces atomes est beaucoup plus faible leur énergie cinétique de *translation.*

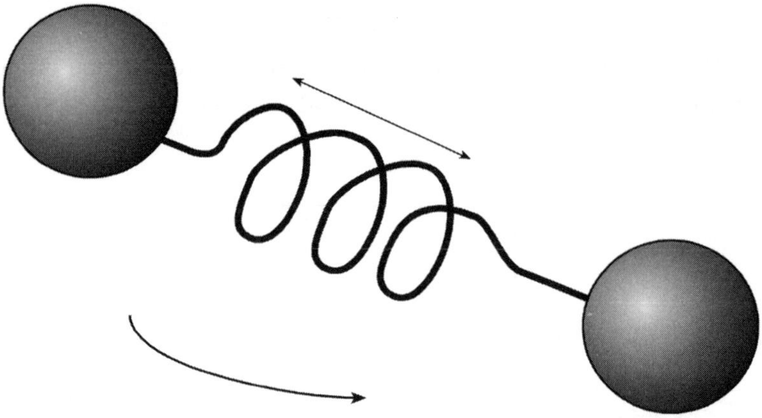

Figure 10.5 Une molécule d'oxygène est formée de deux atomes, liés par une force semblable à celle d'un ressort. La molécule peut tourner autour d'un axe perpendiculaire au ressort. Les atomes peuvent aussi vibrer d'avant en arrière.

Dans les fluides comme l'azote ou l'oxygène, formés de molécules *diatomiques*, c'est-à-dire de molécules constituées de deux atomes liés l'un à l'autre, le moment d'inertie des molécules est beaucoup plus grand (les atomes sont plus éloignés de l'axe de rotation) et leur énergie cinétique de rotation est plus élevée. Les atomes d'azote ou d'oxygène qui forment ces molécules peuvent également vibrer. Ils se rapprochent et s'éloignent l'un de l'autre comme deux billes reliées par un ressort. Ce mouvement de vibration contribue lui aussi à l'énergie cinétique totale de la molécule.

La situation est plus complexe dans les solides, car les molécules, les ions ou les atomes qui constituent le solide ne sont pas libres de se déplacer n'importe comment. Ces particules n'ont donc pas d'énergie cinétique correspondant à des mouvements de translation désordonnés. Elles ont malgré tout une énergie cinétique due à leurs vibrations autour de positions plus ou moins fixes.

La somme de toutes les énergies cinétiques des atomes et des molécules qui constituent un corps est l'énergie d'*agitation thermique*, ou énergie thermique de ce corps. Lorsqu'on met en contact deux corps ayant des températures différentes, les multiples collisions microscopiques assurent qu'au bout d'un certain temps, les molécules du corps le plus chaud sont ralenties, tandis que celles du corps le plus froid se déplacent plus rapidement. En raison de la différence de température, une partie de l'énergie d'agitation thermique du corps chaud est passée dans le corps froid. On appelle chaleur l'énergie ainsi transférée d'un corps à l'autre. La chaleur est donc un flux d'énergie entre deux corps, raison pour laquelle cela n'aurait aucun sens de parler de la chaleur *contenue* dans un corps. En revanche, nous pouvons parler de l'énergie thermique qui se trouve dans un corps, et de la chaleur qui passe d'un corps à l'autre.

La température d'un liquide ou d'un gaz est proportionnelle à l'énergie cinétique de translation *par* molécule. (Dans les solides, où il n'y a pas d'énergie cinétique de translation, la température est reliée à l'énergie cinétique de vibration). La température d'un corps ne dépend donc pas *du nombre* d'atomes ou de molécules qui se trouvent dans ce corps, ni de leur nature. Si vous remplissez une cuvette avec de l'eau prise dans une piscine, le nombre de molécules d'eau récupérées est évidemment beaucoup plus petit que le nombre de molécules dans la piscine. La somme des énergies cinétiques de translation, de rotation et de vibration des molécules d'eau de la piscine est très supérieure à celle des molécules dans la cuvette. En conséquence, l'énergie thermique contenue dans la piscine est beaucoup plus grande que celle de l'eau dans la cuvette. Pourtant, la température de l'eau est la même dans les deux récipients, puisque la température est une mesure de l'énergie cinétique moyenne *par particule*.

La chaleur étant une forme d'énergie, l'unité SI correspondante est le joule. À l'époque de la théorie du calorique, on avait introduit une unité spécifique pour la chaleur appelée *calorie* (cal). La calorie, que l'on utilise encore de nos jours, était définie comme la quantité de calorique nécessaire pour élever de 1° la température de 1 gramme d'eau. On exprime maintenant la calorie en joules :

$$1 \text{ cal} = 4{,}186 \text{ J}$$

Ce que les diététiciens appellent *calorie* est en fait la kilocalorie, soit 1 000 calories. Comme elle est très utilisée pour donner la valeur énergétique des aliments, on la note parfois avec un C majuscule : Calorie ou Cal.

La physique au quotidien : la thermographie

Ainsi que nous le verrons au chapitre 23, tous les objets émettent du rayonnement. Ce rayonnement permet de mesurer leur température. Pour les températures basses ou moyennes, l'essentiel du rayonnement est émis dans l'infrarouge. Quand la température augmente, l'intensité émise augmente considérablement. Une camera infrarouge détecte ce rayonnement et produit des signaux électroniques que l'on peut regarder sur un écran de télévision. On peut également photographier ce rayonnement à l'aide d'une pellicule spéciale. Ces techniques constituent la thermographie.

L'intensité du rayonnement infrarouge émis par le corps humain dépend de plusieurs facteurs, y compris l'état de santé. Certaines parties du corps, plus irriguées par le sang que d'autres, émettent plus de rayonnement. Les tumeurs osseuses, les infections osseuses comme l'ostéomyélite, l'arthrite, l'inflammation des muscles et des tendons se traduisent par une émission supérieure à la normale. Inversement, les parties du corps où le sang n'afflue pas correctement sont moins brillantes que les autres dans l'infrarouge. On détecte ainsi l'obstruction des artères et les maladies dans lesquelles la circulation est réduite, comme l'athérosclérose. La thermographie s'est révélée très utile pour diagnostiquer ces maladies et d'autres.

Il n'est pourtant plus recommandé d'utiliser la thermographie pour détecter les cancers du sein, car des kystes bénins produisent, eux aussi, une augmentation du rayonnement. Les mammographies, qui utilisent les rayons X, restent le moyen privilégié de détection précoce des cancers du sein, même si d'autres techniques sont couramment utilisées.

Capacité calorifique

Que se passe-t-il quand on fournit de la chaleur à un corps ? Que devient l'énergie dépensée lorsque l'on fait chauffer de l'eau ? Quand on met des pommes de terre au four, pourquoi leur peau est-elle brûlante alors que l'intérieur est encore froid ?

Des corps différents emmagasinent l'énergie thermique de façon différente. Quand un corps reçoit de la chaleur, cette énergie est répartie sous toutes les formes possibles d'énergie cinétique : translation, rotation et vibration. S'il s'agit d'un gaz monoatomique comme l'hélium, elle est presque intégralement stockée sous forme d'énergie cinétique de translation. En revanche, pour les gaz diatomiques comme l'azote ou l'oxygène, elle est partagée en différentes formes d'énergie cinétique. Dans un liquide ou un solide, les énergies potentielles d'interaction entre les molécules permettent d'emmagasiner l'énergie sous d'autres formes encore. Toutefois, c'est l'augmentation de l'énergie cinétique de translation qui caractérise l'augmentation de la température. (Pour les solides, on l'a dit, il n'y a pas de translation et on relie la température à l'énergie cinétique de vibration). En fournissant la même quantité de chaleur à deux corps différents, que ce soit à l'eau du café ou à la pomme de terre dans le four, on provoque des augmentations de température différentes, puisque la part d'énergie qui se trouve transformée en énergie cinétique de translation est à chaque fois différente.

Par ailleurs, il est clair qu'il faut plus de temps pour réchauffer deux tasses de café que pour en chauffer une seule. La raison en est évidemment que pour obtenir la même élévation de température, il faut fournir plus de chaleur pour deux tasses que pour une. Le volume d'une tasse d'eau est d'environ 250 ml, et sa masse est donc de 250 g. Puisqu'il faut une quantité de chaleur de 1 calorie pour élever de 1 degré la température de 1 g d'eau, il faut 250 calories par degré Celsius pour chauffer une tasse d'eau, et 500 calories pour deux tasses. Plus la masse est grande, plus grande est la quantité de chaleur nécessaire pour élever sa température.

La chaleur nécessaire pour chauffer un corps est proportionnelle à sa masse et à la variation de température souhaitée. La quantité de chaleur qu'il faut pour élever sa température de 1° est sa *capacité calorifique, C*. La *capacité calorifique spécifique* est une grandeur plus utile, car elle ne dépend pas de la masse de la substance considérée : c'est la capacité calorifique par unité de masse de cette substance. La capacité calorifique spécifique est donc la quantité de chaleur nécessaire pour élever de 1 °C une unité de masse de la substance considérée. S'il faut une quantité de chaleur Q pour élever de ΔT la température d'un corps de masse m, la capacité calorique spécifique de la substance qui le constitue est :

$$c = \frac{Q}{m\Delta T}$$

L'unité SI de capacité calorifique spécifique est le joule par kilogramme et par kelvin (J/kgK), mais on utilise couramment le kcal/kg°C. Le tableau 10.1 donne les valeurs des capacités calorifiques spécifiques d'un certain nombre de corps. Remarquons que celle de l'eau est exactement égale à 1 000 kcal/kg °C. Cela reflète la définition de la calorie à partir de la variation de température de l'eau.

Tableau 10.1 Capacité calorifique spécifique de certaines substances.

Substance	Capacité calorifique spécifique (kcal/kg °C)		Substance	Capacité calorifique spécifique (kcal/kg °C)	
	kcal/kg °C	J/kg K		kcal/kg °C	J/kg K
Eau	1	4 184	Verre	0,15	630
Corps humain	0,83	3 470	Acier	0,107	490
Glace	0,5	2 090	Cuivre	0,093	390
Vapeur (100 °C)	0,46	1 925	Mercure	0,033	138
Bois	0,42	1 750	Or	0,032	134
Aluminium	0,21	880	Plomb	0,031	130

Chaleur de fusion et chaleur de vaporisation

En général, quand on fournit de la chaleur à un corps, sa température augmente. Il existe pourtant quelques situations particulières où la température d'un corps reste constante, même lorsqu'il reçoit de la chaleur. Plaçons par exemple un cube de glace à 0 °C dans un récipient et surveillons sa température à mesure qu'on lui fournit de la chaleur. On constate que le mélange d'eau et de glace qui se trouve dans le récipient reste à la température de 0 °C jusqu'à ce que toute la glace ait fondu. Lorsqu'il ne reste plus de glace, si on continue à chauffer, la température de l'eau liquide augmente. Il semble donc que le mélange d'eau et de glace soit capable d'absorber de la chaleur sans changer de température. Le seul effet apparent de l'énergie est de faire fondre la glace fond. Elle passe de l'état (ou phase) solide à l'état liquide et ce processus requiert de l'énergie.

Lorsque l'on fait bouillir de l'eau à 100 °C — qui passe alors de l'état liquide à l'état gazeux — on observe un phénomène similaire. Quand on met de l'eau du robinet à 20 °C dans une casserole et qu'on la réchauffe, par exemple en mettant la casserole sur une cuisinière, on constate que la température de l'eau commence par augmenter régulièrement jusqu'à ce qu'elle atteigne 100 °C. Ensuite, elle se maintient à 100 °C tant qu'il reste de l'eau dans la casserole.

Le passage de l'état solide à l'état liquide s'appelle la *fusion*, tandis que le passage de la phase liquide à la phase gazeuse est qualifié de *vaporisation*. La quantité de chaleur requise pour provoquer ces changements d'état dépend de la nature du corps considéré, de sa masse et du changement de phase considéré. Dans le cas de l'eau, il faut 80 kcal pour faire fondre un kilogramme de glace. Comme la plupart des solides, la glace est un cristal où les molécules, soumises à d'intenses forces intermoléculaires, occupent des positions fixes. Pour que la glace fonde, il faut déplacer les atomes en luttant contre ces forces, ce qui exige de fournir un travail : il faut donc apporter de l'énergie au solide. Grâce à l'énergie fournie sous forme de chaleur, les molécules parviennent à se déplacer, ce qui brise la structure du solide. Les molécules qui occupaient des emplacements fixes dans le cristal sont désormais libres de se déplacer et l'eau passe à l'état liquide. Dans un autre corps, les forces qui s'exercent entre molécules sont différentes, aussi la quantité d'énergie nécessaire pour le faire passer de l'état solide à l'état liquide n'est-elle pas la même.

Au cours de la fusion, la chaleur apportée au solide sert à augmenter l'énergie potentielle des molécules dans le réseau cristallin, mais pas leur énergie cinétique. Puisque la température est une mesure de l'énergie cinétique d'agitation des molécules, elle reste constante pendant que le solide fond.

Dans un liquide, les molécules n'ont pas des positions déterminées comme dans un solide. Elles sont tout de même faiblement liées par l'action des forces intermoléculaires qui les autorisent à se déplacer, mais pas à s'éloigner notablement les unes des autres. Lors de la vaporisation, il faut donc briser ces liaisons. Dans un gaz, les molécules sont séparées par des distances considérables : pour écarter les molécules du liquide jusqu'à la distance qui est la leur dans un gaz, il faut fournir de l'énergie. Lors du passage de l'état solide à l'état liquide, les molécules restent plus ou moins à la même distance les unes des autres, l'énergie ne sert qu'à briser la structure du cristal. La chaleur nécessaire pour vaporiser une substance donnée est donc supérieure à celle qu'il faut pour la faire fondre. Dans le cas de l'eau, par exemple, il faut 540 kcal pour vaporiser un kilogramme, c'est-à-dire près de sept fois plus qu'il n'en faut pour faire fondre un kilogramme de glace.

Inversement, quand un gaz se condense et passe à l'état liquide, il libère de l'énergie. Cette énergie est égale à celle qu'il a fallu fournir pour vaporiser le liquide. Ainsi, la condensation d'un kilogramme de vapeur d'eau dégage 540 kcal. De même, la congélation d'un kilogramme d'eau liquide libère une

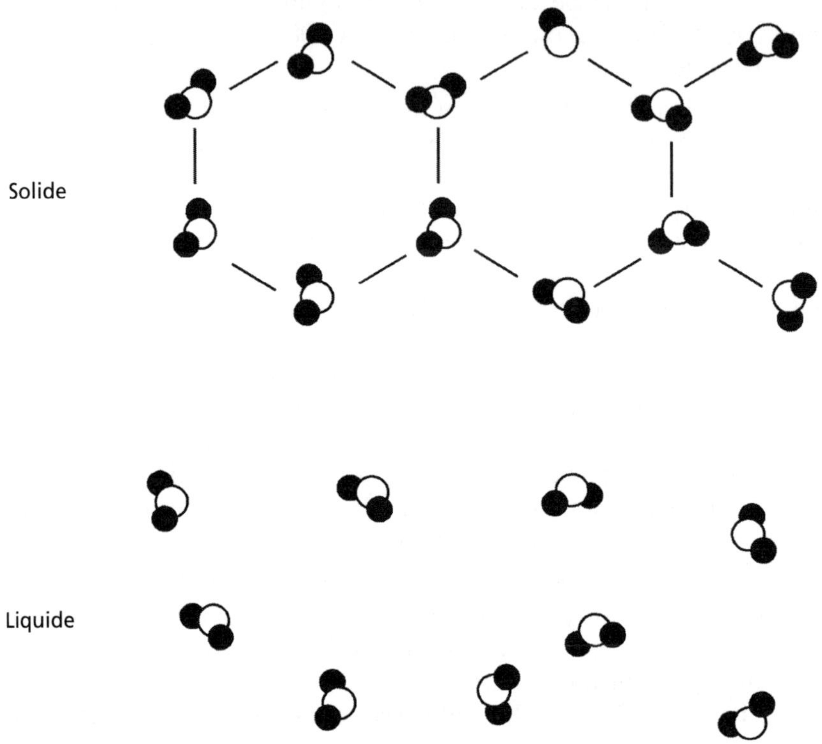

Figure 10.6 La chaleur que l'on fournit à la glace sert à augmenter l'énergie des molécules, à l'intérieur de la structure cristalline. Quand les molécules ont assez d'énergie, elles peuvent se séparer de leurs voisines et deviennent libres de se déplacer. C'est la phase liquide de l'eau.

énergie de 80 kcal. La chaleur absorbée ou dégagée par un kilogramme d'une substance au cours d'une transition de phase est sa *chaleur latente*, notée L. Lorsqu'on passe de l'état solide à l'état liquide ou inversement, on parle de *chaleur latente de fusion*, L_f. Dans le cas d'une transition liquide-gaz, on parle de chaleur latente de *vaporisation,* L_v. Pour l'eau :

$$L_f = 80 \text{ kcal/kg} = 335 \text{ kJ/kg} \qquad L_v = 540 \text{ kcal/kg} = 2\,259 \text{ kJ/kg}$$

La chaleur latente est la chaleur nécessaire au changement d'état d'un kilogramme d'une substance donnée. Si l'on souhaite faire subir la même transition à une masse m, la quantité de chaleur nécessaire est proportionnelle à cette masse :

chaleur nécessaire à la fusion d'une masse m : $Q = mL_f$

chaleur nécessaire à la vaporisation d'une masse m : $Q = mL_v$

Évaporation et ébullition

Lorsqu'on laisse un verre d'eau toute une nuit sur la table de la cuisine, par exemple, on constate le lendemain que le niveau de l'eau a légèrement baissé. Une petite partie de l'eau s'est évaporée. Dans le liquide, un certain nombre de molécules est parvenu à se libérer de l'attraction des autres. Elles sont devenues des molécules gazeuses et se sont mélangées à l'air environnant. Ainsi que nous l'avons vu, les molécules de liquide sont en permanence agitées d'un mouvement désordonné qui leur confère une certaine énergie cinétique. Certaines molécules ont des vitesses plus grandes que la moyenne de sorte que, lorsqu'elles approchent de la surface, elles ont parfois assez d'énergie pour se libérer de l'attraction exercée par le reste du liquide. C'est ce que nous appelons l'évaporation. Comme les molécules qui s'évaporent sont celles qui ont la plus grande énergie cinétique, l'énergie moyenne de celles qui restent dans le récipient diminue. La température étant une mesure cette énergie cinétique moyenne, la température du liquide s'abaisse lorsqu'il s'évapore.

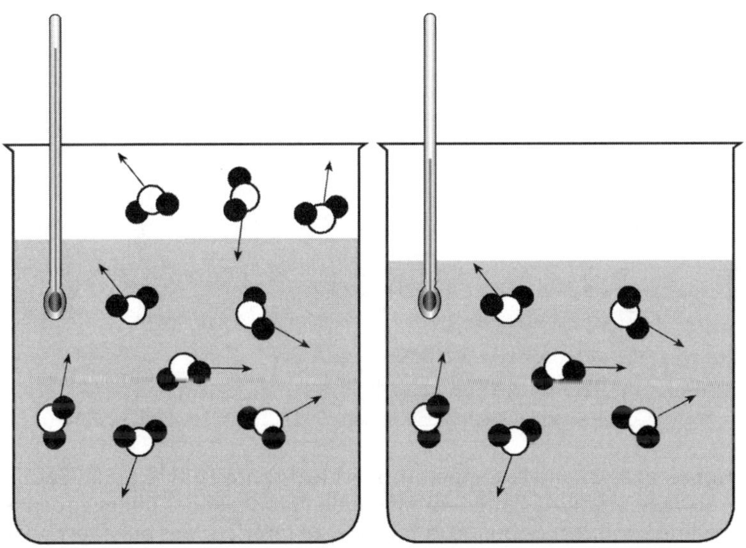

Figure 10.7 Quand les molécules les plus rapides quittent le liquide par sa surface, la température du liquide restant diminue.

L'évaporation peut donc être considérée comme un procédé de refroidissement. C'est la raison pour laquelle vous avez froid lorsque vous sortez d'une piscine : une partie de l'eau qui se trouve sur votre peau s'évapore et celle qui reste au contact de votre corps se refroidit. La sensation de fraîcheur que l'on ressent lorsqu'une infirmière frotte la peau avec de l'alcool a la même origine. L'alcool est un composé très volatil qui s'évapore rapidement. C'est aussi le cas de l'essence. Si vous vous êtes versé accidentellement du carburant sur la main dans une station-service, vous avez sans doute éprouvé cette sensation de froid. De même, les ventilateurs apportent un peu de confort lorsqu'il fait très chaud parce qu'ils font circuler l'air environnant, accélérant ainsi la vaporisation de la transpiration.

Quand la température d'un liquide est élevée, proche de son point d'ébullition, l'évaporation augmente de façon appréciable, car un nombre de plus en plus grand de molécules a une énergie suffisante pour quitter le liquide. À ces températures élevées, l'évaporation se produit également à l'intérieur du liquide, où se forment des bulles de gaz. L'ébullition commence quand des bulles de gaz apparaissent au sein du liquide.

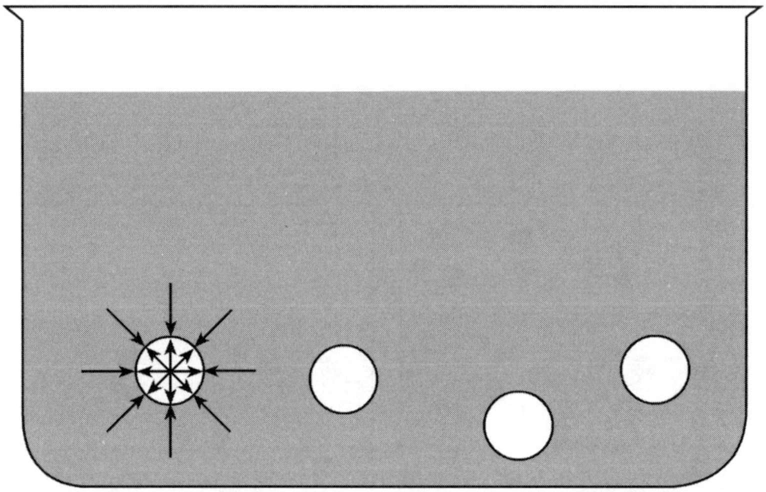

Figure 10.8 Quand la température est suffisante (100 °C pour l'eau), l'évaporation se produit à l'intérieur même du liquide, et des bulles apparaissent. L'ébullition commence quand la pression à l'intérieur des bulles est égale à la pression atmosphérique.

Pour qu'une bulle de gaz se forme, il faut que les molécules qu'elle contient aient une vitesse suffisante pour contrecarrer la pression du liquide environnant. La pression exercée sur la bulle est égale à la pression du liquide à la profondeur où elle se forme. À l'intérieur d'une casserole, la variation de pression due au liquide est beaucoup plus faible que la pression atmosphérique de sorte que nous pouvons considérer que l'ébullition commence quand la pression du gaz à l'intérieur des bulles qui tentent de se former est égale à la pression atmosphérique. La masse volumique du gaz étant plus petite que celle du liquide, les bulles montent ensuite vers la surface.

Nous avons dit que l'ébullition de l'eau se produit à 100 °C. Ce n'est vrai que si la pression atmosphérique est égale à une atmosphère. Si la pression atmosphérique change, la température d'ébullition de l'eau change également, tout comme celle des autres liquides d'ailleurs. Les molécules doivent avoir une énergie cinétique plus importante pour résister à une pression atmosphérique plus grande. L'eau bout donc à une température plus élevée quand la pression atmosphérique est élevée et, inversement, elle bout à une température plus basse quand la pression atmosphérique est faible. Si vous allez camper en montagne, l'eau bouillira à une température inférieure à 100 °C. Comme la vitesse à laquelle cuisent les aliments dépend de la température de l'eau, il faudra plus longtemps pour faire cuire un œuf. Au bord de la mer, l'eau bout à 100 °C et il faut dix minutes pour faire un œuf dur. À 2 000 m d'altitude, l'eau bout à 93 °C, et la cuisson est presque deux fois plus longue.

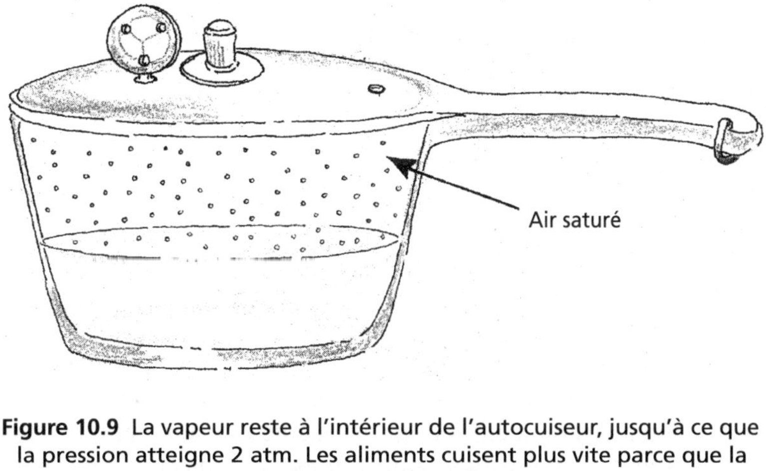

Figure 10.9 La vapeur reste à l'intérieur de l'autocuiseur, jusqu'à ce que la pression atteigne 2 atm. Les aliments cuisent plus vite parce que la température est plus élevée.

Un autocuiseur maintient la vapeur confinée sous le couvercle à une pression de deux atmosphères (figure 10.9). À cette pression, l'eau bout à 120 °C, de sorte que les aliments y cuisent plus rapidement.

La physique au quotidien : des sorbets instantanés

La méthode traditionnelle de fabrication de la crème glacée consiste à congeler lentement, en le battant, un mélange de lait, de sucre, d'œufs et de parfum. Ceci empêche la formation de grands cristaux et piège de l'air à l'intérieur. On obtient ainsi une consistance onctueuse et légère qui fait la qualité des bonnes glaces.
Le physicien Peter Barham de l'Université de Bristol, en Grande Bretagne, a mis au point un procédé grâce auquel on réalise une crème glacée en deux minutes. Au lieu de congeler le mélange lentement, comme dans la méthode traditionnelle, Barham la congèle de façon instantanée : il verse de l'azote liquide sur le mélange. L'azote est liquide à des températures inférieures à – 196 °C, aussi la préparation refroidit-elle si vite que très peu de cristaux ont le temps de se former. Au contact de la préparation — qui se trouve à une température bien supérieure — l'azote se met à bouillir, formant des bulles à l'intérieur du mélange.

Humidité

L'air ambiant contient de la vapeur d'eau qui provient de l'évaporation des lacs, des mares, des rivières et des océans. Si on place un couvercle étanche sur un récipient contenant de l'eau, on empêche les molécules de vapeur de quitter le récipient (figure 10.10). Il s'établit finalement un état d'équilibre dans lequel le nombre de molécules qui s'évaporent est égal au nombre de molécules de vapeur qui réintègrent le liquide en revenant vers la surface après avoir rebondi sur le couvercle. Quand cet équilibre est réalisé, on dit que l'air est saturé de vapeur d'eau, en d'autres termes, l'air contient toute la vapeur d'eau possible à cette température.

La quantité de vapeur d'eau que l'air est susceptible de contenir dépend des températures de l'air et de l'eau. Nous avons indiqué précédemment que lorsque la température de l'eau augmente, l'évaporation augmente également. Il y aura donc plus de vapeur dans l'air. Si la température de l'air augmente, l'énergie cinétique des molécules d'air augmente elle aussi et il en résulte un nombre plus grand de collisions entre toutes les molécules présentes dans l'air. Dans ce cas, les molécules d'eau qui se trouvent dans l'air ont des vitesses plus grandes et la probabilité qu'elles se lient les unes aux autres pour former de petites gouttes liquides susceptibles de retomber dans le liquide diminue. Ainsi, la quantité de vapeur d'eau qui correspond à la saturation augmente quand la température augmente.

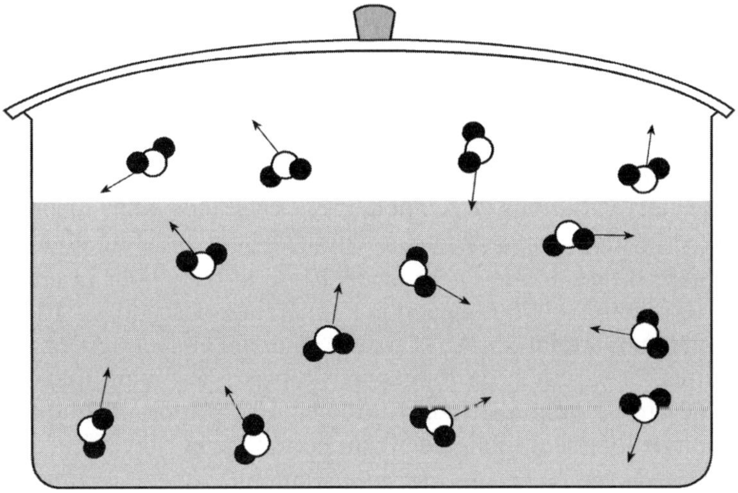

Figure 10.10 Le nombre des molécules qui quittent la surface de l'eau est égal au nombre de celles qui reviennent dans le liquide. Sous le couvercle, l'air est « saturé ».

L'humidité est une mesure de la quantité de vapeur d'eau qui se trouve dans l'air à un moment donné. L'*humidité absolue HA*, est la quantité de vapeur d'eau qui se trouve effectivement dans l'air. C'est la masse totale de vapeur d'eau par unité de volume, que l'on exprime en général en g/m^3. L'*humidité relative, HR* est le quotient de cette masse de vapeur d'eau par la masse de vapeur d'eau qui provoquerait la saturation de ce même volume à la même température. Le tableau 10.2 donne les valeurs de *l'humidité à saturation, HS*, à différentes températures. Si on connaît l'humidité absolue à un moment donné, l'humidité relative est donnée par le quotient :

$$HR = \frac{HA}{HS}$$

Les météorologistes expriment cette humidité relative sous la forme d'un pourcentage.

Par une belle journée de printemps, la température peut atteindre 20 °C. Si l'humidité relative est de 50 % (ou 0,50), et si l'humidité absolue ne varie pratiquement pas pendant la soirée, l'air devient saturé quand sa température approche de 8 °C. À ce moment, des gouttelettes d'eau se forment dans la vapeur. Si la température est supérieure à la température de solidification de l'eau, 0 °C, il se forme de la rosée. Si la température est inférieure à 0 °C, on obtient du givre. On appelle *point de rosée* la température au-dessous de laquelle l'air est saturé.

Dilatation thermique

La plupart des objets se dilatent sous l'effet d'une augmentation de température et se contractent quand leur température diminue. C'est, on l'a dit, sur ce principe que fonctionnent la plupart des thermomètres. Quand on construit des routes en béton, ou des ponts, il faut tenir compte de cette variation de longueur liée aux variations de température. Les grands ponts disposent ainsi de joints de dilatation dont la longueur cumulée peut atteindre 40 à 60 cm.

La longueur d'une poutre en acier de 10 m, utilisée pour la construction d'un pont, se réduit à 9,996 m quand la température descend à – 10 °C. Si, en été, la température atteint 35 °C, la poutre se dilate et sa longueur atteint 10, 001 m. Certes, la variation de longueur n'est que de 5 mm, mais un grand pont de 1 000 m de longueur, construit avec 100 poutres identiques, subira une variation de longueur totale de 50 cm entre l'été et l'hiver !

L'exemple que nous venons de donner montre que l'accroissement de longueur dû à la variation de température est proportionnel à la longueur. La longueur d'une poutre de 10 m de long varie de 5 mm quand la température passe de – 10 °C à 35 °C, tandis que la longueur du pont de 1 000 m (construit avec 100 poutres) augmente de 50 cm. La dilatation thermique est également proportionnelle à la variation de température. Enfin, si les poutres étaient faites en aluminium (ce qui n'est pas conseillé pour un pont), la dilatation thermique serait deux fois plus grande. Ainsi, la dilatation thermique dépend de la longueur initiale de la poutre, de la variation de température, et de la nature du matériau utilisé pour la construction.

Notons L_0 la longueur initiale de la poutre, quand la température est égale à – 10 °C, et ΔL sa variation de longueur quand la température s'élève à 35 °C. Cet accroissement de longueur ΔL est proportionnel à la longueur initiale L_0, à la variation de température ΔT, et à une quantité qui dépend du matériau utilisé et qu'on appelle le *coefficient de dilatation linéaire* α (la lettre grecque alpha). Nous pouvons écrire cet accroissement sous la forme :

$$\Delta L = \alpha L_0 \Delta T$$

Le tableau 10.3 donne les coefficients de dilatation thermique d'un certain nombre de corps usuels. L'unité est l'inverse du degré Celsius (1/°C). Ces coefficients mesurent l'accroissement relatif de longueur lorsque la température augmente de 1 °C.

Le tableau 10.3 montre que, pour une même variation de température, des corps différents ne se dilatent pas de la même façon. Cette propriété est utilisée pour fabriquer certains thermostats. Un thermostat est un interrupteur électrique mis en action par des variations de température, et que l'on utilise pour réguler des appareils électriques, les appareils de chauffage et de climatisation, ou les grille-pain, par exemple. On peut construire un thermostat très simple en soudant deux lames de métaux différents comme le montre la figure 10.11a. Disons que l'une des lames est en laiton, et l'autre en aluminium. Quand la température augmente, la lame d'aluminium se dilate davantage que la lame de laiton, puisque le coefficient de dilatation thermique de l'aluminium est plus grand. Les deux lames étant soudées l'une à l'autre, l'ensemble se courbe de façon à ce que l'aluminium se trouve vers l'extérieur et le laiton vers l'intérieur.

Tableau 10.3 Coefficients de dilatation thermique pour quelques corps.

Substance	Coefficient (1/°C)	Substance	Coefficient (1/°C)
Caoutchouc	80×10^{-6}	Acier	12×10^{-6}
Glace	51×10^{-6}	Béton	10×10^{-6}
Plomb	30×10^{-6}	Verre ordinaire	9×10^{-6}
Aluminium	24×10^{-6}	Pyrex	$3{,}2 \times 10^{-6}$
Argent	20×10^{-6}	Carbone (graphite)	8×10^{-6}
Laiton	19×10^{-6}	Carbone (diamant)	$1{,}2 \times 10^{-6}$
Cuivre	17×10^{-6}		

Comme le montre la figure 10.11b, ce thermostat très simple peut être utilisé pour déclencher la mise en route d'un appareil, un radiateur ou une chaudière, par exemple, lorsque la température descend au-dessous d'une certaine valeur. Si on retourne le dispositif et que l'aluminium se trouve sur le dessus, il se courbe vers le bas quand la température augmente. Ce thermostat sera utilisé pour déclencher un climatiseur.

(a) (b)

Figure 10.11 **(a)** Quand on chauffe, le bilame fabriqué avec du laiton (grisé) et de l'aluminium se courbe vers le haut de sorte que l'aluminium, qui se dilate davantage, se trouve à l'extérieur. **(b)** Ce bilame peut servir de thermostat, et commander un radiateur, une chaudière, ou tout appareil qui doit se mettre en route quand la température devient inférieure à une valeur donnée.

Certains thermostats courants sont constitués d'une bande bimétallique enroulée (figure 10.12). Quand la température varie, les allongements différents des deux lames engendrent des tensions qui provoquent l'ouverture ou la fermeture de l'interrupteur.

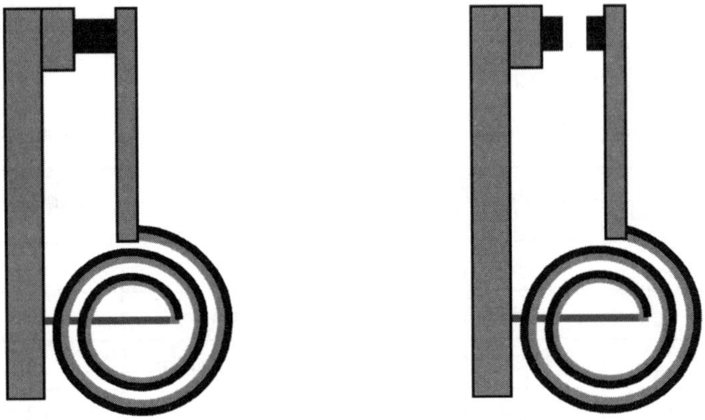

Figure 10.12 Des thermostats sont couramment constitués d'un ruban bilame enroulé. Quand la température varie, le thermostat ouvre ou ferme le circuit.

Le coefficient de dilatation de l'eau

Il existe une exception importante à la règle selon laquelle les corps se dilatent quand on les chauffe : l'eau. En réalité, cette règle s'applique à l'eau dans toutes ses phases et pratiquement à toutes les températures. Mais entre 0 °C et 4 °C l'eau se *contracte* quand sa température augmente ! Cette étrange propriété est due à la structure particulière de la molécule d'eau. Cette molécule contient un atome d'oxygène et deux atomes d'hydrogène. Dans chaque molécule d'eau, l'atome d'oxygène est attiré par les atomes d'hydrogène des autres molécules, tandis que ses deux atomes d'hydrogène ont tendance à se tourner vers les atomes d'oxygène voisins. En conséquence, chaque molécule d'eau est susceptible de participer à quatre liaisons avec les molécules voisines comme le montre la figure 10.13a. Dans l'eau liquide, ces liaisons sont détruites et reformées en permanence et environ 80 % des liaisons possibles sont effectivement réalisées à chaque instant. Dans la glace, en revanche, toutes les molécules d'eau sont liées à leurs voisines et forment le cristal de la figure 10.13b.

Les cristaux de glace ont une structure ouverte, à cause du grand espace qui reste inoccupé entre les molécules. Dans les autres solides, les molécules ont parfois jusqu'à 12 plus proches voisines et le cristal ainsi formé est plus « tassé ». La structure de l'eau liquide est elle aussi plus tassée que celle de la glace, car le nombre de liaisons à l'intérieur du liquide est moindre, de sorte que les molécules peuvent se serrer davantage dans l'eau liquide à 0 °C que dans la glace.

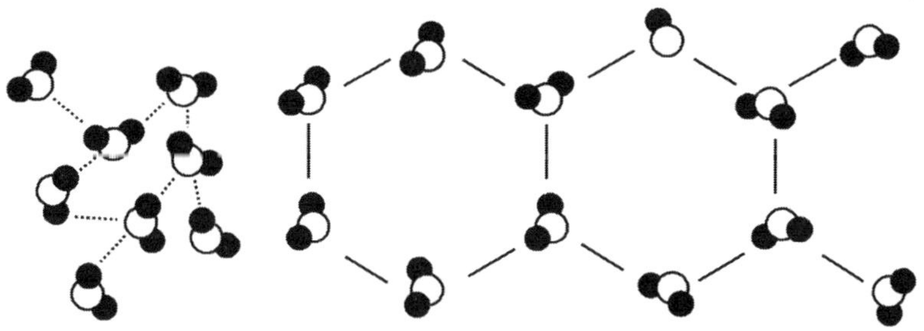

(a) (b)

Figure 10.13 **(a)** Les quatre liaisons de l'eau liquide : l'atome d'oxygène d'une molécule d'eau peut se lier à deux atomes d'hydrogène de molécules voisines, et chacun des atomes d'hydrogène de la molécule peut se lier à l'atome d'oxygène des molécules voisines. **(b)** La structure ouverte de la glace.

Chauffons un morceau de glace. Lorsqu'il a entièrement fondu, l'eau liquide obtenue est plus dense que la glace. Lorsque l'on passe de 0 à 4 °C, on continue à briser des liaisons ce qui autorise un nombre croissant de molécules à occuper les espaces ouverts. En conséquence, la masse volumique de l'eau continue à augmenter et atteint son maximum — 1 000 kg/m^3 — à 4 °C. Au-dessus de 4 °C, plus la température s'élève, plus les molécules d'eau ont besoin d'espace, puisque leur vitesse d'agitation augmente, de sorte que l'eau se dilate alors comme les autres corps.

La vie telle que nous la connaissons sur Terre est tributaire de ces deux propriétés exceptionnelles de l'eau : le solide est moins dense que le liquide, et, entre 0 °C et 4 °C, l'eau liquide se contracte quand sa température augmente. L'hiver, quand la température de l'atmosphère diminue, l'eau qui se trouve à la surface des lacs ou des mares se refroidit et, jusqu'à 4 °C, sa masse volumique augmente. Il se produit un mouvement vertical de *convection* : l'eau froide plus dense coule, tandis que l'eau chaude qui se trouvait en dessous remonte vers la surface, où elle se refroidit à son tour.

En surface, l'eau contient de l'oxygène dissout qui est ainsi transporté vers les profondeurs. Lorsque la température de l'atmosphère tombe en dessous de 4 °C, l'eau froide de la surface devient moins dense et elle ne coule pas vers le fond. En profondeur, l'eau reste donc à 4 °C. L'eau ne se refroidit plus qu'en surface, où elle gèle et forme une couche de glace qui flotte et isole le reste du liquide, dont la congélation est ralentie. Les poissons et les autres formes de vie aquatique survivent ainsi à l'hiver dans une eau liquide, oxygénée, et légèrement plus chaude, abritée qu'elle est sous sa croûte de glace (figure 10.4).

Figure 10.14 La glace, de masse volumique plus faible, flotte sur l'eau et l'isole de l'air froid, ralentissant le processus de solidification. La vie aquatique se maintient dans les lacs et les mares.

11

Les quatre principes de la thermodynamique

Les quatre principes de la thermodynamique

Est-il possible d'inverser le cours du temps ? Cette question est encore à l'heure actuelle un sujet de perplexité. Les lois de la physique sont insensibles au fait que le temps s'écoule du passé vers le futur — ce que l'on nomme *la flèche du temps*. Autrement dit, elles restent toutes valables si l'on projette le film des événements à l'envers. Toutes, sauf une : le deuxième principe de la thermodynamique. Ce principe semble donc être à l'origine de la flèche du temps, c'est-à-dire de la distinction entre le passé et l'avenir.

Il y a quatre principes de la thermodynamique. Le second a été trouvé en premier, et le premier en deuxième. Le troisième principe fut bien le troisième dans l'ordre chronologique, mais, en fin de compte, ce n'est peut-être pas un vrai principe. Quant au principe zéro, il a été formulé après coup. Dans ce chapitre, nous allons les étudier un par un, dans l'ordre de leur numérotation.

La loi des gaz parfaits

L'étude de la thermodynamique est intimement liée à l'étude des gaz, essentiellement parce que les gaz sont plus simples à décrire que les liquides ou les solides et qu'on les comprend mieux. Le terme de *gaz parfait* désigne n'importe quel gaz, pourvu que les énergies d'interaction entre les molécules y soient négligeables, que leurs collisions soient parfaitement élastiques (c'est-à-dire que la quantité de mouvement et l'énergie cinétique soient conservées) et que leur taille soit très petite devant les distances qui les séparent. De nombreux gaz réels se comportent comme des gaz parfaits lorsque leur température est très supérieure à leur point d'ébullition et que leur pression est faible.

Le chercheur anglais Robert Boyle, quatorzième enfant du Duc de Cork, était un enfant prodige. À huit ans, il parlait le grec et le latin et, à quatorze ans, il partit en Italie pour étudier les travaux de Galilée. Quand il rentra en Angleterre, en 1645, son père était mort et lui-même était riche.

En 1654, il devint membre du « collège invisible », qui devait devenir plus tard la Royal Society. Là, il rencontra Newton, Halley et Hookes.

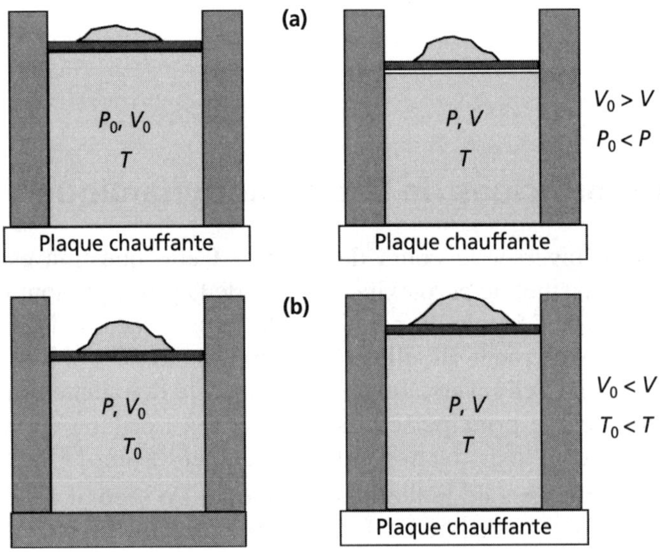

Figure 11.1 **(a)** Un récipient qui contient du gaz est placé sur une plaque chauffante qui le maintient à température constante. On fait varier sa pression en ajoutant du sable sur le couvercle mobile. Quand la pression augmente, le volume diminue. **(b)** La quantité de sable placé sur le couvercle — qui coulisse sans frottement — ne varie pas, et maintient constante la pression à l'intérieur du récipient. Quand on augmente alors la température du gaz, son volume augmente de façon linéaire.

En 1662, en faisant des expériences sur les gaz, il constata que la pression et le volume d'une certaine quantité de gaz obéissent à une loi simple, lorsque la température est maintenue constante. Boyle découvrit que les gaz sont compressibles : lorsqu'on augmente la pression, par exemple en ajoutant du sable sur un piston (figure 11.1a), le volume diminue. Boyle montra que si le récipient est placé sur une plaque chauffante qui le maintient à température constante, l'augmentation de volume compense exactement la diminution de pression : si on double la pression, le volume est divisé par deux, si on triple la pression, le volume est divisé par trois, etc. Boyle écrivit cette loi sous la forme :

$$pV = \text{cte} \qquad [\text{à température constante}]$$

C'est ce qu'on appelle aujourd'hui la loi de Boyle-Mariotte. Quelques années après les expériences de Boyle, on découvrit que la constante de la loi de Boyle était la même pour tous les gaz.

Au cours du XVIIIe siècle, de nombreux chercheurs étudièrent la dilatation des gaz sous l'effet de la température, mais leurs résultats manquaient de cohérence et ne permirent pas d'établir une relation entre le volume, la pression et la température. En 1804, le chimiste français Joseph Louis Gay-Lussac réussit à montrer que, quand la pression était maintenue constante (en déposant une certaine masse de sable sur un piston coulissant sans frottement, comme sur la figure 11.1b), l'augmentation de volume était proportionnelle à l'augmentation de température. Il étudia l'air, l'hydrogène, l'oxygène, l'azote, l'oxyde nitrique, l'ammoniac, le dioxyde de carbone, le chlorure d'hydrogène et le dioxyde de soufre, et trouva à chaque fois la même relation.

Les augmentations du volume et de la température étant proportionnelles — à pression constante —, si l'on trace le volume en fonction de la température, on obtient une droite pour chaque gaz. Gay-Lussac découvrit que si l'on prolonge ces droites, elles coupent toutes l'axe des températures exactement au même point (figure 11.2a). C'est le zéro absolu des températures, 0 K ou encore – 273,15 °C. C'est une des raisons qui incita à introduire la température Kelvin, ou température absolue.

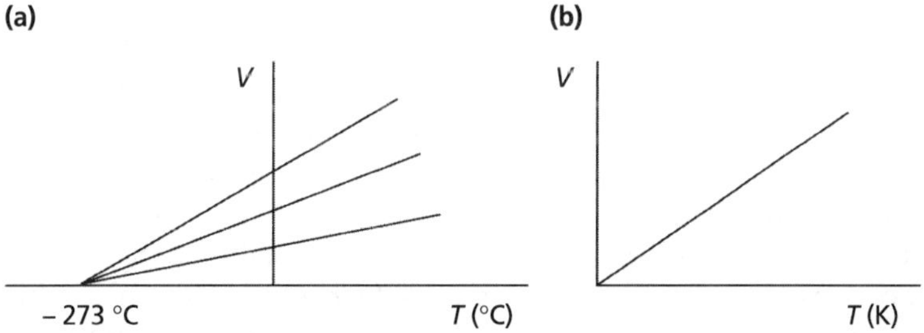

Figure 11.2 **(a)** Quand on trace, pour des gaz différents, le volume en fonction de la température, on trouve des segments de droite. Quand on les prolonge, toutes ces droites coupent l'axe des températures au point – 273,15 °C. **(b)** Quand on trace le volume en fonction de la température absolue pour un gaz parfait, on trouve une droite qui passe par l'origine.

Le zéro absolu est la température la plus basse possible car, à cette température, le volume d'un gaz parfait serait nul, comme on le voit sur le graphe de la figure 11.2b. La variation du volume en fonction de la température absolue est représentée par une droite qui passe par l'origine (figure 11.2b), et donc :

$$V = \text{cte} \times T \quad \text{[à pression constante]}$$

C'est la loi de Gay-Lussac, ou loi de Charles, car le physicien français Jacques Alexandre Charles l'avait découverte quelques années plus tôt, mais n'avait pas réussi à la publier.

On peut combiner les lois de Boyle-Mariotte et de Gay-Lussac en une expression unique :

$$pV = \text{cte} \times T$$

qui porte le nom de *loi des gaz parfaits*. La loi des gaz parfaits donne une troisième relation. Quand on maintient le volume constant, la pression est proportionnelle à la température :

$$p = \text{cte} \times T \quad \text{[à volume constant]}$$

Il faut garder à l'esprit que, dans toutes ces lois concernant les gaz parfaits, la température doit être exprimée en kelvins (on parle alors de température absolue).

Le principe zéro

Nous avons déjà utilisé le principe zéro sans le dire. Il concerne les corps en équilibre thermique. Si on place en contact deux objets dont les températures sont initialement différentes et si on attend suffisamment longtemps, les deux objets finissent par se trouver à la même température. On dit qu'ils sont en équilibre thermique.

Comment vérifier que deux objets ont atteint cet équilibre ? On utilise un troisième objet, un thermomètre, pour vérifier que leurs températures sont égales. La mesure d'une température à l'aide d'un thermomètre consiste à le mettre en contact thermique avec l'objet considéré et à attendre un certain temps avant de lire ce qu'il indique. On attend en fait que le thermomètre et l'objet aient atteint l'équilibre thermique, c'est-à-dire qu'ils soient à la même température. Utilisons le même thermomètre pour mesurer la température d'un deuxième objet et attendons que la mesure se stabilise. Si l'indication du thermomètre est la même que lors du contact avec le premier objet, nous dirons que les deux objets sont en équilibre thermique. En définitive :

> *Si deux objets sont en équilibre thermique avec un troisième [le thermomètre], ils sont en équilibre thermique l'un avec l'autre.*

Cet énoncé, qui semble évident, constitue le *principe zéro de la thermodynamique*.

La physique au quotidien : les moteurs des voitures

Le moteur à essence utilisé dans une automobile est une machine thermique dans laquelle la chaleur est produite par la combustion de l'essence, à l'intérieur du moteur. C'est pourquoi on dit que ce sont des moteurs à combustion interne.

Le moteur à essence d'une voiture est constitué de la culasse, des cylindres et du carter. La culasse est munie de deux groupes de soupapes, à l'entrée et à la sortie. Quand les soupapes d'entrée sont ouvertes, un mélange d'air et d'essence entre dans les cylindres. Quand les soupapes de sortie sont ouvertes, les gaz brûlés sont évacués des cylindres. L'ouverture et la fermeture des soupapes sont commandées par la rotation de l'arbre à cames, tandis que le mouvement des pistons fait tourner le vilebrequin. L'arbre à cames et le vilebrequin sont reliés par une courroie de transmission de sorte que, quand les pistons se déplacent et font tourner le vilebrequin, cela fait aussi tourner l'arbre à cames, ce qui commande l'ouverture et la fermeture des soupapes.

La plupart des voitures ont un moteur à quatre temps. Pendant le temps d'*admission*, le déplacement du piston vers le bas fait entrer l'essence dans le cylindre. Le volume du cylindre passe d'une valeur minimale V_{min}, jusqu'à une valeur maximale V_{max}, égale à rV_{min}, où r est le taux de compression. Dans les automobiles modernes, le taux de compression est égal à 8 environ. Pendant le temps de *compression*, la soupape d'entrée est fermée et le piston comprime le mélange d'air et d'essence jusqu'au volume V_{min}. Une étincelle électrique produite par les bougies fait brûler les gaz dont la température et donc la pression augmentent. C'est *la combustion*. Les gaz chauffés se détendent jusqu'à la valeur V_{max} du volume, poussant le piston et fournissant du travail au vilebrequin. Enfin, pendant l'*expulsion*, les valves de sortie sont ouvertes, et le piston se déplace vers le haut, expulsant les gaz brûlés. Le cylindre est alors prêt pour un autre cycle.

Le premier principe

Le premier principe de la thermodynamique est une généralisation du principe de conservation de l'énergie qui tient compte de l'énergie thermique. Au chapitre X, nous avons utilisé les termes d'énergie d'agitation thermique d'un corps (ou énergie thermique) pour désigner la somme des énergies cinétiques dues aux mouvements désordonnés de tous les atomes et molécules qui le constituent. Par ailleurs, comme nous l'avons vu dans les chapitres précédents, les atomes d'un système interagissent entre eux et ont donc des énergies de liaison. Il en va de même des noyaux et des électrons de chaque atome, ainsi que des molécules dont les liaisons chimiques contiennent également de l'énergie. Toutes ces énergies, emmagasinées dans les molécules, les atomes ou les noyaux, sont des formes d'énergie potentielle. *L'énergie totale* d'un système — un gaz, par exemple — est la somme de toutes les formes d'énergie, potentielles ou cinétiques, de ses constituants. On l'appelle *l'énergie interne,* notée *U,* du système.

Quand un système est isolé, c'est-à-dire lorsqu'il n'échange pas d'énergie avec son environnement, l'énergie totale reste constante. C'est le principe de la conservation de l'énergie, que nous avons vu aux chapitres 4 et 5. C'est aussi le *premier principe de la thermodynamique*. On peut l'énoncer de façon plus précise de la façon suivante :

> Dans un système isolé, l'énergie interne reste constante, bien qu'elle puisse passer d'une forme à une autre.

Un système peut interagir avec son environnement de deux façons. Il peut fournir ou recevoir du travail et il peut fournir ou recevoir de la chaleur. Pour fixer les idées, considérons un récipient comme celui de la figure 11.3. Il est thermiquement bien isolé et son couvercle, étanche à l'air, est susceptible de coulisser sans frottement. On a ajouté juste ce qu'il faut de sable sur ce couvercle pour équilibrer la pression du gaz qu'il contient.

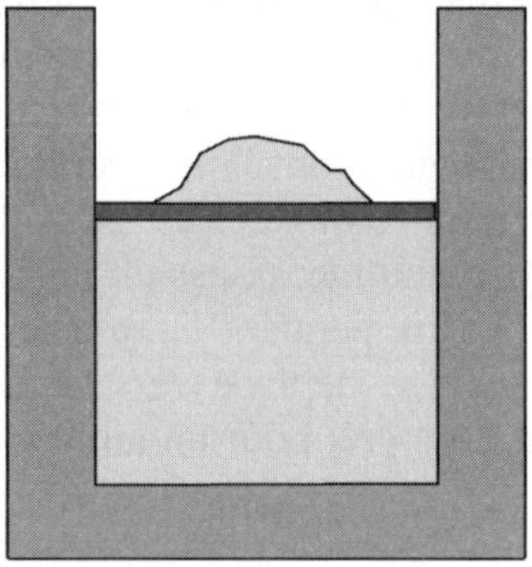

Figure 11.3 Du gaz est enfermé dans un récipient bien isolé. La pression atmosphérique, augmentée de celle qui provient du sable posé sur le couvercle, équilibre la pression du gaz.

On retire l'isolant thermique du fond du récipient et on le place sur une plaque chauffante fournissant de la chaleur au gaz. En même temps, on ajoute ce qu'il faut de sable pour que le couvercle ne bouge pas (figure 11.4a). Dans ces conditions, le piston reste immobile, le gaz ne fournit aucun travail à l'extérieur et, par conséquent, toute la chaleur fournie par la plaque chauffante ne fait qu'augmenter l'énergie interne du gaz :

$$Q = \Delta U$$

Figure 11.4 **(a)** En ajustant la quantité de sable placé sur le couvercle, on peut maintenir le volume du récipient constant. Le gaz ne fournit alors pas de travail à l'extérieur, toute la chaleur qui lui est fournie sert à augmenter son énergie interne. **(b)** Si l'on retire du sable du couvercle en veillant à ce que la température du gaz (parfait) reste constante, toute la chaleur fournie au gaz sert à produire du travail. **(c)** Si l'on ne modifie pas la quantité de sable, une partie de la chaleur fournie sert à augmenter l'énergie interne du gaz en même temps qu'il fournit du travail à l'extérieur.

Au cours du processus, le volume du gaz est resté constant. Nous disons qu'il s'agit d'une *transformation isochore*. Quand le mélange d'essence et d'air brûle dans un moteur de voiture, son volume reste constant et toute la chaleur dégagée par la combustion sert à augmenter son énergie interne. Cette étape particulière du cycle du moteur est pratiquement une transformation isochore.

Supposons maintenant que l'on retire le sable progressivement, de façon à ce que le couvercle se soulève lentement. Cette fois, le gaz fournit du travail à l'extérieur. On fait en sorte que la température du gaz reste constante, la transformation est alors dite *isotherme*. Dans ces conditions, s'il s'agit d'un gaz parfait, toute la chaleur apportée initialement par la plaque chauffante est transformée en travail :

$$Q = W$$

En effet, dans un gaz parfait, l'énergie interne est l'énergie cinétique des molécules (puisque, par définition, on néglige leur énergie potentielle d'interaction). Or, la température d'un gaz est une mesure de l'énergie cinétique moyenne de ses particules. Ainsi, dans un gaz parfait, l'énergie interne ne dépend que de la température et si la température ne change pas, l'énergie interne du gaz parfait ne change pas non plus.

On peut maintenant considérer un troisième cas de figure, celui où on ne modifie pas la quantité de sable posée sur le couvercle pendant qu'on chauffe le gaz. Le couvercle se soulève et la température du gaz varie : l'énergie interne du gaz a changé, et le gaz a également fourni du travail au milieu extérieur (figure 11.4c) :

$$Q = \Delta U + W$$

Cette expression signifie que :

$$\begin{matrix}\text{[chaleur reçue} \\ \text{par le système]}\end{matrix} = \begin{matrix}\text{[augmentation} \\ \text{de son énergie]}\end{matrix} + \begin{matrix}\text{[travail fourni} \\ \text{par le système]}\end{matrix}$$

Ce n'est rien d'autre que le principe de la conservation de l'énergie, que l'on appelle ici premier principe de la thermodynamique. Dans ce cas précis, la pression que le sable et le couvercle exercent sur le gaz reste constante et, à condition que tout se passe lentement, elle compense à chaque instant la pression du gaz. La pression à l'intérieur du gaz reste constante et l'on dit que la transformation est *isobare*.

En général, il y a plusieurs façons de faire passer un système d'un certain état initial à un certain état final. Pour augmenter la température d'un gaz, par exemple, on peut soit le chauffer, soit le comprimer sans lui apporter de chaleur. Quand un système subit un changement de pression, de volume et de température, son énergie interne varie d'une quantité $Q - W$. Le premier principe énonce que la quantité $Q - W$ ne dépend que de l'état initial et de l'état final du système, c'est-à-dire des valeurs de la température, du volume et de la pression dans les états initial et final. Si l'on procède d'une autre façon pour amener le gaz du même état initial au même état final, la chaleur et le travail échangés prennent éventuellement d'autres valeurs, mais la grandeur $Q - W$ reste la même. Elle ne dépend pas du chemin suivi. C'est la variation d'énergie interne du système entre les deux états considérés :

$$\Delta U = Q - W$$

Le deuxième principe

Il y a quelques années, le romancier et physicien britannique C. P. Snow écrivait que s'il y a une chose que toute personne éduquée devrait comprendre, c'est le deuxième principe de la thermodynamique. C'est un bon choix, car le deuxième principe est une loi importante pour toutes les sciences. Il n'est pas pour autant difficile à comprendre.

Il y a cent ans, le physicien allemand Rudolph Gottlieb, aujourd'hui connu sous le nom de Clausius, avait énoncé ce principe de la façon suivante : « la chaleur ne passe pas spontanément du froid vers le chaud. » Cette affirmation est qualifiée d'énoncé de Clausius du deuxième principe.

Si la chaleur pouvait passer spontanément d'un corps froid vers un corps chaud, cela ne violerait pas le principe de conservation de l'énergie. En été, une flaque d'eau pourrait se refroidir spontanément et se transformer en glace, dégageant ainsi de la chaleur dans l'atmosphère : l'énergie totale serait conservée. Si la température d'une mare diminuait légèrement et que l'énergie thermique libérée était transformée en ondes convergeant vers une pierre posée au fond avec assez de force pour la faire jaillir à la surface jusque dans les mains d'un enfant, cela ne violerait pas davantage le principe de conservation de l'énergie. Mais bien sûr, on n'observe jamais de tels phénomènes. Les choses se passent toujours dans l'autre sens : la glace fond en formant une flaque et lorsqu'un enfant jette une pierre dans une mare, elle engendre un système d'ondes qui s'éloignent de la pierre et élèvent très légèrement la température de l'eau en s'y dissipant.

Figure 11.5 On voit souvent un enfant jeter des pierres dans l'eau, mais on ne voit jamais des ondes prendre naissance spontanément, converger vers la pierre et la faire remonter dans les mains de l'enfant.

Ainsi, certains phénomènes — dits irréversibles — se déroulent toujours dans un sens et jamais dans l'autre : c'est ce que l'on appelle la *flèche du temps*. Les gens vieillissent, mais ne rajeunissent pas. Les étoiles se forment à partir de nuages d'hydrogène en rotation et des réactions thermonucléaires se mettent en place ce qui libère de l'énergie en formant des éléments plus lourds Les étoiles se dilatent puis, au bout de quelques millions d'années, se contractent et finissent par exploser en supernovæ, donnant parfois naissance à un trou noir. On n'observe jamais la séquence inverse (figure 11.6).

Figure 11.6 Explosion d'une supernova observée et photographiée en 1987 dans le Grand Nuage de Magellan. Ces explosions gigantesques marquent la fin de la vie de certaines étoiles. Avec l'aimable autorisation de la NASA, Space Telescope Science Institute, Hubble Heritage Team.

On résume parfois cette loi universelle en disant que la nature évolue toujours vers un plus grand degré de « désordre ». Pour mesurer le désordre d'un système, Clausius introduisit une quantité appelée *entropie*, du mot grec qui signifie transformation (le symbole adopté pour l'entropie est S). En introduisant l'entropie, le *second principe de la thermodynamique* s'écrit de la façon suivante :

> L'entropie de l'Univers ne décroît jamais. L'évolution spontanée d'un système isolé se fait toujours dans le sens où son entropie augmente, et s'arrête quand l'entropie est maximale.

Dans ce contexte, le mot « désordre » n'a pas exactement le sens qu'on lui attribue dans la vie courante. Si vous faites tomber une liasse de papiers et que vous les ramassez à la hâte, les feuilles ont toutes les chances de ne plus se trouver dans un ordre qui permette de lire le document. Il existe un ordonnancement correct des feuilles et d'innombrables autres qui, de notre point de vue de lecteur, ne le sont pas. Il est donc naturel que nous considérions une liasse de feuilles rangées au hasard comme désordonnée. Pourtant, tous les arrangements possibles de ces papiers ont la même probabilité de se produire. Ils ont également la même entropie. Le « désordre » dont il est question en thermodynamique, celui qui est mesuré par l'entropie, correspond au nombre de façons différentes d'agencer les molécules d'un système à l'échelle microscopique, sans pour autant modifier les propriétés observables à notre échelle macroscopique.

Examinons un autre exemple. Lorsqu'une bouteille d'eau gazeuse est bouchée, une partie du dioxyde de carbone initialement dissous dans l'eau sous pression est mélangée à l'air qui se trouve au-dessus du liquide. Quand on ouvre la bouteille, ces molécules de dioxyde de carbone quittent la bouteille et diffusent dans toute la pièce. On n'observe jamais le processus inverse dans lequel le dioxyde de carbone contenu dans une pièce se rassemblerait spontanément pour entrer dans une bouteille ouverte de sorte que vous pourriez y remettre le bouchon et la retrouver dans son état initial. L'entropie du gaz quand il est réparti dans toute la pièce est beaucoup plus grande que lorsqu'il est confiné dans la bouteille. Cela signifie que la situation dans laquelle toutes les molécules sont rassemblées à l'intérieur d'un petit volume est extraordinairement moins probable que celle où elles sont disséminées dans toute la pièce. D'où vient cette différence de probabilités ?

Supposons que l'on divise mentalement la pièce en une myriade de petits cubes d'un dixième de millimètre de côtés et que l'on sache mesurer la densité de gaz carbonique dans chacun de ces petits cubes. Lorsque la bouteille est fermée, seuls les cubes situés à l'intérieur de la bouteille contiennent des molécules. Les autres sont vides. Quand la bouteille est ouverte, tous les cubes peuvent contenir des molécules de gaz carbonique. Un retour à l'état dans lequel le gaz est à nouveau tout entier dans la bouteille reste possible... Pourquoi ne l'observe-t-on plus jamais ? À l'échelle des molécules, les cubes que nous venons d'imaginer sont énormes. Ils pourraient encore être divisés en un milliard de milliards de compartiments pouvant chacun contenir une molécule. Mais il n'y a au total que mille milliards de molécules dans chaque cube : elles peuvent donc être réparties dans ces petits compartiments d'un nombre astronomique de façons différentes, sans que cela change le résultat de notre mesure de densité. L'agitation thermique et les collisions entre les molécules assurent que le système passe sans arrêt d'un état microscopique accessible à un autre, d'une répartition à une autre, sans en privilégier ni en défavoriser aucune. Les états dans lesquels tout le gaz se retrouve dans la bouteille ne sont pas plus improbables que les autres répartitions possibles des molécules. Simplement, le nombre de ces états est incroyablement plus petit que le nombre total des répartitions possibles et nous n'observerons jamais cette situation. La répartition des molécules dans les divers compartiments change effectivement sans cesse, mais l'énorme, l'écrasante majorité de ces répartitions correspond à une densité de gaz identique dans chacun des volumes où nous sommes capables de faire une mesure. À notre échelle, on observe donc toujours une densité uniforme.

Figure 11.7 Dessin de Sydney Harris.

Remarquez bien que rien n'oblige les molécules de gaz à évoluer vers un état de plus grand « désordre ». Aucune *force* particulière ne provoque ce phénomène. La diffusion du gaz se fait sans but. Elle n'est que le résultat des mouvements aléatoires des molécules dans toutes les directions.

C'est le deuxième principe qui rend compte du fait que certaines évolutions peuvent avoir lieu dans un sens et pas dans l'autre. Il n'est donc pas étonnant qu'il s'écrive sous la forme d'une inégalité, contrairement aux autres lois de la physique qui sont des égalités. On peut formuler le second principe en faisant intervenir l'entropie et la chaleur. Lorsqu'un système reçoit de l'extérieur une quantité de chaleur Q, la variation Æ S de son entropie est telle que :

$$\Delta S \geq \frac{Q}{T}$$

T étant la température absolue du milieu extérieur fournissant la chaleur. En conséquence, dans un système isolé qui n'interagit pas avec l'extérieur et ne reçoit donc ni travail ni chaleur, l'entropie ne peut qu'augmenter. C'est le cas de l'Univers, dont l'entropie totale augmente sans cesse.

Considérons un système constitué de deux corps à des températures différentes et isolé, c'est-à-dire ne pouvant recevoir aucune énergie de l'extérieur. Selon Clausius, la chaleur va passer spontanément du corps le plus chaud vers le corps le plus froid, et nous savons aussi que le système cessera d'évoluer quand les deux corps auront la même température, ce qu'on appelle l'équilibre thermique. En termes d'entropie, cela signifie que l'entropie augmente quand la chaleur passe du corps chaud vers le corps froid alors que le transfert depuis le corps froid vers le corps chaud la ferait diminuer. Lorsque l'égalité des températures est atteinte, le système n'évolue plus : son entropie est alors maximale et tout transfert de chaleur d'un corps à l'autre, quel qu'en soit le sens, la ferait diminuer.

Le troisième principe

Le zéro absolu est la plus basse température possible. En 1907, le physicien et chimiste allemand Harmann Walther Nernst (1884-1941) a postulé qu'il était impossible de l'atteindre. Il est toujours possible, au cours d'une expérience, d'abaisser la température d'un système, ne serait-ce que d'une très petite quantité. On est ainsi arrivé récemment à produire des températures de l'ordre de 10^{-7} K (un dix millionième de kelvin). Nernst voulait dire que, bien qu'il soit toujours possible de se rapprocher du zéro absolu, il faudrait un nombre infini d'étapes pour l'atteindre. Il est donc inaccessible. Cette affirmation est connue sous le nom de *troisième principe de la thermodynamique* :

> Il est impossible d'atteindre le zéro absolu par un nombre fini d'opérations.

Cette découverte valut à Nernst le prix Nobel en 1920. Certains chercheurs considèrent qu'il s'agit en fait d'une conséquence du deuxième principe et que ce n'est donc pas un principe à part entière. Il n'en reste pas moins que l'idée selon laquelle on ne peut pas atteindre le zéro absolu est universellement acceptée.

Aux confins de la physique : l'entropie organisatrice ?

En mélangeant des petites sphères de polystyrène de tailles différentes, les physiciens ont réussi à prendre l'entropie à contre-pied et à l'utiliser pour disposer ces sphères suivant un motif ordonné. Arjun G. Yodh et ses collaborateurs de l'Université de Pennsylvanie ont placé une goutte d'eau salée contenant un mélange de sphères de polystyrène entre deux lames de microscope. Une petite rainure avait été gravée dans la lame, et la goutte contenait un grand nombre de sphères de 0,08 micromètres de rayon, et quelques-unes de 0,46 micromètres.

Du fait de leur mouvement aléatoire, les petites sphères contenues dans l'eau salée se cognent entre elles et aussi avec les quelques sphères plus grosses. Ces collisions conduisent à l'état dont l'entropie est maximale, celui où les petites sphères sont réparties de façon désordonnée. Le mouvement aléatoire des grosses sphères devrait lui aussi faire augmenter l'entropie, mais il est gêné par la présence des petites sphères qui sont beaucoup plus nombreuses. Quand les grosses sphères arrivent au bord de la rainure, elles ne peuvent pas y pénétrer : les petites sphères les bousculent et les repoussent. Même lorsqu'on place les grosses sphères dans la rainure, elles en sont expulsées par les petites. En conséquence, les grosses sphères se trouvent piégées en grand nombre au bord de la rainure, où elles forment une ligne droite.

Les chercheurs ont mesuré la force totale qui empêche les grosses sphères de pénétrer dans la rainure : elle est de 40 femtonewtons. (10^{-15} N). Ce fut la première mesure d'une « interaction entropique ».

L'entropie et l'origine de l'Univers

Puisque l'évolution spontanée d'un système isolé a toujours lieu dans le sens où son entropie augmente, l'entropie totale de l'Univers augmente. Cette tendance naturelle réduit en permanence l'énergie qu'il est possible de récupérer pour produire du travail. Considérons l'exemple d'une balle qui rebondit. À chaque rebond, l'énergie mécanique de la balle diminue : elle monte de moins en moins haut jusqu'à rester finalement immobile sur le sol. Lorsque la balle tombe, les molécules qui la constituent ont un mouvement désordonné d'agitation thermique, mais toutes possèdent en même temps une vitesse de translation collective identique, dirigée vers le sol. Au moment où la balle heurte le sol, la vitesse d'agitation thermique des molécules de la balle et du sol s'accroît au détriment de l'énergie cinétique collective. L'énergie thermique du système augmente, tandis que l'énergie mécanique de la balle diminue à chaque rebond. Une fois que l'énergie mécanique est entièrement transformée en énergie thermique, le mouvement ordonné de la balle s'est intégralement transformé en mouvement microscopique désordonné et aléatoire : l'entropie est maximale.

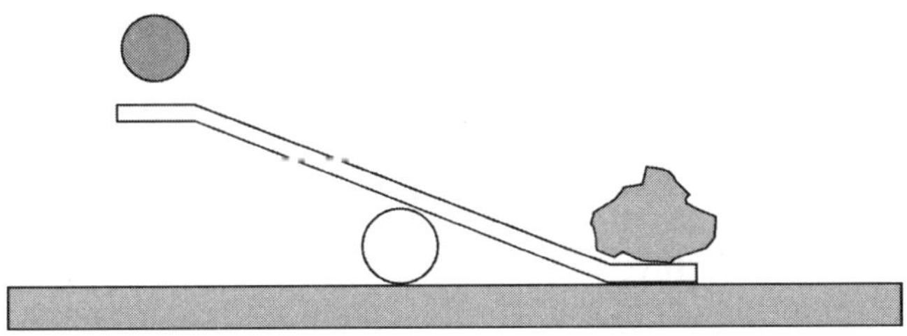

Figure 11.8 On peut utiliser une balle pour catapulter une petite pierre. L'énergie utilisable pour ce faire diminue à chaque rebond, car elle est dissipée sous forme de chaleur.

Si nous considérons la balle comme une machine très simple, destinée à produire du travail — par exemple pour catapulter une petite pierre —, l'énergie disponible pour réaliser cette opération diminue après chaque rebond. Elle finit par tomber à zéro quand la balle est immobile sur le sol. L'énergie totale du système isolé — constitué de la balle et de la Terre — reste constante. Mais l'énergie mécanique s'est transformée en énergie thermique, incapable de fournir du travail. L'entropie du système est alors maximale.

Tout processus qui a lieu dans un système isolé fait augmenter son entropie et diminue l'énergie mécanique utilisable pour produire du travail. L'entropie de l'Univers finira donc par atteindre une valeur maximale, correspondant à un état où toute l'énergie sera répartie de façon uniforme. Ceci a amené les chercheurs à prédire la « mort thermique » de l'Univers, qui surviendra lorsque aucun processus ne sera plus possible.

Toutefois, nous savons aujourd'hui que la « mort thermique » de l'Univers a déjà eu lieu. L'entropie totale de l'Univers continue à augmenter, mais elle reste en fait pratiquement constante. Cela vient de ce que l'essentiel de l'entropie de l'Univers se trouve dans le rayonnement qu'il contient — les photons — et pas dans la matière. Or l'entropie du rayonnement ne change plus, elle est déjà maximale.

Pour ce qui nous concerne ici, on peut considérer que l'Univers est constitué de matière, rassemblée dans les galaxies, et de rayonnement sous forme de photons. Les galaxies sont des conglomérats de milliards d'étoiles : on pense que la Voie lactée en contient 100 milliards. Grâce aux observations des astronomes, on estime que l'Univers contient une centaine de milliards de galaxies, séparées les unes des autres par quelques millions d'années-lumière en moyenne. (Une année-lumière est la distance parcourue en un an par la lumière, soit environ dix millions de milliards de kilomètres.) Dans chaque galaxie, des étoiles naissent, évoluent, explosent et s'effondrent en permanence. Tous ces processus augmentent l'entropie de l'Univers. Cependant, l'augmentation d'entropie qu'ils ont provoquée depuis le début de l'histoire cosmique ne représente qu'un dix millième de l'entropie totale du rayonnement !

Lorsque l'Univers s'est formé, il y a environ 13 milliards d'années, il n'était constitué que de rayonnement. On sait aujourd'hui décrire l'histoire cosmique en commençant environ 10^{-35} seconde après son commencement — un intervalle si court qu'il est impossible à concevoir — ce qui constitue un des grands triomphes de la physique moderne. Nous présenterons plus en détail cette belle théorie au chapitre 25, mais nous allons pour l'heure en donner les grandes lignes, de façon à comprendre pourquoi l'entropie de l'Univers est pratiquement constante.

La théorie du big bang est née vers la fin des années 1920. À cette époque les physiciens comprirent que, la gravité étant toujours attractive et sa portée infinie, le cosmos ne peut pas être statique. (Il semble que Newton lui-même était conscient de ce problème qui fut « oublié » ensuite pendant près de 350 ans). Comme nous l'avons vu au chapitre 6, deux masses quelconques s'attirent toujours en proportion inverse du carré de la distance qui les sépare et il n'existe rien d'équivalent à la répulsion électrostatique entre deux charges de même signe. Lorsque l'on ajoute des électrons chargés négativement à un noyau chargé positivement, l'atome devient électriquement neutre et n'exerce plus aucune force électrique sur son environnement. En revanche, l'accumulation de masse augmente *toujours* l'intensité de la gravitation. En conséquence toutes les étoiles, toutes les galaxies qui peuplent l'Univers s'attirent les unes les autres.

Les physiciens prédirent que l'Univers était en expansion à l'aide de calculs réalisés dans le cadre de la relativité générale établie par Einstein entre 1915 et 1919. Toutefois, on peut comprendre facilement les concepts clés qui sous-tendent ce résultat. Imaginez que l'Univers ne contienne rien d'autre que la Terre et une pierre. Si l'on disposait d'un cliché instantané de ce cosmos miniature, montrant les deux objets à une certaine distance l'un de l'autre, on n'en déduirait pas que la Terre et la pierre flotteront éternellement à distance constante. Soit la pierre est en train de s'éloigner de la Terre parce qu'elle en a été initialement lancée (expansion), soit elle est en train d'y retomber (contraction). De même le cosmos est en train de se diluer, à moins que les galaxies ne soient en train de tomber les unes sur les autres. L'Univers est en expansion ou bien en contraction, mais il ne saurait être statique.

En 1929, l'astronome américain Edwin Hubble étudia une centaine de galaxies à l'aide du télescope du mont Wilson et fit une découverte qui confirma l'expansion cosmique. Hubble a constaté que *toutes* ces galaxies *s'éloignent* de nous. Ptolémée avait-il finalement raison ? La Terre était-elle au centre de l'Univers ?

Hubble comprit vite qu'il n'en était rien. En examinant les vitesses de fuite des galaxies, il constata — quand il connaissait leur distance — que les galaxies nous fuient d'autant plus vite qu'elles sont lointaines. La vitesse de fuite est reliée à la distance par une formule simple, que l'on appelle aujourd'hui la loi de Hubble. Cette loi s'énonce :

$$v = Hd$$

où v est la vitesse de fuite de la galaxie, d sa distance, et H est la constante dite de Hubble. Des mesures récentes ont déterminé que cette constante est égale à 23 km/s par million d'années-lumière. Cela signifie qu'une galaxie, située à un million d'années-lumière de nous, s'éloigne à la vitesse de 23 km/s. La loi de Hubble a une conséquence intéressante : bien que toutes les galaxies s'éloignent de nous, la Terre n'occupe pas pour autant un point particulier du cosmos, au contraire. Un observateur posté sur n'importe quelle galaxie a toujours l'impression que les autres le fuient. Chaque galaxie s'éloigne de toutes les autres.

Imaginez ce qui se passe pendant la cuisson d'un gâteau aux raisins : pendant qu'il gonfle dans le four, la distance entre deux raisins quelconques augmente (figure 11.9). Si nous considérons un raisin donné nous voyons que tous les autres s'éloignent de lui, d'autant plus vite qu'ils en sont éloignés. Le raisin choisi n'a rien de spécial : on trouverait le même résultat en considérant n'importe lequel, puisque tous les raisins s'éloignent les uns des autres. De la même façon, l'Univers est en expansion, emportant avec lui les galaxies qu'il contient. Si nous remontons le cours du temps, nous voyons les galaxies se rapprocher les unes des autres et le cosmos devenir de plus en plus dense et — comme le suggère la loi des gaz parfaits étudiée dans ce chapitre — plus chaud.

En 1950 un physicien américain d'origine russe, George Gamow, fit une prédiction. Selon la théorie du big bang, l'Univers dans sa jeunesse était si dense et si chaud qu'il ne contenait pas d'étoiles ou de galaxies, mais un

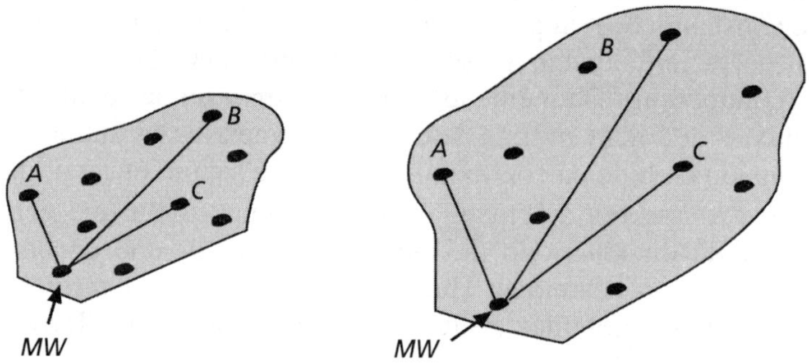

Figure 11.9 L'image du gâteau aux raisins pour décrire l'expansion de l'Univers. Quand le gâteau cuit, la pâte gonfle et entraîne les raisins, qui s'éloignent les uns des autres. Les raisins *A*, *B* et *C* s'éloignent du raisin *M*. On peut prendre *M* à l'emplacement de n'importe lequel des raisins du gâteau.

mélange indifférencié de particules (essentiellement des protons, des électrons et des photons). À cause de sa densité, ce mélange devait avoir partout la même température : il était à l'équilibre thermique (aujourd'hui des étoiles et des nébuleuses brûlantes coexistent avec des nuages moléculaires glacés sans que leurs températures ne s'équilibrent parce que la matière est si diluée que le contact thermique ne s'effectue pas bien). L'expansion aidant, l'Univers refroidit et, lorsque sa température tomba au-dessous de 3 000 K — environ 380 000 ans après le big bang —, les protons et les électrons se combinèrent pour former des atomes d'hydrogène électriquement neutres et transparents. Les photons de la soupe primitive furent alors libérés dans l'espace et, comme ils n'interagissent pratiquement plus depuis avec la matière cosmique — essentiellement transparente —, ils constituent un système isolé en équilibre thermique. Cela revient à dire que leur entropie ne varie plus : elle a atteint son maximum. Cette prédiction de Gamow a été confirmée une quinzaine d'années plus tard — nous en reparlerons.

On sait aujourd'hui que chaque mètre cube de cosmos contient en moyenne un nucléon de matière pour 400 millions de photons dont la température est uniforme dans tout le cosmos (elle vaut aujourd'hui environ 3 K). On démontre que l'entropie d'un système est proportionnelle au nombre de particules qu'il contient. On comprend donc que l'entropie de l'Univers vient principalement des photons et, puisque leur entropie est maximale, celle du cosmos aussi. L'Univers a déjà quasiment atteint son état de « mort thermique ». En fait, il l'a même atteint très peu de temps après le big bang.

L'entropie et la flèche du temps

La notion de temps est intimement liée à celle d'entropie. Notre perception du temps provient de l'accumulation des informations dans notre cerveau : nous nous souvenons du passé. Des événements, des changements et des évolutions doivent se produire pour que nous puissions en prendre conscience et les garder en mémoire. Or, comme nous l'avons vu, tout changement s'accompagne d'une augmentation de l'entropie de l'Univers. Ainsi, l'accumulation d'informations dans notre cerveau ne se produit que lorsque des événements ont lieu, c'est-à-dire à condition que l'entropie de l'Univers augmente. La nature indique le sens d'écoulement du temps à travers l'augmentation de l'entropie.

À l'exception du second principe de la thermodynamique, toutes les lois de la physique restent valables quand on inverse le sens du temps. C'est le cas, par exemple, des lois de la mécanique. Si nous filmons un pendule oscillant, ou bien les rebonds d'une balle parfaitement élastique ou encore tout autre processus purement mécanique au cours duquel l'énergie n'est pas dissipée (dans lequel n'intervient aucune chaleur), et si nous passons ensuite un tel film à l'envers, nous ne constatons aucune anomalie. Le pendule oscille de gauche à droite et la balle rebondit de la même façon, quel que soit le sens de la projection.

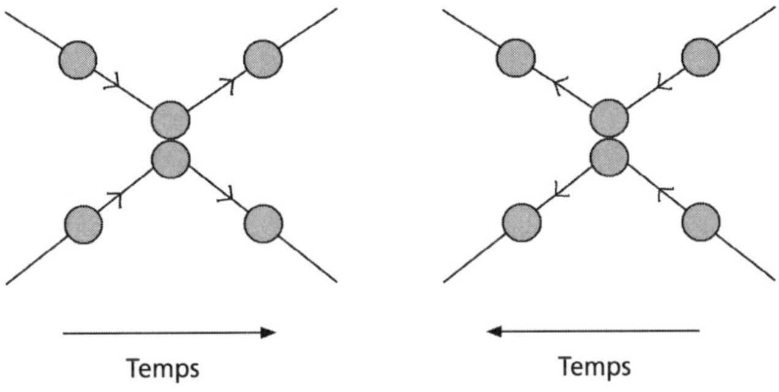

Figure 11.10 La collision entre deux molécules est invariante par renversement du temps. Nous ne sommes pas capables de dire si le film de cette collision passe à l'endroit ou à l'envers.

Puisque les lois de la mécanique et de l'électromagnétisme sont invariantes par renversement du temps, la collision de deux molécules de gaz serait, elle aussi, identique si l'on changeait le sens du temps, comme l'illustre la figure 11.10. En revanche, si l'on considère toutes les molécules d'un gaz, ce n'est plus vrai. Un gaz qui serait d'abord confiné par une cloison dans la moitié d'un récipient, comme sur la figure 11.11, diffuserait, si l'on trouait la cloison, jusqu'à ce qu'il se trouve également réparti dans l'ensemble des deux compartiments. En regardant le film de ce processus à l'envers, on verrait tout de suite que quelque chose ne va pas. Le mouvement de chacune des molécules est invariant par renversement du temps, mais ce n'est pas le cas pour l'ensemble des molécules.

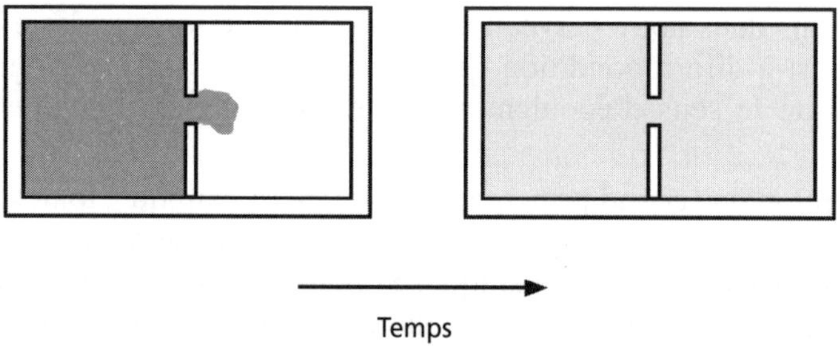

Figure 11.11 La diffusion du gaz à travers le trou de la cloison n'est pas réversible. Si le film passe à l'envers, nous nous en rendons compte immédiatement.

Lord Kelvin découvrit ce paradoxe en 1870. Kelvin lui-même et par la suite le physicien allemand Ludwig Boltzmann (1844-1906), se rendirent compte du fait que l'aspect *statistique* du second principe expliquait ce paradoxe. Le nombre d'arrangements où les molécules sont réparties dans les deux compartiments est beaucoup plus grand que celui des arrangements dans lesquels elles sont confinées dans un seul compartiment. En théorie, si l'on attend assez longtemps, le gaz finira par retrouver spontanément un arrangement correspondant à un confinement du gaz d'un seul côté, mais « assez longtemps » signifie en réalité une durée de très loin supérieure à l'âge de l'Univers.

Cette idée selon laquelle un système mécanique finit toujours par revenir dans son état microscopique initial a été formulée pour la première fois en 1889 par le mathématicien français Henri Poincaré. Elle est connue sous le nom de théorème de Poincaré. Considérons par exemple un gaz contenu dans un récipient fermé (figure 11.12). Suivons une molécule particulière de ce gaz : elle subit des collisions contre les autres molécules et contre les parois. Supposons, pour simplifier, que le gaz ne contienne que trois molécules. Si nous attendons assez longtemps, nous finirons par voir les molécules reprendre les mêmes positions et les mêmes vitesses que celles qui étaient les leurs au moment où nous avons commencé à les observer.

Le temps qu'il faut pour revenir dans l'état initial est appelé « temps de récurrence de Poincaré ». Dans un système macroscopique réel, le temps de Poincaré se trouve être égal à plusieurs millions de fois l'âge de l'Univers : il n'y a rien d'étonnant à ce que nous n'ayons jamais vu un tel phénomène se produire.

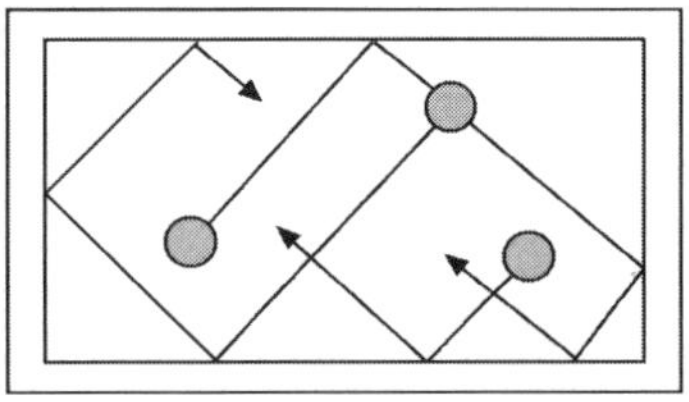

Figure 11.12 À l'issue d'un temps suffisamment long, les molécules vont retrouver les positions qu'elles occupaient au début. C'est ce qu'on appelle le théorème de Poincaré. Pour un système réel, le temps que cela prendrait est égal à plusieurs fois l'âge de l'Univers.

Ilya Prigogine, physicien et chimiste belge d'origine russe qui reçut le prix Nobel pour ses travaux sur la thermodynamique des phénomènes irréversibles, a fait l'hypothèse que, dans la réalité, le théorème de Poincaré ne s'applique pas parce que d'imperceptibles modifications apportées à l'état d'un système modifient de façon spectaculaire son comportement futur, ce qui l'empêche de repasser par son état initial. L'exemple qui suit peut nous aider à comprendre cette hypothèse.

Supposez qu'on vous demande de rouler à bicyclette en suivant un grand cercle tracé sur le sol, de façon à revenir à votre point de départ. Si vous êtes un cycliste moyen, vous savez rectifier les petites déviations qui vous éloignent du cercle, et y revenir, de sorte que suivre le cercle n'est pas au-dessus de vos forces. Imaginons que juste avant de revenir votre à votre point de départ, vous perdiez provisoirement l'équilibre et que vous ne passiez pas par le point dont vous êtes parti. Vous pouvez continuer à rouler et faire un deuxième tour, voir un troisième si nécessaire, pour revenir au bon endroit. Au bout d'un certain nombre d'essais, vous finirez par repasser par une position exactement identique à celle dont vous êtes parti.

Supposons que le jeu soit plus difficile et que le cercle soit tracé en haut d'un mur circulaire, très étroit et très élevé (figure 11.13). Vous devez cette fois faire très attention, car un tout petit écart vous fait tomber du mur, et vous n'arriverez jamais à terminer le cercle. Dans ces conditions, une toute petite déviation modifie totalement l'évolution ultérieure du système.

Lequel de ces deux modèles est le bon ? On ne le sait pas encore. C'est dire que la thermodynamique est une science qui continue à se développer. Elle plonge au cœur de notre compréhension du monde.

Figure 11.13 Cycliste roulant en haut d'un mur circulaire étroit.

QUATRIÈME PARTIE

Électricité et électromagnétisme

12

Électricité

L'électromagnétisme

L'ambre est une très belle pierre semi précieuse utilisée depuis la préhistoire pour confectionner des bijoux et des objets ornementaux. On sait aujourd'hui qu'il s'agit de résine de pin ou d'autres conifères fossilisée. Elle avait attiré l'attention des anciens grecs qui l'appelèrent *ηλεκτρον* (elektron). Au VIIe siècle avant notre ère, Thalès de Milet constata que lorsqu'on frotte de l'ambre vigoureusement avec un tissu, elle attire de petits brins de paille, des plumes ou encore de petites graines. Au cours des siècles suivants, on découvrit d'autres matériaux qui présentent la même propriété.

La pierre d'aimant naturelle est un minéral qui a lui aussi des propriétés particulières. Connu sous le nom de magnétite, ce minéral est un oxyde de fer qui a la propriété d'attirer le fer. On connaît cette propriété de l'aimant depuis plus de 2 500 ans. Par ailleurs, un aimant flottant sur un liquide ou suspendu à un fil s'oriente dans la direction nord-sud. Au Ier siècle avant notre ère, le poète romain Lucrèce fut le premier à proposer une explication théorique du magnétisme dans son poème *De natura rerum.*

Toutefois, l'étude détaillée de ces phénomènes ne commença qu'avec les travaux de l'anglais William Gilbert (1544-1603). Gilbert avait fait des études de médecine à Cambridge et acquit une certaine renommée comme médecin. Il devint président du Collège de Médecine et, plus tard, médecin personnel de la reine Elisabeth Ire. Il s'intéressa au travail de l'ingénieur français Petrus Peregrinus de Maricourt sur les aimants et entreprit de réaliser de très soigneuses expériences pour déterminer la nature du magnétisme. Celles-ci le conduisirent par la suite à s'intéresser également aux propriétés de l'ambre et à montrer que les attractions exercées par ces deux types de substances étaient de natures différentes. Dans son livre *De Magnete*, publié en 1600, il présenta une discussion systématique du magnétisme, mais aussi de la force d'attraction de l'ambre frottée. Il forgea le terme *électrique* pour qualifier « les corps qui attirent de la même façon que l'ambre ».

L'électricité et le magnétisme furent considérés comme des sciences distinctes jusqu'au début du XIXe siècle. À cette époque, le physicien danois Christian Oersted constata qu'il existait une liaison profonde entre ces deux sciences. L'idée fut développée, entre autres, par le physicien anglais Michael Faraday et il revint à l'Écossais James Clerk Maxwell de réunir finalement l'électricité et le magnétisme en une théorie unique, celle de l'électromagnétisme, résumée en quatre équations qui portent désormais son nom. Nous reviendrons sur la fascinante histoire de l'électromagnétisme au chapitre 14.

La charge électrique

Pendant vingt-quatre siècles, de l'époque de Thalès à celle de Gilbert, on ne connut que les propriétés *attractives* de l'ambre et des « corps qui attirent de la même façon que l'ambre ». En 1773, le chimiste français Charles François de Cisterney du Fay réalisa une série d'expériences au cours desquelles il touchait une feuille d'or avec un barreau de verre électrisé en le frottant sur de la soie (figure 12.1). Avant d'être touché par le verre, la feuille d'or était *attirée* vers

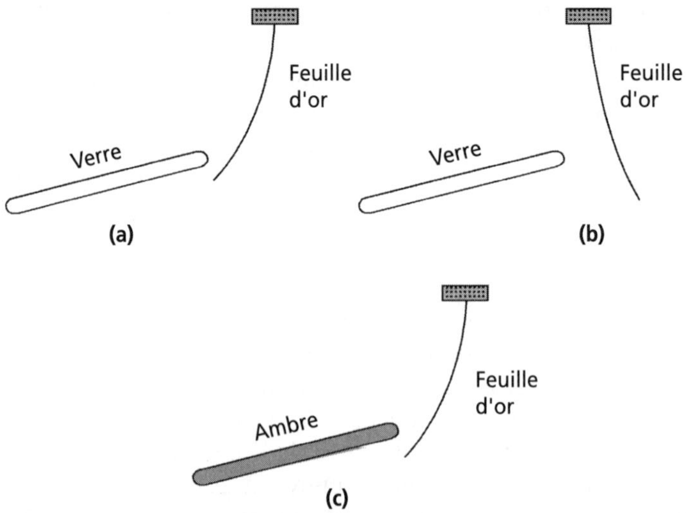

Figure 12.1 **(a)** Un barreau de verre qu'on a frotté avec de la soie attire une feuille d'or. **(b)** Quand la feuille d'or est touchée avec le barreau d'or, le barreau et la feuille se repoussent ensuite l'un l'autre. **(c)** Une feuille d'or chargée avec le barreau de verre est attirée par un barreau d'ambre chargé.

le barreau, mais après le contact, la feuille était *repoussée.* En outre, contrairement à son attente, la même feuille d'or était *attirée* vers un barreau d'ambre frotté avec de la laine. Inversement, une feuille d'or initialement touchée par le barreau d'ambre électrisé, puis repoussée par ce même barreau était alors attirée par le barreau de verre électrisé.

Du Fay aboutit à la conclusion qu'il y avait deux sortes d'électricité. Il qualifia celle qui est produite par le verre de *vitreuse* et l'autre, celle de l'ambre, de *résineuse*. Du Fay énonça ses conclusions en disant que *des corps portant le même type d'électrisation se repoussent, tandis des corps d'électrisation différente s'attirent.*

Benjamin Franklin, homme d'État, inventeur et écrivain fut aussi le premier des physiciens américains. En 1747 il réalisa des expériences qui montrèrent qu'un type d'électrisation pouvait être neutralisé par l'autre. Ce résultat l'amena à penser que les deux types d'électricité n'étaient pas simplement *différents* mais en fait *opposés.* Il postula que tous les objets possèdent une quantité *normale* d'électricité et qu'une partie de cette électricité peut être transférée à un autre corps par frottement. Après ce transfert d'électricité, le premier corps présente un déficit d'électricité, que l'on pourrait indiquer par un signe *négatif*, tandis que l'électrisation du second corps, qui a reçu de l'électricité en surplus, serait caractérisée par un signe *positif.* Franklin ne voyait aucune différence de comportement entre l'électricité vitreuse et l'électricité résineuse, aussi n'avait-il aucun moyen clair de décider que tel type devait être considéré comme positif et tel autre comme négatif. Il choisit donc arbitrairement de dire que le frottement d'un barreau de verre avec un tissu de soie *apportait* de l'électricité au barreau et que cette électricité devait donc être positive. Le frottement de l'ambre sur la laine faisait quand à lui *perdre* de l'électricité : l'électricité résineuse était donc négative (figure 12.2). Aujourd'hui, nous utilisons plutôt le terme de *charge électrique* et nous parlons de « charge électrique positive » et de « charge électrique négative ».

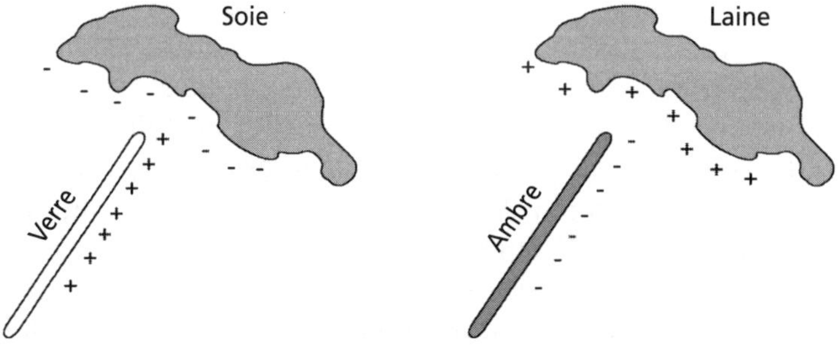

Figure 12.2 Un barreau de verre qui a été frotté avec de la soie. Un barreau d'ambre frotté avec de la laine se charge négativement.

Franklin avait une chance sur deux de se tromper en adoptant cette convention de signe. Et il s'est trompé. Nous savons aujourd'hui que les porteurs de la charge électrique lors de ces expériences sont les électrons. Selon la convention de Franklin, ils portent une charge négative. Dans le cas du barreau de verre frotté sur de la soie, les électrons *quittent* le barreau et se fixent sur les molécules de soie. Ces électrons de charge négative sont arrachés à certaines des molécules de verre situées près de la surface qui deviennent ainsi des ions positifs : les atomes de silicium et d'oxygène qui constituent ces molécules de verre ont alors un électron de moins que le nombre de protons dans leurs noyaux et ces molécules ont donc une charge nette positive. La soie, elle, a *acquis* des électrons supplémentaires et se charge ainsi... négativement. Au cours d'une expérience de ce genre, près d'un milliard d'électrons sont transférés par frottement. Nous utilisons toujours la convention de Franklin, mais il vaut mieux être averti de l'interprétation correcte de ces phénomènes et du sens réel dans lequel se déplacent les porteurs de charge.

La loi de Coulomb

Quelle est la nature de la force électrique ? Comment des charges de signe contraire s'attirent-elles ? Comment se repoussent les charges de même signe ? Une partie de la réponse à ces questions a été obtenue grâce à une brillante intuition du chimiste anglais Joseph Priestley. En 1775, Franklin avait constaté que de petites balles de liège chargées ne semblaient pas affectées par un récipient métallique lui aussi chargé, pourvu qu'on les suspende *à l'intérieur* du récipient. Au contraire, si on les plaçait à l'extérieur, elles étaient attirées par les parois métalliques. Il avait demandé à son ami Priestley de s'intéresser à ce phénomène. Priestley réalisa tout de suite qu'une situation analogue se produit en mécanique. Si on place un objet de masse m à l'intérieur d'une planète creuse, la force gravitationnelle globale qui agit sur l'objet est nulle (figure 12.3), alors que le même objet serait attiré vers la planète s'il était placé à l'extérieur. Comme la force gravitationnelle est une force proportionnelle à l'inverse du carré de la distance, Priestley postula qu'il en allait de même pour la force qui s'exerce entre deux charges électriques.

Charles Augustin Coulomb était né en 1736 dans une famille fortunée d'Angoulême, en France. Il étudia les mathématiques et devint ingénieur militaire. Son premier travail consista à construire un fort à la Martinique et il revint à Paris en 1773. Sa santé devenue précaire, il dut se retirer à Blois où, alors que la Révolution Française allait commencer, il se consacra à l'expérimentation scientifique. En 1777, Coulomb inventa une *balance de torsion*

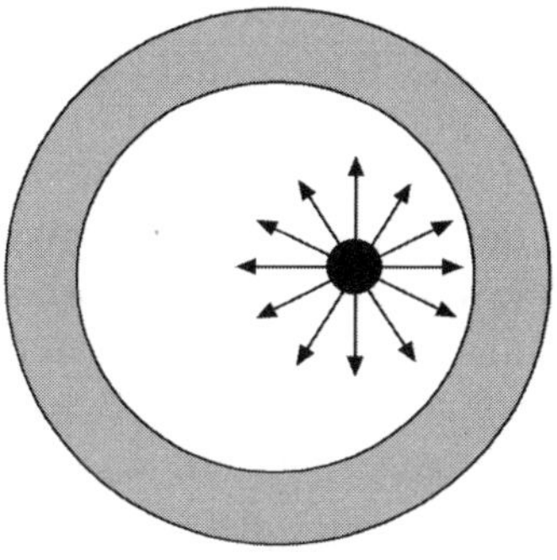

Figure 12.3 La force gravitationnelle agissant sur l'objet de masse *m* placé à l'intérieur d'une coquille est la somme des forces gravitationnelles exercées sur l'objet par toutes les parties de la coquille. Toutes ces forces s'équilibrent et la force résultante est nulle.

pour mesurer très précisément la force qui s'exerce entre des objets électriquement chargés. (Peu de temps après, Cavendish utilisa une balance de torsion similaire pour « peser la Terre », c'est-à-dire pour déterminer la valeur de la constante de gravitation G.) Coulomb attacha une petite sphère chargée à un barreau isolant horizontal suspendu par un fin fil d'argent (figure 12.4). Près de la première sphère, il plaça une deuxième sphère chargée. Quand les sphères s'attiraient ou se repoussaient, (selon que leurs charges étaient de signe opposé ou de même signe), le fil se tordait d'un certain angle. L'angle de torsion permit à Coulomb de déterminer que la force entre les sphères était proportionnelle à l'inverse du carré de la distance entre les sphères, comme Priestley l'avait pensé. Si r est la distance entre les centres des sphères, la force électrique F qui s'exerce entre elles est :

$$F \propto \frac{1}{r^2}$$

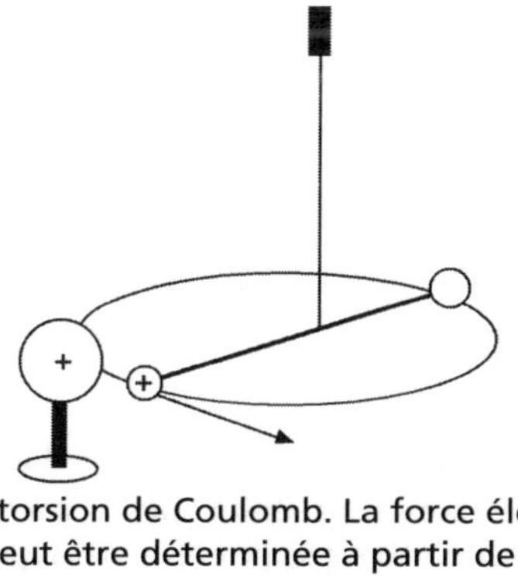

Figure 12.4 Balance de torsion de Coulomb. La force électrique entre la sphère suspendue et celle fixe peut être déterminée à partir de l'angle de torsion du fil.

Coulomb montra aussi que la force électrique dépendait de la grandeur des charges en présence. À l'époque, il n'existait pas de méthode pour mesurer la charge de différents objets. Coulomb inventa donc un moyen ingénieux de les comparer. Lorsqu'il mettait en contact deux sphères dont l'une était chargée et l'autre non, il constata que la charge se répartissait uniformément sur les deux sphères, de sorte que chacune d'elles portait la moitié de la charge initiale. En mettant en contact d'autres sphères non chargées avec l'une des précédentes, il pouvait obtenir des sphères chargées portant un quart, un huitième, et ainsi de suite, de la charge initiale.

Ceci permit à Coulomb d'établir que la force électrique est également proportionnelle aux charges portées par les corps en présence.

Les résultats des expériences de Coulomb sont résumés par ce que nous nommons la *Loi de Coulomb* :

> *La force exercée par un objet chargé sur un autre varie comme l'inverse du carré de la distance séparant les deux objets et est proportionnelle au produit des valeurs absolues des charges. La force est dirigée selon la ligne droite joignant les charges. Elle est attractive si les charges sont de signe opposé et répulsive si les charges sont de même signe* [figure 12.5].

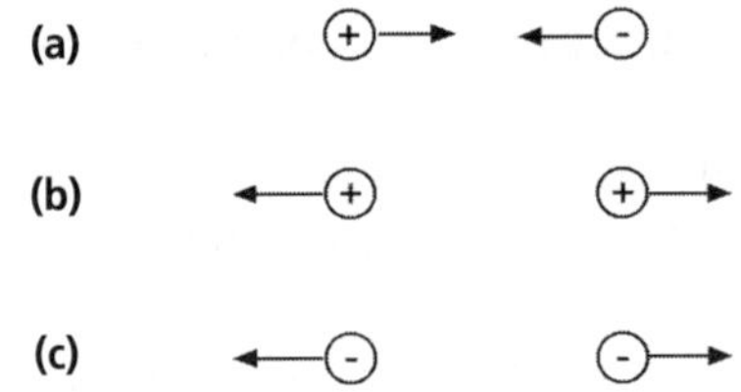

Figure 12.5 La force électrique exercée par une charge sur une autre est dirigée selon la droite qui les joint. **(a)** Des charges de signes opposés s'attirent. **(b)**, **(c)** des charges de même signe se repoussent.

Si nous notons q_1 et q_2 les valeurs des deux charges, et r la distance entre leurs centres, nous pouvons énoncer la loi de Coulomb en une seule équation :

$$F = k\frac{q_1 q_2}{r^2}$$

où k est la constante de Coulomb. L'unité SI de charge est le coulomb (C) et la valeur de la constante de Coulomb est :

$$k = 9 \times 10^9 \text{ Nm}^2/\text{C}^2$$

Dans la pratique, on rencontre rarement des charges aussi élevées qu'un coulomb. La force qui s'exercerait entre deux corps distants de 1 m ayant chacun une charge de 1 C serait de 9×10^9 N, l'équivalent du poids d'une masse d'un million de tonnes ! Typiquement, les charges produites en frottant de petits objets sont comprises entre un nanocoulomb (nC) et un microcoulomb (μC).

La charge fondamentale est celle qui est portée par un électron unique ou, à un changement de signe près, par un proton. La charge fondamentale de l'électron est :

$$e = 1{,}602 \times 10^{-19}\ \mathrm{C}$$

Le champ électrique

Comment deux objets séparés d'une distance r peuvent-ils agir l'un sur l'autre ? Au XIXe siècle, le physicien anglais Michael Faraday introduisit le concept de *champ* de façon à représenter l'interaction électrique entre les charges de manière intuitive. Nous le verrons dans les derniers chapitres de ce livre, il existe d'autres façons de considérer ces interactions, mais le concept de champ n'en demeure pas moins très utile et très puissant.

Certaines situations de la vie courante nous permettrons d'illustrer la notion de champ. Imaginez, par exemple, la queue qui se forme devant un guichet de cinéma. Quand il n'y a plus de places, la rumeur se répand très vite dans la queue. Certaines personnes l'entendent directement au guichet. D'autres l'apprennent de la bouche des premiers et la répètent autour d'eux. D'autres enfin le devinent en observant le mouvement de la foule ou la mine désappointée de certains. Ainsi l'information sur la pénurie de places se répand à travers la foule sans qu'il soit nécessaire que chaque personne vienne s'adresser au guichetier. On peut considérer que la région de l'espace qui entoure le guichet est affectée par un « champ ». Les personnes intéressées par l'achat d'un ticket qui entrent dans cette région reçoivent l'information sans entrer en contact avec le guichetier.

En physique, on utilise la notion de champ lorsqu'une certaine variable doit être définie en chaque point d'une région particulière de l'espace. La distribution de température de l'eau d'une mare en est un exemple. On parle alors de champ de température. La propriété qui distingue l'espace autour de la Terre — où tout objet est soumis à une attraction gravitationnelle — des régions plus lointaines est qualifiée de « *champ gravitationnel* » terrestre. De façon analogue, le *champ électrique* décrit les propriétés de l'espace autour d'un objet chargé électriquement. La présence d'un corps chargé en un point donné modifie les propriétés de l'espace environnant de sorte qu'un autre objet placé dans cette région ressent une force dont l'intensité est donnée par la loi de Coulomb.

La figure 12.6 montre une charge positive q en un point donné de l'espace. Si nous plaçons une petite *charge test* q_0 positive en un point voisin, la charge

q exercera une force sur cette charge test, force qui est dirigée selon la ligne droite joignant les deux charges. Le champ électrique **E** est égal à la force de Coulomb divisée par la charge test q_0 :

$$\mathbf{E} = \frac{\mathbf{F}}{q_0}$$

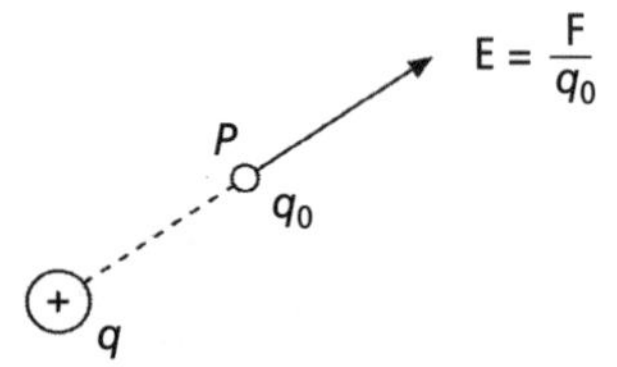

Figure 12.6 Le champ électrique **E** en un point P près d'une charge positive q est défini en plaçant en ce point P une petite charge positive q_0. La valeur de **E** est celle de la force de Coulomb qui s'exerce sur la charge test divisée par la valeur de la charge test.

Le champ électrique est une grandeur vectorielle qui a une intensité (un module), une direction et un sens. Elle est proportionnelle à la force de Coulomb, qui est elle-même une grandeur vectorielle. La direction et le sens du vecteur champ électrique sont ceux de la force sur une charge test positive. L'unité de champ électrique est le newton par coulomb, N/C.

En plaçant la charge test en plusieurs points au voisinage de la charge q, on établit une carte du champ électrique autour de cette charge. La figure 12.7 montre les champs électriques créés par une charge positive et par une charge négative. Comme la charge test est toujours positive, le champ électrique converge vers la charge négative. Pour un couple de charges, la configuration des lignes de champ électrique est la superposition des lignes de champ dues à chacune des charges, comme on peut le voir sur la figure 12.8a. On a repré-

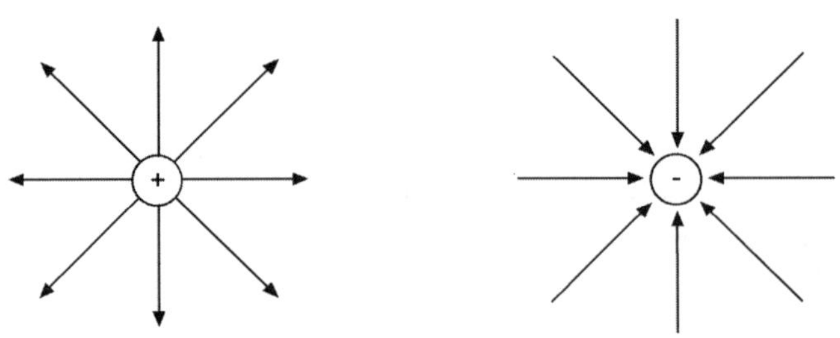

Figure 12.7 Champs électriques autour d'une charge positive et d'une charge négative.

senté sur la figure 12.8b le champ électrique créé par deux charges électriques identiques, ainsi que celui qui est créé par deux charges opposées. Remarquez également les lignes de champ entre les deux plaques métalliques parallèles portant des charges opposées sur la figure 12.9. Ce champ est uniforme dans toute la région délimitée par les plaques : on visualise cette propriété en représentant des lignes de champ parallèles et également espacées.

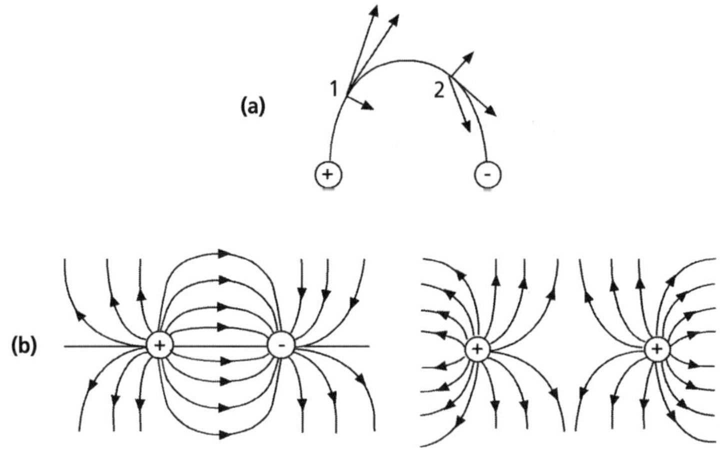

Figure 12.8 Le champ électrique dû à une paire de charges est une superposition des champs dus à chacune des charges. **(a)** Le champ aux points 1 et 2 est la résultante du champ dû à la charge positive, un vecteur pointant à partir de la charge positive, et de celui dû à la charge négative, un vecteur pointant vers la charge négative. **(b)** Champ électrique dû à deux charges opposées (à gauche) et celui dû à deux charges identiques (à droite).

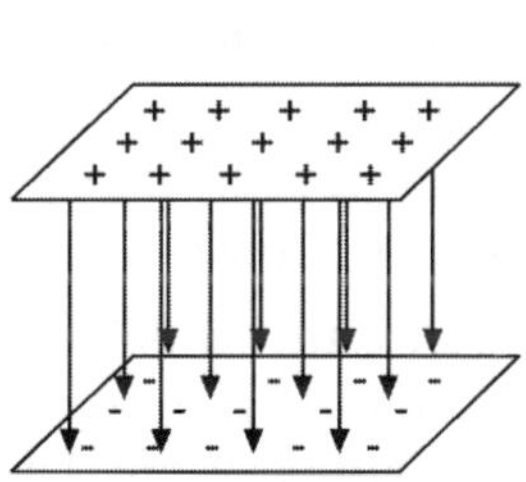

Figure 12.9 Champ électrique créé par deux plaques de métal parallèles et porteuses de charges opposées.

La figure 12.10 est une photographie du champ électrique créé par deux barreaux portant des charges opposées, c'est-à-dire de valeurs absolues égales et de signes contraires. Le champ électrique est matérialisé par des graines flottant dans un liquide isolant.

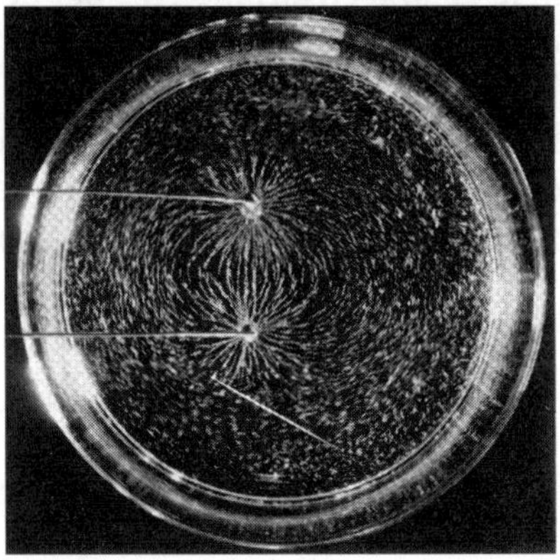

Figure 12.10 Champ électrique créé par deux barreaux portant des charges opposées. Les lignes de champ sont matérialisées par de petites graines de gazon flottant dans un liquide isolant. D'après *PSSC Physics* Septième édition, Haber-Schaim, Dodge, Gardner et Shore. Kendall/Hunt Publishing Company, 1991.

La charge fondamentale

En 1891, à Oberlin Collège, un jeune étudiant américain venait de finir d'obtenir sa maîtrise avec d'excellentes notes… en grec. Son école lui fit une alléchante proposition. En raison d'une pénurie de scientifiques aux États-Unis, l'école n'avait pas pu trouver de professeur de physique qualifié et lui proposait le poste, s'il acceptait le défi. Robert A. Millikan accepta et tomba amoureux de son nouveau sujet. Il acheva ses études de physique tout en l'enseignant. Il obtint alors le premier doctorat de physique délivré par l'Université de Columbia. Après avoir travaillé chez Max Planck en Allemagne, il retourna aux États-Unis et accepta un poste à l'université de Chicago en 1910.

En 1897, J. J. Thomson avait réussi à déterminer le rapport de la charge électrique à la masse de l'électron, à l'aide d'une expérience qui est devenue un classique de l'histoire des sciences. Ayant déterminé ce rapport, Thomson et ses collaborateurs J. S. Townsend et H. A. Wilson essayèrent de mesurer la charge e de l'électron au cours d'une série d'expériences dans lesquelles un gaz ionisé était injecté dans de l'eau pour former un nuage de bulles. En déterminant la masse et la charge électrique totale du nuage et en estimant le nombre des ions, ils estimèrent que la charge de l'électron était voisine de $1{,}0 \times 10^{-16}$ C. Malheureusement, ils ne parvinrent pas à obtenir une estimation assez précise du nombre d'ions dans le nuage.

Aux frontières de la physique : l'électrostatique sur Mars

Mars, la plus proche planète du Système solaire, est depuis l'objet de toutes les attentions depuis l'Antiquité. Aujourd'hui, on aimerait savoir s'il y a de l'eau et des organismes vivants dans le sous-sol martien. Cette question a fait de l'exploration martienne un des axes forts de la recherche spatiale. L'Agence spatiale européenne (ESA) et la NASA ont toutes deux lancé des programmes d'exploration intensive de Mars.

Les scientifiques de la NASA doivent résoudre de nombreux problèmes techniques auxquels devront faire face ces futures missions. Les sondes Viking des années 1970 ainsi que la mission *Pathfinder*, plus récente, ont montré que d'importantes portions de la surface martienne sont recouvertes d'une mince couche assez homogène de fines particules. Ces poussières, alliées aux fréquentes tempêtes de sable et à l'extrême aridité de l'atmosphère martienne contribuent à rendre l'environnement très propice à la création de charges électrostatiques. La surface des atterrisseurs, des robots d'exploration ou d'autres équipements est susceptible d'acquérir une charge électrique par contact avec les particules de poussière du sol ou avec celles qui sont en suspension dans l'atmosphère. Ces particules peuvent elle-mêmes acquérir une charge électrique à la suite de collisions ou sous l'effet du frottement du vent. Les forces électrostatiques les agglutinent alors sur le matériel. Elles peuvent boucher des filtres, recouvrir les cellules photovoltaïques des panneaux solaires, encrasser les radiateurs ou occulter les objectifs des caméras. En outre, les tensions engendrées par l'accumulation de ces poussières pourraient produire des décharges électrostatiques dangereuses aussi bien pour les équipements électroniques que pour d'éventuels astronautes lors des futures missions habitées.

Pour régler ce problème, la NASA a mis au point un électromètre de mesure qui vise à établir la compatibilité du matériel à l'environnement martien : le MECA (acronyme de son nom anglais). Cet instrument mesure la charge électrostatique obtenue par frottement sur différents matériaux. Il a été conçu par des ingénieurs et des chercheurs du *Jet Propulsion Laboratoire* (*JPL*) et du Centre spatial Kennedy de la NASA. Deux équipes, dirigées par le Dr Martin Buehler, du JPL, et par l'auteur, au Centre Kennedy, ont calibré cet instrument. Le MECA contient huit senseurs. Six d'entre eux mesurent la charge développée par contact ou par frottement sur six matériaux isolants différents : le Lexan, le Téflon, le Rulon J, la Lucite et une résine epoxy chargée de fibre de verre. Ces différents matériaux ont été choisis pour leur aptitude à se charger par frottement. L'instrument contient également une jauge ionique, qui mesurera la concentration en ions dans l'atmosphère de Mars, un simple électromètre, destiné à la détermination des champs électriques atmosphériques, et un thermomètre.

L'instrument sera placé sur le pied d'un futur robot d'atterrissage. Durant la manœuvre, l'électromètre sera frotté contre le sol martien. On obtiendra ainsi des informations sur la façon dont les différents matériaux réagissent dans cet environnement. L'intérêt de l'expérience est en partie direct — puisque certains des matériaux choisis sont communément utilisés dans la construction spatiale — mais le principal avantage est que l'on obtiendra des données que l'on pourra reproduire en laboratoire, afin de caractériser sur Terre l'aptitude des matériaux à un séjour sur Mars. Dans le futur, on réalisera des instruments plus sophistiqués qui caractériseront le sol et la poussière de Mars ainsi que les nouveaux matériaux destinés à être utilisés dans des missions d'exploration.

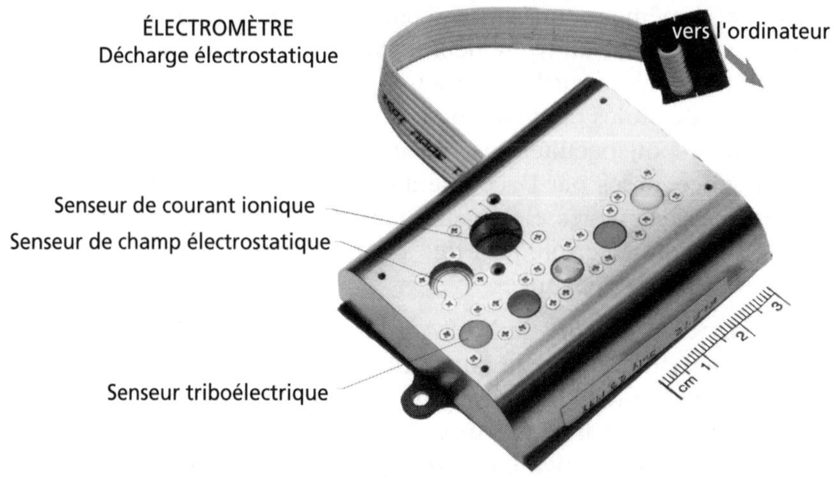

L'électromètre MECA avec sa rangée de 5 senseurs électrostatiques, l'électromètre (à gauche sur le dessus de l'appareil) et la jauge à ions (dessus à droite). Le coffret contient également un senseur de température.

En 1909, Millikan réalisa une série d'expériences dans lesquelles des gouttes d'huile électriquement chargées étaient maintenues en équilibre dans l'air pendant plusieurs heures grâce à un champ électrique uniforme créé entre deux plaques parallèles de charges opposées (figure 12.11). Une goutte d'huile de masse m est attirée vers le sol par une force $F = mg$, qui n'est autre que son poids. Quand la goutte porteuse d'une charge q est placée dans une région où le champ électrique est vertical et uniforme, elle subit une force verticale $F = qE$ que l'on peut régler — en appliquant un champ électrique approprié — de façon à ce qu'elle compense le poids de la goutte. On a alors :

$$qE = mg$$

Ainsi, lorsque l'on fait varier le champ électrique entre les plaques, on fait monter ou descendre les gouttes d'huile. Si la charge d'une goutte change durant l'observation, il y a une variation correspondante de sa vitesse. Au cours de ces observations, Millikan constata que *la charge électrique est toujours un multiple entier d'une charge élémentaire dont la valeur absolue est la charge de l'électron, e.* Il détermina ainsi la charge de l'électron avec une précision d'un millième. En 1923, Millikan reçut le prix Nobel de physique pour ces expériences.

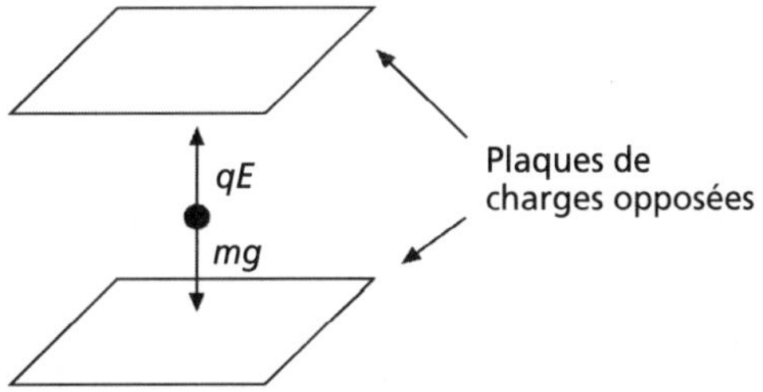

Figure 12.11 Expérience de Millikan. Le poids de la goutte d'huile est compensé par la force électrique, *qE,* agissant sur la goutte chargée.

Le potentiel électrique

Lorsque nous avons étudié l'énergie, nous avons constaté que la notion d'énergie potentielle est très utile, en particulier quand on s'intéresse au comportement d'objets placés au voisinage de la Terre, là où ils subissent son attraction gravitationnelle. Au chapitre 4, nous avons précisé que la force gravitationnelle est une force conservative, ce qui signifie que le travail nécessaire pour déplacer un objet d'un point à un autre dans un champ gravitationnel ne dépend que du point de départ et du point d'arrivée et absolument pas du trajet particulier suivi par l'objet.

Une charge électrique q_0 placée dans le champ électrique d'une autre charge q est soumise à une force F qui est proportionnelle au produit des valeurs absolues des deux charges et inversement proportionnelle au carré de la distance r_1 qui les sépare. Si on rapproche la charge q_0 de la charge q pour la placer à une distance r_2, la *seule* chose qui change dans l'expression de la force électrique est la distance qui les sépare. Le trajet parcouru pour déplacer la charge q_0 ne joue aucun rôle (figure 12.12). Comme la force gravitationnelle, la force électrostatique est une force conservative.

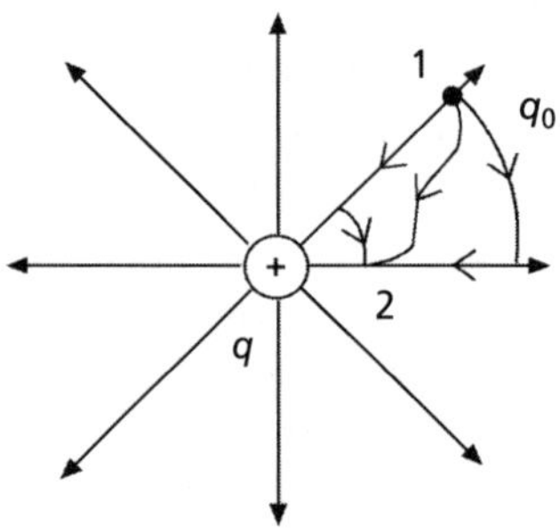

Figure 12.12 Le travail fourni par l'opérateur qui déplace une charge q_0 d'un point 1 à un point 2 est indépendant du chemin suivi. On dit alors que la force électrique est conservative.

Si les charges q et q_0 sont de même signe, il faut fournir du travail pour les rapprocher. Ce faisant, l'énergie totale de la particule portant la charge q_0 augmente d'une quantité égale au travail fourni pour lutter contre la force de répulsion. Cette augmentation de l'énergie totale correspond à un accroissement de son *énergie potentielle électrique*, ΔEP. Quand on *éloigne* la charge positive q_0 de la charge q, cette énergie potentielle électrique *diminue*, puisque les deux charges positives se repoussent. Considérons maintenant le cas où les deux charges sont de signe opposé, soit parce que la charge test q_0 est positive et placée dans le champ d'une charge q négative, soit l'inverse. Les deux charges s'attirent de sorte que le potentiel électrique diminue lorsqu'on rapproche q_0 de q (il augmente si on les éloigne).

La variation d'énergie potentielle électrique dépend donc de la valeur de la charge q_0. Il serait plus commode de définir une quantité qui n'en dépende pas. C'est pour cette raison qu'on définit *la différence de potentiel électrique* V, entre deux points comme *la variation d'énergie potentielle électrique subie par une charge q_0 entre ces deux points divisée par la charge :*

$$V = \frac{\Delta EP}{q_0}$$

L'unité SI de différence de potentiel est le volt (V). D'après sa définition, 1 volt est égal à 1 joule divisé par 1 coulomb :

$$1\,\mathrm{V} = \frac{1\,\mathrm{J}}{1\,\mathrm{C}}$$

Le volt est ainsi nommé en l'honneur d'Alessandro Volta, professeur de physique à l'Université de Pavie, en Italie, qui a inventé la pile électrique. Nous appelons parfois *voltage* ou *tension* la différence de potentiel. D'après la définition de la différence de potentiel nous pouvons maintenant aisément comprendre pourquoi l'*électron volt (eV)* représente une énergie. Une particule ayant une charge égale à celle de l'électron qu'on déplace dans un champ électrique entre deux points dont la différence de potentiel est égale à 1 volt verra son énergie potentielle varier de 1 électron volt :

$$\Delta EP = qV = 1\text{ eV} = 1{,}6 \times 10^{-19}\text{ C V} = 1{,}6 \times 10^{-19}\text{ J}$$

Comment stocker l'énergie électrique ?

Nous l'avons vu, il faut fournir du travail pour déplacer une charge dans un champ électrique et ceci modifie son énergie potentielle. Serait-il possible de *stocker* cette énergie potentielle pour un usage ultérieur ? Oui, et c'est le physicien hollandais Pieter van Musschenbroeck, professeur de physique à l'université de Leyde, qui y parvint pour la première fois en 1746. Il suspendit une bouteille en métal remplie d'eau par des fils isolants en soie et il appliqua dans l'eau un fil de laiton relié à un cylindre chargé. Alors que le cylindre était déconnecté, un étudiant qui aidait Musschenbroeck toucha le fil de laiton par inadvertance, ce qui en fit certainement la première personne victime d'un choc électrique artificiellement provoqué. Musschenbroeck réalisa qu'il avait accidentellement découvert une façon de stocker de la charge électrique. La nouvelle de l'expérience se répandit rapidement et, bientôt, on construisit et on améliora les « bouteilles de Leyde » dans de nombreux autres laboratoires. On appelle aujourd'hui *condensateur* un objet qui, comme la bouteille de Leyde, est susceptible de stocker l'énergie électrique sous forme de charge.

Il est possible d'emmagasiner de l'énergie en créant un champ électrique. On peut pour cela utiliser deux plaques métalliques non chargées séparées par une distance d. Quand une petite charge est transportée d'une plaque à l'autre, il apparaît une petite différence de potentiel (figure 12.13). Si nous continuons le processus de transfert de charge d'une plaque à l'autre, il s'établira une différence de potentiel V et un champ électrique E entre les plaques. Il a fallu fournir du travail pour séparer les charges et créer ce champ électrique.

Ce travail est transformé en énergie potentielle qui est emmagasinée dans le système. On a, dans ce cas particulier, un *condensateur plan.*

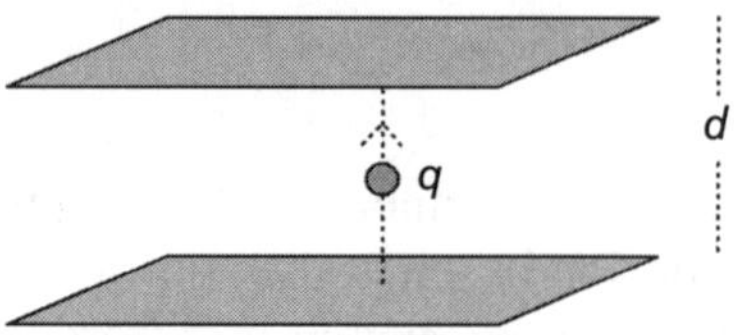

Figure 12.13 Quand on fait passer une petite quantité de charge d'une plaque métallique à l'autre, il apparaît une petite différence de potentiel. Un tel appareil est un condensateur plan.

Il existe des condensateurs de différentes formes. La charge qui peut être stockée à un potentiel donné dans un condensateur dépend de ses caractéristiques géométriques. Volta introduisit la notion de « capacité électrique », par analogie avec la capacité calorifique qui désigne la capacité de stockage de l'énergie thermique dans une certaine substance (autrement dit la quantité d'énergie thermique qui est emmagasinée à une température donnée). Aujourd'hui, nous utilisons le terme de *capacité.* La capacité d'un condensateur est d'autant plus élevée que la tension nécessaire pour stocker une charge donnée est faible.

Dans la plupart des condensateurs, un matériau isolant est inséré entre les plaques qui portent la charge. Ce matériau augmente leur capacité. Si le matériau isolant est simplement de l'air, la capacité du condensateur n'augmente que de 6/10 000 par rapport au vide. Mais pour d'autres matériaux, cette augmentation est parfois considérable. Le verre, par exemple, accroît la capacité d'un facteur compris entre 5 et 10. Dans tous les cas, l'isolant agit en réduisant la différence de potentiel entre les plaques (pour une charge donnée, la capacité est inversement proportionnelle à la différence de potentiel). Quand les plaques sont chargées, elles agissent sur les porteurs de charge qui constituent le matériau isolant. Ces porteurs de charge ne peuvent pas se déplacer, mais ils se réorientent : les charges positives pointent vers la plaque chargée négativement et les négatives vers la plaque chargée positivement. Cette réorientation — ou polarisation — engendre un nouveau champ électrique dans l'isolant dont le sens est opposé au champ crée par les plaques. Ceci réduit le champ électrique total et, par conséquent, la différence de potentiel. La capacité s'en trouve augmentée d'autant.

Une cellule animale est un vivant exemple de condensateur. Les membranes des cellules sont généralement composées de lipides (des molécules de graisse) et de protéines disposées de façon à ce que les lipides (tel le cholestérol) de la membrane soient placés en sandwich entre deux couches formées de protéines. Cette membrane sépare deux milieux (l'intérieur et l'extérieur de la cellule) contenant respectivement des ions potassium (positifs) et des ions chlorure (négatifs). Une cellule apparaît donc comme un minuscule condensateur où des charges positives et négatives sont séparées par une membrane isolante. La différence de potentiel entre l'intérieur et l'extérieur d'une cellule est en général de l'ordre de 100 mV.

La physique au quotidien : les imprimantes à jet d'encre

Une imprimante à jet d'encre utilise une tête d'impression qui projette de l'encre sur le papier. Une résistance à l'intérieur de la tête d'impression chauffe une petite quantité d'encre ce qui produit une bulle de vapeur. L'augmentation de pression pousse l'encre à travers une buse qui la divise en petites gouttes d'un dixième de millimètre de diamètre. La tête d'impression lance environ 6 000 gouttes par seconde à des vitesses d'environ 15 m/s. Elles passent d'abord à travers une électrode qui les charge, puis entre les plaques chargées d'un condensateur. Lorsque la machine sait qu'il ne faut pas d'encre sur le papier, elle charge les gouttelettes. Ces dernières sont alors défléchies en passant dans le champ électrique du condensateur et au lieu d'atteindre le papier, elles sont renvoyées vers le réservoir. Quand, au contraire, il faut que l'encre atteigne le papier, l'électrode de charge n'est pas alimentée et les gouttelettes ne sont pas chargées. Elles ne sont alors pas déviées et passent sans encombres entre les plaques du condensateur.

Les imprimantes à jet d'encre couleur possèdent quatre réservoirs d'encre contenant des encres noire, bleu cyan, magenta et jaune, qui sont les couleurs standards utilisées en impression professionnelle. En mélangeant ces couleurs, on peut obtenir toutes les autres couleurs.

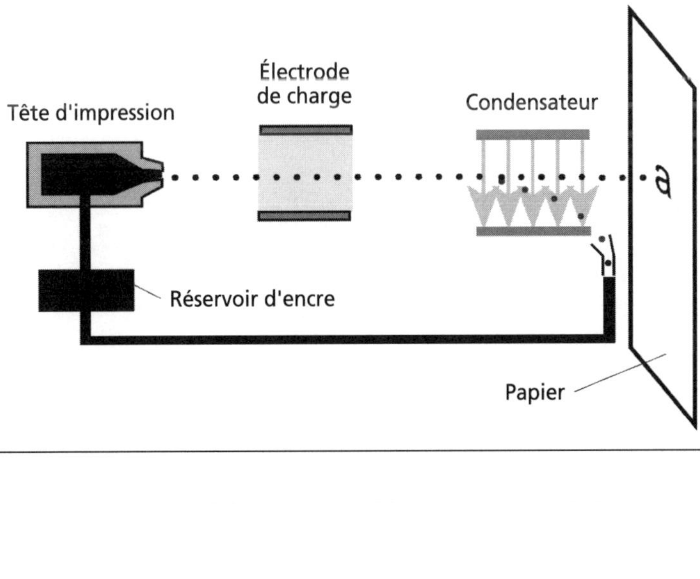

Aux frontières de la physique : le stockage d'électrons isolés

Un nouvel appareil, mis au point par Mark W. Keller et ses collaborateurs au *National Institute of Standards* de Boulder, Colorado, permet de compter individuellement et de stocker des millions d'électrons, un par un, dans un condensateur spécialement adapté. Avec cette pompe à électron, des électrons isolés sont transférés dans un condensateur qui les stocke. La pompe est constituée d'une rangée de six microscopiques îlots arrondis en aluminium séparés par de petits murs d'alumine (de l'oxyde d'aluminium isolant). Les électrons ne peuvent passer d'une île d'aluminium à une autre que si on applique à celles-ci une impulsion électrique. Des impulsions électriques convenablement espacées déplacent les électrons d'îlot en îlot jusqu'à ce qu'ils atteignent le condensateur.

Ces chercheurs ont utilisé leur pompe à électrons pour compter des millions d'électrons, avec une erreur de seulement un électron sur 70 millions ; La principale application de ce système n'est pas de compter les électrons, bien sûr, mais d'augmenter la précision de la mesure des capacités. Ayant compté précisément le nombre des électrons stockés dans un condensateur (ce qui donne la charge totale emmagasinée) et en mesurant la tension à ses bornes, l'équipe de Keller a déterminé la capacité d'un condensateur avec une précision jamais atteinte auparavant.

13

Les applications de l'électricité

Conducteurs et isolants

Nous l'avons vu, une charge électrique apparaît sur un barreau de verre ou d'ambre lorsqu'on le frotte avec un morceau de tissu (figure 13.1a). En revanche, si le barreau est en métal, aucune charge n'apparaît (figure 13.1b). Toutefois, si on touche ce barreau métallique avec un objet chargé, il se charge à son tour (figure 13.1c). Pourquoi ce comportement ? Dans les atomes qui constituent le métal, certains électrons ne sont que faiblement liés aux noyaux et ils sont libres de se déplacer avec une relative facilité. Ainsi, tout excès de charge est rapidement évacué à travers le barreau métallique. On qualifie un tel matériau de *conducteur.* Au contraire, dans le verre, dans l'ambre ou dans d'autres matériaux du même type, les électrons ne sont pas libres de se déplacer. Ils sont liés aux molécules ou aux atomes. Lorsqu'on y dépose un excédent de charge, il y reste (sauf si on réalise un contact avec d'autres objets). Ces matériaux sont dits *isolants.*

Les matières plastiques, le bois et le caoutchouc sont de bons isolants. L'eau pure est également un isolant. Cependant, l'eau du robinet contient des sels dissous sous la forme d'ions susceptibles de se déplacer dans le liquide, ce qui en fait un bon conducteur.

Il existe également des matériaux dits *semi-conducteurs,* qui, comme leur nom l'indique, ont des propriétés intermédiaires entre les conducteurs et les

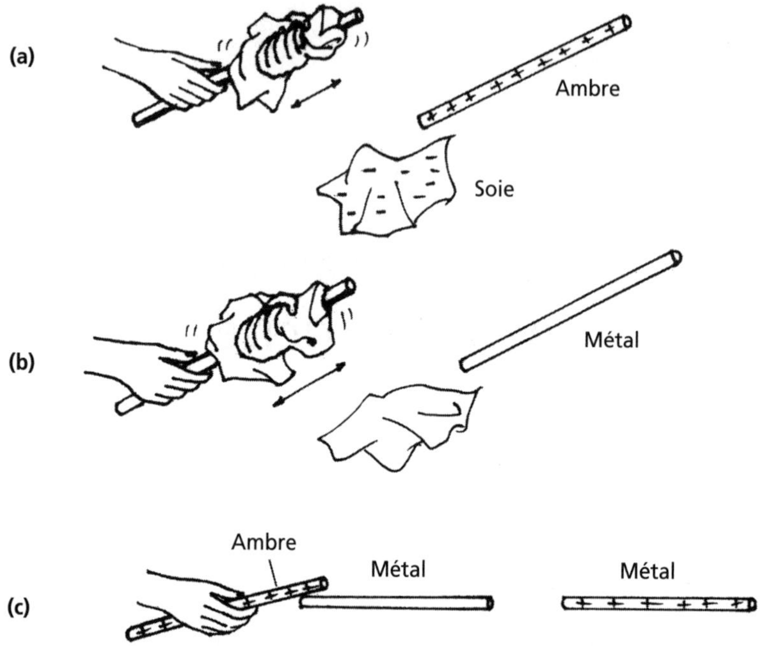

Figure 13.1 **(a)** Frotter un barreau d'ambre avec de la soie produit une charge électrique sur le barreau. **(b)** Aucune charge n'est produite sur le barreau de métal. **(c)** Toucher un barreau de métal isolé avec un barreau d'ambre chargé charge le métal.

isolants. L'électronique moderne s'est développée grâce à la découverte des propriétés particulières de ces matériaux. On peut augmenter la conductivité électrique d'un semi-conducteur en y ajoutant des traces d'autres éléments chimiques dont la structure électronique diffère légèrement de celle des atomes du matériau initial. Comme nous le verrons, chacune de ces *impuretés* fournit un électron supplémentaire au cristal semi-conducteur ou au contraire en capture un. Dans les deux cas, cela revient à créer une charge négative ou positive (on parle alors de « trou ») capable de se déplacer.

Courant électrique et piles

Pendant la première moitié du XVIIIe siècle, la seule méthode dont les physiciens disposaient pour produire un déplacement de charge électrique était la décharge d'une bouteille de Leyde.

En 1800, Alessandro Volta, professeur de physique à l'Université de Pavie, en Italie, découvrit qu'un empilement alterné de disques d'argent et de zinc séparés par du carton humide et enfilés sur une poignée isolante créait une séparation de charges et, par conséquent, une différence de potentiel entre les deux métaux. Quand il reliait par un fil conducteur le premier et le dernier disque, Volta obtenait à travers le fil un passage de charges électriques ou *courant* dont les propriétés étaient les mêmes que celui obtenu en déchargeant une bouteille de Leyde. Avec une différence toutefois : contrairement à ce qui se passait lors de la décharge, le courant de Volta ne variait pas au cours du temps, il était *continu*. Volta donna à son dispositif le nom de *pile* (figure 13.2.).

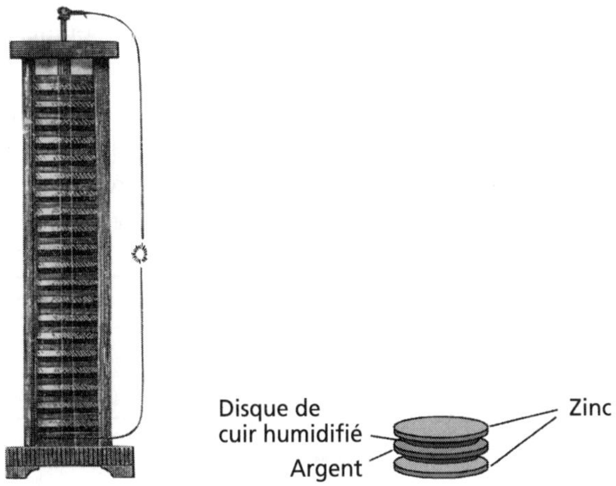

Figure 13.2 Alessandro Volta présenta sa pile devant la Royal Society comme « un assemblage d'un grand nombre de bons conducteurs de différentes sortes [...] 30, 40, 60 morceaux de cuivre, ou mieux d'argent, chacun en contact avec un morceau d'étain, ou, ce qui est beaucoup mieux, de zinc, et un nombre égal de couches d'eau [...] ou de morceaux de carton ou de cuir [...] bien humectés ». ©Bettman/CORBIS.

À tout déplacement net de charge correspond un courant électrique. Pour cela, une différence de potentiel est toujours nécessaire, de même qu'il faut qu'une pierre soit élevée à une certaine hauteur au-dessus du sol pour qu'elle tombe sous l'action de la gravité. Il faut que la pierre ait une différence de potentiel gravitationnel par rapport au sol. Dans un tube cathodique de téléviseur, les électrons sont accélérés grâce à une différence de potentiel électrique. Le faisceau d'électrons qui produit l'image en heurtant l'écran recouvert de substances phosphorescentes est un courant électrique. De même, un courant électrique ne peut exister dans un conducteur que s'il existe une différence de potentiel entre deux points du conducteur. Quand les extrémités d'un fil métallique sont reliées à une pile, cela crée un champ électrique à l'intérieur du conducteur. Le champ électrique agit alors sur les électrons libres du métal et les met en mouvement, produisant ainsi un courant électrique. Si, durant un temps t, il passe une quantité de charge q par un point particulier du conducteur, le courant électrique i est donné par :

$$\text{courant électrique} = \frac{\text{charge}}{\text{temps}} \quad \text{ou} \quad i = \frac{q}{t}$$

Le courant électrique représente la charge circulant dans le conducteur par unité de temps. L'unité de courant est l'ampère (A), nommé en l'honneur du physicien français André Marie Ampère. Elle est égale à un coulomb par seconde. C'est une unité SI fondamentale.

Pour faire circuler un courant électrique, il faut maintenir une différence de potentiel entre deux points. C'est ce que fait la pile de Volta : elle fournit de l'énergie électrique de façon à maintenir une différence de potentiel constante entre les disques métalliques (que l'on appelle *électrodes*) de la pile.

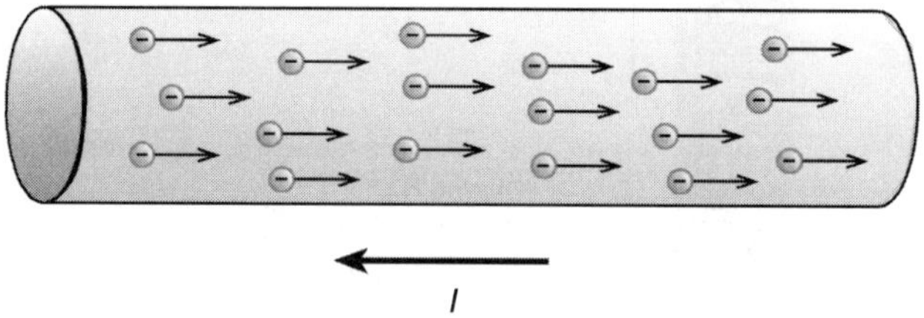

Figure 13.3 Le sens conventionnel du courant dans un conducteur est opposé au sens du mouvement des électrons porteurs de charge.

Avant qu'on ne comprenne la nature atomique de la matière, on croyait que les porteurs de charge en mouvement dans un conducteur étaient chargés positivement. On a donc choisi d'indiquer le sens du courant comme si les particules qui se déplaçaient étaient des charges positives. Aujourd'hui, nous savons que ce sont les électrons qui se déplacent, mais on n'a pas changé la convention du sens du courant (figure 13.3). Autrement dit, le courant se déplace en sens inverse des électrons. Nous pouvons néanmoins continuer à appliquer cette convention, en nous rappelant que des électrons chargés négativement qui se déplacent dans un certain sens par rapport à des ions positifs fixes, sont parfaitement équivalents à des ions positifs se déplaçant dans le sens *opposé* par rapport aux électrons.

La loi d'Ohm

Dans un métal, les atomes sont arrangés selon un réseau cristallin baignant dans une « mer » d'électrons libres susceptibles de déplacer dans le matériau. Ces électrons, dits de *conduction* ou de *valence*, sont en perpétuel mouvement, comme des molécules d'un gaz, et se cognent régulièrement contre le réseau cristallin de sorte qu'en l'absence de champ électrique, leur vitesse moyenne est nulle. Les autos tamponneuses des foires se déplacent très vite entre leurs collisions, mais elles ne vont pas très loin (figure 13,4). Il en va de même des électrons de valence, sauf qu'à la différence des autos tamponneuses, les électrons ne se cognent pas entre eux, mais avec les atomes qui constituent le réseau cristallin du métal. Dans un métal, chaque atome fournit en moyenne un électron à la « mer » des électrons de valence, de sorte que le réseau cristallin est constitué d'ions positifs (des atomes ayant chacun perdu un de leurs électrons).

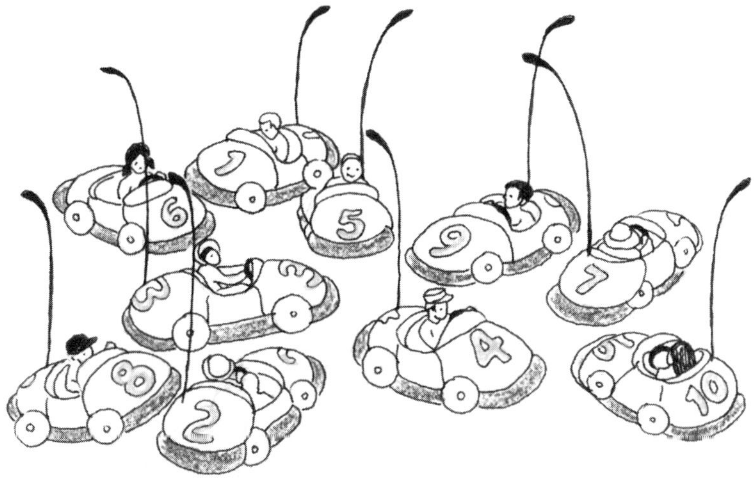

Figure 13.4 Les autos tamponneuses d'une foire entrent continuellement en collision les unes avec les autres, mais elles restent pourtant dans le même endroit.

Quand on applique une différence de potentiel aux extrémités d'un fil métallique, un champ électrique **E** apparaît dans le métal qui induit une force d'intensité (ou module) eE sur les électrons. Les électrons de conduction sont alors accélérés dans la direction de cette force. Cependant, chaque électron entre très rapidement en collision avec un ion du réseau cristallin. Il rebondit, revient en arrière, avant d'être à nouveau accéléré et de se cogner à un autre ion. Conséquence de tous ces chocs, les électrons de conduction se déplacent le long du fil à une vitesse dite de *dérive* très faible, de l'ordre de 1 mm/s, en dépit des grandes vitesses qu'ils acquièrent entre chaque collision (figure 13.5a). On peut se figurer ce qui se passe en imaginant des autos tamponneuses roulant sur une surface inclinée (figure 13.5b). Les voitures se cognent en permanence et rebondissent dans tous les sens, mais l'inclinaison de la piste assure que l'ensemble est entraîné vers la base de la pente par la gravité : il en résulte une vitesse de dérive des autos dans cette direction. Il faut cependant considérer cette analogie avec une certaine prudence. Chaque électron pris individuellement ne se déplace pas nécessairement d'un bout à l'autre du conducteur. Ce qui est transporté par le processus de conduction, c'est finalement de l'énergie et de la quantité de mouvement.

(a)

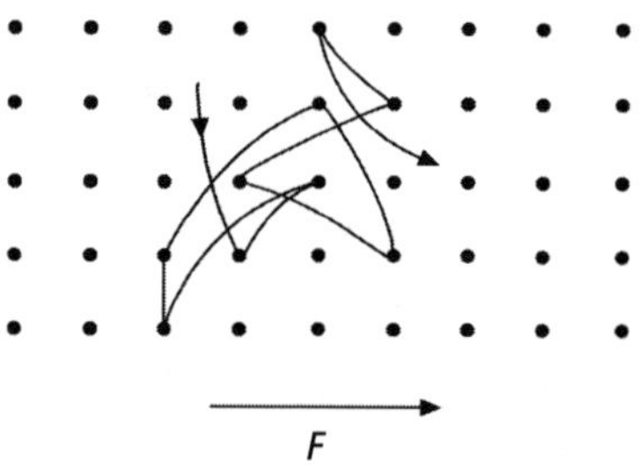

(b)

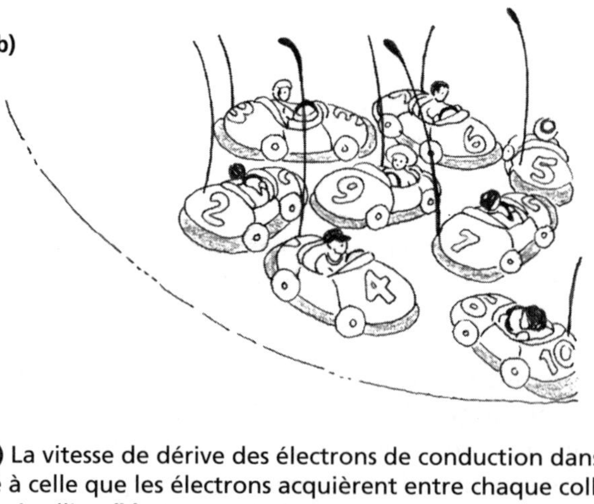

Figure 13.5 **(a)** La vitesse de dérive des électrons de conduction dans un métal est très inférieure à celle que les électrons acquièrent entre chaque collision avec les ions du réseau cristallin. **(b)** Un potentiel gravitationnel créé par l'inclinaison de la piste fait dériver l'ensemble des autos tamponneuses vers le bas de la pente.

Ces remarques expliquent pourquoi un métal offre une certaine *résistance* au passage du courant. Quand nous appliquons une différence de potentiel V aux deux extrémités d'un fil métallique, un courant i apparaît. Ce courant augmente si la différence de potentiel appliquée augmente. Pour reprendre l'exemple des autos tamponneuses, si l'on augmente la pente de la piste, l'effet de la gravité s'accroît et la dérive des autos vers le bas est plus rapide. Cependant, l'intensité du courant dépend de plusieurs facteurs. Le type de métal utilisé est, par exemple, très important. En effet, différentes configurations du réseau cristallin interagissent différemment avec les électrons de conduction. La taille et la forme du fil conducteur affectent également l'intensité du courant. Plus un câble est fin, plus la résistance qu'il oppose au courant est grande. Même chose pour sa longueur : la résistance est d'autant plus élevée que le fil est long.

La physique au quotidien : les voitures électriques

L'idée de propulser un véhicule à l'aide d'un moteur électrique alimenté par des batteries n'est pas nouvelle. Pour l'essentiel, la technologie des accumulateurs a été développée vers la fin du XIXe siècle et, vers 1900, on put construire plusieurs véhicules électriques. Cependant, les accumulateurs nécessaires étaient très lourds et il fallait les recharger à intervalles relativement courts, de sorte que les véhicules électriques étaient d'emploi malcommode. La mise au point de matériaux plus légers et les avancées récentes de la technologie des accumulateurs facilitent grandement la réalisation des voitures électriques. La première automobile électrique moderne, la EV1, a été commercialisée par General Motors. Elle utilise 26 accumulateurs au plomb qui exigent 3 heures de charge et donnent au véhicule une autonomie de 110 à 145 kilomètres.

Dans les voitures à essence classiques, on trouve un accumulateur au plomb avec des électrodes en peroxyde de plomb et en plomb qui sont plongées dans une solution d'acide sulfurique. Cette batterie est chargée à l'aide d'un alternateur qui utilise une partie de la puissance du moteur. La surface totale des plaques étant grande, la batterie est capable de fournir des courants intenses durant une courte période de temps, comme c'est nécessaire au démarrage du moteur. Dans une voiture électrique, en revanche, l'énergie ne provient pas de la combustion d'un carburant mais directement de la batterie. Cependant, les batteries au plomb ordinaires ne peuvent pas fournir en continu l'énergie nécessaire à la propulsion du véhicule. Dans les batteries au plomb de la EV1, le liquide acide est contenu dans des plaquettes fibreuses logées entre les électrodes. Le tout ne pèse que 500 kilogrammes.

On développe actuellement plusieurs sortes de batteries de haute technologie. Les plus innovantes mettent en jeu l'utilisation d'électrodes et d'électrolytes (le milieu conducteur qui relie les électrodes) en polymères conducteurs. Ces batteries en matières plastiques peuvent être mises en rouleaux et moulées de façon à occuper de petites cavités dans la carrosserie des voitures. Les chercheurs doivent encore augmenter la conductivité électrique de ces polymères avant que ces matériaux soient commercialisables.

Outre les accumulateurs, d'autres technologies sont envisagées pour les voitures électriques. On pense par exemple à des systèmes stockant d'importantes charges électriques et capables de se décharger rapidement, à des volants d'inertie qui stockent l'énergie sous forme d'énergie cinétique de rotation et à des piles à combustibles qui convertissent en électricité l'énergie chimique d'un carburant.

Si les électrons étaient parfaitement libres de se déplacer, l'application continue de la force extérieure eE accroîtrait leur vitesse indéfiniment. On pourrait donc croire que l'application d'une tension engendrerait un courant sans cesse croissant. En réalité, à cause des collisions dans le métal, les électrons atteignent rapidement un état stationnaire. Le courant et la tension sont alors reliés par une équation très simple, due au physicien allemand Georg Wilhelm Ohm (1787-1854). Le courant i circulant à travers un conducteur est proportionnel à la différence de potentiel V entre les extrémités du conducteur :

$$i \propto V \quad ou \quad i = \text{constante} \times V$$

Aux confins de la physique : le dentiste électrique

Selon une étude récente presque 85 % des personnes âgées de 17 ans ont déjà plusieurs dents cariées. Une des raisons de cette triste statistique est que les caries sont difficiles à détecter assez tôt. La dent commence par être attaquée au niveau de l'émail où de petits morceaux de nourriture, fermentant sous l'action de bactéries, dégagent des acides qui attaquent les minéraux constituant la surface des dents. Quand cette déminéralisation devient décelable, il est parfois trop tard pour que les traitements fluorés aient un quelconque effet curatif.

Il existe cependant une autre méthode découverte récemment par des chercheurs des Universités de Dundee et de St Andrews, en Écosse, et de l'Université de Nimègue, aux Pays-Bas. Elle utilise la variation de la résistance électrique des zones érodées de l'émail de la dent. Ces régions sont en effet remplies de fluides qui ont une résistance électrique plus faible que l'émail. On a appliqué cette technique à des dents extraites avec un résultat d'une parfaite précision. Les chercheurs œuvrent maintenant pour rendre cliniquement utilisable cette méthode prometteuse.

Cette expression simple, connue sous le nom de *loi d'Ohm* est habituellement écrite sous la forme suivante :

$$i = \frac{V}{R} \qquad \text{ou} \qquad V = iR$$

où R est la *résistance* du conducteur qu'on exprime en *ohms* (Ω) (lettre grecque oméga capitale). De cette expression, nous pouvons déduire que 1 Ω est égal à 1 V/A.

Bien qu'elle porte le nom de *loi*, la loi d'Ohm n'est pas une loi fondamentale de la nature comme la loi de la gravitation universelle découverte par Newton. C'est plutôt une formule qui résume le résultat d'observations expérimentales. Elle n'est valable que pour certains matériaux dans un domaine de température limité.

Circuits électriques simples

Nous pouvons étudier un circuit électrique des plus simple en considérant une lampe de poche. Dans cette lampe le circuit est constitué d'une ou plusieurs piles, d'un conducteur métallique, d'un interrupteur et d'une ampoule électrique (figure 13.6a). Ce circuit est schématisé sur la figure 13.6b. On peut donner une analogie hydraulique de son fonctionnement illustrée par la figure 13.6c. L'eau qui s'écoule du réservoir (placé à un potentiel élevé) tombe à travers le tuyau où elle entraîne une roue à aubes qui fournit ainsi du travail. L'eau arrive ensuite en bas pour être à nouveau pompée jusqu'au réservoir. Elle ne circule dans ce circuit hydraulique que lorsque le robinet est ouvert. De façon analogue, dans notre circuit électrique la pile « pompe » les électrons du conducteur pour amener l'une des bornes de l'ampoule à un potentiel élevé. Cette ampoule dissipe de l'énergie quand un courant traverse son filament qui émet de la lumière et de la chaleur. Le courant à bas potentiel retourne à la pile où il est à nouveau « pompé ». Ce courant ne circule dans le circuit que quand l'interrupteur est fermé.

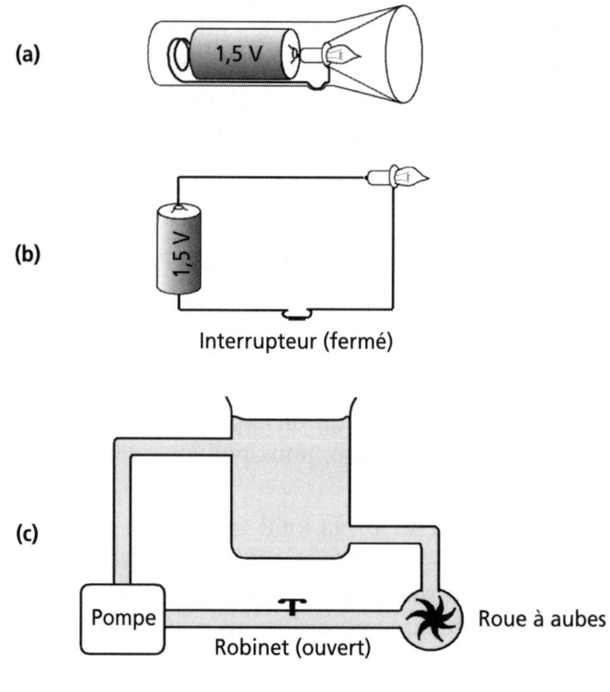

Figure 13.6 (a) Le circuit simple d'une lampe de poche. **(b)** Schéma de ce circuit avec une pile, un fil conducteur, un interrupteur et une ampoule électrique. **(c)** L'analogue hydraulique avec une pompe, un tuyau, un robinet et une roue à aubes. L'eau est pompée jusqu'à un potentiel élevé (dans le réservoir) d'où elle descend en transformant son énergie potentielle en énergie cinétique. Une partie de cette énergie sert à faire tourner la roue à aubes. L'eau dont le potentiel est bas retourne à la pompe qui la renvoie dans le réservoir.

Encore une fois, remarquez que cette analogie doit être considérée avec prudence. Dans le cas du circuit hydraulique, les molécules d'eau se déplacent effectivement le long du tuyau. Dans le circuit électrique, en revanche, le champ électrique induit par la pile dans le conducteur met en mouvement les électrons de conduction, mais les ions restent fixes sur le réseau cristallin.

L'ampoule électrique de notre circuit dissipe de l'énergie (sous la forme de lumière et de chaleur) au moyen de sa résistance. Il existe bien d'autres appareils dans ce genre : les radiateurs électriques, les grille-pain, les fours et les plaques chauffantes électriques dissipent eux aussi de l'énergie au moyen de leur résistance. À chaque fois, cette dissipation de l'énergie entraîne une chute de potentiel électrique. Dans certaines situations, c'est précisément ce que l'on souhaite : on cherche à abaisser la tension (différence de potentiel) dans un circuit. On utilise alors une *résistance* ou *résistor*. Un résistor n'est rien d'autre qu'un bout de matière susceptible de dissiper de l'énergie électrique. Il peut s'agir d'un fil métallique assez fin pour offrir au passage du courant une plus grande résistance que les fils conducteurs utilisés dans le reste du circuit. En général, cependant, on utilise des céramiques chargées au carbone et faiblement conductrices.

Pour simplifier la représentation graphique des circuits électriques, on utilise des symboles standards internationaux qui sont les suivants :

Tableau 13.1 Quelques symboles électriques standards.

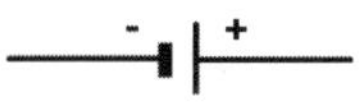	Pile
	Résistance
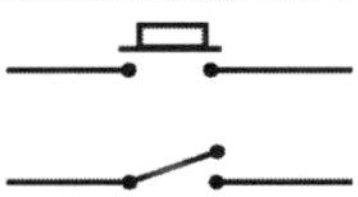	Interrupteurs
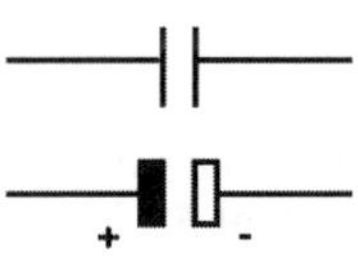	Condensateur
	Conducteur

On a représenté sur la figure 13.7 le schéma d'un circuit électrique formé d'une pile de 1,5 V, d'une résistance de 10 Ω et d'un interrupteur. On y indique les valeurs des différents composants à l'aide des conventions habituelles.

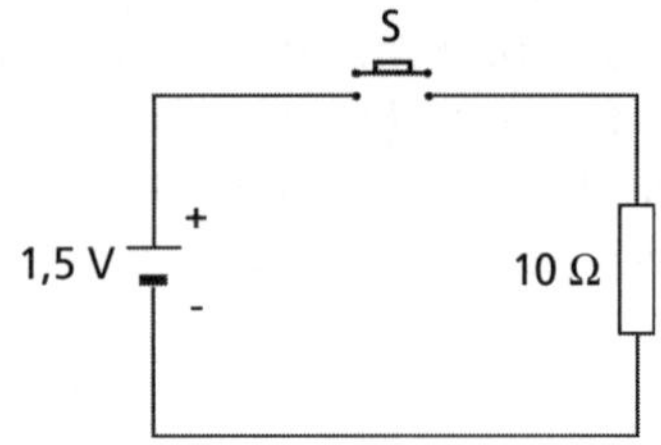

Figure 13.7 Schéma d'un circuit électrique.

Associations de résistances

Les différents éléments d'un circuit « comme les ampoules électriques, par exemple » peuvent être assemblés de deux façons différentes : en série ou en parallèle. Dans un circuit monté en parallèle, chaque élément est relié à la ligne d'arrivée du courant de façon indépendante — comme c'est le cas des ampoules dans un système d'éclairage domestique. En conséquence, chaque élément peut être allumé ou éteint sans que cela n'affecte les autres. Dans le montage en série, les ampoules sont disposées les unes après les autres le long du circuit de sorte que si une ampoule claque, elles s'éteignent toutes. Les guirlandes lumineuses des décorations de Noël sont montées de cette façon. Nous allons étudier brièvement ces deux types de circuit.

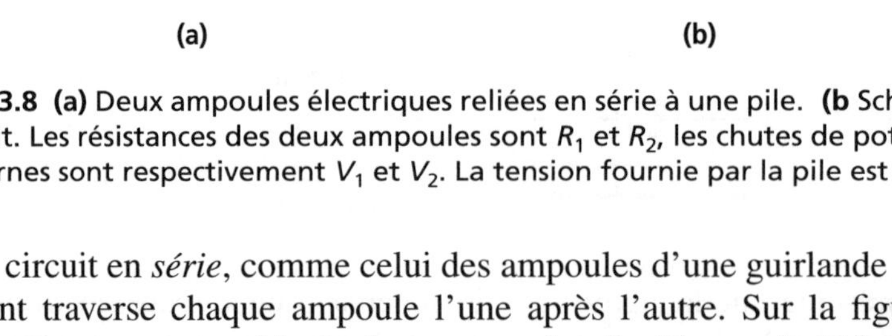

Figure 13.8 **(a)** Deux ampoules électriques reliées en série à une pile. **(b** Schéma de ce circuit. Les résistances des deux ampoules sont R_1 et R_2, les chutes de potentiel à leurs bornes sont respectivement V_1 et V_2. La tension fournie par la pile est notée V.

Dans un circuit en *série*, comme celui des ampoules d'une guirlande de Noël, le courant traverse chaque ampoule l'une après l'autre. Sur la figure 13.8, nous avons un montage série de deux ampoules électriques de résistances R_1 et R_2. La résistance totale R_s du circuit est la somme des deux résistances.

Autrement dit, $R_S = R_1 + R_2$. Si les ampoules connectées en série à une pile de 1,5 V ont des résistances de 5 Ω et de 8 Ω, on peut tout aussi bien les remplacer par une unique ampoule de 13 Ω sans changer la valeur du courant qui passe dans le circuit.

Figure 13.9 La petite fille qui glisse sur le toboggan perd de l'énergie potentielle dans les deux parties du trajet. La somme de ces pertes d'énergie est égale à l'énergie qu'elle a gagnée en grimpant au sommet. Ceci est analogue aux différences de potentiel du circuit de la figure 13.8.

D'après le principe de la conservation de l'énergie, la différence de potentiel — la tension — fournie par la pile de la figure 13.8 doit être égale à la somme des chutes de potentiel à travers chacune des deux ampoules. Cette situation est analogue à celle qui est décrite dans la figure 13.9. L'énergie potentielle gagnée par la petite fille lorsqu'elle grimpe au sommet du toboggan est égale à la somme des énergies potentielles perdues dans la première et dans la deuxième partie du trajet de descente. De même, l'augmentation de potentiel fournie par la pile doit être égale à la somme des chutes de potentiel dans les deux ampoules.

Dans un montage *parallèle*, le courant se scinde en plusieurs branches. Sur la figure 13.10, les deux ampoules de résistances R_1 et R_2 sont branchées en parallèle, ce qui offre deux chemins au courant. Le courant issu de la pile se divise en un courant i_1 qui passe à travers R_1 et en un courant i_2 qui passe à travers R_2. Ces deux chemins sont les seuls possibles, aussi le courant qui sort de la pile doit-il être égal à la somme des courants circulant dans chaque branche. On a donc :

$$i = i_1 + i_2$$

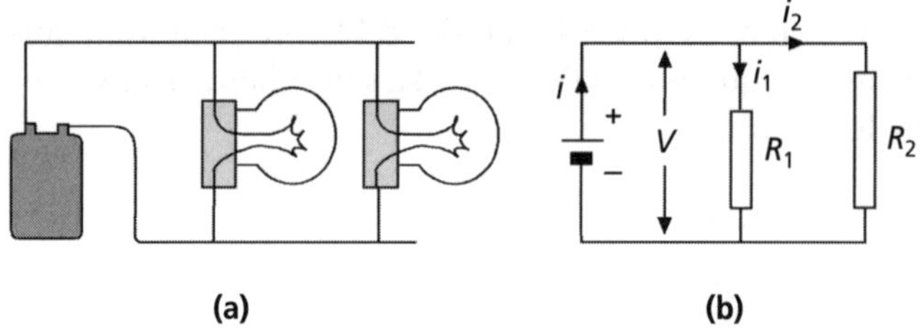

Figure 13. 10 **(a)** Deux ampoules électriques montées en parallèle. **(b)** Schéma de ce circuit.

Notez bien que les deux ampoules électriques sont reliées directement à la pile par des fils conducteurs indépendants. Ceci signifie que chaque ampoule reçoit du courant *indépendamment* de l'autre. En principe, on peut brancher autant d'ampoules que l'on veut sans gêner la première. La seule limitation serait alors la capacité de la pile à fournir assez d'énergie électrique pour toutes ces ampoules. Dans un montage en parallèle, la résistance du circuit *diminue* quand on ajoute des branches supplémentaires puisque le nombre de trajets possibles pour le courant augmente.

Énergie et puissance électriques

Des courants électriques existent aussi dans des régions vides de l'espace. C'est le cas, par exemple, du faisceau d'électrons dans un tube cathodique. Dans les accélérateurs de particules, comme le SLAC (l'accélérateur linéaire de l'Université de Stanford), les électrons sont propulsés le long d'un tube de 3 kilomètres de long d'où ils sortent avec des vitesses proches de celle de la lumière, avant de frapper des cibles variées. Les physiciens étudient ces collisions pour mieux comprendre la structure du monde subatomique.

Quand on établit un courant dans un conducteur, les collisions entre les électrons et les ions du réseau cristallin transfèrent de l'énergie au métal, ce qui a pour résultat d'augmenter son énergie interne. Comme on l'a déjà signalé, une augmentation d'énergie interne engendre une augmentation de température. Le passage du courant dans un conducteur produit de la chaleur.

La quantité de chaleur produite par un courant électrique dépend de la valeur absolue du courant et de la résistance du conducteur. Le filament d'une ampoule électrique, par exemple, est fabriqué en tungstène, un métal qui fond à 3 410 °C. Quand on fait passer un courant assez élevé à travers ce filament, le métal est porté à environ 2 600 °C. Il rayonne alors de l'énergie sous forme de chaleur et de lumière. Dans un grille-pain, le courant traverse un élément chauffant — une spirale métallique — qui dégage de la chaleur à une température bien plus basse que celle du filament de l'ampoule. Lorsque le même courant traverse le cordon d'alimentation du grille-pain — un câble constitué de fils de cuivre de section plus importante que celle de l'élément chauffant — il ne produit qu'une quantité négligeable de chaleur dans le cordon.

Si un courant i traverse une ampoule électrique, il déplace une certaine charge q pendant un intervalle de temps t. Le travail fourni pour déplacer cette charge pendant cette durée est la *puissance électrique*. La puissance électrique P est égale au produit de la tension par le courant :

$$P = Vi$$

D'après la loi d'Ohm, $V = Ri$; on peut donc exprimer la puissance électrique en fonction du courant et de la résistance sous la forme suivante :

$$P = Vi = Ri^2$$

Dans le système SI, l'unité de puissance est — on s'en rappelle — le watt, W, qui est égal à un joule par seconde. Comme $P = Vi$, on en déduit aussi que :

$$1\ \text{W} = 1\ \text{V} \times 1\ \text{A}$$

James Joule découvrit non seulement le moyen de mesurer l'équivalent mécanique de la chaleur, mais trouva aussi une façon de mesurer la chaleur dissipée par un courant électrique et établit qu'elle était proportionnelle au carré du courant électrique dans le conducteur. C'est pour cette raison que l'expression $P = Ri^2$ est connue sous le nom de *loi de Joule*.

Semi-conducteurs

Le courant électrique peut circuler dans le vide, dans un conducteur tel un fil métallique et dans un *semi-conducteur*. Comme on l'a brièvement mentionné, les semi-conducteurs sont des matériaux dont la conductivité est intermédiaire entre celle des métaux et celles des isolants.

Les propriétés d'un solide dépendent des atomes qui le constituent mais aussi de la façon dont ces atomes sont assemblés. Ainsi, par exemple, lorsqu'on rapproche deux atomes identiques, chacun de leurs niveaux d'énergie se scinde en deux sous-niveaux. L'écartement entre ces sous-niveaux grandit quand la distance entre les atomes diminue. Si l'on rassemble quatre atomes au lieu de deux, leurs niveaux d'énergie se divisent en quatre. Un solide est composé de milliards d'atomes dont chaque niveau d'énergie est scindé en milliards de sous-niveaux très rapprochés. Dans un gramme de sodium, il y a environ 10^{22} atomes de sodium dont chaque niveau d'énergie est divisé en 10^{22} niveaux si proches les uns des autres qu'ils constituent en fait une *bande d'énergie*. Dans un solide, ces bandes d'énergie qui remplacent les niveaux sont séparées par des *intervalles d'énergie interdite*, dans lesquels aucun électron ne peut se trouver (figure 13.11).

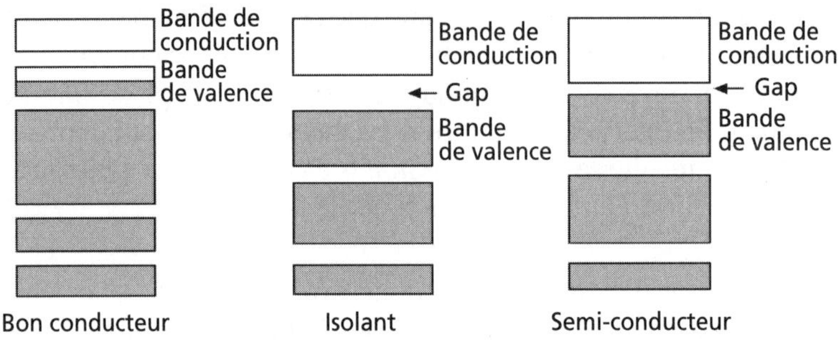

Figure 13.11 Structure des bandes d'énergie d'un solide. Dans les isolants, la bande interdite ou gap est très large. Dans les semi-conducteurs, elle est étroite.

Ce qui distingue les bons conducteurs des autres matériaux c'est que la bande d'énergie la plus élevée occupée par les électrons — la *bande de valence* — n'est pas entièrement remplie. Dans le sodium, qui est exemple de bon conducteur, cette bande de valence n'est qu'à moitié remplie. En conséquence, dans un gramme de sodium, un électron de valence ne peut occuper qu'environ 5×10^{21} états possibles. Dans les isolants, au contraire, la bande de valence est complètement remplie. On ne peut augmenter l'énergie des électrons de valence pour les mettre en mouvement puisqu'ils sauteraient ainsi dans l'intervalle d'énergie interdite et que cet intervalle (appelé *gap*) entre la bande de valence et la bande suivante, la *bande de conduction*, est grand. Dans certains solides, cependant, le gap est assez petit : le solide est un semi-conducteur. La bande de conduction est celle où se trouvent les électrons qui assurent la conduction de l'électricité.

Le silicium et le germanium sont les matériaux semi-conducteurs les plus communément utilisés en électronique. Toutefois, les semi-conducteurs purs ne sont pas d'un grand intérêt. En effet, dans les métaux, chaque atome apporte un ou deux électrons susceptibles de conduire l'électricité, alors que dans un semi-conducteur, seul un atome sur un milliard fournit un électron de conduction. En revanche, par un procédé nommé *dopage*, on peut ajouter à un semi-conducteur de très petites quantités d'impuretés — à une concentration de l'ordre du millionième — qui augmentent considérablement ses propriétés conductrices. Les atomes de silicium et de germanium possèdent quatre électrons de valence qui remplissent presque entièrement la bande du même nom.

Si on remplace une minorité de ces atomes par quelques atomes « d'impureté » possédant non pas quatre mais cinq électrons de valence (tels l'arsenic ou le phosphore), on fournit au solide, pour chaque atome d'impureté, un électron supplémentaire qui ne se lie pas aux atomes de silicium voisins (figure 13.12a). Cet électron en excès, très faiblement lié, peut facilement passer dans la bande de conduction où il gagne un petit surplus d'énergie et contribue ainsi à la conductivité. Les semi-conducteurs dopés à l'aide de tels atomes *donneurs* sont qualifiés de semi-conducteurs de *type n* parce que les porteurs de charges sont des électrons chargés négativement.

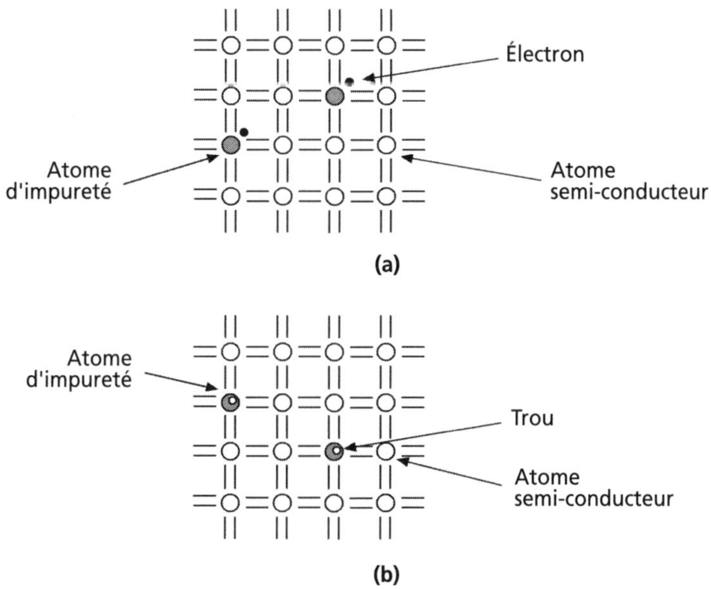

Figure 13.12 **(a)** Dans un semi-conducteur *de type n*, l'électron supplémentaire faiblement lié provenant de l'atome d'impureté participe à la conduction du courant. **(b)** Dans un semi-conducteur *de type p*, l'électron manquant laisse un *trou* dans la structure électronique. Quand un électron du voisinage vient remplir le trou, il laisse un trou là où il était. Tout ce passe comme si le trou se déplaçait dans le sens contraire de l'électron.

On peut doper un morceau de silicium à l'aide d'atomes qui ne possèdent que trois électrons de valence, tels le bore ou l'aluminium. Dans ce cas, le réseau se retrouve avec un déficit d'électrons : en de nombreux sites, il manque un électron à l'une des liaisons (figure 13.12b). Cet électron absent constitue ce qu'on appelle un *trou*. La bande de valence tend alors à capturer un électron en le déplaçant vers une liaison incomplète et cet électron laisse un trou derrière lui. Ce trou correspond à l'absence d'un électron chargé négativement et se déplace comme dans un jeu de taquin dans le sens inverse de l'électron : on peut le considérer comme un porteur de charge positive. Les semi-conducteurs dopés de cette façon sont dits de *type p* parce que les porteurs de charge sont des trous chargés positivement.

Les transistors, les diodes et les autres composants électroniques à état solide sont fabriqués en combinant différents types de semi-conducteurs. Le composant à état solide le plus simple est la diode à *jonction p-n* qui ne laisse passer le courant que dans un sens. Si on accole un semi-conducteur de type *n* et un semi-conducteur de type *p*, certains des électrons de conduction de la région *n* diffusent dans la région *p* et, inversement, quelques trous de la région *p* dérivent dans la région *n*. Ces migrations d'électrons et de trous sont dues aux différences de concentration des charges dans les deux régions. Les électrons qui dérivent dans la région *p* se déplacent vers les trous près de la frontière et y neutralisent les porteurs de charge libres. Cependant, il faut se souvenir que chacune des deux régions est électriquement neutre (puisque les électrons et les trous proviennent tous d'atomes d'impuretés eux-mêmes électriquement neutres). Ainsi la diffusion des charges près de la frontière *p-n* crée une couche de charges positives — des trous — dans la région *n* et une couche de charges négatives — des électrons — dans la région *p*. Il apparaît alors un champ électrique entre ces deux régions qui constitue une barrière (figure 13.13). Ce champ électrique empêche la diffusion de toute nouvelle charge entre les deux régions puisqu'un électron de la région *n* qui s'approcherait de la barrière serait repoussé par la couche d'électrons de la région *p* et que, de la même façon, un trou qui viendrait contre la barrière serait repoussé par la couche trous de la région *n*.

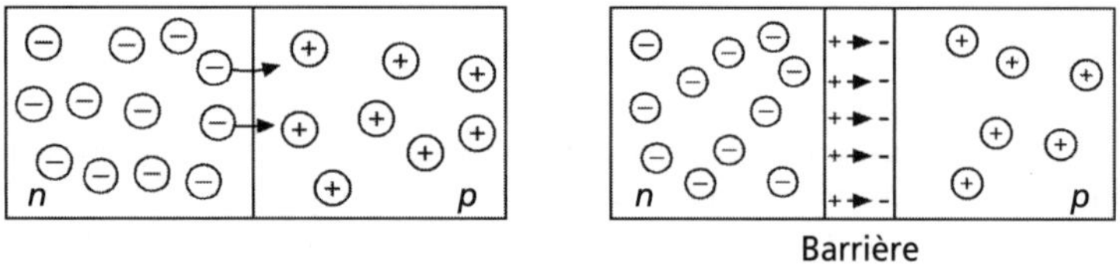

Figure 13.13 La migration des électrons dans la jonction *p-n* crée une barrière qui empêche toute diffusion ultérieure.

Supposons maintenant que l'on branche une pile sur une jonction *p-n* en reliant la borne positive de la pile au côté *p* de la jonction et la borne négative au côté *n* comme indiqué sur la figure 13.14a. Les électrons venant de la pile se *recombinent* avec les trous massés contre la barrière côté *n,* et les neutralisent. Cette recombinaison a pour effet d'abaisser la différence de potentiel créée par le champ électrique de la barrière. Les électrons peuvent maintenant se déplacer du côté *n* vers le côté *p* pour fermer le circuit, assurant ainsi le passage du courant. La jonction est dite *polarisée dans le sens direct ou passant.*

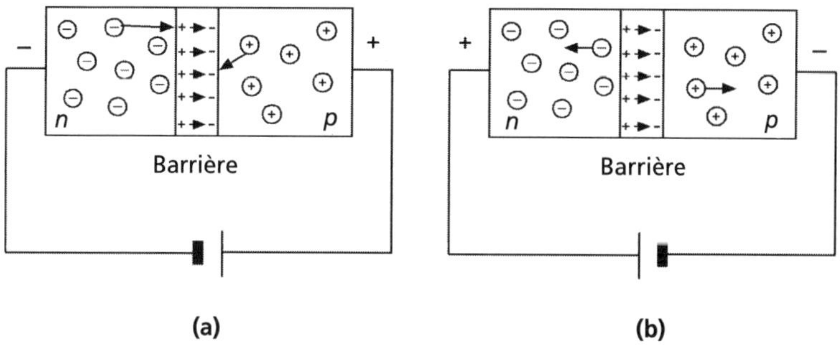

Figure 13. 14 (a) Le courant passe à travers la jonction quand elle est *polarisée dans le sens direct*. **(b)** Quand la jonction est *polarisée en inverse*, aucun courant ne peut la traverser.

Inversons la polarité de la pile : sa borne positive est maintenant reliée au côté *n* et sa borne négative au côté *p*. La tension de la pile extrait des électrons de la région *n* et des trous de la région *p*. Quand ces électrons ou ces trous sont injectés près de la frontière, les charges accumulées de part et d'autre augmentent, ce qui accroît la différence de potentiel de la barrière. Cette variation de potentiel bloque davantage le passage des charges à travers la jonction : aucun courant ne passe. La jonction est dite alors *polarisée en inverse* (figure 13.14b).

Une jonction *p-n* agit comme une soupape. Elle empêche le passage du courant dans un sens et l'autorise dans l'autre. Un tel élément, appelé *diode*, peut *redresser* un courant alternatif, c'est-à-dire le transformer en courant continu puisqu'il ne peut plus passer que dans un certain sens.

En 1947, trois physiciens américains, John Bardeen, Walter Brattain et William Shockley, qui travaillaient aux Laboratoires Bell, inventèrent le *transistor.* Leur premier transistor, le modèle à *pointe de contact*, était une plaquette semi-conductrice d'environ 3 cm de côté. En 1951, un modèle plus fiable lui succéda : le transistor *p-n-p* dans lequel une fine couche de semi-conducteur de type *n* était intercalée entre deux couches plus épaisses de semi-conducteur de type *p*.

Les trois régions d'un transistor *p-n-p* sont respectivement appelées l'*émetteur,* la *base* et le *collecteur.* Supposons que l'on relie un transistor *p-n-p* à deux piles, comme sur la figure 13.15, de façon à ce que la jonction émetteur-base, à gauche, soit polarisée dans le sens passant, tandis que la jonction base-collecteur, à droite, est polarisée en inverse. La borne positive de la pile reliée à l'émetteur injecte des trous dans la région *p* vers la jonction émetteur-base. Comme cette jonction est polarisée dans le sens direct, elle agit comme une diode, permettant le passage de trous de l'émetteur vers la base. Une fois dans la région *n,* ces trous subissent l'influence de la deuxième pile et se déplacent dans le collecteur, attirés par la borne négative.

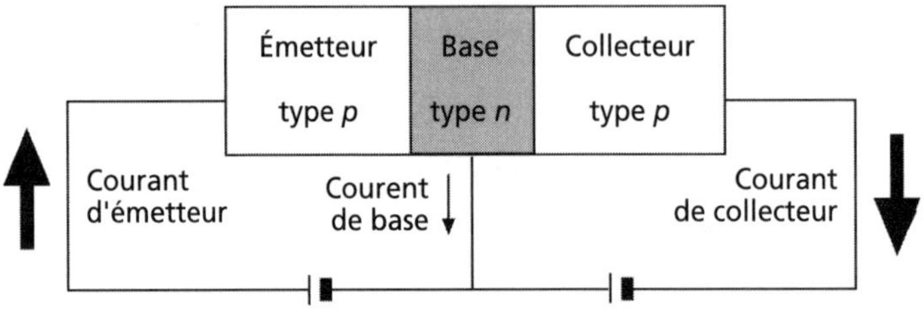

Figure 13.15 Un transistor *p-n-p*. Une petite variation de la tension de la base produit une grande variation du courant dans le collecteur.

Les trous qui pénètrent dans la base n'arrivent pas tous au collecteur. Seuls 2 % se combinent avec les électrons libres de cette région, créant ainsi un faible courant de base. Comme la base n'a qu'une épaisseur d'environ un micromètre, la plupart des trous (les 98 % restants) la traversent, ce qui crée un courant dans le collecteur. Une augmentation du potentiel de la base entraîne une grande augmentation du courant du collecteur et une petite augmentation du courant dans la base. Si l'on relie en série la tension sortant de la tête de lecture d'un disque compact avec la pile du côté de l'émetteur et que l'on connecte un haut-parleur en série avec la pile du côté du collecteur, toute petite variation de la tension de sortie du lecteur de disques produirait une grande variation du courant passant à travers le haut-parleur. L'une des grandes qualités du transistor est donc de transformer un signal très faible en signal plus puissant : il peut ainsi fonctionner en amplificateur.

Supraconducteurs

Comme nous l'avons vu, la résistance au passage du courant est due aux collisions des électrons avec les atomes qui vibrent dans le réseau cristallin métallique. Quand la température diminue, les vibrations diminuent et les électrons ont plus de chances de passer au travers : la résistance baisse. A priori, on s'attend à ce qu'en dessous d'une certaine température, la résistance atteigne une valeur minimale, mais pas à ce qu'elle devienne rigoureusement nulle. Au-dessous de cette température, une diminution supplémentaire des vibrations des atomes du réseau ne devrait plus affecter de façon appréciable le passage du courant. Le réseau cristallin présente des défauts et les vibrations ne cessent jamais complètement, aussi près soit-on du zéro absolu, de sorte que la résistance ne devrait jamais tomber à zéro.

En 1911, le physicien hollandais Kamerlingh Onnes découvrit qu'en dessous d'une certaine température, la résistance électrique de certains métaux s'effondre complètement. Ces métaux deviennent alors *supraconducteurs.* K. Onnes venait de réussir à liquéfier l'hélium (l'hélium liquide bout à 4,2 K, à la pression atmosphérique normale) ce qui lui permettait de mesurer la résistance à des températures plus basses que celles qui avaient été obtenues jusque-là. C'est alors qu'il constata qu'au-dessous de 4 K, la résistance du mercure tombe à zéro. Il découvrit bientôt que d'autres métaux présentent la même propriété à très basse température.

La supraconductivité semble contredire ce que nous avons appris du comportement de la matière. Comment l'expliquer ? En 1935, les frères London — Heinz et Fritz — qui effectuaient des expériences sur la supraconductivité à Oxford, réalisèrent qu'on pouvait au moins en partie interpréter les effets observés en considérant que les électrons de conduction se déplacent en bloc, à la façon des wagons d'un train attelés les uns aux autres. Cette idée expliquait pourquoi les électrons se déplaçaient à travers le réseau cristallin sans être arrêtés, mais elle faisait également un problème, car des électrons chargés négativement se repoussent et on imaginait donc difficilement qu'ils puissent rester groupés.

Durant le début des années 1950, les physiciens anglais David Bohm et Herbert Fröhlich proposèrent une théorie qui tenait compte de la répulsion des électrons et faisait jouer un grand rôle aux ions du réseau. Un métal fournit en moyenne un électron par atome au processus de conduction. Ces électrons de conduction se déplacent librement, laissant derrière eux les ions positifs du réseau. Selon Bohm et Fröhlich, quand les électrons d'un supraconducteur passent à travers les ions du réseau, la charge négative des électrons attire les ions positifs ce qui les fait se serrer les uns contre les autres. Cependant, ces ions ont une masse bien plus élevée que celle des électrons, aussi mettent-ils un peu plus longtemps à reprendre leur position d'origine après le passage des électrons. Ils constituent alors une légèrement plus grande concentration de charge positive susceptible d'attirer d'autres électrons (figure 13.16). En outre, les ions s'écartent les uns des autres à cause de leur répulsion mutuelle et ceci donne lieu à une vibration du réseau cristallin, appelée *phonon.*

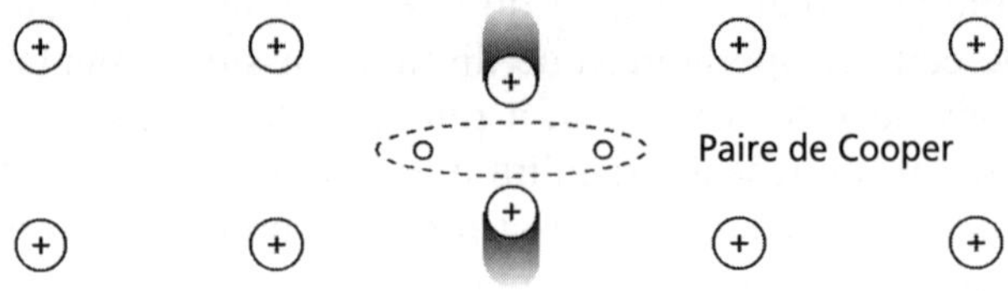

Figure 13.16 Quand les ions du réseau cristallin sont attirés vers la trajectoire des électrons, une région positive se crée qui attire d'autres électrons.

En 1956, Léon N. Cooper, de l'Université de l'Illinois, postula qu'en interagissant avec le réseau en vibration, les électrons sont poussés à s'associer par *paires* qui agissent ensuite comme une seule et unique particule. À l'époque, le département de physique de l'Université d'Illinois connaissait une certaine crise du logement de sorte que Cooper devait partager son bureau avec un autre chercheur John Bardeen. Avec John R. Schrieffer, un élève de Bardeen, ils décidèrent d'étendre le concept de *paires de Cooper* à l'ensemble du réseau. Après avoir peiné longuement sur ce problème sans obtenir de résultat, Schrieffer commença à penser qu'il s'était fourvoyé et envisagea de changer de sujet de thèse. À ce moment, Bardeen devait aller à Stockolm pour recevoir son prix Nobel pour l'invention du transistor et il demanda à Schrieffer de patienter un mois de plus et de continuer à travailler sur le sujet en son absence. Bien lui en prit. Au cours de ce mois, Schrieffer comprit que si une paire de Cooper associait deux électrons de vitesses opposées, sa quantité de mouvement serait nulle, ce qui lui permettait de résoudre son problème. Cette idée devint le fondement d'une théorie plus complète de la supraconductivité, connue plus tard sous le nom de *théorie BCS*. Le trio reçut le prix Nobel de physique en 1972 pour cette théorie. Bardeen devint alors la première et la seule personne à ce jour à s'être vu décerner deux prix Nobel dans la même discipline.

D'après la théorie BCS, quand la température descend au-dessous d'une certaine température critique, les électrons agissent collectivement en interagissant avec le réseau pour former des paires de Cooper. L'énergie de ces électrons supraconducteurs est alors *plus basse* qu'elle ne l'était quand ils agissaient de façon individuelle à plus haute température. Il y a donc un intervalle d'énergie, un *gap*, entre l'état supraconducteur et l'état normal. À très basses températures, au-dessous de la température critique, il n'y a pas assez d'énergie pour exciter les électrons dans l'état supraconducteur et les amener à l'état normal de plus haute énergie. Les électrons de conduction restent donc dans l'état supraconducteur. On a pu maintenir des courants stationnaires dans des anneaux supraconducteurs pendant plusieurs années sans déceler aucune diminution mesurable.

Jusqu'en 1986, la supraconductivité exigeait de très basses températures, qu'on ne pouvait atteindre qu'en refroidissant les matériaux avec de l'hélium liquide dont l'obtention est fort onéreuse. Vers 1973, cependant, des chercheurs avaient découvert accidentellement que certains oxydes de terres rares, normalement isolants, étaient susceptibles de devenir supraconducteurs. En janvier 1986, J. Georg Bednorz et K. Alex Müller, du laboratoire de recherches d'IBM à Zürich, découvrirent qu'un composé de baryum, de lanthanum (une terre rare) et d'oxyde de cuivre devenait supraconducteur à 35 K. Peu de temps après la publication de leurs résultats, le physicien américain Paul C. W. Chu, de l'Université de Houston et son collaborateur, le professeur Mau-Kuen Wu de l'Université d'Alabama, commencèrent une série d'expériences sur des composés analogues. Ils obtinrent un corps supraconducteur en dessous de 98 K, une température incroyablement élevée. La conséquence de ces découvertes est qu'on dispose maintenant de nouveaux supraconducteurs susceptibles d'être refroidis à l'azote liquide qui se liquéfie à partir de 77 K et qui est très bon marché. En 1987, Müller et Bednorz reçurent le prix Nobel de physique pour leur découverte.

À l'heure actuelle, la température critique de supraconduction la plus élevée jamais obtenue est de 135 K. Les scientifiques mettent au point de nouveaux matériaux comme des fils et des films supraconducteurs (figure 13.17). Grâce à ces nouveaux matériaux on construira peut-être des moteurs électriques, des générateurs et des lignes de transport de l'énergie électrique d'un rendement extrêmement élevé et on trouvera peut-être de nouveaux moyens de stocker l'énergie.

Figure 13.17 Fil supraconducteur à température élevée mis au point à l'Argonne National Laboratory. Avec l'aimable autorisation d'Argonne National Laboratory.

Non seulement la théorie BCS n'a pas prévu la supraconductivité à haute température critique, mais elle est incapable de l'expliquer pour des températures supérieures à 40 K. Les théoriciens travaillent d'arrache-pied pour essayer de modifier cette théorie ou pour en échafauder une nouvelle qui puisse interpréter ce phénomène.

14

Électromagnétisme

La découverte des aimants

« Je vais maintenant expliquer la loi naturelle par laquelle le fer est attiré vers cette pierre que les Grecs nomment *magnétite* [la pierre d'aimant] parce qu'elle vient du pays qu'ils nomment Magnésie ». Ainsi s'exprimait le poète romain Lucrèce dans son livre *De Natura Rerum (Sur la nature des choses*) écrit vers 55 avant notre ère. Ce long poème a disparu pendant tout le Moyen âge et a bien failli ne pas parvenir jusqu'à nous. On en découvrit heureusement un manuscrit en 1497, et ce trésor de la littérature mondiale fut sauvé pour la postérité. Le poème continue ainsi :

> *Cette pierre fait l'admiration des hommes car on peut la voir souvent soutenir une chaîne d'anneaux métalliques suspendus sans autre lien qu'elle-même. On en voit quelques fois jusqu'à cinq ou plus se balançant les uns sous les autres au gré du vent, le premier soutenant le second, qui adhère à lui par en dessous, et tous se communiquant de l'un à l'autre la vertu d'attraction de la pierre. Tel est le pouvoir d'imprégnation de cette force.*
>
> *Pour expliquer de tels phénomènes, il convient d'établir un certain nombre de principes avant d'en venir à rendre compte du fait lui-même. La question doit donc être abordée par une voie détournée, raison de plus pour exiger de toi toute ton attention.*

Lucrèce explique alors que si un aimant attire un morceau de fer, c'est parce qu'il émet un nuage d'atomes qui repousse l'air environnant : le vide ainsi créé aspire alors le morceau de fer. Ce mouvement est facilité par l'air qui est situé derrière le morceau de fer et qui le pousse vers la partie vidée.

Au XIIIe siècle, Petrus de Maricourt, surnommé Peregrinus (le pèlerin) réalisa probablement les premières expériences sur le magnétisme ayant un rapport avec les idées modernes. Peregrinus, qui était ingénieur dans l'armée de Louis XI, essayait de construire un petit moteur capable de maintenir en rotation un planétaire pendant un certain temps et il songea à utiliser des aimants pour cela. En 1269, alors qu'il participait au siège de Lucera, en Italie, Peregrinus décrivit dans une lettre, *Epistola de Magnete*, le résultat de ses recherches sur les aimants. Il y expliquait comment il avait réussi à distinguer les pôles nord et sud d'un aimant et comment il avait découvert que les pôles identiques se repoussent tandis que les pôles différents s'attirent. Dans une expérience fort ingénieuse, Peregrinus prit un aimant naturel qu'il avait taillé en forme de sphère et y reporta les directions indiquées par une aiguille aimantée placée près de la surface. Toutes ces directions « vont converger en deux points, juste comme les cercles méridiens convergent en deux pôles opposés de la Terre. » Il interprétait le comportement de l'aiguille aimantée en affirmant qu'elle pointait vers le pôle de la sphère céleste. Peregrinus écrivit en outre que les pôles magnétiques ne pouvaient être isolés parce qu'à chaque fois qu'un aimant est coupé en deux, il se forme deux aimants complets, avec un pôle nord et un pôle sud. Dans une deuxième partie de son exposé, Peregrinus présentait une étude détaillée du compas magnétique et décrivit un modèle amélioré de boussole flottante entourée d'une échelle graduée.

Le traitement moderne du magnétisme commença cependant en 1600, quand William Gilbert publia son monumental traité *De Magnete*. Gilbert expliqua pourquoi l'aiguille de la boussole s'oriente dans la direction nord-sud : la terre est elle-même un aimant. Il démontra sa théorie à l'aide d'une pierre d'aimant sphérique semblable à celle que Peregrinus avait utilisée qu'il baptisa *terrela* — petite Terre. Il déplaça une aiguille magnétique à différents endroits de la surface de son aimant sphérique et découvrit que l'aiguille se comportait comme une boussole et s'orientait selon la direction nord-sud de la pierre d'aimant sphérique.

Le champ magnétique

Nous avons parlé au chapitre 12 du champ électrique qui décrit la propriété de l'espace environnant un objet électriquement chargé. Nous pouvons dire de façon analogue que le *champ magnétique* décrit la propriété de l'espace autour d'un aimant.

Sur la figure 14.1, on peut voir les lignes de champ magnétique entourant un aimant permanent : elles ressemblent aux lignes de champ électrique produites par un couple de charges de signes opposés (la figure 12.10).

Comme les pôles magnétiques ne peuvent exister de façon isolée — il y a toujours un pôle nord et un pôle sud — nous n'observons jamais des lignes de champs organisées en étoile comme c'est le cas des lignes de champ électrique autour d'une charge isolée (figure 12.7). En 1931, le physicien anglais Paul Adrien Maurice Dirac postula l'existence de *monopôles magnétiques* pour parachever la symétrie entre l'électricité et le magnétisme. Un monopôle magnétique, s'il existait, serait un pôle nord ou un pôle sud isolé se déplaçant librement. Les théories récentes de la physique des particules et de la cosmologie suggèrent que les monopôles magnétiques ont existé durant les tout premiers instants de l'histoire cosmique. Le 14 février 1982, Blas Cabrera, de l'Université de Stanford, enregistra le passage d'une particule qui semblait avoir toutes les caractéristiques du monopôle magnétique. On n'a jamais réussi à détecter d'autre monopôle, bien que les recherches continuent dans de nombreux laboratoires, de sorte que quelques années plus tard, Cabrera lui-même affirma que l'événement qu'il avait observé n'était peut-être pas réel.

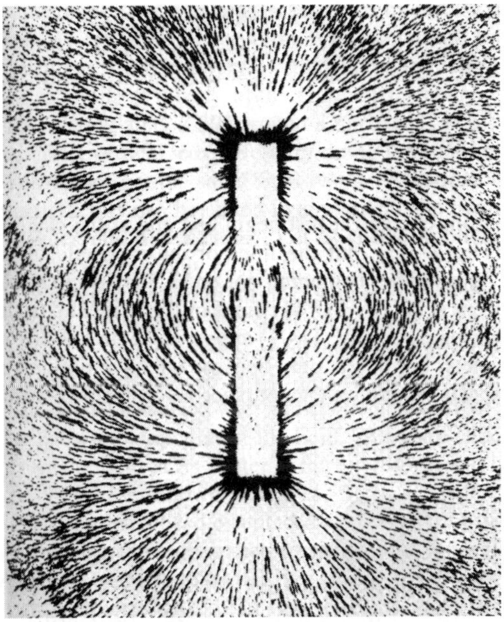

Figure 14.1 Champ magnétique régnant autour d'un aimant permanent, mis ici en évidence par la limaille de fer répandue sur une surface plane posée sur un aimant. *PSSC Physics* Septième édition, Haber-Schaim, Dodge, Gardner et Shore. Kendall/Hunt Publishing Company, 1991.

La physique au quotidien : les enregistreurs magnéto-optiques

L'enregistreur magnéto-optique est un accessoire de stockage de l'information assez commun. Il utilise la lumière d'un laser pour chauffer une petite zone sur un disque magnétique afin d'en changer la polarité. Ces disques, montés dans de petites cartouches existent en deux tailles, 13 cm et 9 cm de diamètre, et s'insèrent par une fente dans le mécanisme de l'enregistreur.

Le processus d'écriture sur le disque magnéto-optique est semblable à celui de n'importe quel système de stockage magnétique de l'information, tel que les disques durs, les disquettes ou les cassettes audionumériques. Ce processus requiert l'établissement d'un état d'aimantation d'une polarité donnée (un sens donné) en un point du support magnétique. Une polarité négative sera interprétée par l'ordinateur comme un 0 et une polarité positive comme un 1.

Avant que la polarité magnétique ne soit établie, le faisceau laser chauffe un petit domaine de la surface du disque en rotation, et le porte à une température d'environ 150 °C. A cette température, dite de Curie, les dipôles magnétiques des atomes du matériau — ce sont autant de microscopiques aimants toujours présents dans un matériau magnétique — sont orientés au hasard. Quand on leur applique alors un champ magnétique externe, ces dipôles magnétiques s'alignent dans sa direction. Ce champ est fourni par un petit électroaimant situé sous le disque. Le champ magnétique total de tous les dipôles du petit domaine constitue sa magnétisation. On inverse le courant dans l'électroaimant selon que l'on veut inscrire un 0 ou un 1 (polarité de l'aimantation négative ou positive).

La présence d'un aimant en point donné modifie les propriétés de l'espace environnant de façon à ce que tout autre corps magnétisé pénétrant dans cette région soit soumis à une *force magnétique*. Comme Peregrinus l'avait découvert, si on rapproche deux aimants en maintenant leurs pôles nord face-à-face, ils se *repoussent*. Même chose avec leurs pôles sud. En revanche, quand le pôle nord d'un aimant fait face au pôle sud de l'autre, les deux aimants *s'attirent* (figure 14.2). Les pôles magnétiques des aimants exercent des forces les uns sur les autres. Il y a environ deux siècles, le physicien anglais John Michell découvrit que la force qui s'exerce entre les pôles magnétiques obéit à une loi en inverse carré de la distance, comme la gravitation et la force électrique. La force magnétique F qui s'exerce entre deux pôles est inversement proportionnelle au carré de la distance qui les sépare :

$$F \propto \frac{1}{r^2}$$

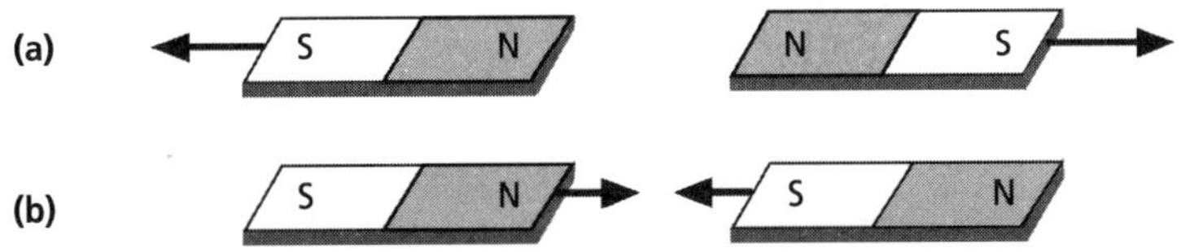

Figure 14.2 Forces entre aimants. **(a)** Si on rapproche les pôles identiques de deux aimants, ils se repoussent. **(b)** Si on rapproche des pôles opposés, ils s'attirent.

En 1785, Charles Coulomb mesura expérimentalement la force magnétique entre deux pôles en utilisant une balance de torsion semblable à celle qu'il avait utilisée pour déterminer la nature de la force électrique entre deux charges. Il confirma la loi en inverse carré de Michell. La force magnétique entre deux pôles s'avérait en outre directement proportionnelle à leur produit, soit :

$$F \propto \frac{q_{\mathrm{m}} q'_{\mathrm{m}}}{r^2}$$

où q_{m} et q'_{m} sont les intensités des deux pôles magnétiques en interaction.

Courants électriques et magnétisme

Si, comme le disait Peregrinus, on ne peut isoler les pôles magnétiques, quelle peut être la signification de l'intensité d'un pôle magnétique q_m ? Certes, certains pensent que les monopôles magnétiques existent peut-être, mais on ne peut les obtenir en coupant un aimant en deux puisque cette opération aboutit toujours à deux aimants complets (figure 14.3). Si un aimant ne peut être considéré comme étant constitué de deux monopôles magnétiques séparés, quelle est la source du magnétisme ? Le physicien danois Hans Christian Oersted (1771-1851) découvrit accidentellement la réponse à cette question en 1819. Les phénomènes magnétiques ressemblent beaucoup aux phénomènes électriques, aussi les scientifiques de l'époque soupçonnaient-ils depuis longtemps qu'il existait peut-être une relation entre l'électricité et le magnétisme et ils avaient essayé — en vain — de mesurer les effets d'un courant électrique sur l'aiguille aimantée d'une boussole. Pendant l'un de ses cours de physique, Oersted voulut faire la démonstration qu'un courant électrique passant à travers un fil posé sur la table ne faisait pas dévier une aiguille de boussole. Oersted plaça la boussole sur la table en divers endroits et l'aiguille indiquait toujours le nord. Puis il prit la boussole et la tint *au-dessus* du fil. L'aiguille de la boussole indiqua alors une direction *perpendiculaire* au fil. Quand il inversa le courant, l'aiguille tourna pour se placer toujours perpendiculairement au fil, mais dans le sens opposé. Manifestement, une force agissait sur la boussole.

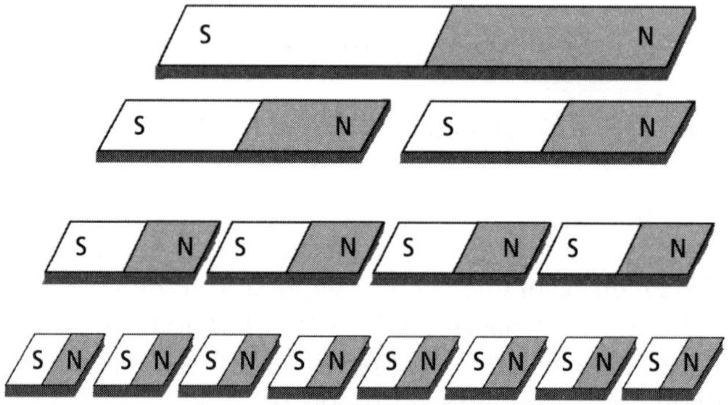

Figure 14.3 Couper un aimant en deux nous donne deux aimants plus petits, mais complets. On peut continuer ainsi jusqu'aux dimensions atomiques sans jamais isoler un pôle magnétique.

Avec les expériences d'Oersted, les physiciens observèrent pour la première fois une force qui n'était pas dirigée le long de la ligne reliant les corps en interaction. Auparavant, il n'était venu à l'idée de personne de rechercher une force qui n'aurait pas été parallèle à la direction du courant. Il semble qu'un juriste italien, Gian Domenico Romagnosi, ait réalisé une découverte similaire qu'il publia dans le numéro daté du 3 août 1802 de la Gazette di Trentino, mais elle fut ignorée. Oersted, lui, écrivit un article en latin, ce qui était d'usage à l'époque dans les publications scientifiques et il l'envoya à nombre de sociétés savantes. Une traduction de son article apparut en 1820 dans les *Annals of Philosophy* et, avant la fin de l'année, le physicien français André Marie Ampère réitéra les expériences d'Oersted, compléta son travail et conclut que tout phénomène magnétique est dû à un courant électrique. Ampère donna une forme mathématique à la découverte d'Oersted connue sous le nom de *loi d'Ampère.* Ces premières étapes allaient mener les physiciens à une compréhension complète du lien entre l'électricité et le magnétisme.

Examinons les découvertes d'Oersted de plus près. On considère une portion droite de fil conducteur transportant un courant i auprès de laquelle on a placé plusieurs petits aimants, c'est-à-dire des aiguilles de boussole, afin d'observer le sens et la direction du champ magnétique au voisinage du fil conducteur. Si l'on place les aimants autour du fil et que l'on coupe le courant, toutes les aiguilles indiquent le nord terrestre. Dès que le courant passe, les petites boussoles s'orientent de façon à former un cercle centré sur le fil et contenu dans le plan qui lui est perpendiculaire (figure 14.4). Quand les aiguilles aimantées sont éloignées du fil conducteur, elles continuent à former un cercle centré sur le fil. D'après la loi d'Ampère, le courant électrique passant dans le fil crée un champ magnétique à symétrie cylindrique autour du fil.

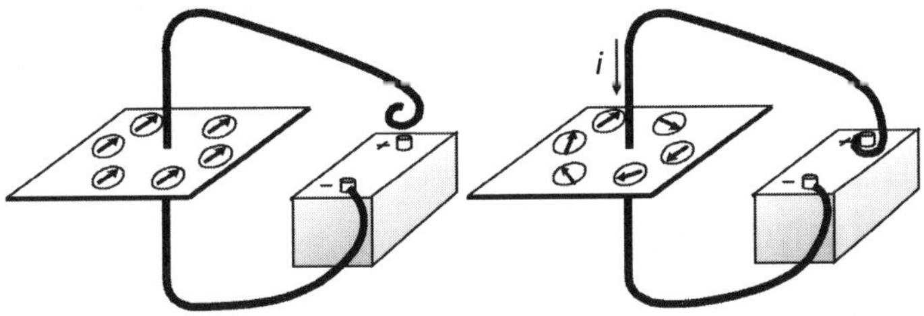

Figure 14.4 Un fil conducteur traversé par un courant entouré par de petits aimants. Ces derniers se disposent en cercle autour du fil.

Les lignes de champ magnétique engendrées par le courant sont des cercles concentriques centrés sur le fil. Voilà pour la direction du champ en chaque point. Le sens du champ est, quant à lui, donné par la règle dite *de la main droite* : si on prend le fil dans sa main droite de façon à ce que le pouce pointe dans le sens du courant, les autres doigts indiquent direction et sens du champ magnétique (figure 14.5). On constate encore une fois que la direction du champ magnétique est perpendiculaire à celle du courant.

Figure 14.5 La règle de la main droite permet de déterminer le sens du champ magnétique engendré par un fil conducteur traversé par un courant. Si le pouce droit pointe dans le sens du courant, les autres doigts indiquent le sens du champ magnétique.

La plus simple application de la loi d'Ampère est le calcul du champ magnétique créé par un courant i parcourant un long conducteur rectiligne. Le champ magnétique à une distance r du fil est alors donné par la formule :

$$B = k\frac{i}{r}$$

où k est une constante. L 'unité SI de champ magnétique est le *tesla* (T). Elle est relativement grande et c'est pour cette raison qu'on utilise souvent le *gauss*, égal à un dix millième de tesla.

$$1 \text{ gauss} = 10^{-4}\text{ T}$$

Dans l'expression du champ magnétique, la constante k est égale à 2×10^{-7} Tm/A.

Quand une charge se déplace dans un champ magnétique

Le courant électrique n'est qu'une mesure de la charge débitée par unité de temps. Une charge électrique isolée en mouvement constitue aussi une sorte de courant. Elle doit donc créer un champ magnétique susceptible d'agir sur un aimant. En vertu de la troisième loi de Newton, un champ magnétique doit par conséquent exercer lui aussi une force sur les charges en mouvement. Deux objets au repos et électriquement chargés exercent l'un sur l'autre une force donnée par la loi de Coulomb. La situation se complique cependant si les deux charges sont en mouvement relatif puisqu'une charge en mouvement crée un champ magnétique qui exerce à son tour une force sur l'autre charge.

Quelle est la nature de cette force ? Seule l'expérience peut répondre à cette question. Si on place une charge électrique au repos dans une région proche d'un gros aimant où le champ magnétique est quasi uniforme, on constate que la charge ne subit aucune force (en l'absence de champ électrique, bien sûr). En revanche, si la charge se déplace par rapport au champ magnétique, une force apparaît. Elle dépend de la valeur de la charge, de sa vitesse, et de l'intensité du champ magnétique. Appelons B cette intensité. La force subie par la charge q se déplaçant à la vitesse v est proportionnelle au produit qvB :

$$\mathrm{F} \propto qvB$$

Cependant, quand la particule se déplace dans une direction parallèle au champ magnétique, la force est nulle. Si la particule chargée se déplace dans une direction *perpendiculaire* au champ magnétique, elle est maximale. Si le mouvement a lieu dans une autre direction, le champ exerce une force d'intensité intermédiaire (figure 14.6). En fait, cette force est toujours proportionnelle à la composante de la vitesse qui est perpendiculaire au champ magnétique. En résumé :

$$F \propto q v_{\text{perp}} B$$

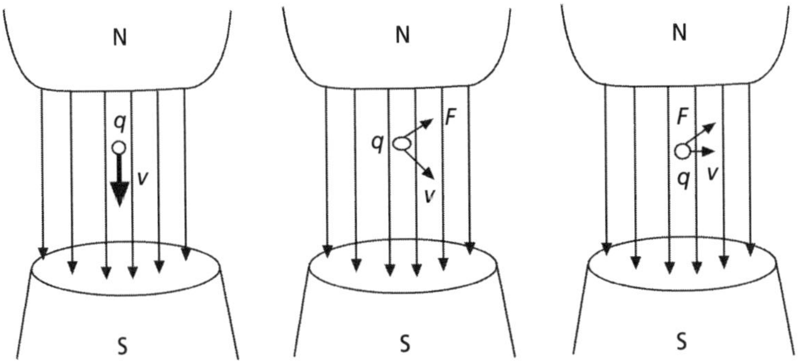

Figure 14.6 Une charge se déplaçant avec une vitesse *v* dans un champ magnétique d'intensité *B* est soumise à une force *F*. Cette force est nulle quand la vitesse est *parallèle* au champ et maximale quand la vitesse est *perpendiculaire* à la direction du champ magnétique.

La force est toujours *perpendiculaire* à la fois à la vitesse et à la direction du champ magnétique, comme indiqué sur la figure 14.6. Si l'intensité du champ magnétique est donnée en teslas, l'expression de la force magnétique agissant sur la charge en mouvement s'écrit :

$$F = q v_{\text{perp}} B$$

Dans le reste de ce chapitre, nous ne considérerons, pour des raisons de commodité, que le cas le plus simple où la vitesse des particules est perpendiculaire à la direction du champ magnétique. Dans ce cas la force s'écrit simplement :

$$F = qvB$$

Si une particule chargée, un proton par exemple, pénètre dans une région où règne un champ magnétique uniforme et si cette particule se déplace avec une vitesse **v** perpendiculaire à la direction du champ magnétique, elle subit une force magnétique **F**, perpendiculaire à la fois à la vitesse et à la direction du champ (figure 14.7). Puisque la force est perpendiculaire à la vitesse, elle ne fournit pas de travail à la particule. Son énergie cinétique reste donc constante. La force magnétique imprime cependant à la particule une accélération perpendiculaire à la direction de son mouvement. En d'autres termes cette accélération est centripète, de sorte que la particule se déplace sur un cercle à vitesse constante...

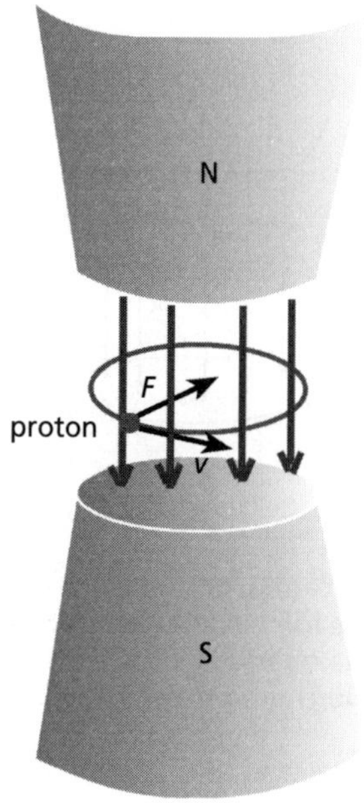

Figure 14.7 Un proton se déplaçant avec une vitesse **v** perpendiculaire au champ magnétique est soumis à une force **F** qui lui fait décrire un cercle à vitesse constante.

Sur la figure 14.8 un électron suit une trajectoire courbe en se déplaçant à travers un champ magnétique uniforme perpendiculaire à l'image. On ne peut pas voir les électrons, mais il est possible de matérialiser brièvement leur trajectoire dans *une chambre à bulles* sous la forme de fines traînées de liquide bouillonnant. Dans une chambre à bulles à hydrogène, par exemple, de l'hydrogène liquide est chauffé sous pression à une température très légèrement inférieure à son point d'ébullition. Lorsqu'une particule chargée se déplace à travers ce liquide, elle ionise sur son passage quelques-unes des molécules d'hydrogène. Quand on relâche brusquement la pression, le liquide se met à bouillir préférentiellement autour de ces ions, c'est-à-dire sur le trajet des électrons. Sur la figure 14. 8 le rayon de courbure de la trajectoire diminue parce que l'électron est ralenti par l'hydrogène liquide.

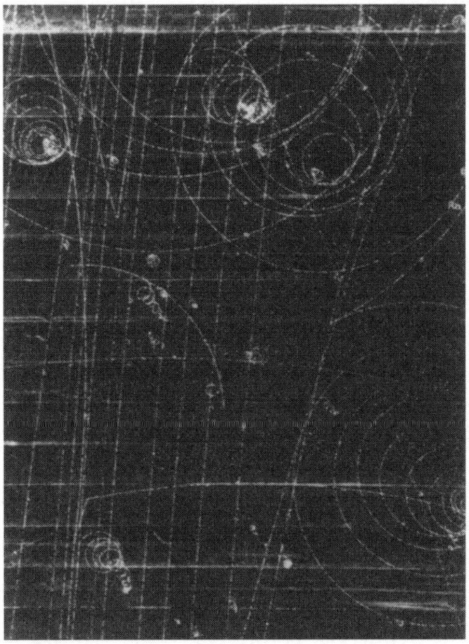

Figure 14.8 La trace d'un électron dans une chambre à bulles. La trajectoire est courbée car l'électron se meut à travers un champ magnétique uniforme perpendiculaire à la page. L'électron est ralenti par l'hydrogène liquide, de sorte que sa trajectoire est une spirale plutôt qu'un cercle. Avec l'aimable autorisation du Brookhaven National Laboratory.

Accélérateurs de particules

Dans les années 1930, le physicien Ernest Orlando Lawrence, de l'Université de Californie, à Berkeley, eut l'idée d'exploiter le mouvement circulaire d'une particule chargée dans un champ magnétique pour accélérer des protons à de très hautes énergies.

Les physiciens éprouvèrent le besoin d'accélérer les particules dès 1919, lorsque Rutherford montra qu'on pouvait briser le noyau d'azote en le bombardant de particules alpha émises par la désintégration du radium et du thorium. Après la collision, le noyau d'azote était transformé en oxygène. Ce fut la première réaction nucléaire artificielle : pour la première fois des hommes avaient modifié la structure d'un noyau atomique. Les particules alphas obtenues par la désintégration radioactive du radium ou du thorium avaient des énergies de l'ordre de quelques MeV seulement. Pour obtenir des particules plus rapides, les physiciens durent inventer des machines capables de les accélérer. Les premiers accélérateurs de particules commencèrent à apparaître en 1932 avec le « multiplicateur de tension » assemblé, sur les suggestions de Rutherford, par J. D. Cockroft et E. T. S. Walton au laboratoire Cavendish de Cambridge. À l'aide de protons portés à des énergies de l'ordre de 400 keV, ils parvinrent à briser le noyau de lithium en deux morceaux de taille égale : deux particules alpha.

En 1928, en Allemagne, Rolf Winderöe avait accéléré des ions sodium et potassium à des énergies équivalentes au double de la tension appliquée à l'aide d'une haute tension alternative. Lorsque Winderöe publia ses résultats, Ernest Lawrence, alors âgé de vingt-sept ans, était professeur de physique à Berkeley. Lawrence était fils d'enseignant, mais il avait voulu faire médecine. Un professeur de physique de l'Université du Minnesota lui ayant donné le goût de la physique, il se décida au dernier moment à changer de voie. Il obtint son doctorat en physique à l'Université de Yale, en 1925. Il rejoignit d'abord le corps enseignant de Yale avant de partir pour Berkeley en 1928, où il fonda le fameux *Radiation Laboratory.* Lawrence devait diriger ce laboratoire jusqu'à sa mort en 1958, à l'âge de cinquante-sept ans. Peu après son arrivée à Berkeley, en consultant les journaux de la bibliothèque de physique, Lawrence tomba sur l'article de Winderöe dans *Archiv für Elektrotechnik.* Il se dit alors qu'un champ magnétique pourrait maintenir les particules sur une trajectoire circulaire, ce qui permettrait de répéter plusieurs fois le processus d'accélération de Winderöe. Au cours de l'été 1930, son élève M. Stanley Livingstone s'attela à la conception et à la construction du premier accélérateur à résonance magnétique ou *cyclotron* dans le cadre de sa thèse expérimentale. Le 2 janvier 1931, ce premier cyclotron produisit des ions d'une énergie de 80 keV à l'aide d'un électroaimant qu'on leur avait prêté et qui donnait un champ de 13 000 gauss (1,3 tesla).

Le fonctionnement du cyclotron est fondé sur le fait que le nombre de révolutions par seconde effectuées par une particule (ou, ce qui revient au même, sa vitesse angulaire) ne dépend ni de la vitesse de la particule ni du rayon de sa trajectoire. Dans un cyclotron, cette vitesse angulaire ne dépend que de la charge et de la masse de la particule accélérée, ainsi que de l'intensité du champ magnétique appliqué.

La figure 14.9 est un schéma du cyclotron. Une source de particules est placée entre deux pièces de métal creuses en forme de D, reliées à un générateur de potentiel électrique alternatif. Supposons qu'un proton soit injecté dans le cyclotron. La particule est accélérée vers le D qui est polarisé négativement à cet instant précis. À l'intérieur du D, le champ électrique est écranté et le proton ne subit plus que l'influence du champ magnétique produit par l'électroaimant extérieur. Ce champ oblige le proton à suivre une trajectoire

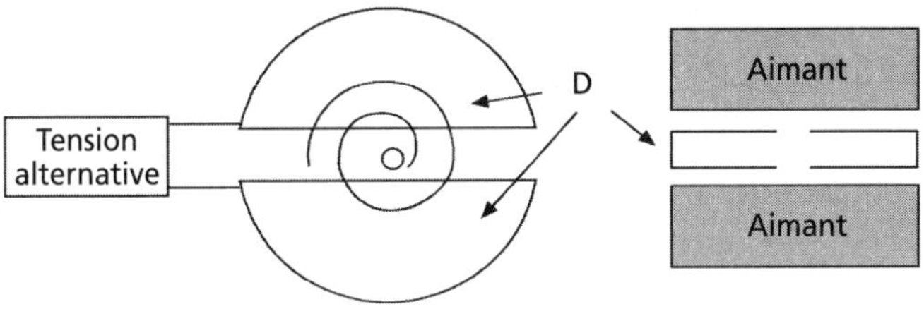

Figure 14.9 Dans un cyclotron, deux D métalliques sont placés entre les pôles d'un gros aimant. Une source d'ions placée au centre du système injecte des particules chargées dans les D, qui sont reliés à un oscillateur électrique. Quand les particules sont accélérées dans l'espace entre les D, elles suivent une trajectoire en spirale qui s'agrandit à mesure qu'elles gagnent de l'énergie.

en demi-cercle qui le conduit vers l'autre D. On s'arrange pour que le potentiel de ce second D devienne négatif à cet instant. La différence de potentiel entre les pièces métalliques accélère le proton à chaque fois qu'il traverse l'espace entre les D. Comme le nombre de révolutions que le proton effectue à chaque seconde est indépendant de sa vitesse ou du rayon de courbure de sa trajectoire, le proton passe d'un D à l'autre à intervalles réguliers, de sorte qu'il est assez facile de synchroniser les changements de polarité des D. Dans un cyclotron moderne, la particule effectue une centaine de révolutions avant de quitter les D avec une énergie de plusieurs MeV.

Il est difficile de construire de très grands électroaimants, de sorte que la technologie des cyclotrons a aujourd'hui atteint sa limite, même s'ils restent très utiles pour produire des protons en dessous de 40 MeV. On construit aujourd'hui des accélérateurs qui ne nécessitent pas de gros aimant : les *synchrotrons.* Ce type de machine utilise un aimant en forme d'anneau qui canalise les particules sur une trajectoire circulaire et non plus sur une spirale. Le *Fermi National Accelerator Laboratory* dans l'Illinois, aux États-Unis, abrite le plus grand synchrotron du monde. Il a récemment obtenu des énergies de l'ordre du TeV — un million de millions d'électronvolts — raison pour laquelle on le nomme Tevatron.

Le magnétisme terrestre

Comme Gilbert l'a écrit dans *De Magnete,* la Terre est un aimant. Elle possède un énorme noyau dense d'environ 2 400 kilomètres de diamètre, composé d'éléments lourds, essentiellement du fer. L'étude des ondes sismiques créées par les tremblements de terre a montré que l'essentiel de ce noyau est liquide, mais on pense qu'il contient en son centre une graine solide. D'infimes mouvements dans le noyau liquide — de l'ordre de 1 millimètre par an — seraient à l'origine du champ magnétique terrestre. À la surface de la Terre, ce champ magnétique atteint environ 5×10^{-5} T, soit environ 0,5 gauss.

Un champ magnétique est produit par le mouvement de charges électriques. Dans le cas de la Terre, le noyau métallique liquide est un matériau chaud et conducteur de l'électricité dont les lents mouvements engendrent des courants électriques. Ces courants se dirigent vers la surface où ils sont entraînés par la rotation de la terre, produisant ainsi un champ magnétique. Cependant, ce mécanisme n'est pas entièrement compris. Les physiciens ont été surpris de constater qu'un champ magnétique existe aussi sur Mercure alors que cet astre tourne beaucoup trop lentement pour produire ne serait-ce qu'un très faible champ par ce mécanisme. L'origine du champ magnétique de Mercure reste une énigme.

Le champ magnétique terrestre se déploie dans l'espace autour de la Terre où il interagit avec le *vent solaire*, un flot d'atomes ionisés et d'électrons éjectés en permanence par l'atmosphère du Soleil à des vitesses de plusieurs centaines de kilomètres par seconde. Le champ magnétique terrestre agit comme un écran vis-à-vis du vent solaire : il ralentit les particules supersoniques à des vitesses subsoniques ce qui engendre une onde de choc semblable au sillage laissé par un bateau dans l'eau (figure 14.10). Ce champ magnétique protège également la Terre de la plupart des rayons cosmiques de haute énergie issus du milieu interstellaire.

Le champ magnétique terrestre piège une partie des particules du vent solaire créant ainsi la *magnétosphère* : la région de l'espace où le champ

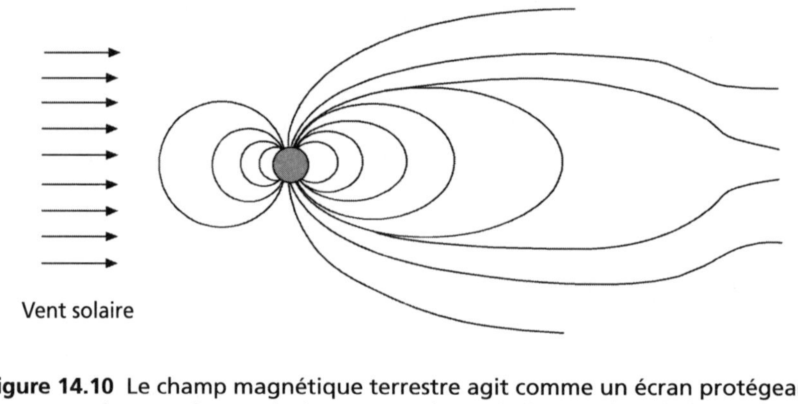

Figure 14.10 Le champ magnétique terrestre agit comme un écran protégeant la terre des particules supersoniques émises par le Soleil.

magnétique terrestre domine les autres champs. La magnétosphère fut découverte en 1958 à l'aide du premier satellite artificiel américain, *Explorer* 1, à bord duquel on avait placé des instruments scientifiques conçus par James Van Allen, professeur de physique de l'Université de l'Iowa. On a constaté depuis que d'autres planètes possèdent des magnétosphères. La plus intense et la plus étendue est celle de Jupiter, qui englobe l'ensemble de ses satellites.

Lorsqu'une particule du vent solaire — un proton ou un électron — pénètre dans la magnétosphère terrestre avec une vitesse perpendiculaire au champ magnétique, elle y décrit un cercle. Si la vitesse initiale de la particule est quelconque, sa composante parallèle au champ magnétique reste inchangée et la particule progresse dans cette direction. Dans le plan perpendiculaire au champ, son mouvement sera encore une fois circulaire. La composition de ces deux mouvements est une hélice que la particule décrit en tourbillonnant autour d'une ligne de champ magnétique (figure 14.11). Le champ magnétique terrestre étant plus intense aux pôles, les particules décrivent des hélices en oscillant d'un pôle à l'autre. Elles sont piégées dans la région équatoriale où le champ est plus faible : on parle parfois de *bouteille magnétique*. Ces régions de l'espace où les électrons et les protons du vent solaire sont momentanément piégés sont les *ceintures de Van Allen*. La ceinture de Van Allen inférieure, qui s'étend entre 2 000 et 5 000 km d'altitude environ, contient essentiellement des protons. La ceinture de Van Allen supérieure contient surtout des électrons.

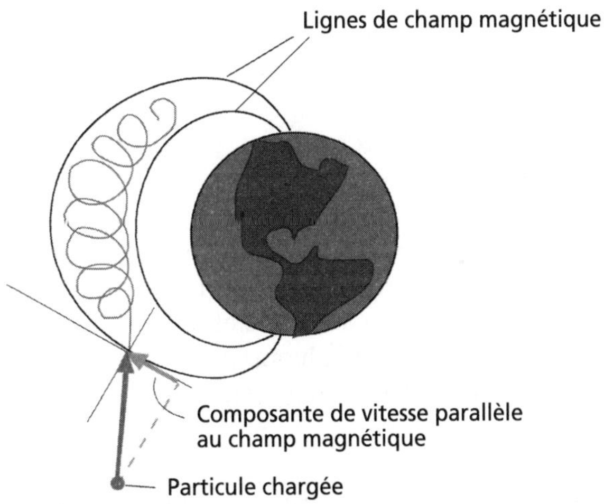

Figure 14.11 Si une particule chargée pénètre dans la magnétosphère terrestre avec une vitesse dont la composante parallèle au champ magnétique est non nulle, elle s'enroule sur une trajectoire en hélice.

La physique dans le monde qui nous entoure : la navigation magnétique des oiseaux

Les oiseaux migrateurs possèdent une boussole intégrée : des cristaux de magnétite disposés près de leurs orifices respiratoires leur permettent de se repérer en détectant l'orientation du champ magnétique terrestre. Les chercheurs ont également découvert que ces oiseaux naviguent aux étoiles, car pour s'orienter correctement, ils doivent utiliser à la fois le repère magnétique et la position des astres sur la voûte céleste.

Peier Weindler et son équipe de l'Université Goethe de Francfort, en Allemagne, ont étudié les fauvettes des jardins qui se reproduisent en Europe centrale et migrent en Afrique en hiver. Au cours de leur voyage vers l'Afrique, ces oiseaux bifurquent d'abord vers l'ouest, pour éviter de survoler les Alpes, puis ils s'orientent au sud-ouest vers la péninsule ibérique. À partir de là, ils font route au sud-est, vers le continent africain. L'équipe de Weindler a élevé un groupe de jeunes fauvettes nées en captivité. Au cours de l'été, avant leur première migration, ils ont placé les oiseaux dans des cages équipées d'une lumière artificielle et d'un dôme rotatif simulant le ciel nocturne à la manière d'un planétarium. Un des groupes d'oiseaux était, de plus, isolé du champ magnétique terrestre. Au moment où à lieu normalement la migration des oiseaux, on plaça toutes les fauvettes ensemble dans de très grandes cages où elles ne disposaient que des repères célestes. Les oiseaux qui avaient été isolés toute leur vie du champ magnétique terrestre partirent vers le sud. Les autres s'orientèrent correctement vers le sud-ouest. Plus tard dans la saison, au moment où les oiseaux auraient dû se diriger vers le sud-est, les deux groupes échouèrent parce qu'ils n'étaient pas exposés à une simulation du ciel d'automne.

Les chercheurs en ont conclu que l'orientation des oiseaux migrateurs nécessite à la fois une information magnétique et une information astronomique. Le ciel nocturne leur indique la direction générale qu'ils doivent prendre (le sud en automne et le nord au printemps). Ils utilisent ensuite la direction du champ magnétique terrestre pour dévier par rapport à cette orientation générale.

Les éruptions solaires — de gigantesques explosions qui ont lieu dans l'atmosphère du Soleil — libèrent d'énormes quantités d'énergie dans un vaste domaine de longueur d'onde et propulsent dans l'espace de grandes quantités de matière fortement ionisée. Quand cette matière atteint la Terre, elle interagit avec le champ magnétique et engendre une *tempête magnétique.* Sous le choc, quelques-unes des particules piégées dans les ceintures de Van Allen sont précipitées vers la Terre et pénètrent dans l'atmosphère près des pôles. Quand ces électrons et ces protons de haute énergie entrent dans la haute atmosphère, ils provoquent un rayonnement ultraviolet qui est absorbé par les atomes d'azote et d'oxygène. Ces atomes restituent ensuite ce rayonnement sous forme de lumière visible (selon un phénomène appelé *fluorescence*) qui donne lieu à de splendides *aurores boréales ou australes.*

La source du magnétisme

Oersted avait découvert qu'un courant électrique engendre un champ magnétique. En 1820, Ampère en conclut que tous les champs magnétiques sont produits par de petits courants électriques. Mais quel peut bien être le courant électrique à la source du magnétisme d'un aimant permanent ? Dans le modèle de l'atome de Bohr, un électron se meut autour du noyau selon une orbite circulaire. Ce mouvement équivaut à une microscopique boucle de courant qui, comme on l'a dit, doit engendrer un champ magnétique (figure 14.12a). De surcroît, chaque électron tourne sur lui-même et ce mouvement de rotation est, lui aussi, équivalent à un courant électrique circulaire (figure 14.12b). Le champ magnétique de l'électron est celui d'un *dipôle*, c'est-à-dire qu'il ressemble au champ magnétique d'un aimant doté d'un pôle nord et d'un pôle sud, plutôt qu'au champ magnétique — jamais observé —

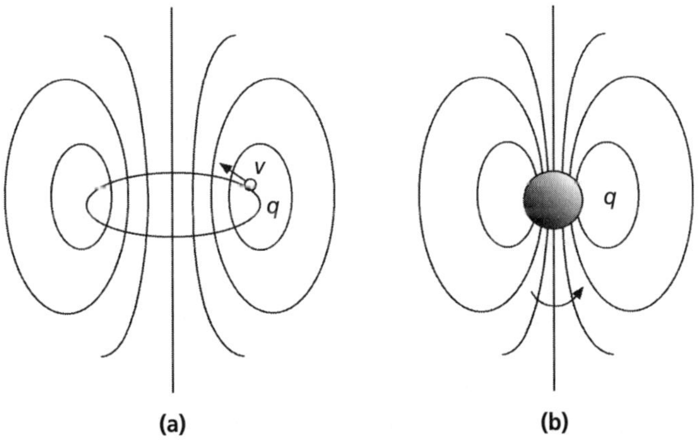

Figure 14.12 **(a)** Une particule chargée qui parcourt une trajectoire circulaire peut être assimilée à une boucle de courant électrique. Cette boucle crée un champ magnétique. **(b)** Une sphère chargée qui tourne sur elle-même produit également un champ magnétique.

d'un monopôle. On sait aujourd'hui que cette image n'est pas adéquate : l'électron n'est pas une petite sphère chargée en rotation, tournant autour du noyau sur une orbite circulaire bien définie. Néanmoins, les champs magnétiques engendrés par les électrons sont bien ceux auxquels on s'attendrait *si* ce modèle naïf était correct.

Toute matière contient des électrons, mais tous les corps ne sont pas magnétiques. Ceci est dû au fait que dans la plupart des substances, les dipôles magnétiques des atomes sont orientés aléatoirement de sorte que leur somme totale est nulle. Le fer et quelques substances particulières sont divisés en vastes ensembles d'atomes alignés, les *domaines magnétiques* où le champ résultant ne s'annule pas entièrement. Un morceau de fer est constitué d'un très grand nombre de domaines rassemblant chacun plusieurs millions d'atomes. En général, ces domaines sont orientés au hasard et à moins qu'un très grand nombre pointent dans la même direction, le matériau n'est pas magnétique. Cependant, un champ magnétique suffisamment intense est susceptible d'orienter de nombreux domaines dans sa direction. On peut ainsi aimanter la lame d'un couteau en la frottant plusieurs fois dans la même direction contre un gros aimant. Si l'aimant est vraiment très puissant, un simple contact suffit à aimanter la lame durablement.

La loi de l'induction de Faraday

Si un courant électrique produit un champ magnétique, l'inverse est-il également vrai ? Peut-on produire un courant à l'aide d'un champ ?

C'est le physicien anglais Michael Faraday qui répondit à cette question. Fils de forgeron, Faraday et ses dix frères ne reçurent pas d'éducation classique. « Mon éducation, écrivit-il, fut des plus sommaires. Elle ne dépassa pas les rudiments de la lecture, de l'écriture et de l'arithmétique de l'école communale. » Né en 1771 à Newington, en Angleterre, il fut placé comme apprenti à l'âge de 14 ans dans la boutique d'un relieur du nom de G. Ribeau. Ce métier le mit en contact avec un trésor de livres qui joua un rôle décisif dans sa vie. « Il y avait là une foule d'ouvrages que je dévorais les uns après les autres », raconta-t-il plus tard. Son maître ne se contenta pas de lui permettre de lire les livres qu'il devait relier. Il l'encouragea à consulter les ouvrages de sa bibliothèque personnelle et à assister à des conférences ou à d'autres événements culturels. Un jour, tandis qu'il reliait un tome de l'*Encyclopaedia Britannica*, Faraday tomba sur un article de 127 pages qui le fascina : il traitait de l'électricité. À la lecture de cet article, Faraday décida d'économiser assez d'argent pour s'acheter les éléments nécessaires à la construction d'un appareillage scientifique.

En 1810, Faraday entra à la City Philosophical Society. Cette association, fondée deux ans plus tôt, organisait des réunions chaque mercredi pour discuter d'un article scientifique rédigé par un de ses membres sur un sujet quelconque. Faraday avait l'habitude d'assister à ces réunions, assis au premier rang, pour prendre des notes qu'il remettait ensuite au propre et complétait chez lui. Quelque temps plus tard, il obtint un billet pour assister à un cycle de quatre conférences données par le grand chimiste Sir Humphrey Davy, superintendant de la Royal Institution. Au cours de ces conférences, il prit de copieuses notes qu'il relia avant d'expédier le volume à Davy, accompagné d'une lettre dans laquelle il lui demandait un poste à la Royal Institution. Davy fut flatté, mais dans un premier temps, il ne put lui donner satisfaction. Cependant, lorsqu'un de ses employés à la Royal Institution fut impliqué dans une bagarre et dut être renvoyé, il engagea Faraday comme assistant dans son laboratoire. Faraday était désormais en passe de devenir l'un des plus grands expérimentateurs de tous les temps.

Douze en plus tard, en 1825, Faraday fut nommé directeur de son laboratoire. En 1833, il devint professeur de chimie à la Royal Institution. C'est alors qu'intrigué par les expériences d'Oersted, il décida de vérifier si l'on pouvait produire un courant électrique à l'aide d'un champ magnétique. Faraday décrivit ainsi son expérience : « On prend un anneau en fer [...], sur la moitié duquel on enroule plusieurs spires de fil de cuivre en prenant soin de les séparer par du calicot et de la ficelle. [...] On vérifie à l'aide d'un clou que les spires sont bien isolées les unes des autres. On appellera A ce côté de l'anneau [qui est ensuite relié à une pile] ». Sur l'autre moitié de l'anneau, le côté B, il enroula un deuxième fil de cuivre (figure 14.13.). Faraday espérait que le champ magnétique produit par la bobine A aimanterait le fer et que ce dernier produirait à son tour un courant dans la bobine de cuivre B, enroulée de l'autre côté de l'anneau et indépendante de la première. Rien ne se passa comme prévu. Un bref courant apparaissait dans la bobine B, mais uniquement aux moments où on branchait ou débranchait la pile.

Ce n'était donc pas le champ magnétique qui produisait un courant dans la bobine B, mais sa brusque variation au moment où l'on branchait ou débranchait la pile. Lorsqu'on fermait le circuit, le courant dans la bobine A passait rapidement de zéro à une certaine valeur constante, produisant un courant qui évoluait de la même façon. Inversement, quand on débranchait la pile, le courant tombait à zéro ce qui faisait brusquement chuter l'intensité du champ magnétique. Ce sont ces variations du champ qui *induisaient* le courant dans la bobine B. Pour qu'un courant existe dans la seconde bobine B, il fallait qu'une tension existe à ses bornes. Faraday en déduisit qu'un champ magnétique variable induit dans la deuxième bobine une tension susceptible d'y faire circuler un courant. Ce phénomène est nommé *induction électromagnétique*.

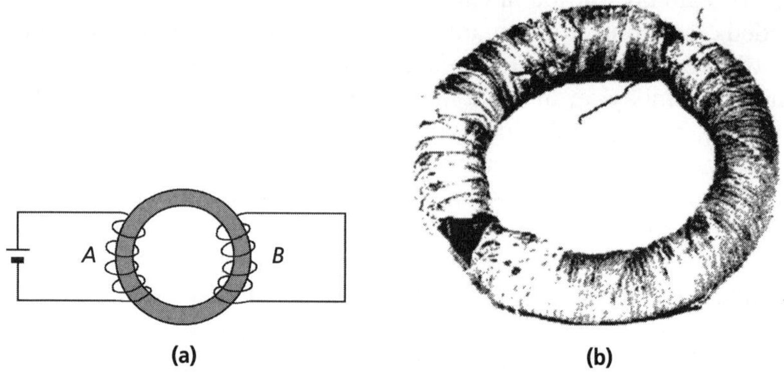

Figure 14.13 **(a)** Expérience de Faraday sur l'induction. À l'instant où la pile est branchée, un courant s'établit dans la bobine A. Inversement, ce courant tombe à zéro lorsqu'on débranche la pile. Aux mêmes moments, un bref courant circule dans la bobine B. **(b)** Photographie de l'anneau d'induction de Faraday.

Faraday poursuivit ses expériences. Il montra rapidement que l'anneau de fer était inutile. En ajoutant un interrupteur à la bobine A, il pouvait induire un courant dans la bobine B à chaque fois qu'il fermait ou ouvrait l'interrupteur. Si le courant était bien induit par les variations de champ magnétique, l'expérience devait marcher en remplaçant la bobine A part de simples aimants en mouvement. Faraday parvint à induire des courants électriques dans une bobine en y introduisant rapidement un aimant ou en le retirant (figure 14.14).

Pour que le phénomène d'induction électromagnétique se produise, il n'est pas nécessaire de disposer d'une bobine. Une simple boucle de fil ou un circuit électrique fermé suffisent. Lorsqu'on déplace rapidement un aimant au voisinage d'une boucle de fil métallique, une tension est induite dans le fil.

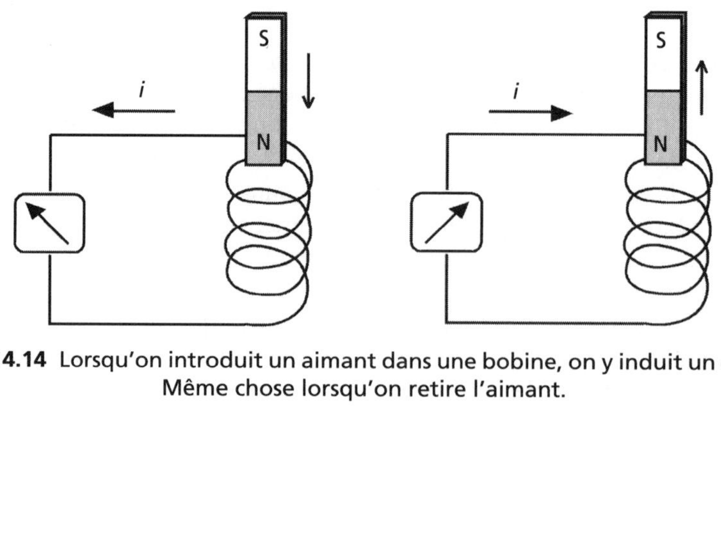

Figure 14.14 Lorsqu'on introduit un aimant dans une bobine, on y induit un courant. Même chose lorsqu'on retire l'aimant.

Plus l'aimant se déplace vite, plus la variation du champ est rapide et plus la tension induite est grande. Cette tension induite est d'autant plus grande que la vitesse de variation du champ magnétique traversant la boucle est élevée. En termes plus généraux, *la tension induite dans le circuit est proportionnelle à la variation du champ magnétique par unité de temps.*

En 1822, Faraday avait écrit dans son journal : « Convertir le magnétisme en électricité. » Vers 1831, il avait atteint son but.

Moteurs et générateurs

Faraday a montré qu'une variation du champ magnétique engendre un courant dans une bobine. Le champ magnétique qui traverse une bobine en rotation *varie*, même si le champ lui-même est constant (figure 14.15). Il semble donc possible d'induire un courant dans une bobine en la faisant tourner dans une région où règne un champ magnétique. Si l'on attache une manivelle à cette bobine et qu'on la fait tourner, un courant y circule aussi longtemps que l'on maintient la bobine en rotation. On peut utiliser ce courant pour allumer une ampoule électrique, par exemple (figure 14.16). Ce système simple à un seul enroulement, est un *générateur* qui convertit l'énergie mécanique en énergie électrique. Une roue à aubes entraînée par une chute d'eau ou par le courant d'une rivière, comme de la vapeur sous pression agissant sur une turbine peuvent fournir de l'énergie mécanique à un tel générateur qui produira de l'énergie électrique.

Supposons maintenant que l'on enlève la manivelle et que l'on place la bobine dans un champ magnétique. Au lieu d'une ampoule électrique, on branche une pile de façon à faire circuler un courant dans la bobine. Celle-ci est alors soumise à un couple de forces. Les courants sont des déplacements de charges et toute charge en mouvement dans un champ magnétique est

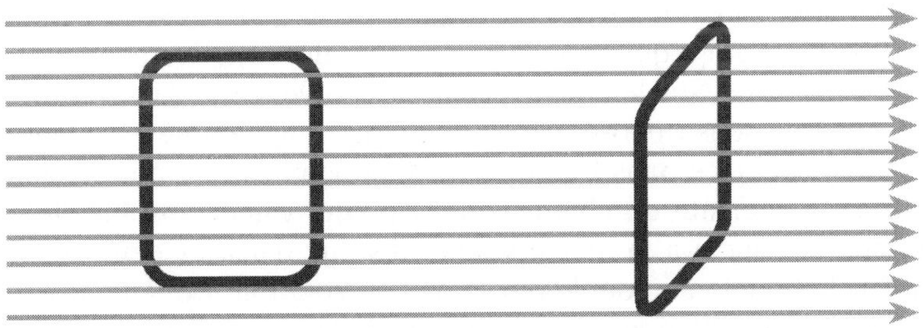

Figure 14.15 Le champ magnétique qui traverse une bobine plane en rotation passe de zéro quand le plan de la bobine est parallèle au champ magnétique à une valeur maximale quand le plan de la bobine est perpendiculaire au champ.

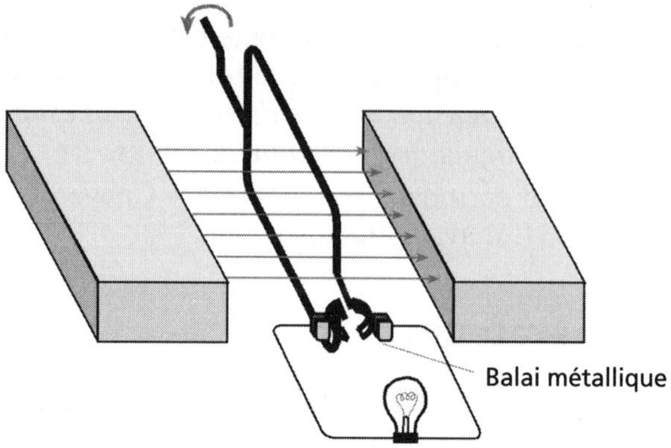

Figure 14.16 Une boucle de fil conducteur munie d'une manivelle crée de l'électricité quand on fait tourner la boucle dans un champ magnétique. Des balais métalliques maintiennent le contact entre la boucle et le circuit. Ce générateur électrique simple peut alimenter une petite ampoule électrique.

soumise à une force. Cette force est perpendiculaire à la direction du champ magnétique et à la direction du courant qui circule dans le conducteur.

Considérons la boucle conductrice de la figure 14.17. Dans l'espace entre les deux aimants, les lignes de champ magnétique sont orientées de la gauche vers la droite. On branche une pile grâce à une paire de balais métalliques qui maintiennent le contact avec les deux bornes de la boucle lorsqu'elle tourne. Ces bornes forment ce qu'on appelle un *collecteur* et, comme nous allons le voir, ils ont aussi pour fonction de changer le sens du courant dans la boucle au cours de la rotation.

Voyons maintenant pourquoi la boucle tourne. Quand les balais sont alignés avec les segments du collecteur, le courant entre par le côté gauche de la boucle (représenté en gris sur la figure 14.17a et en sort par le côté droit. La force magnétique qui agit sur le côté gauche de la boucle est perpendiculaire à la direction du champ (qui est ici dirigé vers la droite) et perpendiculaire à la direction du courant. Sur le côté droit de la boucle, cette force est de même direction mais de sens opposé, car si le champ magnétique est identique, le courant, lui, se déplace dans l'autre sens. Ces deux forces, qui dépendent du courant et de l'intensité du champ, ont la même valeur absolue (le courant passant dans la boucle a la même valeur absolue dans les deux sens). Elles exercent sur la boucle un couple qui la met en rotation. Lorsque la boucle se retrouve dans une position où chaque balai est en contact avec les deux bagues du collecteur, cela court-circuite la boucle : plus aucun courant n'y passe et elle continue à tourner sous le seul effet de l'inertie (figure 14.17b). Quand la boucle dépasse cette position, le courant entre dans la boucle par le

(a)

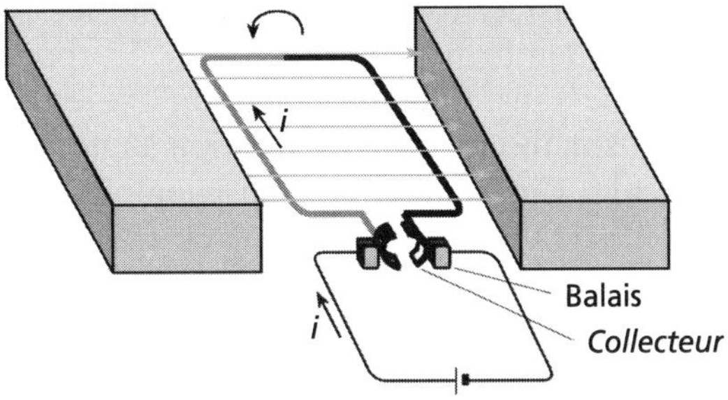

(b)

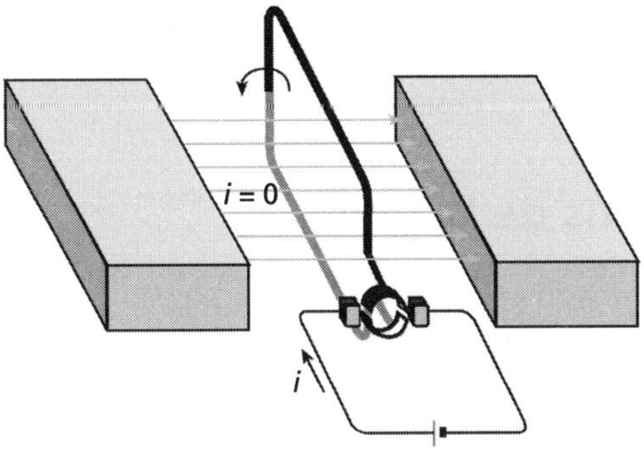

(c)

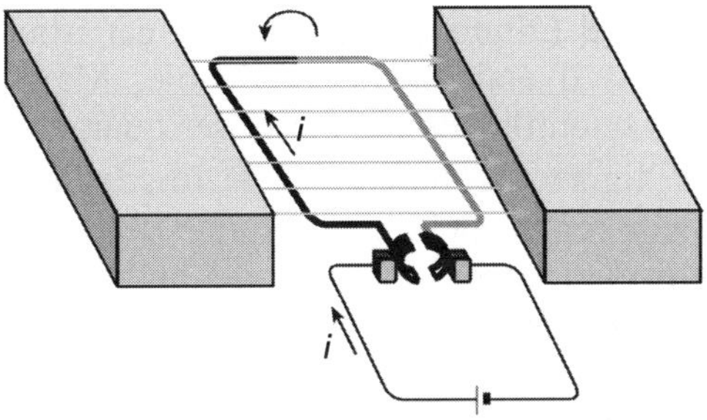

Figure 14.17 Un moteur simple. **(a)** La boucle de fil plongée dans un champ magnétique est reliée par une extrémité à deux conducteurs semi-circulaires qui constituent le *collecteur*. Le courant de la pile pénètre dans le côté gauche de la boucle (en gris) à travers un balai métallique et en sort par l'autre côté (en noir). Le couple qui s'exerce fait tourner la boucle dans le sens contraire des aiguilles d'une montre. **(b)** Chaque balai est à cet instant en contact avec les deux conducteurs du collecteur. La boucle est alors court-circuitée. L'inertie la maintient en rotation. **(c)** Le côté noir de la boucle est maintenant à gauche. Le courant entre maintenant par ce côté et sort par le côté gris. Le courant parcourt maintenant la boucle dans l'autre sens, de sorte que le couple qu'elle subit n'est pas modifié et qu'elle continue à tourner dans le sens contraire des aiguilles d'une montre.

côté qui était initialement à droite (et qui se trouve maintenant à gauche) et sort par l'autre côté : ainsi les forces engendrées sur les côtés de la boucle sont les mêmes que précédemment (figure 14.17c). La boucle continue donc à tourner dans le même sens. Quand on fixe un axe et des engrenages sur la boucle, on transmet son mouvement de rotation à une roue qui peut à son tour entraîner un véhicule. Cet appareil est un exemple simple de *moteur* électrique qui transforme de l'énergie électrique en énergie mécanique.

Au lieu d'avoir juste une boucle de courant, un moteur électrique réel a plusieurs enroulements bobinés autour d'un noyau de fer ou *armature*. Outre que cela augmente le couple, avoir plusieurs enroulements améliore le fonctionnement puisqu'à la différence de l'enroulement unique où le couple varie continuellement de zéro à la valeur maximum, il variera peu avec de nombreux enroulements consécutifs.

Les équations de Maxwell

James Clerk Maxwell est certainement le physicien du XIXe siècle qui a le plus contribué à la physique moderne. Il naquit dans une famille aisée d'Edimbourg, le 13 juin 1831. Très tôt, il fit montre d'une exceptionnelle aptitude pour les mathématiques. À l'âge de quatorze ans, il avait déjà écrit un article de géométrie, *La Théorie des Courbes Développées,* qui fut acceptée pour lecture par la Royal Society d'Edimbourg. En plus de cet article et de quelques autres qu'il rédigea quand il était encore à l'école, Maxwell écrivit plus d'une centaine d'articles scientifiques aux cours des quarante-huit années de sa vie.

Le concept de lignes de champ (ou de force) introduit par Faraday était essentiellement une représentation graphique des forces électrique et magnétique. Alors qu'il était encore étudiant à Cambridge, Maxwell tenta de lui donner une forme mathématique rigoureuse. Peu après avoir passé sa thèse, il écrivit son premier un article sur le sujet, intitulé *Sur les lignes de force de Faraday*, qui fit l'objet d'une séance devant la Cambridge Physical Society. Sept ans plus tard, dans un deuxième article intitulé *Les lignes de forces physiques*, Maxwell présenta un modèle qui illustrait la loi de l'induction de Faraday. Lorsqu'il appliqua son modèle à diverses situations, Maxwell réalisa qu'il contenait bien davantage que les découvertes de Faraday — à savoir que la variation d'un champ magnétique produisait une force électrique — puisqu'il suggérait une possibilité symétrique : que la variation d'un champ électrique engendre une force magnétique. Pour tenir compte de cette possibilité, Maxwell décida de modifier la loi d'Ampère.

Maxwell construisit finalement une théorie de l'électromagnétisme qui englobait tout ce que l'on savait alors sur l'électricité et le magnétisme. Ses quatre équations sont toujours utilisées aujourd'hui et sont connues sous le nom d'*équations de Maxwell*. Les équations de Maxwell interprétaient les travaux de Coulomb, d'Oersted, d'Ampère, de Faraday et de bien d'autres, et elles étendaient le domaine des relations et des symétries entre l'électricité et le magnétisme bien au-delà de ce qui était connu à l'époque. Les trois premières équations peuvent être considérées comme une reformulation de travaux précédents, mais la quatrième, la loi d'Ampère modifiée, est véritablement la clé du puzzle, le trait de génie qui unifie l'électricité et le magnétisme en une unique théorie de l'électromagnétisme.

La première équation de Maxwell est une conséquence de la loi de Coulomb. Elle donne une relation générale qui unit la répartition des charges dans l'espace et le champ électrique qu'elles produisent. La seconde équation décrit la façon dont les lignes de champ magnétique se déploient : elles forment toujours des boucles fermées, c'est-à-dire qu'elles ne démarrent ni ne s'arrêtent en aucun point. C'est pour cette raison que nous ne pouvons pas observer l'équivalent magnétique des charges électriques isolées, les monopôles. La troisième équation n'est autre que la loi de Faraday qui énonce qu'un champ magnétique variable crée un champ électrique. La quatrième équation de Maxwell est, nous l'avons dit, une extension de la loi d'Ampère. Elle énonce qu'un champ magnétique peut être produit par un simple courant ou par un champ électrique variable.

D'après les équations de Maxwell, un champ magnétique variable produit un champ électrique variable. La quatrième équation prend alors le relais pour affirmer que les variations de ce champ électrique engendrent à leur tour un nouveau champ magnétique variable. Ce champ magnétique variable va créer à son tour un champ électrique variable qui créera à son tour un champ magnétique variable, et ainsi de suite. En combinant ses quatre équations, Maxwell démontra qu'une fois que les champs électriques et magnétiques variables sont produits à un endroit, ils continuent à se propager, même dans le vide où il n'y a ni charges ni aimants. Cette propagation des champs électriques et magnétiques à travers l'espace constitue ce que nous appelons les *ondes électromagnétiques* (figure 14.18).

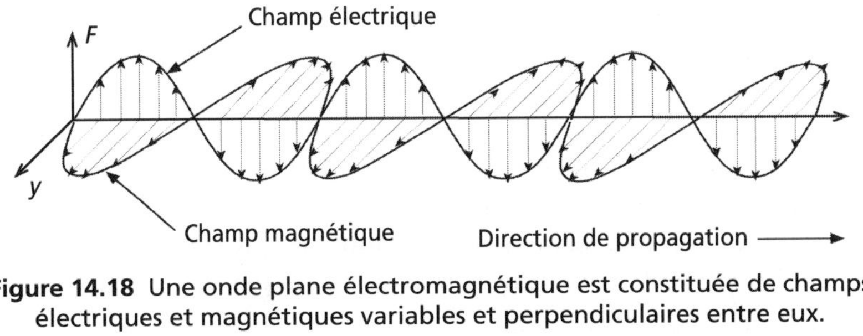

Figure 14.18 Une onde plane électromagnétique est constituée de champs électriques et magnétiques variables et perpendiculaires entre eux.

La physique au quotidien : les fours à micro-ondes

Les fours à micro-ondes sont aujourd'hui assez communs dans nos cuisines. Cependant, peu d'usagers savent comment ils fonctionnent. La physique que nous avons apprise jusqu'ici suffit pourtant à comprendre les bases de ce fonctionnement.

Un four à micro-ondes n'est, en définitive, qu'une petite station émettrice. Un tube dit *magnétron* émet des ondes électromagnétiques à haute fréquence (les micro-ondes). Ces ondes sont « conduites » jusqu'au four le long d'un guide d'onde. Un agitateur métallique distribue alors les ondes à travers toute l'enceinte du four.

Les fours à micro-ondes conçus pour les particuliers fonctionnent à la fréquence de 2 450 MHz, ce qui correspond à une longueur d'onde de 12,2 cm. Ces ondes électromagnétiques sont réfléchies par les métaux et traversent le papier, le verre et certaines matières plastiques. Elles sont en revanche absorbées par l'eau et par le sucre. Quand les micro-ondes pénètrent dans les denrées alimentaires, elles excitent certaines vibrations particulières aux molécules d'eau jusqu'à une profondeur d'environ 5 cm. Ceci produit de la chaleur, principalement en perturbant les liaisons entre les molécules de l'eau.

Les molécules d'eau sont constituées d'un atome d'oxygène et de deux atomes d'hydrogène. Leurs propriétés sont telles que même si la molécule dans son ensemble est électriquement neutre, le côté où se trouve l'oxygène porte une faible charge négative, tandis que les deux atomes d'hydrogène sont légèrement positifs. Le champ électrique des micro-ondes exerce donc un couple sur la molécule d'eau. Comme ce champ oscille, le couple fait vibrer la molécule. Dans un aliment cette molécule n'est cependant pas complètement libre de se mouvoir à cause des liaisons qu'elle entretient avec d'autres molécules : les forces de « frottement » correspondantes libèrent de la chaleur dans la substance.

Les parois du four sont faites de métal sur lesquels les micro-ondes sont réfléchies. Il se forme alors à l'intérieur du four un système d'ondes dites stationnaires (semblables à celles produites sur une corde tendue fixée à ses deux extrémités). En conséquence, il existe des points chauds, là où les vibrations du champ électrique sont maximales, et des points froids dans les régions où les vibrations s'annulent. Pour éviter que cette hétérogénéité ne provoque une cuisson inégale, les aliments sont parfois placés sur un plateau tournant.

À partir de ses équations, Maxwell avait calculé que la vitesse de propagation des ondes électromagnétiques était de l'ordre de $2{,}88 \times 10^8$ mètres par seconde. Cette valeur était très proche de la vitesse de la lumière que l'on avait mesurée à l'époque et trouvée égale à $3{,}11 \times 10^8$ mètres par seconde. Il postula donc que les ondes électromagnétiques prédites par ses équations existaient réellement et que la lumière en faisait partie. « L'agrément de ces résultats semble montrer que la lumière [...] est une perturbation électromagnétique », écrivit-il en 1868. Neuf ans après la mort de Maxwell, Heinrich Hertz (1857-1894) produisit des ondes électromagnétiques dans son laboratoire.

CINQUIÈME PARTIE

Ondes

15

Mouvements ondulatoires

La nature des ondes

Les phénomènes ondulatoires sont très répandus autour de nous. Le chant d'un oiseau est une onde acoustique produite par sa gorge qui se propage dans toutes les directions avant de toucher les membranes auditives des animaux voisins. Lorsqu'un gland tombe d'un arbre dans une mare, il provoque des rides qui se propagent sur l'eau à partir de son point d'impact. La lumière du Soleil est elle-même une onde électromagnétique qui s'est propagée dans le vide interplanétaire avant de nous parvenir. en outre, comme nous l'avons vu au chapitre 7, la matière ordinaire est elle-même susceptible d'être animée de mouvements ondulatoires.

Les sons se propagent dans un milieu, tout comme les ondes à la surface de l'eau. En l'absence d'air, rien ne transmet le chant d'un oiseau et les rides circulaires qui se développent à la surface d'une mare n'existent évidemment pas sans eau. Sur la Lune, un astronaute est incapable d'attirer l'attention de son compagnon en claquant des doigts ou en frappant l'armature métallique de son scaphandre : il n'y a pas d'atmosphère susceptible de transmettre les sons. En revanche, lorsqu'il parle dans le micro de son casque, les hommes qui l'entourent l'entendent, tout comme les ingénieurs restés dans la salle de contrôle sur Terre. Les ondes électromagnétiques émises par sa radio se propagent dans le vide. Elles n'ont pas besoin d'un milieu de transmission, bien qu'elles puissent également se propager à travers certains matériaux. On qualifie d'*ondes mécaniques* celles pour lesquelles un milieu matériel est indispensable. Dans ce chapitre, nous nous limiterons à ce type d'ondes qui sont plus faciles à visualiser.

En quoi consiste une onde mécanique ? On a signalé au chapitre 7 que l'élasticité d'un milieu assure la propagation d'une perturbation quelconque créée en l'un de ses points, et ceci sans transmission de matière. Ainsi, quand on pince une corde tendue, on produit un écart par rapport à sa position d'équilibre qui se propage le long de la corde. En revanche, le matériau de la corde ne se déplace dans cette direction, il se contente de vibrer de haut en bas (ou latéralement cela dépend de la façon dont la corde a été pincée). Une onde ne transporte pas de matière, mais de l'énergie et de la quantité de mouvement. Lorsqu'une ride circulaire — produite par la chute d'un caillou dans une mare, par exemple — atteint une feuille flottant à la surface, elle la soulève. L'énergie nécessaire pour soulever la feuille a été fournie par l'interaction entre l'eau et le caillou avant d'être transmise par l'onde.

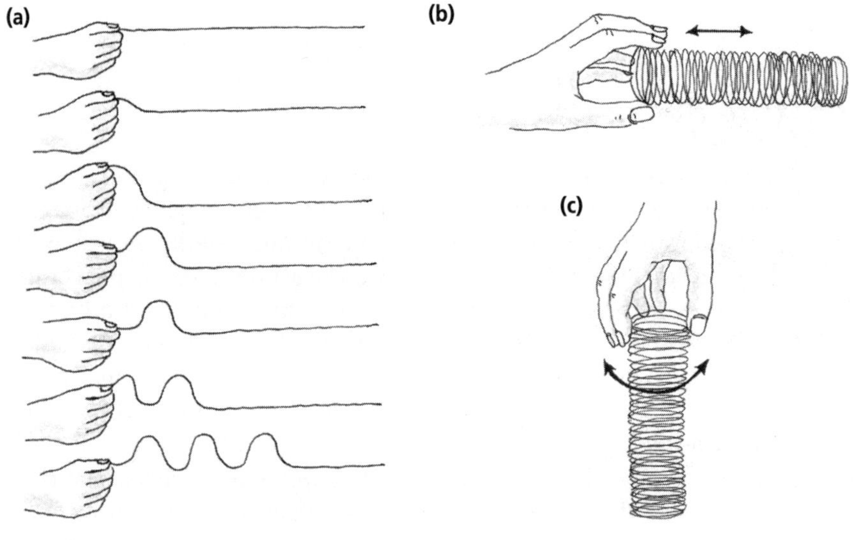

Figure 15.1 **(a)** Une onde transversale. Une impulsion qui se déplace vers la droite imprime aux points de la corde un mouvement perpendiculaire à la direction de propagation. **(b)** Une onde longitudinale engendrée en faisant osciller l'extrémité d'un jouet en ressort. **(c)** Une onde de torsion obtenue en faisant tourner périodiquement dans des sens alternés l'extrémité du même ressort.

Quand une impulsion se propage le long d'une corde tendue, la corde vibre dans une direction perpendiculaire à la propagation de l'impulsion (figure 15.1a). Une telle onde est dite *transversale.* Si on fait osciller l'extrémité d'un ressort à boudin le long de son axe, on engendre un autre type d'onde qui se propage à travers le ressort. Au départ, l'extrémité du ressort est comprimée ; la première spire se rapproche de la seconde, ce qui déforme le ressort et oblige la seconde spire à s'éloigner. En conséquence, elle se rapproche de la troisième, laquelle va s'éloigner vers la quatrième et ainsi de suite. Au moment où l'on tire l'extrémité du ressort, la seconde spire revient en arrière vers la première. La troisième est donc attirée à son tour, puis la quatrième, etc. Un mouvement oscillant imprimé à l'extrémité du ressort provoque la propagation d'une variation de l'espacement entre les spires. Les régions où les spires sont serrées sont suivies par les zones où les spires sont écartées (figure 15.1b). Une telle onde est dite *longitudinale*. En suspendant le ressort verticalement et en imprimant une rotation alternative à son extrémité supérieure, on excite une *onde de torsion* qui se propage vers le bas le long du ressort (figure 15.1c).

Propriétés des ondes

L'excitation prolongée d'un milieu ne produit pas une impulsion isolée mais plutôt un train d'ondes. Si, en outre, cette excitation est cyclique et qu'elle se répète à intervalles réguliers — comme c'est le cas d'une vibration, par exemple — l'onde est dite *périodique.* Imaginons que l'on prenne une photo instantanée d'une onde périodique se déplaçant dans un milieu matériel. Le résultat ressemblera à la courbe sur la figure 15.2. Ce dessin s'apparente à l'image d'une onde transversale le long d'une corde, mais il peut tout aussi bien représenter une onde longitudinale. Dans l'exemple du ressort, les pics d'amplitude du dessin correspondraient, par exemple, aux régions où les spires sont les plus comprimées, les creux représentant les zones où elles sont plus écartées.

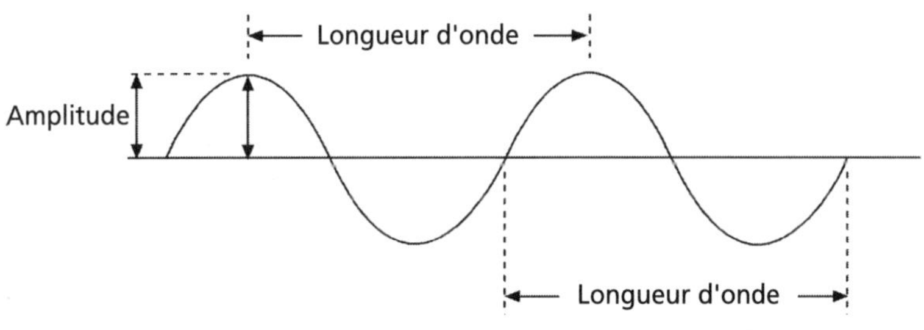

Figure 15.2 Représentation graphique d'une onde.

La distance qui sépare deux pics adjacents, ou deux minimums adjacents, ou encore deux valeurs quelconques mais identiques de l'amplitude est la *longueur d'onde,* λ (la lettre grecque lambda). Si on se place en un point donné du milieu de propagation et que l'on compte le nombre de pics qui y passent par unité de temps, on obtient la *fréquence* f de l'onde (qui mesure en quelque sorte le fait que le milieu est *fréquemment* agité par l'onde). La fréquence est le nombre de longueurs d'onde qui passent par un point donné à chaque seconde. On l'exprime en cycles par secondes ou *hertz* (Hz) :

$$1 \text{ Hz} = 1 \text{ cycle/s}$$

La sensation de couleur provoquée par une onde lumineuse est déterminée par sa fréquence. La fréquence d'une onde acoustique correspond à la hauteur du son entendu.

Il est clair que si deux ondes se propagent à la même vitesse, celle qui a la plus courte longueur d'onde a la fréquence la plus élevée (figure 15.3). La fréquence et la longueur d'onde sont inversement proportionnelles (pour une même vitesse de propagation). Autrement dit, si on double la longueur d'onde d'une onde de vitesse donnée, on divise par deux sa fréquence.

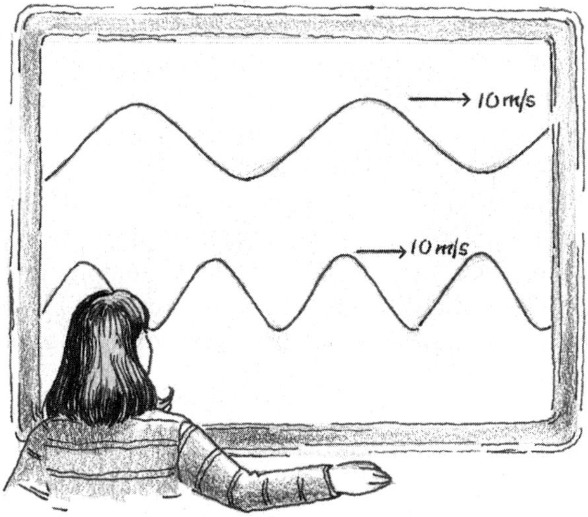

Figure 15.3 L'observateur posté en un point donné dénombre les cycles par unité de temps. Leur nombre est plus grand pour l'onde représentée en bas que pour l'onde représentée en haut. La fréquence (nombre de longueurs d'onde qui passent par un point donné à chaque seconde) est plus élevée pour l'onde du bas de la figure.

Au chapitre 6, on a donné le nom de période, T, au temps mis par un objet en rotation pour accomplir un tour complet. Dans le cas des mouvements ondulatoires, la *période* est la durée d'un cycle complet exprimée en secondes. La période est donc l'inverse de la fréquence (qui est le nombre de cycles par seconde) :

$$T = \frac{1}{f}$$

Le troisième paramètre important pour caractériser un mouvement ondulatoire est son *amplitude (A)* qui n'est autre que le déplacement maximum du milieu de propagation par rapport à sa position d'équilibre.

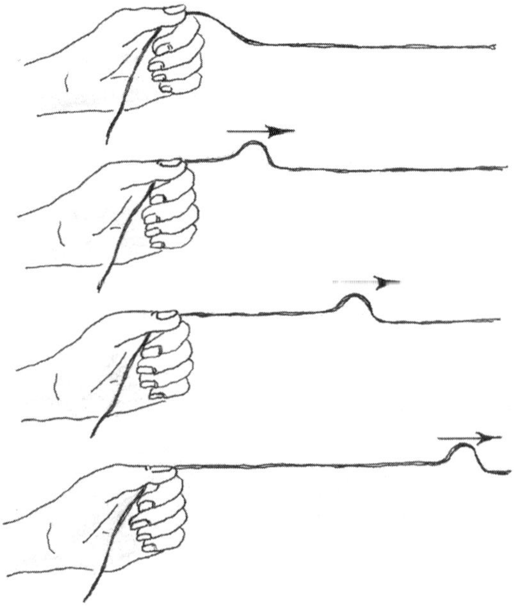

Figure 15.4 Quand une onde transversale se propage le long d'une corde tendue, un petit élément de la corde oscille de haut en bas, dans une direction perpendiculaire à celle de la propagation. Il faut un temps égal à une période pour qu'une longueur d'onde passe à travers ce petit élément de corde.

La vitesse de propagation d'une onde *(v)* dépend du milieu considéré. Elle est égale à la longueur parcourue par unité de temps. La figure 15.4 représente différentes vues instantanées d'une onde se propageant de gauche à droite. Le temps nécessaire pour qu'une longueur d'onde traverse un point donné est égal à la durée d'un cycle complet, c'est-à-dire à la période. On a donc :

$$v = \frac{\lambda}{T} = \lambda f \quad \left(\text{puisque}\, T = \frac{1}{f}\right)$$

Diffraction

Lorsqu'une onde rencontre un obstacle dont les dimensions sont du même ordre de grandeur que sa longueur d'onde — par exemple un trou dans un écran —, elle adopte un comportement très intéressant : elle est réémise dans toutes les directions à partir de l'obstacle. La figure 15.5 montre des ondes qui progressent à la surface de l'eau vers une barrière munie d'un petit trou. Les ondes passent à travers le trou, mais au lieu de continuer tout droit de l'autre côté de la barrière, elles divergent. Ce phénomène est la *diffraction*. Un groupe de baigneurs dans la mer ne fait pas écran aux rouleaux qui atteignent le rivage, car les vagues contournent les petits obstacles, ce qui est une autre forme de la diffraction.

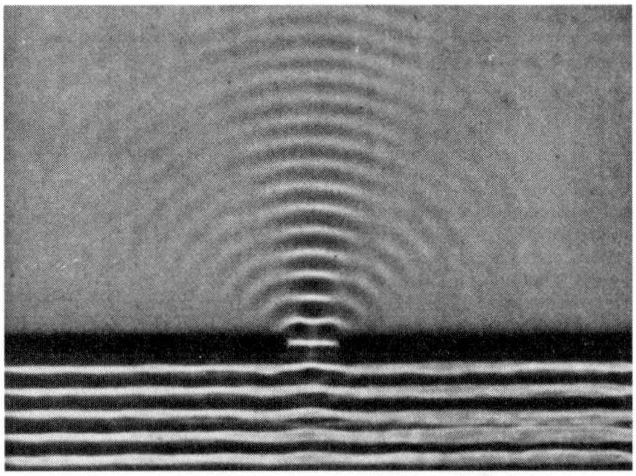

Figure 15.5 Ondes planes passant à travers un petit trou pratiqué dans une barrière. Les ondes divergent de l'autre côté de la barrière. C'est le phénomène de diffraction. D'après *PSSC Physics* Septième édition, Haber-Schaim, Dodge, Gardner et Shore. Kendall/Hunt Publishing Company, 1991.

Le principe de superposition

Quand deux particules se rencontrent, elles entrent en collision. En revanche, lorsque deux ondes se croisent, elles se traversent sans broncher. Vous pouvez entendre le son d'une trompette même si on joue du violon dans la pièce. Les deux ondes acoustiques atteignent vos oreilles indépendamment, comme si chacune était seule. Si le téléphone sonne pendant que vous écoutez la radio, la sonnerie a le même timbre et la même intensité que si la radio était éteinte. Le phénomène est vrai pour les ondes à la surface de l'eau, pour les cordes vibrantes et en général pour tout mouvement ondulatoire.

Dans la région où deux ondes se superposent, leurs amplitudes s'ajoutent algébriquement. Là où leurs pics d'amplitude coïncident, ils s'additionnent pour produire une amplitude plus grande. Ailleurs, lorsque les creux de l'une coïncident avec les pics de l'autre, les deux ondes se soustraient. Imaginez deux ondes qui se propagent sur la même corde. Si, en point particulier, l'amplitude de l'une des ondes est de 5 cm et qu'elle est de –3 cm pour l'autre (soit 3 cm sous la position d'équilibre), le déplacement réel de la corde en ce point sera de 2 cm au-dessus de la position d'équilibre (figure 15.6).

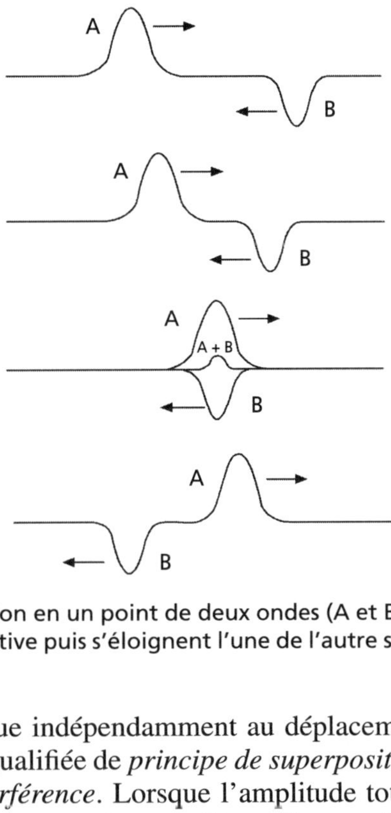

Figure 15.6 superposition en un point de deux ondes (A et B). Les deux ondes interfèrent de façon destructive puis s'éloignent l'une de l'autre sans avoir été modifiées.

Chaque onde contribue indépendamment au déplacement de la corde. Cette propriété est parfois qualifiée de *principe de superposition.* Elle est à l'origine du phénomène d'*interférence.* Lorsque l'amplitude totale est augmentée, on parle d'*interférence constructive*, et d'*interférence destructive* dans l'autre cas. Ce phénomène n'a de réelle importance que si les deux ondes ont la même fréquence.

Interférences constructives et destructives

Deux ondes de fréquence et d'amplitude égales qui se propagent dans la même direction à travers la même région de l'espace interfèrent de manière constructive si leurs crêtes coïncident. Il en résulte une onde d'amplitude double (figure 15.7a). Si, au contraire, la crête d'une onde rencontre le creux de l'autre, l'interférence est destructive et les deux ondes s'annulent en ce point (figure 15.7b).

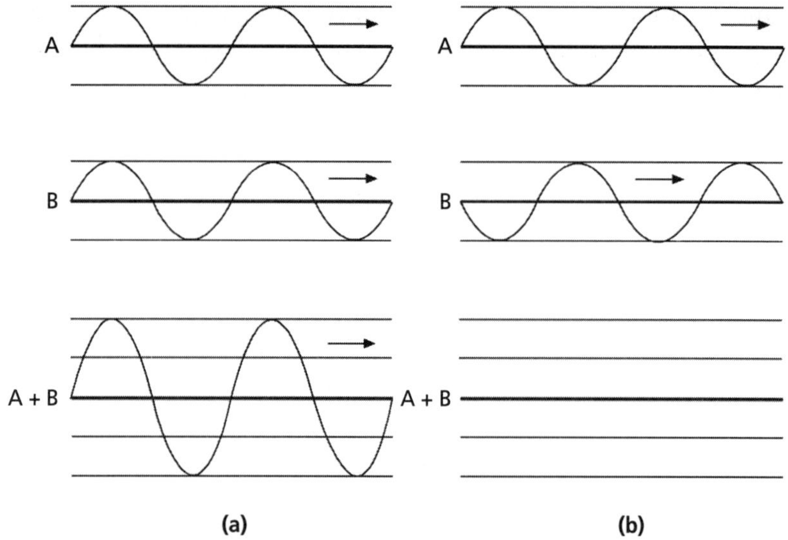

Figure 15.7 **(a)** Quand les crêtes de deux ondes qui se superposent coïncident, il y a *interférence constructive*. **(b)** Quand une crête coïncide avec un creux, il y a *interférence destructive* et les ondes s'annulent.

La figure 15.8a illustre ce qui se passe quand des rides émises par deux sources voisines se superposent. Si on lâche deux cailloux identiques au-dessus d'une mare d'eau calme, des rides circulaires naissent à partir de chaque point d'impact. Elles se rejoignent rapidement dans une certaine région à la surface de l'eau. Dans certains secteurs, les rides interfèrent de manière destructive et s'annulent mutuellement. Dans d'autres secteurs, les interférences sont constructives et l'agitation de l'eau redouble. La figure 15.8a est une photographie prise au-dessus d'un bac où deux trains d'ondes sont produits par des barreaux plongés dans l'eau et mis en vibration par un même moteur. Le mouvement des barreaux est synchrone. Il produit donc des rides de même amplitude, de même longueur d'onde oscillant en même temps. On dit que les ondes sont émises *en phase*. Des ondes de même forme et de même longueur d'onde qui oscillent en phase sont dites *cohérentes*. On constate que les régions où les interférences sont systématiquement constructives forment des courbes qui rayonnent à partir d'un point situé au milieu des deux sources. Entre ces franges s'intercalent des régions où les interférences sont destructives. Dans ces régions, les ondes sont *en opposition de phase*.

Cette *figure d'interférence* — constituée de franges alternées d'amplitude maximale et minimale — dépend de l'écartement entre les sources, mais aussi de la longueur d'onde des ondes considérées. C'est une caractéristique de tous les mouvements ondulatoires. Il est aisé de mesurer la longueur d'onde des oscillations qui parcourent une corde, un ressort ou la surface d'une mare. En revanche, les ondes acoustiques n'ont pas d'effet visible — pas plus que les ondes électromagnétiques — de sorte qu'on ne peut se contenter de les observer pour déterminer leur longueur d'onde. Dans ce cas, il est utile d'établir une figure d'interférence, de mesurer l'espacement entre les franges et d'en déduire, à l'aide d'un raisonnement géométrique simple, la longueur d'onde. Sur la photographie de la figure 15.8b, on observe différentes figures d'interférences produites par des longueurs d'ondes variées, différentes de celle de la figure 15.8a. Dans chaque cas, la distance entre les sources et la position de l'écran sont identiques. On constate que l'intervalle entre les franges d'agitation maximale est plus important pour les plus grandes longueurs d'onde (figure 15.8a).

(a)

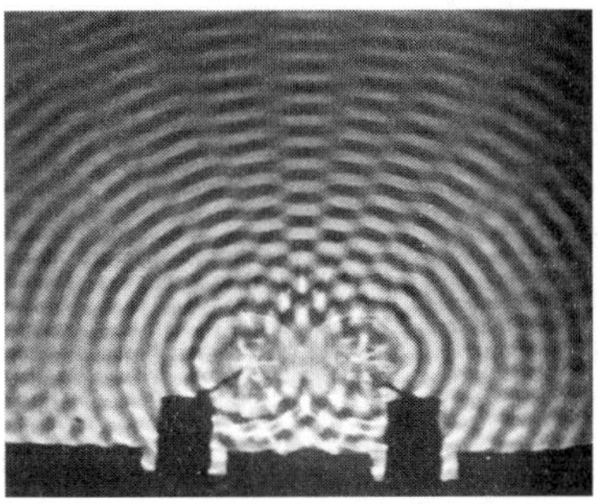

(b)

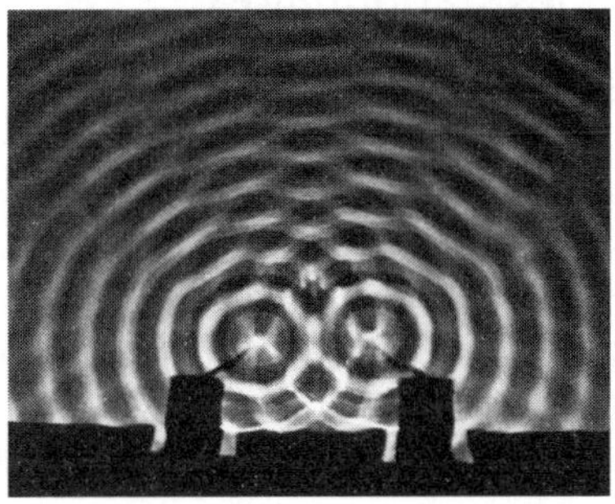

Figure 15.8 **(a)** Figure d'interférence produite par deux sources vibrant simultanément. **(b)** Figure d'interférence pour une longueur d'onde différente. (D'après *PSSC Physics* Septième édition, Haber-Schaim, Dodge, Gardner et Shore. Kendall/Hunt Publishing Company, 1991.)

Considérons deux sources d'ondes cohérentes séparées par une distance d et disposées comme sur la figure 15.9. On observe un maximum en un point P situé à une distance y au-dessus de l'axe x. On suppose que la distance L est très supérieure à l'écartement d entre les sources. La longueur d'onde l est alors reliée aux distances y, L et d par une formule simple :

$$\lambda = \frac{yd}{L}$$

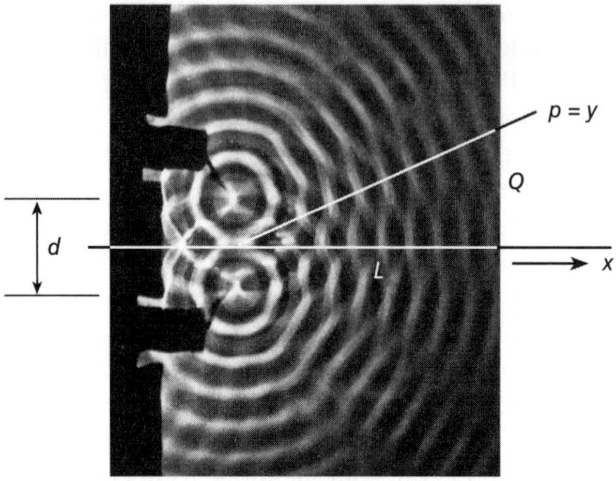

Figure 15.9 Les ondes émises par deux sources cohérentes interfèrent de manière constructive en *P* et de manière destructive en *Q*.

Ondes stationnaires

Considérons deux mouvements ondulatoires de même amplitude et de même longueur d'onde qui se propagent en sens inverse sur le même axe. Comment interfèrent-ils ? Cela dépend de la position des crêtes et des creux de chaque onde à différents instants (figure 15.10). On constate cependant qu'à tout instant, certains points du milieu restent immobiles. On les qualifie de *nœuds*. Entre ces nœuds, le milieu vibre, mais l'onde résultante ne se propage ni dans un sens ni dans l'autre. Les nœuds restent aux mêmes points et l'ensemble de la figure est stationnaire. Les ondes résultantes de cette sorte sont qualifiées d'*ondes stationnaires*.

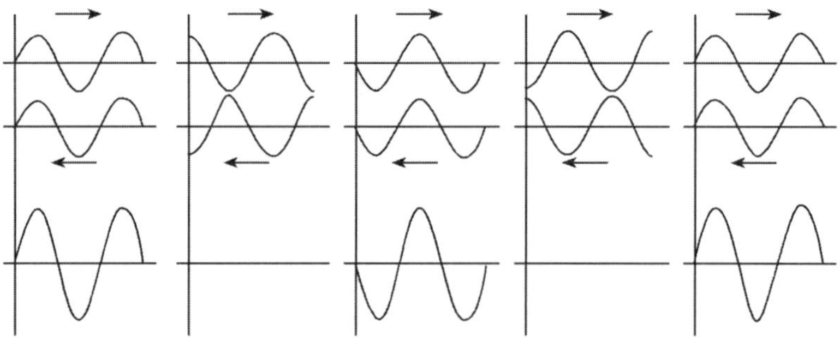

Figure 15.10 Deux ondes se propageant en sens inverse, représentées à différents instants.

On observe des ondes stationnaires sur une corde lorsqu'elle est tendue et fixée à ses deux extrémités, comme c'est le cas, par exemple, sur une guitare ou dans un piano. Étudions plus attentivement ce qui se passe lorsqu'on pince verticalement une corde de guitare. De nombreuses ondes sont excitées qui interfèrent les unes avec les autres, mais elles sont très rapidement amorties et seules celles qui sont immobiles aux deux extrémités de la corde conservent durablement leur amplitude. Ces ondes se superposent pour produire une figure oscillante stationnaire. La corde n'est alors plus soumise qu'à des mouvements oscillants verticaux.

Une autre façon d'observer des ondes stationnaires consiste, par exemple, à attacher l'extrémité d'une corde à un poteau et à engendrer un train d'ondes en secouant l'autre extrémité tout en maintenant la corde tendue. Quand les ondes atteignent l'extrémité fixe, elles sont réfléchies et interfèrent avec les ondes que l'on continue à envoyer dans l'autre sens. Ceci crée une onde stationnaire. Quand une corde tendue est pincée ou frappée, on engendre plusieurs ondes stationnaires qui se superposent : ce sont ses *modes de vibration*. Dans le mode *fondamental*, aussi appelé *premier harmonique,* il n'y a que deux nœuds. Ils sont situés aux extrémités de la corde dont la partie centrale oscille verticalement. Le mode de vibration suivant, ou *deuxième harmonique*, présente un troisième nœud au milieu de la corde. Les harmoniques suivants correspondent à la présence de deux, trois ou plusieurs nœuds supplémentaires régulièrement espacés entre les extrémités fixes de la corde (figure 15.11).

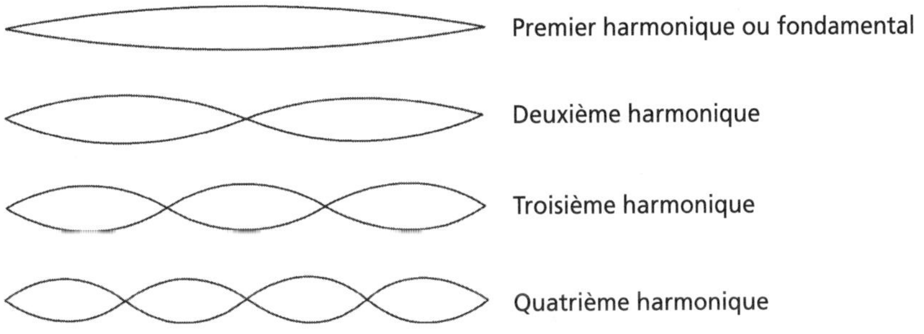

Figure 15.11 Ondes stationnaires sur une corde tendue fixée aux deux extrémités. Le mode fondamental de vibration possède deux nœuds aux extrémités fixées. Le deuxième et le troisième harmonique ont respectivement un et deux nœuds supplémentaires.

Sur une corde tendue — une corde de piano ou de tout autre instrument de musique — les ondes stationnaires n'apparaissent que pour certaines longueurs d'onde. La corde étant fixée à ses deux extrémités, ces deux points sont toujours des nœuds. Examinons les différents modes d'oscillation représentés sur la figure 15.11. On constate que sur une corde de longueur L, le mode fondamental correspond à une oscillation dont la longueur d'onde est le double de la distance entre les bouts fixes de la corde. Autrement dit, la longueur de la corde est égale à une demi-longueur d'onde du mode fondamental. La longueur d'onde du second harmonique est, quant à elle, exactement égale à la longueur de la corde. Dans le cas du troisième harmonique, la longueur de la corde contient une longueur d'onde et demi et deux longueurs d'ondes dans le quatrième harmonique. En résumé, les longueurs d'onde des quatre premiers modes sont telles que :

$\frac{\lambda}{2} = L$	$\frac{2\lambda}{2} = L$
fondamental	deuxième harmonique
$\frac{3\lambda}{2} = L$	$\frac{4\lambda}{2} = L$
troisième harmonique	quatrième harmonique

Nous avons exprimé la longueur de la corde en fonction de la longueur d'onde du second harmonique sous la forme $2\lambda/2$ (plutôt que λ) afin de la présenter comme un multiple entier de $\lambda/2$. Même chose pour le quatrième harmonique (puisque $4\lambda/2$ est égal à 2λ). Cette présentation met en évidence le fait que pour chaque mode de vibration, la longueur de la corde L est toujours égale à un nombre entier de demi-longueurs d'ondes. Autrement dit, $L = n\,\lambda/2$, où $n = 1,2,3\ldots$ etc. La longueur d'onde λ_n du énième mode de vibration est donc :

$$\lambda_n = \frac{2L}{n}$$

Les fréquences de ces modes s'obtiennent simplement par la formule $v = \lambda f$. Pour l'énième mode, la fréquence vaut :

$$f_n = \frac{nv}{2L}$$

Quand $n = 1$, la *fréquence fondamentale* vaut $v/2L$. Celle du second harmonique, $n = 2$, vaut v/L ; et ainsi de suite pour les autres modes. Ces fréquences sont appelées *fréquences naturelles* ou encore *fréquences propres* de la corde.

Résonance et chaos

Imaginons que l'on fixe l'extrémité d'une corde et que tout en la gardant bien tendue, on imprime une lente oscillation verticale à l'autre bout. En général, on n'observe pas d'ondes stationnaires. Si on augmente la fréquence de l'oscillation, on atteint bientôt la première fréquence propre de la corde qui se met à vibrer selon son mode fondamental. En agitant la corde un peu plus vite, la figure d'ondes stationnaires disparaît jusqu'à ce qu'on atteigne la seconde fréquence propre : la corde vibre alors selon le deuxième mode.

En augmentant progressivement la fréquence d'excitation de la corde, on atteint successivement les modes d'oscillation suivants. Lorsqu'on agite le bout de la corde, on y injecte de l'énergie (la source de cette énergie est le mouvement de la main qui tient la corde). On constate ainsi qu'il est plus facile d'apporter de l'énergie à la corde lorsqu'on la fait osciller selon l'une de ses fréquences propres. Une situation analogue se produit quand on pousse un enfant sur une escarpolette. Si les poussées sont en synchronisme avec le mouvement de la balançoire, il est plus facile d'entretenir l'oscillation. Au contraire, si les poussées arrivent à contretemps, le mouvement de l'enfant sur la balançoire est désorganisé, l'amplitude des oscillations diminue et il devient de plus en plus difficile de les entretenir. De la même façon, la corde répond mieux à l'apport d'énergie lorsque la fréquence de la force motrice appliquée coïncide avec l'une de ses fréquences propres. Ce phénomène est qualifié de *résonance*.

Le 7 novembre 1940, quatre mois après son inauguration, le pont de Tacoma Narrows, aux États-Unis, s'effondra. De fortes rafales de vent y avaient excité des ondes stationnaires. Si l'amplitude de ces ondes stationnaires était restée stable, le pont ne se serait peut-être pas effondré. Toutefois, comme l'ont découvert depuis les physiciens, un système est susceptible de se déstabiliser si ses conditions initiales changent très légèrement. Certains systèmes sont animés soit de mouvements périodiques réguliers, soit de mouvements apparemment régis par le hasard, même en l'absence d'une excitation extérieure. Ce sont les conditions initiales qui déterminent le « choix » entre ces deux régimes. Une longue lame de métal attachée à un support vibrant est normalement animée d'ondes stationnaires régulières. Cependant, si l'excitation commence à partir d'une position légèrement différente, un mouvement chaotique est susceptible d'apparaître qui s'ajoute aux ondes stationnaires et augmente leur amplitude de façon imprévisible (figure 15.12). Dans le cas du pont, ce comportement chaotique dépend de l'élasticité de son tablier et peut conduire à sa rupture. On pense que les rafales de vent ont peut-être déclenché un mouvement chaotique au lieu de simples ondes stationnaires, causant ainsi sa destruction.

Ces mouvements chaotiques ne sont pas complètement désordonnés, erratiques et aléatoires. Ils *semblent* aléatoires, mais ils conservent un ordre sous-jacent que les physiciens ont découvert il y a quelques années. La cause fondamentale du chaos est la sensibilité aux conditions initiales. Considérons,

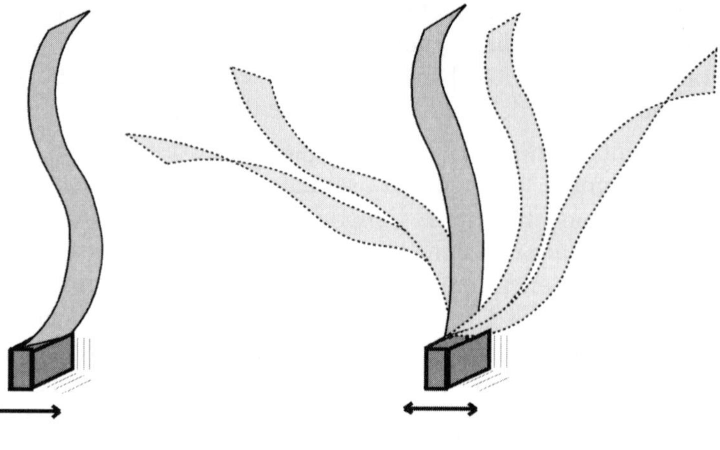

Figure 15.12 **(a)** Des ondes stationnaires s'établissent dans une longue bande de métal attachée à un vibreur. **(b)** En fonction des conditions initiales, il peut se développer un mouvement chaotique susceptible de rompre la bande.

par exemple, le cas d'un robinet qui goutte. Lorsque le débit est faible, les gouttes tombent à intervalles réguliers. Si on augmente très légèrement le débit, la période des gouttes se réduit un peu, mais la situation reste, pour l'essentiel, inchangée. Cependant, lorsqu'on continue à augmenter progressivement le débit, il arrive un moment où l'écoulement semble complètement aléatoire, c'est-à-dire turbulent. L'intervalle de temps qui sépare la chute des gouttes semble varier au hasard, sans qu'il soit possible d'y déceler une structure ou une quelconque périodicité. Pour étudier ce phénomène, le physicien américain Robert S. Shaw a eu l'idée de reporter sur un graphique l'intervalle de temps qui sépare deux gouttes en fonction de celui qui sépare les deux suivantes. Quand l'écoulement est périodique, tous les points du graphique sont confondus. Au moment où l'écoulement devient turbulent, les premiers points tracés s'éparpillent sur la feuille au hasard et ne semblent donner lieu à aucune figure identifiable. Cependant, à mesure qu'on ajoute des points, il se forme un dessin caractéristique. Un mystérieux ordre caché surgit du comportement désorganisé et turbulent des gouttes du robinet.

De tels phénomènes ne sont pas l'apanage exclusif des systèmes physiques. On les retrouve également chez les organismes vivants. Il semble ainsi qu'une activité chaotique soit mise en jeu dans le cerveau lors du processus d'apprentissage. On a ainsi mis expérimentalement en évidence que chez les mammifères, les odeurs provoquent une activité neurologique chaotique qui diffère selon que les odeurs perçues sont familières ou non.

Aux confins de la physique : le chaos dans le cerveau

Nous savons aussitôt que nous percevons quelque chose de familier lorsque nous voyons le visage d'un ami, que nous entendons la voix d'une célébrité, ou que nous percevons l'odeur des croissants frais. Comment le cerveau traite-t-il des informations aussi complexes et variées en si peu de temps et avec autant de précision ? Il semble que cette prouesse repose sur l'existence de mouvements chaotiques dans le cerveau.

L'odeur d'une substance est transmise par des molécules qui se fixent sur des cellules neuronales réceptrices situées dans les fosses nasales. Ces cellules réceptrices capturent les molécules et envoient des impulsions au centre olfactif situé dans la partie antérieure du cerveau. Celles-ci y sont analysées avant d'être transmises au cortex olfactif. Les signaux sont ensuite envoyés vers les autres parties du cerveau où ils seront combinés aux indications provenant des autres sens afin de produire la perception intégrée finale.

Comment le cerveau sépare-t-il une odeur de toutes les autres ? Comment apprend-il à reconnaître les odeurs familières ? Il semble que la chose soit rendue possible par le chaos.

À l'Université de Californie, à Berkeley, des chercheurs ont implanté un réseau de 60 électrodes espacées de 0,5 mm sur la surface du bulbe olfactif de lapins. À l'aide de ces électrodes, ils ont enregistré des électroencéphalogrammes (EEG) pendant que les animaux sentaient différentes substances. En général, le tracé des EEG semblait irrégulier et imprévisible. Les signaux reçus oscillaient de façon désordonnée. Toutefois, lorsque les lapins percevaient une odeur familière, les ondes transmises par le réseau d'électrodes présentaient une certaine régularité et oscillaient à environ 40 Hz. Lorsque l'on trace l'évolution des différentes ondes mesurées successivement selon qu'une odeur est familière ou non, l'ordre sous-jacent caractéristique d'un système chaotique apparaît.

Les chercheurs en ont déduit que l'acte de la perception consiste en un saut brusque d'un ensemble d'oscillations chaotiques à un autre. Ils pensent que le bulbe olfactif et le cortex entretiennent plusieurs ensembles d'oscillations chaotiques simultanés, un pour chaque odeur familière. Lorsqu'une nouvelle odeur devient familière, il s'ajoute un nouvel ensemble à la collection.

Comment le cerveau passe-t-il des ondes EEG irrégulières à celles oscillant plus régulièrement associées à une odeur, un son ou un signal visuel plus familiers? Dans de plus récentes expériences, on a pu marquer les neurones du système olfactif de chats anesthésiés avec un colorant qui présente de la fluorescence quand le neurone conduit ; on s'est alors aperçu que le cerveau, au lieu de moyenner les signaux reçus par tous les neurones, traitait finalement tous ces signaux.

Comment le cerveau parvient-il à trier ce qui est important dans la cacophonie des signaux qui lui parviennent ? william L. Ditto, physicien de l'Institut de Technologie de Géorgie, pense que c'est précisément ce bruit qui aide le cerveau à détecter les signaux les plus faibles. Ce phénomène est connu sous le nom de résonance stochastique : l'addition de bruit permet la détection de signaux trop faibles pour être décelés normalement.

Selon certains scientifiques, le chaos dans le cerveau est peut-être la principale propriété qui le distingue des ordinateurs — même de ceux qui sont programmés à l'aide des méthodes modernes de l'intelligence artificielle. Il se pourrait donc que, dans le futur, les programmeurs soient obligés d'introduire une part de chaos dans leurs programmes s'ils souhaitent que les machines parviennent un jour à effectuer des tâches de reconnaissances minimales.

La fibrillation ventriculaire, une contraction irrégulière et désordonnée des fibres musculaires des ventricules du cœur, conduit à la mort en quelques minutes. Le cœur est une pompe mécanique et, comme pour le robinet qui goutte, l'état de fibrillation ventriculaire présente une régularité sous-jacente. Celle-ci permet de prédire le moment où la fibrillation est sur le point de se produire et, peut-être, de la prévenir.

Ondes dans l'eau

Les ondes qui se propagent dans l'eau constituent un exemple de phénomène ondulatoire plutôt compliqué. Ce que nous avons appris jusqu'ici va nous aider à le comprendre. Comme on l'a dit, de l'énergie est transmise sans transport de matière. Les particules qui constituent le milieu de propagation oscillent autour d'une position d'équilibre, mais elles ne se déplacent pas avec l'onde. Les molécules d'eau, en particulier, se déplacent en décrivant des cercles : elles s'élèvent à l'avant de l'onde et redescendent à l'arrière (figure 15.13).

Après l'application d'une perturbation, plusieurs forces agissent sur l'eau. Supposons que l'on jette une pierre ou une brique dans un lac. La chute de

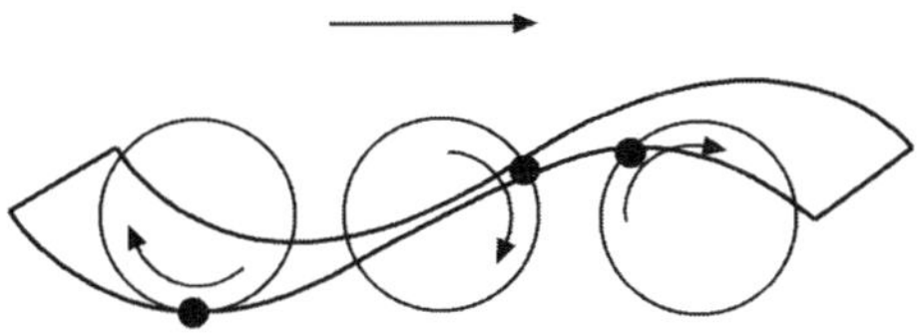

Figure 15.13 Les particules d'eau décrivent des cercles quand l'onde passe.

l'objet provoque une élévation du liquide proche du point d'impact au-dessus du niveau normal (figure 15.14). La pesanteur ralentit la montée des molécules d'eau — exactement comme elle agit sur une balle lancée en l'air — jusqu'à ce que leur vitesse s'annule et qu'elles commencent à retomber. Cette chute est un mouvement accéléré de sorte qu'elles atteignent le niveau initial avec une vitesse maximale. Elles le dépassent. Ce faisant, elles poussent les autres molécules d'eau, créant ainsi une dépression. La pression du liquide elle-même produit constamment une force dirigée vers le haut — la poussée d'Archimède — qui ralentit la progression des molécules, les arrête et les renvoie finalement vers le haut.

Voici que l'eau remonte à nouveau au-dessus du niveau d'équilibre. Un nouveau cycle d'oscillation commence. Comme l'eau est incompressible, la formation de la première dépression a chassé les molécules adjacentes vers le haut. Lorsqu'elles retombent à leur tour, elles créent elles aussi une dépres-

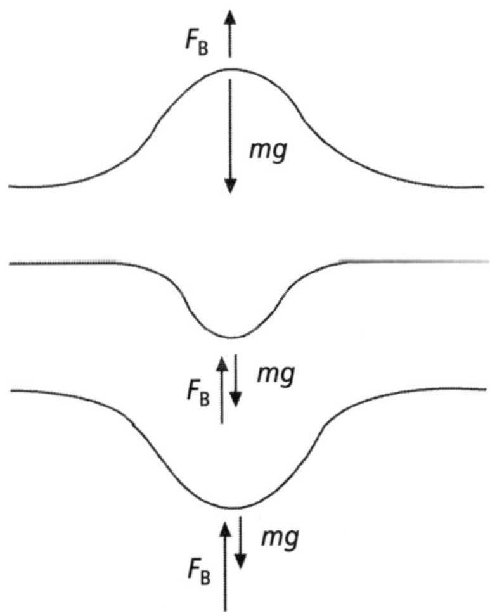

Figure 15.14 Deux forces agissent sur l'eau quand on applique une perturbation : une force dirigée vers le bas, due à la pesanteur agissant sur la masse d'eau ; et la force d'Archimède F_B dirigée vers le haut, due à la pression de l'eau elle-même.

sion qui donnera lieu à son propre cycle d'oscillations. L'agitation de l'eau a été transmise un peu plus loin. C'est ainsi que la perturbation provoquée par la pierre se propage à partir du point d'impact.

Lorsque les ondes sont de faible amplitude — ce sont de petites rides à la surface du liquide — la force de gravité joue un rôle négligeable comparé à celui de la tension superficielle. Quand l'eau s'élève au-dessus du niveau d'équilibre, l'aire de la surface s'agrandit à mesure qu'elle se courbe et la distance entre les molécules augmente. L'attraction qui s'exerce entre les molécules engendre une force de rappel qui les ramène vers la position d'équilibre avec un effet analogue à celui de la gravité. Le point d'équilibre est dépassé et les oscillations se poursuivent (figure 15.15).

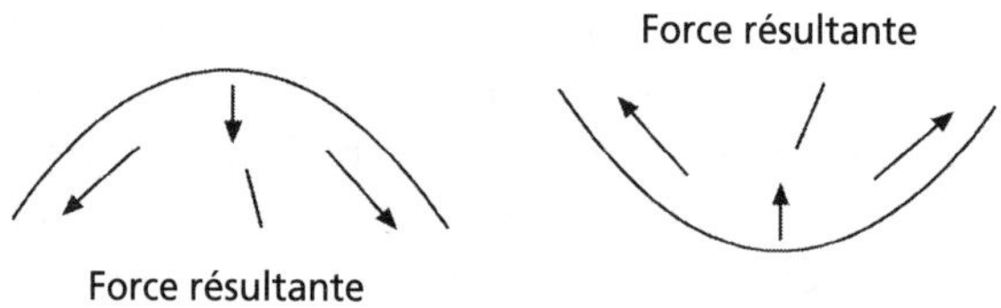

Figure 15.15 Les forces dues à la tension superficielle sont susceptibles de propager des rides sur un liquide.

Ondes sismiques

Les tremblements de terre sont des perturbations soudaines du manteau ou de la croûte terrestres. Ils émettent des ondes (appelées *ondes sismiques*) qui se propagent dans le monde entier. Un tremblement de terre engendre plusieurs types d'ondes de vitesses différentes qui sont émises à partir du foyer du séisme. Les ondes les plus rapides, celles qui parviennent les premières aux stations de détection, sont les ondes P (pour primaires). Ce sont des ondes longitudinales qui se propagent dans la roche. Dans les couches profondes de la Terre, les ondes P se propagent à environ 15 km/s, tandis qu'en surface, leur vitesse est réduite à quelque 3,5 km/s. Les ondes S (pour secondaires), sont plus lentes. Ce sont des ondes transversales - dites de cisaillement - dont la vitesse est généralement égale aux 7/12 de la vitesse des ondes P. Les ondes les plus lentes sont les ondes L, qui sont des ondes de surface dont l'amplitude diminue très vite avec la profondeur.

Les régions solides de la Terre transmettent à la fois les ondes P et les ondes S, tandis que les régions liquides ne transmettent que les ondes P. La détection de ces ondes renseigne les géophysiciens sur la structure interne de notre planète autrement inaccessible. En 1906, le scientifique britannique

R. D. Oldham démontra ainsi l'existence du noyau terrestre. Il observa la façon dont les ondes étaient transmises suivant que leur source était proche ou qu'elle se trouvait aux antipodes. Il constata que les ondes provenant de l'autre côté de la planète subissent une altération en traversant par le noyau (figure 15.16). Des études similaires ont montré que la Terre est structurée en couches successives : au-dessus du noyau on trouve le manteau et la croûte (figure 15.17). Au centre du noyau, se trouve une graine solide en fer-nickel d'environ 1 218 km de rayon. Pour le reste, le noyau est liquide (il ne transmet pas les ondes S) et mesure un peu plus de 3 000 km de rayon. On pense aujourd'hui qu'il est essentiellement composé de fer allié à de faibles quantités de soufre et d'oxygène. Le manteau s'étend sur les 2 900 km suivants. Il est constitué de roches dont les minéraux contiennent du fer, du magnésium et des silicates. Si on les considère sur des échelles de temps suffi samment longues, les roches du manteau peuvent être assimilées à un fluide extrêmement visqueux (un fluide qui mettrait des dizaines de millions d'années à s'écouler). Sur des échelles plus courtes, elles ont les propriétés d'un solide (elles se brisent sous l'effet de variations de pression soudaines et elles transmettent les ondes S, contrairement au noyau liquide).

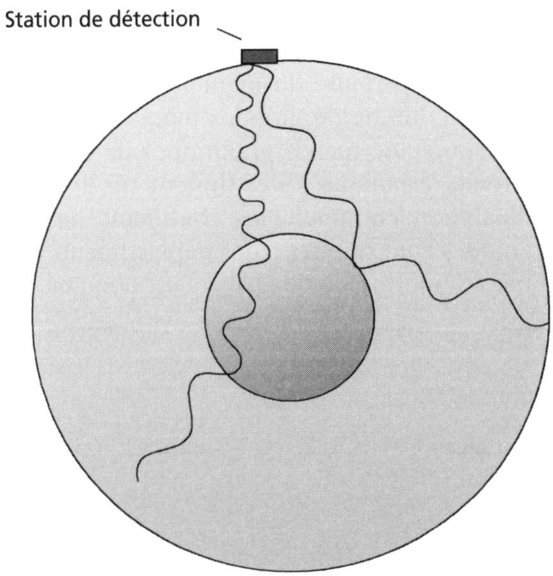

Figure 15.16 Les ondes provenant d'un tremblement de terre ayant lieu de l'autre côté de la terre (aux antipodes de la station de détection) sont modifiées quand elles passent à travers le noyau. Elles sont différentes des ondes provenant de séismes plus proches de la station.

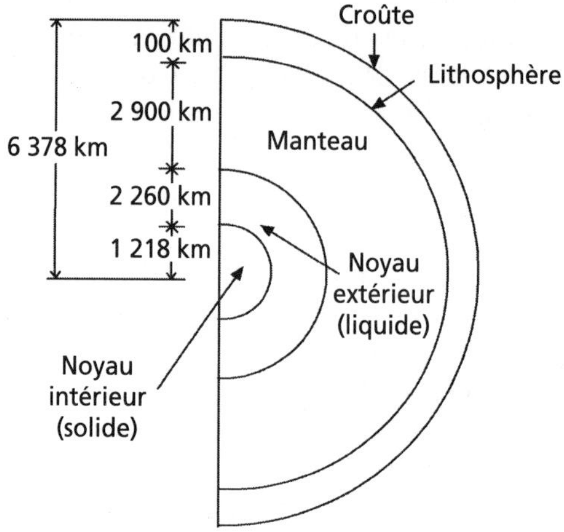

Figure 15.17 Schéma de la structure de l'intérieur de la Terre. La détection des ondes sismiques fournit de précieuses informations sur la structure interne de notre planète.

Au-dessus du manteau, la croûte terrestre est une couche relativement mince de roches de plus faible densité. Son épaisseur varie de quelques kilomètres sous les océans à environ 70 kilomètres à la base des continents. La croûte constitue, avec la partie supérieure du manteau, la lithosphère, une couche rigide scindée en une multitude de grandes plaques. La croûte des plaques continentales est constituée de roches granitiques de densité plus faible que les basaltes de la croûte océanique. Elles flottent sur le manteau légèrement plus dense et malléable et entraînent les continents dans leur dérive. Ces plaques dites tectoniques sont sujettes à des déplacements de l'ordre de quelques centimètres par an. La surface de la Terre est donc en perpétuelle évolution.

16

Le son

La nature du son

Les sons sont essentiels à l'activité humaine. Notre oreille est capable de déceler des ondes acoustiques dont l'énergie ne dépasse pas 10^{-18} J. Pour fixer les idées, l'énergie nécessaire pour soulever un trombone d'un millimètre est un milliard de fois supérieure. De surcroît, cet organe remarquablement sensible est capable de séparer l'immense variété de sons dans lesquels nous sommes constamment immergés : le grognement et les aboiements des chiens, le miaulement des chats, le chant et le gazouillis des oiseaux, le croassement des corbeaux, le murmure du vent dans les arbres, le bruit de la pluie, celui du tonnerre, le tic-tac des horloges, le bourdonnement des moteurs, le vagissement des bébés, la voix d'un chanteur ou la mélodie d'une musique.

Mais qu'est ce que le son ? Galilée l'a défini comme un mouvement ondulatoire « produit par la vibration d'un corps sonore ». Quelque 2 200 ans auparavant, le philosophe grec Pythagore avait remarqué que la hauteur d'un son dépend de la fréquence de vibration de l'instrument qui l'a émis. Au quatrième siècle avant notre ère, Aristote comprit que la transmission du son correspond à un mouvement de l'air. Au premier siècle, Vitruve, architecte et ingénieur romain, fut probablement le premier à introduire le concept d'onde. Il écrivit en effet que la propagation du son dans l'air était analogue au mouvement des rides qui se propagent à la surface de l'eau. Au XVIIIe siècle, Robert Boyle démontra que les ondes sonores ne se propagent que dans un milieu matériel. Pour cela, il enferma une sonnette dans une jarre étanche vidée de son air par pompage et montra qu'on ne pouvait plus l'entendre.

Nous savons aujourd'hui que le son est une onde mécanique longitudinale qui se propage à travers un milieu matériel. Sa fréquence est en général comprise entre une fraction d'hertz et plusieurs mégahertz. Il s'agit d'ondes de pression produites par les vibrations des molécules constituant le milieu. Lorsqu'on frappe la peau d'un tambour, elle tend à revenir vers sa position d'équilibre mais, de la même façon qu'un pendule, la dépasse. Elle s'élève en repoussant les molécules de l'air sur son passage. Une région de plus grande densité se forme au-dessus de la peau. Lorsqu'elle redescend en sens inverse vers sa position d'équilibre, elle produit derrière elle une région de plus basse densité. Chacune de ces oscillations comprime et détend l'air au voisinage de la peau du tambour. Dans les régions de plus forte densité, l'air comprimé pousse à son tour l'air environnant. De la quantité de mouvement est ainsi transmise à une région adjacente et l'onde se propage dans l'espace (figure 16.1).

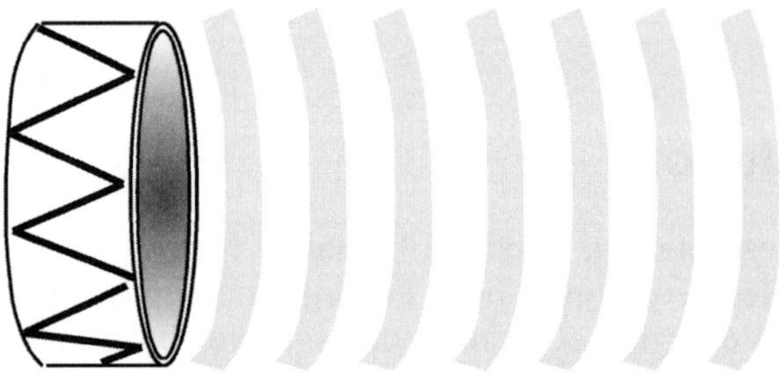

Figure 16.1 Après qu'on a frappé un tambour, des tranches d'air de haute et de basse densité se propagent.

L'oreille humaine est capable de détecter des sons dont la fréquence est comprise entre 20 et 20 000 Hz : ce sont les *fréquences audibles*. On appelle *infrasons* les ondes sonores de fréquence inférieure à 20 Hz, et *ultrasons* celles de fréquences supérieures à 20 000 Hz.

La vitesse du son

La vitesse du son est déterminée par les propriétés physiques du milieu à travers lequel il se propage. Dans un gaz, les molécules sont séparées les unes des autres par des distances relativement grandes. Elles entrent en contact moins souvent que dans les liquides ou les solides dont les molécules sont plus proches et interagissent plutôt *via* les forces intermoléculaires. Comme ce sont les interactions entre les molécules qui assurent la propagation du son, on s'attend à ce que la vitesse du son soit plus grande dans les solides et les liquides que dans les gaz. Le tableau 16.1 présente la vitesse du son dans différentes substances.

La physique dans notre quotidien : les fréquences vocales du téléphone

Quand on presse un bouton sur le clavier d'un téléphone moderne, on active des circuits électriques qui produisent une fréquence du domaine audible. La touche 1 du clavier excite des circuits électroniques qui produisent deux sons, l'un de fréquence 697 Hz, l'autre de fréquence 1 209 Hz. La touche numéro 6 produit des sons de 770 Hz et 1 477 Hz. Ces sons sont transmis sous la forme d'un signal électromagnétique au central téléphonique le plus proche où ils sont décodés par d'autres circuits électroniques. Chaque signal arrivant au central a été combiné — on dit multiplexé — a d'autres signaux. Autrefois, ce multiplexage était réalisé en assignant à chaque signal téléphonique une bande de fréquences différente. Aujourd'hui, on le réalise en numérisant d'abord les signaux, qui sont reçus par un puissant ordinateur dans chaque central téléphonique.

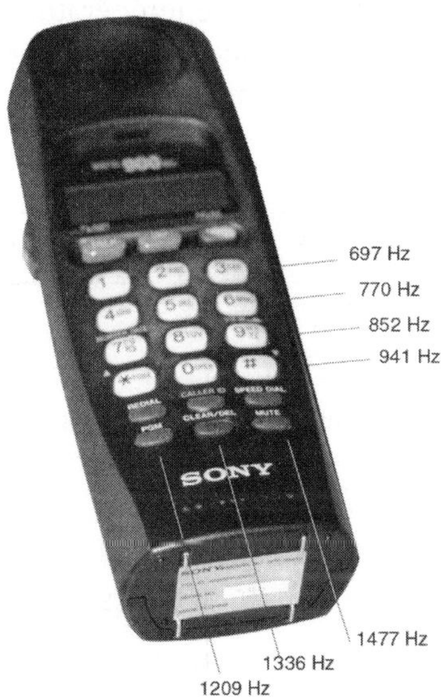

Si le numéro appelé est sous la juridiction du central (autrement dit si les numéros de téléphone commencent par les mêmes chiffres), la connexion est réalisée. Si le numéro a des préfixes différents, le signal est envoyé à un autre central. Pour un appel longue distance, le signal est envoyé à toute une série de centraux jusqu'à parvenir au central de destination. On a développé au cours des ans plusieurs méthodes pour transmettre les signaux téléphoniques. Le plus vieux système numérique encore en usage utilise des fils de cuivre pour transporter 24 signaux téléphoniques multiplexés. Le système radio haute fréquence — qui transmet des signaux micro-ondes — utilise des relais hertziens placés sur des tours distantes d'environ 30 km. Très récemment, on a encodé les signaux téléphoniques sous la forme d'ondes électromagnétiques proches du visible pour les acheminer par des fibres optiques (voir le chapitre suivant). Une seule fibre optique peut transporter 30 000 signaux téléphoniques simultanément.

Par ailleurs, l'amplitude du mouvement des molécules augmente avec la température. On prévoit donc que la vitesse du son est proportionnelle à la température du milieu de propagation. Dans le cas des ondes sonores dans l'air, dont on note v_0 la vitesse à 0 °C, la vitesse à une température de θ degrés Celsius vaut approximativement :

$$v = (v_0 + 0{,}61\,\theta)\text{m/s} = (331 + 0{,}61\,\theta)\text{m/s}$$

La vitesse du son dans l'air augmente avec la température d'environ 0,61 m/s par degré.

Dans le tableau 16.1, on constate que la vitesse du son est plus grande dans un gaz léger comme l'hydrogène que dans un gaz plus lourd comme l'oxygène. Rappelez-vous (chapitre 10) que la température d'une substance ne dépend que de l'énergie cinétique moyenne des molécules et non du nombre total d'atomes ou de molécules qui la constituent, ni de leur nature. Pour une même température les molécules d'hydrogène et d'oxygène ont donc la même énergie cinétique moyenne. Cependant, l'énergie cinétique d'une particule est donnée par la formule 1/2 mv^2, de sorte que pour une même température, les molécules d'hydrogène, dont la masse vaut 2 uma, ont une vitesse moyenne plus grande que celle d'oxygène dont la masse vaut 32 uma.

Tableau 16.1 La vitesse du son dans quelques gaz, liquides et solides.

Substance	Vitesse en m/s	Substance	Vitesse en m/s
Gaz		*Liquides à 25 °C*	
Air à 0 °C	331	Eau douce	1 493
Air à 20 °C	343	Eau de mer	1 533
Air à 100 °C	366		
Hydrogène à 0 °C	1 286	*Solides*	
Hélium à 0 °C	965	Aluminium	5 100
Oxygène à 0 °C	317	Fer	5 130
Azote à 0 °C	334	Plomb	2 700
		Caoutchouc	1 800
		Granit	6 000

Intensité des ondes sonores

Le volume sonore est une sensation subjective, mais il est relié à une propriété objective de l'onde acoustique : son *intensité*. L'intensité I est égale à l'énergie transportée par l'onde par unité de temps et par unité de surface. C'est la puissance transmise par l'onde à travers une unité d'aire :

$$I = \frac{P}{A}$$

Comme l'unité de puissance est le watt, l'unité d'intensité sonore est le watt par mètre carré (W/m^2).

L'oreille humaine est capable de détecter des sons d'intensité très faible, de l'ordre de 10^{-12} W/m^2, ou très grande, jusqu'à 1 W/m. C'est un énorme domaine d'intensités : un facteur 10^{12} (mille milliards) sépare ces deux extrémités. L'intensité sonore d'une conversation normale est environ 10 000 fois supérieure à celle d'un chuchotement. Pourtant, nous jurerions que le volume d'une conversation n'est que 3 ou 4 fois plus élevé. Pour mieux représenter la réponse de l'oreille humaine à des intensités sonores variables, on parle de *niveau sonore*, exprimé en *bel* en hommage à Alexander Graham Bell, l'inventeur du téléphone. Dans la pratique on utilise plutôt le *décibel,* dB (1 dB vaut 0,1 bel). Sur cette nouvelle échelle, 0 dB correspond à la plus basse intensité que nous puissions détecter, et 120 dB au maximum que nous puissions supporter. Quand l'intensité du son est multipliée par 10, nous *ajoutons* 10 au niveau sonore exprimé en dB. Le tableau 16.2 donne la correspondance entre le niveau sonore et l'intensité du son. Les niveaux sonores de divers bruits courants sont présentés dans le tableau 16.3.

Tableau 16.2 Comparaison entre l'intensité du son et son niveau en décibels.

Niveau du son (dB)	Intensité du son (W/m^2)	Intensité relative
0	10^{-12}	$10^0 = 1$
10	10^{-11}	$10^1 = 10$
20	10^{-10}	$10^2 = 100$
30	10^{-9}	$10^3 = 1\,000$
40	10^{-8}	$10^4 = 10\,000$
50	10^{-7}	$10^5 = 100\,000$
60	10^{-6}	$10^5 = 1\,000\,000$
70	10^{-5}	$10^7 = 10\,000\,000$
80	10^{-4}	$10^8 = 100\,000\,000$
90	10^{-3}	$10^9 = 1\,000\,000\,000$
100	10^{-2}	$10^{10} = 10\,000\,000\,000$
110	10^{-1}	$10^{11} = 100\,000\,000\,000$
120	1	$10^{12} = 1\,000\,000\,000\,000$

L'oreille

Le son le plus faible que l'on puisse entendre a une intensité de quelque 10^{-12} W/m^2. Ceci correspond à des variations de pression de l'ordre de autour de la pression atmosphérique. Cette valeur est à peine 6 fois plus grande que les fluctuations de pression dues au mouvement aléatoire des molécules de l'air. Si l'oreille humaine était un peu plus sensible, nous pourrions entendre les chocs de ces molécules sur notre tympan !

L'oreille humaine, comme celle des autres mammifères, est divisée en trois régions : l'oreille externe, l'oreille intermédiaire et l'oreille interne (figure 16.2).

Tableau 16.3 Quelques niveaux sonores.

Son	Niveau du son (dB)	Son	Niveau du son (dB)
À peine audible	0	Usine moyenne	80
Froissement de feuilles	10	Chutes du Niagara	90
Chuchotement à 1 m	20	Tondeuse à gazon	100
Pièce tranquille	30	Concert de rock (à l'extérieur)	110
Bibliothèque	40	Seuil de la douleur	110
Salle de classe	50	Concert de rock (en salle)	120
Conversation normale (1 m)	60	Avion à réaction à 30 m	140
Rue animée	70	Avion à réaction au décollage	150

L'oreille externe comprend le pavillon et le *canal auditif,* long de 2,5 cm, qui relie le pavillon à la membrane auditive ou *tympan*. Ce dernier a la forme d'un cône aplati de quelque 9 mm de diamètre, tendu sur l'*anneau du tympan,* un petit os circulaire. Les sons pénètrent dans le canal auditif par le pavillon et mettent en vibration le tympan.

Derrière le tympan se trouve l'oreille moyenne qui est constituée d'une cavité étroite remplie d'air où se trouvent trois petits os, le *marteau*, l'*enclume* et l'*étrier.* Ces os transmettent les vibrations du tympan à la *fenêtre ovale* de l'oreille interne. À partir de cette cavité, la *trompe d'Eustache* relie l'oreille au pharynx nasal, la région qui se trouve derrière les fosses nasales. Le rôle de ce conduit long de 45 mm est d'égaliser les pressions sur les deux faces du tympan.

(a)

(b)

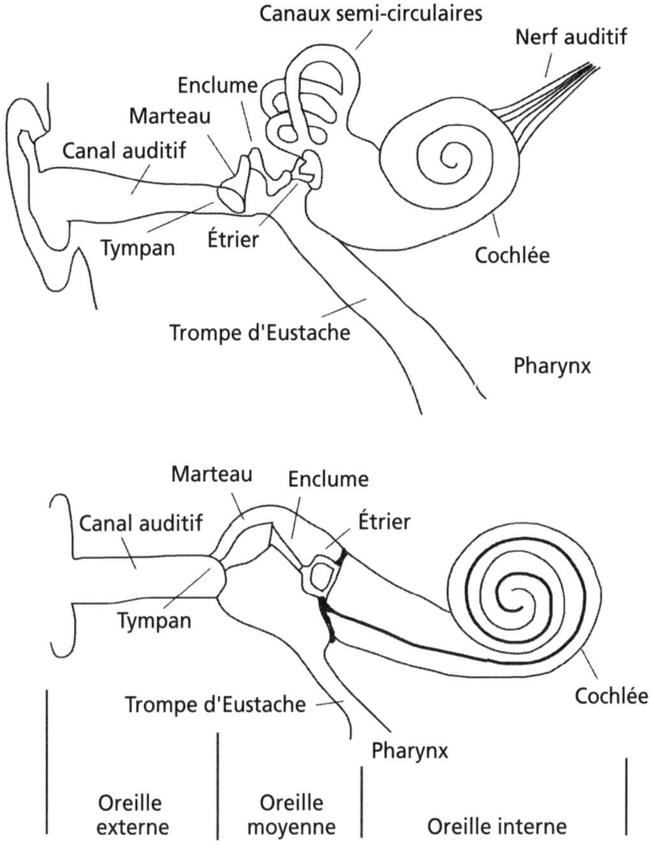

Figure 16.2 **(a)** L'oreille humaine. **(b)** Diagramme schématique de l'oreille.

L'oreille interne est contenue dans une structure osseuse appelée *labyrinthe*, munie de deux ouvertures vers l'oreille moyenne : la fenêtre ovale, reliée à l'étrier et la *fenêtre ronde* couverte d'une fine membrane. Le labyrinthe contient trois canaux semi-circulaires et un tube spiralé d'environ 30 mm de long appelé *cochlée,* mot dérivé du mot grec signifiant escargot (figure 16.3). C'est dans la cochlée que les vibrations des ondes sonores sont transformées en impulsions électriques puis transmises par les nerfs jusqu'au cerveau. La cochlée est divisée en trois canaux longitudinaux : le *canal (ou rampe) vestibulaire*, qui se termine à la fenêtre ovale, le *canal (ou rampe) tympanique*, qui se termine à la fenêtre ronde et le *canal cochléaire*, situé entre les deux précédents et qui aboutit également à la fenêtre ronde.

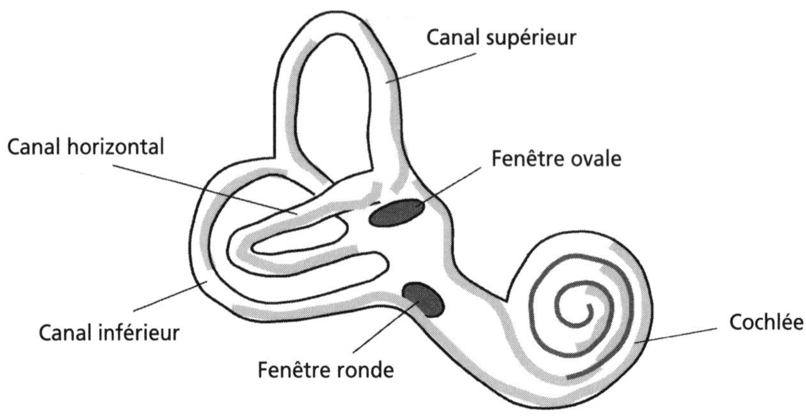

Figure 16.3 L'oreille interne.

Une onde sonore qui parvient dans l'oreille interne par la fenêtre ovale se propage dans le canal vestibulaire et revient par le canal tympanique. La membrane qui sépare ces deux canaux contient l'*organe de Corti*, une structure complexe formée de quelque 30 000 terminaisons nerveuses (figure 16.4). L'organe de Corti est recouvert de quelque cinq mille cellules sensorielles — appelées *cellules ciliées* à cause de leur aspect — qui sont excitées quand la membrane est mise en vibration par l'onde sonore. Les fibres nerveuses reliées à ces cellules ciliées transmettent leur information au cerveau sous la forme d'impulsions électriques.

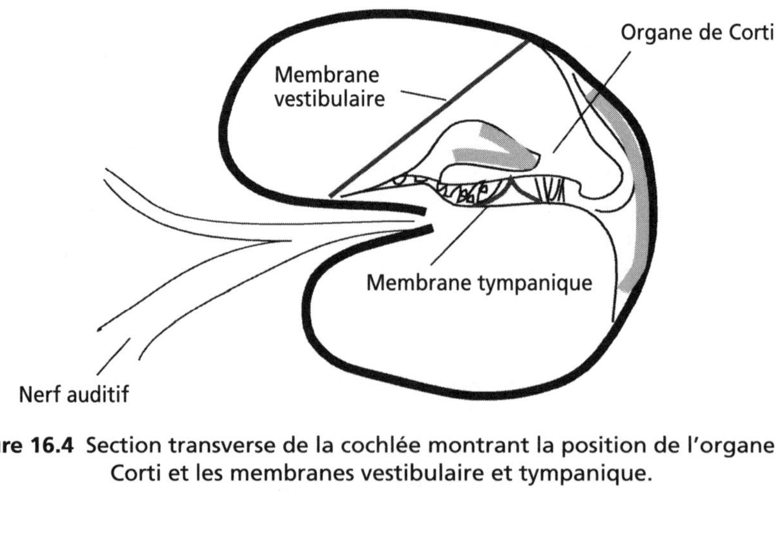

Figure 16.4 Section transverse de la cochlée montrant la position de l'organe de Corti et les membranes vestibulaire et tympanique.

Aux confins de la physique : les implants auditifs électroniques

Les personnes affectées d'une insuffisance auditive due à une altération des cellules ciliées de l'organe de Corti peuvent désormais être équipées d'implants cochléaires qui remplacent la fonction des cellules endommagées à l'aide d'électrodes. Ces électrodes, en fil très fin de moins d'un millimètre de diamètre, sont insérées à travers le conduit auditif dans la cochlée pour stimuler les nerfs auditifs électroniquement. Une personne sourde est alors à nouveau capable de percevoir les sons.

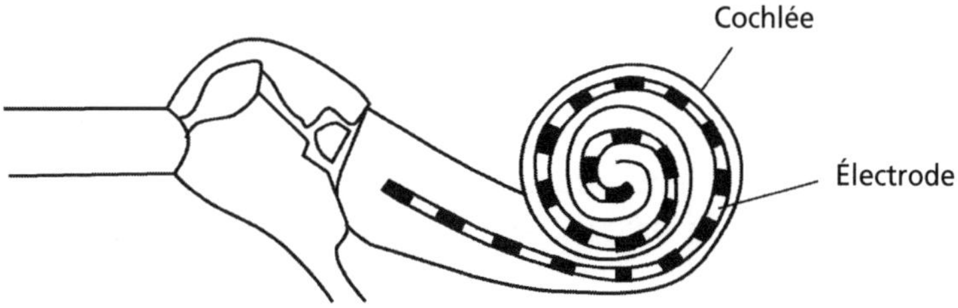

Les premiers implants n'étaient munis que d'une seule électrode, mais les systèmes plus récents utilisent des électrodes multicanaux disposant de plusieurs récepteurs réglés sur plusieurs fréquences. Un processeur que l'on peut porter dans une poche de chemise encode le son et le transmet par radio aux électrodes.

Les chercheurs essayent désormais de déterminer la position optimale de chaque électrode et le domaine de fréquence qu'il faut assigner à sa réponse. Les hautes fréquences doivent stimuler la spire extérieure de la cochlée tandis que les basses fréquences doivent y pénétrer plus profondément.

Les premiers systèmes ne permettaient aux patients que de percevoir la présence d'un son. Grâce aux systèmes multicanaux fondés sur des bandes de fréquence sélectives qui sont actuellement en cours développement, on espère leur rendre la capacité de reconnaître la parole.

Les cellules ciliées ont une épaisseur d'environ cinq millièmes de millimètre et sont aussi fragiles qu'une toile d'araignée. Les ondes sonores de trop forte intensité peuvent les endommager. Quelques minutes d'exposition à un niveau sonore de 110 dB sont susceptibles de causer des dommages irréparables. Au-dessus de ce « seuil de la douleur », toute exposition d'une durée quelconque est dangereuse. Chaque cellule ciliée est sensible à des mouvements d'amplitudes voisines de 100 picomètres (un milliardième de millimètre) de l'ordre du diamètre des plus gros atomes. La pression oscillante de l'onde sonore déplace les cellules ciliées et ce mouvement est transformé en signal électrique parce qu'il modifie la différence de potentiel entre l'intérieur et l'extérieur des cellules. A l'origine, le potentiel est dû à une différence de concentration en ions sodium et potassium de part et d'autres de la membrane cellulaire. Quand une cellule ciliée est au repos, l'échange d'ions à travers des orifices de sa membrane permet d'atteindre une situation d'équilibre. Lorsque la cellule est déplacée, le nombre d'orifices ouverts change et l'équilibre est modifié. Ceci provoque une variation de potentiel électrique d'environ 60 mV à 40 mV. La modification du potentiel électrique induit un signal qui est transmis au cerveau. Les cellules ciliées sont aussi les récepteurs du sens de l'équilibre grâce auxquels les êtres humains parviennent à se tenir debout. Outre la cochlée, cinq autres organes sensoriels sont munis de cellules ciliées : les trois canaux semi-circulaires, l'utricule et le saccule. Les cellules ciliées de l'utricule et du saccule sont réparties sur deux couches minces et planes, l'une placée verticalement et l'autre horizontalement. Près de ces organes, on trouve la membrane *otolithique* qui contient des centaines de milliers de petits cristaux constituant l'*otoconia.* La présence de ces cristaux rend cette membrane plus dense que l'utricule et le saccule. Quand la tête subit une accélération, l'otoconia réagit avec un léger retard à cause de son inertie. Elle se déplace dans le sens opposé par rapport aux cellules ciliées de l'utricule et du saccule. Ce déplacement des cellules ciliées produit des variations de potentiel et des signaux électriques envoyés au cerveau.

On trouve un mécanisme analogue dans les canaux semi-circulaires. Dans ce cas, les cellules ciliées sont déplacées sous l'effet d'une accélération angulaire. Les canaux sont remplis d'un liquide, l'*endolymphe*, dont le déplace-

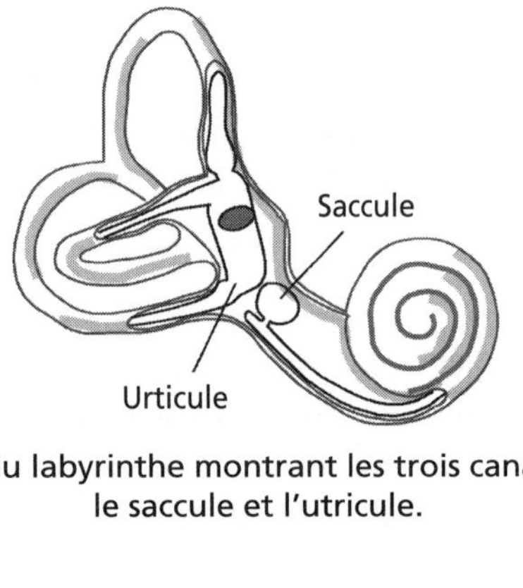

Figure 16.5 Dessin du labyrinthe montrant les trois canaux semi-circulaires, le saccule et l'utricule.

ment est en retard sur celui des parois du canal lorsque la tête tourne. Le liquide exerce une pression sur la membrane là où sont placées les cellules ciliées, il crée un déplacement qui entraîne une variation de potentiel dans ces cellules. Comme les trois canaux, le *canal antérieur (supérieur)* le *canal latéral (horizontal)* et le *canal postérieur (inférieur)*, sont disposés selon trois directions perpendiculaires, ils permettent de détecter l'accélération angulaire le long de trois axes de l'espace (figure 16.5).

Le son musical

Quelle est la différence entre le bruit et la musique ? Certes, la musique est agréable alors que le bruit l'est rarement. Mais qu'est-ce qui rend un son plaisant à l'oreille ? Pythagore, au sixième siècle avant notre ère, découvrit que, lorsqu'on écoute le son produit par deux cordes tendues pincées simultanément, il est harmonieux si les longueurs des cordes sont dans le rapport de deux nombres entiers petits.

Pythagore est probablement né en –560 dans l'île de Samos, dans la mer Egée. On sait peu de chose de ses premières années. Après avoir voyagé en Égypte et en Orient sur l'avis de son maître Thalès, Pythagore s'établit dans la colonie grecque de Crotone, au sud de l'Italie, vers –529. Il commença à y enseigner les mathématiques et la philosophie aux membres des classes supérieures de la société.

Parmi ses meilleurs élèves se trouvait Theano, la très belle fille de son hôte, que Pythagore devait épouser un peu plus tard. Theano avait dû, pour assister aux leçons, enfreindre la loi qui interdisait à une femme de paraître en public. Elle écrivit plus tard une biographie de son époux, qui ne nous est malheureusement pas parvenue.

Pythagore découvrit que si une corde tendue « vibrait comme un tout » — nous dirions qu'elle vibrait dans le mode fondamental —, elle produisait un son en harmonie avec une corde de longueur moitié moindre (figure 16.6a). Il en allait de même pour des cordes ayant des longueurs égales au tiers de la première, au quart et ainsi de suite. Pythagore se rendit également compte que deux cordes tendues d'égale longueur produisait des sons agréables si l'une vibrait « comme un tout » et que les autres oscillaient en deux, trois, quatre parties ou plus (figure 16.6b). Ces modes de vibration correspondent aux *harmoniques* que nous avons définis au chapitre 15. Ils forment avec le fondamental une série dite elle aussi harmonique. Pythagore avait donc découvert que les sons agréables à l'oreille correspondent aux fréquences propres d'une corde vibrante.

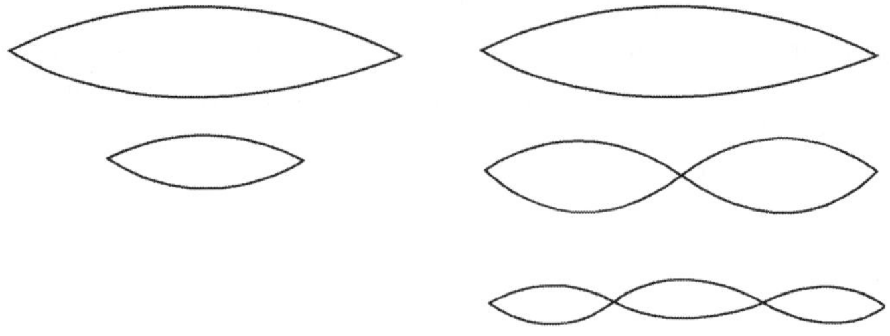

(a) (b)

Figure 16.6 (a) Le son produit par une corde d'une certaine longueur vibrant selon son mode fondamental est en harmonie avec celui d'une seconde corde de longueur moitié moindre également dans son mode fondamental. **(b)** Deux cordes de même longueur fournissent aussi des sons harmonieux si l'une vibre dans son mode fondamental et l'autre selon un harmonique d'ordre supérieur.

Ayant établi que les sons dont les fréquences forment une série harmonique semblent plus harmonieux, il nous faut essayer d'expliquer pourquoi il en est ainsi. Les ondes sonores de la musique ont une caractéristique particulière : elles présentent une certaine périodicité. On dit que la musique a des *notes soutenues*. Au contraire, les ondes sonores du bruit sont désordonnées et ne présentent pas de périodicité. Les musiciens caractérisent un son musical par son *volume,* sa *hauteur* et son *timbre*. Le volume sonore a été abordé au début du chapitre. Intéressons-nous à la hauteur et au timbre.

La sensation de *hauteur* est déterminée par la fréquence des ondes sonores. Les sons aigus correspondent aux hautes fréquences, et les sons graves aux basses fréquences. L'oreille humaine est capable, comme on l'a déjà signalé, de détecter des sons de fréquences comprises entre 20 et 20 000 Hz.

Les différents modes de vibration d'une corde tendue de longueur L sont reliés à leurs fréquences f_n par l'expression :

$$f_n = \frac{nv}{2L}$$

où, comme cela a été dit au chapitre 15, le nombre n caractérise le mode d'oscillation et où v est la vitesse de propagation des ondes. Le mode fondamental, le premier harmonique, correspond à $n = 1$, le second harmonique à $n = 2$, etc. Puisque la fréquence de vibration d'une corde dépend de sa longueur, nous pouvons reformuler la découverte de Pythagore en disant que le son produit par deux cordes vibrant simultanément est agréable si le rapport de leurs fréquences est égal au rapport de deux nombres entiers petits. Si ce rapport est de 2 sur 1, on dit que les sons sont séparés d'une *octave*. Les octaves désignent dans le vocabulaire musical des intervalles de hauteur égaux.

En musique, la description des relations entre la hauteur des différents sons utilisés constitue une *échelle musicale*. On peut établir de nombreuses relations entre les sons, de sorte qu'il existe beaucoup d'échelles musicales possibles et qu'un grand nombre d'entre elles a été utilisé à travers l'histoire.

Certaines civilisations ont développé des échelles fort complexes. Les plus connues sont les échelles pentatoniques, qui sont basées sur une *gamme* de cinq notes, et les échelles heptatoniques, dont la gamme comporte sept notes. La musique occidentale repose sur une échelle heptatonique dite *diatonique* regroupant la gamme des notes familières do-ré-mi-fa-sol-la-si. On désigne parfois ces notes à l'aide de lettres majuscules (C, D, E, F, G, A, B). Chaque note correspond à une fréquence déterminée. L'échelle elle-même comprend sept intervalles : cinq intervalles égaux appelés *tons* (T) et deux intervalles de hauteur moitié moindre, les *demi-tons* (D). Il existe deux permutations (ou modes) de l'échelle, le *mode majeur* et le *mode mineur.* L'échelle majeure correspond à la suite d'intervalles T-T-D-T-T-T-D tandis que l'échelle mineure correspond à la suite T-D-T-T-D-T-T. Un demi-ton correspond à un rapport de fréquences de 16/15 et un ton entier à des rapports de fréquences de 9/8 ou de 10/9. Le tableau 16.4 décrit l'échelle diatonique en do majeur.

Tableau 16.4 Échelle diatonique en do majeur.

Note	Lettre	Fréquence (Hz)	Rapport de fréquence	Intervalle
do	C	264		
ré	D	297	9/8	Entier
mi	E	330	10/9	Entier
fa	F	352	16/15	Moitié
sol	G	396	9/8	Entier
la	A	440	10/9	Entier
si	B	495	9/8	Entier
do	C	528	16/15	Moitié

Dans ce tableau, le do de fréquence 264 Hz est le do médian parce que, dans l'écriture musicale, quelle que soit la clé utilisée, il se trouve vers le milieu de la portée. (La *clé* est le signe placé au début d'une partition musicale pour déterminer la position des notes et la *portée musicale* est l'ensemble des lignes horizontales sur lesquelles on écrit la musique). Le do suivant, au-dessus du do médian, correspond à une fréquence de 528 Hz. Le rapport de leurs fréquences est de 528/264 = 2/1. Ces deux notes sont donc séparées d'une octave. Remarquez qu'en comptant à partir du do médian, le do suivant est la huitième note et que le mot *octave* vient du latin qui signifie huit. Le rapport des fréquences de deux la successifs ou de deux fa successifs est toujours de 2 et ceci est valable pour n'importe quelle note. Au-dessus du la à 440 Hz on trouve donc un la à 880 Hz et le do en dessous du do médian correspond à une fréquence de 132 Hz.

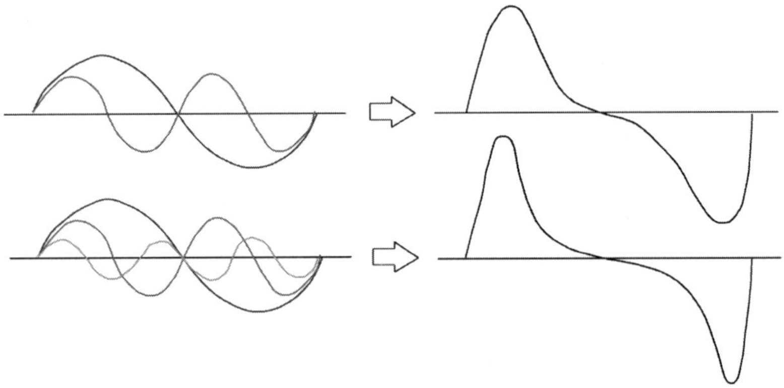

Figure 16.7 Une corde tendue vibrant selon plusieurs harmoniques. Le diagramme du haut montre les deux premiers harmoniques, le diagramme du bas les trois premiers. On a représenté à droite les formes d'ondes correspondantes.

Outre le volume et la hauteur, un son musical est caractérisé par son *timbre*. Une même note sonne différemment selon qu'elle est jouée sur un violon, sur un piano ou chantée par une soprano. Cette différence réside dans le *contenu harmonique* de l'onde, c'est-à-dire dans le nombre des harmoniques présents simultanément dans l'onde sonore. D'après le principe de superposition, on comprend que des ondes stationnaires de différentes fréquences peuvent coexister dans un même milieu (figure 16.7). Une corde de guitare pincée, par exemple, vibre généralement selon plusieurs fréquences harmoniques. Même chose lorsqu'on frappe une corde de piano : de nombreux harmoniques s'y développent. Cependant, les amplitudes relatives de ces harmoniques sont différentes dans les deux cas. Le rapport des énergies d'oscillation qu'un instrument attribue à chaque harmonique détermine la texture du son qu'il produit. Chaque instrument a sa propre répartition d'harmoniques. Une clarinette a donc un son différent de celui d'une flûte ou d'une voix humaine, même quand elles produisent la même note (figure 16.8). Le timbre du son de la voix distingue également les différentes voyelles. Lorsqu'une personne parle, ses cordes vocales vibrent selon un ensemble de fréquences harmoniques et le son *résonne* dans sa bouche. Ces fréquences de résonance sont appelées les formants. Quand on prononce les différentes voyelles, on change la forme de la bouche. Certains harmoniques s'en trouvent amplifiés au détriment d'autres, créant ainsi un ensemble de formants différents.

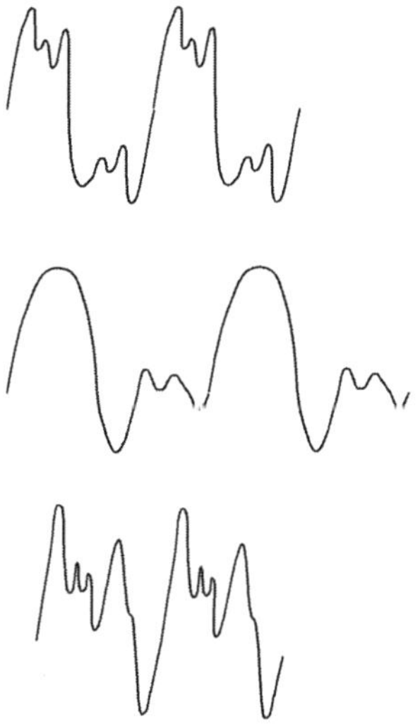

Figure 16.8 Ondes sonores émises par différents instruments sur lesquels on joue la même note.

Instruments de musique

En général, les instruments de musique sont constitués d'une source sonore et d'un résonateur qui amplifie ou atténue certains harmoniques. Les guitares et les violons utilisent des cordes pour produire le son et une *caisse de résonance* comme résonateur (figure 16.9).

Les vibrations des cordes sont transmises à la caisse de résonance par le chevalet. La caisse de résonance possède ses propres modes de vibration qui sont sélectionnés parmi les harmoniques transmis par les cordes, ce qui amplifie certaines fréquences particulières. Au chapitre 15, on a signalé que des harmoniques se développent sur une corde tendue dont les fréquences sont données par la relation :

$$f_n = \frac{nv}{2L}$$

La fréquence du mode fondamental est celle qui détermine la hauteur de la note. Or, toutes les cordes d'une guitare ou d'un violon ont la même longueur. La seule façon de changer le fondamental est de modifier la vitesse de propa-

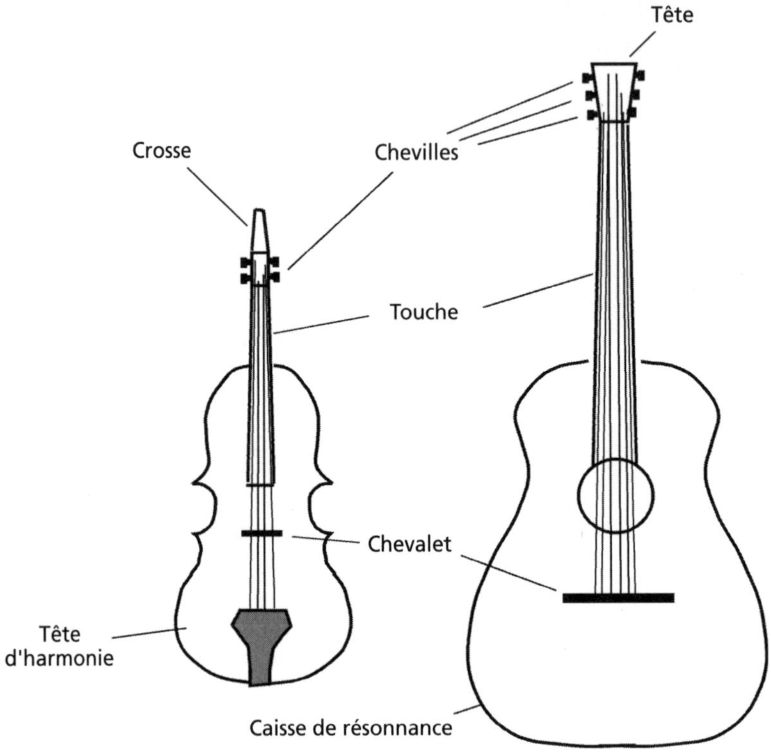

Figure 16.9 Guitares et violons possèdent une caisse de résonance qui est excitée par les vibrations des cordes.

gation des ondes le long de la corde. Comment faire ? Il se trouve que la vitesse de propagation des ondes dépend de deux facteurs : la tension de la corde et sa masse par unité de longueur ou *masse linéique*. Si les cordes d'une guitare sont toutes tendues de la même façon, l'équation ci-dessus indique que les cordes doivent avoir des masses linéiques différentes afin de vibrer selon des fréquences fondamentales différentes.

Les cordes d'un piano sont de longueur et de masse linéique différentes. En outre, leurs fréquences fondamentales sont réglées en ajustant leur tension. Pour résister à l'énorme tension des cordes, les pianos sont munis d'un cadre en fonte. La caisse de résonance du piano est une *table d'harmonie*, pièce de bois plane presque aussi grande que le piano (figure 16.10). Quand une touche est enfoncée, un marteau relié à l'extrémité de la touche frappe la corde et la met en vibration. Ces vibrations sont transmises à la table d'harmonie par le chevalet sur lequel les cordes sont tendues. Un étouffoir en feutre, contrôlé par une des deux ou trois pédales en bas du piano, peut être abaissé sur les cordes pour amortir leur vibration.

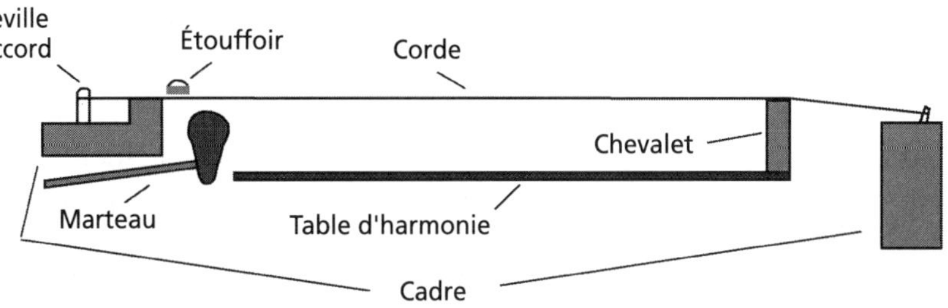

Figure 16.10 Représentation schématique du marteau, de l'étouffoir, de la corde, du chevalet et de la table d'harmonie d'un piano.

Dans un instrument à vent comme le hautbois, les musiciens soufflent dans une embouchure ce qui produit des tourbillons qui mettent en vibration une anche en roseau. Ceci engendre des ondes stationnaires dans l'air contenu dans le tube de l'instrument. Dans d'autres instruments à vent, comme les cuivres, ce sont les lèvres du musicien qui vibrent quand il ou elle souffle dans l'embouchure. Ces vibrations excitent également des ondes stationnaires dans la colonne d'air contenue dans l'instrument. Dans chaque cas, la fréquence de la note produite dépend de la longueur de la colonne d'air, que le tube soit ouvert ou fermé, qu'il soit conique ou cylindrique.

Les ondes stationnaires excitées dans un instrument à corde présentent toujours un nœud à chaque extrémité (puisque les cordes sont attachées aux deux bouts). La fréquence du fondamental, qui correspond au mode n'ayant de nœuds qu'aux extrémités, détermine la hauteur de la note et l'intensité relative de ses harmoniques forme son timbre. Pour les instruments à vent, la situation est analogue. L'air ne peut pas franchir l'extrémité fermée d'un tuyau d'orgue, par exemple : cette extrémité correspond donc à un nœud. De l'autre côté, là où le tube est ouvert, l'air est libre de se déplacer : ce point correspond à un ventre de l'onde stationnaire (figure 16.11).

La distance entre un nœud et un ventre vaut toujours un quart de longueur d'onde de sorte que la longueur d'onde du mode fondamental est déterminée par la longueur L du tube : $\lambda_1 = 4L$. La fréquence correspondante est donnée par l'expression déjà mentionnée qui relie la fréquence, la vitesse de propagation et la longueur d'onde, c'est-à-dire $v = \lambda f$ ou encore $f = v/\lambda$. La fréquence fondamentale est donc $f_1 = v/\lambda_1 = v/4L$, où v est, dans le cas particulier d'un instrument à vent, la vitesse du son. L'harmonique suivant contient un nœud de plus entre les deux extrémités du tube (figure 16.11). L'extrémité ouverte doit toujours correspondre à un ventre de l'onde stationnaire, aussi la longueur L du tube doit-elle être égale aux trois quarts de la longueur d'onde de cet harmonique. Cette longueur d'onde vaut donc :

$$\lambda_3 = \frac{4}{3}L \; ; \qquad f_3 = \frac{v}{\lambda_3} = \frac{v}{\frac{4}{3}L} = \frac{3v}{4L}$$

La fréquence de ce mode est triple de la fréquence fondamentale, ce qui explique qu'on lui donne le nom de *troisième* harmonique (et qu'on ait utilisé l'indice 3 dans ces expressions). Sur la figure 16.11, on constate que l'harmonique suivant présente deux nœuds en plus de celui qui correspond à l'extrémité fermée. La longueur du tube est alors égale à une longueur d'onde et quart. Cette longueur d'onde vaut donc $\lambda_5 = 4L/5$, et la fréquence correspon-

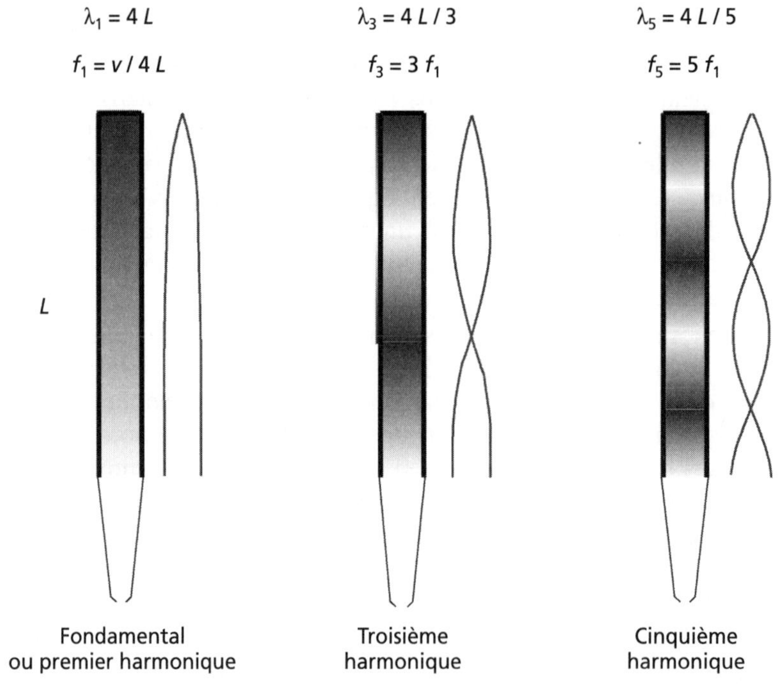

Figure 16. 11 Ondes stationnaires dans un tuyau d'orgue fermé à une extrémité. On a utilisé le graphe de l'onde pour représenter les variations de densité de l'air dans le tuyau. Les nœuds de vibration sont des points de densité maximale et de déplacement minimal. Les ventres correspondent à des régions de densité minimale et de déplacement maximal.

dante est $f_5 = 5v/4L$, soit cinq fois la fréquence fondamentale. C'est donc le cinquième harmonique. Il n'y a ni deuxième, ni quatrième harmonique. En fait, il ne peut pas y avoir d'harmoniques pairs dans un tube qui est fermé à une extrémité et ouvert à l'autre. Seuls existent les harmoniques impairs.

Dans un tuyau d'orgue ouvert des deux côtés, les extrémités correspondent à des ventres. Le mode fondamental est celui pour lequel il existe un nÏud unique au milieu du tuyau (figure 6.12). Dans ce cas, la longueur d'onde est égale au double de la longueur du tuyau, c'est-à-dire : $\lambda = 2L$. La fréquence fondamentale est donc $f = v/2L$. L'harmonique suivant présente deux nœuds entre les extrémités de sorte que sa longueur d'onde est égale à la longueur du tuyau. La fréquence correspondante est alors $f_2 = v/L = 2f_1$. L'examen de la figure 16.12, montre que la longueur d'onde du troisième harmonique est $\lambda_3 = 2L/3$ et que sa fréquence vaut donc $f_3 = 3f_1$. À la différence du tuyau fermé à une extrémité, tous les harmoniques se développent dans un tuyau d'orgue ouvert aux deux bouts. Tout ce que l'on vient de dire s'applique aussi aux instruments à vent à tuyau ouvert, comme les flûtes, et aux instruments à anche dont le tube est conique, comme les saxophones.

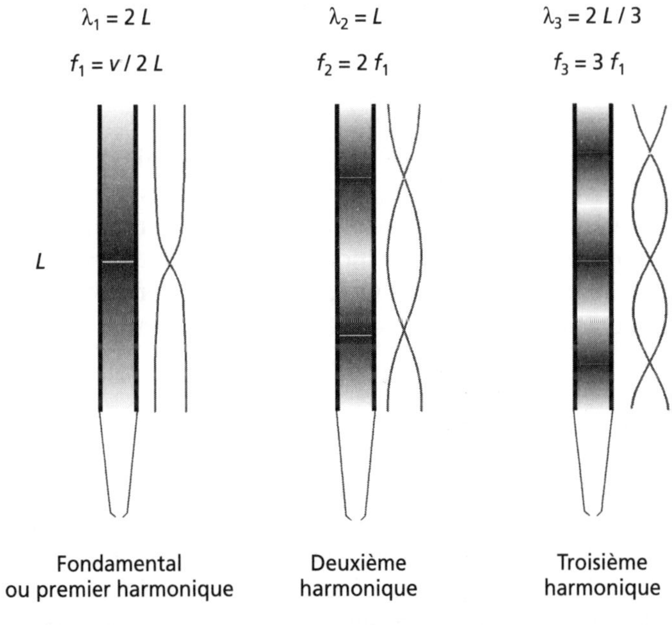

Figure 16.12 Mode fondamental, deuxième et troisième harmonique d'un tuyau d'orgue ouvert aux deux extrémités.

L'effet Doppler

Vous avez certainement déjà remarqué la spectaculaire variation de la hauteur du son émis par l'avertisseur d'une voiture qui passe près de vous à grande vitesse. Vous savez également que le chauffeur, lui, ne perçoit pas cette variation de fréquence. On ne l'entend que lorsque le véhicule est en mouvement par rapport à soi. Le même phénomène se produit quand on se dirige en voiture vers un véhicule en train de klaxonner. La hauteur du son augmente quand on approche du véhicule et elle diminue lorsqu'on s'en éloigne. La hauteur du son perçu par l'auditeur n'est pas la même selon que la source sonore se déplace ou qu'elle est immobile par rapport à lui. Ce phénomène est qualifié d'*effet Doppler* du nom du physicien autrichien Christian Doppler (1803-1855) qui en a donné le premier l'explication.

Considérons le son de fréquence f et de longueur d'onde λ (égale à v/f, où v est la vitesse du son dans l'air) émis dans toutes les directions par un avertisseur d'automobile. Si cette automobile est arrêtée au bord de la route et que nous nous en approchons à la vitesse v_0, nous allons à la rencontre de l'onde sonore dont la vitesse nous paraît augmentée de la vitesse v_0 : $v' = v + v_0$. Le nombre de longueurs d'onde que nous croisons par unité de temps est plus grand que si l'on restait immobile par rapport à la source. Dans ce cas, la fréquence perçue est :

$$f' = \frac{v'}{\lambda} = \frac{v + v_0}{\lambda}$$

Que nous nous déplacions ou non par rapport au véhicule, nous mesurons toujours la même distance entre deux maxima successifs de l'onde sonore, c'est-à-dire la même longueur d'onde. L'émetteur est au repos par rapport à l'air où il se propage et notre propre mouvement n'y change rien. La longueur d'onde reste donc toujours $\lambda = v/f$. On peut reporter cette expression dans la formule précédente ce qui donne :

$$f' = \frac{v + v_0}{\frac{v}{f}} = f\frac{v + v_0}{v}$$

Considérons cette expression d'un peu plus près. La vitesse v_0 est positive, de sorte que le numérateur de la fraction est plus grand que le dénominateur. En nous approchant de la voiture, la fréquence f' que nous percevons est effectivement plus grande que la fréquence f perçue par un auditeur au repos. Le son nous semble donc plus aigu. Remarquez que, si nous décidons de nous arrêter près de l'automobile dont l'avertisseur est toujours bloqué, $v_0 = 0$ et $f = f'$: la fréquence que nous entendons est bien celle qui est perçue par tous les auditeurs au repos par rapport à la source. Si nous décidons de repartir dans l'autre sens et que nous nous éloignons de l'intempestif véhicule, nous devons maintenant considérer que v_0 est négative. Dans ce cas, le numérateur de la fraction est plus petit que le dénominateur et f' est inférieure à f. Le son de l'avertisseur nous paraît plus grave. En résumé, la fréquence perçue par un auditeur se déplaçant avec une vitesse v_0 par rapport à une source sonore immobile est :

$$f' = f\frac{v + v_0}{v}$$ pour un auditeur approchant de la source à la vitesse v_0 ;

$$f' = f\frac{v - v_0}{v}$$ pour un auditeur s'éloignant de la source à la vitesse v_0.

Lorsque c'est la source qui se déplace, la situation est assez différente. Dans ce cas, la longueur d'onde du son est modifiée parce que la source est en mouvement par rapport au milieu dans lequel le son se propage. Imaginons qu'un camion de pompiers se dirige vers nous toutes sirènes hurlantes. Le son que nous entendons est plus aigu que celui que le conducteur perçoit. (figure 16.13). Comme le véhicule se dirige vers nous, il poursuit les ondes

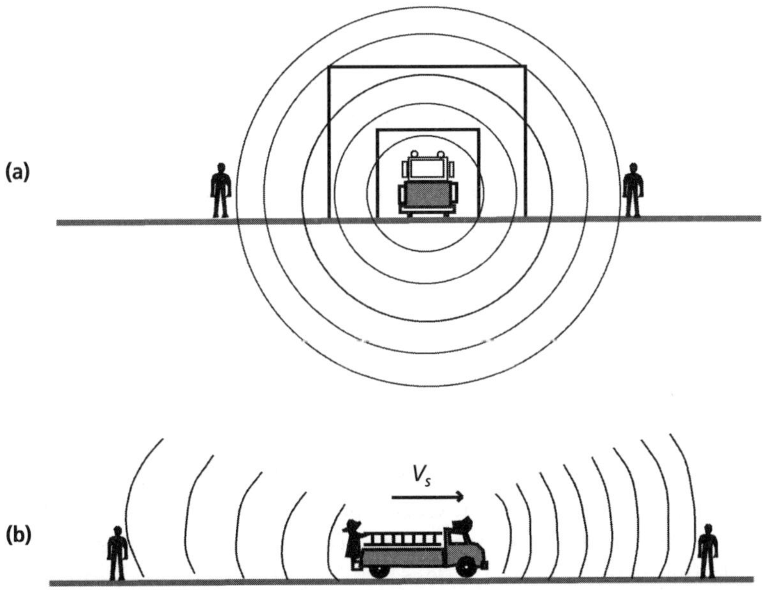

Figure 16.13 **(a)** Les deux auditeurs perçoivent un son de même fréquence quand le véhicule de pompiers est immobile. **(b)** Quand le véhicule se déplace, l'auditeur dont il s'éloigne perçoit un son de fréquence plus basse que l'auditeur dont il se rapproche.

émises dans notre direction de sorte que les maximums successifs nous parviennent plus rapprochés. La sirène oscille à une fréquence constante, même quand elle est en mouvement. Mais au moment où elle émet un maximum sonore, le véhicule est plus proche de nous qu'il ne l'était lorsqu'elle a lancé le maximum précédent. En conséquence, les crêtes de l'onde sonore qui quittent la sirène dans le sens de son mouvement sont plus serrées : la longueur d'onde diminue. Comme la vitesse du son reste la même, la fréquence a donc augmenté. Inversement, quand le véhicule s'éloigne, la sirène est un peu plus loin à chaque nouvelle oscillation et la longueur d'onde est augmentée (figure 16.13b).

Supposons que la sirène émette un son pur de fréquence f et de longueur d'onde $\lambda = v/f$, où v est toujours la vitesse du son dans l'air. Si le camion se déplace à la vitesse v_s dans la direction de l'auditeur, la longueur d'onde qu'il mesure est diminuée de $\Delta\lambda = v_s/f$ au cours d'une période d'oscillation de l'onde. La longueur d'onde déterminée par l'auditeur placé devant le véhicule est donc $\lambda' = (v - v_0)/f$ et sa fréquence est :

$$f' = \frac{v}{\lambda'} = f\frac{v}{v - v_s}$$

Quand le véhicule à incendie s'éloigne de l'auditeur v_s a le signe opposé. En résumé, quand une source sonore se déplace à la vitesse v_s vis-à-vis d'un auditeur immobile, la fréquence perçue est :

$$f' = f\frac{v}{v - v_s} \quad \text{si la source s'approche ;}$$

$$f' = f\frac{v}{v + v_s} \quad \text{si la source s'éloigne de l'auditeur.}$$

L'effet Doppler s'applique à toutes sortes d'ondes. Il s'applique même aux ondes électromagnétiques, bien que les formules mathématiques soient alors légèrement différentes. Les radars de la police émettent des ondes qui sont réfléchies par les véhicules en mouvement et mesurent la variation de fréquence due à l'effet Doppler. Certains détecteurs de son à effet Doppler, sensibles au mouvement, commandent l'ouverture des portes automatiques des grands magasins lorsqu'ils décèlent l'approche d'un client. Les astronomes déterminent le mouvement et la vitesse des galaxies lointaines en mesurant le décalage Doppler de la lumière qu'elles émettent. C'est de cette façon qu'Edwin Hubble découvrit l'expansion de l'univers dans les années 1920.

Ondes de choc

Quand une source sonore se déplace plus vite que le son dans un milieu donné, il se forme une *onde de choc*. On l'a dit, si la source se déplace à une vitesse inférieure, les maximums de l'onde sonore sont plus resserrés à l'avant de la source et plus espaces à l'arrière. Mais pour une vitesse exactement égale à celle de la vitesse du son, les ondes s'empilent devant elle. Il faut se souvenir que la vitesse du son dépend l'élasticité du milieu de propagation, c'est-à-dire de la fréquence des collisions entre les molécules qui le constituent et de la façon dont elles interagissent. Quand une source sonore se déplace relativement lentement à travers le milieu de propagation, ses propriétés élastiques permettent aux molécules de se déplacer à partir de la source. En revanche, quand un avion vole à la vitesse du son, les molécules de l'air n'ont pas le temps de s'éloigner suffisamment vite de l'avion et elles s'entassent devant lui pour former une vaste zone de surpression. S'il se déplace encore plus vite, il dépasse les ondes sonores et elles s'empilent le long de ses côtés, formant une zone de surpression conique derrière lui. Cette onde de choc est engendrée par les interférences constructives d'un grand nombre de maximums sonores (figure 16.14).

Quand un avion vole au-dessus de vous à une vitesse supersonique, vous entendez une forte détonation lorsque l'onde de choc vous atteint (le fameux

Figure 16.14 Onde de choc engendrée par une source sonore se déplaçant à des vitesses supersoniques. (Avec la permission de R.J. Gomez, NASA Johnson Space Center.)

bang supersonique). Cette détonation s'accompagne d'un dégagement d'énergie considérable susceptible de briser les vitres et de produire un niveau sonore dangereux. C'est sous ce prétexte que le Concorde n'a pas été autorisé à survoler le territoire des États-Unis.

Quand un avion atteint exactement la vitesse du son, on dit qu'il vole à *Mach 1*. Cette dénomination honore le physicien et philosophe des sciences autrichien Ernst Mach (1838-1916) qui fut le premier à s'intéresser à la modification de l'écoulement de l'air autour d'un objet lorsqu'il atteint la vitesse du son. Quand la vitesse d'un avion vaut deux fois celle du son, on dit qu'il vole à Mach 2, etc. Notez que le bang ne se produit pas seulement quand l'avion franchit le « mur du son ». L'onde de choc poursuit l'avion en permanence et on ne perçoit le bang qu'après son passage. Un canard nageant dans l'eau à une vitesse supérieure à celle de la propagation des ondes de surface produit également une sorte d'onde de choc appelée sillage (figure 16.15).

Figure 16.15 Sillage formé par un canard nageant à une vitesse supérieure à la vitesse de propagation des ondes de surface.

Ultrasons

Des ondes sonores tombant sur la surface d'un objet beaucoup plus grand que leur longueur d'onde s'y réfléchissent. Si l'objet est plus petit que la longueur d'onde incidente, le son passe de part et d'autre sans perturbation notable. Un petit morceau de bois flottant sur l'eau ne perturbe pas les ondes émises par un hors-bord comme le fait la coque d'un gros bateau. Ainsi, lorsque des ondes sonores rencontrent un obstacle dont la taille est plusieurs fois supérieure à leur longueur d'onde, elles sont réfléchies par l'obstacle. Ceci explique le phénomène familier de l'écho. Le son d'un avertisseur d'automobile a une fréquence de 300 Hz, ce qui correspond à une longueur d'onde dans l'air égale à $\lambda = v/f = (342\ \text{m/s})/(300\ \text{Hz}) = 1{,}14\ \text{m}$. Les obstacles de plusieurs mètres sont donc assez grands pour réfléchir le son d'un Klaxon. En revanche des objets dont la section ne dépasse pas quelques centimètres carrés ne réfléchissent que des ondes sonores de très hautes fréquences, bien au-delà du domaine audible par l'oreille humaine. De telles ondes sont qualifiées d'*ultrasons*.

Connaissant la vitesse du son dans un milieu donné, on peut déterminer la distance des obstacles environnants en mesurant le temps d'aller retour des ondes qui s'y réfléchissent. La lumière se propage à $3{,}0.10^8$ m/s, aussi nous percevons l'éclair de la foudre presque instantanément. En revanche, nous entendons le tonnerre quelques secondes après. La lumière parcourt une distance de 3 km en un dix-millionième de seconde, alors que les ondes sonores mettent 9 secondes. Si on frappe dans ses mains devant une falaise et que l'écho se fait entendre une seconde plus tard, on en déduit que la falaise se trouve à 171 m, puisque la distance parcourue par le son en une seconde est de 342 m et que l'onde a effectué un aller-retour. Les bateaux et les sous-marins utilisent une méthode analogue pour sonder les fonds océaniques à l'aide d'un appareil appelé le *sonar*. Un émetteur envoie dans l'eau une brève impulsion acoustique à une fréquence ultrasonore et un récepteur détecte le signal réfléchi. On mesure le temps mis par l'impulsion pour atteindre l'obstacle et on détermine ainsi sa distance.

Les chauves souris émettent des impulsions ultrasonores d'une durée de quelques millisecondes qui ont une portée d'environ 4 m. Ces impulsions sont réfléchies par les obstacles et détectées par les larges oreilles de ces animaux. Les chauves souris sont capables de voler et de chasser dans l'obscurité la plus complète. Il semble qu'elles localisent leurs proies en distinguant les temps d'arrivée de leur écho. Les impulsions se répètent 10 fois par seconde lorsque l'obstacle ou la proie sont éloignés et 200 fois par seconde quand ils sont plus proches. Le domaine de fréquence des ondes sonores émises par les chauves souris est compris entre 30 kHz et 120 kHz environ. Les mites, qui constituent un des plats favoris des chauves souris, entendent ces fréquences et se laissent tomber au sol dès qu'elles les détectent. Elles possèdent aussi une protection naturelle contre leurs prédateurs : leurs corps velus absorbent bien le son et elles sont par conséquent de mauvais réflecteurs sonores.

En s'inspirant des méthodes utilisées dans la nature, les physiciens ont développé des outils de diagnostic et de traitements médicaux fondés sur les ultrasons. On produit une impulsion ultrasonore en appliquant une tension alternative à haute fréquence aux deux faces d'un cristal de quartz qui entre alors en vibration et émet des ultrasons dans l'air. (Les anciennes têtes de tourne-disque fonctionnaient sur un principe symétrique : les vibrations induites dans l'aiguille par le sillon du disque étaient transmises au cristal de quartz qui les transformaient en une tension alternative, laquelle, amplifiée, excitait les haut-parleurs.) Ces cristaux sont dits *piézo-électriques* et on appelle *effet piézo-électrique* cette transformation directe de l'énergie électrique en énergie mécanique (et vice versa) par certains cristaux. L'impulsion est réfléchie par les parois de différents organes du corps avant d'être détectée et analysée. En combinant les multiples échos reçus et leur intensité et leurs temps d'arrivée, on reconstitue une image à deux dimensions que l'on observe sur un moniteur.

17

Optique

Ondes lumineuses

La lumière, nous l'avons vu au chapitre 14, est une onde électromagnétique qui se propage dans le vide. Les équations de Maxwell affirment qu'une variation de champ magnétique engendre un champ électrique qui produit à son tour un champ magnétique variable, et ainsi de suite. Maxwell a montré qu'une fois que le processus est enclenché, les perturbations électriques et magnétiques continuent de progresser sous la forme d'une onde. Au chapitre 7, on a cependant signalé que la lumière se comporte également comme un flux de particule. En fait, la théorie ondulatoire est une description suffisante pour expliquer la plupart des phénomènes courants et nous nous y intéresserons de près au prochain chapitre. Pour le moment, arrêtons-nous sur deux phénomènes qui s'expliquent aussi bien dans le cadre corpusculaire que dans le cadre ondulatoire : la *réflexion* et la *réfraction*. Ils sont à la base d'un grand nombre d'effets d'optique.

Réflexion de la lumière

On sait, depuis très longtemps, que la lumière se propage en ligne droite. En observant des éclipses de Soleil et de Lune, les philosophes grecs de l'Antiquité avaient compris que le trajet de la lumière est rectiligne et que sa vitesse est très élevée. L'ombre de la Lune, qui est projetée sur la Terre lors d'une éclipse de Soleil, et celle de la Terre, qui noie notre satellite lors d'une éclipse de Lune, démontrent sans ambiguïté que la lumière se propage en ligne droite sur de très grandes distances (figure 17.1). On a pris l'habitude de tracer des droites appelées *rayons* pour représenter schématiquement ce mouvement rectiligne. Cette représentation est très utile pour comprendre certaines des propriétés fondamentales de la lumière, en particulier les lois de la réflexion et de la réfraction sur lesquelles sont basés de nombreux dispositifs optiques.

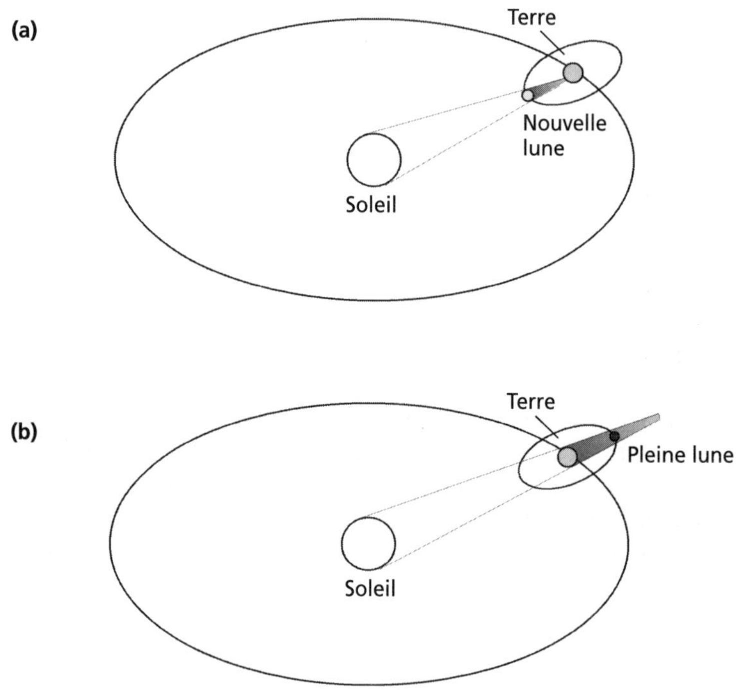

Figure 17.1 **(a)** L'ombre portée de la Lune durant une éclipse de Soleil ou **(b)** celle de la Terre sur la Lune durant une éclipse de Lune montrent que la lumière se propage en ligne droite sur de très grandes distances.

Lorsqu'un faisceau lumineux tombe sur un objet, le champ électrique oscillant de l'onde électromagnétique met en mouvement les électrons des atomes situés près de la surface. D'après les équations de Maxwell, de telles charges électriques oscillantes créent un champ électrique et magnétique d'intensité variable dans le temps. Ces champs sont, comme on l'a rappelé, à l'origine d'une nouvelle onde électromagnétique qui se propage dans l'espace. Les électrons des atomes ou des molécules qui constituent l'objet, en particulier les électrons des couches externes qui sont moins fortement liés aux atomes, absorbent l'énergie de la lumière incidente et se mettent à osciller. Ils émettent à leur tour un rayonnement électromagnétique. La lumière que l'on reçoit lorsqu'on regarde un objet éclairé n'est rien d'autre que ce rayonnement électromagnétique réémis par ses électrons de surface.

La *loi de la réflexion* décrit la façon dont la lumière est réfléchie à la surface d'un objet. Elle énonce qu'un rayon lumineux est renvoyé selon un angle — appelé *angle de réflexion* — égal à l'angle, dit *d'incidence*, sous lequel il est arrivé.

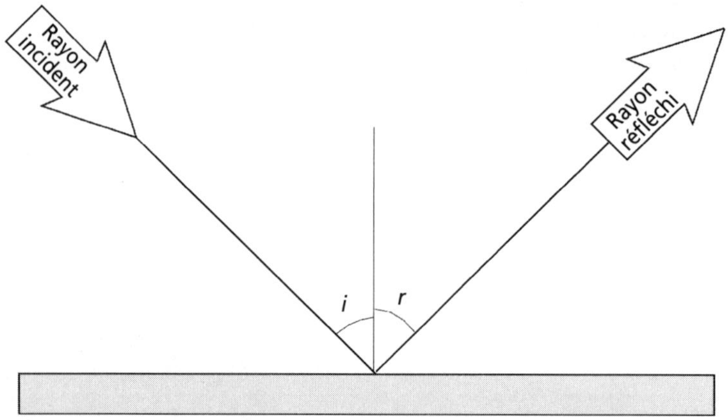

Figure 17.2 L'angle que fait un rayon réfléchi avec la normale à la surface est égal à l'angle, appelé angle d'incidence, que fait le rayon incident avec cette normale. Le rayon incident, le rayon réfléchi et la normale à la surface sont tous dans le même plan.

Comme l'illustre la figure 17.2, ces angles sont mesurés à partir de la *normale* à la surface au point d'incidence — c'est-à-dire la droite perpendiculaire à la surface au point atteint par le rayon considéré. Le rayon incident, le rayon réfléchi et la normale sont tous trois dans le même plan. Les rayons émis par une source lumineuse très éloignée peuvent être considérés comme étant tous parallèles. S'ils tombent sur une surface très lisse, comme celle d'un miroir ou d'un métal poli, par exemple, les rayons réfléchis seront eux aussi parallèles. C'est ce qu'on appelle la réflexion *spéculaire*, du latin signifiant miroir (figure 17.3a). Sur une surface mate, comme celle d'un mur ou des pages de ce livre, les rayons sont réfléchis dans toutes les directions. On parle alors de réflexion *diffuse*. C'est grâce à la réflexion diffuse que nous voyons les objets qui nous entourent. Lorsque la lumière du soleil tombe sur un objet, certains rayons sont émis en direction de l'œil de l'observateur. Si l'observateur se déplace, d'autres rayons atteignent encore ses yeux et le même objet est visible de plusieurs personnes sous plusieurs angles. Ceci est dû au fait que les rayons parallèles du Soleil sont réfléchis par la surface irrégulière d'un objet dans toutes les directions (figure 17.3b).

Au contraire, lorsqu'on observe un miroir, les rayons lumineux d'une source lointaine sont tous réfléchis dans la même direction : tout se passe comme s'ils provenaient d'une autre source lointaine située de l'autre côté de la surface réfléchissante. On ne voit pas le miroir lui-même mais le reflet de la source. Quand les rayons incidents proviennent d'une surface mate — le visage de l'observateur, par exemple — c'est cette surface qui apparaît de l'autre côté du miroir.

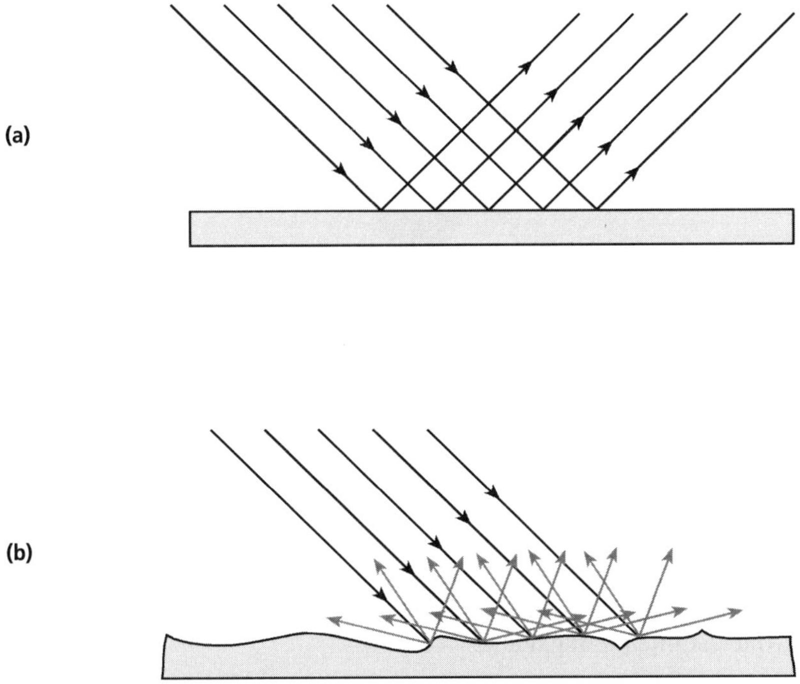

Figure 17.3 **(a)** La réflexion par une surface lisse est appelée *spéculaire*. **(b)** La réflexion par des surfaces rugueuses est dite *diffuse*.

Réflexion dans un miroir

Quand vous vous regardez dans la glace, vous voyez un visage qui ressemble au vôtre... excepté que son œil gauche, qui est à *droite* de l'image, correspond à votre œil *droit*. Cette inversion de la droite et de la gauche est tellement habituelle qu'on n'y prête généralement pas beaucoup d'attention.

Imaginez que vous soyez en train de vous regarder dans le miroir de votre salle de bains. Vous levez votre main droite (figure 17.4). L'image dans le miroir semble vous saluer de sa main gauche. Considérez l'un des nombreux rayons issus de votre pouce droit dans la direction de la glace : il entre dans votre œil après s'être réfléchi sur le miroir. Ce rayon semble provenir d'un

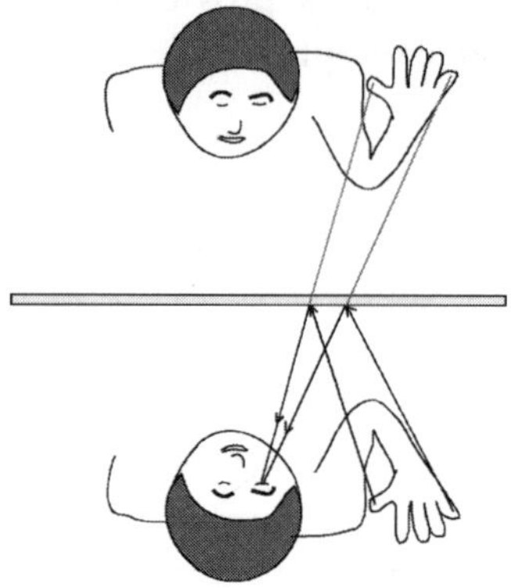

Figure 17.4 L'image du visage apparaît inversée. En étudiant le trajet des rayons, on comprend l'origine de cette inversion. Il ne s'agit pas d'une inversion droite gauche mais d'une inversion d'avant en arrière.

point situé derrière la surface réfléchissante, à une distance égale à celle qui sépare votre pouce droit de la glace. Considérez maintenant un autre rayon provenant, cette fois, de votre auriculaire droit. Ce rayon entre aussi dans votre œil après avoir frappé le miroir. Mais il semble émis par un point situé à la droite du point d'où venait le rayon précédent. L'auriculaire fictif dans le miroir est apparemment situé à la droite du pouce de sorte que l'image de la main droite est une main gauche.

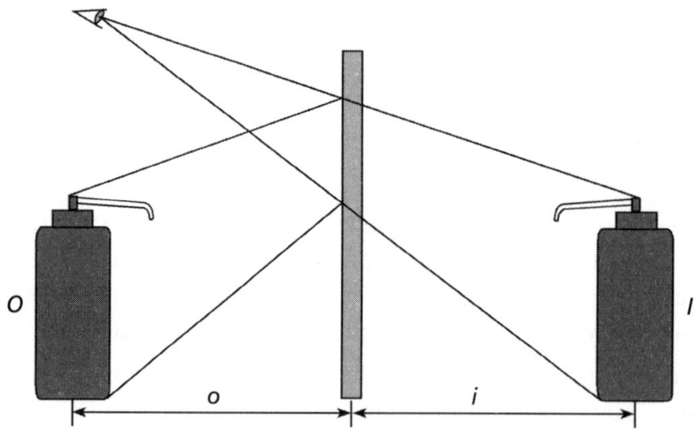

Figure 17.5 La distance *o* de l'objet au miroir est égale à la distance *i* de l'image au miroir.

Intéressez-vous maintenant au distributeur de savon liquide placé sur le lavabo (figure 17.5). Encore une fois, les rayons lumineux réfléchis semblent venir d'un point situé de l'autre côté du miroir. Pour chaque rayon particulier, on dit du point dont il semble provenir que c'est le *point image I*. Le point situé sur le distributeur qui a réellement émis ce rayon est le *point objet O*. En notant o la distance de l'objet au miroir et i celle de l'image au miroir on écrit :

$$\text{distance à l'objet } (o) = \text{distance à l'image } (i)$$

Cette loi n'est valable que pour les miroirs plans, par opposition aux miroirs de surface courbe que nous allons étudier maintenant.

Miroirs de surface courbe

Chacun a pu le constater, tous les miroirs ne sont pas plans. Les miroirs grossissants dont on se sert parfois pour se raser parce qu'ils donnent une image agrandie, sont des miroirs sphériques. Sur certaines voitures, la surface du rétroviseur extérieur droit est également courbe, tout comme les miroirs de surveillance dans certains magasins ou ceux que l'on place aux intersections dangereuses à la campagne. Dans ces derniers cas, un miroir de surface courbe sert à agrandir le champ de vision.

Comment ces miroirs fournissent-ils une image agrandie ? Comment augmentent-ils le champ de vision ? Pour le comprendre, il suffit de suivre le trajet de différents rayons lumineux tombant sur la surface d'un tel miroir. La figure 17.6a représente un miroir sphérique dont la surface intérieure est réfléchissante : c'est un miroir *concave*. On appelle *axe optique* la ligne qui passe par le centre de courbure, *C*, et par le sommet de la calotte sphérique constituant le miroir. Considérons d'abord un rayon parallèle à l'axe optique.

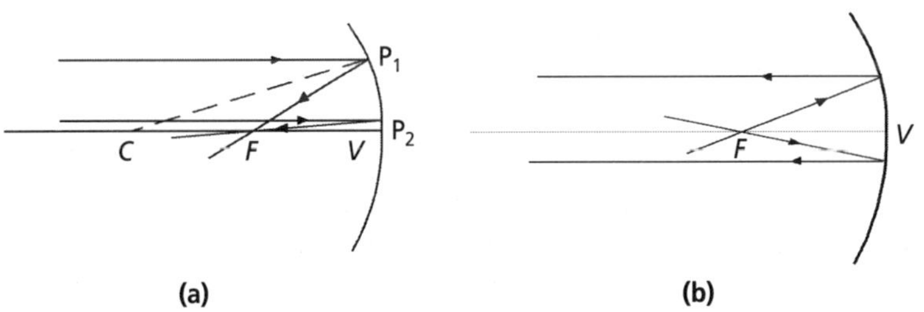

Figure 17.6 **(a)** Des rayons parallèles à l'axe optique sont réfléchis par un miroir concave de façon à tous converger vers le foyer. **(b)** Un rayon qui passe par le foyer est réfléchi parallèlement à l'axe optique.

Il tombe sur le miroir au point P_1 d'où il est réfléchi de façon à ce que l'angle de réflexion soit égal à l'angle d'incidence. Le rayon réfléchi coupe l'axe optique au point *F*. Ce point se trouve à égale distance du miroir et du centre de courbure C : c'est *le foyer* du miroir. Si l'on ne considère que des rayons relativement proches de l'axe optique du miroir, tout rayon parallèle à cet axe, comme celui qui tombe en P_2, est renvoyé sur le foyer.

De façon générale, tout rayon incident assez proche de l'axe optique tombant sur un miroir concave selon une direction parallèle à cet axe est réfléchi de façon à passer par le foyer. On peut inverser le sens du parcours de la lumière : on en déduit que tout rayon incident qui passe par le foyer se réfléchit parallèlement à l'axe optique (figure 17.6b).

Deux règles simples résument ce que l'on vient d'apprendre sur les miroirs concaves :

- Un rayon tombant sur un miroir concave parallèlement à l'axe optique est réfléchi de façon à passer par le foyer.
- Un rayon passant par le foyer d'un miroir concave est réfléchi parallèlement à l'axe optique.

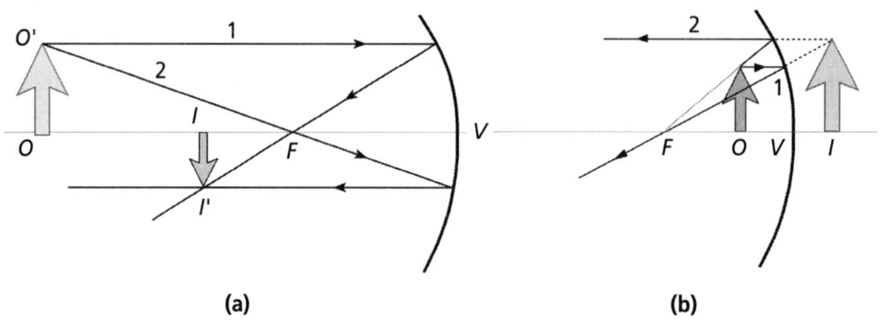

Figure 17.7 **(a)** Construction de rayons permettant de déterminer l'image d'une flèche. **(b)** Un objet placé entre un miroir concave et son foyer donne une image *virtuelle* située derrière le miroir.

Grâce à ces deux règles, on explique pourquoi les miroirs courbes peuvent donner une image agrandie. Il est aisé de prédire la position et la taille de l'image d'un objet placé devant un miroir concave, une flèche par exemple, dont la pointe est dirigée vers le haut comme sur la figure 17.7a. Une des extrémités de la flèche se trouve sur l'axe optique et son image s'y trouve aussi. Pour déterminer entièrement cette image, il nous suffit donc de trouver la position de l'image d'un seul autre point de la flèche, par exemple sa pointe. Pour cela, on trace divers rayons lumineux issus de ce point en direction du miroir. On simplifie beaucoup la tâche en se limitant à des rayons qui obéissent aux deux règles énoncées précédemment. Le rayon 1 est parallèle à l'axe optique. Il est donc réfléchi vers le foyer *F*. Quant au rayon 2, qui passe par ce foyer, il est réfléchi parallèlement à l'axe optique. Ces rayons réfléchis se coupent en un point (figure 17.7a). Si on avait tracé les rayons issus de la pointe dans d'autres directions, on aurait constaté qu'ils convergent tous au même endroit. Les rayons réfléchis semblent donc tous provenir de ce point *I'* qui est l'image de notre pointe de flèche. Remarquez qu'elle est *au-dessous* de l'axe optique. On pourrait continuer de la même façon pour les autres points de la flèche afin de reconstruire la quasi totalité de son image. Ce faisant, on constaterait que tous ces points sont situés entre *I'* et l'axe optique. L'image de la flèche est donc inversée (dirigée vers le bas). On remarque également que dans le cas étudié ici, elle est plus *petite* que l'objet.

Pourquoi l'image de la flèche de la figure 17.7a est-elle réduite et inversée alors que dans un miroir grossissant de salle de bain, les visages apparaissent à l'endroit et agrandis ? La prochaine fois que vous aurez un de ces miroirs en main, placez-le le plus loin possible. Vous constaterez que votre visage apparaît renversé et minuscule, tout comme les autres objets dans la pièce, y compris les murs. Ce n'est qu'en approchant votre visage du miroir que son image se redresse et s'agrandit. Pourquoi ? Votre visage a-t-il une propriété particulière ? À part le fait que c'est le vôtre et qu'il est unique, non... Simplement, l'image d'un objet qui se tient entre le miroir et son foyer est toujours à l'endroit et agrandie. C'est pourquoi un tel miroir est utile pour se raser. Le miroir de barbier est taillé de telle façon que son foyer soit situé non loin *derrière* votre visage lorsque vous tenez le miroir pour vous regarder dedans. Quant aux autres objets de la pièce, ils sont situés au-delà du foyer et leurs images restent inversées et réduites.

Sur la figure 17.8b on a tracé les rayons issus d'un objet placé entre un miroir et son foyer pour reconstituer son image. Remarquez qu'elle se forme *derrière* le miroir. Les rayons lumineux ne passent pas *vraiment* par les différents points d'une telle image, raison pour laquelle on les qualifie de *virtuelles.* Le lecteur en déduira qu'il existe peut-être d'autres types d'images, peut-être moins « fantomatiques ». Tel est bien le cas. Comme on l'a vu, l'image d'un objet placé assez loin d'un miroir concave, au-delà du foyer, est *réelle.* Les rayons lumineux passent effectivement par chacun de leurs points. On peut matérialiser une image réelle en plaçant un écran de projection à l'endroit où elle est localisée. Si on remplace l'écran par un film photographique, on peut même l'enregistrer. Ce n'est pas le cas des images virtuelles. Les images formées par les miroirs plans sont toujours virtuelles.

Un miroir *convexe* est un miroir courbe dont la surface réfléchissante se trouve du côté bombé (figure 17.8). Les deux règles énoncées plus haut s'appliquent tout aussi bien aux miroirs concaves qu'aux miroirs convexes. Notez cependant que, dans ce cas, le foyer est situé derrière le miroir. Les miroirs convexes sont souvent placés à l'intersection de rues étroites parce qu'ils accroissent l'angle du champ de vision. C'est aussi la raison pour laquelle on les utilise comme rétroviseurs sur certaines automobiles, surtout pour les rétroviseurs extérieurs.

(a)

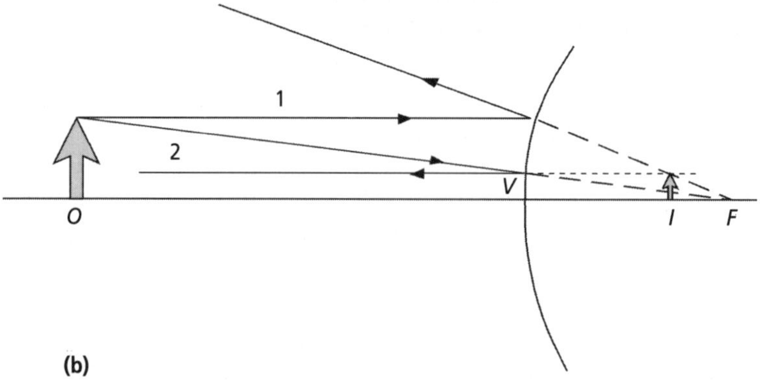

(b)

Figure 17.8 **(a)** Miroir convexe placé au coin aveugle d'un croisement. **(b)** Construction des rayons dans le cas d'un miroir convexe.

Réfraction de la lumière

Chacun peut remarquer qu'une piscine remplie d'eau semble moins profonde qu'elle ne l'est. De même, une cuillère plongée dans un verre d'eau semble se briser à l'interface du liquide (figure 17.9a). Ces étranges illusions sont dues au fait que la lumière ne se déplace pas à la même vitesse dans différents milieux transparents. En effet, la vitesse des ondes électromagnétiques dépend de la façon dont elles interagissent avec le milieu où elles se propagent. Dans le vide, la lumière se déplace à environ 300 000 km/s (299 792,458 km/s par définition). Dans l'eau, en revanche, sa vitesse n'est plus que de 225 000 km/s et elle tombe à 200 000 km/s dans le verre. Dans l'air, la lumière va à peine moins vite que dans le vide. Le champ électrique oscillant de l'onde électromagnétique met en vibration les électrons des atomes ou des molécules qui constituent le milieu. Ces électrons en mouvement émettent alors un rayonnement électromagnétique de même fréquence. L'énergie électromagnétique est donc absorbée et réémise ce qui ralentit globalement sa propagation, bien qu'elle se déplace toujours à 300 000 km/s — comme dans le vide — entre chaque interaction avec les électrons.

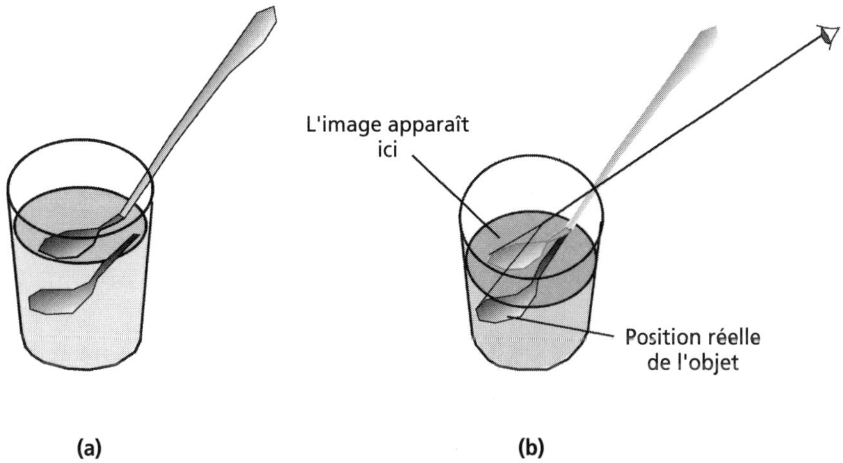

Figure 17.9 **(a)** Une cuillère plongée dans un verre d'eau semble se tordre quand on la regarde du dessus. Quand on la voit de côté, elle paraît cassée. **(b)** Les rayons de lumière changent de direction en passant d'un milieu transparent à un autre.

Un rayon lumineux issu d'un point de la cuillère situé sous l'eau se propage en ligne droite à 225 000 km/s jusqu'à ce qu'il rencontre l'interface avec l'air (figure 17.9b). Par la suite, il se propage à nouveau en ligne droite, mais plus vite. Cette différence de vitesses provoque l'inclinaison du rayon lumineux, que notre cerveau interprète comme une torsion de la cuillère. Nos yeux et notre cerveau sont ainsi faits : on a beau analyser et comprendre le phénomène, on a toujours l'impression que c'est la cuillère qui est tordue et non que la lumière est déviée. La déviation des rayons lumineux due aux variations de sa vitesse dans différents milieux est appelée *réfraction*. Comme précédemment, le rayon qui tombe sur l'interface est dit incident, tandis que celui qui s'en éloigne est dit *réfracté*.

Pourquoi une variation de la vitesse de la lumière devrait-elle dévier la trajectoire des rayons lumineux ? Une analogie peut éclairer ce phénomène. Imaginez une troupe de soldats qui marchent au pas dans une prairie. Au bout de la prairie, il y a un marécage boueux et quand les soldats y pénètrent, ils sont ralentis : même s'ils gardent le rythme, ils sont obligés de raccourcir le pas. Si les colonnes de soldats s'approchent du terrain boueux selon un certain angle, comme indiqué sur la figure 17.10a, celles qui sont les plus proches du bord du champ se retrouvent les premières dans la boue. À mesure que chaque rang pénètre sur ce terrain désagréable, certains des soldats d'une même ligne commencent à patauger pendant que les autres marchent encore sur l'herbe. Ceux qui marchent dans la gadoue prennent un léger retard par rapport aux autres et ils se font rattraper par le rang de derrière qui marche

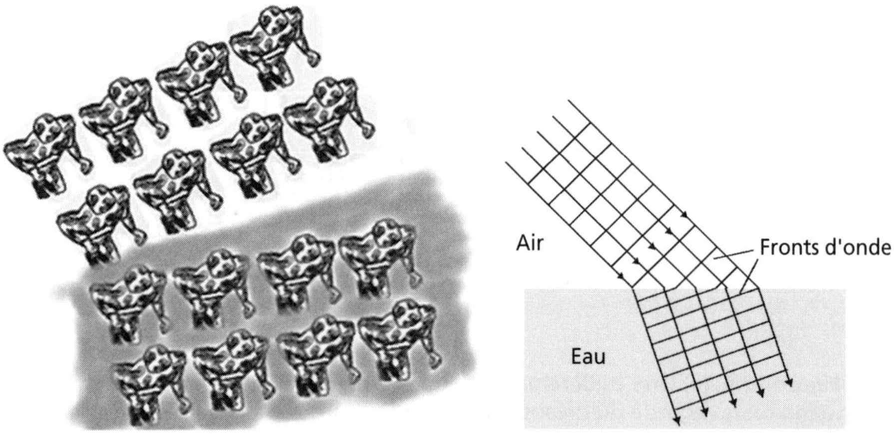

(a) (b)

Figure 17.10 **(a)** Une troupe de soldats marchant au pas ralentit et change de direction quand elle pénètre dans un champ boueux. **(b)** Les rayons lumineux ralentissent aussi quand ils passent de l'air dans l'eau et c'est ce qui entraîne la réfraction.

encore sur l'herbe, ce qui fait tourner la formation. Une fois que tout le monde est dans le marécage, le défilé reprend en ligne droite : tous les soldats marchent en rythme dans la même direction. Mais cette direction n'est plus celle qu'ils avaient dans la prairie, elle est plus proche de la normale à la frontière entre les deux terrains. De plus, les rangs de soldats sont plus proches les uns des autres. Dans le cas d'un faisceau lumineux qui passe de l'air dans l'eau, c'est pratiquement la même chose. Les rangs de soldats sont remplacés par ce que l'on appelle des *fronts d'onde*, c'est-à-dire par des lignes espacées d'une longueur d'onde (figure 17.10b). A l'image de nos soldats, quand un front d'onde atteint l'interface, la partie qui entre dans l'eau prend du retard sur celle qui est encore dans l'air. En conséquence, dans l'eau, les fronts d'onde se trouvent plus serrés et leur direction de propagation s'est rapprochée de la normale à l'interface. La distance entre deux fronts d'onde étant égale à une longueur d'onde, on en déduit que la longueur d'onde de la lumière est plus courte dans l'eau que dans l'air. La fréquence, cependant, reste inchangée (comme dans notre analogie où les soldats conservaient la même cadence). Rappelez-vous que la vitesse d'une onde est reliée à sa longueur d'onde et à sa fréquence par l'expression :

$$v = \lambda f$$

Il est clair que si la vitesse diminue, la longueur d'onde diminue dans la même proportion, puisque la fréquence est inchangée (les atomes absorbent et réémettent la lumière à la même fréquence).

Le trajet d'un rayon lumineux à travers une surface réfractante est réversible. Autrement dit, si la lumière est renvoyée en sens inverse, elle parcourt le même trajet. Si nous inversons le sens des rayons sur la figure 17.10b, le rayon dans l'eau devient le rayon incident et le rayon dans l'air le rayon réfracté. Dans ce cas, l'angle de réfraction supérieur au rayon d'incidence et la direction de propagation s'éloigne de la normale. C'est le cas pour les rayons issus de la cuillère dans le verre d'eau.

La réfraction de la lumière était connue de Ptolémée, qui écrivit un traité d'optique dans lequel il traitait de la relation entre rayon incident et rayon réfracté. Toutefois, c'est le physicien hollandais Willebrord van Roijen Snell (1580-1626) qui découvrit la relation correcte entre l'angle d'incidence et l'angle de réfraction. C'est pour cette raison que cette loi est connue sous le nom de *loi de Snell*, du moins dans les pays anglo-saxons. En France et dans certains pays latins, on l'appelle *loi de Descartes*. Cette loi affirme que, lorsqu'ils ne sont pas trop grands, l'angle d'incidence et l'angle de réfraction sont dans un rapport constant. Ceci n'est vrai qu'aux petits angles d'incidence. Pour des angles plus grands, il faut remplacer chaque angle par son sinus. Cette constante dépend de la nature des milieux traversés par la lumière. Si le rayon incident se propage dans le vide ou dans l'air (où la vitesse de la lumière est quasiment la même), cette constante est ce que l'on nomme l'*indice de réfraction, n,* de la substance ou se propage le rayon réfracté. L'indice de réfraction n'est autre que le rapport de la vitesse de la lumière dans le vide à la vitesse de la lumière dans cette substance, soit :

$$n = \frac{c}{v}$$

où c est la vitesse de la lumière dans le vide, égale à 300 000 km/s, et v est la vitesse de la lumière dans le milieu considéré. La vitesse de la lumière dans l'eau, par exemple, vaut 225 000 km/s. L'indice de réfraction de l'eau vaut donc :

$$n = \frac{300\,000 \text{ km/s}}{225\,000 \text{ km/s}} = 1{,}333$$

Le tableau 17.1 donne l'indice de réfraction de différentes substances.

Tableau 17.1 Indices de réfraction.

Substances	n	Substances	n
Vide	1,000 00	Quartz	1,54
Air	1,000 29	Verre Crown	1,59
Glace	1,31	Verre Flint	1,75
Eau	1,333	Zirconium	1,96
Plastique acrylique	1,51	Diamant	2,42

Lentilles

Nous utilisons couramment des lentilles : on en trouve dans les jumelles, dans les microscopes, les lunettes astronomiques ou les appareils photo. Une lentille focalise les rayons lumineux grâce à la réfraction. Elle est constituée d'un matériau transparent taillé de façon à ce que ses deux faces soient courbes. En général ce sont des calottes sphériques (des morceaux de sphère). Quand un rayon lumineux pénètre dans un milieu transparent délimité par une surface courbe, la direction du rayon réfracté dépend de son orientation. Si la surface est *convexe*, comme sur la figure 17.11a, des rayons incidents parallèles sont réfractés de façon converger en un point. Lorsque la surface est *concave*, les rayons incidents parallèles divergent de façon à *donner l'impression* qu'ils viennent du même point (figure 17.11b).

Un rayon incident tombant sur une lentille biconvexe (figure 17.12) traverse la première surface en étant réfracté vers la normale au point d'incidence.

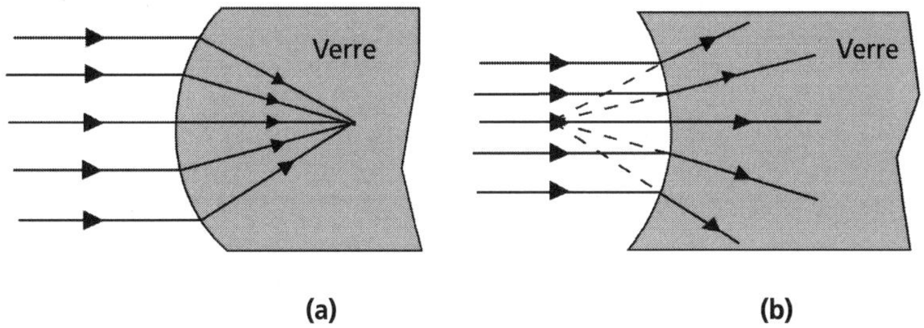

Figure 17.11 **(a)** Des rayons parallèles incidents sur une surface convexe de verre convergent en un point. **(b)** Des rayons parallèles incidents sur une surface concave divergent et semblent tous provenir d'un même point.

Le rayon rencontre ensuite la seconde surface, pour passer du verre dans l'air. L'indice de réfraction du verre étant plus élevé que celui de l'air, le rayon cette fois est dévié en s'écartant de la normale. Considérons deux rayons issus du même point d'un objet placé près de la lentille. Ces rayons atteignent la surface du verre en deux points distincts et sont réfractés selon deux angles légèrement différents. Ils convergent ensuite vers un point situé de l'autre côté de la lentille. En général, pour des lentilles sphériques, tous les rayons issus d'un même point de l'objet ne convergent pas exactement au même endroit. C'est la raison pour laquelle ces lentilles ne donnent pas des images très « piquées ». On dit qu'elles souffrent d'une *aberration de sphéricité*, que les concepteurs d'instruments d'optique cherchent à éviter. Cependant, si les rayons incidents ne font pas un angle supérieur à 10° avec l'*axe optique de la lentille* (la ligne perpendiculaire à la lentille passant par son centre), on peut obtenir une image nette avec des surfaces sphériques. Nous nous limiterons ici à l'étude de ces rayons. Nous supposerons également que les lentilles sont *minces*, c'est-à-dire que leur épaisseur est négligeable devant les distances séparant les objets et leurs images.

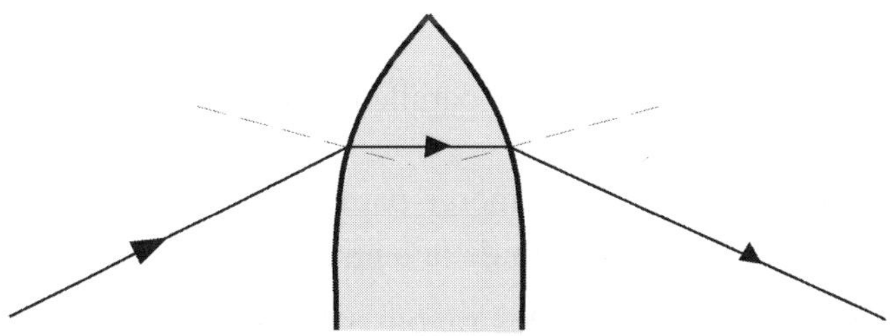

Figure 17.12 Un rayon tombant sur la surface convexe d'une lentille est réfracté vers la normale. Quand il atteint la seconde surface de la lentille, la réfraction l'éloigne de la normale.

Les rayons incidents parallèles à l'axe optique convergent derrière la lentille en un point de cet axe (figure 17.13) : le foyer de la lentille. On appelle *distance focale* (ou focale tout court) la distance séparant le foyer du centre de la lentille. Les objectifs des appareils photographiques sont caractérisés par leur distance focale. Un objectif de 50 mm correspond à une lentille dont la distance focale est de 50 mm. C'est l'objectif standard d'un appareil 24 × 36 mm. Les objectifs de 28 mm ou de 35 mm sont considérés comme des objectifs grand angle. À partir de 135 mm, on parle de téléobjectif. La distance focale d'une lentille dépend de l'indice de réfraction du verre utilisé et de la courbure des deux surfaces. Chacun a pu remarquer qu'on peut utiliser une loupe de la même façon d'un côté ou de l'autre : le grossissement est toujours le même. On en déduit qu'il doit exister un foyer de chaque côté de la lentille et que, puisque l'image obtenue est la même quel que soit le sens dans lequel la lumière traverse la loupe, ces deux foyers doivent être équidistants de la lentille, *même si ses deux faces ont une courbure différente*.

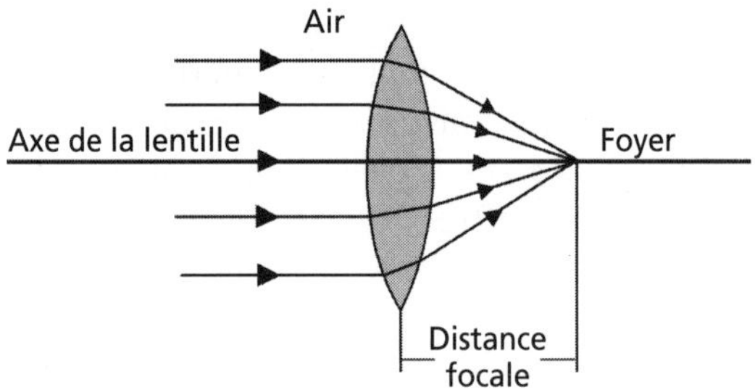

Figure 17.13 Tous les rayons parallèles à l'axe d'une lentille biconvexe convergent vers le foyer de la lentille.

Trois règles simples permettent de déterminer l'image formée par une lentille ou par un objectif.

- Un rayon tombant sur une lentille parallèlement à l'axe optique est réfracté vers le foyer de la lentille.
- Un rayon passant par ce foyer émerge parallèlement à l'axe de la lentille.
- Un rayon qui passe par le centre de la lentille n'est pas dévié.

Une lentille qui fait converger des rayons parallèles vers un point est dite *convergente*. Il existe des lentilles qui font diverger les rayons parallèles incidents de façon à ce qui paraissent tous issus d'un point situé du même côté de la lentille. Ce sont des *lentilles divergentes* (figure 17.14). Les trois règles que nous avons énoncées s'appliquent aux deux types de lentilles. Les opticiens qualifient parfois les lentilles convergentes de *positives* et les lentilles divergentes de *négatives*.

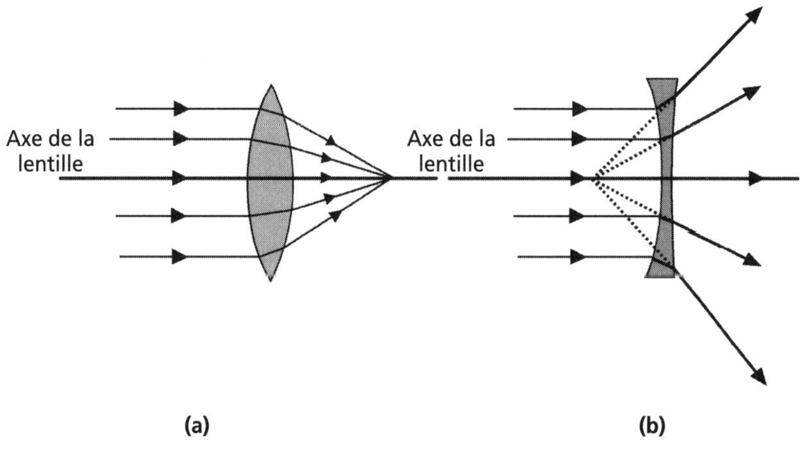

Figure 17.14 **(a)** Une lentille convergente dirige des rayons parallèles vers un point unique tandis qu'une lentille divergente **(b)** dirige les rayons de façon à ce qu'ils paraissent provenir d'un point unique situé du côté des rayons incidents.

La figure 17.15 présente la construction de l'image d'une flèche placée sur l'axe optique d'une lentille convergente. Tout comme dans le cas du miroir sphérique, on a choisi quelques rayons provenant de la pointe de la flèche : le rayon 1, parallèle à l'axe, le rayon 2, passant par le foyer situé avant de la lentille, et le rayon 3, passant par le centre de la lentille (et qu'on appelle parfois *rayon principal*). Après la lentille, ces trois rayons se croisent en un point qui est l'image de la pointe.

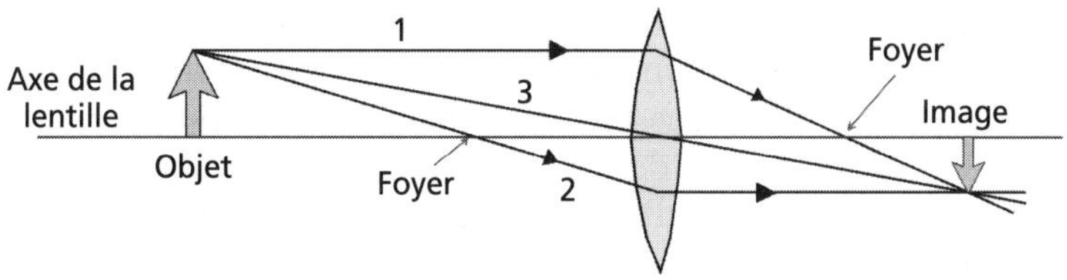

Figure 17.15 Schéma des rayons utilisés pour la construction de l'image fournie par une lentille convergente.

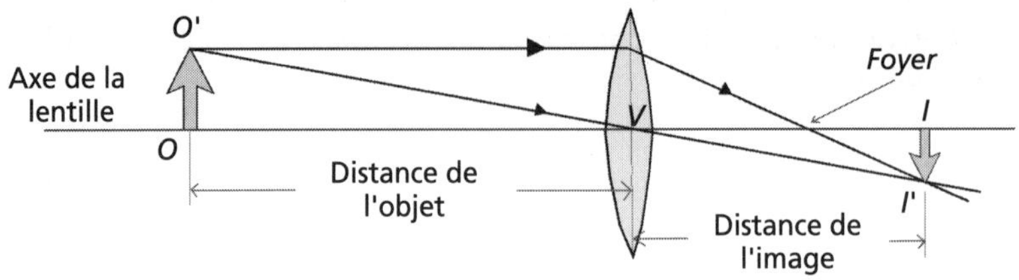

Figure 17.16 Les triangles *O'OV* et *I'IV* sont semblables. Le rapport *I'I/O'O* doit donc être égal au rapport *OV/IV*. Ainsi : taille de l'image/taille de l'objet = distance de l'image/distance de l'objet.

Les lentilles sont utilisées dans les lunettes astronomiques, les jumelles et d'autres instruments d'optique pour obtenir une image agrandie d'un objet. Pour une lentille donnée, l'image est plus grande ou plus petite que l'objet — voire de même taille — selon sa position. Le *grandissement, G, est le rapport de la taille de l'image à la taille de l'objet*. Pour le déterminer, il suffit de comparer le triangle formé par l'objet, l'axe optique et le rayon principal au triangle formé par ce même rayon, l'image et l'axe optique (figure 17.16). Ce sont des triangles semblables. Dans de tels triangles, il existe une relation entre les côtés des angles droits grâce à laquelle on obtient le rapport des tailles de l'image et de l'objet :

$$G = \frac{\text{taille de l'image}}{\text{taille de l'objet}} = \frac{\text{distance image-lentille}}{\text{distance objet-lentille}}$$

Une image située cinq fois plus loin de la lentille que l'objet sera aussi cinq fois plus grande.

Aux confins de la physique : lentilles à gradient d'indice

Une lentille dont les surfaces sont sphériques ne permet pas de faire converger au même endroit les rayons issus d'un même point de l'objet observé. À cause de cette aberration de sphéricité, les images ne sont pas nettes. Les ingénieurs qui conçoivent les instruments optiques remédient à ce défaut — ainsi qu'à d'autres types d'aberration — en donnant à leurs lentilles des formes non sphériques ou en combinant plusieurs lentilles. L'ajout de plusieurs lentilles augmente le coût, le poids et la taille de l'appareil. Les reflets parasites sont également plus difficiles à contrôler. Les lentilles non sphériques sont petites et légères, mais elles coûtent très cher. Une autre méthode consiste à fabriquer des lentilles dont l'indice varie d'un point à l'autre. La lumière est alors guidée d'une façon analogue à ce qui se passe dans les yeux des insectes ou des êtres humains. Malgré le fait que ces lentilles sont de conception récente, les calculs nécessaires à leur fabrication sont extrêmement sophistiqués et les ingénieurs ont eu toutes les peines à concevoir et à mettre au point les programmes d'ordinateurs nécessaires. Aujourd'hui, on peut réaliser ce travail sur des supercalculateurs très rapides. Plusieurs sociétés produisent désormais ces lentilles à gradient d'indice (GRIN) dans lesquelles l'indice de réfraction varie radialement, du centre au bord, ou le long de l'axe, c'est-à-dire de la face d'entrée à la face de sortie de la lentille. Une lentille GRIN focalise la lumière que sa surface soit sphérique ou plate.

Malgré l'aide des ordinateurs, la réalisation de ces lentilles reste délicate. La technique la plus commune est celle de l'échange d'ions : certains ions lourds contenus dans le verre sont remplacés par des ions plus légers. Plus la concentration de l'ion léger est élevée, plus l'indice de réfraction est faible. Avec ce procédé, il faut plus d'un mois pour que le nombre d'ions remplacés au sein du matériau soit suffisant. D'autres sociétés développent des procédés similaires, mais plus rapides.

Des lentilles GRIN d'un diamètre d'un millimètre sont couramment utilisées dans des photocopieurs, les télécopieurs ou les imprimantes laser. Ces lentilles, en forme de petits cylindres ont une focale de 15 à 30 millimètres. Elles sont disposées en réseau de plusieurs centaines d'éléments dans le système de balayage de ces appareils.

Des physiciens français ont obtenu des lentilles GRIN en stimulant la formation de liaisons chimiques entre les molécules de certains polymères hydrophiles. Ces liaisons se forment lorsque l'on expose le polymère à une lumière intense. Plus l'exposition est longue, plus le nombre de liaisons chimiques est grand, ce qui élève la densité du polymère. L'indice du matériau dépend de sa densité, de sorte que les chercheurs peuvent l'utiliser pour fabriquer une lentille à gradient d'indice. De telles lentilles sont utilisées comme lentilles de contact. Cette technique devrait bientôt être commercialisée.

Réflexion totale

Quand la lumière passe d'un milieu d'indice de réfraction élevé, comme l'eau, à un milieu d'indice plus faible, comme l'air, l'angle de réfraction est plus grand que l'angle d'incidence. Considérons les rayons issus d'un point d'un objet immergé (figure 17.17).

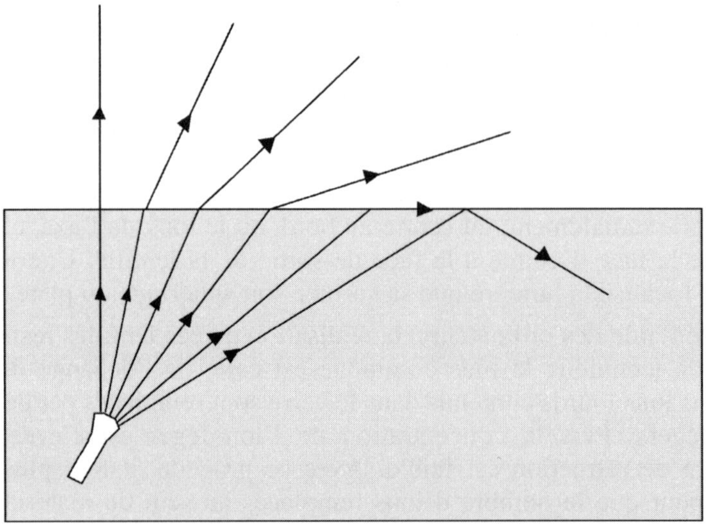

Figure 17.17 Quand l'angle d'incidence augmente, l'angle de réfraction augmente aussi. Pour l'angle d'incidence critique, le rayon réfracté est parallèle à la surface. Pour des angles plus grands, la lumière reste à l'intérieur de l'eau. On appelle cela réflexion totale.

En théorie, un observateur extérieur devrait recevoir les quatre rayons représentés à gauche de la figure. Cependant, quand l'angle d'incidence augmente, les rayons sont de plus en plus fortement réfractés jusqu'à ce que, pour un certain *angle critique*, le rayon réfracté soit parallèle à la surface. Pour des angles d'incidence plus élevés, les rayons lumineux ne peuvent plus sortir de l'eau et la lumière est complètement réfléchie à sa surface. On parle alors de *réflexion totale*. Il est donc possible d'utiliser un prisme, par exemple, pour réfléchir la lumière selon un angle droit, voire même pour la renvoyer en sens contraire dans sa direction initiale (figure 17.18). Il est facile d'obtenir les mêmes angles de réflexion avec un miroir ordinaire. Mais un miroir, même extrêmement bien poli, ne réfléchit pas l'intégralité de la lumière incidente. Un miroir fraîchement aluminé renvoie jusqu'à 99 % de la lumière incidente mais, à moins de recevoir un traitement protecteur particulier, sa réflexivité tombe au bout de quelques jours à quelque 93 %, en raison de l'oxydation. La réflexion totale — telle celle du prisme — est, comme son nom l'indique vraiment totale ; il n'y a pas de perte de lumière.

C'est la raison pour laquelle, dans les jumelles, on utilise des prismes pour guider la lumière, plutôt que des miroirs.

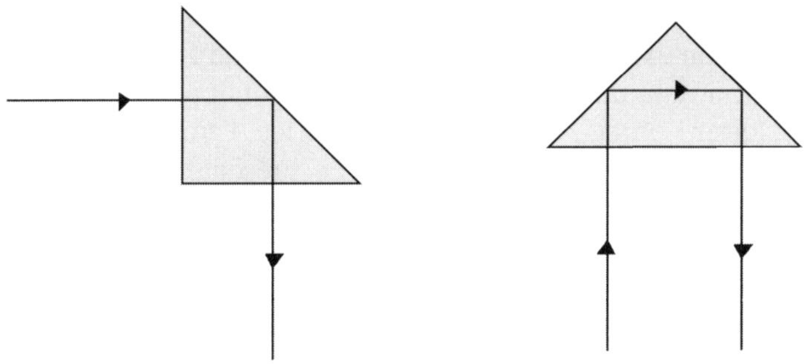

Figure 17.18 Un prisme réfléchit la lumière perpendiculairement au rayon incident et peut même la renvoyer en sens inverse dans sa direction initiale.

Fibres optiques

Le phénomène de réflexion totale sans perte de lumière est à la base du fonctionnement des *fibres optiques*, abondamment utilisées de nos jours. La lumière est canalisée dans une fibre transparente parce qu'elle y subit une série de réflexions totales. Si la fibre est assez fine, l'angle d'incidence de la lumière est toujours supérieur à l'angle critique (figure 17.19) et la lumière est transmise même si la fibre est courbée (tant qu'elle ne fait pas de coudes ou d'angles aigus). Pour la protéger de l'abrasion et éviter les pertes de lumière la fibre est recouverte d'un matériau transparent d'indice de réfraction très bas.

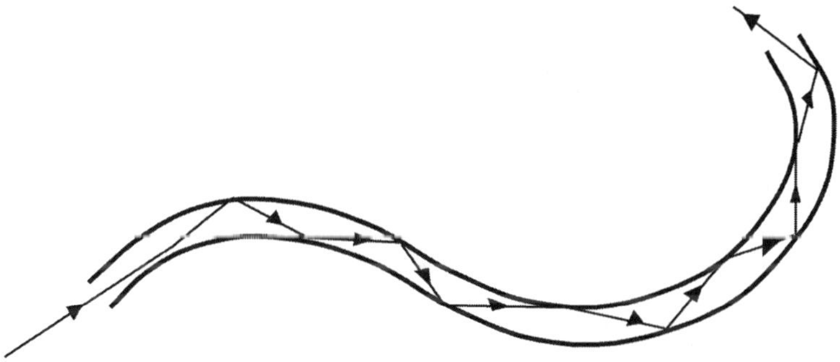

Figure 17.19 Un faisceau lumineux est transmis dans une fibre transparente par réflexion totale, même si la fibre est courbée.

Les fibres optiques servent, par exemple, à transmettre l'image d'objets inaccessibles autrement, tel l'intérieur du corps humain. Cependant, les rayons de lumière issus des différents points d'un objet se mélangeraient au cours de leurs multiples réflexions le long d'une fibre de gros diamètre. C'est pourquoi on utilise des réseaux de plusieurs fibres fines qui transmettent chacune l'image d'une très petite partie de l'objet observé. Ces fibres sont rassemblées en un faisceau doté à son extrémité d'une lentille qui forme l'image. Il est lui-même entouré d'un fourreau de fibres qui transmet la lumière émise par une source destinée à éclairer l'objet. À l'extrémité réceptrice, l'image est observée directement à l'aide d'un système de lentilles ou présentée sur un moniteur. Un fibroscope est un instrument de ce type utilisé par exemple pour examiner le colon d'un patient sans avoir recours à la chirurgie. Les instruments médicaux à base de fibres optiques permettent aux médecins d'examiner l'articulation du genou, la vessie, les cordes vocales, l'estomac, un fœtus *in utero* et même les valvules cardiaques et les vaisseaux sanguins les plus importants.

Les fibres qui fonctionnent par réflexion interne sont dites *multimodes*. Si le diamètre de la fibre est réduit à quelques microns, le mode de propagation de la lumière change. Elle se propage le long de la fibre comme en un seul rayon. On parle alors de fibre *monomode*. Si la source lumineuse est un laser infrarouge (qui n'émet quasiment qu'une seule fréquence) et si la fibre est constituée d'un verre spécial, on parvient à transmettre un signal lumineux sur plus de 100 km avant qu'il soit nécessaire de l'amplifier. En outre, à cause de la très haute fréquence utilisée, une fibre monomode peut transporter des milliers de conversations téléphoniques, plusieurs signaux de télévision et des données numériques d'ordinateurs, le tout simultanément.

Instruments d'optique

Les instruments d'optiques, de la simple loupe au télescope spatial, améliorent la vision et révèlent la nature sous un jour nouveau. Depuis le XVIe siècle, époque à laquelle furent inventés la lunette astronomique et le microscope (tous deux en Hollande, aux dires des historiens), notre univers s'est étendu dans deux directions : vers l'infiniment petit et vers l'infiniment grand, aux marches extrêmes du cosmos. Dans la dernière partie de ce chapitre consacré à l'optique, on examine quelques instruments d'optique.

L'appareil photographique

Les appareils photographiques modernes peuvent être passablement compliqués, mais les principes optiques mis en œuvre sont fort simples.

Un *sténopé* ou *chambre obscure* est une simple boîte percée d'un trou d'aiguille à travers lequel entre la lumière. Il n'est équipé ni de lentilles, ni de miroirs. Les rayons lumineux issus d'un objet placé en face du trou pénètrent dans la boîte en formant une image inversée de l'objet sur la face opposée (figure 17.20). Bien qu'il soit possible d'obtenir de bonnes photographies avec ce système simple, on ne peut augmenter la quantité de lumière collectée par l'appareil pour impressionner le film qu'en agrandissant le diamètre du trou. Malheureusement, cela brouille l'image parce que l'image de chaque point de l'objet est un disque proportionnel à la taille du trou. Si le trou reste petit, il faut attendre longtemps pour que le film reçoive assez de lumière. Le temps de pose est long. Un sténopé est donc inutilisable pour photographier les objets en mouvement.

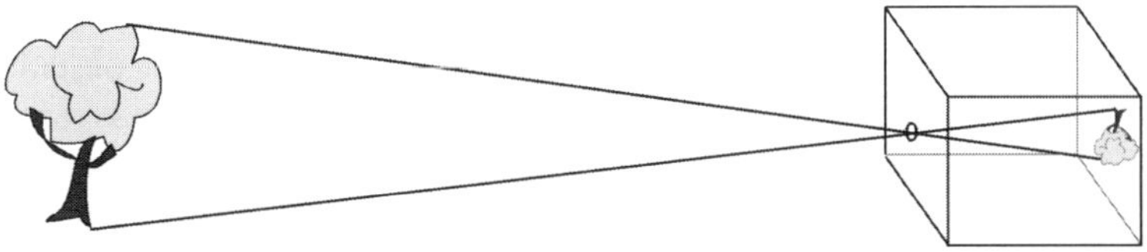

Figure 17.20 Un sténopé produit une image sur la paroi opposée au trou en ne laissant entrer dans la chambre noire que certains des rayons issus de l'objet.

Le plus simple des appareils photographiques modernes utilise un objectif placé devant un orifice assez grand (ceci pour augmenter le flux de lumière sur la pellicule) (figure 17.21). Des rayons lumineux issus d'une source lointaine entrent dans l'appareil parallèlement à l'axe de l'objectif et convergent au foyer de la lentille. Si les rayons proviennent d'un objet plus proche, ils sont focalisés un peu en arrière. En déplaçant l'objectif par rapport au plan du film, on met l'image au point sur des objets situés à différentes distances. On contrôle la quantité d'énergie lumineuse reçue par le film en faisant varier l'ouverture de l'orifice d'entrée à l'aide d'un *diaphragme*, formé d'un anneau de lamelles de métal, mais aussi en modifiant la durée d'exposition. Cette fonction est assurée par un *obturateur*, dispositif mécanique qui peut être un rideau placé près du film (l'obturateur à rideau) ou une série de lamelles métalliques placées entre les éléments de l'objectif (obturateur central). Les temps de pose varient de 1/8 000 de seconde à plusieurs minutes. Les fabricants d'objectifs calibrent le diaphragme à l'aide d'une unité définie comme le rapport de la distance focale (f) au diamètre (D) de l'ouverture : f/D.

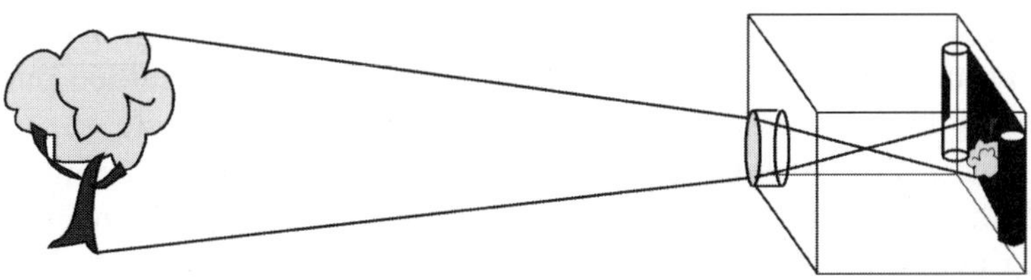

Figure 17.21 Un appareil photographique simple est constitué d'une lentille convergente qu'on peut déplacer par rapport au plan du film, d'un diaphragme (ouverture variable) et d'un obturateur.

La quantité de lumière qui traverse l'objectif est proportionnelle à la surface de l'ouverture et donc au *carré* du diamètre D, il revient au même d'augmenter le temps d'exposition d'un facteur 2 ou d'accroître le diamètre d'ouverture d'un facteur $\sqrt{2}$. C'est la raison pour laquelle sur les objectifs, les valeurs successives de l'échelle du diaphragme sont dans un rapport $\sqrt{2}$, soit :

$$f/1{,}4\,;f/2\,;f/2{,}8\,;f/4\,;f/5{,}6\,;f/8\,;f/11\,;f/16\,;f/22$$

Une ouverture à $f/1{,}4$, par exemple, est deux fois plus grande qu'une ouverture à $f/2{,}8$ et elle admet donc quatre fois plus de lumière. Si un objectif a une ouverture maximale de $f/2{,}8$, on obtient la même exposition en ouvrant à $f/1{,}4$, à condition d'augmenter le temps de pose d'un facteur 4. Si étant donnée la luminosité ambiante, le temps de pose doit être de 1/500 de seconde pour une ouverture à $f/1{,}4$, il devra être quatre fois plus long, c'est-à-dire 1/125 de seconde, pour une ouverture à $f/2{,}8$. En effet, l'exposition est égale au produit du temps de pose par l'ouverture :

$$\text{exposition} = (\text{temps de pose}) \times \text{ouverture}$$

La lunette astronomique

La lunette astronomique a été inventée au début de XVIe siècle par un opticien hollandais. En 1609, l'office des brevets des Pays bas refusa la demande d'un certain Hans Lipperschey, fabricant de lentilles, pour une lunette astronomique, au motif qu'un tel instrument existait déjà. La même année, la nouvelle de son existence était parvenue à Galilée. Au cours des six mois qui suivirent, il construisit une lunette de sa conception — possédant un grossissement de 32 — qu'il braqua immédiatement vers les cieux (figure 17.22).

En quelques nuits, il accumula une somme impressionnante de découvertes. Il constata d'abord qu'il y avait des montagnes sur la Lune et observa des taches sur le soleil. En étudiant l'évolution des taches solaires, Galilée établit que le Soleil tournait sur lui-même en vingt-sept jours. Il découvrit aussi que Jupiter possédait quatre grandes lunes et détermina leurs périodes de révolution autour de la planète. Ces lunes, Io, Europe, Ganymède et Callisto sont désormais connues sous le nom de satellites galiléens. Toujours à l'aide de sa lunette, Galilée découvrit aussi que Vénus présentait des phases, comme la lune, preuve de sa révolution autour du Soleil. Galilée publia ces découvertes dans son *Sidereus Nuncius* (« Le Messager Céleste »).

Une lunette simple, comme celle dont disposait Galilée, est composée d'un tube et de deux lentilles, l'*objectif* et l'*oculaire*. Dans ce type de lunette, dite de Galilée, l'oculaire est une lentille divergente et l'objectif une lentille convergente (figure 17.23a). Johannes Kepler introduisit une modification de l'optique après avoir fait construire une lunette d'après les plans de Galilée : il utilisa comme oculaire une lentille convergente (figure 17.23b). Ces lunettes,

Figure 17.22 Galilée faisant, en 1609 devant le sénat de Venise, la démonstration de sa lunette astronomique.

dans lesquelles on utilise des lentilles pour former des images, sont appelées. Les rayons lumineux issus d'une source très lointaine et atteignant l'objectif sont quasiment parallèles entre eux. Quand ils arrivent sur l'objectif, ils sont focalisés au foyer de la lentille puis ils divergent, comme si le foyer en était la source. Ils tombent ensuite sur l'oculaire. Cette seconde lentille est disposée de telle façon que son foyer coïncide avec celui de l'objectif : les rayons issus de ce foyer sont donc à nouveau parallèles entre eux lorsqu'ils émergent de l'oculaire. Les oculaires sont de petites lentilles d'un diamètre de l'ordre de 1 cm ou moins. L'observateur regardant dans l'oculaire reçoit des rayons parallèles provenant de l'image formée par l'objectif. Dans la lunette de Galilée, la lentille divergente utilisée comme oculaire est placée entre l'objectif et son

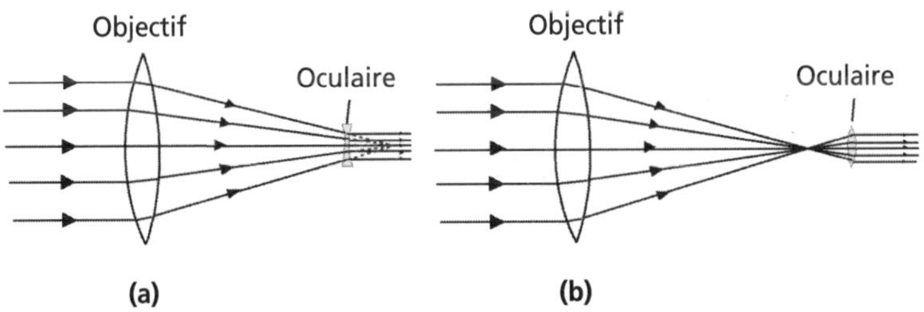

Figure 17.23 (a) Lunette de Galilée. Des rayons parallèles issus de l'objet sont focalisés au foyer. Ces rayons sont interceptés par un oculaire divergent d'où ils émergent parallèle les uns aux autres. **(b)** Dans une lunette du type de Kepler, l'oculaire est convergent et l'image est inversée.

foyer (figure 17.23a), tandis que dans la lunette de Kepler, l'oculaire est placé de l'autre côté (figure 17.23b). La lunette de Kepler donne une image inversée, à la différence de celle de Galilée.

Figure 17.24 Premier télescope de Newton. Avec l'aimable autorisation du conseil de la Royal Society et de son président.

En 1663, James Gregory, mathématicien et astronome écossais, publia le schéma d'un instrument dont l'objectif n'était pas une lentille, mais un miroir concave. Il ne parvint pas à le construire, principalement en raison des difficultés qu'il rencontra lors de la réalisation du miroir. En 1668, Isaac Newton conçut et réalisa un instrument similaire, le premier *télescope*, dont l'objectif était un miroir de 2,5 cm de diamètre (figure 17.24). Il existe quelques très grandes lunettes astronomiques, mais la plupart des grands instruments modernes sont des télescopes. Les rayons lumineux issus d'un objet éloigné sont parallèles, ils sont réfléchis par le miroir et focalisés en son foyer. Comme dans le cas des lunettes, on place l'oculaire de façon à ce que son foyer coïncide avec celui de l'objectif (figure 17.25a). Remarquez que l'oculaire occulte une partie de la lumière incidente.

Pour les très grands télescopes, comme le télescope Hale de 5 m sur le Mont Palomar, (figure 17.26), cette obstruction ne pose pas de problème (la quantité de lumière reçue est très grande). Lorsqu'on utilise cette disposition de l'oculaire et de l'objectif, on dit qu'on observe au *foyer principal.* Pour de plus petits télescopes, on a imaginé d'autres systèmes. Newton lui-même utilisait le montage illustré par la figure 17.25b et qu'on appelle désormais télescope de Newton. Le télescope Cassegrain est également très répandu aussi bien chez les astronomes professionnels que chez les amateurs. Les rayons lumineux y sont réfléchis sur un petit miroir convexe qui les renvoie vers l'oculaire à travers un trou circulaire pratiqué dans le miroir principal (figure 17.25c). Grâce à ce système, on « replie » la distance focale et on obtient une focale plus élevée pour une même longueur de tube.

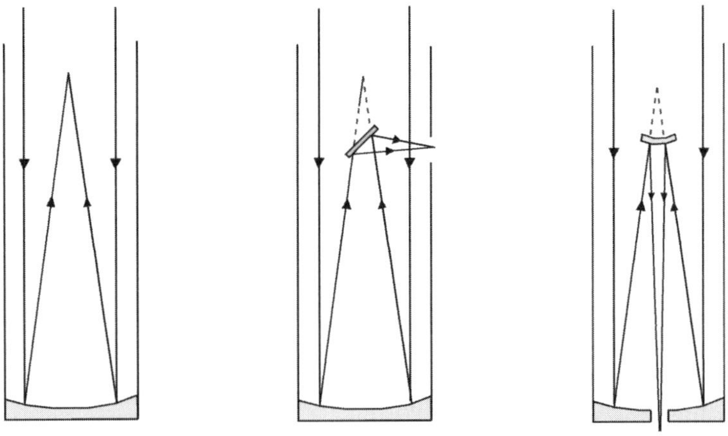

(a) (b) (c)

Figure 17.25 Différents modèles de télescopes : **(a)** foyer primaire ; **(b)** télescope de Newton ; **(c)** télescope de Cassegrain.

(a) (b)

Figure 17.26 **(a)** Détail du télescope Hale de 5 m de diamètre du Mont Palomar (USA). **(b)** Foyer primaire du télescope Hale. Avec l'aimable autorisation du Palomar Observatory.

L'œil humain

L'œil humain est un instrument d'optique très performant. Il est sensible à des longueurs d'onde comprises entre 350 nanomètres et 750 nanomètres, et il se trouve qu'elles correspondent aux ondes les plus intenses émises par le Soleil. On peut y voir une réponse de l'évolution de notre espèce aux conditions de l'existence sur la Terre.

L'œil est une masse sphérique gélatineuse d'environ 3 cm de diamètre. Il est légèrement aplati de l'avant à l'arrière et il est entouré d'une membrane épaisse, la *sclérotique*, sur laquelle s'attachent les muscles qui contrôlent ses mouvements. La figure 17.27 présente un schéma simplifié de l'œil humain.

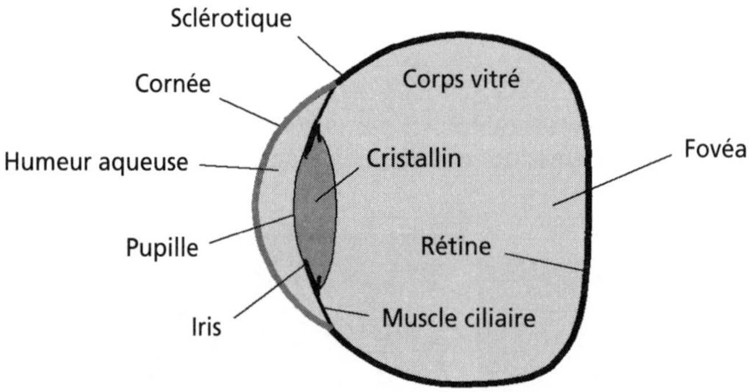

Figure 17.27 L'œil humain.

La lumière pénètre dans l'œil à travers la *cornée*, une membrane transparente dont la courbure lui confère les propriétés d'une lentille convergente dont la distance focale est d'environ 2,4 cm. Les rayons lumineux traversent ensuite l'*humeur aqueuse*, un liquide transparent qui remplit l'espace entre la cornée et le cristallin et qui forme une deuxième lentille convergente de focale variable comprise entre 4 et 5 cm environ. Le cristallin, une substance gélatineuse plus dure au centre que sur ses bords, se contracte et se dilate sous l'action des muscles du *corps ciliaire* qui l'entourent. Quand les muscles ciliaires se relâchent, le cristallin prend une forme plus épaisse, ce qui diminue son rayon de courbure et donc sa focale. L'image des objets les plus proches est alors focalisée sur la *rétine*. Quand l'œil regarde un objet éloigné, les muscles ciliaires se tendent, le cristallin prend une forme plus plate, ce qui augmente son rayon de courbure et donc sa focale. L'œil met au point l'image de l'objet éloigné sur la rétine. Ce mécanisme est appelé *accommodation*.

Aux confins de la physique : la vision artificielle

Des chercheurs de l'Université de Caroline du Nord, à Chapel Hill, et de l'université John Hopkins travaillent à la mise au point d'une rétine artificielle disposée sur une puce électronique afin de rendre la vue à des personnes souffrant de dysfonctionnements rétiniens. La puce, qui n'a que de 2 millimètres carrés de surface et moins de 0,02 mm d'épaisseur, est destinée à être implantée sur la rétine, à l'intérieur du globe oculaire.

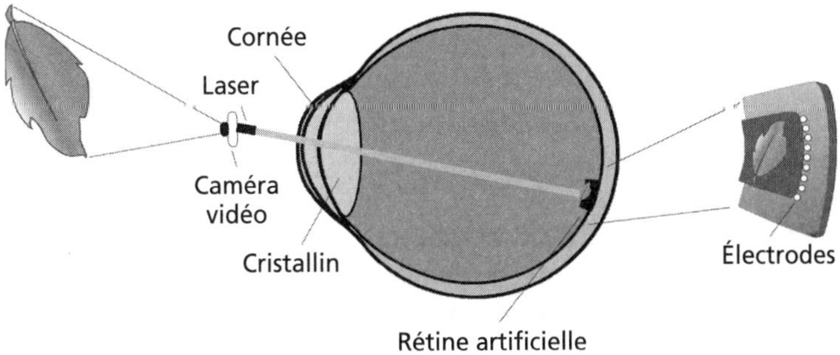

Chez les personnes souffrant d'une rétinite pigmentaire ou d'une dégénérescence maculaire, les bâtonnets et les cônes sont défectueux, mais les cellules ganglionnaires qui tapissent le fond de la rétine sont relativement intactes. La puce rétinale crée des courants électriques qui stimulent ces cellules. Elles transmettent alors le signal au cerveau, ce qui, en théorie, devrait permettre au patient de voir. La puce est illuminée par un laser externe, alimenté par une minuscule batterie. Le laser transmet les images saisies par une caméra vidéo miniature aux photorécepteurs de la puce. Le laser, sa batterie et la caméra vidéo peuvent être fixés sur une monture de lunette classique.

Avant d'atteindre le cristallin, les rayons lumineux traversent la *pupille*. La taille de la pupille est contrôlée par l'*iris*, un anneau musculaire placé derrière la cornée et dont le rôle est semblable à celui du diaphragme de l'objectif d'un appareil photo. Il permet d'ajuster la quantité de lumière qui pénètre dans l'œil. L'iris est la partie colorée de l'œil.

La chambre intérieure située derrière le cristallin est appelée le *corps vitré*. Son fond est tapissé de millions de photorécepteurs, des cellules sensibles à la lumière qui constituent la rétine. Il existe deux sortes de cellules photoréceptrices, les *cônes* et les *bâtonnets*. Les cônes sont sensibles à la couleur, à la différence des bâtonnets qui, 1 000 fois plus sensibles, jouent un rôle important en vision nocturne. Il y a trois sortes de cônes. Ils contiennent des protéines qui absorbent la lumière à des longueurs d'ondes spécifiques situées respectivement dans la partie rouge, verte ou bleu du spectre. Ceci leur permet de répondre de façon différente aux diverses couleurs d'une scène.

Bien que la largeur du champ visuel atteigne 210°, la vision de l'œil est plus précise si les rayons tombent sur une petite région d'environ 0,25 mm de diamètre située au centre de la rétine : la *fovéa.* Cette fovéa ne contient que des cônes, séparés en moyenne d'un micron. Lorsqu'on lit un livre ou qu'on suit des yeux un objet en mouvement, les muscles de l'œil déplacent le globe oculaire de façon à ce que les rayons lumineux issus de l'objet continuent à tomber sur la fovéa. Les objets environnants sont alors perçus avec une résolution un peu moindre.

Un œil normal peut accommoder sur des objets situés à des distances variant entre quelques centimètres et l'infini. Le point le plus rapproché sur lequel l'œil peut accommoder s'appelle le *punctum proximum* et sa distance dépend de l'élasticité du cristallin. Celle-ci diminue avec l'âge. Normalement, à dix ans le punctum proximum est environ à 7 cm. Il s'éloigne vers 10 cm à vingt ans, 15 cm à trente ans, 25 cm à quarante ans, 50 cm à cinquante ans et plus de 2 m à soixante ans. Quand on approche de la fin de la quarantaine, on s'aperçoit que nos bras sont plus courts que la distance au *punctum proximum* et une visite chez l'oculiste s'impose.

Les personnes qui sont *myopes* sont incapables de voir avec netteté des objets distants. Cette *myopie,* est due soit à un allongement de l'œil, soit à une courbure trop prononcée de la cornée. Les rayons issus d'objet éloignés sont focalisés en avant de la rétine. Les objets plus proches sont focalisés sans problème sur la rétine. On peut corriger la myopie à l'aide d'une lentille divergente (figure 17.28).

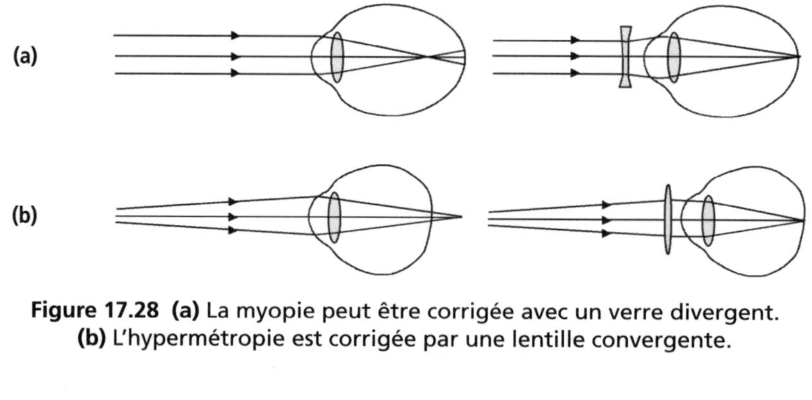

Figure 17.28 (a) La myopie peut être corrigée avec un verre divergent. **(b)** L'hypermétropie est corrigée par une lentille convergente.

Chez les personnes hypermétropes, au contraire, l'œil est trop court ou la courbure de la cornée trop faible. Les personnes atteintes d'*hypermétropie* peuvent voir avec netteté les objets éloignés mais les objets proches leur semblent flous parce que les rayons sont focalisés en arrière de la rétine. On peut corriger ce défaut avec une lentille convergente (figure 17.28b).

18

La nature de la lumière

La nature ondulatoire de la lumière

Le comportement de la lumière est à la fois corpusculaire et ondulatoire, comme on l'a signalé au chapitre 7. Cette conclusion est le fruit des recherches des physiciens du XXe siècle sur la structure de la matière. Certains philosophes grecs de l'Antiquité pensaient que la lumière est faite de particules qui se déplacent en ligne droite à grande vitesse et qui, entrant dans l'œil, y excitent le sens de la vision. À la fin du XVe siècle, Léonard de Vinci, inspiré par les ressemblances entre la réflexion de la lumière et l'écho, émit l'hypothèse que la lumière est une onde. Au XVIIe siècle, le physicien hollandais Christian Huyghens développa lui aussi une théorie ondulatoire de la lumière. Cependant son contemporain Isaac Newton avait affirmé que la lumière était probablement composée de particules et cette « théorie corpusculaire » l'emporta pendant près deux cents ans. Malgré tout, au cours du XIXe siècle, l'essentiel des phénomènes optiques fut expliqué dans le cadre ondulatoire. Au début du XIXe, Thomas Young, en Angleterre, et Augustin Jean Fresnel, en France, démontrèrent au cours d'une série d'expériences célèbres que la lumière est susceptible d'interférences et de diffraction, phénomènes caractéristiques des ondes. À la fin du siècle, l'Écossais James Clerk Maxwell postula que la lumière correspondait à la propagation dans l'espace de perturbations électriques et magnétiques : c'est une onde électromagnétique.

Les physiciens du XXe siècle ont montré que ces deux théories sont correctes : la lumière est de nature ondulatoire *et* corpusculaire. Dans ce chapitre, nous allons nous intéresser aux fondements de la théorie ondulatoire.

La vitesse de la lumière

Une charge électrique oscillante donne naissance à un champ magnétique qui varie au cours du temps, comme on l'a expliqué au chapitre 14. C'est une conséquence d'une des équations de Maxwell, la loi de Faraday. Elle affirme qu'un tel champ crée autour de lui un champ électrique variable. Ainsi les variations du champ électrique et du champ magnétique sont inséparables : le champ magnétique variable engendre un champ électrique variable qui produit un champ magnétique, etc. Maxwell démontra que ces perturbations électriques et magnétiques s'entretiennent mutuellement même dans le vide, en l'absence de charges électriques sur lesquelles elles seraient susceptibles d'agir. Il prédit également que ces champs devaient se propager à travers l'espace sous la forme d'une onde électromagnétique.

Grâce à ses équations, Maxwell calcula la vitesse de propagation des ondes électromagnétiques. Il démontra qu'elle était égale au rapport des amplitudes du champ électrique et du champ magnétique en tout point de l'espace :

$$c = \frac{E}{B}$$

À l'aide du théorème d'Ampère — qui exprime la valeur du champ magnétique créé par un courant — il était en mesure de calculer ce rapport en fonction de deux constantes de l'électricité et du magnétisme que l'on connaissait depuis longtemps. Ces deux constantes interviennent en effet en régime statique « c'est-à-dire lorsque ni les charges, ni les courants ne varient » ce qui correspondant aux cas étudiés avant Maxwell et Faraday par Coulomb, Oersted et Ampère. Il s'agit de la constante diélectrique ε et la perméabilité magnétique μ :

$$c = \sqrt{\frac{1}{\mu\varepsilon}}$$

En introduisant dans cette formule les valeurs de ces constantes telles qu'on les avait mesurées à l'époque, il obtint une vitesse de propagation très proche de la valeur expérimentale obtenue pour la lumière. Il écrivit alors :

> *La vitesse des ondulations transverses dans notre milieu hypothétique, calculée à partir des expériences électromagnétiques de MM. Kohlrauch et Weber, est en accord si exact avec la vitesse de la lumière établie à partir des expériences optiques de M. Fizeau, que nous avons peine à croire que l'on puisse rejeter la conclusion que la lumière consiste dans les ondulations transverses de ce même milieu…*

En insérant dans l'expression de Maxwell les valeurs expérimentales approchées que l'on attribue habituellement à ε et μ, on trouve :

$$c = \sqrt{\frac{36\pi 10^9 \text{Nm}^2/\text{C}}{4\pi 10^{-7} \text{Tm/A}}} = 3 \times 10^8 \text{ m/s}$$

Ce qui est légèrement au-dessus de la vitesse de la lumière dans le vide, l'une des constantes fondamentales de la nature. Avec les valeurs dont il disposait Maxwell avait quant à lui obtenu $2{,}88.10^8$ m/s.

Dans son *Discours sur deux sciences nouvelles,* Galilée décrivait une expérience au cours de laquelle deux personnes postées au sommet de deux collines éloignées mesuraient la vitesse de la lumière en chronométrant le temps de parcours d'impulsions lumineuses émises au moyen de lanternes. L'expérience ne permit de déceler aucun délai, mais Galilée eut la prudence d'en conclure non pas que la vitesse de la lumière est infinie, mais qu'elle est certainement trop grande pour être mesurée de cette façon. L'un de ses contemporains, Descartes, postulait quant à lui que la vitesse de la lumière est infinie. En 1676, cependant, l'astronome danois Olaus Römer démontra expérimentalement que tel n'était pas le cas en mesurant la durée des occultations des satellites galiléens par l'ombre de Jupiter. Römer annonça devant l'Académie des Sciences de Paris que l'occultation de l'un de ces satellites aurait lieu le 9 novembre 1676 à 5 h 25 min et 45 secondes exactement, soit quelques 10 minutes après l'horaire calculé par ses collègues. Sceptiques, les astronomes de l'Observatoire royal se livrèrent à de très soigneuses mesures et confirmèrent que Römer avait raison. Quelques semaines plus tard, il s'expliqua devant l'Académie. Quand la Terre est du même côté du Soleil que Jupiter, un observateur terrestre voit les satellites émerger de l'ombre plus tôt que lorsque la Terre en est éloignée. Ceci est dû au fait que la vitesse de la lumière a une valeur finie. Quand la Terre est de l'autre côté du Soleil par rapport à Jupiter, la lumière émise par le satellite doit franchir une plus grande distance pour nous parvenir, ce qui lui prend, disait Römer, 22 minutes de plus (figure 18.1). Un de ses amis, Christian Huyghens, se servit de ces données et de la valeur qu'on attribuait alors à l'orbite terrestre pour établir la première estimation de la vitesse de la lumière. Convertie en unités modernes, cette valeur était de 227 000 km/s, inférieure de 24 % à celle qui est acceptée aujourd'hui. L'erreur vient essentiellement du fait que Römer avait surestimé le temps nécessaire à la lumière pour parcourir le diamètre de l'orbite terrestre : il est de 16 minutes et non de 22 minutes.

En 1729, l'astronome anglais James Bradley, qui tentait de détecter la parallaxe des étoiles, découvrit un phénomène inattendu : l'*aberration des étoiles* ou *aberration des fixes*, qui lui fournit une autre estimation de la

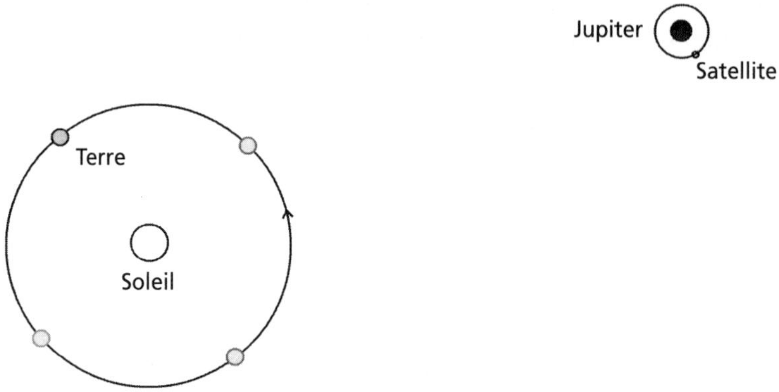

Figure 18.1 La méthode de Römer pour déterminer la vitesse de la lumière. Les satellites galiléens de Jupiter mettent plus longtemps à disparaître derrière la planète quand la Terre est loin de Jupiter parce que la lumière réfléchie par le satellite met plus de temps à l'atteindre.

vitesse de la lumière. À l'époque de la publication des *Principia* de Newton, on admettait assez universellement le mouvement de la Terre autour du Soleil. Mais il n'avait jamais été mesuré expérimentalement. Au cours des 150 années qui suivirent la publication des *Principia*, nombre de scientifiques tentèrent de mesurer les parallaxes des étoiles à l'aide de lunettes astronomiques. Souvenez-vous du chapitre 6 : la parallaxe des étoiles est le déplacement angulaire apparent des étoiles dû au mouvement de la Terre autour du Soleil. Pour mesurer cette parallaxe, Bradley monta une lunette dans la cheminée de sa maison et nota soigneusement la position des étoiles à différents moments de l'année. Bradley constata effectivement un faible déplacement : la position de *toutes* les étoiles variait de 20,5 secondes d'arc en six mois dans la *même* direction. Or, les étoiles se trouvent à des distances différentes de la Terre, de sorte que leurs parallaxes devraient être elles aussi différentes *(la parallaxe est d'autant plus petite que l'étoile est distante)*. Le déplacement observé par Bradley ne pouvait pas être la parallaxe des étoiles. Mais à quoi correspondait-il ? Bradley se débattit avec ce problème pendant près d'un an. Un jour de 1728, alors qu'il faisait du bateau sur la Tamise, il remarqua qu'une girouette placée en haut du mât changeait de direction chaque fois que le bateau avançait. Il comprit immédiatement que le déplacement apparent des étoiles dû à la *vitesse* de la Terre le long de son orbite autour du Soleil. Un phénomène analogue oblige les promeneurs à incliner leur parapluie vers l'avant, même lorsque la pluie tombe verticalement. De la même façon, pour recevoir la lumière d'une étoile à partir de la Terre, il faut légèrement incliner le télescope dans le sens de son mouvement de sorte que l'étoile apparaît dans une direction différente à différentes époques de l'année (figure 18.2a). Telle est l'origine de l'*aberration des étoiles*. Bradley comprit qu'il était possible de déterminer la vitesse de la lumière connaissant l'angle d'aberration et la vitesse de la Terre sur son orbite (figure 18.2b). Il obtint une valeur de 304 000 km/s.

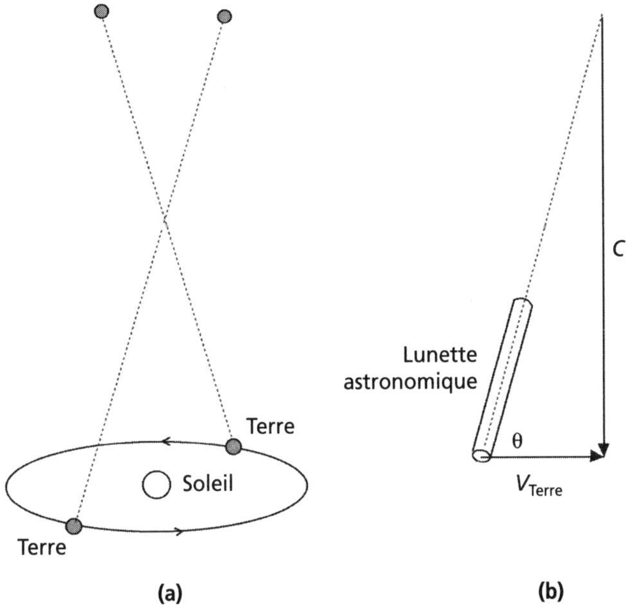

Figure 18.2 **(a)** Le déplacement apparent de la position d'une étoile dû au mouvement orbital de la terre. C'est l'*aberration des étoiles* ou *aberration des fixes.* **(b)** En mesurant l'angle sous lequel on doit incliner la lunette, on peut calculer la vitesse de la lumière.

Cent vingt ans plus tard, l'astronome français Armand Hippolyte Fizeau décidait d'améliorer la méthode proposée par Galilée. Le grand physicien italien avait manifestement échoué parce que le temps mis par la lumière pour franchir la distance séparant les deux collines était beaucoup trop bref pour les réflexes des opérateurs chargés d'ouvrir et de fermer les obturateurs de leurs lanternes. Fizeau choisit de placer sur une colline de Paris une lanterne obturée par une roue dentée en rotation rapide. Il disposa un miroir au sommet d'une autre colline située à 9 km de la première. La source de lumière placée derrière la roue envoyait un faisceau entre deux dents adjacentes de la roue. Ce faisceau était réfléchi par le miroir et revenait à son point de départ (figure 18.3). Pendant ce temps, la roue avait tourné et si sa rotation était assez rapide, le faisceau réfléchi passait entre les deux dents adjacentes suivantes. Connaissant la vitesse angulaire de rotation de la roue (et l'espacement entre les dents) on en déduisait le temps mis par la lumière pour faire un aller-retour de 18 km. Fizeau obtint ainsi une valeur de 313 300 km/s pour la vitesse de la lumière.

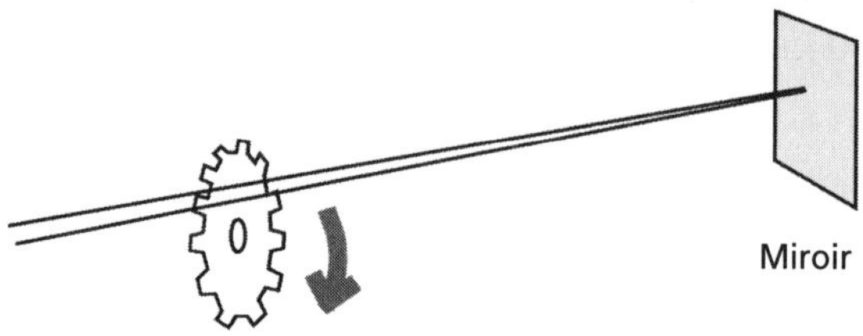

Figure 18.3 L'expérience de Fizeau pour mesurer la vitesse de la lumière.

Très peu de temps après, un autre physicien français, Jean Bernard Léon Foucault, améliora la méthode de son ami Fizeau en remplaçant la roue dentée par un miroir tournant. Il appliqua sa nouvelle méthode à la mesure de la vitesse de la lumière dans l'eau et montra qu'elle était plus petite que dans l'air. Foucault présenta ses résultats dans sa thèse de doctorat. Entre 1878 et 1930, l'américain Albert A. Michelson utilisa une méthode analogue pour mesurer la vitesse de la lumière avec une grande précision. En 1882, il obtint la valeur de 299 853 km/s. Cette estimation demeura la meilleure jusqu'en 1928, date à laquelle il obtint une valeur de 299 796 ± 4 km/s. Cette dernière valeur est restée sans concurrence jusqu'en 1950.

Le spectre électromagnétique

Maxwell avait fait deux prédictions. La première concernait l'existence d'ondes électromagnétiques de différentes fréquences se propageant dans le vide à la vitesse de la lumière. La seconde affirmait que les ondes électromagnétiques exerçaient une pression sur toute la surface qui les réfléchissait ou les absorbait. Maxwell ne vécut pas assez longtemps pour assister à leur vérification, car il mourut d'un cancer à 48 ans.

Huit ans après la mort de Maxwell, le physicien allemand Heinrich Hertz construisit un appareil à étincelles dans lequel des charges électriques oscillaient, grâce auquel il produisit pour la première fois des ondes électromagnétiques. Il confirmait ainsi la première prédiction de Maxwell. Hertz étudiait la physique à l'Université de Berlin, où il obtint son doctorat en 1880 à l'âge de 23 ans. En 1888, il se consacra à l'étude de la théorie de l'électromagnétisme de Maxwell et, deux ans plus tard, se lança dans une série d'expériences décisives. Il construisit d'abord une bobine à induction dont les deux extrémités étaient munies de petites sphères métalliques séparées par un petit intervalle (figure 18.4). Au moyen d'un interrupteur, on pouvait établir ou arrêter le courant circulant dans la bobine primaire A, reliée à une pile. Lorsqu'on ouvrait ou qu'on fermait le contact ; un courant magnétique rapidement variable s'établissait dans le noyau de fer qui, d'après la loi de Faraday, induisait un courant variable dans la bobine B. Si la tension était assez élevée, il se formait une étincelle entre les deux sphères. Cet appareil constituait un *éclateur.* Si on plaçait à côté de l'éclateur un anneau conducteur fendu de façon à ce que ses deux extrémités soit elles aussi séparées par un petit intervalle, on y observait aussi des étincelles.

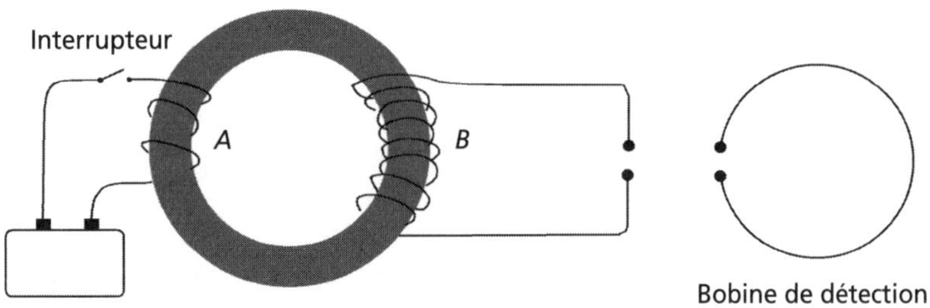

Figure 18.4 Expérience de Hertz pour produire et détecter les ondes électromagnétiques.

Hertz comprit que chaque étincelle était en réalité constituée de nombreuses étincelles élémentaires correspondant chacune au saut d'une charge électrique d'une extrémité du fil à l'autre. Dans l'intervalle séparant les deux sphères métalliques, ce mouvement des charges créait des champs électriques et magnétiques variables qui, selon la théorie de Maxwell, se propageaient ensuite dans l'espace sous la forme d'une onde électromagnétique. Lorsque cette onde atteignait l'intervalle séparant les extrémités de l'anneau conducteur fendu, le champ électrique oscillant y produisait de nombreuses étincelles qui apparaissaient à l'œil nu en former une seule et intense. Ce second conducteur constituait donc un détecteur d'ondes électromagnétiques.

Vers 1888, Hertz avait mesuré la vitesse des ondes électromagnétiques produites par son éclateur et obtenu une valeur égale à la vitesse de la lumière, exactement comme l'avait prédit Maxwell.

La seconde prédiction de Maxwell, celle qui concerne la pression exercée par la lumière, fut confirmée en 1899 par le physicien russe P. N. Lebedev à l'aide de miroirs très légers placés dans le vide.

Les ondes électromagnétiques produites par Hertz avaient une longueur d'onde d'environ 1 m. Elles correspondent par conséquent à ce que nous appelons aujourd'hui les *ondes radio*. Quant aux longueurs d'ondes des rayonnements visibles, elles avaient été mesurées dès le début du XIXe siècle, avant même le développement de la théorie de Maxwell. La figure 18.5 présente le *spectre électromagnétique* avec ses différents domaines de fréquence ou de longueur d'onde.

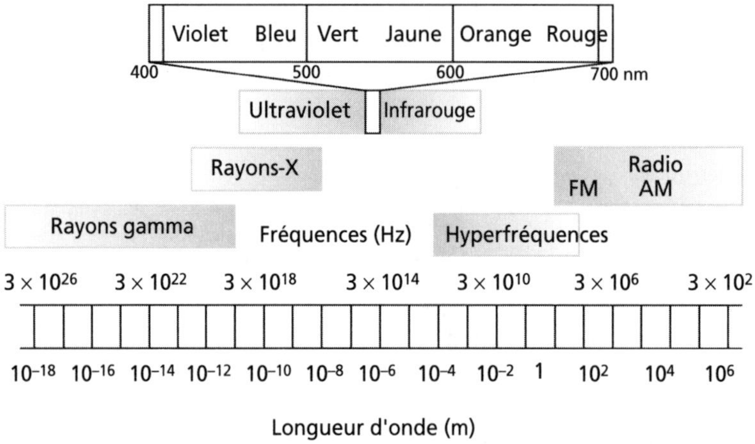

Figure 18.5 Le spectre électromagnétique.

La couleur

La partie visible du spectre correspond à des ondes électromagnétiques dont la longueur d'onde est comprise entre 4.10^{-7} m est 7.10^{-7} m environ. Ce domaine visible est traditionnellement découpé en sept parties auxquelles on attribue une couleur. Cependant, cette perception de la couleur qui est la nôtre est différente de la couleur *physique* : il n'existe pas seulement sept couleurs, mais une infinité de longueurs d'ondes différentes comprises entre 400 nm et 700 nm. Ces limites sont, d'ailleurs, un peu floues. En effet, la frontière de la partie visible du spectre électromagnétique est mal définie, car la sensibilité de l'œil ne tombe pas brutalement à zéro lorsqu'on sort de ce domaine. Pour des longueurs d'ondes de 430 nm ou de 690 nm la sensibilité de l'œil n'est que de 1 % inférieure à sa valeur maximale. Si l'intensité lumineuse est assez élevée, on perçoit encore le rayonnement dont la longueur d'onde est au-delà de ces limites.

Notre compréhension moderne des couleurs trouve son origine dans les belles expériences réalisées sur le sujet par Isaac Newton. À l'époque de Newton, on savait déjà qu'un faisceau lumineux traversant un prisme produisait un arc-en-ciel : on voyait apparaître le violet, le bleu, le vert, le jaune, l'orange et le rouge. Ce phénomène était même connu du temps d'Aristote. C'est cependant Newton qui en proposa l'explication correcte. Dans une lettre désormais célèbre datée du 6 février 1672 il écrivit à Henry, premier secrétaire de la Royal Society :

> *Au début de l'année 1666 (époque à laquelle je me consacrais au polissage de verres optiques de profils non sphériques) je me procurais un prisme triangulaire en verre, pour essayer la célèbre expérience du phénomène des couleurs. Dans ce but, après avoir fait l'obscurité dans ma chambre et pratiqué un petit trou dans mes volets pour laisser entrer une quantité contrôlée de lumière du Soleil, je plaçais mon prisme contre l'ouverture, de façon à réfracter la lumière sur le mur opposé. Au début, ce fut un très plaisant divertissement de voir les couleurs vives et intenses ainsi produites. Mais après m'être appliqué à les considérer avec plus de circonspection, je fus surpris de voir que leur forme était oblongue alors que, d'après les lois connues de la réfraction, je m'attendais à les voir circulaires.*
>
> *Et je vis [...] que la lumière qui était déviée vers une extrémité de l'image subissait une réfraction bien plus considérable que la lumière déviée vers l'autre extrémité. Et ainsi la vraie cause de l'allongement de cette Image apparaissait comme le fait que la Lumière était constituée de Rayons différemment réfrangibles, qui, selon leur degré de réfrangibilité, étaient transmis vers diverses parties du mur.*

Cette lettre fut imprimée dans les *Philosophical Transactions* de la Royal Society datées du 19 février 1671. Elle constitue le premier article scientifique publié par Newton. Avant que Newton ne propose « la vraie cause de l'allongement de cette image » et n'explique l'étalement des couleurs produit par un prisme, l'idée qui prévalait était que la lumière blanche qui traversait l'extrémité épaisse du prisme était plus atténuée, ce qui la bleuissait. Elle était moins atténuée au milieu du prisme et encore moins à sa pointe, ce qui engendrait les couleurs vert puis rouge. Malheureusement, cette « explication » ne rendait pas compte du phénomène que Newton avait immédiatement remarqué : le faisceau émis par un trou de section *circulaire* produisait une image *oblongue*. Ce phénomène avait presque certainement été remarqué avant Newton, mais c'est la marque de son génie que d'avoir posé le problème, à l'âge de vingt-trois ans. Newton changea la taille de l'orifice, la position du prisme et le point de sa surface où tombait le faisceau. Le spectre — un mot qu'il introduisit pour nommer la répartition des couleurs observée — ne changea pas.

Newton avait fait l'hypothèse que la lumière blanche n'est pas colorée en passant à travers le prisme, mais simplement décomposée en différentes couleurs préexistantes. Pour tester cette hypothèse, il disposa un prisme près du trou percé dans l'un des volets de sa chambre. Il constata qu'en traversant le second prisme placé à quelques mètres du premier, la lumière bleue était plus réfractée que la lumière rouge, exactement comme elle l'avait été dans le premier prisme. Mais, ce qui était encore plus important, les couleurs n'avaient pas été modifiées par le second prisme : « les rayons de couleur rouge réfractés par le second prisme ne produisaient pas d'autre couleur que du rouge et ceux de couleur bleue ne produisaient que du bleu ».

L'expérience cruciale, celle qui ne devait plus laisser de doute quant à la justesse de sa théorie, ne vint que quelques années plus tard. Dans sa lettre à Oldenburg, il écrivit :

> *La levée graduelle de mes doutes me conduisit à l'experimentum crucis suivant : je pris deux écrans [BC,DE sur la figure 18.6], et plaçais l'un d'eux juste derrière le prisme disposé devant la fenêtre, de façon à ce que la lumière passe par un petit trou pratiqué dans l'écran et tombe sur l'autre écran, que j'avais installé à environ 4 mètres de distance. Après y avoir aussi pratiqué un petit trou, afin qu'une partie de la lumière incidente passe au travers. Puis je plaçais un second prisme derrière le second écran, de façon à ce que la lumière, guidée à travers les deux écrans, traverse également le deuxième prisme et soit de nouveau réfractée avant d'atteindre le mur. Ceci fait, je m'efforçais de faire passer successivement toutes les nombreuses régions de l'image projetée sur le deuxième écran à travers le trou pratiqué dans celui-ci, afin d'observer à quels endroits du mur le second prisme les réfracterait. Et je vis [...] que la lumière qui était déviée vers l'extrémité de l'image où la réfraction dans le premier prisme était la plus forte, subissait une réfraction considérablement plus grande que la lumière déviée vers l'autre extrémité. Et donc la vraie cause de l'étalement en longueur de cette image n'était autre que le fait que la lumière est constituée de rayons différemment réfrangibles, qui, sans qu'intervienne une différence dans leur incidence, étaient, selon leurs degrés de réfrangibilité, transmis vers diverses parties du mur.*

L'*Experimentum crucis* de Newton démontrait que la lumière blanche est composée de *rayons* différemment réfractés atteignent différentes parties du mur. « Quand une sorte de rayons a été bien séparée des autres, écrivit-il encore, elle garde obstinément sa couleur, quels que soient mes efforts pour la faire changer. » Or si la lumière était modifiée par le prisme, le second prisme aurait dû également modifier la lumière en produisant des couleurs supplémentaires. Newton prouva qu'une fois que les couleurs avaient été séparées par le premier prisme, aucune séparation supplémentaire n'était possible.

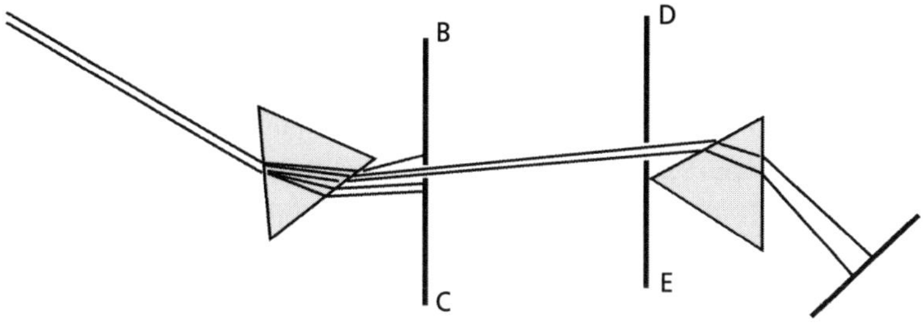

Figure 18.6 L'*experimentum crucis*. D'après la figure de Newton dans les *Lectiones opticae*.

Mais Newton n'en resta pas là. Il tenta l'expérience inverse afin de montrer qu'en mélangeant les couleurs du spectre, on retrouvait de la lumière blanche. Il y parvint la première fois à l'aide d'un troisième prisme disposé de façon à ce que les spectres se recouvrent. Ils se combinaient effectivement pour redonner de la lumière blanche. En 1669, l'année où Newton devint titulaire de la chaire lucasienne, il conçut une autre expérience à l'aide d'un prisme unique et d'une lentille convergente. Le faisceau coloré élargi produit par le prisme tombait sur la lentille qui le focalisait en une petite tache de lumière blanche. Au-delà de ce point les rayons divergeaient à nouveau et le spectre réapparaissait. En 1672, Newton écrivit une lettre à la Royal Society où il venait d'être admis :

> *Je l'ai réfracté* [il s'agit d'un rayon de lumière de couleur donnée réfracté par un premier prisme] *avec des prismes, et réfléchi avec des corps qui étaient d'autres couleurs à la lumière du jour ; je l'ai intercepté avec un film d'air coloré remplissant l'espace entre deux plaques de verre pressées l'une contre l'autre. Je l'ai transmis à travers des milieux colorés, et à travers des milieux irradiés par d'autres sortes de rayons, et je l'ai fait s'absorber de diverses façons ; et je n'ai jamais pu obtenir une autre couleur que la sienne.*
>
> *Mais le plus surprenant et le plus merveilleux, ce fut la composition de la lumière blanche. Il n'existe aucune sorte de rayons qui puisse seule la réaliser. Elle est toujours composée, et à sa composition sont nécessaires toutes les couleurs appelées plus haut primaires, mélangées en des proportions précises. J'ai fréquemment vu avec admiration, que si on fait converger toutes les couleurs du prisme, et qu'elles se mélangent donc de nouveau, elles reproduisent une lumière entièrement et parfaitement blanche.*
>
> *Il arrive donc que la blancheur est la couleur usuelle de la lumière ; car la lumière est un agrégat confus de rayons de toutes sortes de couleurs, comme ils sortent mélangés des diverses parties des corps lumineux.*

Newton nous apprend qu'un faisceau de lumière blanche naturelle est composé de couleurs *pures*, qui ne peuvent être décomposées plus avant. La couleur de ces faisceaux purs est une propriété fondamentale. Ces couleurs pures sont donc les composants élémentaires de la lumière blanche. Combien y en a-t-il ? Comme un faisceau de lumière blanche naturelle peut être réfracté sous un nombre infini d'angles, et que chacun de ces angles correspond à une couleur pure, le nombre de couleurs pures est infini.

Comme on l'a signalé au chapitre 17, l'œil humain contient trois sortes de cellules sensibles à la couleur. Elles recèlent trois types de molécules qui absorbent la lumière et changent de forme lorsqu'elles interagissent avec les régions respectivement rouge, verte ou bleue du spectre. Notre perception des couleurs correspond à différentes combinaisons de ces trois couleurs pures. De toutes les couleurs physiques qui entrent dans l'œil, nous ne tirons que trois sensations différentes. Une même sensation peut être obtenue par des combinaisons différentes de couleurs physiques que nous interprétons alors comme une seule et même couleur. On constate ici les limitations de l'œil humain. Si la rétine disposait d'un plus grand nombre de molécules photosensibles différentes, elle serait capable d'extraire plus d'information de la nature. Les êtres humains ont surmonté une partie cette limitation en concevant des instruments qui amplifient leur vision.

Les spectres : signatures des atomes

Newton a donc montré que la lumière blanche peut être décomposée en ses différentes couleurs constituantes. Par analogie avec les sept notes de la musique, Newton souhaita diviser le spectre de la lumière blanche — qu'il considérait comme continu — en sept couleurs : le rouge, l'orange, le jaune, le vert, le bleu, l'indigo. En 1752, le physicien écossais Thomas Melvill observa le spectre d'une flamme incolore de vapeur d'alcool à laquelle il avait ajouté une substance volatile. Il constata que ce spectre n'était pas continu, mais constitué d'un ensemble discret de raies colorées. En 1802, le physicien anglais William Wollaston observa le spectre solaire à l'aide d'une petite lunette et y découvrit des raies sombres qui se superposaient à une bande continue de couleurs. Il crut que ces raies n'étaient que la frontière entre les diverses couleurs et il ne poursuivit pas son étude.

En 1814, le physicien et opticien Joseph von Fraunhofer observa les raies sombres de Wollaston alors qu'il testait des prismes fabriqués à partir d'un verre spécial. Il en compta 576 dans le spectre solaire, mesura précisément la position des 324 plus remarquables et attribua les lettres de l'alphabet de A à K aux plus intenses. Cette nomenclature est encore utilisée aujourd'hui.

Un peu plus tard, le même Fraunhöfer fit passer la lumière d'une étoile à travers un prisme placé au foyer d'une lunette. Il constata que le spectre de l'étoile était, tout comme celui du Soleil, strié de raies sombres. Il remarqua que certaines de ces raies avaient la même position que les raies colorées du spectre discret observé par Melvill. Il en conclut qu'il devait exister une relation de cause à effet, mais la mort l'emporta à l'âge de 39 ans avant qu'il ne la trouve. Il revint au physicien allemand Gustave Kirchhoff d'établir cette relation quelque 50 ans plus tard. Kirchhoff produisait des raies spectrales en laboratoire en faisant passer un faisceau lumineux à travers un récipient en verre contenant un gaz, puis en l'analysant à l'aide d'un prisme (figure 18.7a). Il obtenait alors un spectre continu strié de raies sombres. Kirchhoff observa également la lumière diffusée dans une direction perpendiculaire au faisceau incident en disposant son prisme sur le côté du récipient (figure 18.7b). Le spectre obtenu était alors constitué d'un ensemble de raies colorées, comme celles qui avaient été observées par Melvill. Mais, fait intéressant, les raies sombres du premier spectre étaient disposées comme les raies colorées qu'il observait latéralement. Mieux, des gaz différents produisaient différents ensembles de raies sombres et brillantes. Kirchhoff interpréta correctement ce phénomène. Il expliqua qu'un gaz donné absorbe certaines longueurs d'onde de la lumière blanche incidente. Celles-ci correspondaient aux raies noires présentes dans le spectre obtenu avec le faisceau de face.

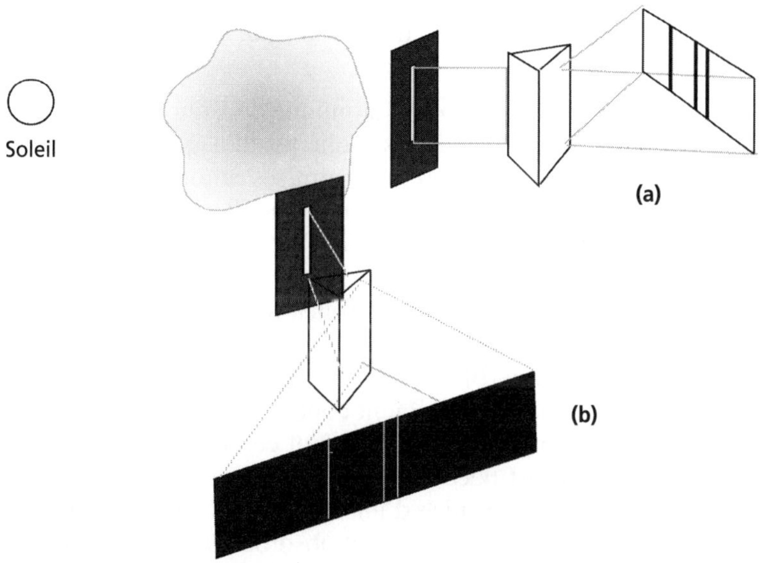

Figure 18.7 Expérience de Kirchhoff. **(a)** On observe un spectre de raies sombres en analysant un faisceau de lumière blanche après qu'il a traversé un gaz. **(b)** On observe un spectre de raies brillantes quand on place le prisme sur le côté du récipient contenant le gaz éclairé par le faisceau.

Un spectre continu interrompu par des raies sombres est désormais qualifié de *spectre d'absorption*, tandis qu'un spectre constitué d'un ensemble discret de raies colorées brillantes est dit un *spectre d'émission*. Kirchhoff découvrit que chaque substance particulière engendre son propre spectre caractéristique lorsqu'elle se trouve en phase gazeuse. Le spectre d'émission du sodium présente deux raies jaunes brillantes très proches l'une de l'autre. Il est différent du bel ensemble de raies produit par le néon (une raie rouge, une orange et une jaune) que de celui de l'hydrogène (une raie rouge et trois raies dans le bleu). Chaque élément possède son propre spectre, l'empreinte digitale de ses atomes, en quelque sorte. La présence d'un ensemble de raies noires ou brillantes caractéristiques d'un certain élément — son spectre d'absorption ou d'émission — trahissent sa présence. Le spectre du Soleil ou des étoiles permet d'en déduire leur composition chimique. On en a tiré une information importante : le Soleil et les étoiles sont constitués d'atomes identiques à ceux que l'on trouve sur Terre.

En 1859, Kirchhoff donna une explication simple de ces phénomènes. On la formule aujourd'hui par les trois lois de Kirchhoff de l'analyse spectrale :

- Un solide ou un liquide chauffés émettent un spectre continu contenant des radiations de toutes les longueurs d'onde entre certaines limites.
- Un gaz raréfié luminescent émet un spectre d'émission.
- De la lumière blanche passant à travers un gaz raréfié produit un spectre d'absorption.

Il fallut néanmoins attendre le modèle atomique de Bohr pour disposer d'une explication complète. En 1913, Niels Bohr postula que les électrons d'un atome n'occupent que certaines orbites permises autour du noyau. On en a parlé au chapitre 7. Selon cette théorie, quand un électron passe d'une orbite permise à une autre de plus basse énergie, l'atome restitue l'énergie perdue par l'électron sous forme de lumière. Puisque seules certaines orbites sont permises, il existe un nombre discret de transitions possibles. C'est la raison pour laquelle l'hydrogène, par exemple, émet un spectre discret constitué d'une raie rouge, d'une raie bleu vert, et d'une raie bleue. Un faisceau de lumière blanche qui traverse un récipient contenant de l'hydrogène raréfié est constitué d'un certain nombre de photons dont certains ont une énergie exactement égale à celle qui est nécessaire pour faire passer les électrons d'une orbite donnée à une orbite permise d'énergie plus élevée (un état excité) de l'atome d'hydrogène. Ces photons seront absorbés par des atomes d'hydrogène qui passeront à un état excité. Ils seront donc ôtés du faisceau de lumière blanche dont l'analyse à l'aide d'un prisme révélera l'absence de photons correspondant à ces fréquences particulières : ce seront les raies noires du spectre d'absorption. Les milliards d'atomes d'hydrogène qui se trouvent dans un état excité sont instables. Leurs électrons finissent par retomber vers une orbite d'énergie plus basse en émettant des photons ayant exactement les mêmes fréquences que les photons absorbés. Ces photons engendrent le spectre d'émission caractéristique de l'hydrogène. La raie rouge de l'hydrogène correspond à transition de la troisième orbite permise à la seconde ; la raie bleu vert à la transition de la quatrième à la deuxième.

Remarquons que nous n'avons parlé jusqu'ici que de gaz *raréfiés*. En effet, dans un gaz raréfié, les atomes n'interagissent pratiquement pas. Quand le gaz est plus dense, quelques atomes interagissent — ils entrent en collision — pendant le processus d'émission de la lumière. Ces interactions modifient légèrement les niveaux d'énergie des atomes. Dans un gaz raréfié, les atomes n'interagissent pas durant les transitions et leurs niveaux d'énergie restent exactement les mêmes : toutes les transitions entre deux niveaux particuliers ont la même énergie et donc la même fréquence (rappelez-vous que $E = hf$). Dans un gaz plus dense, certaines de ces transitions exigent des énergies légèrement différentes correspondant à des fréquences différentes. Ces différences sont infimes de sorte que les raies produites par chaque atome se placent très près les unes des autres dans le spectre : l'effet final est un épaississement des raies spectrales. Si le gaz est encore plus dense, la fréquence des collisions augmente et les raies sont encore plus épaisses. Si, de plus, la température du gaz est élevée, comme c'est le cas dans le Soleil, les atomes se déplacent a grande vitesse et il se produit en outre un élargissement des raies dû à l'effet Doppler. La fréquence de la lumière émise par un atome qui s'éloigne de l'observateur diminue, tandis que celle d'un atome qui s'en rapproche augmente. Dans le cas du Soleil, la combinaison de ces deux effets élargira les raies au point qu'elles se recouvriront pour donner lieu à un spectre continu. Le spectre d'absorption n'est produit que lorsque la lumière traverse les couches plus froides et raréfiées de l'atmosphère solaire.

Dans un solide, la proximité de milliards d'atomes modifie les niveaux d'énergie pour en faire des bandes (chapitre 13). C'est pourquoi les solides ont des spectres continus. Dans le cas d'un cristal, certains niveaux d'énergie restent constants, de sorte que son spectre est susceptible de présenter quelques structures caractéristiques.

Le modèle de Bohr de l'atome s'applique parfaitement aux atomes du même type que l'hydrogène : l'hydrogène ou les ions qui n'ont plus qu'un seul électron sur leur orbite atomique. Dans le cas des atomes à plusieurs électrons, il ne fonctionne plus très bien. Il pose également un certain nombre de questions. Qu'est-ce qui pousse un électron à transiter vers des orbites de plus basse énergie en émettant de la lumière ? Pourquoi certaines orbites sont-elles permises et d'autres non ? Dans quelle direction la lumière est-elle émise lorsque l'électron tombe d'une orbite à une autre ? Toutes ces questions intriguaient beaucoup Einstein et les autres physiciens. Bohr lui-même tenta d'expliquer le comportement de l'atome dans le cadre de la théorie classique de l'électromagnétisme. En 1924, il écrivit un article dans lequel il proposait de renoncer à certaines lois sacrées de la physique, comme la conservation de l'énergie et de la quantité de mouvement, pour la description des processus atomiques. Au moment de sa publication (1924), on ne disposait d'aucune preuve directe de la validité de ces lois à l'échelle atomique, mais cela ne devait pas tarder. En 1925, Arthur H. Compton et A. W. Simon démontrèrent que l'énergie et la quantité de mouvement sont conservées à l'échelle atomique. En juillet de la même année, Bohr conclut : « on doit se préparer au fait que la généralisation nécessaire de la théorie électrodynamique classique exige une profonde révolution dans les concepts sur lesquels la description de la nature a reposé jusqu'ici ». Comme nous le verrons au chapitre 21, Bohr n'eut pas à attendre longtemps cette « profonde révolution ».

L'expérience de Young

La production d'un spectre dû à l'émission et l'absorption de la lumière par les électrons d'un atome est un bon exemple de comportement corpusculaire : la lumière est émise et absorbée sous forme de photons, c'est-à-dire de particules. Or, nous l'avons dit, la lumière présente aussi un comportement ondulatoire. Newton penchait en faveur de la théorie corpusculaire, mais il ne rejetait pas pour autant la théorie ondulatoire de la lumière. Il alla même jusqu'à suggérer — avec raison — que les différentes couleurs correspondaient à différentes longueurs d'onde. Ce que Newton n'admettait pas, c'était l'idée avancée par Huyghens et par Hooke selon laquelle la lumière est une onde de pression sphérique se propageant dans un milieu particulier.

Newton avait deux objections à opposer. La première, c'était qu'en général, une onde ne se propage pas toujours en ligne droite — les ondes divergent lorsqu'elles rencontrent un obstacle au point qu'elles peuvent parfois le contourner. La lumière, au contraire, se propage en ligne droite comme le démontre la netteté des ombres projetées par un objet opaque. La seconde objection concernait le phénomène de *polarisation*.

Ce n'est qu'au début du XIXe siècle qu'un physicien — Thomas Young — répondra enfin à la première objection. Fils d'un banquier quaker, Young était un enfant prodige : il savait lire couramment à l'âge de 2 ans, et avait lu deux fois la Bible à 4 ans. À quatorze ans, il connaissait huit langues. Young étudia la médecine à l'université de Göttingen et obtint son diplôme à l'âge de 23 ans. Il pratiqua la médecine durant toute sa vie, sans grand succès semble-t-il, car son contact avec les patients n'était pas très bon et parce qu'il était probablement plus intéressé par les sciences que par la médecine. De 1801 à 1803, il donna des cours de science à la Royal Institution de Londres. Ses contributions à la mécanique, à l'acoustique et à l'optique sont innombrables. Le coefficient qui caractérise l'élongation d'une substance solide sous l'effet d'une traction est encore appelé *module d'Young*. Il fit d'importantes découvertes sur la tension superficielle, sur la capillarité et sur les marées. Alors qu'il apprenait encore la médecine, il découvrit le mécanisme d'accommodation de l'œil. Peu de temps après avoir obtenu son diplôme, il découvrit que l'astigmatisme était dû à des irrégularités de courbure de la cornée.

Young passa naturellement de ses recherches sur l'œil à l'étude de la lumière elle-même. Un siècle et demi plus tôt, le physicien italien Francesco Maria Grimaldi avait fait une observation intéressant. Il fit passer un faisceau lumineux à travers deux petites ouvertures situées l'une derrière l'autre. Il avait constaté que la tache lumineuse projetée sur une surface disposée juste derrière le deuxième trou était légèrement plus large que la première ouverture. Il comprit que le faisceau s'était légèrement élargi et il donna à ce phénomène le nom de *diffraction*. Il ne parvenait cependant pas à expliquer pourquoi la tache lumineuse présentait des stries colorées sur ses bords. Ses découvertes furent publiées dans un livre édité après sa mort et qui ne fit pas grand bruit. Newton, averti des expériences de Grimaldi, en attribua le résultat à l'interaction des particules de lumière avec les bords de l'ouverture. En 1802, Young monta une expérience inspirée par celle de Grimaldi. Il fit passer un faisceau de lumière solaire à travers un trou d'épingle pratiqué sur un écran. La lumière issue de ce trou passait ensuite à travers deux autres trous percés l'un à côté de l'autre sur un second écran. La lumière qui franchissait ces trous était ensuite projetée sur un troisième où apparaissait une figure constituée de régions alternativement sombres et lumineuses, des *franges* d'interférence. Cette situation est identique à celle que l'on a décrite au chapitre 15 et qui concerne deux sources cohérentes d'ondes mécaniques. On s'en souvient, deux ondes sont dites *cohérentes* si elles ont la même longueur d'onde et si le décalage de leurs phases est constant. En règle générale, la lumière naturelle n'est pas cohérente parce que les maximums et les minimums des ondes qui la constituent sont émis de façon indépendante. Dans l'expérience de Young, la cohérence est assurée par le fait que la lumière qui atteint les deux trous provient d'une source unique (en l'occurrence le trou précédent).

Un peu plus tard, Young remplaça ses trous d'épingle par deux fentes étroites et parallèles, écartées d'à peine quelques millimètres (figure 18.8). Dans ce cas, les franges d'interférence sont des bandes parallèles alternativement sombres et brillantes. En mesurant la distance entre deux raies brillantes consécutives, Young calcula la longueur d'onde de la lumière. Il écrivit :

> *De la comparaison de diverses expériences, on déduit que la largeur des ondulations [ou longueur d'onde] constituant la lumière du rouge extrême doit être supposée égale à environ un 36 millièmes de pouce être dans l'air [soit 0,7 micromètre] et que celle du violet extrême est environ d'un 60 millièmes de pouce [soit 0,4 micromètre]. La moyenne par rapport à l'intensité lumineuse du spectre dans son ensemble étant d'un 45 millièmes de pouce [soit 0,56 micromètre].*

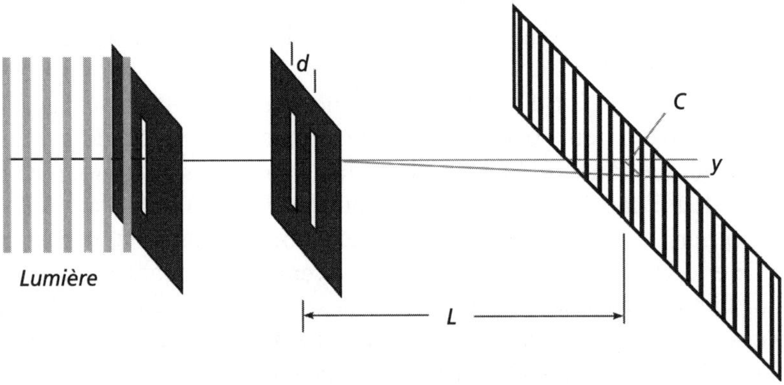

Figure 18.8 L'expérience des fentes d'Young.

Les longueurs d'ondes mesurées par Young étaient beaucoup plus petites que celles auxquelles Newton pensait. La plus grande longueur d'onde du spectre visible, celle de la lumière rouge, est inférieure à un micromètre ! Quand la lumière tombe sur des objets de taille ordinaire, elle semble se propager en ligne droite — puisque les ombres projetées par des objets de taille ordinaire sont nettement délimitées. En revanche, les ombres des objets de la taille d'un trou d'épingle — comme ceux utilisés par Young et Grimaldi — ne sont pas nettes.

Les travaux d'Young sur la théorie ondulatoire de la lumière ne furent pas bien accueillis en Angleterre, essentiellement parce qu'ils s'opposaient au modèle corpusculaire proposé par Newton (en dépit du fait, relevé par Young lui-même, que Newton avait admis plusieurs fois l'hypothèse que la théorie ondulatoire pourrait être juste). Young dut patienter jusqu'en 1818. À cette date, deux physiciens français, Augustin Fresnel et Jean Dominique Arago proposèrent une théorie ondulatoire de leur cru, fondée sur une base mathématique très complète. Vers 1850, la théorie ondulatoire de la lumière était largement acceptée par la communauté scientifique.

Dans l'expérience de Young, les deux fentes traversées par la lumière d'une même source sont séparées d'une distance d (figure 18.8). L'écran où l'on observe le phénomène d'interférence est situé à une distance L, qui, habituellement, est beaucoup plus grande que la distance entre les fentes. Il apparaît sur l'écran une frange brillante à une distance y du centre C. Dans le chapitre 15, on a donné l'expression simple qui relie la longueur d'onde des sources cohérentes à la distance d entre les sources (la distance entre les fentes, dans le cas présent), à la distance L de l'écran et à la position y d'une frange donnée :

$$\lambda = \frac{yd}{nL}$$

où n indique l'ordre de la frange brillante à partir de la région centrale. Le premier maximum de chaque côté correspond à $n = 1$, la suivante, du même côté, correspond à $n = 2$, et ainsi de suite.

Polarisation

La seconde des objections de Newton à la théorie ondulatoire concernait le phénomène de polarisation. En 1669, le physicien danois Erasmus Bartholin avait remarqué que des objets vus à travers un certain cristal donnaient deux images. Il avait récemment reçu ce cristal d'Islande, raison pour laquelle on l'appelle parfois spath d'Islande (ou calcite). Quand on faisait tourner le cristal, une des deux images restait immobile tandis que l'autre tournait avec le cristal. Il supposa que la lumière traversant le cristal était divisée en deux faisceaux qu'il qualifia de *rayon ordinaire* (pour celui qui correspondait à l'image fixe) et de *rayon extraordinaire* (pour l'image mobile). Huyghens s'intéressa à ce phénomène et découvrit que les deux rayons étaient divisés à leur tour en quatre rayons lorsqu'ils traversaient un second cristal, à moins que ce dernier ne soit orienté exactement comme le précédent, ou à 180°, auquel cas il ne se produisait aucune division des faisceaux.

En 1717, Newton s'intéressa aussi à ce phénomène et il en tira la conclusion que le faisceau de lumière était constitué de particules ayant deux « côtés » distincts qui présentaient des aspects différents selon différentes directions. Ces particules étaient triées dans la calcite selon l'orientation qu'elles avaient quand elles entraient dans le cristal. C'était cela, selon lui, qui produisait la double image. « De ces expériences il ressort, écrit-il dans son *Optique*, que les différents côtés des rayons de lumière ont différentes propriétés. » Pour Newton, la théorie corpusculaire expliquait le phénomène de la double réfraction dans le spath d'Islande, ce qui le conduisait à rejeter la théorie ondulatoire. « Pour moi tout au moins, il semble impossible que la lumière puisse être considérée comme de la pression ou du mouvement qui se propage [à l'image d'une onde] », écrivit-il.

La difficulté provenait de ce que Newton et ses contemporains faisaient l'hypothèse que l'onde lumineuse devait être longitudinale, comme une onde sonore, plutôt que transversale. Au début du XIXe siècle, Fresnel, en France, et Young, en Angleterre, montrèrent que les ondes lumineuses étaient transverses.

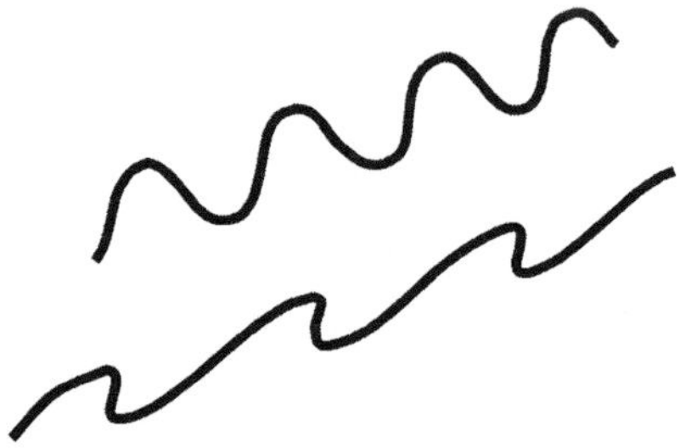

Figure 18.9 Ondes polarisées verticalement et horizontalement.

Nous savons aujourd'hui que la lumière est une onde électromagnétique : elle correspond à la propagation de champs électriques et magnétiques dans l'espace. Le champ électrique de ces ondes est parfois perpendiculaire à leur direction de propagation. C'est ce qui permet leur polarisation. Si l'on fait osciller de haut en bas l'extrémité d'une corde tendue, on produit un train d'ondes et la corde vibre dans un plan vertical. On dit que l'onde est polarisée dans le plan vertical. Si on agite la corde horizontalement, on produit des ondes polarisées horizontalement (figure 18.9). Par convention, on a choisi d'identifier la direction de polarisation d'une onde lumineuse à la direction dans laquelle oscille son champ électrique. En général, la lumière naturelle n'est pas polarisée parce qu'elle est émise par impulsions extrêmement brèves (de l'ordre de quelques nanosecondes) ayant chacune une polarisation aléatoire. Un rayon lumineux est donc constitué d'un nombre gigantesque d'impulsions, chacune polarisée dans une direction particulière, de sorte que sa polarisation globale est nulle (figure 18.10).

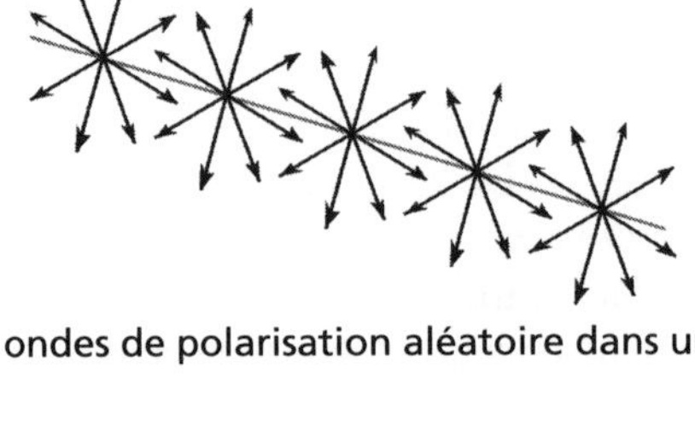

Figure 18.10 Plusieurs ondes de polarisation aléatoire dans un faisceau non polarisé.

En 1928, alors qu'il étudiait la physique à Harvard, Edwin P. Land inventa un matériau plastique transparent qu'il appela *Polaroïd.* Outre la calcite, les scientifiques utilisaient pour polariser la lumière un matériau synthétique cristallin, le sulfate d'iodoquinine ou *hérapatite,* qui absorbait la lumière vibrant dans une direction parallèle à celle de ses cristaux en forme d'aiguille. Comme les cristaux d'hérapatite étaient très fragiles, Land décida de les enrober dans une feuille de plastique. Quand on étirait le plastique, les cristaux s'alignaient un peu comme les lamelles d'un store vénitien (figure 18.11).

(a)

(b)

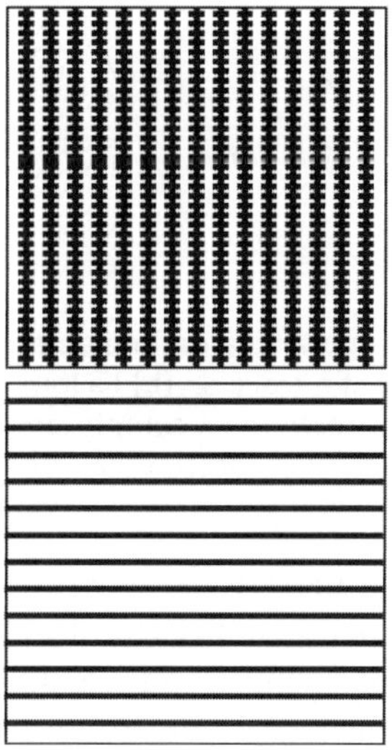

Figure 18.11 (a) Une feuille de Polaroïd dans laquelle sont enrobés des cristaux d'hérapatite. La lumière polarisée perpendiculairement à ces chaînes de cristaux est transmise. **(b)** Direction de polarisation de la lumière transmise.

Plus tard, il remplaça les cristaux d'hérapatite par des polymères composés principalement de longues chaînes d'atomes d'iode. La lumière polarisée dans une direction parallèle à l'orientation des molécules dans le Polaroïd est complètement absorbée parce qu'elle met en mouvement leurs électrons, perdant ainsi la plus grande partie de son énergie. La lumière polarisée dans une direction perpendiculaire à celle du Polaroïd ressort sans être modifiée. Si la lumière est polarisée dans une direction intermédiaire, elle est partiellement absorbée par les molécules et donc partiellement transmise (figure 18.12).

Dans un faisceau de lumière non polarisée, les champs électriques des nombreux rayons incidents vibrent dans toutes les directions. Chacun de ces champs est un vecteur que l'on peut décomposer en deux composantes

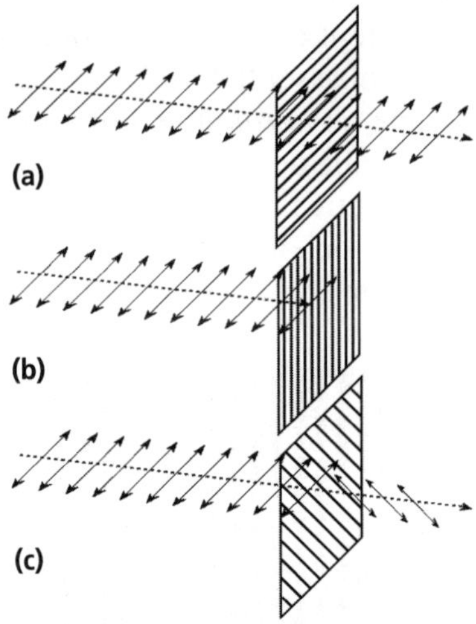

Figure 18.12 **(a)** La lumière polarisée parallèlement à la direction de transmission du Polaroïd passe entièrement à travers. **(b)** La lumière polarisée dans une direction perpendiculaire à cette direction est complètement absorbée. **(c)** La lumière polarisée selon une direction intermédiaire est partiellement transmise.

perpendiculaires, l'une parallèle à l'orientation des molécules du Polaroïd, par exemple, et l'autre perpendiculaire (figure 18.13). Les composantes parallèles sont toutes absorbées, comme on l'a dit, tandis que les composantes perpendiculaires passent au travers du Polaroïd. En résumé, lorsqu'un faisceau de lumière passe à travers un polariseur, la moitié de la lumière est absorbée et l'autre moitié est transmise, son champ électrique vibrant partout dans une même direction. La lumière émergente est donc polarisée.

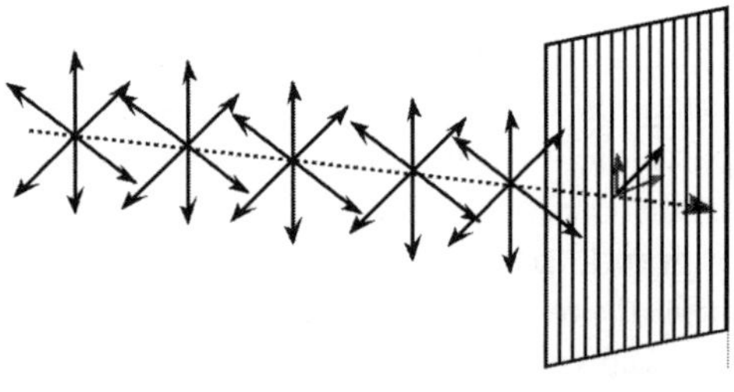

Figure 18.13 Un faisceau de lumière non polarisée tombant sur un Polaroïd. Chaque vecteur champ électrique peut être décomposé en une composante perpendiculaire à la direction des molécules et une composante parallèle à cette direction. Seules les composantes perpendiculaires sont transmises.

Quand un faisceau de lumière polarisée tombe sur un Polaroïd dont la direction de transmission est parallèle à la direction de polarisation du faisceau, il est entièrement transmis. Si la direction de polarisation du faisceau est perpendiculaire à la direction de transmission du Polaroïd, la lumière est complètement éteinte. Qu'arrive-t-il quand le faisceau est polarisé dans une direction intermédiaire ? Encore une fois, le champ électrique oscillant vibrant dans la direction de polarisation du faisceau peut être décomposé en une composante parallèle à la direction de transmission du Polaroïd et une composante perpendiculaire : une partie du faisceau sera donc transmise et l'autre absorbée.

À la surface d'un objet éclairé, le champ électrique oscillant de la lumière incidente met en vibration les électrons des atomes, comme nous l'avons vu au chapitre 17. Quand ces électrons absorbent l'énergie de la lumière, ils sont mis en mouvement dans une direction perpendiculaire à la propagation de la lumière incidente. Ils émettent alors un rayonnement électromagnétique. Ce rayonnement électromagnétique réémis par les électrons n'est autre que la lumière réfléchie qui atteint notre œil lorsque nous voyons un objet. Ce rayonnement est réémis avec une intensité plus grande dans une direction perpendiculaire à l'oscillation des électrons. En conséquence, la lumière réfléchie par une surface lisse non métallique est partiellement polarisée dans une direction parallèle à la surface. La lumière du soleil levant réfléchie à la surface d'un lac est partiellement polarisée horizontalement. Des lunettes de soleil à verres polarisants dont la direction de transmission est verticale réduisent considérablement l'intensité des reflets du Soleil sur les surfaces horizontales. Les photographes utilisent parfois un filtre polarisant placé devant l'objectif de leur appareil pour éliminer des reflets gênants.

Quand la lumière pénètre dans un cristal de calcite, sa polarisation s'opère de façon très particulière. La calcite, tout comme d'autres cristaux analogues, telle la tourmaline, (on les qualifie de *non cubiques* à cause de la configuration de leur réseau cristallin) ou comme certains plastiques étirés (la cellophane) sont *biréfringents*. Ils divisent un faisceau en deux nouveaux faisceaux polarisés dans deux directions perpendiculaires. Ces deux faisceaux, le rayon ordinaire et le rayon extraordinaire, ont été découverts par Bartholin. Ce phénomène étonnant est dû à la structure atomique particulière de ces cristaux. Le rayon ordinaire et le rayon extraordinaire se propagent à des vitesses différentes dans le cristal de calcite, parce qu'ils interagissent de diverses façons avec les atomes du matériau. Il se trouve qu'il existe une orientation particulière pour laquelle les deux rayons ont la même vitesse de propagation et, dans ce cas, il ne peut y avoir de séparation du rayon incident. Cette direction est connue sous le nom d'*axe optique* du cristal. Un rayon de lumière qui pénètre dans le cristal de calcite selon une direction différente de l'axe optique se sépare en deux rayons, le rayon ordinaire et le rayon extraordinaire. Le rayon ordinaire est polarisé perpendiculairement à l'axe optique et le rayon extraordinaire est polarisé parallèlement à cet axe. Lorsqu'on fait tourner le cristal, le rayon extraordinaire tourne autour du rayon ordinaire.

Lasers

La lumière naturelle perçue par nos yeux est constituée d'un grand nombre de photons de fréquences différentes et sans relation de phase entre eux. Ceci reflète la nature chaotique du processus qui lui a donné naissance. On l'a dit, la lumière est émise par des atomes excités qui ont été portés à des niveaux d'énergie élevés à la suite de collisions ou après avoir absorbé un photon. Les atomes excités émettent du rayonnement lorsqu'ils retombent dans leur état fondamental. Ce retour vers l'état fondamental peut se produire de deux façons. Lorsque l'atome émet de façon aléatoire, on parle d'émission spontanée. Dans certains cas, l'émission est induite par le rayonnement émis par d'autres atomes de la même espèce. On parle alors d'émission stimulée. Dans les processus naturels, c'est l'émission spontanée qui domine et la lumière est donc incohérente.

L'émission spontanée est, par exemple, à la base du fonctionnement des tubes fluorescents. Les atomes du gaz contenu dans le tube — de la vapeur de mercure mélangée à un gaz inerte — sont continuellement excités par des collisions avec les électrons accélérés par une tension alternative (figure 18.14). Ces atomes excités retombent sur leur niveau fondamental en émettant essentiellement dans l'ultraviolet. Si certains de ces photons ultraviolets ont l'énergie requise pour exciter les atomes du matériau fluorescent qui recouvre les parois internes du tube, ils sont absorbés. Ces atomes restent momentanément dans un état excités avant de retomber spontanément dans leur état fondamental en plusieurs étapes, tout en émettant de la lumière visible. Comme les atomes se désexcitent au hasard, les phonons émis ne sont pas en phase et la lumière n'est donc pas cohérente.

Dans un *laser* (sigle anglais pour *light amplification by stimulated emission of radiation*, ou amplification de lumière par émission stimulée de rayonnement), on force les atomes à rayonner en phase. Albert Einstein avait prédit que, si un photon d'énergie $h\nu = E_1 - E_2$ interagissait avec un atome dans l'état d'énergie excité E_2, ce photon incident *stimulerait* l'atome de façon à ce qu'il retombe dans l'état E_1 en émettant un second photon qui aurait non seulement la même énergie que le photon incident, mais aussi la même phase. Cette émission stimulée était donc susceptible de produire de la lumière *cohérente*.

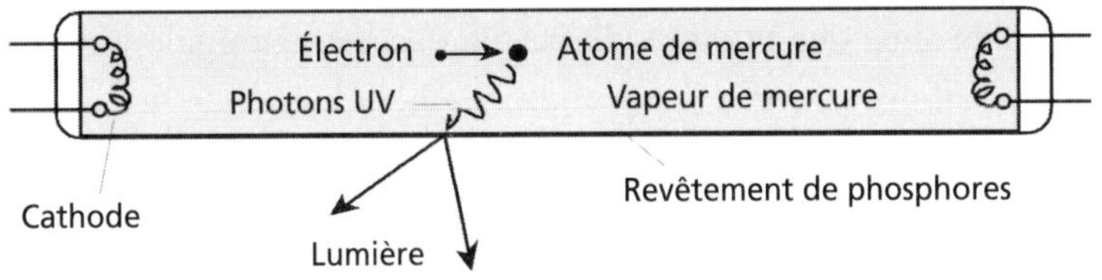

Figure 18.14 Les électrons accélérés entre deux électrodes dans un tube fluorescent entrent en collision avec les atomes du gaz contenu dans le tube, les amenant donc à des niveaux d'énergie plus élevés. Quand ces atomes retombent dans leurs états d'énergie fondamentale, ils émettent des photons UV, photons qui excitent à leur tour les niveaux d'énergie des atomes et des molécules du composé fluorescent de la paroi interne du tube. Quand ces atomes retournent dans leur niveau d'énergie fondamental, ils émettent de la lumière visible. C'est elle que nous voyons.

Einstein montra que la probabilité de l'émission stimulée d'un état E_2 à un état E_1 est la même que la probabilité d'absorption d'un photon d'énergie $E_2 - E_1$ qui correspond à une transition de l'état d'énergie E_1 à l'état E_2. Dans un gaz ordinaire, la plupart des atomes sont dans l'état fondamental. Un photon qui a la bonne énergie a donc bien plus de chances d'être absorbé et d'exciter un atome que d'induire l'émission stimulée d'un photon. Il est impossible de prédire exactement quand un atome particulier excité va retomber dans un état d'énergie plus basse, mais on peut affirmer qu'en *moyenne* les atomes d'un groupe donné ne restent dans l'état excité que 10^8 seconde (on parle de *temps de relaxation*). Il existe cependant certains états, dits *métastables*, que les atomes peuvent occuper, en moyenne, 10^{-3} seconde, soit 100 000 fois plus longtemps que les états excités ordinaires. Si l'on parvient à placer la majorité des atomes dans un état métastable — on parle alors d'*inversion de population* — l'émission stimulée deviendra le processus dominant. Le *pompage optique*, inventé par le physicien français Alfred Kastler et qui lui a valu le prix Nobel de physique en 1966, est une méthode courante pour obtenir une inversion de population. Une lumière intense dotée de l'énergie adéquate est utilisée pour porter simultanément un grand nombre d'atomes dans l'état d'énergie le plus élevé. Puisque la probabilité d'absorption est la même que celle de l'émission spontanée, la lumière utilisée pour pomper les atomes vers l'état excité peut tout aussi bien provoquer leur chute vers l'état fondamental. Pour l'éviter, on utilise des matériaux dont les atomes sont susceptibles de retomber vers un ou plusieurs états intermédiaires. Dans un laser à trois niveaux, comme le laser au rubis, par exemple, trois niveaux d'énergie participent au processus d'émission : l'état fondamental E_o, un état ordinaire excité E_e et un état métastable E_m (figure 18.15). Au départ, le système est constitué d'un grand nombre d'atomes dans l'état fondamental. Ils sont irradiés avec des photons d'énergie exactement égale à la différence entre l'état ordinaire excité et l'état fondamental, c'est-à-dire $E_e - E_o$. De nombreux atomes se retrouvent alors dans l'état excité E_e Ils retombent très rapidement — en moyenne au bout de 10^{-8} s — dans l'état métastable E_m ou dans l'état fondamental E_o. Dès lors, la lumière utilisée pour le pompage ne risque plus de provoquer leur chute par le processus d'émission stimulée. Au bout d'un certain temps, une majorité d'atomes peuple l'état métastable et l'inversion de population est réalisée. Une seconde source de lumière ordinaire d'énergie égale à la différence entre l'état métastable et l'état fondamental provoque la retombée simultanée de nombreux atomes, déclenchant ainsi l'effet laser.

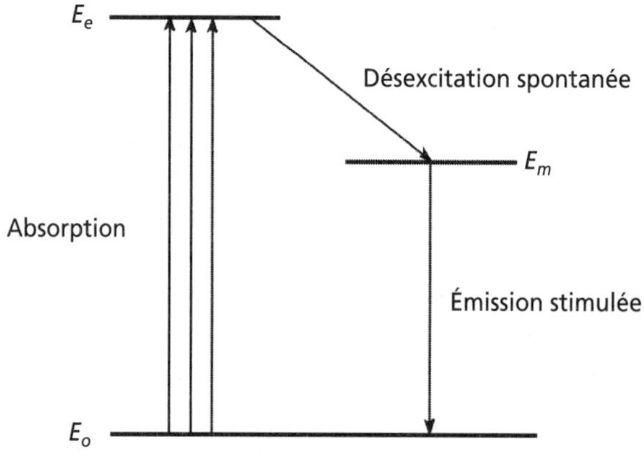

Figure 18.15 Dans un laser à trois niveaux d'énergie, les électrons sont pompés dans l'état excité d'énergie E_e à partir duquel ils retombent spontanément dans un état métastable E_m ou dans l'état fondamental. Quand suffisamment d'électrons se sont accumulés dans l'état métastable, produisant une *inversion de population*, une source de lumière ordinaire stimule les électrons qui retombent alors dans l'état fondamental et déclenchent l'émission laser.

Les principes fondamentaux du laser furent énoncés par le physicien américain Charles H. Townes. En 1917, Einstein avait prédit l'existence de l'émission stimulée et avait démontré que la probabilité qu'un électron sur l'orbite d'énergie E_1 absorbe un photon d'énergie $E_2 - E_1$ était égale à la probabilité d'émission d'un photon de la même énergie par un électron tombant de l'orbite d'énergie E_2. En 1951, Townes, alors professeur de physique à l'Université de Columbia, essayait de résoudre le problème de la génération d'ondes électromagnétique de grande intensité dans le domaine des hyperfréquences. Un matin, tandis qu'il attendait l'ouverture d'un restaurant assis sur un banc dans un square, Townes comprit soudain que certaines molécules avaient des états d'énergie qui correspondaient exactement aux fréquences micro-ondes qu'il voulait émettre. Tout le problème consistait à amener un nombre suffisant de molécules dans ces états excités tout en les empêchant de retomber sur un niveau d'énergie de base avant qu'elles ne soient assez nombreuses. On pourrait ensuite stimuler une transition qui les ramènerait toutes à un niveau d'énergie inférieur en émettant un faisceau très puissant. Selon la légende, ce matin-là, Townes résolut tous ces problèmes en attendant son petit-déjeuner, après quelques calculs gribouillés au dos d'une enveloppe. En 1953, il construisit avec ses étudiants en thèse un prototype qui fonctionnait. Townes appela cet appareil un *maser*, puisqu'il amplifiait des micro-ondes et non la lumière. Peu de temps après, en 1958, Townes et Arthur L. Schawlow démontrèrent qu'il était possible de construire un maser produisant un rayonnement cohérent dans le domaine visible. À peu près à la même époque, les physiciens soviétiques Aleksandr M. Prokhorov et Nikolaï G. Bassov découvrirent indépendamment les principes du laser.

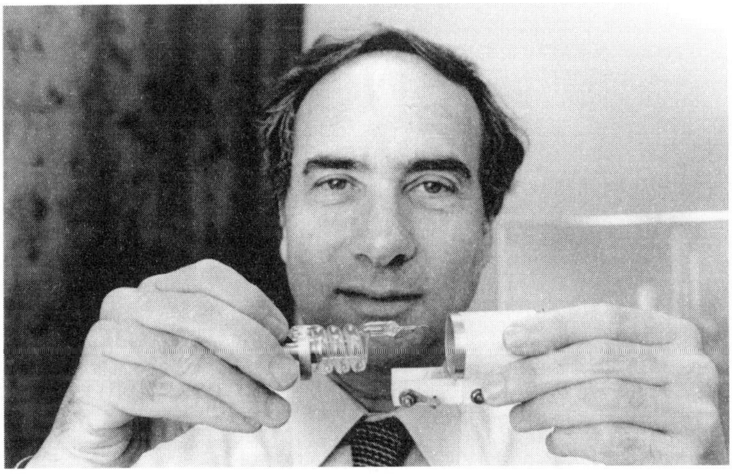

Figure 18.16 Gros plan du premier laser.

En 1960, le physicien américain Theodore H. Maiman des Laboratoires de recherches Hughes à Miami, en Floride, construisit le premier laser, en utilisant un cylindre de rubis synthétique. Townes, Prokhorov et Basov se partagèrent un prix Nobel de Physique en 1964 pour l'invention du maser. Schawlow reçut le prix Nobel de physique en 1981 pour ses travaux sur le laser.

La physique dans notre quotidien : le disque compact

Un lecteur de disque compact est un appareil numérique. La musique est enregistrée sur le disque sous forme de codes binaires matérialisés par des séries de creux microscopiques pratiqués dans une couche mince de métal recouvrant le disque. Quand la musique est enregistrée, les variations d'intensité sonore sont transformées par les microphones en différences de potentiel électrique. Ce signal électrique est échantillonné 44 100 fois par seconde sur chaque voie stéréo. Les valeurs de ces tensions sont converties en code binaire constitué de 0 et 1 qui sont gravés sur le disque en une séquence de creux microscopiques. Le diamètre du disque est de 12,5 cm et il est recouvert d'une fine couche réflectrice d'aluminium.

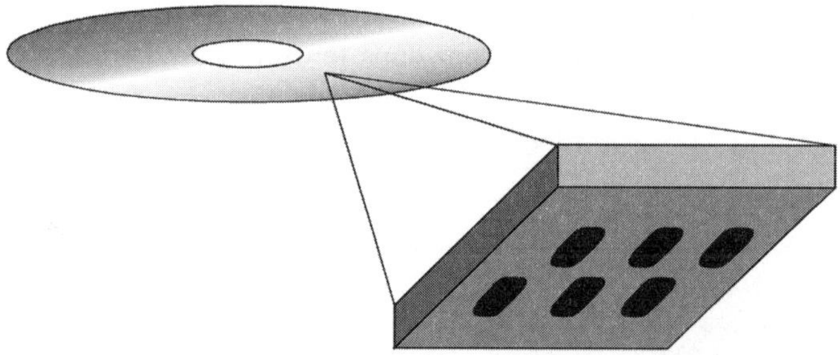

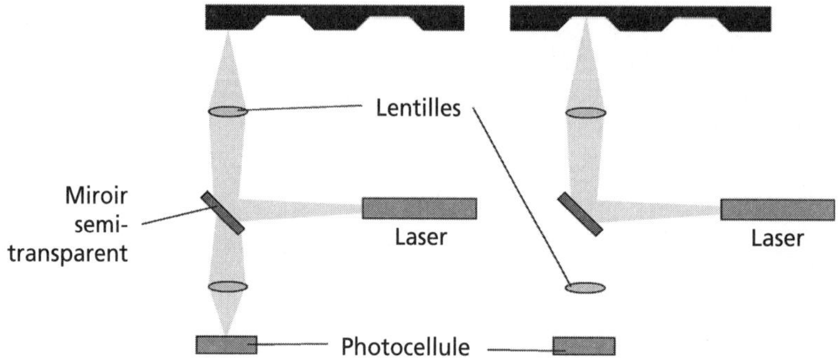

Dans le lecteur, un laser de faible puissance illumine ces minuscules creux et les espaces plats réfléchissants qui les séparent. Quand le faisceau laser tombe sur la surface réfléchissante d'aluminium, il est réfléchi et envoyé sur une cellule photoélectrique qui émet alors un signal. Si le faisceau laser tombe sur un creux, il n'est pas réfléchi et le signal à la sortie de la cellule photoélectrique est nul. La suite de 0 et de 1 gravée sur le disque est ainsi reconstituée dans le lecteur de CD. Comme le nombre d'échantillons par seconde est extrêmement élevé, la musique reproduite par le lecteur est d'une très haute fidélité et elle est exempte du souffle que l'on entend sur les bandes magnétiques ou des grattements caractéristiques des anciens disques « noirs ».

L'holographie

L'holographie est aujourd'hui associée aux lasers, mais elle fut inventée par l'ingénieur et physicien hongrois Dennis Gabor en 1947, bien avant que Maiman ne construise le premier laser. Gabor a raconté que l'idée de l'holographie lui est venue en Angleterre, où il travaillait comme ingénieur de recherche, pendant qu'il attendait son tour pour jouer au tennis. Il désirait au départ améliorer la résolution du microscope électronique. Son premier article sur le sujet, publié dans *Nature* en 1948 était intitulé *Un nouveau principe de microscopie*. Il reçut le prix Nobel de physique en 1971 pour sa découverte.

Gabor forgea le nom *holographie* à partir du mot grec *holos* signifiant « le tout », parce que l'holographie enregistre la totalité de l'information transportée par la lumière et non juste son intensité (au contraire des appareils photos ou de l'œil). Un hologramme résulte de l'interférence de deux faisceaux de lumière : un faisceau de référence provenant directement de la source de lumière, et un faisceau réfléchi par l'objet. La phase des différents points du faisceau réfléchi est modifiée après sont interaction avec l'objet. Une figure d'interférence se produit là où les deux faisceaux se recouvrent. Un film photographique placé à cet endroit enregistre alors cette figure d'interférence : on obtient un hologramme. Quand on refait passer le faisceau de référence à travers l'hologramme développé, la figure d'interférence le diffracte de façon à ce que le faisceau émergent soit identique au faisceau issu de l'objet original. Quand on regarde l'hologramme du côté opposé à la source de lumière (figure 18.17), on voit une image de l'objet. Les fronts d'onde de la lumière sont identiques à ceux qui sont générés par l'objet lui-même, et l'œil ne fait aucune différence. On a l'impression de voir apparaître l'objet en trois dimensions.

Les premières expériences de Gabor ne permettaient d'obtenir des hologrammes qu'avec des objets petits et très fins (il holographiait des diapositives). Le procédé ne marchait pas avec quoi que ce soit de plus épais parce que la longueur de cohérence de la lampe à vapeur de mercure qu'il utilisait comme source lumineuse n'était que d'une fraction de millimètre. L'avènement du

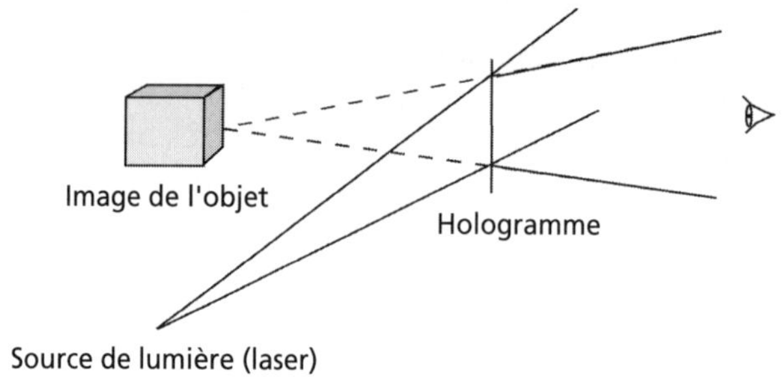

Figure 18.17 L'observateur regarde un hologramme illuminé par la source lumineuse qui a servi à le réaliser. Il voit une image à trois dimensions.

laser en 1960 fournit un faisceau dont la longueur de cohérence atteignait plusieurs centimètres et rendait enfin possible l'obtention d'hologrammes d'objets à trois dimensions. Ces hologrammes ne pouvaient être lus qu'à l'aide d'un autre laser, mais le physicien russe Yu. N. Denisyuk développa une technique permettant de réaliser des hologrammes visibles en lumière blanche. Au lieu de placer le faisceau de référence et l'objet du même côté de l'hologramme, Denisyuk mit le faisceau de référence de l'autre côté (figure 18.18). La figure

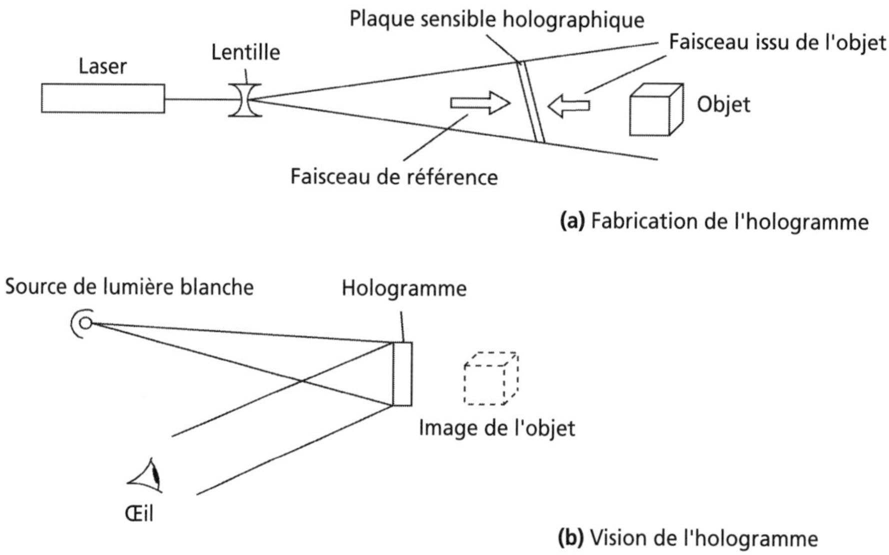

Figure 18.18 La configuration utilisée par Denisyuk pour obtenir un hologramme visible en lumière blanche.

d'interférence se formait alors à l'intérieur de la plaque photographique, organisée en feuillets un peu comme les pages d'un livre. Une fois développé, le film agissait comme un filtre interférentiel qui, illuminé en lumière blanche, rejetait toutes les longueurs d'ondes autres que celles du laser initial et redonnait une image à trois dimensions d'une seule couleur.

Les travaux de Denisyuk, publiés d'abord en Union soviétique, furent traduits en anglais, mais passèrent inaperçus aux États-Unis. En 1965, Nile Hartman du Battelle Memorial Institute à Colombus, Ohio, découvrit indépendamment une technique semblable pour obtenir un hologramme visible en lumière blanche. En 1969, Stephen Benton, de la société Polaroïd inventa l'hologramme arc-en-ciel, qui produisait une image ayant les couleurs du spectre visible. Ces hologrammes apparaissent en trois dimensions uniquement dans leurs dimensions latérales et non pas de haut en bas. Les hologrammes de sécurité que l'on trouve maintenant sur certaines cartes de crédit sont de ce type. Quand on les regarde sous un certain angle, ces hologrammes perdent leur apparence tridimensionnelle.

SIXIÈME PARTIE

Physique moderne

19

La théorie de la relativité restreinte

La relativité galiléenne

On associe en général la théorie de la relativité au nom d'Einstein. Il peut donc paraître surprenant qu'il ne soit pas à l'origine du concept de relativité. L'honneur en revient à Galilée. Dans ses *Discours et démonstrations mathématiques à propos de deux sciences nouvelles*, Galilée étudia le comportement des corps en chute libre sur la Terre si celle-ci était en mouvement. Il en conclut qu'ils tomberaient de la même façon que si la Terre était immobile. Galilée soutenait qu'il était impossible de détecter le mouvement de la Terre en observant la chute des corps.

Dans ses *Discours*, Galilée considère le problème simple du mouvement rectiligne et uniforme. Si, à bord d'un navire voguant en ligne droite et à vitesse constante, un observateur lâche une balle depuis le nid de pie, il constate qu'elle tombe verticalement et qu'elle atteint le pont au pied du mat et non dans l'eau, à l'arrière du bateau. En conséquence, un observateur qui se tient sur le rivage voit la balle tomber suivant une trajectoire courbe, et non suivant une ligne droite (figure 19.1).

Si on laisse tomber une balle dans une pièce, sa trajectoire est verticale, que l'on se trouve dans une maison, un bateau ou un avion. En fait, à l'intérieur d'une pièce fermée, il n'est pas possible de réaliser une expérience permettant de déterminer si la pièce est immobile ou si elle se déplace en ligne droite à vitesse constante. Dans la cabine d'un navire qui glisse sur l'eau à une allure constante, si on lâche une balle depuis le milieu du plafond, elle tombe au

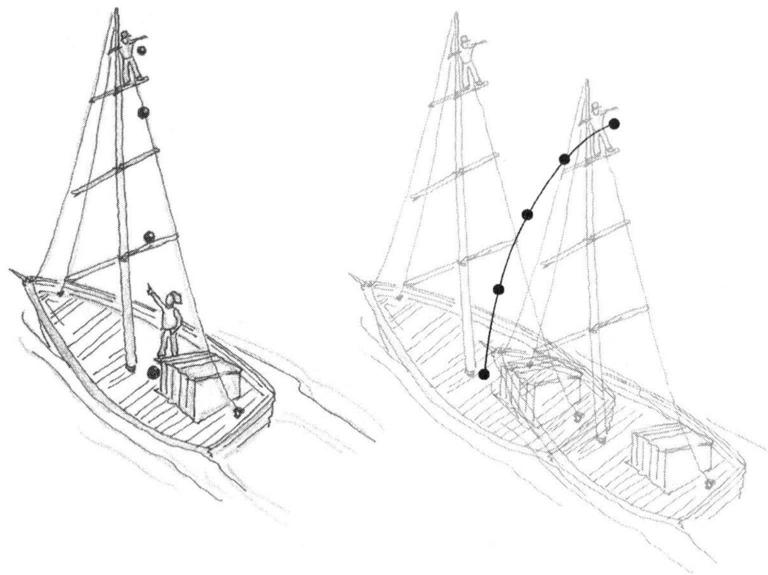

Figure 19.1 **(a)** Un observateur qui se trouve sur un bateau en mouvement voit la balle tomber tout droit, comme si le bateau ne bougeait pas. **(b)** Une personne qui se trouve sur le rivage verra la balle tomber suivant une trajectoire courbe.

milieu du plancher, exactement comme si l'expérience était réalisée sur la terre ferme. D'après Galilée, le mouvement rectiligne et uniforme ne produit aucun effet détectable. La seule façon de savoir si, oui ou non, on est train de bouger, est de regarder par la fenêtre pour voir si le paysage se déplace. À bord d'un avion dans lequel ils viennent de s'installer, les passagers croient parfois à tort que l'avion roule quand ils entendent le bruit des moteurs et qu'ils voient par les hublots un autre avion qui se déplace. À moins de jeter un coup d'œil sur les immeubles ou de voir le sol, les vibrations du moteur et le mouvement apparent de l'autre avion ne permettent pas de déterminer lequel des deux avions se déplace. Une impression semblable se produit parfois lorsque le passager d'une voiture, fatigué par un long voyage, est allongé sur la banquette arrière d'un véhicule coincé dans un embouteillage. Ne voyant que les toits des voitures dans les files voisines, il croit que son véhicule a recommencé à rouler, pour finalement se rendre compte seules les voitures qui vont dans l'autre sens se déplacent.

Ainsi, d'une certaine façon, tout mouvement est relatif. Dans la vie courante, nous repérons les mouvements par rapport à la Terre. Cependant, même si l'on s'accorde pour dire qu'une personne qui lit dans sa chambre ne bouge pas, un observateur imaginaire qui se trouverait dans le Système solaire affirmerait que la chambre et ses occupants tournent autour du Soleil en même temps que la Terre. La description du mouvement dépend donc du *référentiel* par rapport auquel on le considère. Dans un avion qui vole à 800 km/h par rapport au sol, un passager considère que le livre qu'il tient est immobile par rapport à lui, par rapport aux autres passagers et par rapport à l'avion (figure 19.2). Mais, bien sûr, le livre se déplace avec tout le reste à 800 km/h par rapport au sol. Laquelle de ces deux descriptions est la bonne ? Les deux sont bonnes. Le livre est immobile dans le référentiel de l'avion, et il se déplace à 800 km/h dans le référentiel du sol. Tant que l'avion vole à une allure régulière, le café du passager se tient tranquille dans son gobelet et son stylo ne tombe pas de la tablette. La loi de l'inertie reste valable et, comme nous venons de le dire, à part un coup d'œil par le hublot, rien ne permet de savoir si l'avion se déplace. Un référentiel dans lequel la loi de l'inertie reste valable est appelé un *référentiel inertiel* ou *référentiel galiléen.*

Figure 19.2 L'avion, avec tout ce qu'il contient, se déplace à 800 km/h par rapport au sol. Le livre que la passagère est en train de lire, ainsi que la passagère elle-même, sont immobiles par rapport à l'avion.

Supposons maintenant que, tandis que l'avion vole à la vitesse constante de 800 km/h, une hôtesse marche de l'arrière de l'appareil vers l'avant à une vitesse régulière de 2 km/h. Il s'agit, bien entendu, de sa vitesse dans le référentiel de l'avion. Si l'on mesurait la vitesse de l'hôtesse dans le référentiel de la Terre, on trouverait 802 km/h. Il n'y a ici rien d'étonnant. Il n'est pas rare de voir des gens pressés marcher sur les escaliers mécaniques. Par rapport au bâtiment dans lequel se trouve l'escalier, leur vitesse est plus grande que celle des personnes qui se contentent de rester debout sur l'escalier. Nous avons tous vu des enfants tenter de descendre un escalier mécanique en sens inverse. Ils sont alors immobiles par rapport au bâtiment, car dans ce cas, leur vitesse est l'opposée de celle de l'escalier.

Figure 19.3 Tandis que l'avion vole avec une vitesse constante de 800 km/h par rapport au sol, une hôtesse marche dans l'allée à une vitesse de 2 km/h par rapport à l'avion.

Si un référentiel *S'* se déplace à la vitesse v_E par rapport à un second, *S*, alors la vitesse *v* d'un objet par rapport à *S* est égale à sa vitesse *v'* dans le référentiel *S'*, augmentée de v_E Soit :

$$v = v' + v_E$$

Revenons à l'exemple de l'hôtesse de l'air. La vitesse du référentiel *S'* de l'avion par rapport au référentiel *S* du sol est $v_E = 800$ km/h, la vitesse de l'hôtesse par rapport à l'avion est $v' = 2$ km/h, et sa vitesse par rapport au référentiel du sol est $v = 2 + 800 = 802$ km/h.

Puisque les référentiels inertiels se déplacent à vitesse constante les uns par rapport aux autres, l'accélération d'un référentiel d'inertie par rapport à un autre est nulle. En conséquence, l'accélération subie par un corps est la même dans tous les référentiels inertiels. Pour les passagers d'un bateau en mouvement rectiligne et uniforme, une balle lâchée du plafond de la cabine tombe en ligne droite vers le sol avec une accélération égale à 9,8 m/s^2. Un observateur se tenant sur le rivage constaterait la même valeur de l'accélération, s'il pouvait voir la balle. Ainsi, non seulement le principe d'inertie — la première loi de Newton — reste valable dans tous les référentiels galiléens, mais il en va de même de la deuxième loi et de la loi de la gravitation universelle. En fait, toutes les lois de la mécanique sont identiques pour tous les observateurs qui se déplacent à vitesse constante les uns par rapport aux autres. Cette propriété est implicite quand Galilée affirme que le mouvement uniforme n'a aucun effet détectable. C'est ce qu'on appelle de nos jours le principe de relativité galiléenne. Nous pouvons l'énoncer de la façon suivante :

> Les lois de la mécanique sont les mêmes dans tous les référentiels d'inertie.

Ce principe signifie qu'il n'existe pas de référentiel particulier, ou absolu. Tous les référentiels sont équivalents. Il n'existe donc pas de critère d'immobilité absolue. L'existence d'un mouvement rectiligne et uniforme ne peut être constatée que *par rapport* à un référentiel inertiel.

Avant de passer à la suite, une mise en garde s'impose. Nous avons implicitement admis que la Terre est un référentiel d'inertie. Ce n'est pas tout à fait vrai, parce que la Terre tourne. Un point quelconque de sa surface est donc toujours soumis à une accélération. Toutefois, cette accélération est très faible, de sorte qu'on peut négliger les effets de la rotation de la Terre et considérer la Terre comme un référentiel approximativement galiléen.

L'expérience de Michelson et Morley

Le principe de relativité galiléen était parfait tant qu'on se limitait aux lois de la mécanique. En revanche, il s'accorde mal avec les lois de l'électromagnétisme. Quand Maxwell a démontré l'existence d'ondes électromagnétiques se déplaçant à la vitesse de la lumière, les scientifiques ont commencé à s'interroger sur le milieu dans lequel elles se propagent. Maxwell était arrivé à la conclusion que ces ondes sont susceptibles de franchir un espace vide, mais les physiciens de l'époque, accoutumés aux ondes mécaniques qui ne peuvent se propager que dans un milieu matériel, ont eu du mal a accepter cette idée. Ils ont tout naturellement considéré que les ondes électromagnétiques disposaient d'un milieu particulier. Sur la Terre, la lumière se propage dans l'air, dans l'eau, et dans les autres milieux transparents. Qu'en est-il de la lumière qui nous arrive du Soleil et des étoiles ? L'espace situé entre les étoiles ne semble pourtant rempli d'aucune substance connue… Les physiciens postulèrent donc, en suivant ce raisonnement, qu'il existait un milieu imprégnant tout l'espace qui assurait la propagation des ondes lumineuses : l'*éther luminifère*, ou simplement éther. L'éther était censé être un milieu transparent, assez ténu pour ne pas freiner le mouvement des planètes et assez rigide pour assurer la propagation de la lumière à une vitesse fantastique. Même Maxwell en était convaincu. En 1865, il écrivait : « nous avons donc des raisons de croire, d'après les phénomènes de la lumière et de la chaleur, qu'il existe un milieu emplissant l'espace et pénétrant dans les objets. Il est susceptible d'être mis en mouvement d'un endroit vers un autre, et de communiquer ce mouvement à la matière, de façon à la chauffer et à la modifier de diverses façons ».

Albert A. Michelson est l'un des physiciens qui ont tenté de mettre en évidence le mouvement de la Terre à travers l'éther. Comme tous les autres, il a échoué. Michelson est né à Strzelno, en Prusse (aujourd'hui en Pologne), le 19 décembre 1852. Ses parents ont émigré en Amérique lorsqu'il avait quatre ans, et se sont installés à San Francisco pour y faire des affaires. C'est là que le jeune garçon a grandi. Adolescent, Michelson est entré à l'académie navale des États Unis à Annapolis, où il excella dans les matières scientifiques. Une fois son diplôme en poche, il trouva un poste de répétiteur en chimie et en physique. En 1878, il s'intéressa à la meilleure façon de mesurer la vitesse de la lumière. Il comprit qu'il avait besoin d'étudier l'optique de façon plus approfondie et se rendit en France et en Allemagne comme c'était l'usage à l'époque. À son retour aux États-Unis, Michelson devint professeur de Physique à l'École Case de sciences appliquées et, plus tard, fut le premier directeur du département de Physique de l'Université de Chicago. En 1907, Michelson fut le premier Américain à se voir attribuer un prix Nobel scientifique.

Pendant son séjour en Allemagne dans le laboratoire d'Hermann von Helmholtz, Michelson inventa un appareil ingénieux, destiné à mesurer la vitesse de la Terre par rapport aux étoiles. Bien connu depuis sous le nom d'*interféromètre de Michelson,* il est basé sur une idée avancée par Maxwell en 1875. Maxwell faisait valoir que, si la Terre se déplace dans l'espace, l'éther qui remplit l'espace devait lui apparaître comme un vent. En mesurant la vitesse de la lumière dans le sens du mouvement de la Terre autour du Soleil (c'est-à-dire contre le vent d'éther), on devait trouver une vitesse égale à la vitesse de la lumière par rapport à l'éther *moins* la vitesse du vent d'éther. En mesurant la vitesse de la lumière dans le sens opposé, la valeur trouvée serait celle de la vitesse de la lumière par rapport à l'éther *plus* la vitesse de l'éther. En mesurant la vitesse de la lumière dans une direction perpendiculaire au vent d'éther, on obtiendrait la vraie valeur de la vitesse de la lumière par rapport à l'éther. Cette situation est semblable à celle d'un nageur qui parcourt 50 mètres, mesurés sur la berge, d'abord en remontant le courant, puis en le descendant et qui nage ensuite 50 mètres dans la direction perpendiculaire au courant. Les durées de chacun de ces trajets de 50 mètres seront différentes. Si on connaît la vitesse du nageur par rapport à l'eau, on en déduira la vitesse du courant.

La figure 19.4 est une représentation schématique de l'interféromètre de Michelson. Un miroir semi-réfléchissant sépare la lumière incidente en deux faisceaux — l'un transmis et l'autre réfléchi — qui se propagent dans deux directions perpendiculaires. Le faisceau réfléchi rencontre le miroir M_2, qui le renvoie vers le miroir semi-réfléchissant. Le faisceau transmis se réfléchit sur le miroir M_1 et revient lui aussi vers le miroir semi-réfléchissant. Les deux faisceaux sont à nouveau divisés et interfèrent. On observe la figure d'interférence à l'aide d'une lunette.

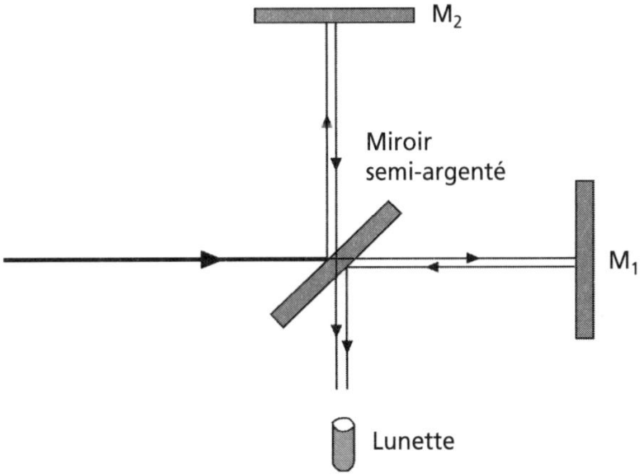

Figure 19.4 Schéma d'un interféromètre de Michelson. Un fin pinceau lumineux est partagé en deux par le miroir argenté semi-réfléchissant. Les deux faisceaux ainsi obtenus se propagent dans deux directions perpendiculaires, et rencontrent des miroirs qui les réfléchissent vers le miroir semi-réfléchissant où ils sont, à nouveau, divisés. Les deux faisceaux interfèrent l'un avec l'autre, et la figure d'interférence est observée à l'aide d'une lunette.

La première tentative de Michelson pour observer la vitesse du vent d'éther se solda par un échec : quelle que soit la direction d'observation, on ne constatait aucune modification de la vitesse de la lumière. Michelson en conclut qu'il fallait utiliser un appareil plus sensible. En 1887, Michelson, qui était alors à l'École Case des Sciences Appliquées, et son ami et collaborateur Edward W. Morley, professeur de chimie à l'Université, firent une nouvelle tentative. Ils placèrent l'interféromètre sur un bloc de pierre d'un mètre cinquante de côté, flottant sur du mercure afin de réduire les vibrations quand on faisait pivoter l'appareil. Quand l'appareil était orienté dans le sens du mouvement de la Terre, on observait une certaine figure d'interférences, due à la différence de longueur des chemins optiques parcourus par les deux faisceaux, l'un selon la direction du mouvement de la Terre, et l'autre perpendiculaire. Lorsqu'on faisait pivoter l'appareil de 90°, le faisceau qui était auparavant parallèle à la vitesse de la Terre devenait perpendiculaire, et celui qui était perpendiculaire se trouvait dans le sens du mouvement. On s'attendait donc à observer un déplacement de la figure d'interférences. Michelson avait calculé que ce déplacement devait être égal à 0,4 frange, soit un peu moins de la moitié de l'épaisseur d'une frange. Cette fois encore, le résultat fut négatif. Ils conclurent que « le déplacement réel est sans aucun doute inférieur au vingtième de cette quantité, et probablement au quarantième ».

Michelson avait la réputation d'être un expérimentateur soigneux, et le résultat négatif de son expérience plongea la communauté des physiciens dans la perplexité. En 1882, le chercheur irlandais George Fitzgerald proposa une explication. Il postula que tous les objets sont raccourcis dans la direction du mouvement de la Terre. Dans ces conditions, le bras de l'interféromètre qui se trouve dans la direction du mouvement de la Terre est raccourci, et cette contraction compense exactement l'effet du ralentissement de la lumière lorsqu'elle se propage contre le vent d'éther. Selon lui, la vitesse de la lumière dans la direction du vent d'éther est effectivement différente de sa vitesse dans la direction perpendiculaire, mais les durées des trajets sont les mêmes parce que la longueur dans la première direction est raccourcie exactement dans les proportions nécessaires. Puisque tous les objets qui se trouvent sur la Terre, y compris les mètres, sont contractés dans la direction du vent d'éther, nous ne pouvons pas mesurer directement cette contraction. En 1895, de façon indépendante, le physicien Hollandais Hendrik A. Lorentz postula la même contraction et essaya d'en donner une explication faisant intervenir des modifications des forces électromagnétiques entre les atomes. Cette contraction des longueurs, proposée sans autre justification empirique, simplement pour rendre compte du résultat nul de l'expérience de Michelson et Morley, porte aujourd'hui le nom de *contraction de Lorentz-Fitzgerald.*

Les postulats d'Einstein

Albert Einstein avait huit ans quand Michelson et Morley essayèrent de mesurer la vitesse du vent d'éther. Il avait commencé à parler tard, mais il ne fut jamais l'élève médiocre dont parle sa légende. Un an avant la fameuse expérience, en 1886, alors qu'Einstein avait sept ans, sa mère, Pauline, écrivait à sa propre mère : « Nous avons eu les notes d'Albert hier. Il est de nouveau en tête de sa classe et son bulletin est excellent ». Un an plus tard, son grand-père écrivait : « Le cher Albert est retourné une semaine à l'école. J'adore cet enfant, car vous ne pouvez imaginer à quel point il est devenu bon et intelligent ». À dix ans, Einstein entra au Luitpold Gymnasium, un établissement secondaire de Munich proche de sa ville natale d'Ulm, en Allemagne. Il s'y montra excellent en mathématiques et en physique, disciplines dans lesquelles il était « bien en avance sur le programme scolaire, ayant travaillé seul », comme il l'écrivit quelques années plus tard. Lorsqu'il avait douze ans, on lui offrit un livre de géométrie euclidienne, qu'il étudia avec enthousiasme. « La clarté et l'inéluctabilité de son contenu m'ont fait une impression indescriptible », écrivit-il plus tard dans un petit ouvrage autobiographique. Pourtant, Einstein n'aimait pas le lycée et son atmosphère contraignante. Au bout de six mois, déprimé et nerveux, il convainquit son médecin de famille de lui fournir un certificat affirmant que, compte tenu de désordres nerveux, il avait besoin de la compagnie de sa famille. Einstein quitta le lycée sans prévenir ses parents et les rejoignit à Pavie. Devant leur déception, il leur promit de travailler tout seul et de préparer l'examen d'entrée au prestigieux Institut Polytechnique Fédéral de Zurich, en Suisse, l'ETH. Son père souhaitait qu'il y suive des études d'ingénieur en électricité. Einstein passa un examen en histoire politique et littéraire, en allemand, en français, en dessin, en mathématiques, en géométrie descriptive, en biologie, en chimie et physique. Il lui fallut aussi écrire une dissertation. Il ne fut pas reçu. Toutefois, comme il avait bien réussi en mathématiques et dans les matières scientifiques, le directeur de l'Institut polytechnique lui suggéra d'obtenir un diplôme dans une école secondaire Suisse et de se représenter plus tard. Un an après, avec des notes excellentes, Einstein réussissait l'examen de l'école cantonale d'Aarau, en Suisse alémanique. Titulaire d'un diplôme, Einstein fut alors admis à l'ETH sans repasser l'examen.

Einstein entra donc à l'ETH le 26 octobre 1897, à l'âge de dix-sept ans, pour étudier la physique. Il étudia les mathématiques avec six professeurs — dont l'un était Hermann Minkowski, qui devait participer à la mise au point du formalisme mathématique de la théorie de la relativité. Trois professeurs enseignaient la physique et l'astronomie. Il choisit aussi des options : la projection gnomique, l'anthropologie, la géologie, la banque et la bourse, la politique et la philosophie de Goethe. Toutefois, il n'assistait pas régulièrement aux cours, préférant passer son temps dans le laboratoire de physique ou à la bibliothèque, où il lisait les œuvres originales de Maxwell, de Kirchhoff et de Hertz. Il comptait sur les notes de cours prises par son ami Marcel Grossmann pour préparer les examens. Einstein détestait particulièrement les cours de physique de Heinrich Weber, parce que celui-ci ne parlait pas de la théorie de Maxwell qu'Einstein considérait comme « le sujet le plus passionnant à l'époque où j'étais étudiant ». L'absence de sympathie était réciproque, car Weber n'aimait pas le franc parler d'Einstein ni son refus de l'autorité. À cette époque, en Europe, un professeur était un personnage de haut rang, respecté et révéré par les gens plus humbles.

Einstein obtint son diplôme de l'ETH en août 1900. Trois autres étudiants avaient obtenu leur diplôme en même temps que lui, et tous trois obtinrent immédiatement un poste d'assistant à l'ETH. On n'offrit rien à Einstein. Il postula pour d'autres emplois universitaires, mais ne fut pas accepté. En 1901, il écrivit : « D'après ce qu'on me dit, je ne suis dans les bonnes grâces d'aucun de mes anciens professeurs... J'aurais trouvé un poste depuis longtemps si Weber n'avait pas intrigué contre moi ».

En 1901, toujours sans travail, Einstein se remit à la physique et écrivit son premier article scientifique, sur les forces intermoléculaires, qui parut dans la prestigieuse revue *Annalen der Physik*. Il écrivit ensuite un article de recherche en thermodynamique, qu'il présenta à l'Université de Zurich pour obtenir son doctorat. Ce travail ne fut pas accepté comme thèse par le professeur Kleiner. En juin 1902, grâce à la recommandation du père de Marcel Grossmann, Einstein obtint un travail d'employé à l'Office Suisse des Brevets, à Berne. Ce n'était pas un poste universitaire, mais c'était le meilleur emploi possible pour Einstein à cette époque, car il n'était pas très prenant et lui laissait beaucoup de temps pour se consacrer à la physique. C'est à l'Office des brevets qu'Einstein mit au point et publia sa théorie de la relativité restreinte.

1905 fut l'*annus mirabilis* d'Einstein, comparable dans l'histoire de la physique à l'*annus mirabilis* de 1666, quand Newton rentra chez lui, à Woolsthorpe, et expliqua le fonctionnement de l'univers. En cette année 1905, Einstein publia un article qui était « très révolutionnaire », comme il l'écrivit à un ami. Révolutionnaire, il l'était sans aucun doute : il posait les fondements de la théorie quantique en introduisant le concept de quanta de lumière ou photon. Il devait valoir à Einstein le prix Nobel de physique en 1921. Moins d'un mois après, il envoya un autre article, qui devait lui faire obtenir le titre de docteur de l'Université de Zurich. Accepté par le même professeur Kleiner qui avait refusé sa première proposition, c'est l'article sur l'eau sucrée dont nous avons parlé au chapitre 1. Il l'intitula *Nouvelle détermination de la taille des molécules*. Le mois suivant, il présenta un troisième article qui expliquait les mouvements désordonnés, en zigzags, d'un grain de pollen en suspension dans l'eau et contribuait à prouver l'existence des atomes. Ce phénomène porte le nom de mouvement brownien, mais Einstein ne le savait pas. Le 30 juin 1905, *Annalen der Physik,* la revue qui avait publié tous ses articles, reçut le quatrième manuscrit écrit par Einstein cette année-là. Il était intitulé *Sur l'électrodynamique des corps en mouvement*. C'était l'article sur la relativité restreinte, le quatrième de cette année incroyable, présenté quinze semaines après le premier. Mais Einstein n'en avait pas fini. Il eut encore le temps d'écrire un cinquième article, intitulé *L'inertie d'un corps dépend-elle de son contenu en énergie ?* C'est l'article qui contient la fameuse formule $E = mc^2$, qui allait devenir synonyme de son nom. Cette année-là, Einstein avait vingt-six ans.

L'article de 1905 sur la relativité restreinte commence par constater que la théorie de l'électromagnétisme de Maxwell distingue l'immobilité du mouvement. Il donne l'exemple d'un aimant et d'un fil électrique se déplaçant l'un par rapport à l'autre. Si l'aimant se déplace tandis que le fil est au repos, l'aimant en mouvement crée un champ électrique qui induit un courant dans le fil. En revanche, si c'est le fil qui se déplace et l'aimant qui reste immobile, il n'y a pas de champ électrique créé, mais le conducteur en mouvement est soumis à une force qui donne naissance au même courant que dans le cas précédent. Cela signifie que l'on peut faire la distinction entre l'immobilité et le mouvement à l'aide d'une expérience électromagnétique. Or Galilée avait découvert que le mouvement absolu n'existe pas et que seul le mouvement relatif a un sens. Soit Galilée s'était trompé, soit c'était Maxwell. Einstein décida qu'il fallait reformuler l'électromagnétisme de façon à ne faire intervenir que des mouvements relatifs. C'est ce qu'il s'employait à faire dans la deuxième partie de son article.

Einstein ne se contenta pas simplement de suggérer que seul comptait le mouvement relatif, il en fit un postulat qu'il appela *principe de relativité*. Il introduisit également un second postulat : « La lumière se propage toujours dans le vide à une certaine vitesse c, indépendante du mouvement de la source émettrice ». La théorie de la relativité restreinte s'appuie sur ces deux postulats fondamentaux. Énonçons-les tels qu'Einstein les a écrits :

> Postulat 1 – Principe de relativité : les lois de l'électrodynamique et de l'optique sont les mêmes dans tous les référentiels où les équations de la mécanique sont valables.

> Postulat 2 : La lumière dans le vide se propage toujours à une certaine vitesse c, indépendante du mouvement de la source émettrice.

Le premier postulat est un élargissement du principe de relativité galiléenne pour l'appliquer non seulement à la mécanique, mais aussi à l'électromagnétisme et à l'optique. En fait, en l'étendant à l'optique et l'électromagnétisme, Einstein voulait dire à toute la physique, puisque la mécanique, l'optique et l'électromagnétisme constituaient l'ensemble des lois connues à l'époque. On peut donc le reformuler ainsi :

> Postulat 1 [version alternative] : Les lois de la physique sont les mêmes pour tous les observateurs qui se trouvent dans des référentiels d'inertie (non accélérés).

Le second postulat semble contredire le bon sens. C'était la solution d'Einstein à une question qu'il se posait depuis l'âge de seize ans. Que se passerait-il si nous pouvions nous déplacer à la vitesse de la lumière ? La physique newtonienne ne nous interdit pas de le faire. À bord d'un vaisseau spatial en accélération constante, on finirait par atteindre voire même par dépasser la vitesse de la lumière. En se déplaçant à la vitesse de la lumière dans le sens d'un faisceau lumineux, on ne pourrait plus observer son aspect ondulatoire. Or, Einstein s'était rendu compte de ce que les équations de Maxwell interdisent une telle situation. Ou bien les équations de Maxwell étaient fausses, ou bien il était impossible de se déplacer à la vitesse de la lumière. Einstein décida que les équations de Maxwell étaient justes et que la vitesse de la lumière devait donc être une vitesse limite qu'aucun corps matériel ne peut jamais atteindre. Considérée ainsi, elle a la même valeur dans tous les référentiels d'inertie.

La dilatation des durées

Le fait que la vitesse de la lumière soit identique dans tous les référentiels d'inertie a des conséquences importantes sur la façon de mesurer le temps. Imaginons deux trains semblables, l'un se déplaçant à la vitesse constante v et l'autre, immobile près du quai de la gare. Chacun de ces trains se trouve dans un référentiel d'inertie. Supposons, de plus, que la vitesse du train qui se déplace est très grande, proche de la vitesse de la lumière. Bien entendu, aucun train ne peut atteindre de telles vitesses (la vitesse de la sonde spatiale *Galileo* atteint 0,000 1 c), mais il s'agit d'une *expérience par la pensée*. Dans l'une des voitures du train en mouvement, un observateur a placé un miroir au plafond, et une source lumineuse sur le sol. Dans le train immobile, une observatrice a installé un dispositif semblable. Imaginons de plus que ces voitures ont des fenêtres très larges, qui permettent à l'autre protagoniste d'observer tout l'appareillage tout en l'empêchant de voir le sol ou d'autres structures du train. Pour fixer les idées, plaçons-nous du point de vue de l'observatrice dans le train immobile (par rapport au quai de la gare). Chaque observateur mesure la distance entre la source lumineuse et le miroir qui se trouvent dans son train : ils trouvent tous deux la même distance notée d (figure 19.5a).

Au moment où les deux voitures se croisent, chaque observateur déclenche un éclair lumineux. L'observateur du train en mouvement mesure le temps t' mit par la lumière pour aller jusqu'au miroir de son train et en revenir. Puisque la longueur de l'aller-retour est $2d$, sa durée est :

$$t' = \frac{2d}{c}$$

(a)

(b)

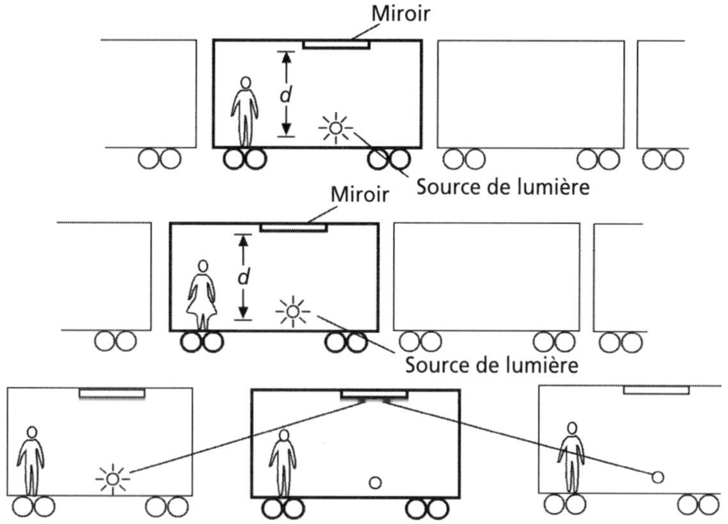

Figure 19.5 (a) Deux trains identiques, équipés de lampes et de miroirs, se déplacent l'un par rapport à l'autre. **(b)** Le trajet suivi par la lumière tel qu'il est vu par un observateur immobile sur la voie.

Pourtant, en s'intéressant à ce qui se passe à bord du train en mouvement, l'observatrice du train immobile trouve une valeur t différente. Puisque le train se déplace à la vitesse v, au moment où la lumière arrive sur le miroir, ce dernier a parcouru une certaine distance (figure 19.5b). D'après l'observatrice immobile, pour arriver jusqu'au miroir, la lumière a donc dû se propager suivant une droite inclinée et parcourir par conséquent une distance plus grande. Puisque la lumière se déplace à la même vitesse dans les deux référentiels, la lumière voyage plu longtemps dans le référentiel de l'observatrice immobile.

L'expression de la durée de l'aller-retour dans le train en mouvement, tel qu'elle est mesurée par l'observatrice immobile est :

$$t = \frac{t'}{\sqrt{1 - \frac{v^2}{c^2}}} = \gamma t'$$

qui fait apparaître le facteur $\gamma = 1/\sqrt{1 - v^2/c^2}$ (γ est la lettre grecque gamma). Cette expression n'est pas difficile à établir (voir encadré). Remarquons que $v < c$, sinon la quantité sous la racine carrée serait négative, donnant ainsi un nombre imaginaire. Ceci signifie que le facteur γ est toujours plus grand que 1 (il est égal à 1 lorsque $v = 0$), de sorte que t est plus grand que t'. La durée mesurée par l'observatrice immobile est donc plus grande d'un facteur γ que celle mesurée par l'observateur en mouvement.

Pour l'observateur immobile, le faisceau lumineux semble se déplacer le long des côtés d'un triangle isocèle de base vt, puisque le train se déplace à la vitesse v. Si nous divisons ce triangle en deux triangles rectangles, comme l'indique la figure ci-dessous, nous pouvons appliquer le théorème de Pythagore à l'un des côtés de l'angle droit. D'après le deuxième postulat, la vitesse du faisceau lumineux dans le référentiel du train en mouvement est toujours égale à c. Il en résulte que, si le temps mesuré par l'observatrice immobile est égal à t, la distance totale parcourue par la lumière quand elle va jusqu'au miroir et en revient est égale à ct. La distance de l'aller jusqu'au miroir est donc égale à $ct/2$. C'est justement la longueur de l'hypoténuse de notre triangle rectangle. Ainsi :

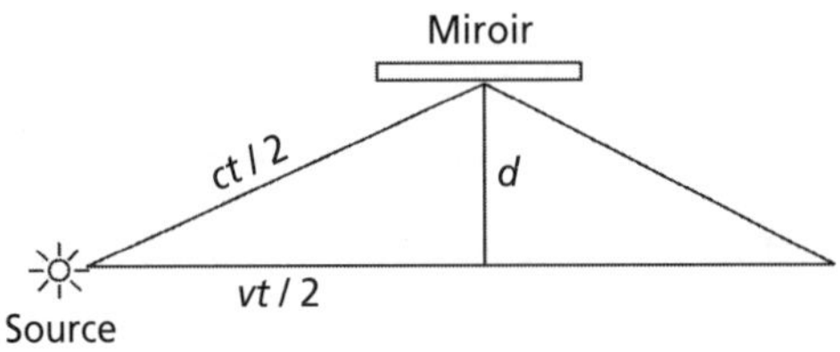

$$\left(\frac{ct}{2}\right)^2 = \left(\frac{vt}{2}\right)^2 + d^2$$

Ce qui devient, en multipliant les deux membres par 4 :

$$c^2t^2 - v^2t^2 = 4d^2$$

En exprimant t, on trouve :

$$t = \frac{2d}{\sqrt{c^2 - v^2}} = \frac{2d}{c\sqrt{1 - \frac{v^2}{c^2}}} = \frac{2\frac{d}{c}}{\sqrt{1 - \frac{v^2}{c^2}}}$$

Mais $2d/c = t'$. Ainsi, la durée de l'aller-retour de la lumière mesurée par l'observatrice immobile est :

$$t = \frac{t'}{\sqrt{1 - \frac{v^2}{c^2}}} = \gamma t'$$

Ce système constitué d'un miroir et d'un éclair peut être utilisé comme une horlogc. En comptant le nombre d'allers-retours, l'observatrice immobile voit le temps s'écouler plus lentement dans le référentiel en mouvement. « Faux ! », affirme l'observateur qui est dans le train qui roule. « J'ai bien observé l'expérience de ma collègue dans l'autre train, et c'est elle qui se déplace. La durée de l'aller-retour de la lumière dans *son* train que je mesure est plus grande que celle qu'elle mesure elle-même ». Qui a raison ? Les deux ont raison. C'est l'apport de la relativité restreinte. Le choix du référentiel n'a pas d'importance, puisqu'il n'y a pas de référentiel privilégié. Notre propre référentiel est immobile pour nous mais, comme nous l'avons dit plus tôt, il peut ne pas l'être pour quelqu'un qui nous observe de l'espace. En fait, le train en mouvement pourrait rouler vers l'ouest à une vitesse égale à celle de la rotation de la Terre, de sorte que, pour un observateur situé dans l'espace, c'est ce train-là qui paraîtrait immobile. La seule chose que l'on puisse affirmer, c'est que, lorsqu'il est mesuré dans le référentiel où ils se produisent, l'intervalle de temps qui sépare deux événements (l'émission de l'éclair de lumière et son arrivée sur le miroir, dans notre exemple) est toujours plus petit que lorsqu'il est mesuré par un autre observateur, situé dans un référentiel d'inertie différent. L'intervalle de temps mesuré par un observateur dans son propre référentiel est appelé le *temps propre*. Nous pouvons résumer toute cette discussion en disant que :

> *Le temps propre est toujours plus petit que celui qui est mesuré dans un référentiel en mouvement.*

Ce phénomène est appelé la *dilatation des durées ou dilatation du temps*. Il ne s'agit pas d'une impression, mais d'un phénomène réel qui a été vérifié expérimentalement. On l'a observé pour la première fois chez les muons, des particules élémentaires dont la masse est 207 fois plus élevée que celle de l'électron et que l'on trouve dans les rayons cosmiques, source naturelle de particules de haute énergie. Lorsqu'on la mesure au laboratoire, la durée de vie moyenne des muons (leur demi-vie, pour être précis) est égale à $1{,}52 \times 10^{-6}$ s. Comme ils se déplacent à une vitesse proche de celle de la lumière, la moitié des muons qui atteignent l'atmosphère devrait avoir parcouru 450 mètres avant de disparaître. Les observations montrent qu'en fait, la moitié des muons qui atteignent l'atmosphère parcourt près de 3 200 m. Ce phénomène est dû à la dilatation des durées. Dans le référentiel où les muons sont immobiles, leur durée de vie est égale à $1{,}52 \times 10^{-6}$ s (celle que nous mesurons au laboratoire, puisque nous nous trouvons alors dans le même référentiel qu'eux). Mais pour un observateur situé sur la Terre, un muon se déplace pratiquement à la vitesse de la lumière et sa durée de vie, telle qu'elle est mesurée par cet observateur, est multipliée par le facteur γ, et atteint $10{,}8 \times 10^{-6}$ s. Observés depuis la Terre, les muons parcourent une plus grande distance parce que leur temps de vie est plus long (figure 19.6).

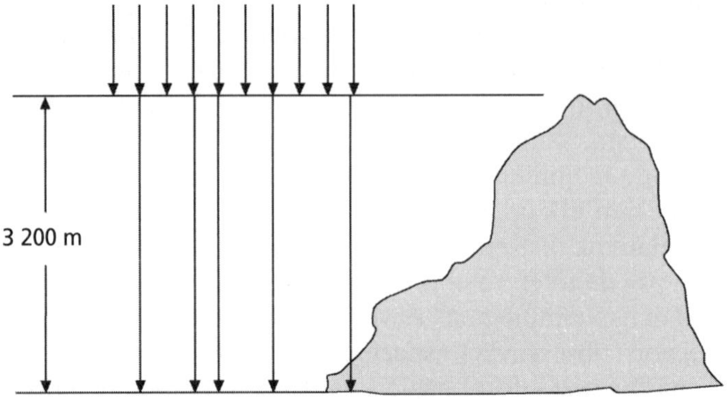

Figure 19.6 Dans le référentiel du muon, sa demi-vie est égale à 1,6 μs. À une vitesse à peu près égale à celle de la lumière, la distance parcourue pendant ce temps par un muon est égale à 450 m. Pour un observateur qui se trouve au sol, la demi-vie est multipliée par le facteur γ, et est donc égale à 10,8 μs : la distance parcourue par les muons pendant ce temps est alors de 3 200 m. La moitié des muons détectés au sommet d'une montagne de 3 200 m de haut est encore détectée au pied de cette montagne.

Les muons ne sont pas les seuls à subir la dilatation des durées : tous les objets la subissent également. Les processus biologiques, comme le rythme de division des cellules ou les battements du cœur, sont également ralentis quand ils sont observés depuis un autre référentiel. La dilatation des durées rendra possibles les voyages interstellaires, ou même intergalactiques, quand les technologies du futur permettront de fabriquer des moteurs capables d'accélérer jusqu'à des vitesses proches de celle de la lumière. Notre galaxie, la Voie lactée, a un diamètre d'environ cent mille années-lumière. À une vitesse proche de celle de la lumière, il faut un peu plus de cent mille ans pour la traverser. Mais il s'agit là du temps mesuré par un observateur resté la Terre. Un engin spatial du futur pourrait traverser la galaxie en un temps, mesuré à bord de l'engin, inférieur à la durée de la vie humaine.

Aux confins de la physique : les voyages intergalactiques

La dilatation relativiste des durées est susceptible de rendre les voyages intergalactiques possibles, mais pas avec la technologie actuelle. La distance qui nous sépare de la galaxie spirale la plus proche, M31, c'est-à-dire la grande galaxie d'Andromède, est d'environ un million d'années-lumière. Un vaisseau spatial capable de conserver une accélération constante égale à 1 g (9,8 m/s^2) pendant toute la durée du voyage

atteindrait M31 en 28 ans, temps du vaisseau. Toutefois, bien avant que l'équipage n'atteigne sa destination, les familles et les amis restés sur Terre — et peut être même la civilisation qui a lancé l'engin —, auraient disparu puisque, en temps terrestre, la durée du voyage serait de quelques millions d'années.

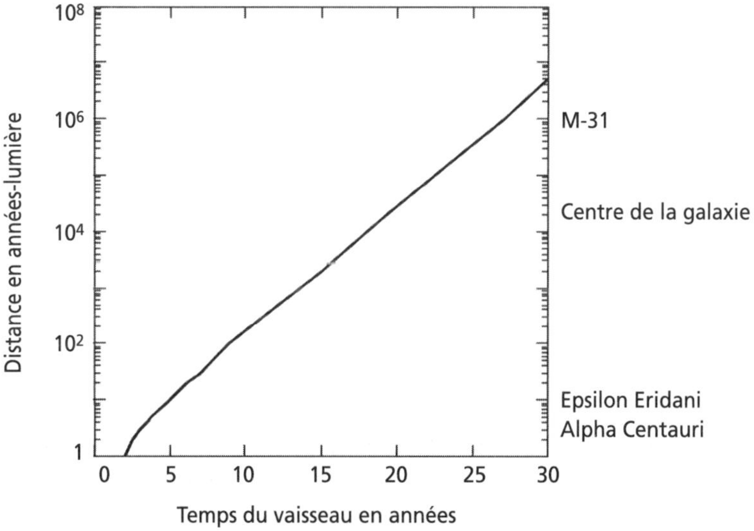

Une accélération constante de 1 g augmente la vitesse de façon incroyable, en des temps relativement courts. La figure ci-dessous représente cette augmentation de vitesse. Il faut trois ans, mesurés en temps du vaisseau pour atteindre l'étoile la plus proche, qui se trouve à environ quatre années-lumière, et près de cinq ans pour atteindre Epsilon Eridani, une étoile située à 10 années-lumière. Mais il ne faut que 21 ans pour atteindre le centre de notre galaxie qui se trouve à 30 000 années-lumière. Sept ans de plus — toujours en temps du vaisseau — et l'engin arriverait au voisinage de M31.

Les vaisseaux et les systèmes de propulsion qui ont été mis au point au début de l'ère spatiale sont très loin des performances nécessaires ne serait-ce que pour commencer à envisager de tels voyages interstellaires. On sait obtenir une accélération de 1 g, mais pendant une très brève durée. La conserver pendant toute la durée d'un voyage nécessite une technologie bien plus avancée.

Simultanéité

Dans son article de 1905 sur la relativité restreinte, Einstein a écrit l'un des textes scientifiques les plus clairs qui soient :

> *Si nous voulons décrire le mouvement d'un point matériel, nous donnons les valeurs de ses coordonnées en fonction du temps. Mais il faut soigneusement garder à l'esprit qu'une description mathématique de ce type n'a pas de signification physique, à moins que nous ne soyons très clairs sur ce que nous comprenons par « temps ». Nous devons tenir compte de ce que toutes les considérations dans lesquelles le temps joue un rôle concernent des événements simultanés.*

Mais quand peut-on dire que deux événements sont simultanés ? Einstein donne un exemple que Léopold Infeld, l'un de ses collaborateurs, a appelé « la phrase la plus simple que j'aie jamais lue dans un article scientifique ».

> *Si je dis, par exemple, « le train arrive ici à 7 heures », cela signifie que le passage de la petite aiguille de ma montre devant le chiffre 7 et l'arrivée du train sont des événements simultanés.*

Pourtant, explique Einstein, bien qu'on puisse définir le mot « temps » en lui substituant la périphrase « la position de la petite aiguille de la montre », une telle définition n'est plus satisfaisante « lorsqu'il s'agit de classer chronologiquement une série d'événements qui se passent en des lieux différents. Autrement dit, comment pouvons-nous dire que deux événements, dont l'un s'est produit à New York et l'autre à Moscou, sont simultanés ? ». Nous pourrions demander à un ami vivant à New York et à un autre, à Moscou, de nous téléphoner : nous pourrions alors tous synchroniser nos montres et déterminer ainsi si les deux événements sont effectivement simultanés. L'inconvénient de cette méthode est que les conversations téléphoniques sont transmises en utilisant des ondes électromagnétiques qui se déplacent à la vitesse de la lumière. Certes, d'après le second postulat, c'est la vitesse la plus grande possible, mais elle est néanmoins finie. Les signaux vont donc mettre des temps légèrement différents pour nous arriver. Ce n'est pas grave puisque nous connaissons la vitesse de la lumière et que nous pouvons ainsi tenir compte du retard du signal qui vient de l'endroit le plus éloigné. Et, bien entendu, si nous nous plaçons exactement à égale distance de New York et de Moscou, les signaux arrivent en même temps et il n'est pas nécessaire de tenir compte d'un quelconque retard.

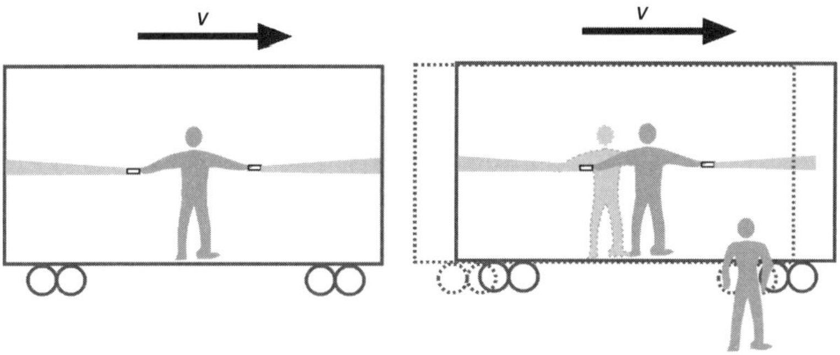

Figure 19.7 Observés par le passager immobile dans le train (gauche), les deux faisceaux émis en même temps au milieu du train arrivent en même temps sur les deux murs. Une personne qui se trouve sur la voie verra le faisceau arriver sur le mur arrière en premier.

Le problème se pose lorsque nous considérons des événements qui se produisent dans des référentiels inertiels différents. Considérons encore une fois un train qui se déplace à vitesse constante (figure 19.7). Dans ce train, un passager assis au milieu d'une voiture, tient deux lampes électriques, l'une pointée vers l'avant et l'autre vers l'arrière. Il allume les deux lampes en même temps. Dans le référentiel d'inertie du train, les deux faisceaux se propagent à la vitesse de la lumière c, et éclairent les deux murs au même instant. Pour l'observatrice immobile près du quai de la gare, les deux faisceaux se propagent aussi à la même vitesse (celle de la lumière). Mais, pour elle, le mur arrière va à la rencontre d'un faisceau lumineux tandis que le mur avant semble vouloir échapper à celui qui se propage dans le même sens que le train. Selon l'observatrice immobile sur le quai, l'éclair qui se dirige vers l'arrière du train arrive en premier, et les deux événements ne sont pas simultanés !

Nous concluons donc que *deux événements simultanés dans un référentiel d'inertie ne le sont pas pour des observateurs qui se trouvent dans d'autres référentiels*. Ceci est une conséquence du deuxième postulat d'Einstein, l'uniformité de la vitesse de la lumière dans tous les référentiels d'inertie.

La contraction des longueurs

La contraction des longueurs de Lorentz-Fitzgerald, proposée en 1882 pour expliquer l'absence de résultat de l'expérience de Michelson et Morley, est une conséquence de la théorie de la relativité restreinte. Pour le comprendre, revenons à notre exemple des trains (figure 19.8). Un train roule à vitesse constante v tandis que l'autre est arrêté dans la gare. Dans le train immobile, une passagère mesure la longueur de sa voiture et trouve L_0. Cette longueur, mesurée par l'observatrice dans son propre référentiel d'inertie, est appelée la *longueur propre*. La longueur propre est une caractéristique de l'objet considéré. L'observateur à bord du train en mouvement décide de mesurer lui aussi la longueur de la voiture du train immobile. Cet observateur a tracé une marque sur sa fenêtre et, à l'aide d'une montre très précise, il mesure l'intervalle de temps t' qui sépare le passage de sa marque devant les deux extrémités de la voiture immobile. Il calcule alors que la longueur de la voiture est $l' = vt'$. La passagère du train immobile, qui observe elle aussi l'expérience, mesure le temps t qu'il faut à la marque du train en mouvement à la vitesse v pour se déplacer de l'arrière à l'avant de sa voiture immobile. Elle constate que le produit vt est en accord avec sa précédente mesure de la longueur propre du wagon : $vt = L_0$. Comme les horloges des référentiels en mouvement retardent, elle sait que la durée t' du passage de sa voiture devant la marque du train qui roule, mesurée par le passager de ce train, est inférieure au temps t qu'a duré pour elle le passage de la marque le long de sa voiture. Par conséquent, la longueur de sa voiture, mesurée depuis le train immobile est plus petite que L_0. Nous savons déjà que le temps t qu'elle mesure est égal au produit par γ du temps t' mesuré par l'observateur en mouvement :

$$t = \gamma t' = \frac{t'}{\sqrt{1 - \frac{v^2}{c^2}}}$$

de sorte que :

$$t' = t\sqrt{1 - \frac{v^2}{c^2}}$$

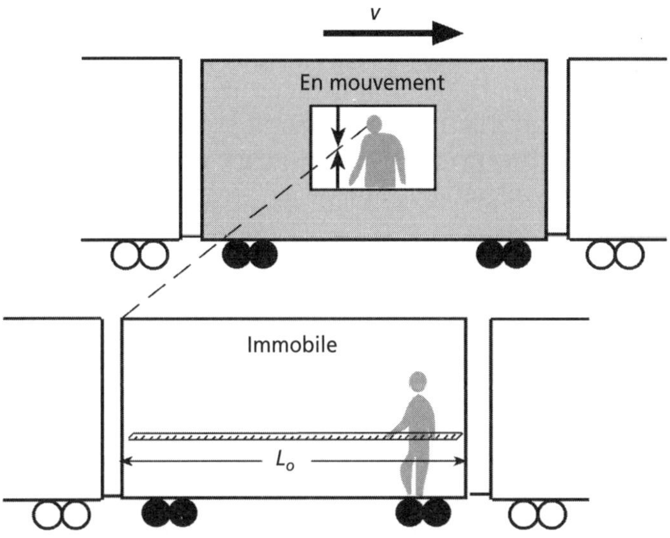

Figure 19.8 La passagère du train immobile trouve que la longueur de sa voiture est égale à L_0. Le passager du train en mouvement a tracé une marque sur la vitre de sa voiture. Il détermine la longueur de la voiture du train immobile en mesurant le temps que met cette voiture pour passer entièrement devant sa marque.

La longueur L de la voiture immobile telle qu'elle est mesurée dans le référentiel du train en mouvement est donc :

$$L = vt' = vt\sqrt{1-\frac{v^2}{c^2}}$$

et, puisque $vt = L_0$, la longueur propre mesurée par l'observatrice dans son propre référentiel, la longueur mesurée par le passager du train en mouvement est :

$$L = L_0\sqrt{1-\frac{v^2}{c^2}}$$

Le facteur $\sqrt{1-v^2/c^2}$ est toujours inférieur à 1, de sorte que la longueur L est toujours plus petite que L_0. La longueur d'un objet en mouvement par rapport à un observateur est toujours plus petite que la longueur propre de cet objet, qui est celle que mesure un observateur immobile par rapport à l'objet.

La contraction des longueurs est un phénomène réel, pas une illusion d'optique. C'est une conséquence directe de l'uniformité de la vitesse de la lumière dans tous les référentiels d'inertie, et elle a été observée expérimentalement. Comme dans le cas de la dilatation des durées, la situation est exactement symétrique. Si le passager du train en mouvement considère que ce n'est pas lui qui bouge, mais l'autre train et la gare, il sait que, mesurée par la passagère de l'autre train la longueur de sa propre voiture sera plus petite que la longueur propre qu'il a lui-même mesurée. Elle sera raccourcie d'un facteur $\sqrt{1 - v^2/c^2}$. Encore une fois, les deux points de vue sont corrects puisqu'il n'y a pas de référentiel particulier.

Composition des vitesses

Dans son article de 1905 sur la théorie de la relativité restreinte, Einstein arrivait à la conclusion que la vitesse de la lumière est une vitesse limite, inatteignable par un corps matériel. Imaginons un vaisseau spatial qui se déplace à la vitesse de 299 000 km/s par rapport à la Terre. L'équipage de ce vaisseau peut-il lancer une fusée de reconnaissance dans le sens du mouvement à une vitesse de, mettons, 10 000 km/s ? Si tel était le cas, d'après la relativité galiléenne, les observateurs restés sur Terre constateraient alors que la vitesse de la fusée de reconnaissance est égale à 299 000 + 10 000 = 309 000 km/s, supérieure à la vitesse de la lumière (299 792 km/s). Selon la relativité restreinte, c'est impossible. Dans ce cas, comment faut-il calculer la vitesse de la fusée ?

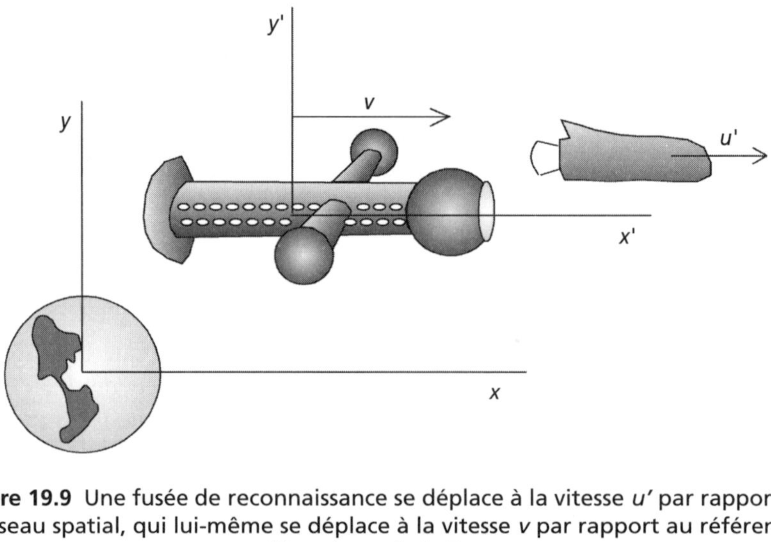

Figure 19.9 Une fusée de reconnaissance se déplace à la vitesse *u'* par rapport au vaisseau spatial, qui lui-même se déplace à la vitesse *v* par rapport au référentiel d'inertie *xy* de la Terre.

Dans son article, Einstein montre que si un objet se déplace à la vitesse *u'* dans un référentiel d'inertie lui-même en mouvement à la vitesse *v* par rapport à un autre référentiel d'inertie (figure 19.9), la vitesse de l'objet dans le deuxième référentiel est :

$$u = \frac{v + u'}{1 + \frac{vu'}{c^2}}$$

Dans l'exemple que nous avons choisi, la vitesse du vaisseau spatial est $v = 299\ 000$ km/s par rapport à la Terre, et la fusée de reconnaissance se déplace à la vitesse $u' = 10\ 000$ km/s par rapport au vaisseau. Sur Terre, on mesure une vitesse *u* pour la fusée égale à :

$$u = \frac{299\ 000 + 10\ 000}{1 + \frac{299\ 000 \times 10\ 000}{299\ 792^2}} = 299\ 051 \text{ km/s}$$

Remarquons que le numérateur de l'expression d'Einstein pour la composition des vitesses est identique à la formule de l'addition galiléenne. En relativité restreinte, cette simple somme doit être divisée par la quantité $(1 + vu'/c^2)$. Si l'objet se déplace dans le même sens que le référentiel en mouvement, la quantité au dénominateur est plus grande que 1 et la vitesse *u* de la relativité restreinte est inférieure à ce qu'elle serait en relativité galiléenne. Remarquons aussi que, si les vitesses sont beaucoup plus petites que celle de la lumière, le dénominateur est pratiquement égal à 1 et la composition des vitesses d'Einstein se ramène à l'addition de la théorie galiléenne.

E = *mc*²

Le cinquième et dernier article écrit par Einstein en 1905, *L'inertie d'un corps dépend-elle de son contenu en énergie ?* ne fait que trois pages. « Les résultats des réflexions précédentes, écrit-il dans ce bel article en se référant à la relativité restreinte, conduisent à une conclusion intéressante, que nous allons indiquer ici ». Einstein montrait que la masse inertielle et l'énergie sont équivalentes.

Einstein considère un atome qui émet de la lumière en subissant une désintégration radioactive. En appliquant les principes de conservation de l'énergie et de la quantité de mouvement à cette désintégration, il démontre que la masse de l'atome résultant de la désintégration doit être inférieure à celle de l'atome initial. Rappelons-nous qu'en 1905, Rutherford n'avait pas encore introduit son modèle du noyau, et que la radioactivité n'avait été découverte que quelques années auparavant. Comme nous l'avons vu au chapitre 8, cette différence de masse rend compte de l'énergie de liaison du noyau. Mais à l'époque, avant que Rutherford ne propose son modèle de noyau, en 1911, ce problème ne se posait pas. Einstein concluait :

> Si un corps cède l'énergie E sous forme de rayonnement, sa masse diminue de E/c^2. *Le fait que l'énergie perdue par le corps prenne la forme particulière d'un rayonnement ne fait évidemment aucune différence, et nous sommes conduits à la conclusion plus générale que :*
>
> *La masse d'un objet est une mesure de l'énergie qu'il contient.*

« Si un corps cède l'énergie E sous forme de rayonnement, sa masse diminue de la quantité E/c^2 ». Ainsi qu'Einstein l'a fait remarquer plus tard, cette conclusion est générale. La masse d'un objet est une forme d'énergie. La collision de deux protons dans un accélérateur de particules crée une gerbe de nouvelles particules au moment où l'énergie cinétique est transformée en énergie de masse, ce qu'on peut observer dans une chambre à bulles (figure 19.10). Quand

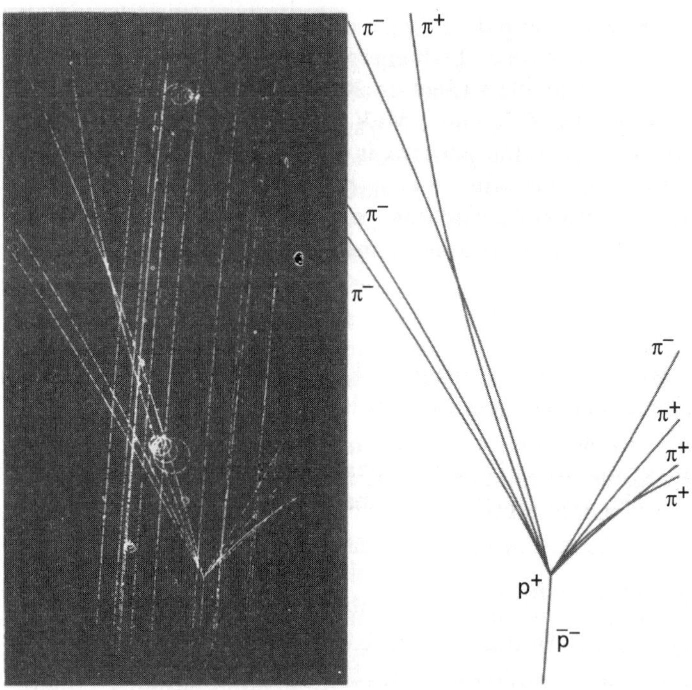

Figure 19.10 Photographie, prise dans une chambre à bulles, de la collision entre deux protons d'un accélérateur de particules Avec l'aimable autorisation du Brookhaven National Laboratory.

une particule de masse au repos m_0 se désintègre spontanément, toute sa masse inertielle est transformée en énergie. Puisque la masse inertielle est $m_0 = E/c^2$, l'énergie libérée est :

$$E = m_0c^2$$

C'est la plus célèbre des équations d'Einstein.

Cette équivalence masse-énergie signifie aussi qu'un objet de masse m_0 peut être créé par un apport d'énergie. Le phénomène de *création de paires* en est un exemple. Quand un rayon gamma passe au voisinage d'un atome, il arrive qu'il disparaisse, donnant naissance à un électron et à son antiparticule, le positon, sans modifier l'état de l'atome voisin (figure 19.11). L'énergie cinétique du photon a été transformée en masse : celle de l'électron et du positon.

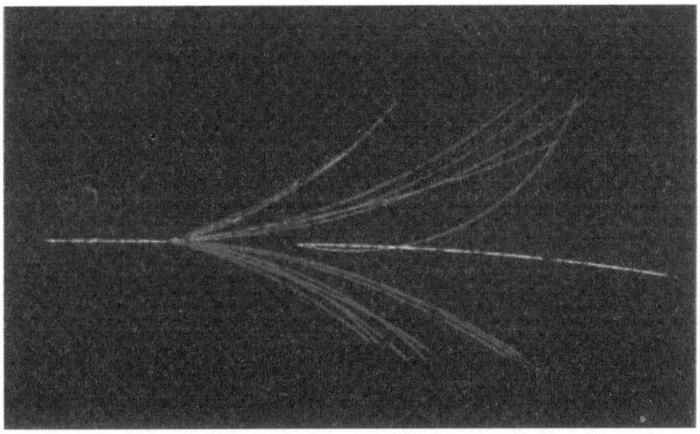

Figure 19.11 Production d'une paire. Un photon gamma d'énergie suffisante passe à proximité d'un noyau, et disparaît en créant un électron et un positon dont on peut voir les traces dans une chambre à brouillard. La présence d'un champ magnétique courbe les trajectoires et les fait s'éloigner l'une de l'autre. Le rayon gamma ne laisse pas de trace. Avec l'aimable autorisation du Brookhaven National Laboratory.

L'énergie totale d'une particule de masse m_0 se déplaçant à la vitesse v et ayant l'énergie cinétique EC est :

$$E = m_0c^2 + EC$$

Cette énergie totale est égale à mc^2 ; donc,

$$mc^2 = m_0c^2 + EC$$

La masse relativiste, m, d'un objet est égale à sa masse au repos m_0 quand il est immobile par rapport à l'observateur, c'est-à-dire quand son énergie cinétique est nulle. Quand l'objet est en mouvement par rapport à l'observateur, la masse relativiste augmente. Einstein écrit cette masse relativiste sous la forme :

$$m = \frac{m_0}{\sqrt{1 - \frac{v^2}{c^2}}}$$

Cette expression montre que, lorsque la vitesse de l'objet approche de celle de la lumière, sa masse devient infinie. Ce résultat est, bien entendu, une conséquence du postulat de la relativité restreinte qui impose une vitesse limite à tout objet matériel. Quelle que soit la force appliquée ou le temps pendant lequel elle est appliquée, l'objet ne peut jamais atteindre la vitesse de la lumière. La masse, ainsi que nous l'avons indiqué au début de ce livre, est une mesure de l'inertie d'un corps, c'est-à-dire de la résistance qu'il oppose à une modification de son état de mouvement. Quand la vitesse de l'objet augmente, sa résistance à la force appliquée — son inertie — augmente, tendant vers l'infini quand l'objet s'approche de la vitesse de la lumière.

« Masse » n'est pas ici synonyme de « quantité de matière ». L'augmentation relativiste de la masse n'implique pas une augmentation de la taille ou de la quantité de matière de l'objet. Quand la vitesse de l'objet augmente, ce dernier ne devient ni plus gros ni plus dense ; il devient tout simplement de plus en plus difficile à accélérer. Quand on parle d'augmentation de la masse, il s'agit en fait d'une augmentation de l'inertie d'un objet.

20

La théorie de la relativité générale

Le principe d'équivalence

Le principe de relativité — le premier postulat de la relativité restreinte — affirme que les lois de la physique sont identiques dans tous les référentiels inertiels (c'est-à-dire non accélérés), que l'on appelle aussi référentiels galiléens. Comme nous l'avons vu, c'est une généralisation de la relativité galiléenne — qui ne concernait que les lois de la mécanique — à l'électromagnétisme et à l'optique, c'est-à-dire à toute la physique de l'époque. Ce postulat signifie qu'il n'existe pas de référentiel galiléen absolu et que l'on ne peut parler de mouvement uniforme que par rapport à un référentiel inertiel donné. Aucune expérience réalisée à l'intérieur d'une pièce fermée située dans un référentiel galiléen ne permet de déterminer si cette pièce est immobile ou en mouvement.

En 1907, tandis qu'il préparait un article détaillé sur la théorie de la relativité restreinte, Einstein s'interrogea sur la possibilité d'étendre le postulat de la relativité à des référentiels non galiléens. Si tel était le cas, un mouvement accéléré serait lui aussi relatif et impossible à détecter de l'intérieur d'une pièce fermée. Pourtant, nous savons bien qu'*on peut* détecter un mouvement accéléré. Tant qu'un véhicule se déplace régulièrement, nous ne sommes pas conscients de son mouvement, mais s'il se produit un changement de vitesse, nous le sentons immédiatement. Les passagers sont plaqués contre leur siège en cas d'accélération, et déportés vers le côté dans les virages. Newton a montré qu'il est possible de détecter l'accélération. Elle n'est donc pas relative. Seul le mouvement rectiligne et uniforme est relatif. Mais Einstein ne voulait pas se contenter d'une relativité restreinte et il continua à chercher une issue. Dans un article destiné à la revue *Nature*, qui ne fut jamais publié à cause de sa longueur, il écrivit : « J'étais assis sur une chaise dans le bureau des brevets de Berne, [...] quand il me vint à l'esprit [...] l'idée la plus heureuse de toute ma vie ». Il continuait ainsi :

> *Le champ de gravitation n'a qu'une existence relative, tout comme le champ électrique créé par induction électromagnétique. Ceci est dû au fait que pour un observateur tombant en chute libre depuis le toit d'une maison, il n'y a pas de champ gravitationnel — en tout cas pas dans son voisinage immédiat. En effet, si cet observateur lâche des objets, ceux-ci restent, par rapport à lui, soit immobiles, soit en mouvement rectiligne et uniforme, indépendamment de leur nature physique ou chimique (on ne tient évidemment pas compte ici de la résistance de l'air). L'observateur est donc en droit de considérer son état comme l'immobilité.*
>
> *Le fait, vérifié expérimentalement, que l'accélération de la chute ne dépend pas du corps considéré est donc un argument de poids en faveur de l'idée selon laquelle il faut étendre le postulat de la relativité à des référentiels qui ne sont pas en mouvement uniforme les uns par rapport aux autres.*

Il n'est donc pas possible de distinguer un mouvement accéléré des effets de la gravitation sans regarder à l'extérieur. Dans un autre article publié la même année — qui complétait l'équivalence entre la masse et l'énergie —, Einstein exposa une expérience par la pensée destinée à illustrer la relativité de l'accélération. Imaginez, proposait-il, un laboratoire situé dans l'espace. Ce laboratoire se trouve dans un vaisseau spatial, très loin de tout corps susceptible d'exercer une attraction gravitationnelle (figure 20.1a). Le vaisseau commence à accélérer et les chercheurs qui se trouvent à l'intérieur du laboratoire ressentent bien évidemment cette accélération. Il leur suffit de quelques expériences simples pour en déterminer la valeur. Supposons qu'ils mesurent une accélération du vaisseau spatial égale à 9,8 m/s^2. Les occupants du laboratoire ressentent une sensation de poids équivalente à celle qu'ils ressentaient sur Terre. Si l'un d'eux lâche une balle, elle est alors libérée de tout contact avec le vaisseau en mouvement accéléré et le plancher du vaisseau monte de plus en plus vite à sa rencontre. Mais par rapport aux parois du vaisseau, c'est la balle qui se déplace, en quelque sorte « vers le bas », avec une accélération de 9,8 m/s^2. Les occupants du laboratoire font d'autres expériences — comme lâcher des objets de masses différentes et constater qu'ils tombent tous vers le plancher avec la même accélération — et ils en déduisent que l'accélération du vaisseau est toujours égale à 9,8 m/s^2, de sorte que tout se comporte comme si le laboratoire était sur Terre. Le lendemain, ils reprennent leurs expériences avec des résultats inchangés. Ils en déduisent que le vaisseau spatial continue d'accélérer au rythme de 9,8 m/s^2. Surprise ! Quand ils regardent à l'extérieur, ils constatent que pendant qu'ils dormaient, le vaisseau spatial s'est posé et, qu'en fait, ils se trouvent de nouveau sur la Terre (figure 20.1b).

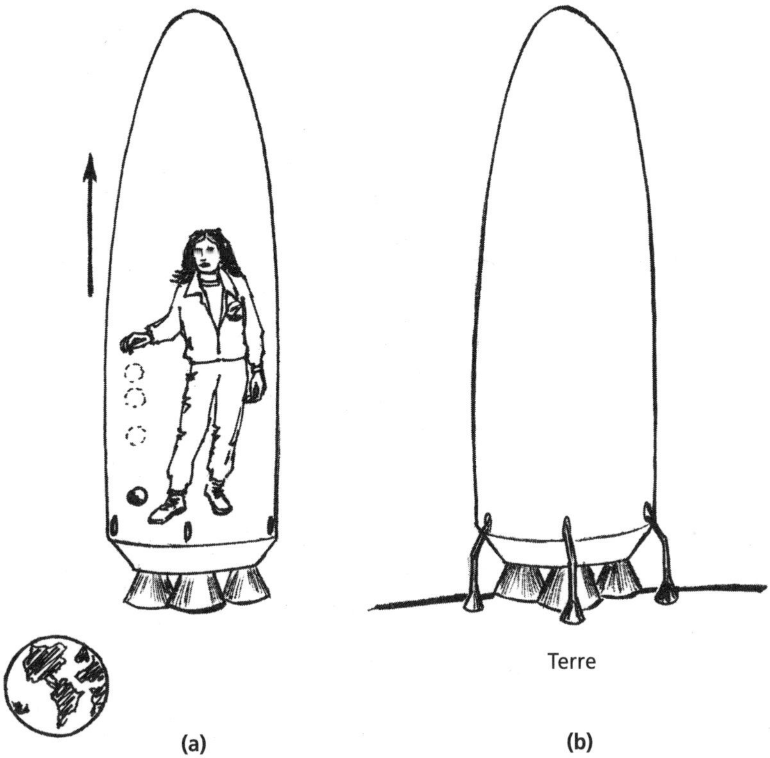

Figure 20.1 Aucune expérience réalisée dans un laboratoire accéléré dans l'espace à 9,8 m/s^2 **(a)** ne peut être distinguée de la même expérience effectuée à la surface de la Terre **(b)**.

Cette expérience par la pensée illustre ce qu'Einstein appelait le *principe d'équivalence* : il est impossible de distinguer un mouvement accéléré des effets de la gravitation. En ce sens, les effets d'une accélération uniforme et constante sont *équivalents* aux effets de la pesanteur. À l'intérieur du vaisseau spatial qui accélère, on ressent une gravitation réelle : ce n'est pas une simple « simulation » de gravitation. Comme l'a dit Einstein « l'existence du champ gravitationnel est relative », il existe tant que l'accélération existe. Quand on lâche une balle dans le laboratoire spatial, elle n'est plus en contact avec le vaisseau accéléré et son mouvement devient rectiligne et uniforme dans un référentiel galiléen, et donc accéléré par rapport au vaisseau. Si on est immobile sur le sol de la Terre et qu'on lâche une balle, elle tombe. Mais du point de vue de la balle, il n'y a pas de pesanteur : elle flotte dans l'espace et c'est le sol qui monte vers elle de plus en plus vite. Certes, il n'est pas difficile de penser qu'un vaisseau spatial accélère à la rencontre de la balle, alors qu'imaginer la Terre en train de monter vers la balle semble un peu ridicule. La Terre ne se déplace pas dans le Système solaire à chaque fois qu'un objet tombe, tout de même ! Et pourtant, par rapport à la balle, la Terre, le Système solaire et l'univers tout entier accélèrent. La gravitation est exactement équivalente à un mouvement accéléré.

Le principe d'équivalence d'Einstein étend le principe de relativité aux référentiels accélérés. Il généralise le principe de relativité qui n'était valable que dans les référentiels inertiels pour inclure les référentiels non galiléens. Einstein appela cette nouvelle théorie : « la relativité générale ».

Le principe d'équivalence suppose implicitement que tous les corps tombent avec la même accélération, quelle que soit leur masse. Si ce n'était pas le cas, il serait possible de distinguer les effets de la pesanteur de ceux de l'accélération. Le plancher du vaisseau spatial en train d'accélérer entrerait en contact simultanément avec deux objets de masses différentes, lâchés en même temps de la même hauteur. Mais une fois le vaisseau revenu sur Terre, si l'accélération due à la pesanteur n'était la même pour tous les corps, ces deux objets ne toucheraient pas le sol au même moment. Souvenez-vous du chapitre 3, Galilée a vérifié expérimentalement que tous les corps en chute libre subissent la même accélération. Newton a utilisé le même mot pour décrire deux choses différentes : la masse est considérée, d'une part comme une mesure de l'inertie dans sa deuxième loi $F = ma$, et, d'autre part, comme une mesure de l'effet de la gravitation sur le corps considéré. Dans le premier cas, on parle de masse inertielle et dans l'autre de masse gravitationnelle. La force de gravitation agit de façon exactement proportionnelle à la masse des différents corps. Si on multiplie la masse par deux, la force de gravitation est multipliée par deux. Mais dans ce cas, si la masse inertielle est double, la résistance aux effets de cette force de gravitation l'est aussi, de sorte que l'accélération reste la même. Sans le dire, en admettant la loi de Galilée selon laquelle tous les objets tombent avec la même accélération quelle que soit leur composition ou leur structure, Newton avait considéré que la masse inertielle est égale à la masse gravitationnelle.

Avec le principe d'équivalence, Einstein fait de la loi de Galilée la base de sa théorie de la relativité générale. On peut alors énoncer le principe d'équivalence sous une forme alternative : *la masse gravitationnelle et la masse inertielle sont équivalentes et aucune expérience ne permet de les distinguer l'une de l'autre*. De 1889 à 1922, le physicien hongrois Roland von Eötvös a réalisé une série d'expériences (évoquées au chapitre 6) montrant que la masse inertielle et la masse gravitationnelle sont égales à quelques millionièmes près. Dans les années 1960 et 1970, R. H. Dicke, de l'Université de Princeton, et Vladimir Braginsky, de l'Université de Moscou, ont réalisé des expériences similaires qui montrèrent que la masse inertielle et la masse gravitationnelle sont égales avec une précision d'une partie pour cent millions (Dicke) voire d'une partie pour un milliard (Braginsky). Toutefois, en 1988, une analyse plus détaillée des expériences d'Eötvös suggéra une légère différence entre les deux masses. Certains physiciens postulèrent l'existence d'une cinquième force, cinquante fois plus faible que la gravitation. Des expériences récentes réalisées par les chercheurs du Laboratoire d'astrophysique du Colorado et du Laboratoire de Los Alamos, au Nouveau Mexique, font planer un sérieux doute sur l'existence de cette cinquième force — c'est-à-dire sur une quelconque différence entre la masse gravitationnelle et la masse inertielle. Des expériences plus sophistiquées sont en cours de réalisation, qui devraient clarifier la situation.

La courbure de l'espace-temps

Quelque temps après avoir énoncé le principe d'équivalence, Einstein se rendit compte qu'il fallait revoir les notions habituelles de la géométrie. Un exemple qu'il a lui-même donné illustre pourquoi il en est ainsi. Considérons un disque ou une roue tournant autour de son centre. La géométrie élémentaire affirme que si l'on mesure la circonférence du disque et qu'on divise la valeur obtenue par son diamètre, on trouve le nombre π. Or, d'après la relativité restreinte, si on mesure la circonférence pendant que le disque tourne, on doit trouver une valeur plus petite que lorsque le disque est immobile. Ceci est dû à la contraction des longueurs : chacun des petits segments — considérés comme rectilignes — qui composent la circonférence est contracté dans le sens de son mouvement. Un diamètre, quant à lui, n'est pas modifié, parce qu'il est perpendiculaire à la vitesse de rotation en chacun de ses points. Ainsi, pour un disque en rotation, le rapport de la circonférence au diamètre est inférieur à π. Cela signifie que dans un référentiel accéléré, les règles de la géométrie ne sont plus celles de la géométrie euclidienne que nous avons apprises à l'école (et utilisées par les lois de Newton), mais une géométrie courbe différente : la géométrie de Riemann ou de Lobatchevski.

Pour élaborer sa théorie de la relativité générale et décrire le champ gravitationnel, Einstein ressentit donc le besoin de recourir à un espace-temps courbe à quatre dimensions. Il nous est difficile d'imaginer la courbure d'un espace à trois dimensions. Il est *a fortiori* encore plus difficile de se représenter un espace-temps courbe à quatre dimensions. On peut cependant y parvenir en procédant pas à pas. L'idée d'un espace-temps à quatre dimensions n'est pas difficile à concevoir. En fait, vous l'utilisez déjà quotidiennement. Supposez que, le 12 octobre, vous ayez convenu de déjeuner avec un ami exactement huit jours plus tard dans un restaurant du centre ville. Vous devez d'abord spécifier trois nombres pour préciser l'emplacement du restaurant : il se trouve à l'intersection de telle et telle rue, à tel étage. Pourtant cela ne suffit pas. Il faut un quatrième nombre. Cela ne vous servirait à rien de vous présenter au restaurant le 15 octobre à l'heure du déjeuner, parce que votre ami n'y sera pas. En même temps que vous précisez l'emplacement dans l'espace *où* vous devez vous rencontrer, il vous faut déterminer *quand*, c'est-à-dire la position de votre rendez-vous dans le temps. C'est le 19 octobre à midi qu'il faut se rendre à l'endroit convenu (figure 20.2). Ces quatre nombres sont nécessaires pour déterminer un événement dans l'espace-temps à quatre dimensions.

On pourrait très bien utiliser un espace-temps à quatre dimensions pour exprimer la mécanique de Newton, mais cela ne nous ferait pas gagner grand-chose. En effet, dans la mécanique newtonienne, le temps est absolu : la seule

Figure 20.2 Pour décrire dans l'espace-temps votre déjeuner avec un ami, il faut quatre nombres : trois pour déterminer la position dans l'espace, et un pour le temps.

chose que nous apporterait la description spatio-temporelle c'est de constater que le temps mesuré par un observateur donné est toujours le même que celui qui est mesuré par n'importe quel autre. En relativité, au contraire, les durées mesurées par des observateurs en mouvement les uns par rapport aux autres sont différentes, de sorte qu'il est intéressant de traiter le temps de la même façon qu'une coordonnée d'espace. Si l'ami avec lequel vous avez rendez-vous voyage à grande vitesse dans un vaisseau spatial, l'intervalle d'une semaine sur lequel vous vous êtes mis d'accord ne sera pas le même pour vous deux. C'est Hermann Minkowski, l'un des professeurs d'Einstein à l'ETH, qui a élaboré en 1907 le formalisme mathématique de l'espace-temps continu, c'est-à-dire les règles de la géométrie sous-jacente aux relations entre l'espace et le temps dans la théorie de la relativité restreinte.

Einstein considérait que l'espace-temps — ou continuum d'espace-temps — est courbe. Pour comprendre ce que cela signifie, il est utile de s'intéresser à la courbure d'un espace à deux dimensions. En 1880, un érudit réputé et spécialiste de Shakespeare, Edwin A. Abbott, écrivit un roman qui allait devenir un des grands classiques de la science-fiction : *Flatland.* L'histoire se passait dans un monde étrange peuplé de figures géométriques à deux dimensions. *Flatland* relate les difficultés d'un habitant de ce monde à deux dimensions, Un Carré, lorsqu'il tente de concevoir l'existence d'une troisième dimension perpendiculaire aux deux qui lui sont familières. En 1960, un mathématicien hollandais, Dionys Bruger, écrivit une suite à *Flatland* intitulée *Sphereland* : les aventures de Un Hexagone, petit-fils de Un Carré. Un Hexagone vit lui aussi dans un univers à deux dimensions, mais ce monde n'est pas plat : il est courbe comme la surface d'une sphère et il a toutes les peines du monde à l'imaginer. Tout comme Un Hexagone, nous avons du mal à nous représenter un espace-temps courbe à quatre dimensions.

Poursuivons l'analogie et considérons un espace à deux dimensions courbe comme Sphereland, là où vit Un Hexagone. Les habitants de Sphereland ont étudié la géométrie euclidienne qui décrit très bien leur voisinage immédiat. Ils croient que leur monde est plat, car Sphereland est très grand et sa courbure n'est pas observable à petite échelle. Ainsi, la somme des angles d'un terrain triangulaire est égale à 180°, et les côtés opposés d'un carré sont parallèles entre eux. Pourtant, un jour, une équipe de scientifiques décide de mettre bout à bout un grand nombre de règles bien alignées, de façon à construire un très grand triangle. Ils mesurent alors les angles de ce triangle, et constatent — ô surprise ! — que leur somme fait 190° et pas à 180. Ils construisent alors un triangle plus grand, et obtiennent une valeur encore plus grande : 197° ! La somme des angles d'un triangle un peu plus petit que le premier est égale à 185°. « Que se passe-t-il ? ». Après moult réflexions et discussions, ils comprennent que leur monde est courbe. Pourtant cette courbure leur était très difficile à concevoir, car elle ne se manifeste dans aucune des deux dimensions qu'ils connaissaient, et ils ne pouvaient pas l'observer. Elle se manifeste dans une direction perpendiculaire à leur monde, une troisième dimension spatiale (figure 20.3).

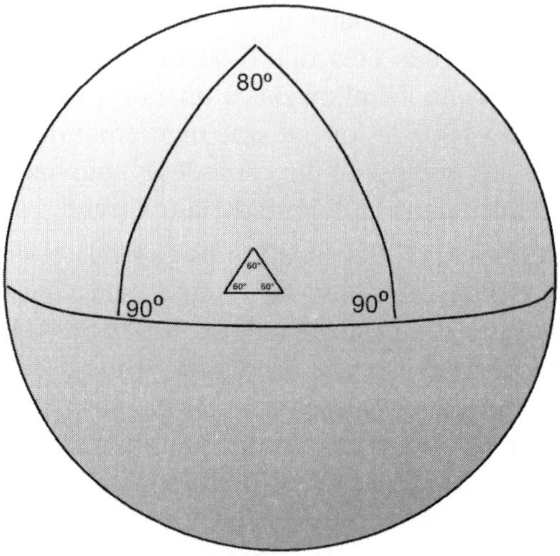

Figure 20.3 Les habitants de Sphereland n'arrivent pas à comprendre pourquoi la somme des angles d'un petit triangle est toujours égale à 180°, tandis que pour les très grands triangles, elle est supérieure. En fin de compte, ils inventent la géométrie de Riemann pour décrire leur monde courbe.

Notre histoire ressemble beaucoup à celle de Sphereland, sauf qu'elle se passe dans un monde à trois dimensions. À petite échelle, nous n'observons aucun écart à la géométrie euclidienne. Einstein, lui, acquit la certitude que notre univers est courbe et que, sur une grande échelle, nous devrions observer les effets de cette courbure. Le principe d'équivalence assurait que des corps de masses et de compositions différentes ont la même accélération dans un champ de gravitation. Ce phénomène est indépendant des corps eux-mêmes et doit être considéré comme une propriété intrinsèque de l'espace, tout comme les triangles courbes observés par les habitants de Sphereland n'ont rien à voir avec les mètres qu'ils utilisent, mais sont une propriété de leur espace.

Selon la relativité générale, l'espace est déformé — ou courbé — par la présence d'un champ gravitationnel, c'est-à-dire par la présence d'un corps massif. Lorsqu'un deuxième objet arrive au voisinage du premier, il ressent cette déformation de l'espace-temps. Einstein était arrivé à cette conclusion en 1907, lorsqu'il travaillait sur le principe d'équivalence, mais la mise au point de la théorie complète exigeait des mathématiques compliquées et lui prit encore quelques années. Une analogie simple permet de comprendre de quoi il s'agit. Imaginons une membrane de caoutchouc tendue et plane : c'est l'analogue de notre espace à trois dimensions quand il n'y a aucune masse au voisinage (figure 20.4a). Une boule de billard, posée sur le caoutchouc y creuse une dépression de sorte que si on y dépose une bille, elle va rouler vers la boule (figure 20.4b). Si on lance la bille sur le caoutchouc, elle suit une trajectoire courbe qui s'enroule autour du creux. Ce n'est pas la boule qui attire la bille : elle déforme simplement la feuille de caoutchouc de telle sorte que la trajectoire de la bille est modifiée. De la même façon, le Soleil déforme l'espace environnant. Dans un espace courbé de la sorte, un objet se déplace en suivant une géodésique, c'est-à-dire le chemin pour lequel la distance parcourue entre deux points est minimale. Pour une planète, cette trajectoire, la « plus droite » possible, se trouve être une ellipse. Si les planètes tournent autour du Soleil en suivant des trajectoires elliptiques, ce n'est pas parce que le Soleil exerce sur elles une force d'attraction — ainsi que l'affirmait Newton — mais parce que la masse du Soleil courbe l'espace environnant et modifie sa géométrie. Pour Einstein, les forces de gravitation n'existent pas : la pesanteur est une question de géométrie.

(a)

(b)

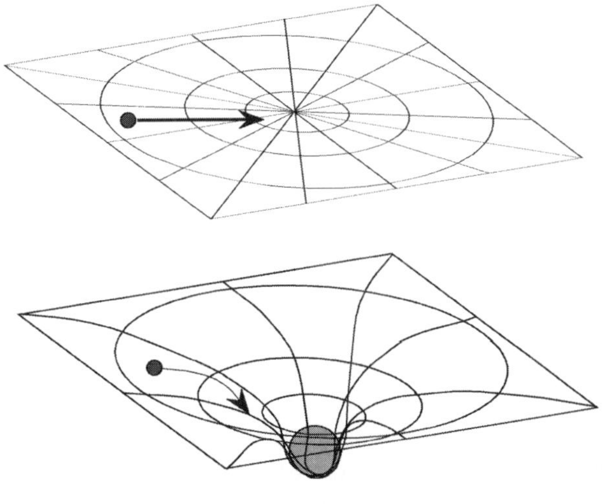

Figure 20.4 **(a)** Une membrane de caoutchouc plane représente l'espace à trois dimensions loin de toute masse. **(b)** Une boule de billard posée sur la membrane crée une cuvette qui déforme ou gauchit la membrane : une bille placée sur cette surface gauche roule en direction de la boule de billard.

La déviation de la lumière

La lumière se propage toujours en ligne droite. Mais si l'espace est courbe, ce qu'il faut entendre par « ligne droite » est en réalité le « chemin le plus court entre deux points », c'est-à-dire une *géodésique*. Ainsi, dans notre espace courbe, une « ligne droite » est gauchie. Puisque la masse du Soleil déforme l'espace avoisinant, la courbure des rayons lumineux augmente lorsqu'ils passent près du Soleil.

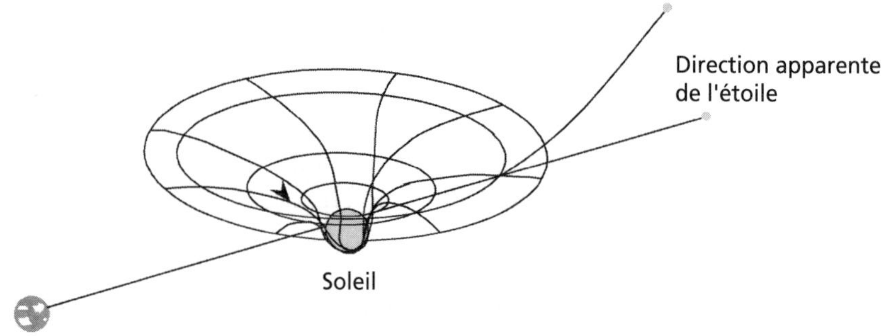

Figure 20.5 Le trajet de la lumière qui provient d'une étoile suit une géodésique. Quand elle passe à proximité du Soleil où l'espace est déformé, sa déviation augmente, et l'étoile nous apparaît décalée par rapport à la position que l'on observe quand la lumière ne passe pas à proximité du Soleil.

Revenons à l'exemple du vaisseau spatial accéléré. Imaginons que les occupants du laboratoire aient ménagé une toute petite fenêtre ronde sur une de ses parois. Un faisceau lumineux émis par une étoile passe par cette petite fenêtre et il traverse la pièce. Il rencontre le mur opposé en un endroit donné. Les observateurs dans le laboratoire se disent que, puisqu'ils naviguent loin de toute masse importante, l'espace est pratiquement euclidien autour d'eux et la trajectoire de la lumière à peu de choses près rectiligne. Cependant, comme le vaisseau accélère pendant que le rayon lumineux le traverse, le point du mur où tombe le faisceau lumineux n'est pas dans l'alignement de l'étoile et de la fenêtre, mais un peu au-dessous (figure 20.6). Les chercheurs entreprennent une mesure précise de cette petite déviation et en concluent que l'accélération de leur vaisseau est égale à 9,8 m/s^2.

Puisque la théorie de la relativité générale affirme que le champ de gravitation est équivalent à une accélération, les occupants du laboratoire pensent que lorsqu'ils seront posés sur la Terre — dont la pesanteur produit la même

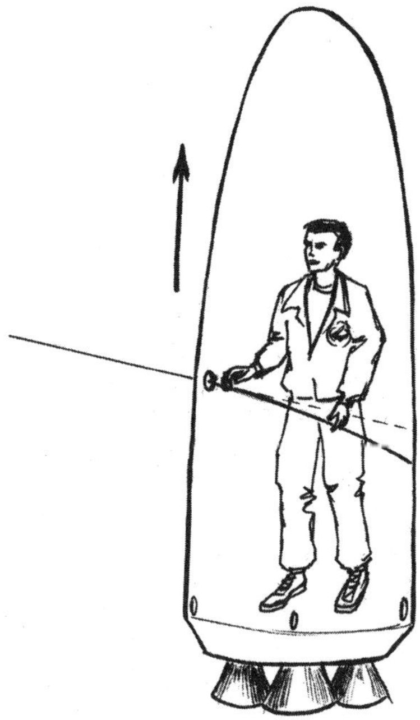

Figure 20.6 Un faisceau de lumière se déplace en ligne droite quand il est loin d'une masse importante. Le faisceau qui entre dans la cabine éclaire le mur opposé en un point situé un peu plus bas, à cause de l'accélération du vaisseau.

accélération — le faisceau lumineux sera dévié de la même façon. Une fois que le vaisseau s'est posé, ils reprennent la mesure de la déviation du faisceau lumineux et trouvent exactement la même valeur (figure 20.7).

Einstein avait prévu cet effet dès 1907, mais il ne voyait aucun moyen de le vérifier expérimentalement. En 1911, il calcula — dans un article intitulé *De l'influence de la gravitation sur la propagation de la lumière* — qu'un faisceau lumineux émis par une étoile et frôlant le Soleil serait dévié d'un angle très petit : « un rayon passant à côté du soleil subirait en conséquence une déviation égale à 0,83 seconde d'arc ». La difficulté résidait bien sûr dans le fait qu'en temps normal, il est impossible d'observer en même temps le Soleil et la lumière des étoiles. Mais Einstein trouva une solution. « Puisque, pendant les éclipses totales de Soleil, on voit les étoiles fixes situées dans la partie du ciel proche du Soleil », indiqua-t-il à la fin de son article, « il est possible de comparer cette prédiction théorique avec les résultats de l'expérience. Pour la planète Jupiter, le déplacement attendu serait le centième de celui du Soleil. Il serait très souhaitable que les astronomes s'intéressent à cette question. En dehors de toute considération théorique, la question est de savoir si, avec le matériel dont ils disposent, il est possible de détecter l'influence des champs gravitationnels sur la propagation de la lumière. »

Figure 20.7 Le faisceau lumineux est dévié par le champ gravitationnel de la Terre exactement comme celui du vaisseau spatial dont l'accélération est égale à 9,8 m/s^2.

Oui, la chose était possible avec le matériel de l'époque. En 1914, une expédition conduite par l'astronome allemand Erwin Finlay-Freundlich se rendit en Russie pour observer une éclipse totale de Soleil, et vérifier les prédictions d'Einstein. La Première Guerre mondiale éclata alors que l'expédition était déjà en Russie et les astronomes furent faits prisonniers avant d'avoir pu effectuer la moindre mesure. Ils furent libérés au bout de quelques semaines, mais sans leur matériel. Cette aventure peut sembler malencontreuse (elle le fut sans aucun doute pour les astronomes allemands), mais il vaut peut-être mieux que les mesures n'aient pas été faites. Si elles l'avaient été, le résultat trouvé aurait été deux fois plus important que celui qu'avait prévu Einstein dans son article… Car Einstein avait partiellement tort en 1911.

Il lui fallut encore quatre ans pour mettre au point la forme définitive de la relativité générale. Dans l'intervalle il dut apprendre des mathématiques complexes et se débattre avec de nombreuses fausses pistes et impasses. Finalement, il aboutit à une théorie physique extraordinairement puissante et d'une « simplicité majestueuse », comme l'a décrite Banesh Hoffmann, un de ses collaborateurs. Cette nouvelle version prévoit que la position apparente des étoiles dont la lumière frôle le Soleil est modifiée de 1,74 seconde d'arc, soit exactement deux fois plus qu'Einstein ne le pensait précédemment. En 1919, Arthur Eddington, astronome britannique et membre de la Royal Society, organisa une expédition dans l'île du Prince, dans le golfe de Guinée, au large de l'Afrique occidentale. Dans son livre *Space, Time, and Gravitation*, Eddington écrit :

> *Le jour de l'éclipse, le temps n'était pas favorable. Au début de l'éclipse totale, le disque noir de la Lune, entouré de la couronne solaire était visible à travers un voile de nuages, comme certaines nuits où l'on aperçoit la lune sans voir les étoiles.*
>
> *Un spectacle merveilleux se déroule au-dessus de nous et, comme les photographies l'ont montré ultérieurement, une magnifique protubérance se trouvait à une centaine de milliers de kilomètres au-dessus du Soleil. Nous n'avons pas le temps d'y jeter un coup d'œil. Nous n'avons conscience que de l'étrange semi-clarté du paysage, et du silence de la nature, interrompu par les appels des observateurs et les battements du métronome égrenant les 302 secondes de l'éclipse totale…*
>
> *[Des seize photographies qui ont été prises, une seule] montrait d'assez bonnes images de cinq étoiles susceptibles de permettre une mesure… L'observation de cette plaque donnait un déplacement en bon accord avec la théorie d'Einstein et en désaccord avec les prévisions newtoniennes.*

Cette confirmation mit le monde en ébullition et fit d'Einstein une célébrité. Lorentz, qui était en Hollande, expédia un télégramme annonçant la confirmation à Einstein, alors à Berlin. Quand il reçut le télégramme, Einstein le lut et le passa à une étudiante qui se trouvait dans son bureau. L'étudiante était à l'évidence pleine d'enthousiasme, mais Einstein s'exclama : « Je savais que la théorie était correcte, est-ce que vous en doutiez ? » L'étudiante protesta et dit qu'elle pensait que c'était une confirmation très importante. Elle lui demanda ce qu'il aurait dit si les résultats avaient été négatifs. « J'aurais été désolé pour le bon Dieu. La théorie est juste. »

Le périhélie de Mercure

La mécanique newtonienne enseigne que les planètes se déplacent autour du Soleil en suivant des orbites elliptiques. C'est la première loi de Kepler. Dans ce cadre, l'espace est plat. En relativité générale, l'espace est courbe et, quand on ajuste une orbite elliptique à cet espace courbe, elle se déforme de sorte que la planète ne repasse pas exactement sur ses pas (figure 20.8). Imaginons l'espace newtonien représenté par une feuille plane sur laquelle la trajectoire elliptique a été dessinée. Pour représenter l'espace courbe de la relativité générale, il faut découper un angle dans la feuille et faire coïncider ses bords. L'orbite elliptique est ainsi déformée et la planète suit une sorte d'ellipse qui se décale un peu à chaque tour. Pour décrire cette situation, les astronomes disent que le périhélie (le point de l'orbite le plus proche du Soleil) est en précession, c'est-à-dire qu'il se décale à chaque révolution autour du Soleil. C'est pourquoi le phénomène porte le nom de précession du périhélie.

(a)

(b)

(c)

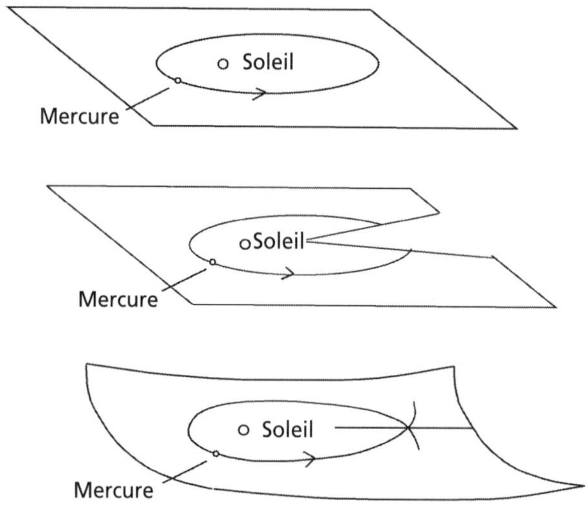

Figure 20.8 **(a)** Orbite elliptique dans l'espace plat de la mécanique newtonienne. **(b)** En découpant un angle dans le papier, on supprime une partie de l'ellipse. **(c)** En recollant les bords pour reconstituer une courbe continue, on introduit une déformation de l'orbite qui cause une précession.

En 1845, l'astronome français Urbain Le Verrier étudia l'orbite de Mercure et constata qu'elle n'était pas fermée. Son périhélie se décalait de 574 secondes d'arc par siècle. Le Verrier avait tenu compte des perturbations de l'orbite de Mercure dues aux planètes les plus proches — Venus, la Terre et Mars — mais aussi les plus lointaines, en particulier Jupiter, la plus lourde de toutes : il arrivait ainsi à expliquer 531 des 574 secondes d'arc de précession. Il en manquait 43 qu'on ne pouvait expliquer en physique newtonienne. En 1915, alors qu'il finissait son œuvre maîtresse, Einstein se dit que le calcul de l'orbite de Mercure serait un bon test pour sa théorie. Ses calculs prédisaient, pour la précession du périhélie, une valeur de 573,98 secondes d'arc, presque exactement la valeur donnée par les observations. La relativité générale rendait compte des 43 secondes d'arc que la mécanique newtonienne ne parvenait pas à expliquer. « Pendant plusieurs jours, j'ai été fou de joie » devait-il écrire plus tard.

Des observations plus précises, réalisées dans les années 1970, ont donné pour l'anomalie de la précession du périhélie de Mercure une valeur de 43,12 ± 0,21 secondes d'arc par siècle, en accord complet avec la valeur de 42,98 secondes d'arc prédite par la relativité générale. Parce que la physique, contrairement à l'enseignement religieux, n'est jamais définitivement admise, même les travaux de géants comme Einstein sont remis en question. Ces dernières années, une controverse s'est développée à propos de l'influence que pourrait avoir sur Mercure la forme légèrement aplatie du Soleil. Bien que le Soleil ne s'écarte de la forme sphérique que de 12 parties par million, cela pourrait suffire à réduire à 10 secondes d'arc par siècle l'anomalie de la précession du périhélie. Cette controverse n'est pas terminée.

La dilatation gravitationnelle des durées

Selon la relativité restreinte, le temps s'écoule plus lentement dans un référentiel en mouvement. La détermination du référentiel en mouvement dépend de l'observateur. Même si la différence est très petite, pour les gens qui sont restés au sol, le temps s'écoule plus lentement à bord d'un avion en vol. Du point de vue du pilote, ce sont les gens au sol qui bougent, et ce sont leurs montres qui retardent.

Einstein a montré que, selon la relativité générale, le temps s'écoule plus lentement en présence d'un champ de gravitation. Considérons à nouveau le laboratoire à bord du vaisseau spatial accéléré. Supposons que deux horloges très précises se trouvent à bord, l'une près du sol, et l'autre près du plafond (figure 20.9). Ces horloges sont reliées à des instruments très précis qui mesurent la fréquence de leurs oscillations. Pour comparer les deux horloges, un signal électromagnétique régulé par l'horloge située au sol est envoyé vers celle du plafond. D'après la relativité restreinte, ce signal se propage à la vitesse de la lumière c. Du fait de l'accélération du vaisseau, l'horloge du plafond tend à fuir le signal qui se propage à vitesse constante, et l'appareil de détection relié à cette horloge mesure une fréquence plus faible, à cause de l'effet Doppler. Les chercheurs qui surveillent cet appareil constatent donc que l'horloge située près du sol retarde par rapport à la leur. Pour s'en assurer, ils envoient vers le sol un signal en phase avec leur propre horloge. Toujours à cause de l'accélération du vaisseau, l'appareil de réception relié à l'horloge au sol vient à la rencontre du signal que l'effet Doppler décale donc vers les hautes fréquences. Les chercheurs postés en bas sont d'accord avec ceux d'en haut : l'horloge située près du plafond avance plus vite.

Figure 20.9 Comparaison de deux horloges dans un laboratoire de l'espace, et dans un laboratoire posé sur la Terre.

Selon le principe d'équivalence, lorsque le vaisseau spatial a atterri, les horloges doivent présenter un comportement identique. Celle du haut avance plus vite que celle qui se trouve en bas du laboratoire. Ainsi, dans un champ de gravitation, les horloges sont ralenties. Puisque Einstein a montré que le temps n'est rien d'autre que ce que mesurent les horloges, on en déduit qu'il s'écoule plus lentement dans un champ de gravitation. Ceci constitue la première des grandes prédictions d'Einstein. Il a également indiqué la façon de la vérifier. Au lieu de comparer les périodes des horloges situées en divers points d'un champ de gravitation, on peut comparer les fréquences émises par la lumière en ces divers points. Il n'y a aucune différence entre les oscillations d'une horloge et celles d'un signal électromagnétique (d'ailleurs, le principe des horloges atomiques repose sur l'émission de lumière de fréquence constante). En 1907, Einstein a proposé de vérifier les prédictions de sa théorie en comparant les fréquences de la lumière émise sur le Soleil et sur la Terre par les mêmes atomes. Le champ de gravitation du Soleil étant plus intense, une horloge placée à proximité du Soleil doit avancer plus lentement que sur Terre et, par conséquent, la fréquence de la lumière émise sur le Soleil est plus basse. Cet effet devait se présenter sous la forme d'un décalage des raies spectrales vers les basses fréquences — vers l'extrémité rouge du spectre visible —, il porte le nom de *décalage gravitationnel vers le rouge*.

On n'a pu utiliser la méthode d'Einstein pour mesurer le décalage gravitationnel qu'à partir des années 1960 et 1970. En effet, il fallait disposer d'instruments assez précis pour distinguer les effets gravitationnels des effets dus à d'autres phénomènes — comme la convection des gaz dans le Soleil et les effets de la pression — qui provoquent aussi des déplacements des raies. Les résultats s'accordent avec les prédictions d'Einstein à 5 % près. En 1960, à Harvard, on a réalisé une autre vérification précise du décalage gravitationnel vers le rouge. L'expérience ressemblait beaucoup à notre expérience par la pensée lorsque le laboratoire spatial se trouve sur le sol. Le laboratoire était la Tour Jefferson du bâtiment de physique de l'Université, haute de 24 mètres. On avait placé un détecteur en haut de la tour et une source de rayons gamma (du cobalt radioactif) en bas. Quand le détecteur était placé à proximité de la source, les rayons gamma étaient absorbés. Quand le détecteur se trouvait en haut de la tour, la fréquence des rayons gamma était décalée vers le rouge à cause de la gravitation et le détecteur ne les absorbait plus. Lorsqu'on faisait bouger le détecteur vers le bas, de façon que l'effet Doppler produise un déplacement de la fréquence vers le bleu, compensant le décalage gravitationnel vers le rouge, les rayons gamma étaient à nouveau absorbés. Le décalage Doppler mesuré dans cette expérience est extrêmement petit : moins de trois parties par million de milliards (10^{15}) !

S'il est très difficile à mesurer, le décalage gravitationnel est assez facile à calculer. Si le vaisseau spatial, dont l'accélération est égale à g, est d'une hauteur h, le temps mis par un signal électromagnétique pour voyager du sol au plafond est $t = h/c$. Pendant cet intervalle de temps, la vitesse du vaisseau a augmenté d'une quantité :

$$v = gt = \frac{gh}{c}$$

Nous n'allons pas le faire ici, mais il n'est pas difficile d'étendre au cas de la lumière l'expression du décalage Doppler établie au chapitre 16 dans le cas des ondes sonores. Lorsqu'on observe l'effet Doppler sur la lumière, on mesure la longueur d'onde plutôt que la fréquence (nous remplaçons donc f par c/λ). Pour une vitesse de la source très inférieure à c, l'amplitude du décalage Doppler est :

$$\frac{\Delta\lambda}{\lambda} = \frac{v}{c} = \frac{gh}{c^2}$$

On a réalisé d'autres expériences pour mesurer la dilatation gravitationnelle des durées. Pour cela on a utilisé deux horloges atomiques au césium, l'une restant sur la Terre et l'autre embarquée à bord d'un avion à réaction. Lors d'une expérience réalisée en 1971 par les chercheurs de l'Observatoire de la

Marine des États-Unis et ceux de l'Université Washington, à Saint Louis, les résultats furent en parfait accord avec les calculs de la relativité générale. En 1976, une fusée contenant une horloge constituée d'un maser à hydrogène a été mise en orbite par la NASA à une altitude de 10 000 km pendant deux heures. Cette horloge mesurait la fréquence d'un rayonnement de 1 420 MHz correspondant à une transition entre deux états de l'hydrogène. Après avoir analysé pendant deux ans les résultats recueillis pendant ces deux heures de vol, Robert Vessot, Martin Levin et leurs collègues de la NASA et de l'Observatoire d'astrophysique Smithsonian de Harvard annoncèrent que les décalages de fréquence observés étaient en accord avec les prédictions théoriques à 70 parties par million près.

Les trous noirs

Dans la constellation d'Orion se trouve un gigantesque nuage de gaz. La nébuleuse d'Orion se trouve dans notre galaxie, la Voie lactée, à une distance d'environ 1 500 années-lumière. Dans ce nuage d'environ 15 années-lumière de diamètre, des étoiles sont en train de se former en ce moment même. La masse totale de la nébuleuse d'Orion est suffisante pour donner naissance à 100 000 étoiles. La densité y est d'environ 1 000 atomes par centimètre cube. À l'intérieur du nuage, des régions de densité plus élevée se fragmentent pour donnant lieu à de gros globules de gaz, appelés *protoétoiles*. Peu à peu, à cause des forces de gravitation, les protoétoiles se contractent et deviennent plus denses. Comme on l'a déjà signalé, lorsqu'un gaz est ainsi comprimé, sa température augmente. Finalement, la température au cœur de la protoétoile devient suffisante pour que la fusion nucléaire commence. Une étoile est née.

Une étoile de la taille du Soleil brille pendant environ 10 milliards d'années avant d'épuiser son combustible. Une étoile plus grande, de masse égale à cinquante fois celle du Soleil par exemple, brûle son combustible beaucoup plus rapidement et ne vit que quelques millions d'années. Au bout de 10 milliards d'années, une étoile de moins de quatre masses solaires arrive à court d'hydrogène. La production d'hélium par fusion nucléaire s'arrête et le cœur de l'étoile cesse de produire de la chaleur. L'étoile commence à se contracter, car la pression engendrée au centre n'est plus suffisante pour compenser le poids des couches supérieures. Cette contraction augmente la température du cœur et de la chaleur diffuse vers les couches externes qui se dilatent : l'étoile gonfle. L'énergie totale rayonnée est répartie sur une aire plus grande de sorte que la température de surface de l'étoile diminue. Elle passe du blanc au rouge, raison pour laquelle on la qualifie de *géante rouge*.

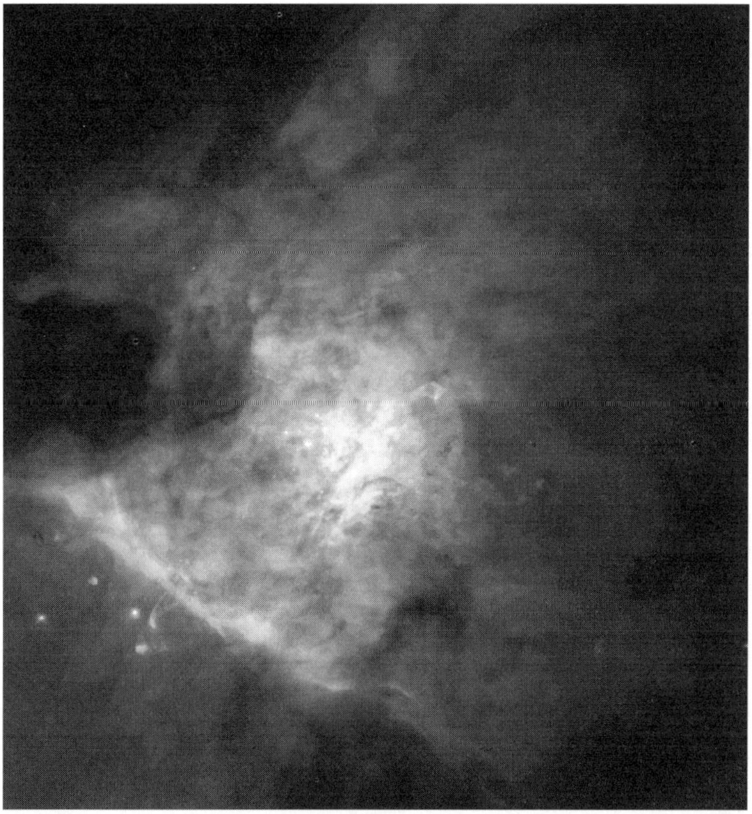

Figure 20.10 La nébuleuse d'Orion, où naissent les étoiles. Avec l'aimable autorisation de C.R. O'Dell et S K Wong, NASA, Space Telescope Science Institute.

L'augmentation de température dans le cœur est susceptible de dépasser le seuil nécessaire pour fusionner les noyaux d'hélium et produire du carbone. Lorsqu'il n'y a plus d'hélium, l'étoile s'effondre à nouveau sur elle-même et devient une *naine blanche* qui rayonne son énergie pendant quelques milliards d'années. À la fin, quand toute l'énergie est épuisée, l'étoile termine sa vie sous la forme d'une masse calcinée appelée une *naine noire*. On considère que l'univers n'est pas encore assez vieux pour que des naines noires s'y soient formées.

Les étoiles de masse plus grande connaissent une fin beaucoup plus spectaculaire. Les couches extérieures d'une étoile dont la masse est de l'ordre de huit fois celle du Soleil explosent en *supernova*. En 1987, l'astronome Ian Shelton de l'Université de Toronto, qui travaillait à l'observatoire Las Campanas, au Chili, a découvert une supernova dans l'une des galaxies satellites de la Voie lactée, le Grand Nuage de Magellan (figure 11.6). Alors que les couches externes de l'étoile sont expulsées à des vitesses énormes, le cœur de l'étoile s'effondre. Les pressions gigantesques qui sont ainsi engendrées tassent les électrons contre les noyaux où ils se combinent aux protons pour former des neutrons et des neutrinos. Les neutrinos s'échappent du noyau. Il ne reste plus qu'une boule de neutrons d'une densité phénoménale. C'est ce qu'on appelle une *étoile à neutrons*. Sa densité est telle qu'une étoile à neutrons de la masse du Soleil n'aurait que 20 km de diamètre !

Aucune force n'est susceptible de stopper l'effondrement d'une étoile à neutrons de plus de trois masses solaires. Le matériau de l'étoile est comprimé dans un volume nul, de densité infinie. Il ne reste alors rien de l'étoile, si ce n'est un champ de gravitation intense : l'étoile est devenue un *trou noir*. Tandis que l'étoile s'effondre, la courbure de l'espace-temps augmente dans son voisinage et les rayons lumineux qu'elle émet sont de plus en plus fortement déviés. À un certain moment au cours de l'effondrement, la courbure de l'espace-temps devient telle que la lumière ne peut plus s'échapper : le corps semble noir (figure 20.11). Et puisque rien ne peut se propager plus vite que la lumière, rien d'autre ne peut s'échapper de l'étoile effondrée.

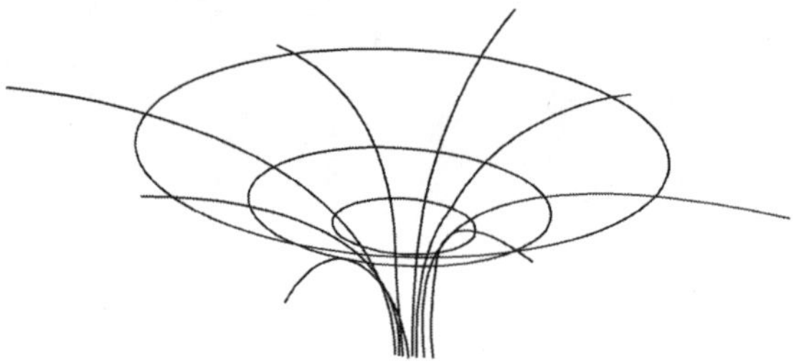

Figure 20.11 Représentation de la courbure de l'espace-temps autour d'un trou noir.

À quel moment ce phénomène se produit-il ? Quelques années après la publication de la théorie de la relativité générale par Einstein, l'astrophysicien allemand Karl Schwarzschild calcula la taille critique que devait avoir une étoile pour piéger la lumière : on l'appelle aujourd'hui le *rayon de Schwarzschild*. On peut le calculer à l'aide de la notion simple de *vitesse de libération*. Au chapitre 4, on a vu que lorsqu'on élève un objet de masse m d'une hauteur h, son énergie potentielle augmente de la quantité $EP = mgh$. Cette expression n'est valable que lorsque l'accélération de la pesanteur est constante, ce qui est une bonne approximation pour les objets qui restent proches de la surface de la Terre. Dans le cas général, ce n'est pas vrai. La loi de la gravitation affirme que la force exercée par la Terre sur un objet diminue quand on s'éloigne et qu'elle est proportionnelle à $1/r^2$. Puisqu'il s'agit d'une force d'attraction, l'énergie potentielle du système objet plus Terre diminue lorsqu'on les rapproche et augmente quand on les éloigne. À l'aide du calcul différentiel, on montre que l'énergie potentielle de ce système est :

$$EP = -G\frac{Mm}{r}$$

où m est la masse de l'objet, M celle de la Terre et r la distance qui les sépare. La constante arbitraire a été choisie de façon que l'énergie potentielle soit nulle lorsque r est infini, là où l'objet ne ressent plus la force d'attraction exercée par la Terre.

La vitesse de libération d'un objet qui se trouve à la surface de la Terre (à la distance R du centre de la Terre) est la vitesse minimale qu'il faut lui imprimer pour qu'il échappe à l'attraction terrestre et ne retombe pas. Lorsqu'on lance un objet avec cette vitesse minimale, il ralentit en s'élevant mais ne s'arrête que lorsqu'il s'est échappé à l'attraction de la Terre, c'est-à-dire quand la distance r devient infinie. Son énergie cinétique et son énergie potentielle sont alors nulles toutes les deux, de même que leur somme. Comme l'énergie mécanique est conservée, cette somme était donc nulle au départ de la Terre et on a donc :

$$\frac{1}{2}mv_l^2 + \left(G\frac{Mm}{r}\right) = 0$$

La vitesse de libération est donc égale à :

$$v_l = \sqrt{\frac{2GM}{R}}$$

En remplaçant M et R par les valeurs de la masse et du rayon de la Terre, on trouve que, sur la Terre, la vitesse de libération est égale à 11,2 km/s. Sur la Lune, elle est égale à 2,3 km/s, et sur Jupiter, la plus grosse planète du système solaire, à 60 km/s. En d'autres termes, si on lance une balle vers le haut avec une vitesse de 11,2 km/s (à peu près 40 000 km/h), la balle quitte la Terre et s'éloigne indéfiniment (en négligeant la résistance de l'air).

Puisque la lumière se déplace toujours à la vitesse c, on peut inverser l'expression de la vitesse de libération et déterminer le rayon à l'intérieur duquel la masse doit être confinée pour que la lumière ne puisse pas s'échapper. En remplaçant v_l par c dans l'expression de la vitesse de libération, on trouve le rayon de Schwarzschild R_S :

$$R_S = \frac{2GM}{c^2}$$

Aux confins de la physique : horloges en orbite

Selon la relativité restreinte, les intervalles de temps qui séparent deux événements sont différents pour des observateurs situés dans des référentiels inertiels différents. Le temps s'écoule toujours plus lentement dans les référentiels en mouvement. C'est la dilatation des durées. Une des conséquences de la relativité générale est que le temps s'écoule plus lentement dans un champ gravitationnel.

Une horloge placée sur un satellite doit donc retarder par rapport à celle qui se trouve au sol, puisque le satellite se déplace par rapport à la Terre à une vitesse qui n'est pas négligeable. Par ailleurs, un satellite en orbite est plus éloigné du centre de la Terre et la gravitation y est plus faible : l'horloge embarquée doit donc avancer par rapport à celle du sol. Les deux effets se compensent exactement pour un satellite dont l'orbite a un rayon égal à une fois et demie celui de la Terre.

Une horloge atomique se trouve à bord des satellites Navstar 2, une constellation de satellites militaires qui font partie du système GPS et se trouvent à une altitude de 20 000 km. Leur orbite est égale environ à 4,2 fois le rayon de la Terre, de sorte que l'affaiblissement du champ gravitationnel produit sur les horloges un effet plus important que leur mouvement. Les horloges placées sur les satellites Navstar 2 avancent donc par rapport à celles qui sont sur Terre. En une journée, elles avancent de 38,5 microsecondes, et il faut donc les remettre à l'heure. Si on ne le faisait pas, il en découlerait des erreurs de position de 11 km par jour. Grâce aux corrections effectuées en tenant compte de la relativité générale, ces satellites donnent la position avec une précision de quelques mètres.

Le rayon de Schwartzschild est donc proportionnel à la masse de l'étoile. Pour une étoile d'une masse solaire, il vaut à peu près 3 km.

Nous avons réalisé ces calculs dans le cadre de la mécanique newtonienne plutôt qu'en utilisant la relativité générale comme l'a fait Schwartzschild, mais l'expression est correcte. En revanche, il est impossible de décrire à l'aide de la mécanique de Newton le comportement des objets à l'intérieur d'un trou noir. La figure 20.11 montre que près d'un trou noir, l'espace-temps est très déformé. En 1965, les physiciens britanniques Stephen Hawking et Roger Penrose ont montré qu'au centre d'un trou noir la courbure devient infinie, ce qui signifie que la force de gravitation devient infinie. Cette déformation infinie de l'espace-temps est qualifiée de *singularité*.

Aux confins de la physique : l'entraînement de l'espace-temps

D'après la relativité générale, un objet qui tourne sur lui-même entraîne partiellement l'espace-temps environnant, à la manière d'un objet en rotation dans un fluide. Jusqu'à un passé récent, on n'avait pas observé cette conséquence de la relativité parce que cet effet est minuscule au voisinage de la Terre. Il devrait être détectable au voisinage d'un objet très lourd, comme une étoile à neutrons ou un trou noir. Comme nous ne pouvons pas aller jusqu'aux étoiles, la question était donc de trouver un moyen de l'observer à distance. En novembre 1997, deux équipes d'astronomes ont mesuré les variations périodiques du rayonnement X émis par le gaz tombant sur certaines étoiles à neutrons ou des trous noirs en rotation très rapide. Ils ont alors observé des conséquences de l'entraînement de l'espace-temps.

La relativité générale prévoit que lorsqu'un disque de gaz qui entoure une étoile en rotation n'est pas perpendiculaire à l'axe de rotation de l'étoile, ce disque oscille comme une toupie. Ce sont ces oscillations qui sont à l'origine des variations observées par les astronomes. Wei Cui, de l'Institut de technologie du Massachusetts (MIT), a étudié les rayons X émis par plusieurs trous noirs grâce au satellite Rossi X-ray Timing Explorer de la NASA, et a constaté que l'entraînement de l'espace-temps est d'autant plus grand que les trous noirs tournent plus vite.

En étudiant les données fournies par ce même satellite, Luigi Sella, de l'Observatoire de Rome, et son collègue Mario Vietri, de l'Université de Rome, ont observé des variations périodiques analogues dans le rayonnement X émis par des étoiles à neutrons. Les deux résultats ont été communiqués au même congrès de la Société américaine d'Astronomie.

De surcroît, à l'intérieur du trou noir, l'intervalle entre la singularité et le point de non retour (le rayon de Schwartzschild) n'est plus une longueur d'espace, mais une durée ! D'une certaine façon, l'espace et le temps sont intervertis dans un trou noir. Pour un observateur hypothétique situé dans le trou noir, le champ de gravitation change au cours du temps. Pourtant, vu de l'extérieur, il faut un temps infini pour constater cette variation, ce qui revient à dire qu'il ne varie pas : pour des observateurs extérieurs, le trou noir ne change pas. Ce phénomène étrange est dû au retard gravitationnel.

Lorsqu'une singularité se forme, le temps s'arrête. Si un astronaute devait pénétrer dans un trou noir et communiquer toutes les dix secondes sa position à une station orbitale gravitant au loin, ses premiers messages arriveraient effectivement toutes les dix secondes. Mais juste avant qu'il ne traverse l'horizon des événements (la frontière déterminée par le rayon de Schwartzschild), ses collègues sur la station constateraient que ses messages sont de plus en plus espacés. Une fois qu'il aurait traversé l'horizon, les messages mettraient un temps infini pour arriverà la station : autant dire qu'ils n'arriveraient jamais. L'astronaute continuerait consciencieusement à les envoyer en regardant sa montre, mais les signaux ne pourraient pas traverser l'horizon des événements et n'arriveraient jamais à la station. Du point de vue des occupants de la station spatiale, le temps de l'astronaute est dilaté gravitationnellement. Les signaux ont été progressivement décalés vers le rouge, jusqu'à ce qu'ils semblent avoir une longueur d'onde infinie. L'astronaute semble avoir été gelé sur l'horizon des événements qu'il met un temps infini à franchir. Pour l'astronaute, au contraire, le temps continue à s'écouler de façon normale et rien ne change… mis à part le fait que d'énormes forces de marées déchirent son corps. Cette expérience par la pensée serait impossible à réaliser avec un astronaute vivant.

21

Les premières théories atomiques

La physique de l'atome

La physique a connu deux révolutions majeures au début du XXe siècle, et Albert Einstein a participé aux deux. La première, c'est la théorie de la relativité qu'il a élaborée pratiquement tout seul et qui a bouleversé notre conception de l'espace et du temps. La seconde, c'est la mécanique quantique — la physique des atomes —, inaugurée par les travaux de Max Planck et d'Albert Einstein, qui a bouleversé notre vision de la matière.

Au chapitre 7, on a suivi le développement des premiers modèles atomiques. Dans ce chapitre et ceux qui suivent, nous verrons comment cette évolution s'est poursuivie pour aboutir à la théorie moderne de la structure de la matière. Mais intéressons-nous d'abord aux travaux des deux pionniers : Planck et Einstein.

Le rayonnement du corps noir

Chacun a pu constater qu'un objet chaud rayonne de l'énergie. Un poêle émet une lueur orange quand sa température devient très grande. Mais les objets froids rayonnent eux aussi. En fait, tous les corps rayonnent, mais si leur température n'est pas assez élevée ce rayonnement reste invisible. Au XIXe siècle, les physiciens savaient déjà que ce rayonnement est un phénomène ondulatoire qu'il est plus approprié d'appeler rayonnement électromagnétique. Ils savaient également que le rayonnement visible n'a rien de particulier : ce sont des ondes électromagnétiques dont les fréquences se trouvent être celles auxquelles notre œil est sensible.

À la fin du XIXe, les physiciens étudièrent le rayonnement absorbé ou émis par des corps portés à différentes températures. Le rayonnement qui tombe sur un objet est en partie est absorbé, et le reste est réfléchi. Si on place une brique au milieu d'une pièce et que l'on attend quelques minutes, la brique finit par atteindre un état d'équilibre : à chaque instant elle absorbe autant d'énergie qu'elle n'en émet dans son environnement. Cet équilibre n'est autre que l'équilibre thermique avec le milieu environnant. Si la brique en équilibre thermique absorbait tout d'un coup plus d'énergie qu'elle n'en restitue, elle deviendrait spontanément plus chaude que l'air ambiant.

Un objet clair réfléchit une proportion du rayonnement reçu plus grande qu'un objet sombre. Puisque les quantités d'énergie émises et absorbées par un corps donné pendant un certain intervalle de temps sont toujours égales, il s'en suit qu'un objet sombre — qui absorbe beaucoup la lumière — doit aussi émettre beaucoup de rayonnement. Un corps imaginaire qui absorberait tout le rayonnement incident est qualifié de corps noir. Les corps noirs émettent et absorbent parfaitement. Une boîte fermée percée d'un petit trou constitue une bonne approximation de corps noir (figure 21.1).

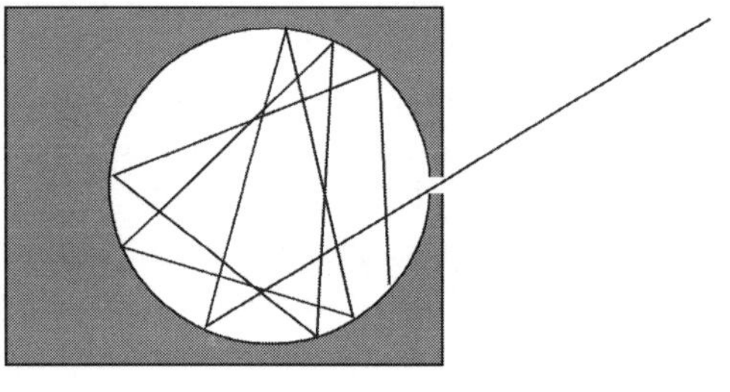

Figure 21.1 Une cavité percée d'un trou constitue une bonne approximation de corps noir. Le rayonnement qui pénètre par le trou a une très petite probabilité de ressortir de la cavité avant d'avoir été complètement absorbé par les parois.

En étudiant le rayonnement émis par un corps noir à diverses longueurs d'ondes, les physiciens constatèrent que les connaissances de l'époque sur la nature du rayonnement ne leur permettaient pas d'expliquer les résultats obtenus. On pensait alors que la lumière émise par un objet provenait d'un changement continu de l'énergie de particules chargées qui oscillaient à l'intérieur de la matière. Quand on calculait l'énergie ainsi émise, les résultats ne s'accordaient avec l'expérience que pour les grandes longueurs d'onde (figure 21.2). Aux longueurs d'onde plus courtes, les calculs prévoyaient que l'énergie émise devenait de plus en plus grande (courbe en pointillés sur la figure 21.2), tandis que l'expérience montrait l'inverse : pour ces longueurs d'ondes, l'énergie émise était voisine de zéro. C'était la « catastrophe ultraviolette ».

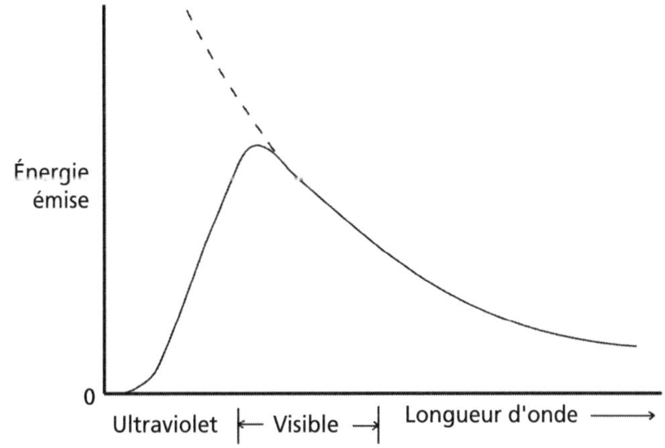

Figure 21.2 La courbe de rayonnement du corps noir donne la quantité d'énergie émise en fonction de la longueur d'onde. La ligne en pointillé indique le résultat des calculs basés sur ce que l'on savait à l'époque : pour les ultraviolets, les calculs ne concordent pas avec les mesures.

En 1900, Le physicien allemand Max Planck parvint à résoudre le problème. Pour cela, il dut faire une hypothèse bien étrange qu'il ne comprenait pas lui-même. Il supposa que l'énergie émise par l'oscillation des particules chargées dans le corps noir ne pouvait prendre que des valeurs discrètes. Ces particules absorbaient ou émettaient de l'énergie, non pas de façon continue, mais par sauts discrets. En d'autres termes, l'énergie était émise par petits paquets. De plus, l'énergie de chaque paquet était directement proportionnelle à la fréquence de rayonnement. Planck les baptisa *quanta*. La formule qui donnait l'énergie de chaque quantum de rayonnement était :

$$E = hf$$

où h est une constante, désormais appelée constante de Planck, et f est la fréquence du rayonnement. La valeur de la constante de Planck est :

$$h = 6{,}626 \times 10^{-34} \text{ Js} = 4{,}136 \times 10^{-15} \text{ eVs}$$

Selon la formule de Planck, l'énergie de chaque quantum est proportionnelle à la fréquence d'oscillation. La valeur de la constante de Planck étant très petite, la notion de quantum ne devient importante que pour les systèmes dont l'énergie est très faible, ce qui est le cas des atomes. L'équation de Planck rendait compte des courbes expérimentales du rayonnement du corps noir, et elle réglait le problème de la catastrophe ultraviolette. Aux hautes fréquences, qui correspondent aux petites longueurs d'onde, le rayonnement est constitué de quanta de très grande énergie. Seul un petit nombre des particules oscillantes a l'énergie requise pour les produire, de sorte que ces quanta sont émis en petit nombre. Aux basses fréquences, qui correspondent aux grandes longueurs d'onde, les quanta ont des énergies faibles, de sorte que de nombreux oscillateurs ont une énergie égale ou supérieure. De tels quanta sont émis en grand nombre, mais leur énergie étant très faible, leur contribution totale n'est pas énorme. Ceci correspond à la partie droite de la courbe de la figure 21.2, là où l'énergie totale émise par le corps noir est peu élevée. Les quanta ne sont émis en nombre important et avec des énergies appréciables que pour les fréquences moyennes, qui correspondent à des énergies accessibles à un grand nombre d'oscillateurs. Cette partie de l'émission du corps noir correspond au pic de la courbe de la figure 21.2. Grâce à son intuition, Planck avait compris que des fréquences différentes correspondent à des énergies différentes, contrairement à ce que l'on pensait avant, à savoir que l'énergie était également répartie entre les diverses longueurs d'onde.

L'effet photoélectrique

Pendant que Planck se débattait avec le problème du rayonnement du corps noir, d'autres physiciens essayaient de comprendre un autre phénomène, apparemment sans rapport : l'effet photoélectrique. Heinrich Hertz avait découvert en 1887 que certains métaux éclairés en lumière ultraviolette émettent des électrons (figure 21.3), à condition que la fréquence du rayonnement soit supérieure à un certain seuil. Le nombre d'électrons émis était proportionnel à l'intensité de la lumière, comme on s'y attendait, mais l'énergie cinétique de chaque particule était indépendante de l'intensité, ce qui était étonnant.

En 1905, Albert Einstein s'intéressa à l'effet photoélectrique. Il postula que les quanta d'énergie introduits par Planck pour expliquer le rayonnement du corps noir étaient une caractéristique réelle de la lumière et pas une propriété particulière en relation avec un phénomène unique. Il considéra donc que la lumière est formée de quanta d'énergie discrets. Quand un de ces quanta, ou *photons,* comme il les a appelés, heurte la surface du métal, toute son énergie

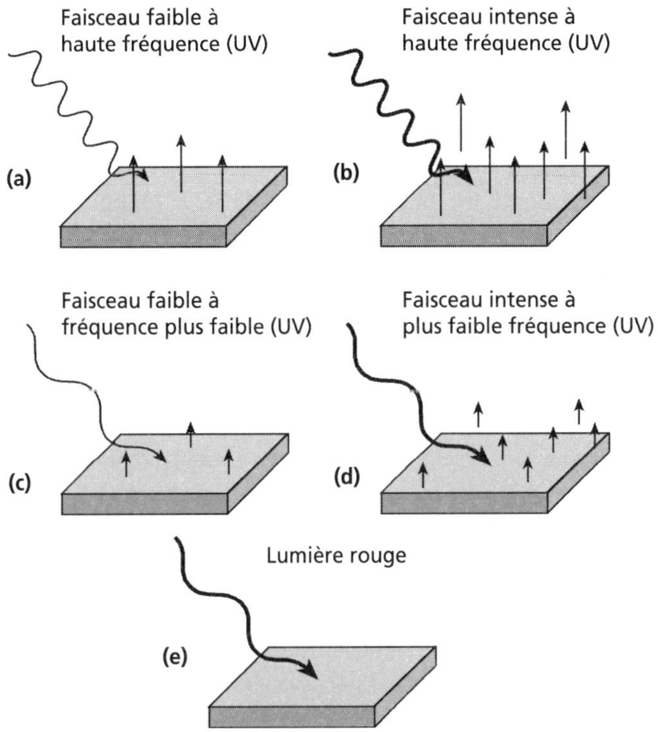

Figure 21.3 L'effet photoélectrique. **(a)** Un rayonnement peu intense, dans les hautes fréquences de l'ultraviolet, produit quelques électrons rapides. **(b)** Un rayonnement intense aux mêmes fréquences produit de nombreux électrons rapides. **(c)** Un rayonnement ultraviolet peu intense de plus basse fréquence, produit un petit nombre d'électrons lents. **(d)** De la lumière rouge (fréquence beaucoup plus faible) ne produit pas d'électrons du tout, quelle que soit son intensité.

est communiquée à l'un de ses électrons. En conséquence, l'électron ne peut absorber de l'énergie que par paquets entiers contenant une certaine quantité d'énergie. Un rayonnement intense ne communique pas une énergie plus grande aux électrons — car la probabilité pour qu'un même électron soit heurté deux fois est très faible — mais il fournit un plus grand nombre de paquets d'énergie à chaque seconde. Un faisceau intense contient plus de photons qui excitent un plus grand nombre d'électrons.

Pour extraire un électron de la surface d'un métal, il faut lui fournir un minimum d'énergie. Cette énergie est qualifiée de « travail d'extraction » ϕ (la lettre grecque phi). Pour Einstein, la formule de Planck était universelle, et donc l'énergie des photons était donnée par la formule $E = hf$. Une valeur minimale de l'énergie implique donc une valeur minimale de la fréquence. C'est la raison pour laquelle on observe un seuil de fréquence au-dessous duquel il n'est pas possible d'arracher des électrons, quelle que soit l'intensité lumineuse (c'est-à-dire le nombre de photons).

La théorie d'Einstein rendait compte de tous les résultats expérimentaux. D'après Einstein, quand un photon d'énergie $E = hf$ heurte un électron à l'intérieur du métal, cet électron absorbe toute l'énergie du photon. Il se dirige alors vers la surface du métal. Si l'énergie qu'il a acquise est supérieure au travail d'extraction ϕ, l'électron atteint cette surface et s'échappe. Une fois émis, son énergie cinétique est égale à l'énergie restante :

énergie fournie par le photon = énergie nécessaire pour quitter le métal
+ énergie cinétique de l'électron émis

$$EC = hf - \phi$$

Telle est l'équation d'Einstein pour l'effet photoélectrique. Le tableau 2.1 donne la valeur du travail d'extraction d'un certain nombre d'éléments.

Tableau 21.1 Travail d'extraction pour quelques métaux.

Élément	ϕ (eV)
Aluminium	4,20
Calcium	2,71
Césium	1,96
Germanium	4,61
Fer	3,91
Platine	5,22
Potassium	2,24
Sodium	2,28
Tungstène	4,54

Aujourd'hui, on utilise l'effet photoélectrique détecter des faisceaux de très faible intensité. Certaines caméras vidéo très sensibles sont équipées de tubes photomultiplicateurs dans lesquels un photon incident, lorsqu'il arrive sur une partie photosensible située à l'avant du tube, arrache un électron. L'électron émis est accéléré par un champ électrique et parvient sur une surface métallique où il provoque l'émission de plusieurs autres électrons qui sont eux-mêmes accélérés avant de heurter d'autres surfaces métalliques. Il en résulte une cascade d'électrons dans le tube (figure 21.4). À partir d'un seul photon, certains photomultiplicateurs engendrent un milliard d'électrons qui constituent un courant facilement détectable.

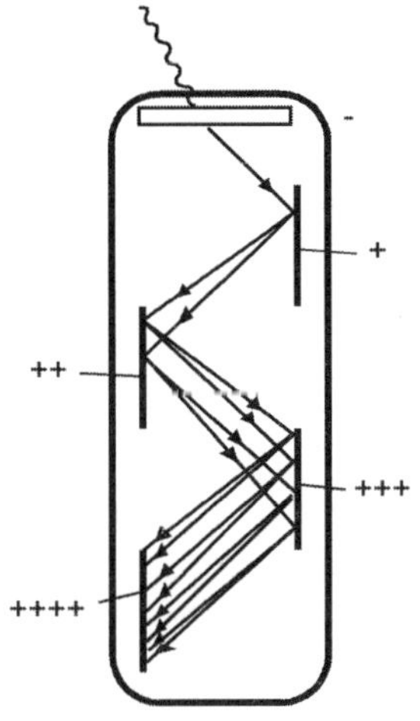

Figure 21.4 Dans un tube photomultiplicateur, un photon incident excite un électron d'un matériau photosensible situé à l'avant du tube. À son tour, cet électron vient exciter d'autres électrons sur une surface métallique chargée positivement et les en fait sortir. Ceci produit une cascade d'électrons.

Mais si la lumière était bien constituée de quanta discrets ou photons, ses propriétés auraient dû être celles d'un flux de particules. Or, ainsi que nous l'avons exposé dans les chapitres précédents, la lumière présente des propriétés caractéristiques des ondes. La lumière était-elle à la fois onde et particule ? Ces deux aspects semblaient s'exclure mutuellement : la lumière devait être soit une onde soit une particule, mais pas les deux à la fois, de même qu'une personne ne peut pas être à la fois grande et petite. La théorie d'Einstein introduisait un conflit dans la physique. Il fallut une vingtaine d'années pour le résoudre.

Au cours de l'année 1905, Einstein a publié trois articles majeurs : un sur la théorie de la relativité restreinte, un autre sur l'explication du mouvement Brownien et le troisième sur l'effet photoélectrique. L'année 1905 est l'*annus mirabilis* d'Einstein. Lorsqu'il reçut le prix Nobel, Einstein avait déjà publié la théorie de la relativité générale qui est peut-être la plus grande réalisation intellectuelle de tous les temps ; c'est pourtant pour l'explication de l'effet photoélectrique que ce prix lui fut attribué. Le comité Nobel de l'époque trouvait la théorie de la relativité trop sujette à controverse.

L'atome de Bohr revisité

Comme nous l'avons vu au chapitre 7, le physicien danois Niels Bohr exploita à son tour l'idée des quanta pour élaborer un modèle d'atome qui rend parfaitement compte du spectre de l'atome d'hydrogène. Au chapitre 18, nous avons vu que l'émission et l'absorption des raies caractéristiques de l'hydrogène sont produites par l'émission ou l'absorption de photons lorsque l'électron transite d'une orbite stationnaire à une autre. L'énergie de ces photons est donnée par la formule de Planck $E = hf$.

Appelons E_i l'énergie de l'électron dans son niveau initial, et E_f son énergie dans le niveau final. La variation d'énergie d'un électron lorsqu'il passe du niveau i au niveau f est reliée à l'énergie du photon : $E_i - E_f = hf$. On représente les processus d'émission et d'absorption à l'aide d'un diagramme de niveaux d'énergie. La figure 21.5 représente ce diagramme pour l'hydrogène. On y a fait figurer plusieurs séries de transitions à l'aide de des flèches verticales reliant deux niveaux. Elles portent les noms des scientifiques qui les ont découvertes.

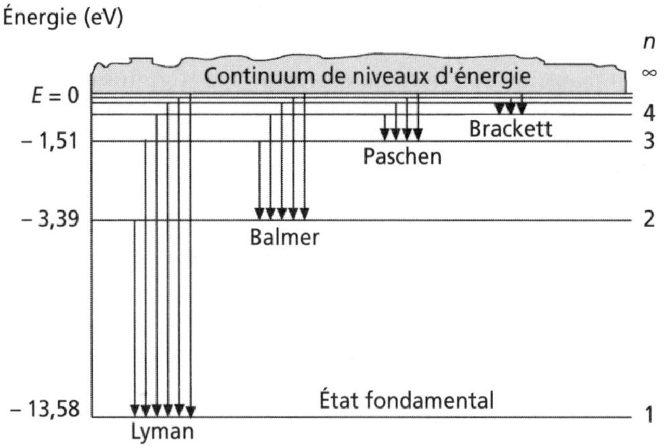

Figure 21.5 Diagramme des niveaux d'énergie de l'atome d'hydrogène. Seules les raies de la série de Balmer se trouvent dans le visible.

Dans un diagramme d'énergie, tel que nous l'avons représenté au chapitre 18, la lettre n caractérise le niveau d'énergie, la valeur $n = 1$ correspondant à l'état fondamental, c'est-à-dire l'état stationnaire de l'électron d'énergie la plus basse. Dans la mesure où seules les *variations* d'énergie ont une signification véritable, on est libre de choisir l'origine des énergies comme on veut. Lorsque $n = \infty$, l'électron est si éloigné du noyau qu'il ne ressent plus son attraction, et nous considérerons que son énergie d'interaction est nulle.

L'énergie des autres niveaux se mesure alors par rapport à celle du niveau $n = \infty$. Lorsque les électrons transitent vers des niveaux d'énergie plus proches du noyau, leurs énergies diminuent et ils émettent du rayonnement. Ainsi, les énergies de ces niveaux sont plus petites que celle du niveau $n = \infty$. L'énergie E_n du niveau n est donnée par l'expression :

$$E_n = -\frac{E_f}{n^2}$$

où $E_f = 2{,}2 \times 10^{-18}\ \mathrm{J} = 13{,}6\ \mathrm{eV}$. La valeur $-E_f$ est l'énergie la plus basse possible pour l'électron de l'atome d'hydrogène, celle de son état fondamental. Cette formule permet de calculer l'énergie émise ou absorbée quand un électron transite d'un niveau à un autre.

La théorie de Bohr ne donne des résultats en accord avec les résultats expérimentaux que dans le cas de l'atome d'hydrogène et pas pour les atomes plus complexes. Elle n'en reste pas moins la première théorie qui tentait d'expliquer la structure de l'atome. Il faut remarquer que Bohr a élaboré ce modèle pour rendre compte de résultats expérimentaux, sans chercher à expliquer pourquoi les électrons ne rayonnent pas quand ils se trouvent sur une orbite stationnaire, ni pourquoi ils absorbent ou émettent de la lumière lorsqu'ils changent d'orbite. Il s'agissait d'hypothèses *ad hoc*. Dix ans plus tard, à Paris, un étudiant brillant devait introduire une idée nouvelle, destinée à devenir le fondement d'une physique totalement nouvelle grâce à laquelle on pourrait justifier ces hypothèses.

Les ondes de de Broglie

Lorsque Louis Victor de Broglie termina ses études à l'Université de Paris, il se mit en quête d'un sujet de thèse. Il était fasciné par la dualité onde-corpuscule introduite par Einstein, et pensait que les électrons pourraient eux aussi présenter des propriétés à la fois corpusculaires et ondulatoires. Il en fit son sujet de thèse. En 1924, la thèse de de Broglie était terminée, mais son directeur hésitait à lui donner le titre de docteur pour un travail basé sur une idée aussi spéculative. Il décida de montrer le travail à Einstein. Ce dernier fut enthousiasmé et répondit : « ce *jeune homme a soulevé un coin du grand voile !* ». Ce qui valut à de Broglie son doctorat. En 1929, il recevait le prix Nobel pour sa découverte.

La théorie de de Broglie explique les orbites stationnaires du modèle de Bohr en supposant que chaque orbite électronique est une onde stationnaire. Puisque les orbites de Bohr sont des cercles, l'onde de l'électron doit être une onde stationnaire qui se referme sur elle-même, comme sur la figure 21.6.

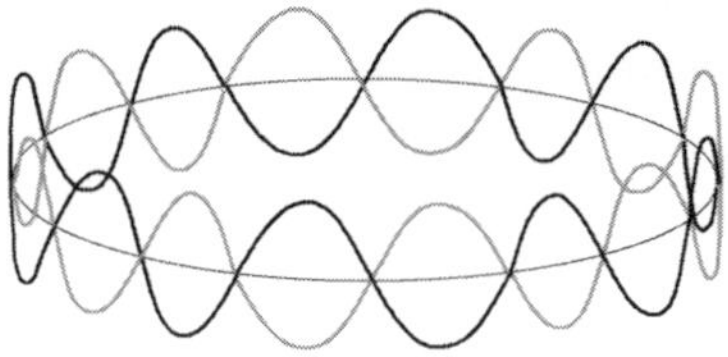

Figure 21.6 Ondes stationnaires de de Broglie sur une orbite permise de l'atome.

Dans la théorie de de Broglie, la fréquence et la longueur d'onde des *ondes électroniques* — les ondes qui représentent les électrons — sont données par les relations :

$$f = \frac{E}{h} \qquad \text{et} \qquad \lambda = \frac{h}{mv}$$

où m est la masse de l'électron, et v sa vitesse. En 1927, Clinton J. Davisson et Lester H. Germer mirent en évidence des interférences produites par des faisceaux d'électrons. Les figures obtenues étaient exactement celle que l'on attendait si électrons avaient les propriétés ondulatoires prédites par de Broglie. Sa théorie était confirmée.

La nature ondulatoire des électrons est à la base du fonctionnement du microscope électronique, inventé en 1932 par Ernst Ruska en Allemagne. La résolution d'un microscope (c'est-à-dire sa capacité à rendre visibles des

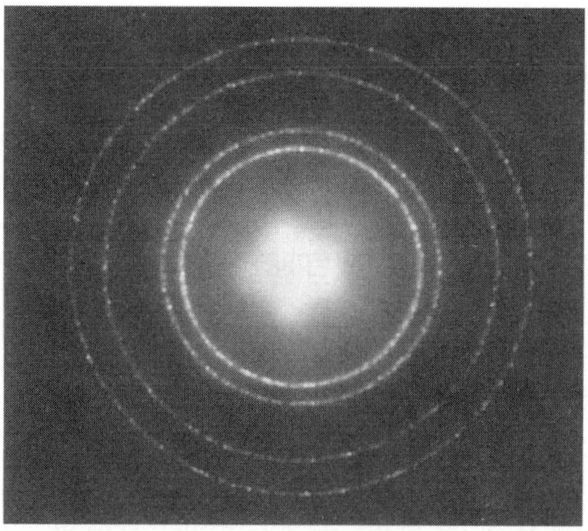

Figure 21.7 Figure de diffraction observée en faisant passer un faisceau d'électrons à travers un cristal. PSSC Physics, 7e édition, Haber-Schaim, Dodge, Gardner and Shore. Kendall/Hunt Publishing Company.

détails sur une image agrandie) est inversement proportionnelle à la longueur d'onde de la lumière utilisée pour éclairer l'objet. Les longueurs d'onde des électrons sont beaucoup plus petites que celles de la lumière visible. L'énergie des électrons étant proportionnelle à leur fréquence et donc inversement proportionnelle à leur longueur d'onde, les électrons les plus rapides ont les longueurs d'onde les plus courtes. Dans un microscope électronique, on « éclaire » un objet avec des ondes électroniques, on atteint donc une résolution supérieure à celle que l'on obtient avec de la lumière ordinaire. Les microscopes électroniques les plus puissants réalisent des grandissements supérieurs à × 1 000 000, ce qui permet d'observer des objets dont la taille est de l'ordre de 0,05 nm. À titre de comparaison, la figure 21.8 montre un scorpion avec un grandissement de 180.

Figure 21.8 Scorpion vu avec un grandissement de × 180. Avec l'aimable autorisation de S. MacDanels, NASA Kennedy Space Center.

La mécanique quantique

Après la formulation par de Broglie de l'hypothèse des ondes de matière, les choses allèrent très vite. Le principal problème que les physiciens essayaient de résoudre était celui de la nature ondulatoire de l'électron. En 1926, le physicien autrichien Erwin Schrödinger élabora une équation qui décrivait le comportement ondulatoire des électrons de l'atome d'hydrogène. Indépendamment, un professeur de physique de 24 ans, Werner Heisenberg, établissait une théorie complètement mathématique du comportement des particules atomiques. On devait démontrer plus tard que la formulation de Heisenberg était équivalente à la théorie basée sur la fonction d'onde de Schrödinger.

Cette nouvelle théorie porte le nom de « mécanique quantique ». Dans les années qui suivirent, il y eut de nombreuses discussions entre Einstein, Bohr, Heisenberg, Schrödinger et la plupart des grands physiciens de l'époque sur l'interprétation qu'il fallait donner à la mécanique quantique, et tout particulièrement au sens de la fonction d'onde. Ils se mirent rapidement d'accord sur le fait que les ondes associées aux particules atomiques, comme l'électron, ne représentaient pas leur mouvement réel. L'électron ne se conduit pas *vraiment* comme une onde, il n'est pas « dilué » sur tout le front d'onde. Max Born suggéra qu'il s'agissait plutôt d'ondes de probabilité : elles représentent la probabilité de trouver l'électron en un certain point de l'espace à un certain moment.

Quel est donc le véritable mouvement des électrons autour du noyau ? La mécanique quantique affirme qu'il n'est pas possible de répondre à cette question. Ainsi que l'a fait remarquer Bohr, l'électron n'est pas une particule au sens macroscopique naïf du terme. En conséquence, cela n'a pas de sens de se demander comment il se déplace d'un point à un autre. La seule chose dont on puisse parler, c'est de la probabilité de trouver l'électron en un endroit particulier autour du noyau. Une expérience permet de dire que l'électron occupe une certaine position dans l'espace. Une autre pourra situer l'électron en un autre endroit. Il n'est pas possible de connaître le chemin suivi par l'électron pour aller d'un point à l'autre. En réalité, la position de l'électron n'est bien déterminée que lorsqu'une expérience permet de l'observer. La *position* n'est pas une propriété intrinsèque de l'électron.

La mécanique quantique a manifestement des conséquences étranges (c'est un adjectif que l'on trouve souvent associé à la mécanique quantique). Cela ne veut pas dire pour autant qu'elle est fausse. De nombreux objets bien réels, comme les puces électroniques, ont été conçus grâce à la mécanique quantique. La mécanique quantique fournit une description très précise du monde atomique. Le seul problème est que cette description est essentiellement mathématique et qu'elle ne peut pas être résumée à l'aide d'images concrètes et faciles à visualiser. De surcroît, même si tous les physiciens s'accordent pour dire que la mécanique quantique est juste (au sens où la méthode scientifique considère qu'une théorie est juste), son interprétation continue à susciter des discussions animées non seulement entre les physiciens mais parmi les membres de la communauté scientifique en général et parmi les philosophes. Le mieux que l'on puisse dire est que la mécanique quantique marche, mais que personne ne la comprend vraiment.

La physique au quotidien : utilisation des photons pour la détection de tumeurs

Lorsqu'on éclaire violemment un objet, on observe une ombre très nette. Ce résultat très simple est à la base de la *transillumination*, technique utilisée pour examiner les seins. À l'intérieur du sein, une tumeur produit une ombre quand un faisceau de lumière très intense est envoyé à travers les tissus autrement peu denses. Mais ces tissus eux-mêmes diffusent une partie de la lumière, ce qui rend difficile la détection des tumeurs ayant un centimètre de diamètre.

Les chercheurs ont récemment mis au point une technique qui devrait permettre la détection de très petites tumeurs. Quand la lumière pénètre à l'intérieur des tissus du sein, certains des photons se déplacent pratiquement en ligne droite, tandis que les autres rebondissent sur les molécules de ces tissus et ont des trajectoires plus contournées. Seuls les photons qui se propagent en ligne droite produisent une image nette de la tumeur, il faut donc les séparer des autres.

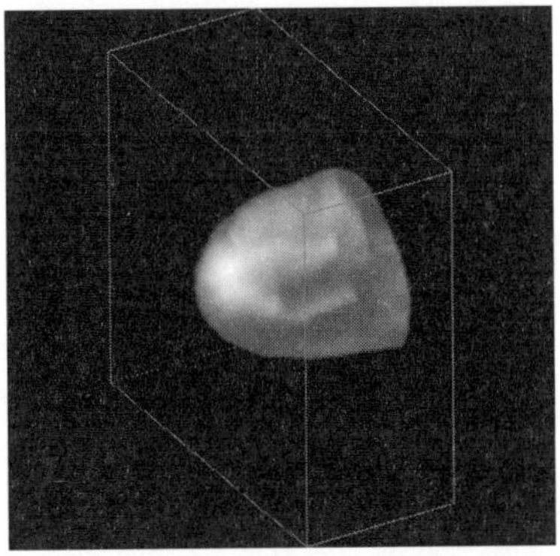

Les photons qui vont tout droit parviennent plus vite de l'autre côté des tissus, et arrivent donc sur le détecteur légèrement avant les autres. La différence entre les temps d'arrivée est incroyablement petite, de l'ordre de quelques picosecondes (milliardièmes de milliardième de seconde). Les physiciens de l'Université de Michigan ont fabriqué une vanne que l'on place devant le détecteur et qui s'ouvre et se ferme assez vite pour séparer les arrivées des deux faisceaux de photons.

À l'aide de cette nouvelle technologie, il est possible de déceler des taches de 200 micromètres (millième de millimètres), cachées dans des tissus humains de 3,5 millimètres d'épaisseur. Le but des chercheurs est maintenant d'augmenter l'épaisseur des tissus, et de réduire la taille des taches qu'ils sont capables de déceler.

22

Mécanique quantique

Les prémices de la mécanique quantique

La mécanique quantique commence en 1905 avec l'article d'Einstein sur l'effet photoélectrique dans lequel il affirme que les quanta d'énergie introduits par Planck sont une caractéristique universelle de la lumière. Pendant plus de dix ans, Einstein maintint cette théorie de la quantification de l'énergie lumineuse envers et contre tous. En 1915, sa formule de l'effet photoélectrique fut confirmée par les délicates expériences de Millikan, mais l'idée n'en fut pas pour autant universellement acceptée, loin de là. Millikan lui-même écrivait à cette date : « en dépit [...] de la réussite apparemment parfaite de l'équation d'Einstein, la théorie physique dont elle est l'expression symbolique est actuellement considérée comme impossible à défendre et je crois qu'Einstein lui-même n'y tient plus. » Einstein y *tenait*. Les discussions sérieuses concernant la nature corpusculaire de la lumière et la signification profonde de la nouvelle théorie ne commencèrent que vers le milieu des années 1920, lorsque Heisenberg, Schrödinger, Dirac et quelques autres développèrent les premières formes de la théorie quantique. Ces discussions continuent encore aujourd'hui !

La nouvelle mécanique de l'atome

Durant l'été 1922, Niels Bohr fut invité à donner une série de conférences en Allemagne, à l'Université de Göttingen. Un jeune thésard de l'Université de Munich, Werner Heisenberg, y assistait. Les conférences de Bohr firent une profonde impression sur le jeune homme. « Je n'oublierai jamais la première conférence », écrivit plus tard Heisenberg. « La salle était comble. Le grand physicien danois [...] se tenait sur l'estrade, la tête légèrement inclinée, un sourire sur les lèvres, amical, mais quelque peu embarrassé. La lumière d'été éclairait la scène par les fenêtres grandes ouvertes. Bohr parlait doucement, avec un léger accent danois [...]. Chacune de ses phrases soigneusement formulées révélait une longue chaîne de pensées sous-entendues, de réflexions philosophiques implicites mais jamais complètement exprimées. Je trouvais cette approche terriblement excitante. Ce qu'il disait semblait à la fois complètement nouveau et familier. »

Le jeune étudiant « osa faire une remarque critique » durant l'une des conférences. Bohr remarqua aussitôt son brillant esprit et l'invita à marcher avec lui dans la montagne du Hain, afin de discuter plus à fond ses objections. À la fin de leur longue marche, Bohr suggéra à Heisenberg de rejoindre son Institut à Copenhague lorsqu'il aurait passé sa thèse. « Vous devez nous visiter à Copenhague, lui dit Bohr. Vous pourriez rester avec nous, disons un trimestre et nous pourrons faire de la physique ensemble. » Heisenberg devait écrire plus tard : « Ma carrière scientifique ne commença réellement que cet après-midi-là. Soudain, le futur me semblait si plein d'espoir et de nouvelles possibilités qu'après avoir vu Bohr, je me peignais moi-même sous les couleurs les plus glorieuses tout en retournant à ma chambre. »

L'institut de Niels Bohr à Copenhague attirait les jeunes physiciens les plus talentueux de l'Europe, de l'Amérique et de l'Union soviétique. C'est là que Heisenberg trouva l'atmosphère dont il avait besoin pour que s'épanouisse son talent intellectuel. Il avait obtenu son doctorat en 1924, à l'âge de 23 ans, et il était immédiatement parti rejoindre Bohr. Après avoir passé un an à Copenhague, Heisenberg retourna à Göttingen comme assistant de Max Born, alors directeur de l'Institut de physique. À Göttingen, Heisenberg travailla sur le problème des raies spectrales des atomes en essayant de trouver une expression mathématique simple qui donnerait les intensités et les fréquences des raies du spectre de l'hydrogène. Sa première tentative fut infructueuse et menait à « un fatras impénétrable d'équations mathématiques compliquées et sans solution. » Il en tira néanmoins quelque chose d'utile. Heisenberg conclut de ses premières tentatives que le problème des orbites des électrons à l'intérieur de l'atome devait être ignoré, car ces orbites n'avaient probablement pas de sens. Seules les fréquences et les amplitudes associées aux raies spectrales étaient observables directement : c'étaient les seules quantités auxquelles on pouvait attribuer une signification sans ambiguïté. Plutôt que de reprendre son « fatras d'équations mathématiques compliquées », Heisenberg décida de se limiter à un modèle simple : le pendule oscillant. Il servirait à représenter les vibrations des atomes.

Vers la fin du mois de mai 1925, Heisenberg fut si gravement atteint par le rhume des foins qu'il demanda à Bohr un congé de deux semaines. Il se rendit directement à Heligoland, une petite île rocheuse de la Mer du Nord, près de Hambourg, aérée par les vents marins et loin des nuages de pollen du continent. Là, Heisenberg trouva le temps de réfléchir à son problème. « Quelques jours suffirent à jeter aux orties tout l'appareil mathématique qui encombre invariablement les débuts de ce genre d'entreprise afin d'arriver à une formulation plus simple de mon problème. » L'éclair du génie avait frappé. Quelques jours de plus et il terminait les calculs préliminaires qui avaient l'air très prometteurs. Ce dont il avait besoin maintenant, c'était d'une preuve que son nouveau formalisme ne présentait pas de contradictions et, en particulier, qu'il respectait le principe de la conservation de l'énergie. Un soir, il lui sembla tenir la preuve tant recherchée. Heisenberg, trop excité pour s'arrêter, travailla tard dans la nuit. À trois heures du matin, il avait fini d'inventer une nouvelle mécanique.

De retour à Göttingen, Heisenberg écrivit son article, qu'il acheva en juillet 1925. Il y décrivait l'énergie des transitions dans les atomes sous la forme d'un tableau de nombres et il donnait les règles auxquelles devaient obéir ces tableaux afin de calculer les processus atomiques. Doutant que l'article soit assez achevé pour être publié, il le montra à Born qui reconnut immédiatement que ces tableaux n'étaient autres que ce que les mathématiciens appellent depuis longtemps des matrices. Les règles auxquelles elles obéissaient étaient tout simplement l'algèbre matricielle également connue. Born soumit l'article à *Zeitschrift für Physik*. Il s'assura du concours de son élève Pascual Jordan avec lequel il perfectionna la théorie de Heisenberg. Les matrices devaient s'imposer comme les outils les plus adaptés à la description des processus atomiques.

La propriété fondamentale de la nouvelle mécanique de Heisenberg est que les quantités mesurables — la position ou la quantité de mouvement d'une particule, par exemple — ne peuvent plus être représentées par de simples nombres, mais par des matrices. Or, la loi de multiplication des matrices, contrairement à celle des nombres, n'est pas commutative. En d'autres termes, si on multiplie la matrice $\boldsymbol{p}$ par la matrice $\boldsymbol{q}$, le résultat est différent de celui de la multiplication de matrice $\mathbf{q}$ par la matrice $\mathbf{p}$. Dans la mécanique newtonienne, si $q = 3$ est la position d'une particule et $p = 2$ sa quantité de mouvement, le produit de ces deux *nombres* ne dépend pas de l'ordre dans lequel on effectue l'opération : $p \times q = 2 \times 3 = 6$ et $q \times p = 3 \times 2 = 6$. Dans un article que Born et Jordan publièrent ensemble, ils montrèrent que la différence entre les deux produits de matrice $\mathbf{pq}$ et $\mathbf{qp}$ est proportionnelle à la constante de Planck h. En physique newtonienne, cette différence est égale à zéro puisque $p \times q - q \times p = 6 - 6 = 0$. Mais comme notre univers est discret et non continu, la constante de Planck n'est pas nulle et la différence entre les deux produits de matrices précédents est différente de zéro. La constante h étant très petite, nous ne remarquons pas ce caractère discret à l'échelle macroscopique. La nature discrète de notre monde nous oblige à oublier l'usage de nombres simples pour représenter les quantités mesurables comme la position et la quantité de mouvement à l'échelle atomique : il faut les représenter par des matrices. Le fait que Heisenberg fut capable de concevoir tout cela en quelques jours à Heligoland ne peut s'expliquer que par la marque du génie.

En juillet 1925, Heisenberg donna une conférence au laboratoire Cavendish de Cambridge, en Angleterre. Un autre brillant physicien se trouvait dans l'assistance : Paul Dirac, de huit mois son cadet. Heisenberg n'avait pas mentionné sa nouvelle théorie dans son exposé, mais il en parla après la conférence avec quelques physiciens et laissa une épreuve de son article au directeur de thèse de Dirac qui demanda à son élève d'y jeter un coup d'œil. Dirac comprit immédiatement l'importance du travail de Heisenberg et commença aussitôt à s'y atteler. Quelques semaines plus tard, Dirac écrivit un article lumineux dans lequel il démontrait que la nouvelle mécanique de Heisenberg était une théorie complète qui remplaçait la mécanique newtonienne. Pendant ce temps, Heisenberg, Born et Jordan arrivaient à la même conclusion par une voie différente. Après seulement quelques mois de travail acharné essentiellement fourni par ces quatre hommes, la première théorie cohérente de l'atome était sur pied. On l'appelle la *mécanique des matrices* et c'est l'une des nombreuses représentations de la mécanique quantique, qui est celle du monde à l'échelle atomique.

Mécanique ondulatoire

Einstein avait émis l'hypothèse que la lumière est composée de particules — les photons — et en 1909, il suggéra qu'une théorie de la lumière devrait comprendre à la fois l'aspect particulaire et l'aspect ondulatoire de la lumière. En 1923, comme nous l'avons vu au chapitre 21, Louis de Broglie suggéra que toutes les particules — les électrons, par exemple — présentaient également un aspect ondulatoire. De Broglie entreprit de calculer la longueur d'onde de l'électron et suggéra que sa prédiction pourrait être confirmée expérimentalement par l'observation d'une figure de diffraction produite par un faisceau d'électrons. Ce travail constituait sa thèse de doctorat. En 1927, Davisson et Germer observèrent effectivement des figures d'interférences sur des faisceaux d'électrons.

En 1925, Erwin Schrödinger, alors professeur de physique à l'université de Zürich, tomba sur une référence très positive au travail de de Broglie dans un article d'Einstein. Einstein avait déjà commenté favorablement les idées de de Broglie quand Paul Langevin, le directeur de thèse de de Broglie, lui avait envoyé une copie de sa thèse. D'après de Broglie, l'électron était associé à une onde de nature indéterminée. Quand l'électron tourne autour du noyau de l'atome de Bohr, une *condition de résonance* doit exister qui donne naissance aux états stationnaires, un peu à la façon dont la taille finie d'une corde vibrante impose certains modes de vibration spécifiques correspondant à des ondes stationnaires. De Broglie avait pensé que, dans le cas d'une orbite circulaire, un nombre entier de longueurs d'onde devait coïncider exactement avec la circonférence de l'orbite d'un état stationnaire (figure 22.1). Après avoir étudié les articles de de Broglie, Schrödinger utilisa le formalisme mathématique des ondes pour calculer les niveaux d'énergie autorisés et obtint des valeurs qui ne s'accordaient pas avec les spectres atomiques observés. Déçu par ses calculs initiaux, Schrödinger laissa ce travail de côté pendant plusieurs mois. Peter Debye, directeur du groupe de recherche de Zürich, qui avait également entendu parler du travail de de Broglie, demanda à Schrödinger de donner un séminaire sur le sujet. La discussion au cours du séminaire stimula Schrödinger qui reprit le travail là où il l'avait abandonné. En quelques semaines durant les vacances de Noël, il mit au point une équation d'onde gouvernant la propagation des *ondes d'électrons* associées à ces particules.

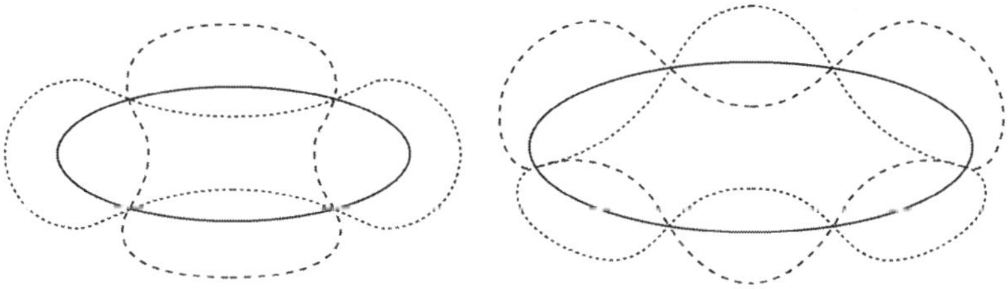

Figure 22.1. Ondes de de Broglie stationnaires correspondant à des orbites circulaires stationnaires.

Avec cette équation, Schrödinger obtint le spectre de l'hydrogène. Ainsi, bien avant la vérification expérimentale de la nature ondulatoire des électrons, l'étrange idée de de Broglie était quantitativement justifiée par Schrödinger. Son article fut publié en janvier 1926. La *mécanique ondulatoire*, comme on l'appela initialement, était une seconde méthode générale pour formuler la mécanique des atomes.

Les pionniers de la physique :
Schrödinger et son inspiration de génie

Schrödinger fit l'hypothèse que si un électron avait un comportement ondulatoire, alors il devrait être possible de décrire son comportement spatio-temporel par une équation d'onde. Il formula une équation qui détermine la propagation de l'onde de matière — son évolution dans le temps et dans l'espace — et qui relie ses propriétés à celles de la particule. Il s'appuya dès le départ sur le principe de la conservation de l'énergie. En partant de la relation de de Broglie entre la quantité de mouvement et la longueur d'onde et de la relation de Planck $E = hf$, Schrödinger réussit à *deviner* la forme mathématique de l'équation d'onde. Nous devons comprendre que l'*équation de Schrödinger* ne peut pas être obtenue à partir de principes généraux : c'est un postulat. Elle n'est justifiée qu'a posteriori, parce que ses prédictions sont vérifiées expérimentalement. Comme le fit un jour remarquer Richard Feynman : « D'où tenons-nous cela [l'équation de Schrödinger] ? De nulle part. Il est impossible de la dériver de quelque chose de connu. Elle est sortie du cerveau de Schrödinger. »

Comme Dirac le démontra plus tard, ces deux approches, la mécanique des matrices et la mécanique ondulatoire, sont équivalentes et toutes deux constituent une généralisation dont la théorie de Newton n'était qu'un cas particulier.

Mais que sont donc ces ondes ? Schrödinger tenta d'y répondre le premier. Et s'il n'y avait pas de particules ? Se pourrait-il que les électrons et les autres particules soient, en fait, des ondes ? L'univers tout entier ne serait rien d'autre qu'un immense phénomène ondulatoire. Cette interprétation fut vite rejetée par Max Born : on peut compter les particules une par une avec un compteur Geiger et on voit même la trace de leurs trajectoires dans une chambre à brouillard. Max Born avait une meilleure solution. En 1924, avant que Schrödinger ne développe sa théorie, Bohr avait écrit un article dans lequel il avait essayé de résoudre les contradictions entre l'aspect corpusculaire et l'aspect ondulatoire introduits par de Broglie. Dans cet article Bohr, avait introduit le concept d'*ondes de probabilité*. Il interprétait les ondes électromagnétiques de l'atome non comme des ondes réelles mais comme des ondes de probabilité dont l'intensité déterminait la probabilité qu'avait l'atome de transiter d'un niveau d'énergie à un autre. Born étendit le concept de Bohr et développa une définition mathématique claire des fonctions d'onde de la théorie de Schrödinger qu'il interpréta comme des ondes de probabilité.

Ces ondes n'étaient pas des ondes tridimensionnelles comme les ondes électromagnétiques. Elles vibraient dans un espace de plus grande dimension, car c'était, en fait, des entités mathématiques abstraites. Selon l'interprétation de Born, la fonction d'onde de Schrödinger d'un électron donnait la probabilité de localiser un électron dans une région particulière de l'espace. Pour être précis, c'est le carré de l'amplitude de la fonction d'onde en un point de l'espace qui donne la probabilité de trouver l'électron en ce point.

Le principe d'incertitude de Heisenberg

À Heligoland, vous vous en rappelez, Heisenberg avait découvert que les quantités observables (ou mesurables) devaient être représentées par des matrices. En 1927, il montra que si deux matrices **q** et **p** représentant deux quantités physiques — la position et la quantité de mouvement ou encore le temps et l'énergie — obéissent à la règle de non-commutativité (c'est-à-dire que la différence des produits **pq** et **qp** est proportionnelle à la constante de Planck), alors on ne peut pas mesurer les deux propriétés correspondantes simultanément avec une précision infinie. Cet énoncé est connu sous le nom de *Principe d'incertitude de Heisenberg*.

Pour illustrer ce principe, considérons une expérience que l'on pourrait faire sur des électrons. Au chapitre 18, nous avons discuté de la diffraction de la lumière dans l'expérience des fentes d'Young. Dans cette expérience, le faisceau lumineux passe initialement à travers une fente étroite puis à travers une paire de fentes qui forment deux faisceaux cohérents. Ces faisceaux interfèrent, produisant ainsi une figure d'interférence sur un écran. On comprend bien cette figure d'interférence si on considère la lumière comme une onde. En fait, cette expérience fut même considérée comme la preuve expérimentale de la nature ondulatoire de la lumière. Mais si Einstein a raison, la lumière est composée de particules. Peut on expliquer le résultat de l'expérience des fentes d'Young dans ce cadre ? Que se passe-t-il si nous utilisons des électrons à la place des photons ?

Considérons une source d'électrons — par exemple, le canon à électrons d'un tube cathodique de téléviseur — placée devant une mince plaque de métal munie de deux très fines fentes. Un écran disposé un peu plus loin et recouvert de phosphure produit un éclair lumineux à chaque fois qu'un électron l'atteint ; exactement comme sur un écran de télévision (figure 22.2a). Les éclairs sur l'écran montrent clairement que chaque électron atteint l'écran en un seul point. Si on masque l'une ou l'autre des fentes et qu'on laisse se dérouler l'expérience pendant un certain temps, il suffit de compter le nombre d'impacts sur chaque région de l'écran pour obtenir la probabilité d'arrivée de l'électron en divers points. Elle a l'aspect de la figure 22.2b. Si l'on maintient ouvertes les deux fentes, on obtient la probabilité d'arrivée donnée par la figure 22.2c. Cette figure ressemble tout à fait aux franges d'interférences de l'expérience des fentes d'Young de la figure 18.8 ! La figure 22.3 est une photographie de la figure d'interférence obtenue avec des électrons dans une expérience à deux fentes. En observant les régions où la probabilité est minimale lorsque les deux fentes sont ouvertes, on remarque que le nombre d'impacts reçus dans ce cas est plus petit que celui des impacts arrivant lorsqu'une seule fente ouverte. Ceci est dû aux interférences destructives dans ces régions, phénomène caractéristique des ondes. Les électrons se comportent comme des ondes, même s'ils arrivent un par un sur l'écran — ce que l'on vérifie en constatant que chaque impact produit un éclair. Or, une onde ne peut atteindre l'écran en un point unique.

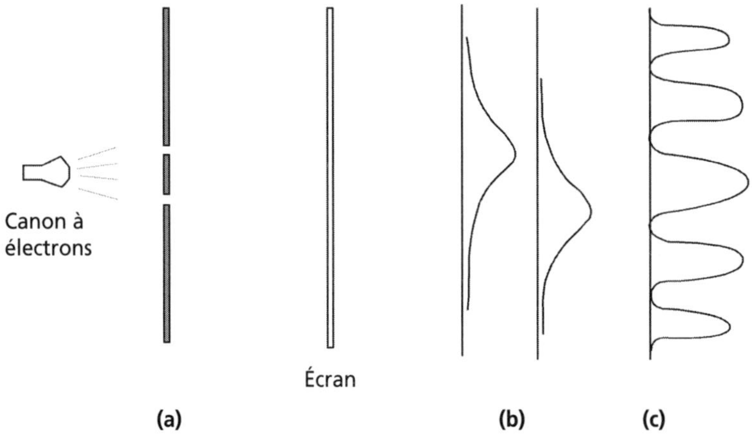

Figure 22.2. (a) Expérience d'interférence sur des électrons. **(b)** Probabilité pour qu'un électron heurte l'écran en un point particulier quand une seule fente est ouverte. **(c)** Probabilité quand les deux fentes sont ouvertes.

Se pourrait-il que les nombreux électrons du faisceau interagissent entre eux et « coopèrent » de façon à produire la figure d'interférence sur l'écran ? Pour le vérifier, nous pouvons réduire l'intensité du faisceau jusqu'à ce que les électrons soient émis les uns après les autres de sorte qu'il n'y a jamais qu'une seule particule à la fois dans le dispositif d'interférence entre la source et l'écran. On commence à noter les éclairs qui apparaissent sur l'écran et, comme auparavant, on enregistre leur position. Au début, aucune figure ne semble se dessiner. Mais, quand un grand nombre d'éclairs se sont accumulés, on commence à voir réapparaître la figure d'interférence, *comme si chaque électron interférait avec lui-même !*

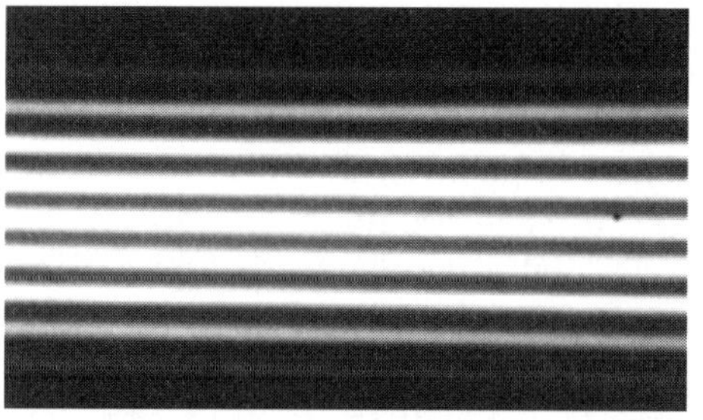

Figure 22.3. Photographie de la figure d'interférence obtenue dans une expérience d'interférence à deux fentes sur des électrons.

Comment un électron peut-il interférer avec lui-même ? Un électron passerait-il par les deux fentes à la fois avant de se recombiner à la sortie pour former la figure d'interférence ? On pourrait installer de petits détecteurs près des fentes pour déterminer par où passe l'électron. Ces détecteurs projettent de la lumière sur la fente et observent si elle est diffusée lorsque l'électron la traverse. La première chose qu'on observe alors est que chaque électron passe bien par l'une ou l'autre des ouvertures : on n'a jamais observé un phénomène aussi farfelu qu'un électron qui se coupe en deux pour passer par deux endroits à la fois. Tout semble au contraire se passer normalement, exactement comme nous l'attendons de particules raisonnables. Mais lorsqu'on enregistre les éclairs sur l'écran, la figure d'interférence a disparu ! La probabilité qu'un électron atteigne l'écran en un point donné est celle que l'on obtiendrait pour des particules ordinaires. *Observer les électrons détruit la figure d'interférence !* Déterminer la position des électrons détruit leur faculté d'interférer.

Peut-être, direz-vous, la lumière utilisée par les détecteurs est-elle trop intense : elle perturbe leur comportement. Pour surmonter cette difficulté, on peut réduire son intensité et répéter l'expérience. Réduire l'intensité de la lumière revient à réduire l'énergie totale des photons. D'après la formule de Planck, l'énergie de chaque photon est donnée par hf, où f est la fréquence de la lumière. Si on a n photons dans chaque impulsion émise par les détecteurs, l'énergie totale est nhf. On réduit l'énergie de la lumière projetée sur les électrons en envoyant très peu de photons de façon à ce que n soit petit. Quand on n'utilise plus qu'un photon pour chaque électron, on connaît la position de chaque électron mais on n'observe toujours pas de figure d'interférence. Si on réduit encore un peu plus le nombre de photons, on réduit également le nombre d'électrons détectés. On perd un peu d'information sur la localisation des électrons, mais on commence à observer une faible figure d'interférence sur l'écran, produite par les électrons que nous n'avons pas réussi à localiser. Il nous faut au moins un photon par électron pour savoir par quelle fente ils passent.

On pourrait réduire l'intensité de la lumière envoyée sur les électrons tout en diminuant sa fréquence. On augmente alors la longueur d'onde de la lumière incidente, ce qui réduit la résolution de notre détecteur ; c'est-à-dire son aptitude à déterminer la position de l'électron. Si la fréquence n'est pas trop faible — c'est-à-dire si la longueur d'onde est assez petite pour nous laisser voir les électrons — il n'y aura pas de figure d'interférence. C'est que nous sommes encore dans une situation où on perturbe les électrons. On réduit alors la fréquence afin de ne plus perturber les électrons : la longueur d'onde devient plus grande que la distance entre les fentes et nous ne pouvons donc plus dire à travers laquelle passe un électron. Et pour couronner le tout, la figure d'interférence réapparaît !

Nous ne sommes pas arrivés à observer les électrons sans les perturber. Ce que nous dit le principe d'incertitude de Heisenberg, c'est qu'il ne peut en être autrement. Notre échec n'est pas dû à notre manque d'imagination ou à une insuffisance de notre appareillage : cela ne marchera tout simplement jamais. Il ne nous est pas possible de déterminer à travers quelle fente l'électron passe dans son trajet vers l'écran. La seule solution est que l'électron passe par les *deux* fentes à la fois, même s'il produit une trace ponctuelle quand il arrive sur l'écran. Ce concept est difficile voire impossible à imaginer pour nous et ce n'est qu'à travers les mathématiques que les physiciens ont pu interpréter ce phénomène.

Heisenberg a écrit une expression mathématique qui exprime les limites intrinsèques de la nature. Si l'incertitude sur la mesure de la position de l'électron le long de la direction verticale est Δq et si l'incertitude sur la mesure de la composante correspondante de la quantité de mouvement est Δp, le principe d'incertitude de Heisenberg dit que le produit de ces deux incertitudes ne peut être que *supérieur* à une certaine constante égale au quotient de la constante de Planck h par 2π. Autrement dit :

$$\Delta q \Delta p \geq \frac{h}{2\pi}$$

Cette constante $h/2\pi$ est égale à $1{,}055 \times 10^{-34}$ Js et elle fixe une limite inférieure à la valeur du produit des incertitudes. Par exemple, si un instrument permet de mesurer la position de l'électron avec une incertitude d'un millionième de mètre (10^{-6} m = 1 micromètre), l'incertitude sur la quantité de mouvement sera toujours supérieure à $1{,}055 \times 10^{-28}$ kg m/s afin que le produit vaille au moins $h/2\pi$. Ceci entra"ne une incertitude sur la vitesse de l'électron au moins égale à 100 m/s. Cela vient de ce que la quantité de mouvement est le produit de la masse par la vitesse et que la masse de l'électron est $9{,}11 \times 10^{-31}$ kg. La limite inférieure de l'incertitude sur la vitesse est alors celle de l'incertitude sur la quantité de mouvement, $1{,}055 \times 10^{-28}$ kg m/s divisée par $9{,}11 \times 10^{-31}$ kg, soit exactement 116 m/s. Si, avec de meilleurs instruments, nous réduisons l'incertitude sur la position à un nanomètre, 10^{-9} m, l'incertitude sur la vitesse de l'électron devient mille fois plus grande. L'incertitude sur la quantité de mouvement est devenue si grande que nous ne pouvons plus savoir, une seconde plus tard, si l'électron est à côté de l'appareil ou 100 km plus loin !

Cette discussion montre que le nom de *particule* appliqué aux électrons est mal adapté, car il laisse à penser que les électrons sont un peu comme des particules de poussière. Les électrons et les autres « particules » quantiques sont en fait des *entités quantiques* dont les propriétés sont données par les lois de la mécanique quantique.

La nouvelle physique

Qu'allons-nous faire de tout ceci ? Comme l'a montré l'expérience des fentes d'Young appliquée aux électrons, l'observation modifie le système observé. Les électrons et les autres particules quantiques se comportent comme des particules et comme des ondes, selon les modalités de l'observation. Si nous montons une expérience pour détecter la nature ondulatoire de l'électron, nous observerons des phénomènes ondulatoires (par exemple des interférences ou la diffraction). Si nous montons une expérience pour détecter sa nature corpusculaire, nous détecterons des particules. Quelle est l'interprétation correcte ? Quelle est la vraie nature de l'électron ? Selon Bohr, cela n'a pas de sens de se demander ce qu'est *réellement* un électron. En ce qui concerne le monde réel, la physique ne nous dit pas ce qui *est* mais ce que nous pouvons *décrire*. Les *deux* modèles théoriques, le modèle ondulatoire et le modèle corpusculaire, sont tout aussi valables pour décrire l'électron et ils fournissent des descriptions *complémentaires* de la réalité.

Aux confins de la physique : connaissance et certitude

Malgré sa puissance et la profondeur de ses conséquences sur notre connaissance des lois de la nature, l'expression mathématique qui résume le principe d'incertitude de Heisenberg est d'une surprenante simplicité. On peut donner ici un aperçu de la méthode qui guida Heisenberg lors de sa découverte.

Notons Δq l'incertitude sur la position de l'électron, par exemple le long de la direction verticale. La position de l'électron quand il atteint l'écran dépend de la composante de sa quantité de mouvement le long de l'axe vertical (l'axe des q) : l'incertitude sur cette composante est Δp. Si on éclaire l'électron avec une lumière de longueur d'onde λ, on obtient sa position avec une incertitude au moins égale à λ, soit $\Delta q = \lambda$. Après qu'il a été frappé par le photon, l'incertitude Δp sur la quantité de mouvement de l'électron est au moins égale à la quantité de mouvement du photon incident. La relation de de Broglie (chapitre 21) affirme que pour toute particule : $\lambda = h/p$ qui s'applique également au cas du photon. L'incertitude sur la quantité de mouvement est approximativement :

$$\Delta p \approx p_{\text{photon}} = h/\lambda$$

Le produit des incertitudes Δq et Δp est donc :

$$\Delta q \Delta p \approx h$$

Le principe d'incertitude de Heisenberg affirme que le produit de ces deux incertitudes doit toujours être *plus grand* que la constante de Planck h. La démonstration plus détaillée d'Heisenberg donne la forme suivante du principe d'incertitude :

$$\Delta q \Delta p \geq \frac{h}{2\pi}$$

La physique au quotidien : le microscope électronique

Lorsqu'on a découvert que des électrons à grande vitesse ont une longueur d'onde beaucoup plus courte que la lumière visible, les physiciens ont montré que les champs magnétiques sont susceptibles de modifier la trajectoire des électrons et d'agir sur eux comme des lentilles (par exemple en les faisant converger sur un foyer). En 1931, Max Knoll et Ernst Ruska construisirent le premier microscope qui focalisait les électrons plutôt que des photons. Les électrons étaient focalisés à l'aide de champs magnétiques ou électriques.

Le modèle de Knoll et Ruska était fondé sur les mêmes principes que le microscope optique : il est connu comme le *microscope électronique à transmission* (MET) et utilise un filament de tungstène chauffé qui émet des électrons focalisés sur l'échantillon par un aimant agissant comme une « lentille à électrons ». La lentille de l'objectif produit une image agrandie qui sert d'objet à la lentille de projection. L'image est encore agrandie et projetée sur un écran fluorescent ou sur une plaque photographique.

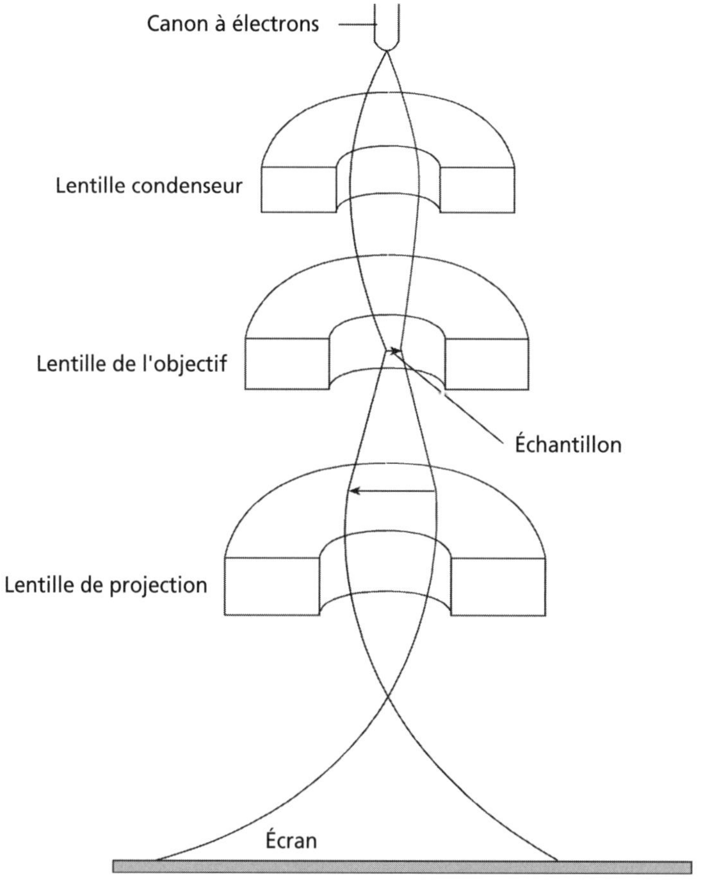

Schéma d'un microscope électronique à transmission, MET.

Quelques années après l'invention du MET, Knoll modifia le premier concept de façon à ce que le faisceau d'électrons focalisé balaye la surface de l'échantillon. Dans ce *microscope électronique à balayage* (MEB), les électrons du faisceau incident font des chocs avec les électrons de la surface de l'échantillon. Certains de ces électrons sont ensuite détectés par une électrode. À mesure que le faisceau balaye la surface, des électrons sont extraits de la surface, en plus grand nombre à partir des aspérités que des parties planes de l'échantillon. On engendre ainsi une carte « topographique » de l'objet sur un tube cathodique.

Un MET atteint des grossissements de l'ordre 1 000 000 et résout des objets de quelque 0,2 nanomètre. Un MEB moderne, au contraire, ne fournit que des grossissements allant de × 15 à × 100 000. Mais le microscope à balayage a l'avantage de fournir une image dont la profondeur de champ est grande, ce qui donne une impression de relief tridimensionnel. Le fonctionnement de ces deux types d'instruments repose sur la petitesse extrême des longueurs d'onde de de Broglie pour des électrons de grande vitesse.

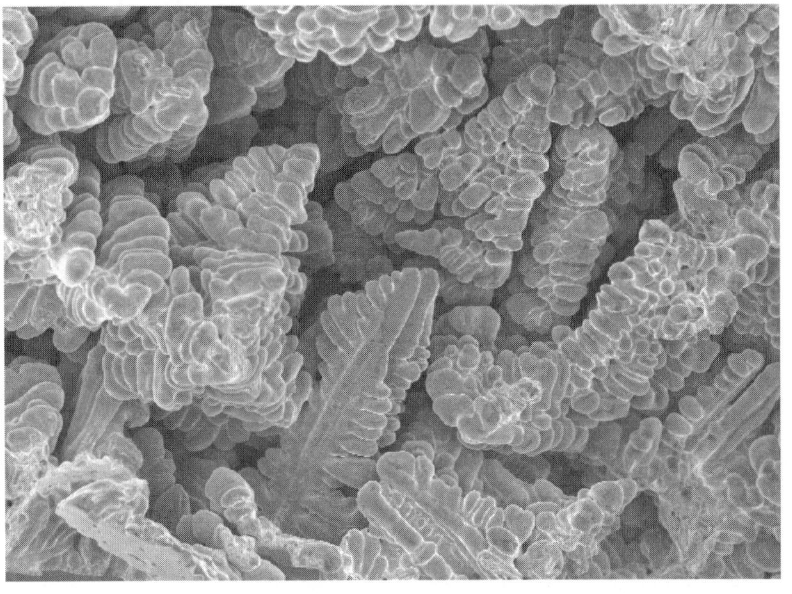

Image MEB d'une partie en laiton d'un réservoir à oxygène liquide montrant une structure dendritique. Avec l'aimable autorisation de V. Cummings, NASA Kennedy Space Center.

Le microscope à balayage à effet tunnel

Le microscope à balayage à effet tunnel (MBT) est un instrument capable de produire des images dont la résolution approche de l'échelle atomique. Il fut inventé en 1981 par Gerd Binnig, Heinrich Rohrer, et leurs collaborateurs du Laboratoire de Recherche d'IBM à Zürich, en Suisse. Cette découverte valut le prix Nobel de physique à Binnig et à Rohrer en 1986.

Le MBT repose sur le phénomène de l'effet tunnel. La mécanique quantique affirme qu'une particule telle qu'un électron a une probabilité finie de « passer par effet tunnel » à travers une barrière de potentiel qui, en mécanique classique, séparerait totalement deux régions.

La théorie électromagnétique affirme que lorsqu'une tension est appliquée entre la pointe du microscope et la surface de l'échantillon, il se forme une barrière de potentiel entre la pointe et la surface. En mécanique classique, un électron de la surface n'a pas l'énergie suffisante pour remonter la barrière de potentiel jusqu'à la pointe. En revanche, dans le cadre quantique, l'électron est décrit par une fonction d'onde étendue, et il a une probabilité non nulle d'être observé sur la pointe : c'est l'effet tunnel. Cette probabilité diminue très rapidement (exponentiellement) avec la largeur de la barrière de potentiel. En conséquence, l'observation de l'effet tunnel est limitée aux barrières de potentiel relativement petites.

Dans le MBT, on approche une pointe métallique extrêmement fine à moins d'un nanomètre de la surface. Quand on applique une petite tension, un courant tunnel de l'ordre du nanoampère circule entre la pointe et la surface. On balaye la surface avec la pointe à l'aide de deux cristaux piézo-électriques qui se contractent ou se dilatent sous l'effet d'une tension qui leur est appliquée. Un troisième cristal maintient la pointe à distance constante (de l'ordre de quelques dixièmes de nanomètres) au-dessus de la surface. Le potentiel appliqué à ce cristal détermine la position verticale de la pointe et donne donc la topographie de la surface.

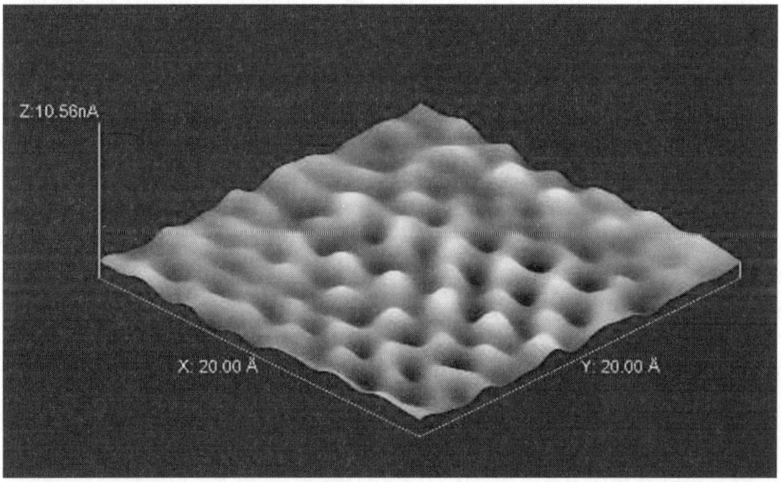

Une image de la surface du graphite avec les atomes arrangés en rangées ordonnées, prise avec le microscope électronique à balayage à effet tunnel du Sweet Briar College. Un angström (Å) vaut 0,1 nm.

Le principe d'incertitude de Heisenberg affirme qu'il est impossible de conna"tre simultanément et avec une précision infinie à la fois la position et la quantité de mouvement d'une particule. Plus on exige de précision sur la position, par exemple, moins on en sait sur la quantité de mouvement. Si on rend Δq très petit, Δp devient grand de sorte que le produit des deux incertitudes reste proportionnel à la constante de Planck. On peut choisir de mesurer la position avec une précision infinie ($\Delta q \approx 0$), mais ceci a pour conséquence de nous priver de toute information sur la quantité de mouvement de la particule (l'incertitude correspondante devient infinie). On peut, au contraire, déterminer précisément la quantité de mouvement de la particule mais, dans ce cas, notre connaissance de la position de la particule est indéterminée : elle peut être n'importe où. Les deux situations sont complémentaires. Ces quantités — position et quantité — sont chacune des propriétés complémentaires d'une particule quantique.

Un électron n'occupe une position déterminée dans l'espace que lorsqu'on réalise une observation. Si, à l'aide d'une observation, on détermine qu'un électron est en un point donné, à un instant particulier et en un autre point à un autre instant particulier, ces deux positions sont les seules que nous pouvons attribuer à l'électron. On ne peut pas attribuer à l'électron une trajectoire définie de la première position à la seconde. Un tel trajet n'existe pas.

De ce point de vue, qu'est-ce que la réalité ? Le monde est-il fou au point qu'un observateur change la réalité par le simple fait qu'il l'observe ? Bohr était convaincu que c'était le cas. On appelle *interprétation de Copenhague* de la mécanique quantique, les idées de Bohr, de Heisenberg et de Born qui regroupent l'incertitude, la complémentarité et la perturbation du système par l'observateur. C'est l'interprétation actuellement acceptée par la grande majorité des physiciens. Le principal opposant à cette interprétation fut Albert Einstein lui-même. Il n'a jamais admis que le hasard puisse régir les phénomènes naturels et que des limitations puissent être imposées à leur mesure. Il pensait que l'incertitude du monde quantique n'était pas une propriété intrinsèque de l'univers mais le résultat de l'imperfection de nos théories. Le temps qu'il fera demain est en grande partie imprévisible, non à cause d'une quelconque indétermination fondamentale, mais tout simplement parce que les conditions climatiques mettent en jeu trop de paramètres et trop de particules pour que l'on puisse calculer leur comportement de façon assez détaillée pour obtenir une prédiction précise. Si on pouvait utiliser un ordinateur assez puissant pour prendre en compte *toutes* ces variables, on prédirait le temps avec précision. La non prédictabilité et l'incertitude résultent de l'existence de *variables cachées* que nous n'avons pu prendre en compte. Selon Einstein, dans le cas de la mécanique quantique il existe des variables cachées qu'on n'aurait pas prises en compte tout simplement parce que nous ne les connaissons pas encore. Selon Einstein, la mécanique quantique n'est pas incorrecte; elle est simplement incomplète. Quand on aura découvert ces variables cachées, on pourra développer un nouvelle théorie correcte et déterministe.

En 1935, Einstein écrivit un article avec ses collègues Boris Podolski et Nathan Rosen (cet article est connu sous le nom d'argument EPR) dans lequel ils proposaient une expérience par la pensée montrant qu'il est possible qu'une particule possède à la fois une position et une quantité de mouvement déterminées, en conséquence de quoi la mécanique quantique doit être considérée comme incomplète. Dans l'expérience EPR, une particule au repos se divise en deux fragments, 1 et 2 (figure 22.4). La quantité de mouvement de la particule originelle, avant sa division, est nulle puisque la particule était au repos. Comme la quantité de mouvement doit être conservée, la quantité de mouvement totale des particules 1 et 2 est également nulle. Quand les particules sont à grande distance l'une de l'autre, on mesure la quantité de mouvement de la particule 1. Ceci ne devrait affecter en rien la particule 2, puisqu'elle est très loin. Le principe d'incertitude de Heisenberg interdit de mesurer avec précision la position de la particule 1, mais, comme nous n'avons pas mesuré la quantité de mouvement de la particule 2 nous sommes libres de déterminer sa position avec une précision parfaite. Nous connaissons alors la quantité de mouvement de la particule 1, la position de la particule 2 et la quantité de mouvement totale des deux particules. La quantité de mouvement de la particule 2 est bien évidemment égale à la différence de cette quantité de mouvement totale et de la quantité de mouvement de la particule 1, que nous connaissons. Nous n'avons pas mesuré la quantité de mouvement de la particule 2, mais nous pouvons la calculer avec précision. Contrairement à ce qu'affirme la mécanique quantique, nous avons déterminé avec précision la position *et* la quantité de mouvement de la particule 2. Einstein écrivit : « Je suis donc enclin à croire, que la description de [la] mécanique quantique [...] doit être considérée comme une description incomplète et indirecte de la réalité, qui sera remplacée tôt ou tard par quelque chose de plus complet et direct ».

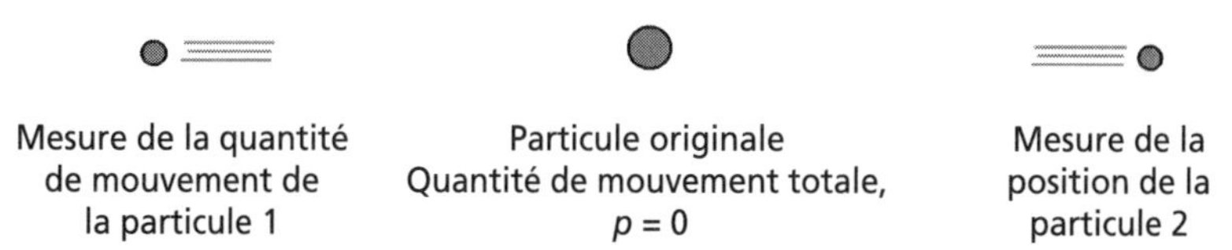

Figure 22.4 Expérience EPR.

La réponse de Bohr à l'argument fut que les deux particules, en contact l'une avec l'autre à l'origine, continuent à faire partie toutes deux du système sur lequel on procède à des mesures. Ainsi, le principe d'incertitude de Heisenberg nous empêche effectivement de connaître à la fois la quantité de mouvement et la position de la particule 2, quelle que soit la technique utilisée. Einstein ne pouvait pas accepter l'idée qu'une mesure faite en un endroit affecte une seconde particule située à en un point éloigné de la précédente. Dans cette expérience par la pensée, il n'y a, en effet, pas de limite à la distance entre les deux particules au moment de la mesure. On pourrait très bien imaginer que l'on fasse la mesure de la quantité de mouvement de la particule 1 dans un laboratoire situé sur la Terre et la mesure de la position de l'autre particule dans un laboratoire basé sur la Lune quand cette dernière y passe.

Pourquoi ne pas régler la controverse à l'aide d'une expérience réelle ? Il s'est avéré très difficile de réaliser concrètement une expérience de ce type. En 1965, le physicien irlandais John Stewart Bell, qui travaillait alors au CERN (le Centre européen de recherche nucléaire) à Genève, décida d'étudier l'expérience EPR. Il parvint à énoncer et à démontrer un puisant théorème, connu aujourd'hui sous le nom du *théorème de Bell*, qui traite des corrélations pouvant exister entre les résultats de mesures simultanées effectuées sur deux particules distinctes. Le théorème de Bell donne les limites théoriques à ces corrélations entre mesures simultanées. Il les donne sous la forme d'une inégalité connue sous le nom d'*inégalité de Bell*. Pour donner une idée du raisonnement qui fonde l'inégalité de Bell, la quantité de petite monnaie que vous avez dans votre poche à un instant particulier ne peut pas être supérieure à la somme totale que vous avez en poche au même moment, que ce soit sous la forme de monnaie ou de billets.

Le théorème de Bell a permis de concevoir une expérience qui déciderait s'il y avait ou non des variables cachées dans la mécanique quantique. Une expérience EPR réelle, en quelque sorte. En 1982, en France, Alain Aspect réalisa une expérience de ce type. Les résultats furent sans ambiguïté : il n'y a pas de variables cachées en mécanique quantique. Bohr avait raison et Einstein tort. Le monde est aussi étrange que nous l'a montré la mécanique quantique. Un électron n'est ni une particule ni une onde. Ce n'est pas une entité séparable du reste de l'univers. Un électron, un proton, une particule quantique, un atome, toutes ces « particules » ne sont que des façons simples de représenter ce qui n'est qu'un ensemble de relations mathématiques reliant nos observations. L'univers n'est pas une collection d'objets, c'est plutôt un tissu inséparable de *relations* dans lesquelles aucune composante, y compris l'observateur, n'a de réalité indépendante.

Aux confins de la physique : la téléportation quantique

Dans la série Star Trek, quand les membres de l'équipage du vaisseau *Entreprise* doivent être évacués d'urgence d'un monde étranger, ils appellent l'ingénieur en chef : « Scotty ? Téléportez-nous ! » Jusqu'à très récemment, la téléportation, c'est-à-dire l'idée de transporter la matière instantanément d'un endroit à un autre, était du domaine de la science-fiction.

Les physiciens n'ont pas prêté beaucoup d'attention à la téléportation parce qu'elle semblait violer le principe d'incertitude qui interdit de connaître simultanément toute l'information nécessaire à la description complète d'un objet. Néanmoins, en 1993, une équipe dirigée par Charles H. Bennett du centre de recherche IBM Thomas J. Watson, à Yorktown Heights, dans l'État de New York, proposa une méthode fondée sur l'expérience EPR pour transmettre un état quantique instantanément. On savait depuis plusieurs dizaines d'années qu'il existait des situations dans lesquelles un atome émet simultanément deux photons qui se propagent dans des directions opposées et restent toujours corrélés ou « intriqués ». La mécanique quantique affirme qu'aucun photon n'a une polarisation particulière avant qu'on ait effectué sur lui une mesure. Lorsqu'on détermine la polarisation d'un des deux photons à l'aide d'une telle mesure, le second photon « intriqué » acquiert immédiatement la polarisation opposée, quelle que soit la distance qui le sépare du premier (qu'il se trouve de l'autre côté du laboratoire ou à l'autre extrémité de notre galaxie).

Les expériences EPR ne permettent pas, cependant, la transmission instantanée de l'information. L'équipe des laboratoires IBM avait proposé une méthode théorique pour enregistrer ou sonder une partie de l'information décrivant l'état d'une particule quantique et la « transmettre » à sa partenaire « intriquée ». Plus tard, l'état de la seconde particule est modifié en utilisant cette information explorée pour l'amener dans le même état que la première. Comme elle a été perturbée par le processus d'acquisition de l'information, la première particule n'est plus dans son état quantique d'origine. La méthode propose ainsi une méthode très astucieuse pour téléporter instantanément l'état quantique d'une particule à une seconde particule.

Le travail de l'équipe d'IBM était purement théorique. En décembre 1997, des chercheurs de l'Université d'Innsbrück, en Autriche, rendirent compte de la première expérience réelle de téléportation d'un photon. Un second groupe, dirigé par Francesco Martini, à l'Université *La Sapienza* de Rome, annonça qu'il avait téléporté les caractéristiques d'un photon.

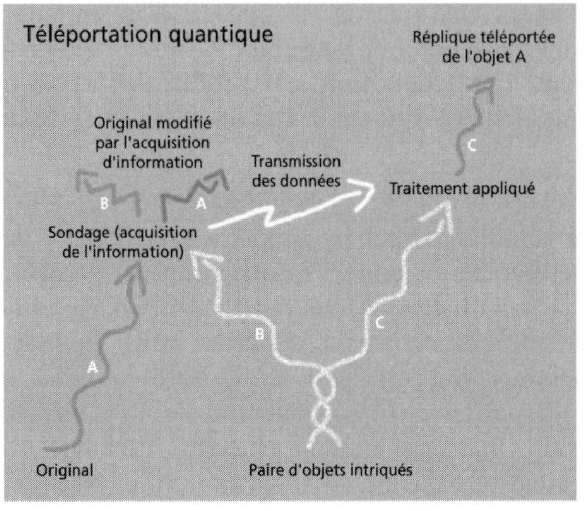

Avec l'aimable autorisation d'International Business Machines Corporation, ©2000.

Les physiciens envisagent de transporter des électrons et même des ions et des atomes entiers. L'une des idées avancées consiste à transporter un l'état quantique fragile d'une particule de courte durée de vie vers une particule stable. De cette façon, l'information pourrait être emmagasinée sur des ions piégés, isolés de leur environnement, réalisant ainsi une mémoire quantique pour les ordinateurs. D'autres proposent d'utiliser la téléportation quantique pour transmettre des informations dans des conditions où le bruit ambiant risque de dégrader le message, voire pour réaliser des connexions entre ordinateurs quantiques. Les physiciens pensent qu'il serait difficile d'aller au-delà de ces applications et d'arriver un jour à téléporter des objets macroscopiques. Le problème est que, une fois que le transfert réalisé, l'observation du récepteur change l'état de l'objet transféré. Pour interpréter correctement le résultat, l'information décrivant le processus devrait être envoyée au récepteur par des moyens conventionnels (c'est-à-dire à des vitesses inférieures à celle de la lumière).

23

Physique nucléaire

Au-delà de l'atome

La mécanique quantique est le fondement mathématique de notre compréhension du monde atomique. Après sa découverte, les progrès furent très rapides. De nombreux physiciens utilisèrent la nouvelle théorie pour développer une description plus complète des propriétés électroniques des atomes, tandis que d'autres l'appliquaient à l'étude de son noyau.

Nous avons déjà parlé de certaines des propriétés du noyau au chapitre 8. Nous allons maintenant nous intéresser aux réactions et à l'énergie nucléaires et à leurs applications à l'obtention d'énergie et à la technologie contemporaine.

Radioactivité

Comme nous l'avons vu au chapitre 8, les noyaux atomiques sont constitués de protons et de neutrons liés par la force nucléaire ou interaction forte. La force électrique a une portée infinie, même si son intensité diminue avec la distance, aussi les protons chargés positivement ressentent-ils la répulsion électrostatique exercée par tous les autres protons du noyau. L'interaction forte, quant à elle, à un rayon d'action limité, son influence est quasi nulle quand les protons sont séparés de plus de 10^{-14} m.

Si un noyau contient trop de protons, la répulsion électrique totale l'emporte sur l'interaction forte et un fragment du noyau (une particule α) en est éjecté.

Cette rupture du noyau est la *désintégration alpha* (la lettre grecque α). Cependant, si le noyau contient un grand nombre de neutrons, ils contribuent à la force nucléaire sans être affectés par la force électrique puisqu'ils sont électriquement neutres. C'est la raison pour laquelle les noyaux légers ont généralement autant de protons que de neutrons ($^{4}_{2}$He, $^{7}_{3}$Li, $^{12}_{6}$C et $^{16}_{8}$C) tandis que les noyaux lourds ne parviennent à compenser la répulsion électrostatique qu'avec un nombre élevé de neutrons. Le plomb, par exemple, $^{208}_{82}$Pb, contient 126 neutrons pour 82 protons et l'or, $^{197}_{79}$A, 118 neutrons pour seulement 79 protons.

Il existe cependant une limite au nombre de neutrons qu'un noyau stable peut contenir. En effet une autre force nucléaire intervient, l'*interaction faible*, dont la portée est également très courte et qui rend les neutrons instables. À l'extérieur du noyau, les neutrons libres ne survivent en moyenne qu'une quinzaine de minutes avant de se désintégrer en un proton, un électron et une autre particule appelée neutrino. Quand le neutron est à l'intérieur du noyau cette désintégration n'a généralement pas lieu en raison d'un principe de la mécanique quantique nommé *principe d'exclusion de Pauli.* Ce principe interdit à deux protons d'occuper le même état quantique. Ces états quantiques sont semblables aux états quantiques occupés par les électrons dans l'atome. Dans un noyau, le principe de Pauli empêche la désintégration du neutron en proton parce que ce nouveau proton ne pourrait aller nulle part : tous les états possibles sont déjà occupés par d'autres protons.

Les neutrons obéissent eux aussi au principe de Pauli. En conséquence, un noyau dont les neutrons sont trop nombreux doit en reléguer certains dans les états d'énergie les plus élevés. Ces neutrons ont alors assez d'énergie pour se transformer en protons qui se placent dans des niveaux jusque-là inoccupés. Quand cela se produit, le noyau perd son identité. En d'autres termes, quand, à l'intérieur d'un noyau, un neutron se désintègre par l'intermédiaire de l'interaction faible pour donner un proton, un électron et un neutrino, le noyau subit une transmutation en un noyau d'une autre espèce chimique. Comme le noyau ne peut contenir aucun électron, ils sont éjectés[1]. Ce phénomène est la *désintégration bêta* (la lettre grecque β). C'est la réaction qu'observa Rutherford au début du siècle.

Attardons-nous un peu sur ces deux types de désintégration radioactive et sur un troisième, connu sous le nom de *désintégration gamma* (la lettre grecque γ). (Alpha, bêta et gamma sont les trois premières lettres de l'alphabet grec.)

1. La masse de l'électron est faible et son énergie est élevée au sortir de la désintégration, de sorte que d'après le principe d'incertitude de Heisenberg, il ne peut être confiné dans un volume aussi petit que celui du noyau.

La désintégration alpha

On l'a dit, si un noyau contient de trop nombreux protons, il est électriquement instable et subit une désintégration alpha. Le noyau de l'uranium 238, ${}^{238}_{92}\text{U}$, en est un exemple. Sa désintégration est illustrée sur la figure 23.1.

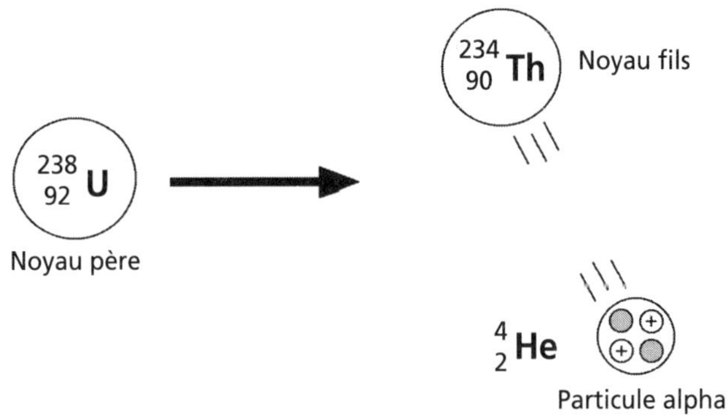

Figure 23.1 Désintégration alpha de ${}^{238}_{92}\text{U}$.

On peut écrire cette désintégration sous la forme suivante :

$$ {}^{238}_{92}\text{U} \rightarrow {}^{238}_{90}\text{Th} + {}^{4}_{2}\text{He} $$

Le noyau présent avant la désintégration (ici, ${}^{238}_{92}\text{U}$) est le *noyau père* du noyau obtenu après la réaction (ici ${}^{238}_{90}\text{Th}$), c'est-à-dire du *noyau fils*. Remarquez que le nombre de masse du noyau père est 238 et qu'il est égal à la somme des nombres de masse du noyau fils et de la particule α (${}^{4}_{2}\text{He}$) émise : $238 = 234 + 4$. Comme le nombre de masse représente le nombre de nucléons dans le noyau, cela revient à dire que le nombre de nucléons ne change pas au cours de la réaction : la somme des nucléons du produit et de la particule alpha doit être égal au nombre de nucléons dans le noyau précurseur. Les numéros atomiques obéissent à une règle identique. Comme le numéro atomique représente le nombre de charges électriques du noyau (c'est-à-dire le nombre de protons), cette seconde règle affirme simplement que la somme des charges électriques est la même avant et après la désintégration. Ces deux règles valent pour toutes les désintégrations et sont des lois de conservations : la *conservation du nombre de masse* et la *conservation de la charge électrique*.

Désintégration bêta

Un noyau riche en nucléons est, lui aussi, instable. Il se convertit, *via* l'interaction faible, en un autre noyau — dont le nombre de protons est augmenté d'une unité. Comme nous l'avons vu plus haut, cette désintégration bêta n'est autre que la transformation d'un neutron en proton accompagnée de l'émission d'un électron et d'un neutrino. L'existence du neutrino a été proposée par le physicien Wolfgang Pauli afin de résoudre l'épineux problème qui se posa aux physiciens lorsqu'ils mesurèrent les énergies des noyaux avant et après la désintégration bêta. Il semblait qu'au cours de ce processus, le principe de la conservation de l'énergie n'était pas respecté. Comme les physiciens avaient toujours renâclé à accepter quoi que ce soit qui viole ce principe, Pauli proposa en 1930 l'existence d'une petite particule électriquement neutre qui emportait l'énergie manquante dans les expériences. Le physicien italien Enrico Fermi la baptisa *neutrino*, ou « petite chose neutre ». Vingt ans plus tard, Frederick Reines et Clyde L. Cowan détectèrent pour la première fois le neutrino au laboratoire de la Commission américaine de l'énergie atomique à Savanna River, en Géorgie.

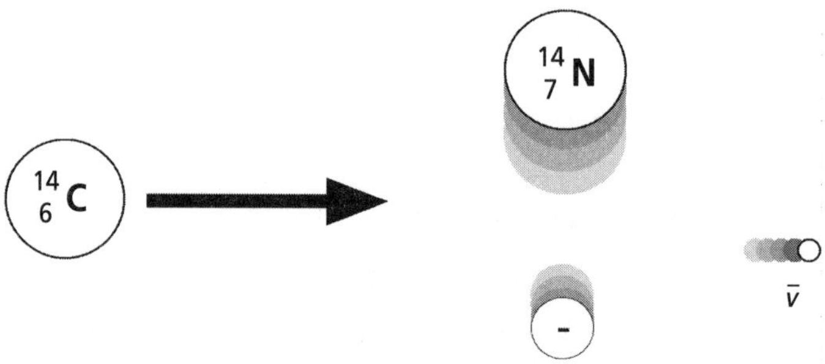

Figure 23.2 Désintégration bêta de $^{14}_{6}C$. L'un des 8 neutrons de $^{14}_{6}C$ est transformé en un proton, un électron et un antineutrino. L'électron et l'antineutrino s'échappent. Le noyau produit, $^{14}_{7}N$, possède un neutron de plus et un proton de moins que le noyau précurseur.

La figure 23.2 représente une désintégration bêta typique. On peut l'écrire symboliquement de la façon suivante :

$$^{14}_{6}C \rightarrow {}^{14}_{7}N + {}^{0}_{1}e + \bar{\nu}$$

Ici le symbole $\bar{\nu}$ représente le neutrino (ν est la lettre grecque nu), ou plus précisément l'antineutrino qui est l'antiparticule du neutrino, identifiée par une barre placée sur le symbole ν. Une antiparticule est une particule d'antimatière : l'antimatière est constituée par des atomes ayant des noyaux chargés négativement et des électrons positifs appelés positons (on en parlera plus en détail au chapitre 24). Comme l'électron n'est pas un nucléon, son nombre de masse est zéro. Comme sa charge électrique est opposée à celle du proton, son numéro atomique est –1.

Dans certains cas, on a émission d'un positon (un antiélectron) accompagné d'un neutrino. La réaction :

$$^{12}_{7}\text{N} \rightarrow {}^{12}_{6}\text{C} + {}^{0}_{1}\text{e} + \nu$$

est un exemple de ce type de désintégration bêta. Remarquez le + 1 de la charge de l'antiélectron.

Désintégration gamma

Dans de nombreux cas le produit d'une désintégration alpha ou bêta est un noyau dans un état excité. Dans un tel noyau, les nucléons sont susceptibles de transiter vers des états de plus basse énergie, exactement comme les électrons autour du noyau, et le processus conduit aussi à l'émission d'un ou de plusieurs photons. L'énergie de ces photons est beaucoup plus élevée que celle des photons du domaine visible. Ces photons de haute énergie sont des *rayons gamma*.

Au cours d'une désintégration gamma, la nature des nucléons ne change pas. La seule chose qui change, c'est l'énergie du noyau. Ni Z, ni A ne sont modifiés et l'identité du noyau reste donc la même. On indique qu'un noyau est dans un état excité en plaçant un astérisque près de son symbole chimique. La réaction suivante en est un exemple :

$$^{12}_{6}\text{C}^{*} \rightarrow {}^{12}_{3}\text{C} + \gamma$$

Les produits des désintégrations radioactives (les particules alpha et bêta et les photons gamma) sont susceptibles d'interagir avec les atomes et les molécules des cellules vivantes ou avec les composants électroniques. Ces interactions engendrent parfois des modifications notables. Quelques très rares fois, chez les cellules vivantes, ces mutations sont bénéfiques et, si elles sont transmises à la descendance, contribuent au mécanisme de l'évolution. Dans la plupart des cas cependant, ces changements sont négatifs et causent de graves dommages à l'organisme concerné. De façon analogue, pratiquement toutes les altérations induites dans les composants électroniques par ce type de rayonnement conduisent à de sérieux dysfonctionnements.

Période radioactive

Un échantillon de matériau radioactif contient un grand nombre de noyaux. Chaque fois qu'un noyau se désintègre, par processus alpha ou bêta, le nombre de noyaux radioactifs diminue d'une unité. Le temps nécessaire à la désintégration de la moitié des noyaux d'un échantillon donné est la *période,* notée T, du corps radioactif concerné. À chaque période écoulée, la moitié des noyaux restants se désintègre. Après deux périodes, le nombre de noyaux radioactifs est quatre fois plus petit que le nombre initial. Après trois périodes, le nombre de noyaux est réduit d'un facteur huit. Pour une espèce de noyau radioactif donnée, la période est indépendante du nombre de noyaux présents. Les périodes de différents noyaux instables sont données dans le tableau 23.1.

La période du carbone 14, ${}^{14}_{6}C$, par exemple, est de 5 730 ans, mais cela ne signifie pas que nous puissions prédire exactement quant un noyau particulier de ${}^{14}_{6}C$ va se désintégrer. Un tel événement est aléatoire. En revanche, un échantillon macroscopique contient un nombre gigantesque de noyaux, et on peut utiliser les lois des probabilités pour déterminer le nombre de noyaux (sans spécifier lesquels) qui se désintégreront en un temps donné. La probabilité pour qu'un noyau instable se désintègre spontanément est toujours la même, quelle que soit son histoire passée, et elle est la même pour tous les noyaux du même type.

Tableau 23.1 Périodes de certains noyaux.

Élément	Période	Élément	Période
Uranium 238	$4{,}55 \times 10^9$ années	Cobalt 60	5,3 années
Uranium 234	$2{,}48 \times 10^5$ années	Thorium 234	24,1 jours
Carbone 14	5 730 années	Iode 131	8,1 jours
Radium 226	1 620 années	Radon 222	3,8 jours
Strontium 90	28,9 années	Plomb 214	26,8 minutes

Les réactions nucléaires

Les noyaux atomiques sont susceptibles d'êtres modifiés *via* l'un des trois types de désintégrations radioactives, mais il existe d'autres transformations possibles. Si un nucléon assez rapide entre en collision avec un noyau, il se produit parfois *une réaction nucléaire*. Ces réactions sont soit naturelles, soit provoquées artificiellement.

La première réaction nucléaire produite artificiellement a été observée par Rutherford en 1919. Il constata que lorsqu'une particule alpha passait à travers un récipient contenant de l'azote gazeux, des protons étaient émis. Il en conclut très justement que le noyau d'azote est transformé en noyau d'oxygène après avoir émis un proton (figure 23.3).

On écrit symboliquement cette réaction de la façon suivante :

$$ {}^{4}_{2}N + {}^{14}_{7}N \rightarrow {}^{17}_{8}O + {}^{1}_{1}H $$

expression que l'on abrège ainsi, avec un p pour représenter le proton :

$$ {}^{14}_{7}N(\alpha, p){}^{17}_{8}O $$

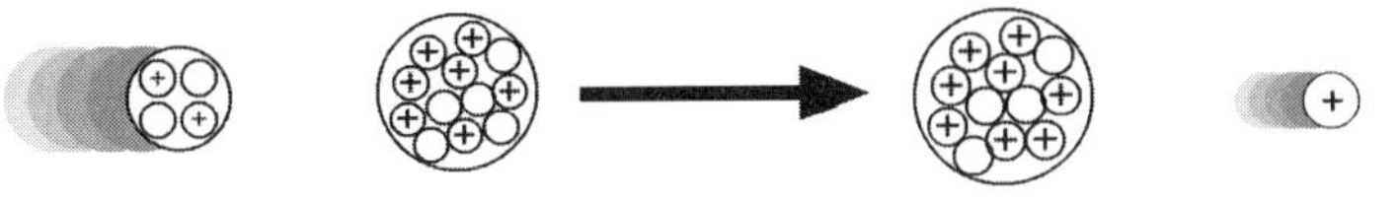

Figure 23.3 Une particule alpha heurte un noyau d'azote et est absorbée. Le nouveau noyau éjecte un proton, se transformant ainsi en noyau d'oxygène. C'est la première réaction nucléaire que l'on ait produite artificiellement.

Des milliers de réactions nucléaires ont été étudiées depuis l'époque de Rutherford, la plupart produites artificiellement dans les accélérateurs de particules conçus au cours des années 1930. Dans de nombreux cas, les produits de ces réactions sont des isotopes radioactifs susceptibles d'être utilisés en médecine et en biologie comme « marqueurs » radioactifs (figure 23.4). Ils servent alors à suivre le trajet d'une substance dans le corps humain ou dans d'autres systèmes biologiques.

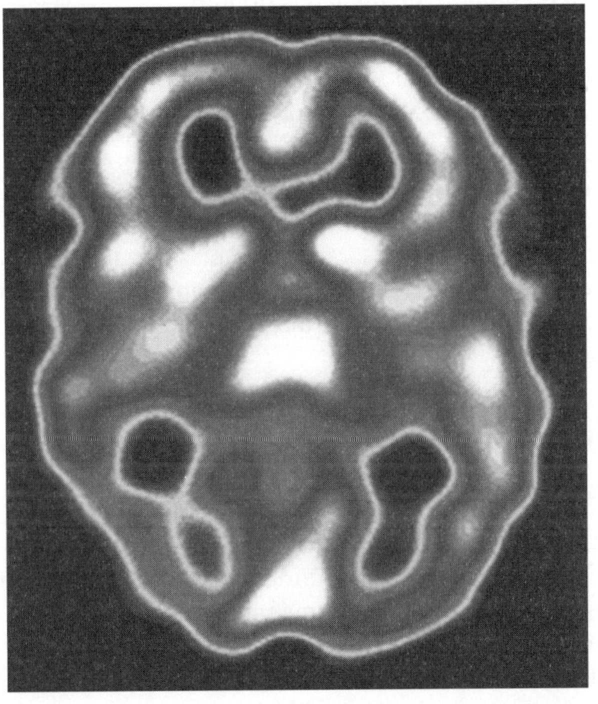

Figure 23.4 Image du cerveau d'un patient souffrant de migraines, obtenue en détectant les rayons gamma émis par le fluor 18 radioactif injecté au patient. Avec l'aimable autorisation du Department of Nuclear Medicine, Charing Cross Hospital/Science Photo Library.

Les réactions nucléaires obéissent, elles aussi, aux deux lois de conservation introduites plus haut pour les désintégrations. En appliquant ces lois de conservation, à savoir la loi de conservation du nombre de masse (ou loi de conservation du nombre de nucléons) et la loi de conservation de la charge électrique à la réaction de Rutherford, nous devons trouver que le nombre de nucléons est le même avant et après que la réaction ait eu lieu. La somme des nombres de masse des noyaux avant la collision, He et N, est 4 + 14 = 18. Elle est bien égale à la somme des nombres de masse des noyaux finaux, 17 pour l'oxygène plus 1 pour le proton éjecté. De la même façon, la conservation de la charge donne que 2 pour l'hélium plus 7 pour l'azote, soit 9, qui est bien égal à 8 pour l'oxygène plus 1 pour le proton.

En utilisant ces règles, on détermine le produit de la collision d'un neutron (^1_0n) avec $^{27}_{13}\text{Al}$, par exemple, qui éjecte alors une particule alpha. Le noyau final est inconnu (on le représente par le symbole X). La réaction s'écrit :

$$^1_0\text{n} + ^{27}_{13}\text{Al} \rightarrow ^4_2\text{He} + \text{X}$$

La conservation du nombre de nucléons donne :

$$1 + 27 = 4 + A_X$$

et la conservation de la charge :

$$0 + 13 = 2 + Z_X$$

où A_X et Z_X sont respectivement le nombre de masse et le numéro atomique du noyau inconnu. On en déduit que le numéro atomique de X est 11 : c'est un noyau de sodium, Na, doté d'un nombre de masse égal à 24. Cet isotope particulier du sodium, $^{24}_{11}\text{Na}$, est radioactif et subit une désintégration bêta (d'une période de 15 heures) en se transformant en magnésium, $^{24}_{12}\text{Mg}$. On l'utilise en médecine pour étudier la manière dont le sodium est transporté à travers les membranes cellulaires.

Énergie nucléaire : fission et fusion

Fission nucléaire

Au cours de l'été 1939, juste avant le déclenchement de la Seconde Guerre mondiale, les physiciens allemands Otto Hahn et Fritz Strassmann publièrent un article dans lequel ils indiquaient que si on bombardait de l'uranium avec des neutrons, on obtenait des noyaux plus petits qui avaient environ la moitié de la taille du noyau d'uranium initial. Lise Meitner — ancienne collaboratrice de Hahn — et son neveu Otto Frisch, qui avaient tous deux fui l'Allemagne nazie et travaillaient à l'Institut Nobel en Suède, comprirent immédiatement que le noyau d'uranium s'était scindé en deux fragments. On appela ce phénomène la *fission nucléaire*.

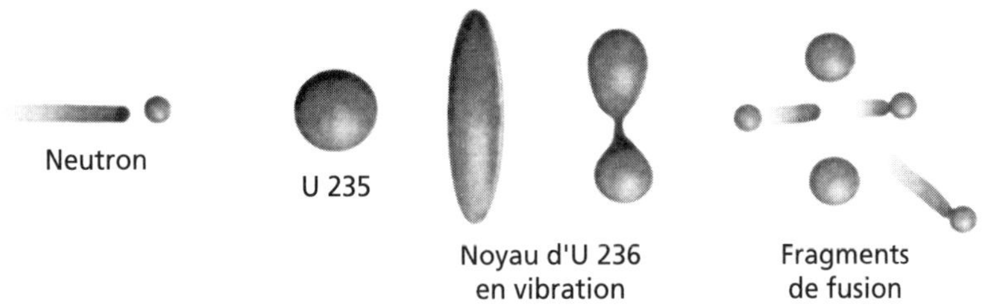

Figure 23.5 Les étapes de la fission nucléaire d'un noyau d'uranium selon le modèle de la goutte liquide.

Sur la figure 23.5, on a illustré le processus de fission nucléaire. Un neutron incident entre en collision avec un noyau d'uranium 235 qui l'absorbe momentanément. Le noyau se transforme en uranium 236. Le neutron absorbé apporte au noyau d'uranium une énergie suffisante pour le scinder. Une fois que les fragments sont séparés, la répulsion électrique entre ceux-ci est plus forte que l'attraction nucléaire et les deux noyaux s'éloignent. Ce phénomène rappelle un peu la rupture d'une goutte liquide devenue trop grosse. Les physiciens ont construit un modèle de fission inspiré par cette analogie et baptisé, comme il se doit, le *modèle de la goutte liquide*. Si on fournit à la goutte assez d'énergie, elle commence par vibrer en se déformant jusqu'à ce que finalement elle se coupe en deux. Dans le noyau d'uranium 235, le neutron fournit l'énergie nécessaire pour exciter des vibrations qui cassent l'uranium 236 nouvellement formé en fragments de fission.

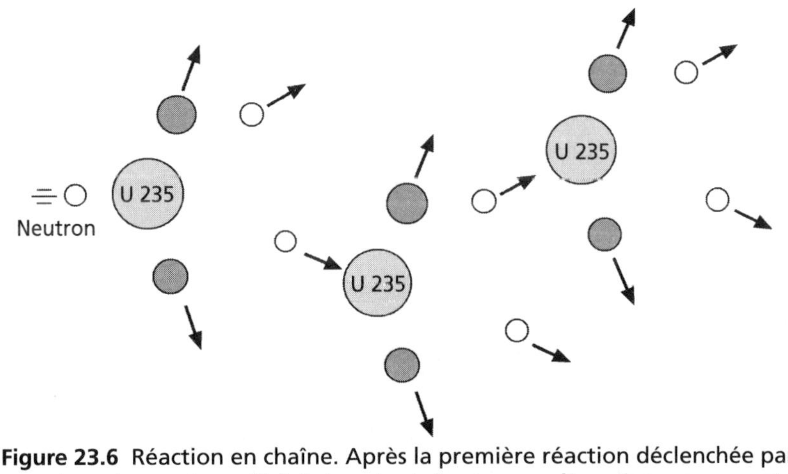

Figure 23.6 Réaction en chaîne. Après la première réaction déclenchée par un neutron, les neutrons libérés heurtent des noyaux d'uranium en causant de nouvelles fissions qui émettent à leur tour des neutrons. Le processus se multiplie très rapidement.

Voici un exemple de réaction de fission :

$$^{1}_{0}n + ^{235}_{92}U \rightarrow ^{235}_{92}U^{*} \rightarrow ^{139}_{54}Xe + ^{94}_{38}Sr + 3^{1}_{0}n$$

Si on se débrouille pour que les neutrons émis au cours de cette réaction déclenchent de nouvelles réactions, on pourra obtenir (figure 23.6) une *réaction en chaîne auto-entretenue*. En 1942, Enrico Fermi et ses collègues de l'Université de Chicago montrèrent que cette réaction en chaîne était possible, en construisant le premier réacteur nucléaire de l'histoire. Dans une telle réaction de fission, la somme des masses de l'uranium 235 et du neutron est beaucoup plus grande que celle des produits de fission.

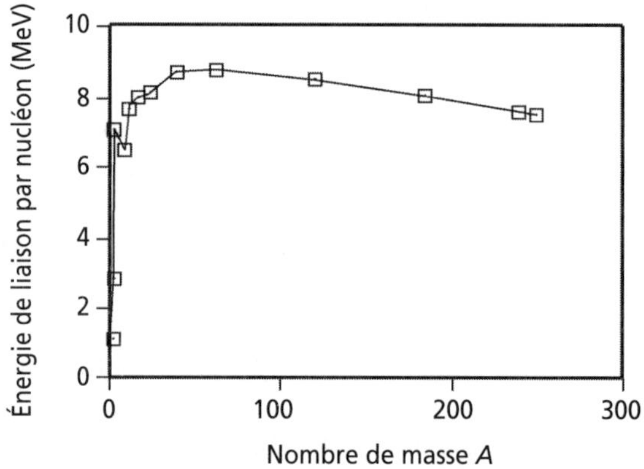

Figure 23.7 L'énergie de liaison par nucléon (proportionnelle au défaut de masse) en fonction du nombre de masse. Cette courbe montre que les noyaux de poids intermédiaire sont plus fortement liés (ont un défaut de masse plus élevé) que les noyaux légers ou les noyaux lourds.

Comme nous l'avons vu au chapitre 8, la courbe de l'énergie de liaison par nucléon en fonction du nombre de masse (figure 23.7) montre que les noyaux lourds et les noyaux légers sont moins fortement liés que les noyaux de masse intermédiaire (le fer est l'élément le plus stable). La désintégration d'un noyau lourd comme l'uranium 235 produit des noyaux de masse intermédiaire plus stables et dégage de l'énergie. On peut calculer cette énergie en déterminant le défaut de masse. Avant la réaction, la masse totale est celle du neutron incident plus celle du noyau d'uranium 235, soit :

$$m(^{1}_{0}n) + m(^{235}_{92}U) = 1{,}008\ 665 \text{ uma} + 235{,}043\ 925 \text{ uma}$$
$$= 236{,}052\ 6 \text{ uma} \quad \text{(uma pour unité de masse atomique)}$$

La masse des produits de fission est :

$$m(^{1}_{0}n) + m(^{94}_{38}Sr + 3m(^{1}_{0}n) = [138{,}918\ 43 + 93{,}915\ 47 + 3(1{,}008\ 665)]$$
$$u = 235{,}859\ 9 \text{ uma}$$

Le défaut de masse est donc :

$$(236{,}052\,6 - 235{,}859\,9)\ \text{uma} = 0{,}192\,7\ \text{uma}$$

Les produits de fission ont une masse totale inférieure à celle du noyau précurseur. L'énergie équivalente à la masse qui a disparu durant la réaction vaut :

$$E = 0{,}192\,7\ \text{amu} \times \frac{931\ \text{MeV}}{1\ \text{amu}} = 179\ \text{MeV}$$

C'est l'énergie dégagée à chaque événement de fission. Au niveau nucléaire, cette quantité d'énergie est énorme. Au niveau macroscopique, 179 MeV ne correspondent qu'à 3×10^{-11} J, ce qui peut sembler infime. Mais dans un échantillon macroscopique d'uranium, il y a des milliards de milliards de noyaux, de sorte que si une réaction en chaîne se déclenche, elle dégage une énorme quantité d'énergie. La bombe atomique fonctionne de cette façon : une réaction nucléaire en chaîne sans contrôle.

Pour qu'une explosion nucléaire se produise, il faut disposer d'une assez grande masse d'uranium fissile afin d'entretenir la réaction en chaîne. L'uranium naturel est composé de plusieurs isotopes, le plus abondant étant l'uranium 238 (99,3 %). Contrairement à l'uranium 235, l'uranium 238 n'est pas un bon candidat pour la réaction en chaîne : lorsqu'il entre en collision avec des neutrons, il les diffuse ou les capture. La concentration naturelle en uranium 235 n'est que de 0,7 %, et elle est trop faible pour déclencher et entretenir une réaction en chaîne. Il est nécessaire de l'augmenter jusqu'à plus de 90 %. On appelle *masse critique* la masse minimale nécessaire pour qu'il se produise une réaction en chaîne. Elle ne dépend pas seulement de la concentration d'uranium 235, mais aussi de la forme de la charge utilisée. Une quantité d'uranium 235 d'un kilogramme suffit si la forme de la charge est bien calculée.

Une masse critique d'uranium 235 explose dès qu'un premier neutron déclenche la réaction en chaîne. C'est pour cette raison que les bombes nucléaires sont conçues de façon à ce que l'uranium ne soit pas réuni en une masse critique avant le moment où elle doit exploser. Little Boy, la bombe qui explosa sur Hiroshima le 6 août 1945, était construite de façon à ce que l'uranium soit séparé en deux masses *subcritiques* placées aux deux extrémités d'une enveloppe en forme de cigare (figure 23.8). Une charge explosive pouvait réunir les deux masses en une masse critique à une vitesse de plusieurs kilomètres par secondes. Après que la masse critique s'est formée, l'explosion se produit en une microseconde : 99,9 % de l'énergie est dégagée durant le dernier dixième de microseconde de l'explosion. Dans un réacteur nucléaire, une faible concentration d'uranium 235 (environ 3 %) assure que la plupart des neutrons émis par une réaction de fission ne sont pas absorbés par

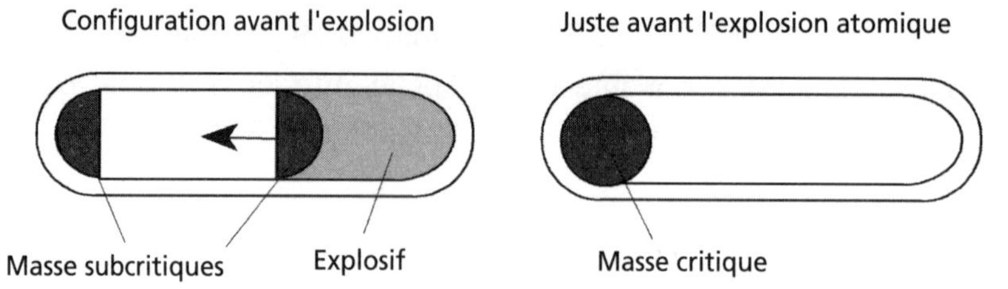

Figure 23.8 Configuration d'une bombe atomique. Un explosif propulse les deux morceaux de la charge l'un contre l'autre et les réunit pour former la masse critique. La bombe explose en une microseconde environ. Cette configuration a été utilisée pour Little Boy, la bombe larguée sur Hiroshima en 1945.

Cœur d'un réacteur nucléaire. Avec l'aimable autorisation de la NASA.

les autres noyaux. Mais, même pour des concentrations aussi basses, le rythme de la fission pourrait s'emballer. Pour prévenir cet accroissement et contrôler le rythme des réactions, on insère dans le cœur d'uranium du réacteur des barres de cadmium destinées à absorber les neutrons (figure 23.9). À l'intérieur du réacteur, la fission contrôlée des noyaux d'uranium 235 produit de la chaleur qui est utilisée pour chauffer de l'eau. La vapeur ainsi obtenue actionne des turbines pour produire de l'électricité.

En 1970, on a découvert qu'un réacteur naturel avait fonctionné il y a presque deux milliards d'années (durant l'ère précambrienne) au Gabon. En examinant des échantillons d'uranium d'une mine, on a découvert qu'une réaction en chaîne avait eu lieu pendant près d'un million d'années : de l'eau piégée dans du sable avait absorbé les neutrons et joué le rôle des barres de cadmium des réacteurs modernes.

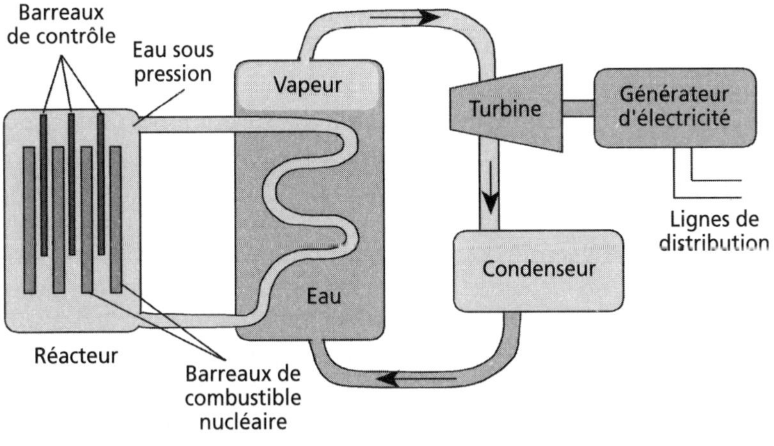

Figure 23.9 Schéma d'un réacteur nucléaire.

La fusion nucléaire

La *fusion nucléaire* est un autre type de réaction susceptible de fournir de l'énergie. C'est elle qui est à l'origine de l'énergie émise par le Soleil et les autres étoiles. La fusion nucléaire se produit quand deux noyaux légers fusionnent pour former un noyau plus lourd (figure 23.10).

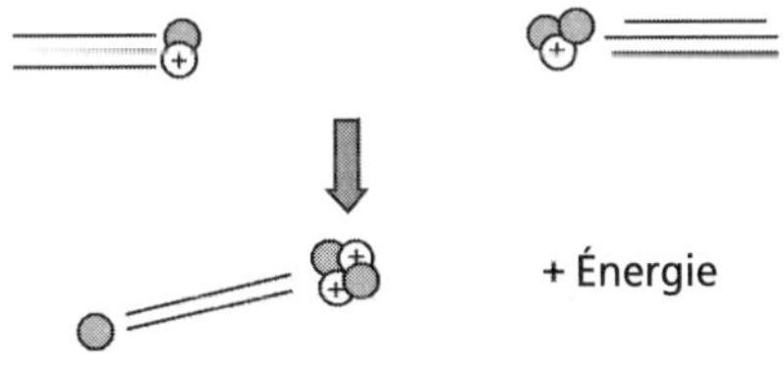

Figure 23.10 Fusion nucléaire : un noyau de deutérium et un noyau de tritium s'unissent pour former un noyau d'hélium 4 en émettant un neutron et de l'énergie.

Comme nous le savons, la masse d'un noyau stable est plus petite que la somme des masses des protons et des neutrons qui le constituent. C'est ce qu'on appelle le défaut de masse du noyau. En examinant la courbe de l'énergie de liaison par nucléon en fonction du nombre de masse (figure 23.7 page 506), on constate que ce défaut de masse (proportionnel à l'énergie de liaison) est plus petit dans les noyaux légers que dans les noyaux de masse intermédiaire. Les noyaux légers sont donc moins fortement liés et lorsqu'on les fait fusionner on obtient un noyau plus massif qui est donc plus stable. Le défaut de masse du produit est donc plus élevé que celui des deux noyaux. Ce défaut de masse devra donc être dégagé sous forme d'énergie au cours de la réaction.

Les bombes à hydrogène correspondent à des réactions de fusion incontrôlées. Les physiciens tentent depuis de nombreuses années, d'obtenir des réactions de fusion *contrôlée*, mais si de grandes avancées ont été réalisées, ils ne sont pas arrivés au bout de leurs efforts. La fusion de l'hydrogène pourrait fournir une source d'énergie quasi illimitée, en raison de l'abondance de cet élément. La principale difficulté tient au fait qu'il faut rapprocher les noyaux d'hydrogène les uns des autres de façon à ce que la force nucléaire surmonte la répulsion électrostatique. Deux voies sont explorées afin de réaliser dans la pratique un réacteur nucléaire à fusion : le confinement magnétique et le confinement inertiel à l'aide d'un laser. Le confinement magnétique utilise des aimants pour maintenir les protons dans une petite région en forme de tore. On parle parfois de *tokamak*. Un réacteur à fusion expérimental de type tokamak installé à Princeton, aux États-Unis, a confiné des protons pendant 1/6 de seconde. La seconde technique, la méthode dite du *confinement inertiel*, utilise des lasers pour rapprocher les protons jusqu'à ce que la fusion se produise. Au Laboratoire Lawrence Livermore, en Californie, des lasers bombardent une pastille d'un mélange deutérium-tritium avec une énergie énorme dans le but d'enflammer les couches externes de la pastille dont la brusque dilatation fait imploser le reste. La compression engendre des densités si élevées que la réaction de fusion nucléaire se déclenche.

Applications de la physique nucléaire

Les réactions nucléaires ont des applications pratiques en archéologie, en médecine et dans l'industrie. En voici quelques exemples.

La datation

Connaissant la période de certains radioéléments, on peut déterminer l'âge d'objets antiques. Ce procédé est connu sous le nom de datation radioactive. Le carbone 14, un isotope radioactif du carbone dont la période est de 5 730 ans, est utilisé pour dater les découvertes archéologiques.

Les pionniers de la physique : Enrico Fermi (1901-1954)

Lorsque Lise Meitner et Otto Frisch eurent prouvé expérimentalement que le noyau d'uranium se scindait en deux, Niels Bohr et le physicien américain John Wheeler proposèrent le modèle de la goutte liquide pour expliquer le phénomène. Une de ses conséquences les plus importantes était le dégagement de neutrons lors de la fission du noyau d'uranium, ce qui rendait possible une réaction en chaîne.

Après le déclenchement de la Seconde Guerre Mondiale, en 1939, le risque de voir les nazis utiliser cette découverte pour construire une bombe d'une puissance extraordinaire conduisit les États-Unis à démarrer d'urgence un programme de recherche en physique nucléaire. En décembre 1941, Enrico Fermi fut appelé à Chicago pour diriger le « projet uranium ». Le 2 décembre 1942, l'équipe de Fermi obtint la première réaction en chaîne contrôlée dans une « pile atomique » qui était le premier réacteur à fission nucléaire de l'histoire.

Fermi venait juste d'obtenir le prix Nobel de physique pour son travail sur l'utilisation des neutrons comme projectiles afin de produire artificiellement des réactions nucléaires. Fermi avait bombardé de l'uranium avec des neutrons afin de produire un nouvel élément artificiel de nombre de masse plus élevé. Plus tard, on découvrit de tels éléments transuraniens dans la nature, mais ils n'étaient pas connus à cette époque. Fermi fut consterné d'apprendre que la presse italienne présentait ses découvertes comme un triomphe du fascisme.

Fermi avait obtenu son doctorat *magna cum laude* à l'Université de Pise, en 1922, quelques mois avant que Mussolini ne prenne le pouvoir. Il travailla en Allemagne après son doctorat et retourna en Italie quelques années plus tard pour devenir professeur de physique à l'Université de Rome. À l'époque de son voyage à Stockholm pour la remise du prix Nobel, la vie en Italie était devenue bien difficile pour l'antifasciste qu'il était. Sa femme était d'origine juive et plusieurs lois antisémites avaient été promulguées en Italie. La presse italienne le critiqua violemment parce qu'il refusait de porter un uniforme fasciste et de saluer à la romaine lors de la cérémonie de remise du prix. À Stockholm, les Fermi décidèrent de prendre un bateau pour les États-Unis.

Après la guerre, Fermi devint professeur de physique à l'Université de Chicago où il enseigna jusqu'à sa mort prématurée des suites d'un cancer de l'estomac, à l'âge de 53 ans. L'élément de masse atomique 100, découvert un an plus tard, fut nommé fermium en son honneur.

La couche supérieure de l'atmosphère terrestre est continuellement bombardée par des rayons cosmiques. Ce sont des particules chargées, des électrons, des noyaux d'hydrogène ou d'hélium, voire des noyaux plus lourds, qui se déplacent dans le milieu interstellaire à des vitesses proches de celle de la lumière. Quand les rayons cosmiques entrent en collision avec les atomes de la couche supérieure de l'atmosphère, des neutrons sont libérés. Ces neutrons percutent à leur tour des atomes d'azote pour produire du carbone 14. La réaction est la suivante :

$$^{1}_{0}n + ^{14}_{7}N \rightarrow ^{14}_{6}C + ^{1}_{1}H$$

Le carbone 14 est produit en permanence dans l'atmosphère, ce qui entretient une proportion constante d'environ un isotope radioactif pour 10^9 atomes de carbone. Toutes les plantes absorbent le gaz carbonique de l'air et comme il n'y a pas de différence chimique entre le carbone radioactif et le carbone stable, ils sont tous deux absorbés de la même manière. Les animaux ou les êtres humains consomment ces plantes de sorte que l'on retrouve chez tous les êtres vivants la même proportion de carbone 14. Quand une plante ou un animal meurt, le carbone 14 n'est plus renouvelé dans son organisme et les atomes présents se désintègrent avec une période de 5 730 ans.

Le carbone 14 se désintègre par émission bêta selon la réaction :

$$^{12}_{6}C \rightarrow ^{14}_{7}N + ^{0}_{-1}e + \bar{\nu}$$

À la mort d'un organisme, le rapport du carbone 14 au carbone 12 ordinaire commence à décroître à mesure que l'isotope radioactif se désintègre. On peut déduire de cette décroissance le temps écoulé depuis la mort. Si, par exemple, le rapport ^{14}C / ^{12}C dans un objet en bois déterré sur un site archéologique est le quart du même rapport dans les arbres vivants, on peut affirmer que l'arbre dont provient l'objet est mort il y a deux périodes (11 460 ans).

La datation au carbone 14 est utilisable sur les fossiles et les objets archéologiques qui contiennent des matériaux organiques et dont l'âge ne dépasse pas 40 000 ans (environ sept périodes). Au-delà, il ne reste plus assez de carbone 14 pour que la détermination soit assez précise. On utilise d'autres isotopes de plus longue période, comme l'uranium 238 dont la période est de $4,5 \times 10^9$ années, afin de déterminer l'âge de certaines roches, par exemple.

En utilisant ces horloges radioactives, les scientifiques ont déterminé que les hominidés sont apparus il y a environ 3,5 millions d'années, que la vie est apparue sur terre il y a 3 à 4 milliards d'années et que la terre elle-même s'est formée il y a quelque quatre milliards et demi d'années.

Les effets biologiques de la radioactivité

Les isotopes radioactifs sont utilisés comme « marqueurs » afin de suivre le déplacement d'une substance à travers le corps. On s'en sert aussi pour les radiothérapies, afin de détruire les formations cancéreuses, soit pour éviter le recours à la chirurgie, soit pour la compléter. Malheureusement, les radiations ne détruisent pas que les tissus cancéreux, elles détruisent aussi des cellules vivantes normales en altérant la structure de leurs molécules.

La désintégration radioactive des noyaux produit différentes sortes de rayonnements ionisants d'énergie variable pouvant atteindre plusieurs millions d'électronvolts par particule. L'expression « rayonnement ionisant » signifie que ces radiations interagissent avec la matière, arrachant les électrons des atomes et formant ainsi des ions. Outre les particules alpha et bêta et les rayons gamma que l'on a déjà présentés, certains photons d'énergie plus basse qui sont produits par les processus atomiques doivent être inclus parmi ces rayonnements ionisants.

On utilise depuis des années des isotopes radioactifs afin d'étudier les réactions chimiques subies par une substance au cours de son trajet dans un organisme. Dans le composé étudié, on remplace un atome par un isotope radioactif de même nature : le composé est alors « marqué » et on pourra le suivre grâce à un détecteur. Il existe des dispositifs à balayage qui permettent de détecter et de suivre ces isotopes radioactifs. C'est le cas, par exemple, du tomographe à émission de positons (TEP) qui fournit des vues en coupe du corps humain, et ne nécessite qu'un faible niveau de radiations. Pour cela, on introduit dans le corps des noyaux radioactifs qui se désintègrent en émettant des positons (des antiélectrons). La réaction pourrait être, par exemple, la suivante :

$$^{12}_{7}\text{N} \rightarrow {}^{12}_{6}\text{C} + {}^{0}_{1}\text{e} + \nu$$

Comme nous le verrons plus en détail au chapitre 24, quand ces positons rencontrent des électrons, ils s'annihilent mutuellement et leur énergie de masse est restituée sous la forme de deux photons gamma. Ces photons sont émis par paires dans des directions opposées. Les détecteurs de rayons gamma que l'on utilise sont capables de reconnaître les photons émis simultanément dans des directions opposées. En collectant plusieurs événements de ce type, on détermine l'endroit exact où les photons gamma ont été produits.

On l'a dit, les rayonnements ionisants utilisés pour diagnostiquer, traiter et parfois guérir certaines tumeurs malignes sont susceptibles d'être eux-mêmes dangereux. Les dommages aux organismes sont dus au fait que les radiations ionisent les cellules et modifient leur structure. Quand ces dommages affectent les molécules d'ADN dans les organes reproducteurs, on parle de dommages génétiques. Ils peuvent donner lieu à des mutations génétiques qui sont pour la plupart extrêmement nocives. Les dommages affectant d'autres types de cellules sont dits somatiques.

Même si, en général, il est préférable de se protéger des rayonnements ionisants, il est parfois nécessaire de courir le risque d'une exposition aux radiations quand on peut en tirer un bénéfice — comme dans certaines applications médicales — quand aucune autre méthode n'est envisageable. Il est cependant impossible d'éviter complètement de s'exposer aux rayonnements ionisants puisque les rayons cosmiques et les roches radioactives en émettent naturellement et irradient chacun d'entre nous. La dose annuelle de radioactivité naturelle reçue par une personne est du même ordre que celle qu'elle reçoit annuellement au cours d'examens médicaux aux rayons X.

La physique dans notre vie : des faisceaux de protons pour traiter le cancer

Une machine sophistiquée construite par le laboratoire du Fermi National Accelerator (*Fermilab*) pour accélérer des protons a été installée au centre médical de l'Université Loma Linda où elle est utilisée pour traiter les cancers superficiels de la peau. L'appareil, d'un poids de 50 tonnes, arrache les électrons aux atomes d'hydrogène et accélère les protons résultants à des vitesses très élevées.

Le patient est placé presque entièrement dans un tube situé au centre d'un énorme portique, de la hauteur d'un immeuble de trois étages et pesant 90 tonnes. Le portique est articulé de façon à pouvoir diriger le faisceau de protons sur la cible choisie en environ une minute. Le faisceau de protons de Loma Linda balaye une petite tranche de tumeur ligne par ligne, à la manière du faisceau d'électrons d'un récepteur de télévision. En faisant varier l'intensité du faisceau de protons ainsi que leur énergie, on peut appliquer ce balayage à diverses profondeurs à l'intérieur de la tumeur.

À la différence des rayons X, dont le rayonnement ionisant s'étend sur quelques centimètres et n'est pas complètement arrêté par les tissus, les faisceaux de protons sont complètement arrêtés par les tumeurs, où ils abandonnent la plus grande partie de leur énergie, laissant les autres tissus intacts. Le tissu d'une tumeur maligne est détruit quand le faisceau décompose les molécules d'ADN. Les chercheurs de Loma Linda espèrent utiliser leur appareil pour traiter des tumeurs localisées dans les poumons et le pancréas.

On trouve de l'uranium partout dans l'écorce terrestre. L'isotope radioactif uranium 238 se désintègre en thorium 234, lui-même radioactif, qui se désintègre par émission bêta en un autre isotope radioactif, etc. Après plusieurs désintégrations, on obtient l'isotope stable du plomb 206. La *série de désintégrations* est la séquence des noyaux obtenus. L'un des produits de cette série est le radium 226 qui se désintègre en émettant une particule alpha en radon 222. L'isotope 222 du radon est un gaz inerte, invisible et sans odeur qui s'infiltre parfois dans une habitation et atteint des concentrations dangereuses. Quand le radon se désintègre — sa période est de 3,82 jours — il émet une particule alpha d'une énergie de 5,5 MeV. La réaction s'écrit :

$$^{222}\text{Rn} \rightarrow {}^{218}\text{Po} + {}^{4}\text{He}$$

Elle est suivie par une série d'autres particules alpha et bêta produites par la désintégration des noyaux suivants de la série de désintégrations. L'énergie totale dégagée au cours de ces processus est de 21,5 MeV. Quand une personne respire du radon, et d'autres noyaux de sa série de désintégrations — dont certains sont solides et peuvent se loger dans ses poumons —, elle est soumise à une émission de particules alpha et bêta susceptibles de causer des dommages biologiques.

En moyenne les habitations ne contiennent qu'un quart de la concentration à partir de laquelle on considère qu'il peut y avoir des effets nocifs, mais des enquêtes récentes ont montré que près d'un tiers des résidences testées excèdent ce seuil. On utilise des dispositifs très simples pour enregistrer la concentration de radon dans les maisons. Il en existe deux catégories : les *détecteurs solides de traces nucléaires (DSTN)* et les détecteurs à *charbon actif*. Les DSTN ont été mis au point par le centre de recherches de General Electric aux États-Unis dans le cadre du programme d'exploration lunaire des années 1970. Ils consistent en une petite feuille de polycarbonate placée dans une petite bouteille en plastique (figure 23.11a). Quand des particules alpha

(a)

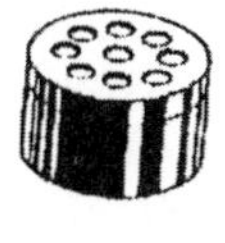

(b)

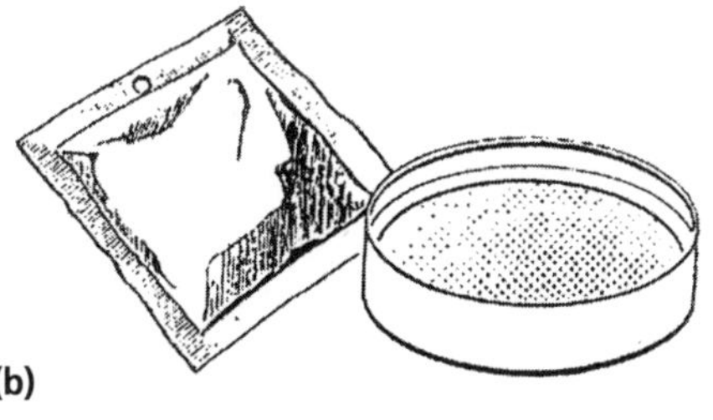

Figure 23.11 **(a)** Détecteur commercial dit détecteur solide de traces nucléaires (DSTN) destiné à mesurer la concentration du radon dans les maisons. **(b)** Détecteur à charbon actif.

heurtent la feuille de plastique, elles créent de microscopiques empreintes qui peuvent être comptées en laboratoire avec un équipement spécial. Au cours d'un essai typique, moins de 100 empreintes sont détectées sur une période de trois mois. Ces détecteurs sont adaptés à des mesures à long terme et, pour les mesures plus courtes, on leur préfère les détecteurs à charbon actif. Ces derniers sont des boîtes plates contenant des granulés de charbon actif qui piègent le radon (figure 23.11b). Après une courte période d'exposition, on envoie les boîtes au laboratoire pour analyse.

24

Particules élémentaires

L'antimatière

Paul Adrien Maurice Dirac est l'un des trois enfants de Charles Dirac, un Suisse roman émigré en Grande-Bretagne, et de Florence Holden. Il est né à Bristol, en Angleterre, le 8 août 1902. Ses parents prirent soin de l'éduquer de façon à ce qu'il soit bilingue. « Mon père avait édicté la règle que je ne lui parle qu'en français. Il pensait qu'il était bon pour moi d'apprendre le français de cette façon. Comme j'étais souvent bien empêché de m'exprimer dans cette langue, il valait mieux pour me taire que de parler anglais. Je devins donc très taciturne dès cette époque — cela commença très tôt. » Dirac resta très réservé sa vie durant. « Mon père m'a toujours encouragé à faire des mathématiques. [...] Il n'appréciait pas qu'on prenne goût aux contacts sociaux. En conséquence, je ne parlais à personne à moins qu'on m'ait d'abord adressé la parole », raconta-t-il plus tard. « J'étais très introverti et passais beaucoup de temps à réfléchir sur les problèmes de la nature. »

À l'âge de 16 ans, Dirac entra à l'université de Bristol où, comme il redoutait qu'il n'y ait pas de postes en mathématiques, il décida d'étudier les sciences de l'ingénieur. Il obtint son diplôme en 1921. Ironie du sort, il ne trouva pas de travail avec son diplôme d'ingénieur et il décida d'étudier les mathématiques pures et appliquées. En 1923, il s'inscrivit à Cambridge où il obtint son doctorat en mai 1926, pour une thèse intitulée *Mécanique quantique*. En 1932, à l'âge de 30 ans, il fut nommé titulaire de la chaire lucasienne de mathématiques, à Cambridge, celle qui était autrefois occupée par Newton.

En 1927, Dirac participa au Congrès Solvay, une rencontre de physiciens éminents régulièrement financée par un riche industriel belge de la chimie, Ernest Solvay. C'est là qu'il rencontra Einstein pour la première fois. Au cours d'une conversation, Bohr demanda à Dirac sur quoi il travaillait. « Je suis en train de construire une théorie relativiste de l'électron », répondit Dirac. Bohr s'en étonna puisque le problème avait déjà été résolu depuis longtemps. Dirac lui répondit que non.

Dirac savait que la mécanique quantique et la théorie de la relativité étaient toutes deux correctes. Mais à l'époque, la mécanique quantique était incapable de traiter le cas de particules se déplaçant à des vitesses relativistes. Comme les propriétés ondulatoires de l'électron avaient déjà été confirmées, Dirac décida de développer une théorie quantique relativiste de l'électron en utilisant le concept de *champ quantique*. Selon cette approche, chaque particule est dotée de son propre champ. Le champ du photon est un champ électromagnétique. L'électron correspond à un autre champ, appelé aujourd'hui *champ de Dirac*. Les interactions de ces champs sont régies par certaines équations dites du champ quantique.

La théorie de Dirac — la première *théorie quantique des champs* — est parfois appelée *théorie quantique relativiste des champs*. Il s'agit de l'application de la théorie électromagnétique de Maxwell à des particules quantiques relativistes. Dans sa théorie, Dirac généralise l'équation de Schrödinger pour traiter des électrons se déplaçant à des vitesses relativistes. Il obtient une nouvelle équation, l'*équation de Dirac*. Cette équation a de profondes et remarquables conséquences. « L'équation d'onde relativiste de l'électron [l'équation de Dirac] constitue l'une des plus grandes avancées de la science du XXe siècle » a dit un jour le physicien théoricien Abraham Pais.

L'équation de Dirac a permis de prédire l'existence de certaines propriétés de l'électron qui ont été observées par la suite. C'est le cas, par exemple, de son moment cinétique intrinsèque, ou *spin*. On a observé expérimentalement les effets de ce spin, dont l'équation de Schrödinger ne pouvait rendre compte.

Mais la prédiction la plus remarquable de l'équation de Dirac est qu'il existe deux solutions pour l'énergie d'un électron, l'une positive et l'autre négative. Que faire avec les solutions d'énergie négative ? On n'avait aucune idée de ce que pouvait être un électron d'énergie négative. « J'avais accepté le fait que les états d'énergie négative ne pouvaient être exclus de la théorie mathématique, écrivit Dirac,et je pensai alors qu'il fallait essayer de leur trouver une explication physique ». L'explication que Dirac donna par la suite était la suivante : la solution d'énergie négative correspond à une nouvelle sorte de particules ayant la même masse que l'électron mais une charge *positive*, exactement opposée à celle de l'électron. Il l'appela aussitôt *anti-électron.* C'était une prédiction très osée. « Je ne voyais aucune chance de faire de nouveaux progrès », écrivit-il plus tard, « et je me sentais plutôt mal. » Carl D. Anderson, de l'Institut de technologie de Californie (*Caltech*), fit la gloire de Dirac en découvrant l'antiélectron quatre ans plus tard dans les rayons cosmiques. Par la suite on lui donna le nom de *positron* ou *positon*.

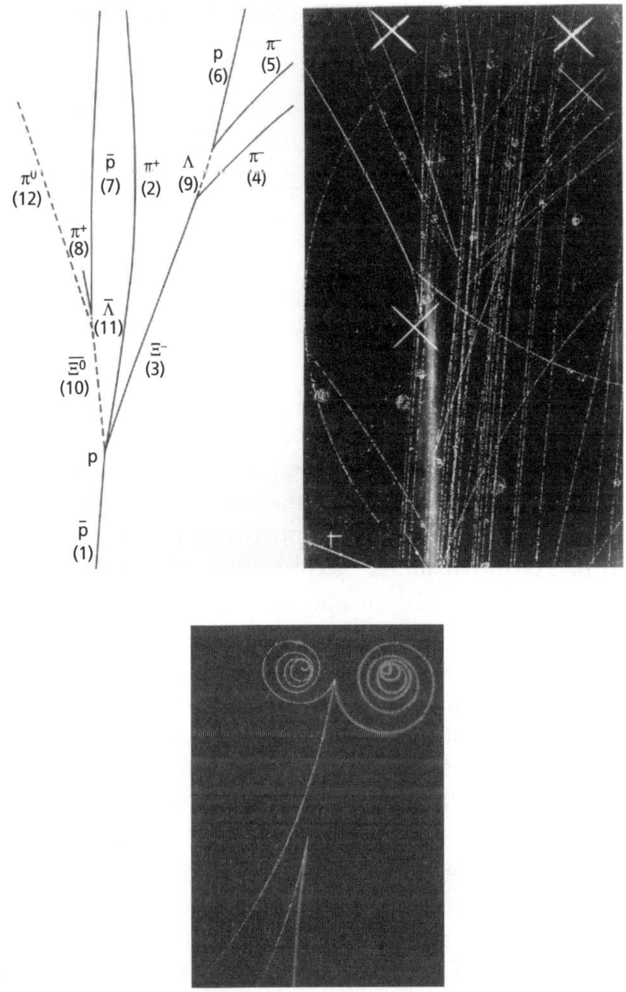

Figure 24.1 Annihilation de paire (en haut), et production de paire (en bas). Avec l'aimable autorisation de Brookhaven National Laboratory et Lawrence Berkeley Laboratory.

Les physiciens comprirent bien vite que la théorie de Dirac prédisait l'existence d'autres *antiparticules*. Il devait exister une antiparticule pour chaque particule quantique. Ces antiparticules constituent une nouvelle sorte de matière, l'*antimatière,* identique à la matière ordinaire à la seule différence que, si une particule ordinaire possède une charge électrique, son antiparticule aura la charge opposée. Les autres nombres quantiques d'une particule, comme le nombre baryonique ou leptonique (que l'on définira plus loin), sont également opposés à ceux de son antiparticule. Quand une particule rencontre son antiparticule, elles s'annihilent et disparaissent en émettant une des photons, processus connu sous le nom d'*annihilation de paire* (figure 24.1a). Le processus inverse est également possible : des photons de haute énergie créent alors une paire positon-électron (figure 24.1b). C'est la *production de paire*. Rappelez-vous que, d'après la théorie de la relativité restreinte, un électron a une énergie au repos égale à m_0c^2. Des photons d'énergie hf égale au moins à $2m_0c^2$ peuvent donc produire un électron et un positon.

Les forces fondamentales

Avant d'entrer plus avant dans les détails de la structure de la matière, résumons ce que nous avons appris jusqu'ici des interactions fondamentales de la nature. L'extraordinaire variété des phénomènes de l'univers, que ce soit l'explosion d'une supernova dans une galaxie lointaine, la chute d'une feuille par un bel après-midi d'automne, l'apparition d'une tache sombre dans l'atmosphère d'une étoile distante, l'explosion d'un volcan sur Io, l'effondrement d'une étoile géante rouge ou encore le bourdonnement des ailes d'un colibri, toute cette infinité d'événements s'explique en dernier ressort à l'aide quatre forces fondamentales seulement ! Tout ce qui se passe dans le cosmos relève de l'action de ces interactions fondamentales : la gravitation, l'interaction électromagnétique, l'interaction nucléaire faible et l'interaction nucléaire forte. La détermination complète de leurs propriétés est certainement l'entreprise la plus importante de la physique contemporaine.

• La *gravitation*, la première des quatre forces à avoir été découverte, fut complètement formalisée par Newton dans sa loi de la gravitation universelle. Elle contrôle un vaste ensemble de phénomènes, de la chute d'une pomme au mouvement des marées en passant par l'expansion de l'univers. La loi de la gravitation universelle de Newton est une simple loi « en inverse carré » (son intensité varie comme l'inverse du carré de la distance) de sorte que la force gravitationnelle est une force à longue portée. La théorie de Newton, cependant ne permet pas d'expliquer *pourquoi* la gravitation existe. La théorie d'Einstein de la relativité générale ne considère pas la gravitation comme une force, mais comme une propriété géométrique de l'espace-temps. Einstein confère ainsi à la gravitation une place tout à fait particulière dans le monde physique.

• L'*interaction électromagnétique* est décrite par les équations de Maxwell. Ces équations rendent compte de façon concise de tous les phénomènes électriques et magnétiques. La force électromagnétique est responsable de la liaison des atomes et des molécules. Elle maintient les électrons au voisinage des noyaux et lie les atomes entre eux pour former des molécules. Elle associe enfin les atomes ou les molécules pour former des corps solides. Comme la loi de la gravitation universelle de Newton, la force électromagnétique obéit à une loi en inverse carré.

• L'*interaction forte*, l'une des deux forces nucléaires, maintient ensemble les nucléons dans le noyau. C'est une force à courte portée qui devient négligeable au-delà de 10^{-15} m. L'interaction forte agit sur les protons et les neutrons, mais pas sur les électrons, ni sur les neutrinos et les photons. Dans les noyaux, l'intensité de l'interaction forte est environ 1 000 fois plus élevée que celle de l'interaction électromagnétique.

• L'*interaction faible* est elle aussi une force nucléaire à courte portée. Elle intervient par exemple dans la désintégration bêta : la transformation d'un neutron en proton ou d'un proton en neutron à l'intérieur du noyau. La force faible influence une bonne partie des réactions nucléaires qui produisent l'énergie du Soleil et des autres étoiles. L'intensité de l'interaction faible est environ 100 000 fois plus faible que celle de l'interaction forte.

Tableau 24.1 Propriétés des interactions fondamentales.

Interaction	Portée	Intensité relative
Forte	10^{-15} m	1
Électromagnétique	infinie	7×10^{-3}
Faible	10^{-17} m	10^{-5}
Gravitationnelle	infinie	6×10^{-39}

Le tableau 24.1 résume les propriétés des interactions fondamentales. On constate que la gravitation est la plus faible de toutes les forces fondamentale. La force gravitationnelle qui s'exerce entre deux électrons est, par exemple, 10^{36} fois plus faible que leur répulsion électrostatique. La force gravitationnelle ne devient importante qu'entre des corps de masse élevée, contenant un grand nombre d'atomes neutres dont l'interaction électrostatique est nulle. Les deux interactions nucléaires sont de courte portée et ne jouent donc aucun rôle dans l'interaction entre des corps massifs à distance normale.

Interactions d'échange

Qu'est-ce qu'une force ? Comment travaille-t-elle ? Comment un électron « sent-il » qu'un autre électron est dans son voisinage ou comment la Terre « sait-elle » que le Soleil est à 150 millions de kilomètres ? En d'autres termes, comment les forces sont-elles transmises. Newton n'a jamais essayé d'expliquer l'origine de la gravitation universelle. On l'avait accepté comme un phénomène d'*action à distance*. Faraday introduisit le concept de *champ* pour expliquer la transmission des forces électriques et magnétiques. Einstein, dans sa théorie de la relativité générale, attribuait un caractère géométrique à la gravitation. Selon sa théorie, la présence d'un objet massif perturbe l'espace-temps environnant en altérant sa géométrie de sorte qu'un de sorte que la trajectoire des autres corps est infléchie par cette distorsion.

En 1928, Dirac mit au point sa théorie quantique relativiste de l'électron en combinant l'électrodynamique de Maxwell, la relativité et la mécanique quantique. La théorie de Dirac fut perfectionnée par Richard Feynman, Sin-Itiro Tomonaga et Julian Schwinger qui en firent une théorie complète, connue aujourd'hui sous le nom d'*électrodynamique quantique*. D'après l'électrodynamique, un électron accéléré émet de l'énergie sous la forme d'une onde électromagnétique. Nous savons, d'après la mécanique quantique, que cette onde électromagnétique est constituée de photons. L'accélération d'un électron conduit donc à l'émission d'un ou plusieurs photons. Quand un électron s'approche d'un autre électron, la répulsion électrostatique est interprétée en électrodynamique quantique comme étant due à l'interaction des électrons avec les photons qu'ils émettent lorsqu'ils changent de vitesse. Selon l'électrodynamique quantique, l'électron incident émet un photon qui est alors absorbé par le second électron. On peut représenter ce processus à l'aide d'un diagramme comme celui de la figure 24.2. Un électron est représenté par une ligne droite et le photon échangés par une ligne ondulée. Ces diagrammes furent utilisés pour la première fois par Richard Feynman, qui s'en servait pour représenter de façon symbolique les équations de l'électrodynamique quantique. On les appelle *diagrammes de Feynman*.

D'où proviennent les photons échangés entre les deux électrons ? De nulle part. Ils n'existent que grâce au principe d'incertitude. Un électron crée un photon qui est absorbé par l'autre avant que la variation d'énergie associée à la création du photon puisse être détectée. Si l'incertitude sur la mesure de l'énergie de l'électron est ΔE et que Δt est l'incertitude sur le temps pendant lequel l'électron a cette énergie, le principe d'incertitude de Heisenberg affirme que :

$$\Delta E \times \Delta t \geq \frac{h}{2\pi}$$

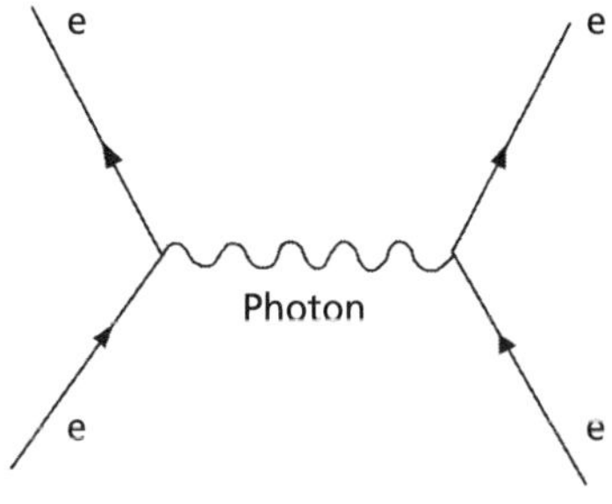

Figure 24.2 Diagramme de Feynman de l'interaction entre deux électrons. Les deux électrons échangent des photons virtuels qui transportent de l'énergie et de la quantité de mouvement. Cet échange est la source de la répulsion électromagnétique entre les deux électrons.

Cette expression signifie que Δt est l'incertitude sur la mesure de l'intervalle de temps durant lequel existe un photon d'énergie au moins égale à ΔE. Si le second électron absorbe ce photon avant que le temps Δt ne se soit écoulé, aucune expérience ne pourra jamais détecter cet emprunt d'énergie. Les particules qui n'existent que durant le temps permis par le principe d'incertitude sont appelées particules *virtuelles*. Un photon virtuel n'existe que pendant le bref et fugitif instant autorisé par le principe d'incertitude. Des photons parfaitement réels existent cependant, à condition qu'ils n'interagissent pas avec d'autres particules.

La théorie quantique des champs répond aux questions posées plus haut. Les forces de la nature s'expliquer par l'échange de certaines particules virtuelles.

Pions

Est-il possible de comprendre l'interaction forte de entre les nucléons de cette façon ? Dès 1933, le physicien japonais Hideki Yukawa en fit la suggestion. « En me mesurant à ce difficile problème, je m'infligeais de longs jours de souf-france », écrit Yukawa dans son autobiographie. « La nouvelle force nucléaire est-elle une force fondamentale ? [...] Il me semblait qu'elle devait être une troisième force fondamentale qui n'était pas reliée à la gravitation et à l'électromagnétisme. [...] La force nucléaire était peut-être représentable par un champ [...]. Si on visualise le champ de force comme un jeu de balle entre les protons et les neutrons, le nœud du problème était de trouver la nature de la balle en question. »

Heisenberg avait déjà eu une idée de cet ordre et il avait postulé que la « balle » était un électron. Au début, Yukawa se rangea à cet avis, puis il comprit que ce n'était pas possible. « Ne cherchons pas la particule qui intervient dans la force nucléaire parmi les particules connues. [...] Si je me concentre sur les caractéristiques du champ de force nucléaire, les caractéristiques de la particule que je recherche m'apparaîtront », écrivait-il. Puis ce fut le trait de génie. « Le point crucial m'apparut en octobre (1934). La force nucléaire n'est effective qu'à des distances extrêmement petites. Ma nouvelle intuition était que cette distance et la masse de la nouvelle particule étaient en rapport inverse l'une de l'autre. »

Une particule virtuelle de masse m ne peut exister que pendant un temps Δt déterminé par le principe d'incertitude. Si nous supposons que cette particule se déplace à une vitesse inférieure ou égale à c, la portée maximale R de la particule (c'est-à-dire la distance maximale qu'elle peut parcourir durant son existence) est :

$$R = c\Delta t$$

L'incertitude sur l'énergie est au moins égale à l'énergie de masse de la particule virtuelle :

$$\Delta E = mc^2$$

Le principe d'incertitude $\Delta E \Delta t \geq h/(2\pi)$ donne alors :

$$\Delta t = \frac{h}{2\pi\Delta E} = \frac{h}{2\pi mc^2}$$

La portée maximale de la particule virtuelle est donc :

$$R = \frac{h}{2\pi mc}$$

Cette portée est donc inversement proportionnelle à la masse. Si la masse est nulle, la portée est infinie. Une particule virtuelle massive a une portée finie. Plus elle est lourde et plus courte est sa portée. L'interaction électromagnétique véhiculée par une particule sans masse, le photon, a une portée infinie. La force nucléaire, de portée extrêmement faible, doit être véhiculée par une particule massive. Comme il savait que les forces nucléaires ont une portée inférieure à 10^{-14} m, Yukawa en déduisit que la masse de la nouvelle particule qu'il cherchait était de l'ordre de 140 MeV/c^2. Comme elle était intermédiaire entre celle du proton et celle de l'électron, on appela la nouvelle particule *méson* (du grec *meso*, qui signifie « moyen »).

Trois années plus tard, en 1937, une équipe de scientifiques américains découvrit une particule d'une masse d'environ 100 MeV/c^2 et on supposa immédiatement qu'il s'agissait du méson prédit par Yukawa. Des expériences menées en 1945, montrèrent cependant que cette nouvelle particule interagissait très faiblement avec les protons et les neutrons et qu'elle ne pouvait donc par être le véhicule de la force nucléaire. L'année suivante, la vraie particule de Yukawa, celle qui est échangée dans l'interaction nucléaire forte, fut découverte dans les rayons cosmiques. On la baptisa *méson* π ou *pion*. [La particule d'une masse d'environ 100 MeV/c^2, trouvée en 1937 — qu'on appela plus tard le *muon* — se révéla d'une nature fort différente. Elle n'intervient que dans l'interaction faible et l'interaction électromagnétique et n'a rien à voir avec la particule de Yukawa.] Il existe trois sortes de pions : le π^+, le π^- (l'antiparticule du π^+) et le π^0, qui est sa propre antiparticule. La figure 24.3 illustre l'interaction forte entre deux protons via l'échange d'un pion.

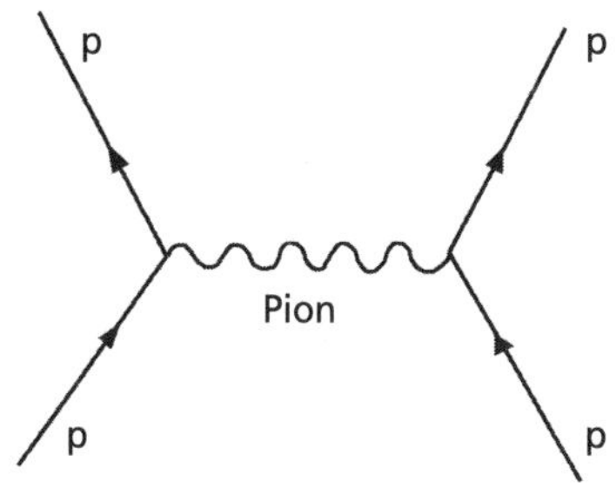

Figure 24.3 Diagramme de Feynman de l'interaction forte entre deux protons via l'échange d'un pion virtuel.

Classification des particules : hadrons et leptons

Au cours des années suivantes, des expériences sur les rayons cosmiques et dans les accélérateurs de particules fournirent pléthore de nouvelles particules. Aux protons, neutrons, pions, muons, neutrinos et photons se sont ajoutées des particules nommées sigma, delta, lambda, tau, et autre kaon qui vinrent renforcer l'arsenal des physiciens des hautes énergies. Que faire de toutes ces particules ?

Pour s'y retrouver, on a choisi de les classer selon les interactions auxquelles elles participent. Les particules qui sont mises en jeu dans l'interaction forte, celle qui maintient la cohésion du noyau, sont appelées *hadrons* (du grec *hadros*, qui signifie fort). On appelle *baryons* les hadrons ayant un spin demi-entier (exprimé en unité de $h/2\pi$), tels le proton et le neutron. Les *mésons* sont les hadrons de spin entier. Tous les baryons, sauf le proton, se désintègrent en donnant des protons et d'autres particules. Ils sont donc tous plus massifs que le proton (*baryos* signifie « lourd » en grec).

Les particules qui n'interagissent pas via l'interaction forte sont appelées *leptons*, du grec *leptos,* signifiant léger. L'électron, le neutrino, le muon et le tau sont tous des leptons. Pour fixer les idées, le muon a toutes les caractéristiques de l'électron à l'exception de sa masse qui est 200 fois plus élevée. On peut en dire presque autant du tau, à ceci près que sa masse vaut 3 500 fois celle de l'électron. Tous les leptons ont un spin 1/2 et ce sont tous de vraies particules élémentaires sans aucune structure interne. Autant que nous le sachions, les leptons sont des particules ponctuelles qui n'ont pas de dimensions. Les expériences les plus précises ont déterminé que l'électron n'avait pas plus de 10^{-17} cm de diamètre. Autrement dit il est au moins mille millions de fois plus petit qu'un atome et dix mille fois plus petit qu'un proton.

Au cours d'une interaction faible mettant en jeu un électron, comme la désintégration du neutron, par exemple, une sorte de neutrino intervient, le *neutrino électronique*. Au cours de la désintégration du pion, cependant, c'est une autre sorte de neutrino, le *neutrino muonique*, qui est mis en jeu. Quand ce neutrino heurte une cible, il produit des muons et non des électrons. Il y a un troisième type de neutrino associé quant à lui au lepton tau, le *neutrino tau.* On peut alors grouper les leptons par paires, l'électron et son neutrino électronique, le muon et son neutrino muonique et le lepton tau avec le neutrino tau. À chacun de ces leptons correspond une antiparticule. Le tableau 24.2 résume cette classification.

Tableau 24.2 Classification des leptons.

Groupe	Lepton chargé	Neutrinos	Antilepton chargé	Antineutrinos
Premier	Électron, e^-	$\bar{\nu}_e$	Positron, e^+	$\bar{\nu}_e$
Second	Muon, μ^-	ν_μ	Antimuon, $\bar{\mu}^+$	$\bar{\nu}_\mu$
Troisième	Tau, τ^-	ν_τ	Antitau, $\bar{\tau}^+$	$\bar{\nu}_\tau$

Lois de conservation

Les interactions entre particules élémentaires obéissent à diverses lois de conservation. L'une d'elles est le principe de *conservation de l'énergie*. Dans toute réaction entre particules, l'énergie totale (en comptant l'énergie de masse) des produits de la désintégration est égale à l'énergie totale (y compris l'énergie de masse) des particules initiales. C'est ce principe de conservation de l'énergie qui conduisit Wolfgang Pauli à prédire l'existence du neutrino en 1932, pour expliquer l'apparente violation de cette loi lors de certaines désintégrations bêta.

La *conservation de la charge électrique* est également très importance. Elle exige que la somme de toutes les charges électriques des particules initiales soit égale à la somme des charges des particules produites. Par exemple, si la rencontre de deux nucléons produit des pions,

$$p + n \rightarrow p + p + \pi^-$$

$$\text{charge électrique : } 1 + 0 \rightarrow 1 + 1 - 1$$

La somme des charges des nucléons initiaux vaut 1 et la somme des charges des produits de la réaction est égale à : 1 + 1 – 1 = 1.

La conservation d'énergie et la conservation de la charge — deux lois que nous avons déjà rencontrées auparavant — sont, dans l'état actuel de nos connaissances, des lois universelles. On a indiqué plus haut que tous les baryons se désintègrent en donnant des protons. Ceci suggère l'existence d'une autre loi de conservation, celle du nombre de baryons ou *nombre baryonique*. Dans toute interaction, *la création d'un baryon est accompagnée de celle d'un antibaryon.* Si nous assignons un nombre baryonique $B = + 1$ à chaque baryon, $B = - 1$ à chaque antibaryon, et $B = 0$ pour toutes les autres particules. Cette loi peut aussi s'énoncer comme suit :

Dans toute interaction, le nombre baryonique total doit rester constant.

Puisque le proton est le baryon le plus léger, tous les autres baryons se désintègrent en ne laissant finalement que des protons, qui ne peuvent plus se désintégrer plus avant sans changer le nombre baryonique.

Les leptons obéissent à une loi de conservation semblable. Les leptons, souvenez-vous-en, participent aux interactions faibles. Un neutron, par exemple, se désintègre via l'interaction faible en un proton, un électron et un antineutrino électronique. La désintégration du pion est un autre exemple d'interaction faible : le pion se désintègre en un muon et un antineutrino muonique. Dans toutes ces réactions, la création d'un lepton a toujours lieu en même temps que celle d'un antilepton. Si on assigne aux leptons (électron, muon et tau) un *nombre leptonique* égal à + 1 et aux antileptons un nombre leptonique de – 1, on peut énoncer cette loi de la façon suivante :

Conservation du nombre leptonique : dans toutes les interactions, le nombre leptonique total de chaque variété (électron, muon et tau) reste constant.

Comme nous l'avons déjà indiqué, chaque lepton a son propre neutrino associé, de sorte qu'un pion ne peut se désintégrer en un muon et un neutrino électronique. On assigne à l'électron et au neutrino électronique un nombre électronique leptonique $L_e = + 1$. Le positon et l'antineutrino électronique, tous deux des antiparticules, ont donc un nombre électronique leptonique $L_e = - 1$. Tous les autres leptons et, en fait, toutes les autres particules se voient assigner un nombre leptonique électronique $L_e = 0$. On assigne au muon et au neutrino muonique un nombre leptonique muonique $L_\mu = +1$. L'antimuon et l'antineutrino muonique ont donc un $L_\mu = -1$. Il en va de même pour le lepton tau et le neutrino tau. Le tableau 24.3 présente les nombres quantiques leptoniques des six leptons et de leurs antiparticules.

Tableau 24.3 Nombres quantiques leptoniques

Leptons	L_e	L_μ	L_τ
e^-	+1	0	0
ν_e	+1	0	0
μ^-	0	+1	0
ν_μ	0	+1	0
τ^-	0	0	+1
ν_τ	0	0	+1
e^+	–1	0	0
$\bar{\nu}_e$	–1	0	0
$\bar{\mu}^+$	0	–1	0
$\bar{\nu}_\mu$	0	–1	0
$\bar{\tau}^+$	0	0	–1
$\bar{\nu}_\tau$	0	0	–1

Particules étranges

Il existe d'importantes différences entre les hadrons et les leptons. Les hadrons occupent une place finie dans l'espace tandis que les leptons se comportent comme des particules ponctuelles. En outre, il n'existe que six leptons (et leurs six antiparticules correspondantes), tandis que les hadrons sont, pense-t-on aujourd'hui, en nombre infini. Et tous les leptons obéissent à la même loi de conservation du nombre leptonique. Pour ce qui est des hadrons, seuls les baryons obéissent à une loi de conservation (il n'existe pas de loi de conservation de nombre mésonique).

Pour compliquer les choses, on a découvert au début des années 1950 de nouvelles particules. Elles étaient produites via l'interaction forte, ce qui leur donnait le statut de hadrons, mais elles se désintégraient de manière étrange, comme si elles étaient des leptons qui se désintégraient par l'entremise de l'interaction faible. À cause de ce comportement, on les qualifia de *particules étranges*. C'est le cas des mésons K ou kaons, des baryons Λ (la lettre grecque lambda en capitale) et des baryons Ξ (la lettre grecque xi en capitale). En 1952, Abraham Pais, de l'Institut d'études avancées de Princeton, introduisit l'idée de *production associée* selon laquelle les particules étranges étaient toujours produites par paires.

En 1956, Murray Gell-Mann, aux États-Unis, et Kasuhiko Nishijima, au Japon, postulèrent indépendamment que le phénomène de production associée proposé par Abraham Pais était le résultat de la conservation d'une nouvelle propriété qu'ils appelèrent *étrangeté*. On découvrit alors que l'étrangeté, dotée d'un nouveau nombre quantique noté S, devait être conservée dans les interactions fortes. On ne peut produire les particules étranges que par paires d'étrangeté totale nulle.

Quarks

En 1961, Murray Gell-Mann et Yuval Neeman, en Israël, remarquèrent indépendamment une particularité des hadrons qui reposait sur une symétrie mathématique nommée SU(3). L'outil mathématique que Gell-Mann et Neeman utilisèrent pour découvrir cette symétrie est appelé *théorie des groupes*. Elle a été découverte par un mathématicien français de vingt ans, Évariste Galois, la nuit précédant sa mort en 1832. Galois était sur le point de se battre en duel, semble-t-il pour une histoire de cœur, et, anticipant sa mort, il passa sa dernière nuit à écrire ses idées sur la théorie des groupes. Galois fut tué, mais ses idées lui survécurent et Gell-Mann et Neeman les utilisèrent pour bâtir leur théorie. D'après le groupe de symétrie SU(3), les hadrons se rangent dans quatre familles ayant respectivement 1, 8, 10 et 27 membres. Gell-Mann appela cette classification, la voie à huit branches. Le proton et le neutron appartiennent à la même famille de huit hadrons, qu'on appelle *octet baryonique*. Le pion appartient aussi à une famille de huit membres, nommée l'*octet mésonique*.

Le groupe de symétrie SU(3) se révéla extrêmement fécond et permit de prédire l'existence de particules encore inconnues. La découverte la spectaculaire fut celles de la particule Ω^- (la lettre grecque capitale oméga avec un signe moins), qui devait être le dixième membre d'une famille de hadrons appelée décuplet. La masse et les propriétés quantiques de l'Ω^- avaient été prédites par Gell-Mann en 1962. En décembre 1963, une équipe de physiciens du Brookhaven National Laboratory découvrit l'Ω^- et ses propriétés étaient exactement celles qui étaient prédites par le groupe de symétrie SU(3).

Les physiciens commencèrent à se demander pourquoi la théorie de Gell-Mann et Neeman marchait aussi bien. Pourquoi les hadrons se groupent-ils en familles de 1, 8, 10, et 27 membres ? Ce fut de nouveau Gell-Mann qui répondit à cette question, en même temps que Georges Zweig, un autre physicien qui travaillait indépendamment. Zweig, professeur de physique à *Caltech* — comme Gell-Mann — développa sa théorie durant l'année sabbatique qu'il passa au CERN, le Centre européen de recherches nucléaires à Genève. Tous deux postulèrent que les familles de la voie à huit branches pouvaient être reproduites à partir d'un triplet de base qui correspondait à trois nouvelles particules fondamentales : les constituants de tous les hadrons. Les hadrons, selon la nouvelle théorie, n'étaient plus des particules élémentaires, mais composés de particules membres d'un triplet fondamental que Gell-Mann avait appelées *quarks*. Un proton, par exemple, était composé de trois quarks. Gell-Mann avait emprunté le nom de quark à un passage du célèbre roman de James Joyce, *Finnegans Wake* :

Three quarks for Muster Mark !	Trois « quarks » pour Môssieur Mark !
Sure he hasn't got much bark	Sûr, qu'il n'a pas une bien belle barque
And sure any he has it's all beside the mark	Et le peu qu'il a est à côté de la plaque

Les trois quarks sont peut-être une allusion aux trois enfants de M. Mark, un personnage qui représente parfois l'auteur dans ce roman.

Les trois quarks proposés par la théorie sont des particules ponctuelles comme les électrons. Ils ont le même spin 1/2. Tous les hadrons sont obtenus par la combinaison de deux ou trois quarks. Les trois quarks initiaux de la théorie sont le quark *up* ou *u,* le quark *down* ou *d* et le quark *strange* ou *s*. On appelle *saveurs* les trois variétés de quarks. Ce terme vient des noms bizarres qui furent d'abord donnés aux quarks : chocolat, vanille et fraise. Ces noms furent abandonnés, mais le terme de saveur fut gardé pour désigner la variété des quarks.

Les quarks ont des nombres quantiques peu ordinaires (tableau 24.4). Leur charge électrique, par exemple, est fractionnaire. Le nombre baryonique l'est aussi. Tous les baryons, comme le proton et le neutron, sont des combinaisons de trois quarks et leurs antiparticules sont des combinaisons de trois antiquarks. Trois quarks formant un baryon, on en déduit que le nombre baryonique des quarks est 1/3. Les mésons, au contraire, sont constitués d'un quark et d'un antiquark : leur nombre baryonique est nul : normal, ce ne sont pas des baryons. Les combinaisons de quarks, qui forment les hadrons et les mésons, sont gouvernées par les règles du groupe de symétrie SU(3) qui fixent les divers nombres quantiques comme, par exemple, le nombre baryonique et la charge. D'après ces règles, le proton est composé de deux quarks *u* et d'un quark d, comme on le voit sur la figure 24.4a. Le tableau 24.4 montre que les quarks u ont une charge égale aux 2/3 de la charge fondamentale e et que le quark d a une charge à –1/3. La charge totale du proton est donc 2/3 + 2/3 – 1/3 = 1. Le pion est composé d'un quark u et d'un antiquark d. Sa charge totale est 2/3 + 1/3 = 1.

Tableau 24.4 Nombres quantiques des trois premiers quarks et de leurs antiparticules.

Quark	Charge (e)	Nombre baryonique	Étrangeté	Spin
u	$+\frac{1}{3}$	$\frac{1}{3}$	0	$\frac{1}{2}$
d	$-\frac{1}{3}$	$\frac{1}{3}$	0	$\frac{1}{2}$
s	$-\frac{1}{3}$	$\frac{1}{3}$	–1	$\frac{1}{2}$
$\bar{u}$	$-\frac{2}{3}$	$-\frac{1}{3}$	0	$\frac{1}{2}$
$\bar{d}$	$+\frac{1}{3}$	$-\frac{1}{3}$	0	$\frac{1}{2}$
$\bar{s}$	$+\frac{1}{3}$	$-\frac{1}{3}$	+1	$\frac{1}{2}$

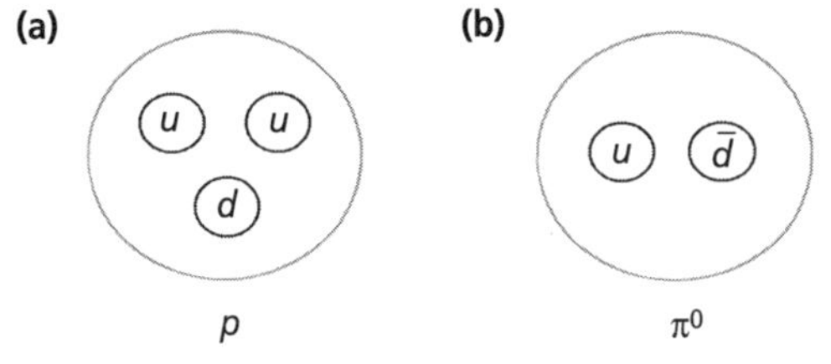

Figure 24.4 Schéma des associations de quarks constituant **(a)** le proton , **(b)** le pion.

Les pionniers de la physique : Gell-Mann et son quark

Le dernier roman de James Joyce, *Finnegans Wake,* est une œuvre immense et parfois obscure dans laquelle la forme importe plus que le contenu. L'histoire tourne autour d'un propriétaire de pub nommé H. C. Earwicker dont les rêves hantent le roman. Earwicker nous fait revivre des mythes et de grands événements historiques. Le tout est accompagné d'une foule de réflexions lancées un peu au hasard et de paradoxes, de répétitions et de soudains changements de propos. Le roman est rempli de jeux de mots, de néologismes délibérés et de curieuses tournures linguistiques à commencer par l'apostrophe manquante dans le titre.

Pendant qu'il se débattait avec les hadrons et la symétrie SU(3), Gell-Mann essaya d'expliquer à l'un de ses collègues pourquoi les conclusions de certains de ses calculs lui paraissaient insensées : elles impliquaient l'existence d'une charge électrique fractionnelle (par rapport à celle de l'électron). En y réfléchissant le jour suivant, Gell-Mann commença à admettre ses étranges conclusions. Comme le fait que la charge de ces particules soit fractionnelle était bizarre, il forgea un terme bizarre pour les nommer : *quork.*

Plusieurs mois plus tard, alors qu'il était prêt à publier son travail, il lut quelques passages de *Finnegans Wake.* « Vous savez, comme on lit *Finnegans Wake* », dit-il dans une interview. Il tomba sur les *Three quarks for Muster Mark.* C'était le mot qu'il lui fallait ! Trois *quarks* font un proton ou un neutron ! Le mot de Joyce rime avec *bark,* et il était assez proche de son *quork.* Il fut adopté.

Particules « charmées »

En 1973, le physicien théoricien Sheldon Glashow et ses collaborateurs de l'Université de Harvard développèrent une théorie des quarks plus complète. Elle était fondée sur des symétries mathématiques qui impliquaient l'existence d'une quatrième saveur de quark, et que Glashow baptisa *charme* ou quark *c*. L'introduction de ce quatrième quark ne reposait que sur des bases théoriques, car on n'avait pas encore trouvé de hadrons exigeant son existence. En novembre 1974, deux équipes d'expérimentateurs, l'une dirigée par Samuel Ting au Laboratoire Brookhaven et l'autre par Burton Richter, à l'Accélérateur linéaire de Stanford, annoncèrent simultanément et indépendamment la découverte d'une nouvelle particule. Elle se comportait comme un méson mais elle était plus lourde que le proton. Ting, qui était d'origine chinoise, la nomma *J* parce que son nom en chinois s'écrivait avec un caractère qui ressemble à cette lettre. Le groupe de Stanford l'avait, quant à lui, nommée Ψ (de la lettre grecque psi). La découverte ayant été l'œuvre simultanée des deux groupes, on la connaît aujourd'hui sous le nom de *J/Ψ*. Le comportement de cette particule ne pouvait s'expliquer qu'en admettant l'existence du quark *c* prédit par Glashow. Un peu plus tard, on découvrit d'autres mésons chargés qui confirmèrent l'existence du quark *c*. Ting et Richter reçurent le prix Nobel de physique pour leurs travaux.

Au début des années 1970, on recensait quatre quarks de saveurs différentes et quatre leptons. En 1975, des expériences menées à Stanford conduisirent à la découverte d'un cinquième lepton, le tau, qui était probablement associé à un sixième, le neutrino tauïque. Les physiciens pensèrent alors qu'il existait peut-être un cinquième et même un sixième quark. Ces quarks furent nommés *bottom* ou quark *b* et *top* ou quark *t*. En 1977, Leon Lederman et son groupe du Fermilab annoncèrent la découverte d'un méson de forte masse, le γ, formé d'une paire b-$\bar{b}$, ce qui confirmait l'existence du quark *b*. Le quark *t* fut mis en évidence au Fermilab en 1995. Le tableau 24.5 donne la liste des nombres quantiques des six quarks.

Tableau 24.5 Nombres quantiques des quarks.

Quark	Charge(e)	Nombre baryonique	Étrangeté	Charme	Bottom	Top
u	$+\frac{2}{3}$	$\frac{1}{3}$	0	0	0	0
d	$-\frac{1}{3}$	$\frac{1}{3}$	0	0	0	0
s	$-\frac{1}{3}$	$\frac{1}{3}$	–1	0	0	0
c	$+\frac{2}{3}$	$\frac{1}{3}$	0	1	0	0
b	$-\frac{1}{3}$	$\frac{1}{3}$	0	0	–1	0
t	$+\frac{2}{3}$	$\frac{1}{3}$	0	0	0	1

De même qu'on avait classé les six leptons en trois groupes, on classa les quarks en trois groupes contenant deux quarks associés ou *doublets de saveur* (tableau 24.6). On forme à partir de ces groupes des familles de constituants élémentaires. Une famille est un groupe formé de deux quarks et de deux leptons (un de chaque type), soit quatre constituants.

Tableau 24.6 Classification des quarks.

Groupe	Quark	
Premier	*u*	*d*
Deuxième	*s*	*c*
Troisième	*b*	*t*

Le tableau 24.7 présente les trois familles de quarks et de leptons. Toute la matière stable de l'univers est bâtie à partir de particules appartenant à la première famille (première ligne du tableau) : les quarks *up* et *down*, l'électrons et son neutrino. Les particules de la deuxième et de la troisième famille (la deuxième et la troisième ligne du tableau) sont instables et se désintègrent pour donner des particules de la première famille. On sait désormais qu'il n'existe en tout et pour tout que trois familles de particules.

Tableau 24.7 Quarks et leptons.

Charge **Symbole** **Nom**				
$+\frac{2}{3}$ u Up	$-\frac{1}{3}$ d Down	-1 e Électron	0 ν_e Neutrino électron	Première famille
$+\frac{2}{3}$ c Charm	$-\frac{1}{3}$ s Strange	-1 μ Muon	0 ν_μ Neutrino muon	Deuxième famille
$+\frac{2}{3}$ t Top	$-\frac{1}{3}$ b Bottom	-1 τ Tau	0 ν_τ Neutrino tau	Troisième famille

Frank and Ernest

25

La superforce : le rêve d'Einstein

Symétrie

Au XVIIe siècle, Gottfried Wilhelm Leibnitz, le célèbre philosophe et mathématicien allemand, établit le principe d'identité des indiscernables. Il énonce que s'il n'est pas possible d'établir une différence entre deux objets, ils sont identiques. Puisqu'il est impossible de distinguer deux objets identiques, échanger leurs positions n'a pas d'effet sur leur état physique ou sur celui du système auquel ils participent. Ceci est un exemple de symétrie, au sens que les mathématiciens donnent à ce mot.

Un système qui reste inchangé lorsqu'on lui applique une certaine opération (comme l'échange de deux particules indiscernables) est dit *invariant* vis-à-vis de cette opération particulière. Certaines rotations opérées sur certains cristaux (ou sur d'autres objets réguliers) constituent un autre exemple de symétrie. Si on fait tourner un flocon de neige de 60° autour d'un certain axe, on ne peut pas faire distinguer la nouvelle orientation et la première. Lorsqu'on fait pivoter un cube de 90° autour de l'un de ses axes, on retrouve le même cube. On peut faire tourner une sphère d'un angle quelconque autour de n'importe quel axe : sa nouvelle position sera toujours impossible à distinguer de la précédente. On dit que la sphère est invariante sous toutes les rotations. La figure 25.1 illustre ces symétries.

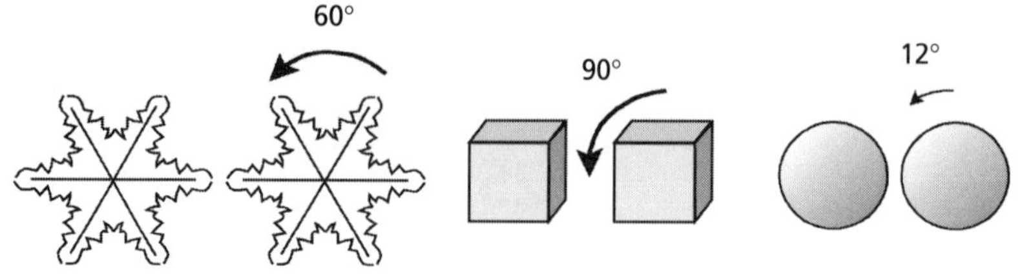

Figure 25.1 Un flocon de neige reste identique à lui-même quand on le fait tourner de 60° autour d'un axe perpendiculaire à son plan. Une rotation de 90° autour de l'un de ses axes laisse un cube invariant. On peut faire tourner une sphère d'un angle quelconque, elle reste identique.

Après l'application d'une opération de symétrie, tel l'échange de deux électrons identiques dans un atome, l'équation mathématique qui décrit le système considéré doit rester inchangée. Pour tenir compte de ces symétries, les physiciens utilisent une technique mathématique appelée théorie des groupes, que nous avons déjà mentionnée à propos de Gell-Mann et du groupe SU(3). C'est Galois qui développa la théorie des groupes en 1831. Vers la fin du XIXe siècle, le mathématicien norvégien Sophus Lie classa tous les groupes possibles en sept classes. Le groupe de Lie O(3), par exemple, décrit la symétrie d'une boule de billard : elle conserve exactement le même aspect après avoir effectué une rotation d'un angle quelconque.

Le rôle des symétries dans les lois de la physique a été mis en évidence par les travaux d'une brillante mathématicienne allemande, Amalie Emmy Nöther. Née en 1882 dans la ville universitaire de Erlangen, Nöther étudia à l'Université d'Erlangen alors réservée exclusivement aux garçons. Son père y était professeur de mathématiques et elle avait obtenu une dispense pour s'y inscrire. En 1907, elle soutint son doctorat et fut reçue avec la mention *summa cum laude* pour son travail sur les invariants. Par la suite, elle enseigna sans être payée dans une école de mathématiques et remplaça occasionnellement son père à l'université. En 1915, elle rejoignit une équipe de chercheurs travaillant à Göttingen sur la théorie de la relativité générale d'Einstein, mais elle ne fut pas acceptée à l'université, sans même être payée. L'éminent mathématicien David Hilbert, qui avait soutenu sa candidature et qui lui avait demandé de faire cours à ses étudiants, déclara avec exaspération : « je ne vois pas que le sexe de la candidate soit un argument contre son admission [comme enseignante] ! Après tout, nous sommes une université, pas un établissement de bains. » Elle fut finalement acceptée comme enseignante en 1919. Vers 1930, Nöther était devenue le pivot de la recherche mathématique à Göttingen.

En 1933, elle fuit l'Allemagne nazie et s'établit aux États-Unis où elle fut nommée professeur associé au Bryn Mawr College et intégra l'Institut de recherches avancées de Princeton. Après sa mort en 1935, Einstein écrivit à propos de son œuvre dans le *New York Times* :

> *Les mathématiques pures constituent, d'une certaine façon, la poésie des idées logiques. On cherche les idées les plus générales d'opérations qui puissent rassembler sous une forme logique et unifiée l'ensemble le plus grand possible de relations formelles. Dans cet effort vers la beauté logique, on découvre des formules pleines de sens qui sont nécessaires à une compréhension plus profonde des lois de la nature.*

Le théorème qui a rendu Nöther célèbre chez les physiciens figurait dans l'article qu'elle avait soumis à la faculté de Göttingen dans le cadre de sa candidature, comme il était usuel de le faire dans les universités allemandes. On peut l'énoncer ainsi :

> *À chaque symétrie continue des lois de la physique, correspond une loi de conservation.*

Une symétrie est dite continue si on peut faire varier continûment les paramètres de la transformation correspondante, comme c'est le cas dans la symétrie de rotation. L'angle de rotation peut prendre n'importe quelle valeur continue. Cette symétrie particulière conduit à la conservation du moment cinétique.

Symétries locales et symétries globales

L'élégant théorème de Nöther poussa les physiciens à réexaminer les lois de conservation du point de vue de la symétrie. En 1918, l'année où Nöther présenta son théorème, le physicien Hermann Weyl essayait de construire une théorie qui combinait les lois de l'électromagnétisme et la relativité générale en montrant qu'elles étaient toutes deux reliées à une symétrie particulière de l'espace-temps. Il proposa une théorie invariante vis-à-vis des contractions ou des dilatations arbitraires de l'espace et du temps — c'est-à-dire que les unités de longueur et de temps pouvaient changer d'un point de l'espace-temps à un autre. Cette situation lui rappelait les jauges en acier utilisées par les ingénieurs des chemins de fer comme unités de longueur pour vérifier l'écartement des rails et il qualifia l'invariance mise en jeu dans sa théorie d'*invariance de jauge*.

L'invariance de jauge de la théorie de Weyl était *locale*, parce que les unités de longueur et de temps changeaient en chaque point. Dans une invariance de jauge globale, au contraire, la transformation doit être appliquée partout en même temps, et pas seulement en quelques points. La symétrie de charge de l'électromagnétisme est un bon exemple de symétrie globale. Supposons qu'après avoir soigneusement mesuré les interactions entre toutes les paires de charges dans une certaine région de l'espace, on inverse le signe de toutes les charges. La mesure des forces électriques entre toutes les paires produira exactement le même résultat. Les forces ne sont pas affectées par un changement de signe de toutes les particules dans la région qui nous intéresse (figure 25.2).

Figure 25.2 Changer le signe de toutes les charges présentes ne produira aucun effet sur les forces qu'elles exercent les unes sur les autres.

Voici un autre exemple de symétrie globale. Supposons qu'une nuit, un phénomène mystérieux provoque le rétrécissement de tous les objets qui se trouvent sur Terre et que leurs dimensions — y compris celles de la Terre elle-même — soient réduites de moitié. Le lendemain matin, tout semblera normal. On ne pourra pas déterminer si quelque chose a changé, parce que tout aura changé de la même façon : tous les instruments de mesure ont été réduits dans la même proportion et le phénomène n'est pas détectable. Bien sûr, on pourrait constater notre mystérieux phénomène en mesurant le diamètre de la Lune, les orbites des planètes ou encore la longueur d'onde de la lumière qui nous parvient du Soleil et des autres étoiles. C'est pourquoi, pour être précis, il faut ajouter que le changement doit avoir lieu dans l'Univers tout entier.

Il est clair que si le phénomène n'affectait que certains objets, il serait aisé de s'en rendre compte. Dès lors, comment une symétrie peut-elle être locale ? Comment peut-on introduire des changements *différents* en différents points d'un système sans pour autant modifier ses propriétés ? Réponse : en trouvant une autre partie du système qui *compense* automatiquement ces changements. Si, par exemple, vous êtes en train de photographier un skieur nautique en train de se diriger vers vous et que vous désiriez que la taille de l'image reste constante dans votre viseur, vous pouvez vous servir du zoom pour compenser. Si vous êtes assez habile, vous arriverez à maintenir constante la taille de l'image. La variation du réglage du zoom compensera le changement apparent de taille du sujet en train d'approcher.

Imaginez que l'on mesure le champ électrique créé en un point particulier par une charge statique placée à une certaine distance. Si le laboratoire tout entier est élevé à un potentiel de, mettons, 200 volts, la mesure du champ électrique restera inchangée. En effet, le champ électrique n'est pas déterminé par la valeur absolue du potentiel, mais par les différences de potentiel entre différents points. Cette situation est analogue à la mesure de l'énergie nécessaire pour soulever d'un mètre un poids de 10 kg. Si on réalise cette mesure d'abord dans un laboratoire au niveau de la mer, puis dans un autre situé au sommet d'une montagne à une altitude de 2 000 mètres, on trouve la même valeur. Cette énergie ne dépend que de la différence des hauteurs. Dans ces deux exemples, les symétries mises en jeu sont globales. Dans le cas du champ électrique, on avait augmenté d'une même valeur le potentiel de tout le laboratoire. L'électrostatique et la gravitation newtonienne ne contiennent pas de symétries locales.

Qu'arrive-t-il si la charge électrique de notre expérience n'est pas statique ? La théorie de Maxwell de l'électromagnétisme traite des charges en mouvement. Une charge en mouvement par rapport au laboratoire crée un champ magnétique. De même qu'on a défini un potentiel électrique associé au champ électrique, on peut définir un potentiel magnétique associé au champ magnétique. Les relations entre ces deux potentiels permettent d'établir une symétrie locale. Toute variation arbitraire locale du potentiel électrique est susceptible d'être compensée par une variation locale du potentiel magnétique. En conséquence, on est libre de fixer le potentiel de référence en chaque point de l'espace de façon arbitraire. Quelle que soit la façon dont on fait varier l'un des potentiels à travers une région de l'espace, ses effets peuvent toujours être compensés par un ajustement de l'autre potentiel. Si une particule chargée traverse cette région, les variations de chaque potentiel ne lui imprimeront aucune force électromagnétique.

De ce point de vue, le champ électromagnétique n'est pas seulement un champ de force qui existe dans la nature, c'est en réalité une manifestation de l'existence d'une symétrie de jauge locale. La théorie de la gravitation newtonienne ne présente qu'une symétrie globale, mais la relativité générale d'Einstein, elle, est une théorie basée sur une symétrie de jauge locale. Nous pouvons considérer que la force de gravité est également une manifestation de l'existence d'une simple symétrie de jauge locale. Comme nous allons le voir bientôt, les quatre forces de la nature sont associées à des symétries de jauge locale.

L'unification électrofaible

Maxwell avait unifié l'électricité et le magnétisme sans aucune connaissance de la théorie des groupes, ni des symétries de jauge locales ou du théorème de Nöther. Son seul guide était la ressemblance — la symétrie — qu'il avait observée entre les lois du magnétisme et celles de l'électricité, telles qu'on les comprenait à son époque. D'un point de vue moderne, on voit que, même si l'électricité et le magnétisme pris séparément ne présentent que des symétries globales, la théorie unifiée de l'électromagnétisme a tous les caractères de cette puissante symétrie locale.

Près d'un siècle plus tard, deux physiciens du Laboratoire Brookhaven, C.N. Yang et Robert L. Mills, posèrent les premiers jalons d'une nouvelle unification. Yang, fils d'un professeur de mathématiques, avait quitté sa Chine natale en 1945, à l'âge de 23 ans pour, émigrer aux Etats-Unis où il s'inscrivit en physique à l'Université de Chicago. Là, il commença à s'interroger sur une possible généralisation de la théorie de Maxwell qui révélerait ses relations avec la théorie de l'interaction faible. Il savait que l'électromagnétisme était régi par un groupe de symétrie connue sous le nom de U(1). C'est-à-dire que l'électromagnétisme était invariant dans toutes les transformations de jauge du type U(1).

En 1932, Werner Heisenberg a démontré que si on change chaque proton en neutron dans tout l'Univers, l'interaction forte entre les nucléons reste invariante. L'origine de cette invariance réside, comme nous l'avons vu au chapitre précédent, dans le fait que l'on pense que l'interaction forte n'est due qu'à l'échange d'un méson et que cet échange a lieu que les particules soient des protons ou des neutrons. Cette symétrie utilisée par Heisenberg porte le nom de symétrie de jauge globale SU(2). Était-il possible de construire une théorie avec une symétrie SU(2) locale ? En 1954, Yang et Mills réussirent à construire une telle théorie. Pour transformer la symétrie globale en symétrie locale, ils introduisirent un ensemble de nouveaux champs qui décrivaient une famille de particules de spin 1. Deux de ces champs étaient le champ électrique et le champ magnétique et ils décrivaient le photon. Les autres champs décrivaient des photons chargés, l'un positif et l'autre négatif.

On n'avait jamais observé de photons chargés dans la nature. En revanche, les physiciens savaient que l'interaction faible, tout comme l'interaction électromagnétique, était transportée par des particules de spin 1. Les nouveaux photons chargés pouvaient-ils être les médiateurs de l'interaction faible ? Ces particules étaient chargées, ce qui en faisait de bons candidats. Le principal problème était que l'interaction faible est de courte portée, ce qui exigeait une particule massive alors que les photons chargés de Yang et Mills étaient de masse nulle. Cette difficulté fut surmontée par trois physiciens qui réussirent, là où d'autres avaient échoué, à unifier l'électromagnétisme avec l'une des forces nucléaires.

Abdus Salam, de l'Imperial College de Londres, et Sheldon Glashow de l'Université de Harvard travaillaient indépendamment sur les théories de jauge et furent informés de leurs travaux respectifs quand Glashow, juste après avoir passé sa thèse, donna un séminaire sur son travail à Londres. Bien qu'ils partagèrent plus tard le prix Nobel pour leur travail sur l'unification de l'interaction faible et de l'interaction électromagnétique, leur rencontre à Londres ne déboucha sur aucune collaboration. Salam était dans le public quand Glashow présenta certains de ses résultats obtenus au cours de ses premières tentatives de construction d'une théorie de jauge reliant l'interaction faible et la force électromagnétique. Il ne crut pas que « cet enfantillage » était correct. « Naturellement », dit plus tard Salam, « je voulais montrer que c'était faux. Et d'ailleurs, ça l'était. Du coup, je ne lus plus jamais rien de ce que publia Glashow. Ce qui, bien sûr, s'avéra être une erreur. »

Salam est né et a grandi entre les frontières de ce qui est aujourd'hui le Pakistan. Il fut admis à l'université du Punjab avec les notes les plus élevées jamais obtenues à l'examen d'entrée. En 1946, il partit en Angleterre où il obtint à la fois un diplôme en physique et en mathématiques à l'Université de Cambridge. Après avoir obtenu son doctorat en physique théorique, Salam retourna au Pakistan pour enseigner à l'université. Son travail de thèse lui avait valu une grande renommée parmi les physiciens et quand une chaire se libéra à l'Université d'Edimbourg, en 1954, on la lui offrit immédiatement.

Dans un article sur les théories de jauge, Salam émit l'idée que les systèmes qui n'étaient pas symétriques pouvaient être décrits par des équations symétriques. Ce concept, appelé aujourd'hui rupture spontanée de symétrie avait été proposé en 1928 par Heisenberg dans un autre contexte. Heisenberg utilisait la dépendance en température des matériaux ferromagnétiques pour illustrer la rupture de symétrie. Un aimant possède un pôle nord et un pôle sud créés par l'alignement de millions d'atomes, comme nous l'avons vu au chapitre 14. Tout aimant possède donc une orientation bien spécifique dans l'espace. La force qu'il exerce sur un objet en fer situé près de son pôle nord est différente de la force exercée sur le même objet quand on a tourné l'aimant de 90° (figure 25.3a). L'interaction avec l'aimant n'est pas invariante vis-à-vis des rotations à trois dimensions. Cependant, si on chauffe l'aimant au-dessus d'une certaine température critique, l'alignement des atomes est perdu à cause de l'agitation thermique. On peut alors faire tourner l'aimant dans une direction quelconque sans changer l'interaction avec l'objet en fer (figure 25.3b). Dans le langage de la théorie des groupes, on dit que l'interaction est invariante vis-à-vis du groupe de symétrie O(3), c'est-à-dire vis-à-vis des rotations à trois dimensions. Quand la température descend au-dessous de la température critique, la symétrie est brisée. On dit alors qu'elle est cachée. Si on apporte de l'énergie à l'aimant en le chauffant, on retrouve la symétrie perdue à basse température.

(a)

(b)

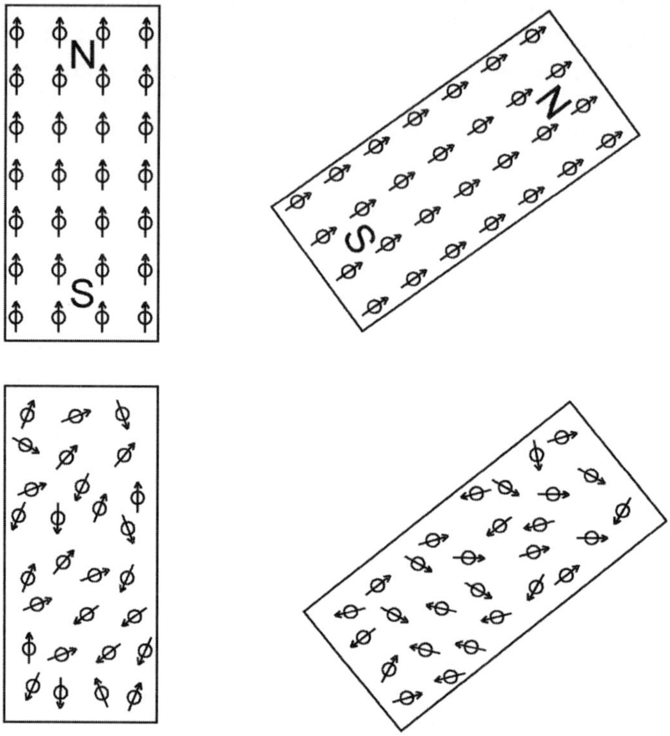

Figure 25.3 **(a)** Atomes de fer dans un aimant à température ambiante. Faire tourner cet aimant crée une configuration de champ magnétique différente. **(b)** Si on chauffe l'aimant au-dessus d'une certaine température critique, l'alignement des atomes de fer est détruit. Une rotation de l'aimant ne change pas l'état magnétique environnant.

En 1967, Steven Weinberg, de l'université de Harvard, publia un article dans lequel il montrait que les photons sans masse mais chargés prédits par Yang et Mills pouvaient être considérés comme les particules médiatrices de l'interaction faible quand on prenait en compte une brisure spontanée de symétrie. Abdus Salam devait découvrir la même chose quelques mois plus tard à Londres. Pour obtenir la brisure spontanée de symétrie, Weinberg et Salam utilisèrent une idée développée par F. Englert et Robert H. Brout de l'Université de Bruxelles et par Peter Higgs de l'université d'Edimbourg. Selon ce mécanisme, connu désormais sous le nom de mécanisme de Higgs, un nouveau champ — le champ de Higgs — est introduit dans la théorie. La symétrie de ce champ est brisée à basse énergie. On peut tenter d'illustrer le champ de Higgs avec la situation présentée sur la figure 25.4. Une toupie lancée sur une surface lisse, son axe orienté selon la verticale, a une symétrie évidente : elle est invariante pour toute rotation autour de son axe. Cependant, cette position est instable : une petite perturbation suffit à la faire vaciller et à lui faire perdre de l'énergie. Une rotation autour de l'axe vertical ne laisse plus alors la toupie invariante. La symétrie est brisée. La position où la symétrie est brisée a une énergie plus faible que l'équilibre instable mais symétrique. De façon analogue, les caractéristiques du mécanisme de Higgs sont telles que l'état dans lequel l'énergie du champ de Higgs est la plus basse est un état de symétrie brisée.

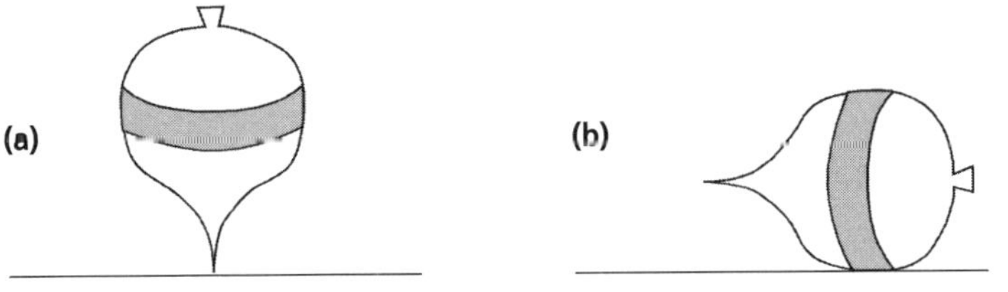

Figure 25.4 **(a)** Une toupie posée sur sa pointe de façon à avoir son grand axe vertical est en équilibre instable. La toupie tombe facilement. Cette position est symétrique par rotation. **(b)** Quand la toupie tombe en perdant de l'énergie, la symétrie est brisée.

Selon cette idée, le champ de Higgs interagit avec le champ de Yang-Mills et, ce faisant, donne une masse aux photons de Yang-Mills. Salam décrit ainsi ce mécanisme de façon imagée : les particules sans masse de Yang-Mills « mangent » les particules de Higgs afin de gagner du poids, après quoi les particules mangées deviennent des « fantômes ». Weinberg et Salam réussirent à construire une théorie des interactions faible et électromagnétique fondée sur la théorie de Yang et Mills et sur le mécanisme de Higgs. Selon leur modèle, à très hautes énergies, les particules médiatrices des interactions sont sans masse. À basse énergie, le mécanisme de Higgs entraîne une brisure spontanée de symétrie et ces particules acquièrent alors une masse. Au départ, les quatre champs du modèle de Weinberg et Salam ont une portée infinie et sont donc transmis par des particules médiatrices de masse nulle. Le mécanisme de Higgs qui fait transiter le système vers l'état stable de plus basse énergie sélectionne une solution de symétrie brisée et donne une masse à trois des quatre particules. Ces particules sont aujourd'hui appelées le W^+, le W^-, et le Z°. La quatrième particule reste de masse nulle. C'est le photon qui transmet l'interaction électromagnétique.

Le photon transmet la force électrique aussi bien que la force magnétique. On peut donc considérer que l'électricité et le magnétisme sont deux manifestations différentes de la même force parce que, dans les deux cas, ce sont des photons virtuels qui transmettent l'interaction. L'interaction électromagnétique et l'interaction faible sont toutes les deux représentées par des théories de jauge dont les forces sont transmises par des particules de la même famille. Ces interactions nous apparaissent très différentes parce que nous les observons à des énergies trop basses, là où, à cause du mécanisme de brisure de symétrie, les particules virtuelles médiatrices sont différentes. La particule intermédiaire de l'interaction électromagnétique, le photon, est sans masse et l'interaction est de portée infinie. Les particules intermédiaires de l'interaction faible, le W^+, le W^- et le Z°, ont des masses élevées, et l'interaction est de courte portée. À des énergies extrêmement élevées, la symétrie est rétablie, comme le prédit la théorie : toutes les particules intermédiaires deviennent des photons, qui ont une masse nulle. Les deux forces n'en font plus qu'une : l'interaction électrofaible.

La théorie électrofaible de Weinberg et de Salam est assurément splendide. Elle fut formulée vers la fin des années 1960 et elle fut débarrassée d'un certain nombre de difficultés d'ordre mathématique par un très brillant étudiant de l'université d'Utrecht, Gerald 'T Hooft, en 1971. Le seul défaut de la théorie était alors qu'on n'avait jamais observé ni les particules W ni le Z. En 1983, une expérience très élaborée fut conduite sous la direction de Carlo Rubbia par deux équipes de plusieurs centaines de chercheurs au CERN, le Centre européen de recherche nucléaire. Elle permit de mettre en évidence l'existence des particules W et Z et confirma triomphalement les prédictions de la théorie électrofaible. En 1979, Weinberg, Salam et Glashow se partagèrent le prix Nobel de physique pour leur théorie. En 1984, Carlo Rubbia et Simon van der Meer, le physicien hollandais à l'origine de la brillante technique expérimentale utilisée, reçurent le prix Nobel de physique pour la détection des particules W et Z. 'T Hooft, pour sa part, se vit décerner le prix en 1999.

La force de couleur

L'énorme succès de la théorie électrofaible encouragea les physiciens à chercher d'autres unifications des forces fondamentales de la nature. L'étape suivante consistait évidemment à unifier la théorie de l'interaction forte avec la théorie électrofaible. L'interaction forte provient des interactions entre les quarks. Ces derniers ont, comme nous l'avons vu plus haut, une charge électrique qui est une fraction de la charge fondamentale (celle de l'électron changée de signe). Les différentes combinaisons de quarks pour former des hadrons obéissent aux lois de conservation de la charge de sorte que, par exemple, les charges des deux quarks u (+2/3) et du quark d (–1/3) qui constituent le proton s'ajoutent pour donner une charge +1 qui est bien celle du proton. Mais par ailleurs, la façon dont ces charges s'ajoutent n'explique pas pourquoi les quarks se combinent pour former les différents hadrons observés expérimentalement.

Une façon d'expliquer cette interaction forte est d'imaginer que les quarks possèdent une nouvelle sorte de charge, en plus de leur charge électrique. Dans les mésons, qui sont formés d'un quark et d'un antiquark, cette charge agit de la même façon que la charge électrique qui lie les électrons aux noyaux parce que les charges de signe opposé s'attirent. Pour les protons ou les neutrons, qui sont des combinaisons de trois quarks, la situation est plus compliquée. Nous devons considérer l'attraction de *trois* charges. Cette nouvelle charge est appelée la *charge de couleur*, ou *couleur* tout court, bien qu'elle n'ait rien à voir avec les couleurs du spectre visible. Les trois charges de couleur sont baptisées *rouge, vert* et *bleu*, comme les couleurs primaires, parce que les règles mathématiques auxquelles elles obéissent ressemblent à la façon dont les trois couleurs primaires se combinent pour donner du blanc. Chaque quark (*u, d, s, c, b* et *t)* porte l'une des trois couleurs : rouge, verte ou bleue. Les quarks peuvent se combiner en groupe de deux ou trois pour former une particule à condition que la couleur résultante soit blanche, un peu comme la formation des atomes neutres exige la réunion d'un nombre égal de protons chargés positivement et d'électrons chargés négativement. Un proton, dont nous savons qu'il est constitué de deux quarks *u* et d'un quark *d*, possède donc un quark *u* rouge, un quark *d* vert et un quark *d* bleu. Comme les couleurs primaires, les quarks rouge, vert et bleu se combinent pour donner un proton *blanc*, c'est-à-dire de couleur neutre (figure 25.5).

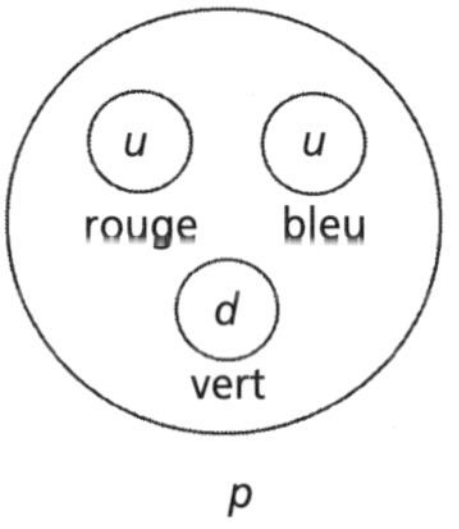

Figure 25.5 La combinaison d'un quark rouge, d'un vert et d'un bleu pour former un proton donne une particule de couleur neutre dite blanche.

Qu'en est-il des mésons, qui sont composés d'un quark et d'un antiquark ? Les antiquarks sont dotés d'*anticouleurs* : le *cyan*, anticouleur du rouge, le *magenta,* anticouleur du vert, et enfin le *jaune*, anticouleur du bleu. Quand il s'agit de pigments, ces couleurs primaires sont dites *couleurs soustractives* ou *complémentaires*. Le cyan est une couleur bleu vert qui absorbe le rouge. Le magenta absorbe le vert et le jaune absorbe le bleu. Quand on ajoute une couleur complémentaire à sa couleur primaire correspondante, on obtient du blanc. D'une manière analogue, quand un quark avec une charge de couleur rouge se combine avec un antiquark de charge de couleur cyan, la particule obtenue est de couleur neutre, c'est-à-dire blanche, comme dans le cas du pion (figure 25.6).

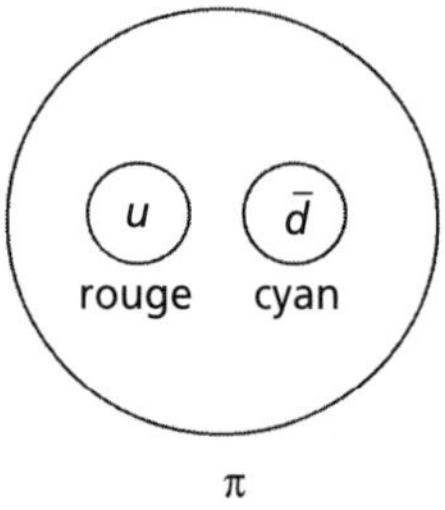

Figure 25.6 Un pion est formé avec un quark *u* rouge et un antiquark *d* cyan. La particule pion n'a pas de charge de couleur puisque le rouge et le cyan, couleurs complémentaires, se combinent pour donner du blanc.

La théorie qui explique les interactions de couleur entre les quarks est appelée la *chromodynamique quantique* ou QCD (pour *quantum chromodynamics*), elle est calquée sur l'électrodynamique quantique ou QED, la théorie la plus achevée qu'on ait jamais construite. Au vu de ce qui précède, il peut sembler que la QCD est une théorie évidente et simple mais, en réalité, les équations sont beaucoup plus complexes que dans toute autre théorie et les calculs extrêmement compliqués et pénibles. Cependant, la QCD est une théorie de jauge, ce qui permet de l'unifier à la théorie électrofaible. La symétrie de jauge associée à la QCD est l'invariance des transformations locales de couleurs. Puisque l'invariance est locale, la couleur d'un quark peut changer tant que les autres quarks restent inchangés. À première vue, si on change la couleur d'un quark dans un nucléon, sans changer celle des autres, on obtient un nucléon coloré, et non blanc. Comme pour la théorie électrofaible, ce changement est compensé par l'introduction de nouveaux champs. Les particules messagères de ces champs sont les *gluons*, et il en existe huit sortes, une pour chaque champ compensateur. Les gluons jouent le même rôle en chromodynamique quantique que le photon en électrodynamique et les particules W^+, W^- et Z° dans l'interaction faible : ce sont les particules intermédiaires qui transmettent les forces.

" Gluons ; ai-je vraiment créé des gluons ? "

Figure 25.7 Dessin humoristique de Leo Cullum.

Les gluons sont dotés d'une couleur et d'une anticouleur n'appartenant pas forcément à une paire complémentaire. Un gluon peut, par exemple, porter l'association bleu-antivert ou rouge-antibleu. Quand un quark change de couleur, il émet un gluon de couleur qui est absorbé par un autre quark. Puisque le gluon absorbé transporte de la couleur, le deuxième quark change de couleur de sorte qu'il compense le changement de couleur infligé au premier quark : ceci maintient la couleur blanche du hadron composé de ces quarks. La symétrie de jauge de la QCD est donc bien locale. Les couleurs des quarks peuvent varier d'un point à un autre, tous les hadrons restent de couleur neutre grâce à la continuelle compensation transmise par les champs de gluons.

GUT, la troisième unification

Avec la chromodynamique quantique et la théorie électrofaible, toutes deux basées sur les principes de la symétrie de jauge locale, le problème suivant était de savoir si ces deux théories pourraient être unifiées. Serait-il possible de construire une théorie mettant sur un pied d'égalité les quarks et les leptons ? En 1973, Sheldon Glashow et Howard Georgi de l'Université de Harvard proposèrent une telle théorie. Dans leur *théorie de grande unification* — ou théorie grand unifiée parfois notée GUT (*Grand unified theory*) — l'interaction électrofaible et l'interaction forte sont deux aspects d'une seule et même force. Une brisure de symétrie la scinde en deux forces appartenant à des champs différents à basse énergie.

Comme dans les cas précédents, la symétrie de jauge locale nécessaire à la théorie de grande unification, est compensée par l'introduction de nouveaux champs. Dans la GUT de Glashow et Georgi, la première et la plus simple des théories de ce genre, vingt-quatre champs compensateurs sont nécessaires. Douze des particules médiatrices correspondantes peuvent être identifiées aux particules quantiques déjà connues dans le cadre de la théorie électrofaible et de l'interaction forte : le photon, les deux W, le Z° et les huit gluons de la chromodynamique. Les douze particules restantes sont nouvelles. On les appelle particules X. Ces particules, capables de changer des leptons en quarks, portent des charges de couleur et des charges électriques de 1/3 ou 4/3 (fois la charge fondamentale). Le processus de brisure spontanée de symétrie convertit en masse un peu de l'énergie des douze particules X restantes. Cette masse, de l'ordre de 10^{15} GeV/c^2, est environ 10^{15} fois plus élevée que celle du proton (environ un nanogramme = 10^{-9} gramme), ce qui est énorme pour une particule élémentaire.

La transformation de quarks en leptons et vice versa n'a pas lieu aux énergies atteignables par les accélérateurs de particules actuels, ni même par ceux qui sont encore en projet. On ne pourrait l'observer qu'à partir d'énergies monstrueuses, de l'ordre de 10^{15} GeV et on n'envisage pas de construire des accélérateurs ayant de telles capacités. De toute façon, cela ne permettrait pas d'assister à cet étonnant phénomène. En effet, le principe d'incertitude de Heisenberg affirme que l'énergie cinétique (proportionnelle au carré de la vitesse) de la particule est reliée à la précision de sa localisation dans l'espace. Pour des énergies de l'ordre de 10^{15} GeV, cette distance est de l'ordre de 10^{-29} cm. C'est la distance traversée par une particule X lorsqu'elle transmet une interaction. Si on observe des quarks et des leptons avec une telle résolution, ils deviennent indiscernables : un électron n'est plus un électron, mais une entité fondamentale à la fois quark et lepton.

Supersymétrie et supercordes

Les théories dites grand unifiées, réunissent les interactions : électromagnétique, faible et forte en un seul formalisme. Ces théories, dont il existe plusieurs versions, n'ont pas encore passé de tests expérimentaux majeurs.

Cependant, la plupart des physiciens s'accordent à reconnaître que les idées générales et les techniques communes à ces théories sont probablement correctes et que seule la mise en œuvre des symétries pour achever l'unification reste sujette à débat.

Qu'en est-il de la gravité ? Avant que les deux forces nucléaires ne soient connues, Einstein entama une quête qui devait durer toute sa vie et ne jamais aboutir : l'unification de l'électromagnétisme avec la gravitation. Comme nous l'avons vu, les étapes de l'unification des forces fondamentales ont été différentes et la gravitation n'a été considérée qu'à la fin. La théorie de la relativité générale d'Einstein, qui est une théorie de la gravitation est une théorie de jauge locale. Ce n'est pas, cependant, une théorie quantique du champ, et c'est là que réside le principal obstacle à son unification avec les autres forces.

Les physiciens ne sont cependant pas restés inactifs. Au cours des quinze dernières années, ils ont fait quelques progrès dans leurs tentatives de rapprocher la gravitation des autres forces. L'une des approches les plus fructueuses a consisté à trouver une nouvelle symétrie de jauge reliant les quarks et les leptons aux particules médiatrices des interactions. Cette *supersymétrie* met sur un pied d'égalité toutes les particules quantiques, en y incluant la particule médiatrice de la gravité, le *graviton*. Elles sont alors les composantes d'un seul superchamp maître. La particule de jauge responsable de la supersymétrie est appelée le gravitino et elle est dotée d'un spin 3/2. La théorie correspondante est connue sous le nom de supergravité, une théorie qui contient et étend la théorie d'Einstein de la gravitation.

L'une des étapes cruciales de cette histoire a été franchie quand les physiciens ont découvert que la structure mathématique des théories de la supergravité se simplifie grandement si on attribue à l'espace-temps un nombre de dimensions plus élevé que les quatre dimensions usuelles. La théorie de la supergravité la plus en vogue chez les théoriciens a été construite avec un espace-temps à onze dimensions : dix dimensions d'espace et une dimension de temps. Seules quatre des onze dimensions de l'espace-temps sont observables, les sept dimensions supplémentaires étant d'une taille extrêmement petite.

L'idée de considérer de recourir à des dimensions supplémentaires pour arriver à l'unification n'est pas neuve. En 1919, le mathématicien allemand Théodore Kaluza généralisa les équations du champ gravitationnel d'Einstein à un espace-temps à cinq dimensions. Dans cette représentation, la cinquième dimension conduisit à un ensemble d'équations qui s'avérèrent être les équations de Maxwell de l'électromagnétisme. L'électromagnétisme, dans le cadre de la théorie de Kaluza, n'est rien de plus qu'une forme de gravité, c'est-à-dire une distorsion de l'espace le long de la dimension supplémentaire invisible. En 1926, le physicien suédois Oskar Klein améliora et étendit la théorie de Kaluza. Il calcula que le rayon de la cinquième dimension supplémentaire était d'environ 10^{-30} cm. On peut se représenter l'existence d'une cinquième dimension inobservable en considérant, par exemple, un pipeline comme celui qui traverse l'Alaska et qui n'est pas enterré à cause du froid. Quand on le voit de loin, le pipeline apparaît comme une ligne sinueuse, c'est-à-dire comme un espace à une seule dimension. Au contraire, si on s'en rapproche, ses deux autres dimensions deviennent apparentes et ce qui nous semblait n'être qu'un point sur une ligne est en fait un petit cercle (figure 25.8). À l'époque, les idées de Kaluza et de Klein semblaient révolutionnaires, mais elles se sont révélées extrêmement restrictives et personne n'arriva à les appliquer à des forces autres qu'électromagnétiques.

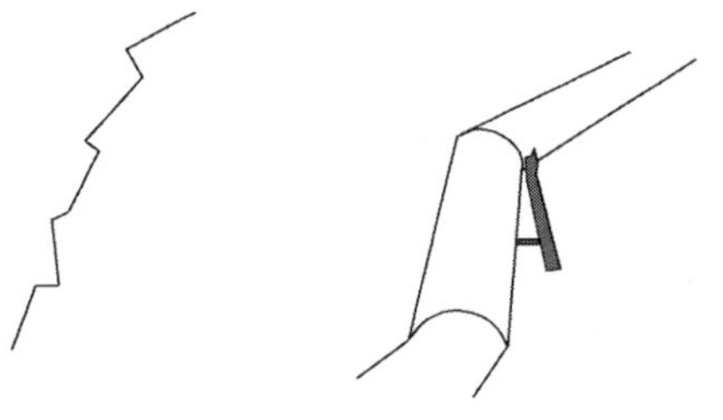

Figure 25.8 **(a)** Un pipeline vu de fort loin a l'aspect d'une ligne brisée sinueuse. **(b)** Quand on le voit de plus près, ses dimensions réelles deviennent apparentes.

La théorie de Kaluza-Klein était presque oubliée quand Gabriele Veneziano, du CERN, proposa un modèle mathématique pour expliquer l'existence de hadrons à très courte durée de vie que l'on venait d'observer dans les accélérateurs du CERN et dans d'autres laboratoires de hautes énergies. Un travail approfondi sur ce nouveau modèle mathématique conduisit Veneziano et d'autres physiciens a la conclusion qu'il décrivait le mouvement quantifié de cordes de dimensions subatomiques. Entre la fin des années 1970 et le début des années 1980, Michael Green, du Queen Mary College de Londres, et John Schwartz, de l'Institut de technologie de Californie, firent progresser l'idée de Veneziano et résolurent quelques-unes des contradictions mathématiques qui y subsistaient. La version actuelle de cette théorie est issue des travaux de Green et de Schwartz qui montrèrent, en 1984, que la théorie des supercordes — comme on l'appelle aujourd'hui — possède assez de symétries pour balayer toutes les contradictions.

Selon la théorie des supercordes, toutes les particules élémentaires sont représentées par des cordes de dimensions inférieures à 10^{-33} cm, quelque 10^{30} fois plus petites qu'un proton. Ces cordes vibrent comme celles d'une guitare et chaque mode de vibration correspond à une particule. La fréquence de vibration d'une corde détermine l'énergie et donc la masse de la particule. Il existe des cordes ouvertes et des cordes fermées. Les cordes ouvertes possèdent des extrémités. Des quantités comme la charge électrique ou la charge de couleur sont attachées aux extrémités des cordes ouvertes. Elles sont susceptibles d'interagir avec d'autres cordes ouvertes en unissant leurs extrémités pour former une corde d'une autre configuration (figure 25.9). Les cordes ouvertes sont également susceptibles de se diviser en deux. Une corde ouverte donne une corde fermée en connectant ses deux extrémités.

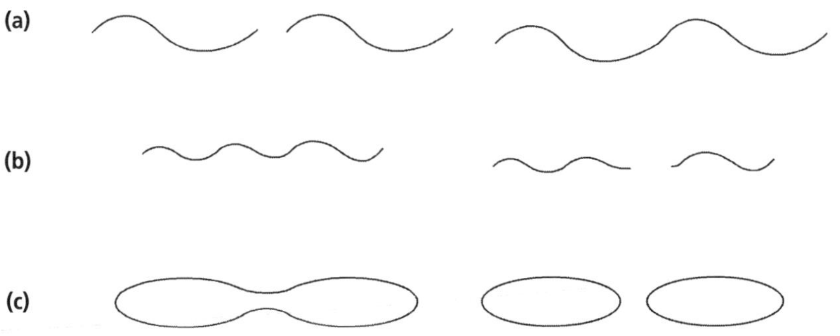

Figure 25.9 (a) Deux cordes ouvertes peuvent se combiner pour en former une troisième. **(b)** Une corde ouverte peut aussi se diviser en deux nouvelles cordes. **(c)** Des cordes fermées peuvent aussi se combiner et se diviser.

La théorie des supercordes, construite dans un espace à dix dimensions, inclut la gravité aux côtés des trois autres forces. Selon cette théorie, les lois de la physique sont des approximations d'une théorie beaucoup plus riche qui agit à une échelle d'une petitesse inimaginable. Ces dernières années, une nouvelle théorie, appelée théorie M, est apparue. Elle est fondée sur l'hypothèse que les supercordes sont en fait la projection sur un espace à dix dimensions de membranes appelées *p-branes,* ou branes, vibrant dans un espace à onze dimensions. Ces membranes seraient les constituants fondamentaux de la matière. Une intense activité scientifique est déployée dans ce domaine et la théorie promet d'unifier toutes les lois de la physique sans rencontrer les écueils mathématiques propres aux autres théories, mais il n'existe encore que très peu de prédictions expérimentales qui permettraient de tester sa validité. Elle indique peut-être la direction que prendra la physique du futur.

L'origine de l'Univers

Les développements récents de notre compréhension de la matière ont permis de percer quelque peu le secret de l'origine de l'Univers. Comme nous l'avons dit au chapitre 11, dans les tout premiers instants de l'Univers, son contenu était très dense et très chaud. Dans notre Univers actuel considérablement refroidi, nous observons quatre interactions différentes : l'interaction électromagnétique, l'interaction faible, l'interaction forte et l'interaction gravitationnelle.

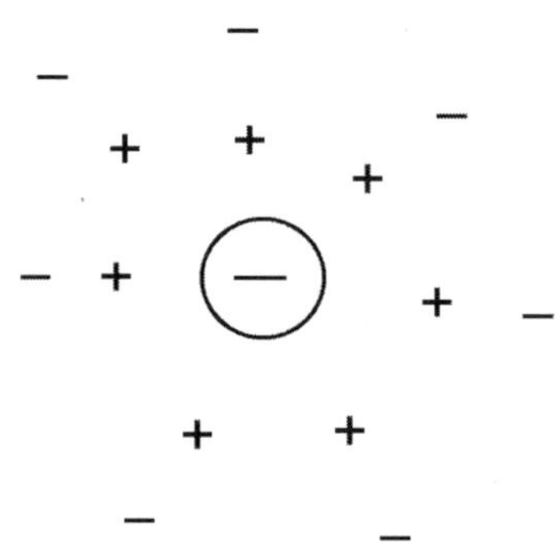

Figure 25.10 Nuage de paires virtuelles électron-positron entourant un électron.

L'intensité de la force électromagnétique est déterminée par l'électron. La force qui s'exerce entre deux électrons dépend, néanmoins, de la vitesse à laquelle ils se déplacent. Chaque électron est entouré par une mer de paires virtuelles électron-positon qui doivent leur existence au principe d'incertitude de Heisenberg (figure 25.10). Ces particules surgissent du néant et disparaissent presque immédiatement après. Il suffit qu'ils se recombinent et s'annihilent à temps pour satisfaire le principe d'incertitude. Comme nous l'avons vu au chapitre 22, le principe d'incertitude de Heisenberg dit que :

$$\Delta E \Delta t \geq \frac{h}{2\pi}$$

La relation d'incertitude signifie que, durant l'intervalle Δt, une paire électron-positon d'énergie totale ΔE peut être créée à partir de rien. Si la paire se recombine et s'annihile avant que ne se soit écoulé le temps Δt, aucune expérience ne pourra jamais détecter cette violation momentanée de la conservation de l'énergie.

Les paires électron-positon qui entourent un électron à un instant donné s'orientent de façon à ce que les positons virtuels soient dirigés vers l'électron.

Ces particules apparaissent et disparaissent de façon quasi continue, ce qui crée un nuage de paires virtuelles autour de l'électron. Ce nuage constitue un écran entre l'électron et les autres électrons susceptibles de passer dans son voisinage, ce qui réduit l'intensité de l'interaction entre les électrons. Si un électron passe assez loin d'un électron ainsi « écranté », les charges virtuelles positives et négatives qui entourent ce dernier se compensent et l'interaction est l'interaction coulombienne ordinaire que nous avons vue au chapitre 12. Cependant, si le second électron s'approche du premier avec une énergie suffisante, il pénètre à l'intérieur du nuage de particules virtuelles en laissant certains des électrons virtuels derrière lui. Cet électron est lui aussi entouré d'un écran de positrons virtuels, ce qui réduit l'effet de la répulsion électrostatique avec le premier. Si l'énergie de l'électron incident est suffisamment élevée, il peut pénétrer assez profondément dans le nuage de positrons et franchir le nuage des positons virtuels. Il se trouve alors face à l'électron *nu* et il est soumis à l'intégralité de la force de répulsion électrique. La force électrique paraît donc plus forte pour les électrons de haute énergie, c'est-à-dire à haute température.

Les quarks sont aussi entourés d'un nuage de paires virtuelles quark-antiquark avec une charge de couleur polarisée d'une façon analogue à la charge électrique des électrons. Il y a donc un écrantage de la charge de couleur dû à cet effet. La situation est plus compliquée, cependant, parce que les gluons, médiateurs de la charge de couleur, sont aussi porteurs d'une charge de couleur. Il existe aussi un second nuage de gluons colorés entourant le quark porteur d'une charge de couleur du *même* type (figure 25.11).

Si, par exemple, le quark originel porte une charge de couleur rouge, le nuage de paires virtuelles quark-antiquark portera des charges de couleur rouge et de couleur cyan (l'anticouleur du rouge), disposées de sorte que le cyan soit plus proche du quark rouge. Le second nuage de gluons virtuels porte une charge de couleur rouge et ceci produit un effet d'*antiécran* opposé à l'effet d'écran de la paire quark-antiquark. Ceci *affaiblit* la force d'interaction entre les quarks. Ces deux phénomènes sont antagonistes : d'une part l'écrantage des gluons virtuels qui a le même effet que celui des paires virtuelles électron-positron pour les électrons en interaction, de l'autre l'effet d'antiécran des gluons. Quand un quark de haute énergie approche d'un autre quark et traverse la zone d'écran, l'antiécran dû aux gluons rend l'interaction plus faible. C'est exactement le contraire de ce qui se passe avec les électrons. On a appelé cette propriété des quarks la *liberté asymptotique*, un terme imagé qui signifie que si l'énergie tend vers l'infini, l'interaction devient de plus en plus faible jusqu'à finalement disparaître. Les quarks ne seraient plus soumis à aucune force et se comporteraient comme des particules libres.

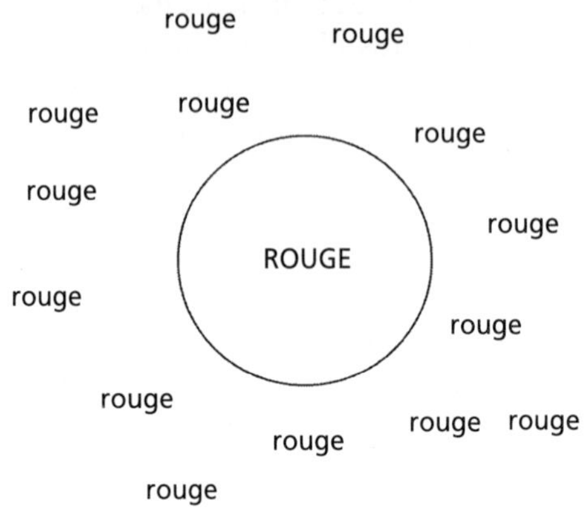

Figure 25.11 Un quark est entouré par un nuage de paires virtuelles quark-antiquark et par un nuage extérieur de gluons virtuels qui porte le même type de charge de couleur que le quark central. Ces deux nuages produisent des effets antagonistes et le résultat final est un nuage dont la charge de couleur totale est du même type que celle du quark central.

L'interaction faible est aussi transportée par des particules massives, le W^+, le W^- et le $Z°$. Un effet analogue se produit dans leur cas également : l'interaction faible devient moins intense quand l'énergie des particules augmente.

Notre Univers refroidit depuis ses origines. Désormais, les symétries sont brisées et les quatre interactions ont des intensités différentes. L'interaction forte et l'interaction faible sont plus intenses que l'interaction électromagnétique et que l'interaction de gravitation (cette dernière étant la plus faible de toutes). Cependant, comme on vient de le voir, à de très hautes énergies l'interaction électromagnétique devient plus intense alors que les interactions faible et forte diminuent. À une certaine valeur très élevée de l'énergie, ces trois interactions ont des d'intensités comparables (figure 25.12). Les calculs théoriques estiment cette énergie aux environs de 10^{15} GeV. Ces énormes énergies n'ont pu exister qu'un bref instant après le début de l'Univers. Dans les laboratoires on a atteint tout au plus 1 000 GeV.

À ces très hautes énergies, toutes les forces de la nature sauf la gravitation étaient donc unifiées. Pendant quelques très minimes fractions de seconde, il n'existait dans l'Univers que cette force unifiée et la gravitation. À des énergies encore plus élevées, quand l'Univers était âgé de moins de 10^{-43} seconde, la gravité était elle aussi unifiée aux autres forces et il n'existait qu'une seule et unique *superforce.*

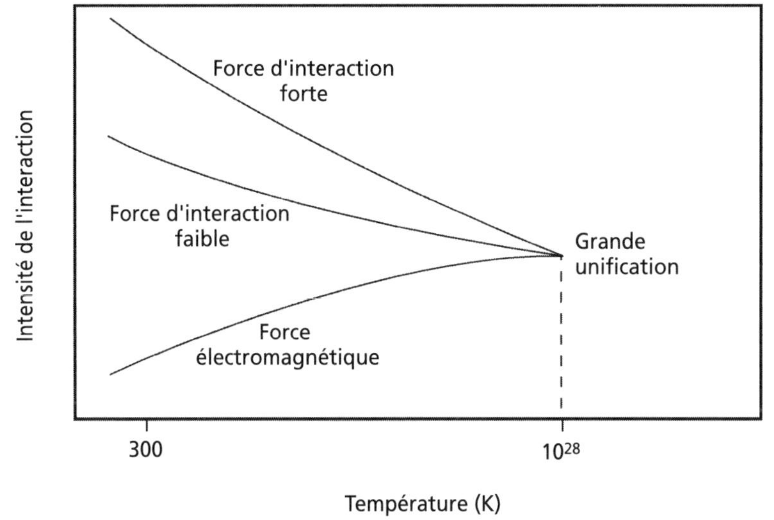

Figure 25.12 Évolution des forces de la nature. En raison de la brisure de symétrie, les forces ont des intensités très différentes. Dans le passé, quand l'Univers était extrêmement chaud et dense, les forces : électromagnétique, faible et forte n'en faisait qu'une.

Les premiers moments de l'Univers

Ainsi, selon la physique moderne, l'Univers fut d'une grande simplicité à son origine et pendant encore 10^{-43} seconde. C'est un intervalle de temps incroyablement court, que nous ne pouvons d'ailleurs pas appréhender. Les physiciens progressent à grand pas vers une compréhension plus profonde de cette minuscule période de l'histoire cosmique. La principale difficulté réside dans le fait que, durant ce temps extrêmement court, l'Univers était un objet microscopique soumis aux lois de la mécanique quantique. Cela signifie que la théorie de la gravitation doit être combinée avec la mécanique quantique avant qu'on puisse arriver à une parfaite compréhension des phénomènes qui se déroulèrent à ce moment-là. Malheureusement, jusqu'à présent, nous ne disposons toujours pas d'une théorie quantique de la gravitation.

Après 10^{-43} seconde, la symétrie totale de la superforce fut brisée et la gravitation s'est séparée des autres interactions encore réunies dans la force GUT. Cette période de la vie de l'Univers est connue sous le nom de l'*ère de grande unification*. L'événement suivant se produisit 10^{-35} seconde après le big-bang, lorsque l'interaction forte de couleur se sépara à son tour et que la symétrie de grande unification fut brisée en dessous d'une énergie de 10^{15} GeV.

Au cours de l'ère suivante n'existent que trois forces : la gravitation, l'interaction forte de couleur et l'interaction électromagnétique. Après 10^{-12} seconde d'histoire cosmique, la température a encore diminué et l'énergie des particules est tombée en dessous 1 000 GeV. De telles conditions peuvent être reproduites en laboratoire. À partir de ce moment, les quatre forces qui nous sont familières sont bien différenciées et commencent à régir tous les événements ultérieurs dans l'Univers. Ce processus de brisure de symétrie est illustré sur la figure 25.13.

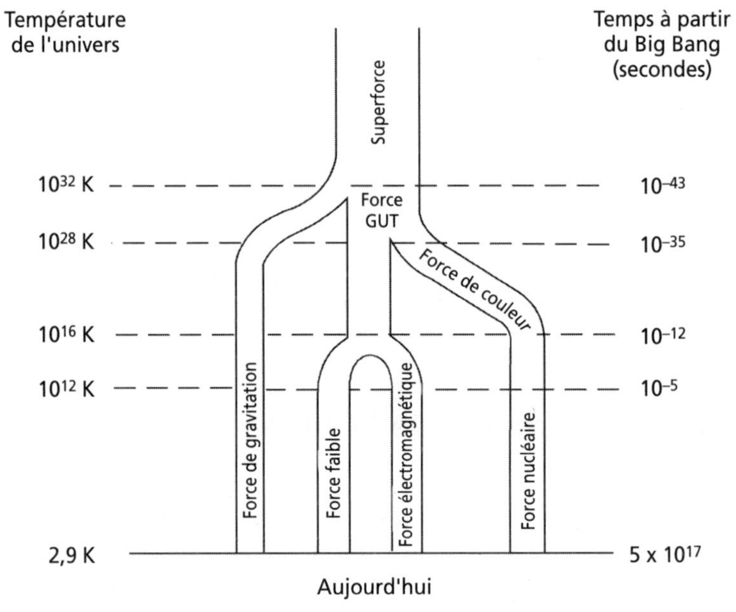

Figure 25.13 L'Univers a évolué par un processus de brisure de symétrie d'un état de totale symétrie vers un état où les quatre forces connues sont désormais séparées.

Environ 10^{-5} seconde (un centième de milliseconde) après le big-bang, les quarks furent confinés en protons et en neutrons. Une seconde après le Big Bang, il y avait huit protons pour chaque neutron, rapport que l'on observe encore dans l'Univers contemporain. Une minute après le début de l'Univers la température était descendue suffisamment — toujours en raison de l'expansion — pour que les noyaux commencent à se former sans se décomposer à nouveau. Ce processus dura encore durant quelque sept minutes supplémentaires. Durant cette période, l'Univers se comportera comme un gigantesque réacteur à fusion produisant de l'hélium à partir de la fusion des noyaux d'hydrogène. Les calculs théoriques montrent qu'à la fin de cette période les atomes d'hydrogène étaient trois fois plus nombreux que les atomes d'hélium, exactement le rapport que l'on observe actuellement. Pendant des centaines de milliers d'années, plus rien d'intéressant ne s'est produit jusqu'à

Aux confins de la physique : le fond diffus cosmologique de rayonnement micro-onde

En avril 1992, des scientifiques présentèrent à Washington des résultats qui furent qualifiés par Stephen Hawking de « découverte du siècle, si ce n'est de tous les temps. » Ces physiciens avaient réalisé des mesures extrêmement précises à l'aide d'un satellite de la NASA nommé COBE (acronyme de l'anglais *Cosmic Background Explorer*, ou Sonde du fond diffus cosmologique). Cette sonde leur avait permis de détecter ce qu'on pense être des signaux venant des débuts de l'Univers.

Des instruments à bord de COBE avaient mesuré de petites fluctuations dans le rayonnement micro-onde émis par tous les points du ciel. On pensait que ces fluctuations représentaient des ondes gravitationnelles qui auraient pu être à l'origine de la formation des galaxies. Après son lancement à la fin 1989, les instruments de COBE avaient mesuré le spectre du rayonnement hyperfréquence du fond du ciel. Ce spectre correspondait parfaitement au rayonnement d'un corps noir à 2,73 K, en accord avec la théorie standard du Big Bang. Cependant, une courbe de rayonnement parfaitement uniforme n'aurait pas été compatible avec l'existence de concentrations de matière susceptibles de s'être formées lors des premiers stades de l'Univers. Or de tels « grumeaux » cosmiques auraient pu expliquer la formation ultérieure des galaxies et des amas de galaxies que l'on observe aujourd'hui.

Les plus récentes mesures de COBE ont montré de minuscules variations de 30 millionièmes de kelvin autour de la température de 2,73 K du fond du ciel. Comme l'a dit Joseph Silk, cosmologiste à l'Université de Berkeley, « c'est le chaînon manquant ». Les très petites fluctuations détectées ne semblent cependant pas suffisantes pour rendre compte de la rapidité (à l'échelle cosmique) avec laquelle les galaxies se sont formées. Les scientifiques sont très heureux d'avoir finalement détecté les fluctuations tant attendues, mais ils travaillent encore pour trouver l'ensemble des mécanismes qui facilitèrent la formation des structures qui peuplent le cosmos.

ce que l'Univers refroidisse assez pour entrer dans une nouvelle ère : l'âge de l'atome. Or, les atomes sont électriquement neutres. Comme les photons n'interagissent qu'avec les particules chargées, ils commencent à se libérer de la matière. Trois cent mille ans après sa naissance, l'Univers devient transparent à la lumière. Les photons commencent alors une existence indépendante et continuent à se refroidir à mesure que l'Univers s'étend. On observe aujourd'hui ces photons sous la forme d'un rayonnement qui emplit tout le cosmos et dont la température est voisine de 2,7 K.

Après le découplage des photons et de la matière, l'Univers entra dans la phase actuelle de son histoire. Après un milliard d'années, les grumeaux de matière et de gaz commencèrent à s'effondrer sur eux mêmes et à se réunir pour former des galaxies et des étoiles. La plupart de ces étoiles de première génération ne vivront pas très longtemps et finiront leur existence en de gigantesques explosions appelées supernovæ (figure 11.6). Ces explosions ensemencèrent l'Univers d'atomes nouveaux : du carbone, de l'oxygène, du silicium et du fer. De nouvelles étoiles se formèrent ensuite à partir de la matière dispersée dans les galaxies par les supernovae. Des millions d'années plus tard, la nébuleuse dont sont issus le Soleil et notre planète, la Terre, contient des résidus de ces premières supernovæ.

Glossaire

Accélération : Variation de la vitesse par unité de temps. L'unité SI d'accélération est le m/s^2.

Accélération centripète : Terme surtout utilisé pour l'accélération d'un objet se déplaçant à vitesse constante v sur un cercle de rayon r. Elle est dirigée vers le centre du cercle et vaut alors v^2/r...

Amplitude d'une oscillation : L'amplitude d'une oscillation est le déplacement maximum du milieu, siège de l'oscillation, à partir de sa positon d'équilibre.

Angle critique : Angle à partir duquel la lumière allant d'un milieu de fort indice de réfraction à un milieu de faible indice ne ressort plus du milieu de fort indice.

Année-lumière : Distance parcourue par la lumière en un an. Elle vaut environ $9,5 \times 10^{12}$ km.

Annihilation de paires : Quand une particule rencontre son antiparticule, elles s'annihilent et disparaissent en émettant des photons. Voir production de paires.

Antimatière : Les particules d'antimatière, appelées antiparticules, sont identiques aux particules ordinaires mais de charges électriques, étrangetés, nombres baryoniques et leptoniques opposés.

Archimède (principe d') : Tout corps plongé totalement plongé dans des fluides est soumis de la part de ceux-ci à une force dirigée vers le haut et égale au poids des fluides déplacés.

Atomique (Numéro) : Nombre total de protons dans un noyau.

Atomique (unité de masse) : Unité de masse utilisée en physique atomique ; 1 uma = $1,660\,540\,2 \times 10^{-27}$ kg.

Baryon : Particule subatomique composée de trois quarks liés par la force de couleur.

Calorie : Quantité de chaleur nécessaire pour augmenter de 1 °C la température de 1 gramme d'eau liquide. Elle vaut 4,186 J.

Capacité calorifique : Quantité de chaleur nécessaire pour élever la température d'une masse unité d'une substance de 1 kelvin. L'unité SI est le joule par kilogramme et par kelvin (J/kgK).

Chaleur : Transfert d'énergie qui se produit spontanément d'un objet chaud à un objet froid.

Chaleur de fusion : Voir Chaleur latente.

Chaleur de vaporisation : Voir Chaleur latente.

Chaleur latente : Quantité de chaleur absorbée par un kilogramme d'une substance durant une transition de phase. Si la transition est du solide au liquide, on l'appelle chaleur latente de fusion Lf. Si la transition est d'une phase liquide à la phase gazeuse d'une substance, on l'appelle chaleur latente de vaporisation.

Champ : Concept utilisé pour spécifier une quantité dans une région de l'espace. Le champ électrique décrit la propriété de l'espace autour d'une charge électrique.

Champ de Higgs : Voir Mécanisme de Higgs. Un champ quantique aux très spéciales propriétés qui lui permettent de donner de la masse à des particules élémentaires interagissant avec lui.

Champ électrique : Propriété de l'espace entourant une charge électrique. C'est la force électrostatique par unité de charge. Le champ E est relié à la force à laquelle est soumise une charge test q par $E = F/q$. L'unité SI est le volt par mètre (V/m).

Champ magnétique : Des particules chargées en mouvement créent une modification des propriétés de l'espace qui est le champ magnétique. Dans le cas des aimants permanents, des mouvements de particules chargées intérieures à l'aimant créent le champ magnétique

Charge de couleur : Mesure de l'intensité de l'interaction forte.

Charge électrique : Propriété des particules subatomiques responsable des phénomènes électriques et magnétiques.

Charge fondamentale : La charge d'un électron ou d'un proton, $e = 1{,}6 \times 10^{-19}$ C. La charge électrique de tout objet est toujours un multiple de la charge fondamentale.

Chromodynamique quantique : Théorie (QCD) expliquant les interactions de couleur entre quarks. Elle est construite selon le modèle de l'électrodynamique quantique ou QED.

Collision élastique : Collision dans laquelle l'énergie cinétique est conservée.

Collision inélastique : Collision dans laquelle l'énergie cinétique n'est pas conservée. La quantité de mouvement l'est toujours.

Condensateur : Appareil pouvant stocker l'énergie électrique sous forme de charges. Il est formé de deux conducteurs séparés par un isolant.

Contraction des longueurs : Un observateur en mouvement relatif par rapport à un objet qui mesure sa longueur dans la direction du mouvement trouvera une valeur inférieure à celle que mesurerait un observateur au repos dans le repère de l'objet.

Corps composé : Si des atomes gardent leur identité en étant liés les uns aux autres par l'attraction mutuelle de leurs ions (liaison ionique), on dit qu'ils forment un corps composé ou un composé.

Corps noir : Un objet qui absorbe tout le rayonnement électromagnétique incident et qui, à l'équilibre, le réémet totalement.

coulomb : Unité SI de charge électrique. Un coulomb est la charge de $6{,}25 \times 10^{18}$ électrons ou d'un nombre égal de protons.

Courant électrique : Charge par unité de temps traversant un circuit. Si, durant un temps t, une quantité q de charge passe en un point particulier d'un circuit, le courant électrique est $i = q/t$. L'unité de courant est l'ampère (A). C'est une unité fondamentale SI.

Cristal : Les forces liant les atomes d'un solide sont assez fortes pour maintenir sa forme. Les atomes se disposent généralement en motifs périodiques : on dit alors que le solide est un cristal. Les solides qui ne présentent pas d'ordre cristallin sont dits amorphes.

décibel : Unité de mesure d'un niveau sonore relatif.

Demi temps de vie : Temps nécessaire pour que la moitié des noyaux d'un échantillon de corps radioactif soit désintégrée.

Déplacement gravitationnel vers le rouge : Einstein a montré que, d'après la relativité générale, la lumière émise par un astre soumis à un fort champ gravitationnel dû à d'autres corps célestes subit un décalage spectral vers le rouge, c'est-à-dire vers des longueurs d'onde plus élevées.

Désintégration alpha : Si un noyau contient de trop nombreux protons, il est instable et émet une particule alpha, qui est un noyau d'hélium.

Désintégration bêta : Si un noyau contient trop de neutrons, il est instable et se désintègre en émettant une particule bêta, c'est-à-dire un électron.

Désintégration gamma : Un noyau encore dans un état excité après une désintégration alpha ou bêta se désintégrera vers son état de base en émettant un ou plusieurs photons gamma (Voir Rayons gamma).

Désintégration radioactive : Voir Radioactivité.

Différence de potentiel électrique : Voir Tension.

Diffraction : Dispersion dans toutes les directions des ondes au passage d'une ouverture étroite.

Dilatation du temps : L'intervalle de temps entre deux événements mesuré dans le référentiel où ils ont lieu au même endroit est toujours plus court que l'intervalle correspondant mesuré dans un repère en mouvement par rapport au précédent.

Dilatation thermique : Variation de longueur, de surface ou de volume consécutive à une augmentation de température.

Diode : Un composant qui agit comme un interrupteur unidirectionnel dans un circuit : il permet le passage du courant dans un seul sens.

Effet Doppler : Changement de fréquence perçu par un auditeur en mouvement relatif par rapport à une source sonore. On observe un effet similaire pour une onde électromagnétique.

Effet photo-électrique : Émission d'électrons par une substance quand elle est éclairée par une lumière d'une certaine fréquence.

Électron : Particule fondamentale, un des principaux constituants de la matière. L'électron a une charge négative de $1{,}602 \times 10^{-19}$ C et une masse de $9{,}109\,4 \times 10^{-31}$ kg ou $5{,}486 \times 10^{-4}$ uma.

électron-volt (eV) : Unité d'énergie utilisée à l'échelle atomique. 1 eV = $1{,}602 \times 10^{-19}$ J.

Énergie de liaison : L'énergie totale du noyau est inférieure à la somme des énergies des nucléons qui le composent. Cette différence d'énergie est l'énergie de liaison.

Énergie : Capacité de fournir du travail.

Énergie cinétique : Énergie que possède un corps du fait de son mouvement. Elle est égale à la moitié du produit de sa masse par le carré de sa vitesse (v). EC = 1/2 mv^2.

Énergie interne : L'énergie interne, U, d'un système est la somme, dans le référentiel où il est au repos, de toutes les formes d'énergie présentes, énergie thermique et énergie potentielle. L'énergie thermique est la somme de toutes les énergies cinétiques des atomes et molécules d'une substance.

Énergie potentielle : Énergie possédée par un système de corps en interaction du fait de la position relative des différents éléments.

Énergie potentielle de gravitation : Énergie que possède un corps écarté de la surface de la terre. Pour un objet de masse m situé à une altitude h négligeable devant le rayon de la terre, on a $EP_{grav} = mgh$.

Énergie potentielle élastique : Dans un ressort de raideur k, d'élongation x, l'énergie potentielle élastique vaut : $(kx^2)/2$.

Entropie : Caractérise l'état de désordre d'un système. L'entropie d'un système isolé ne peut que croître.

Équations de Maxwell : Quatre équations par lesquelles James Clerk Maxwell décrivit la relation entre électricité et magnétisme et prédit l'existence d'ondes électromagnétiques capables de se propager.

Espace-temps : Espace à quatre dimensions formé des trois coordonnées d'espace et d'une coordonnée de temps.

État métastable : État d'énergie excité d'un atome ou d'un système dont le temps de vie est très grand devant celui des états excités normaux.

f/D : Quotient de la distance focale d'une lentille ou d'un objectif par le diamètre de son ouverture.

Fission nucléaire : Événement se produisant quand un noyau lourd se sépare en deux noyaux plus petits (appelés produits de fission).

Fluides : Substances dans lesquelles les forces de liaison sont plus faibles que dans les solides, de sorte que les atomes ou les molécules n'occupent pas de positions fixes et se déplacent au hasard. Les liquides et les gaz sont des fluides.

Force de gravitation : Voir Loi de la gravitation universelle.

Force électrofaible : Interaction résultant de l'unification de la force électromagnétique et de l'interaction nucléaire faible. Les triplets de bosons massifs W^+, W^- et Z, assurent avec les photons, particules sans masse, la médiation de cette interaction.

Force électrostatique : Force s'exerçant entre deux objets chargés électriquement. Voir Loi de Coulomb.

Forces fondamentales : Il y a quatre forces fondamentales dans la nature : la force de gravitation, la force électromagnétique, la force d'interaction forte et la force d'interaction faible.

Foyer : Point où convergent tous les rayons venant de l'infini parallèles à l' axe optique collectés par une lentille ou un miroir à surface courbe.

Fréquence : Nombre d'oscillations par unité de temps. L'unité de fréquence est le hertz (Hz).

Fusion : Voir Fusion nucléaire.

Fusion nucléaire : Elle a lieu quand deux noyaux légers fusionnent pour former un noyau plus lourd.

Gaz parfait : Gaz dans lequel énergies de cohésion entre atomes ou molécules sont négligeables et les collisions élastiques. Les collisions dans un gaz parfait conservent quantité de mouvement et énergie cinétique. A température constante, le produit pression volume est constant, et la constante est la même pour tous les gaz. C'est la loi de Boyle-Mariotte.

Grandissement : Dans un système optique, rapport de la taille de l'image optique à celle de l'objet.

Gravité : Voir Loi de la gravitation universelle.

Hadrons : Particules subatomiques qui participent à l'interaction forte.

hertz : Unité SI de fréquence. Un cycle par seconde.

Hologramme, holographie : Enregistrement de l'image d'un objet en utilisant l'interférence de deux faisceaux de rayonnement cohérents dont l'un a interagi avec l'objet.

Humidité : Mesure de la quantité de vapeur d'eau présente dans l'air. L'humidité absolue est la masse de vapeur d'eau contenue dans un volume d'air unité. L'humidité relative est le rapport entre l'humidité absolue et l'humidité maximale à la même température (atmosphère saturée).

Image : Image optique. Elle se forme là où des rayons lumineux se coupent (image réelle) ou encore là d'où ils semblent provenir (image virtuelle).

Indice de réfraction : Pour un milieu où la lumière se propage, c'est le rapport de la vitesse de la lumière dans le vide à celle dans le milieu considéré.

Inertie : Tendance d'un objet doué de masse à résister à toute modification de son état de mouvement.

Infrasons : Ondes sonores de fréquence inférieure à 20 Hz.

Intensité électrique : L'intensité d'un courant électrique qui transporte une charge q en un temps t vaut q/t.

Interaction faible : Force à courte portée, responsable des processus radioactifs de désintégration bêta, comme la transformation dans un noyau d'un neutron en proton ou d'un proton en un neutron. La force faible contrôle nombre des réactions productrices d'énergie dans le soleil et les étoiles. Elle est cent mille fois plus faible que la force d'interaction forte.

Interaction forte : Force à courte portée responsable de la cohésion du noyau. C'est une force à courte portée, devenant négligeable à des distances supérieures à 10^{-15} m. L'interaction forte agit sur les protons et les neutrons, mais non sur les électrons, les neutrinos ou les photons. Elle est 137 fois plus intense que l'interaction électromagnétique.

Interférence : Phénomène se produisant dans une région de l'espace où les ondes émises par deux ou plusieurs sources se superposent. Les sources doivent être cohérentes. On peut avoir en certains points interférence constructive (les signaux sont renforcés) ou destructive (les signaux sont diminués par rapport à la somme de ceux des ondes incidentes).

Invariance : Si un système reste inchangé après qu'on ait effectué sur lui une certaine opération, on dit que le système est invariant sous cette opération.

Ion : Un atome ou une molécule qui n'est plus électriquement neutre et porte une charge.

Isobare : Se dit d'un processus qui se déroule à pression constante.

Isotope : Une des diverses formes d'un élément ayant toutes le même nombre de protons mais un nombre différent de neutrons.

joule (J) : Unité SI d'énergie ou de travail égale à un newton.mètre (Nm).

Leptons : Particules qui interagissent par l'interaction faible Tous les leptons sont des particules élémentaires, sans structure interne.

Liaison covalente : Type de liaison chimique dû au fait que la présence de deux électrons dans une certaine région est énergétiquement avantageuse. Dans une liaison covalente, les atomes sont liés par des électrons qu'ils partagent.

Liaison ionique : Liaison entre atomes, due à l'attraction électrique entre ions de charges opposées.

Loi d'Ampère : Un courant électrique produit un champ magnétique

Loi d'Ohm : Le courant passant à travers un conducteur est directement proportionnel à la tension V qui existe entre les deux extrémités du conducteur. $V = Ri$, où R est la résistance du conducteur.

Loi de Boyle : Voir Loi des gaz parfaits.

Loi de Charles : Autre nom de la loi de Gay-Lussac.

Loi de Coulomb : La force exercée par un objet chargé sur un autre varie comme l'inverse du carré de leur distance et le produit de leurs charges. La force agit le long de la droite qui joint les charges, elle est attractive si les charges sont de signe contraire, répulsive si les charges sont de même signe.

Loi de Coulomb : Si on note q_1 et q_2 les deux charges et r leur distance, on peut écrire la loi de Coulomb sous la forme $F = k\ (q_1 q_1/r^2)$, avec $k = 9 \times 10^9\ Nm^2/C^2$.

Loi de Gay-Lussac : Voir Loi des gaz parfaits.

Loi de l'induction de Faraday : La tension induite dans un circuit est proportionnelle à la variation par unité de temps du champ magnétique.

Loi de la gravitation : Deux particules de masse M et m, où qu'elles soient dans l'univers, s'attirent avec une force F proportionnelle au produit de leurs masses et à l'inverse du carré de leur distance r. $F = GmM/r^2$, où G, constante universelle de la gravitation, vaut $6{,}672 \times 10^{-11}\ N.m^2.kg^{-2}$ en SI.

Loi de la réfraction : Loi de Snell-Descartes. Le rayon incident, la normale à la surface et le rayon réfracté sont dans un même plan L'angle de réfraction r est tel que si on appelle i l'angle d'incidence $n_1 \sin i = n_2 \sin r$ où n_1 et n_2 sont respectivement les indices de réfraction du milieu du rayon incident et du milieu du rayon réfracté.

Loi des gaz parfaits : PV = constante × T. La constante est la même quel que soit le gaz pour le même nombre de molécules.

Lois de Kepler : Trois lois du mouvement planétaire énoncées par Kepler au début du XVIIe siècle.

1) **Loi des orbites** : Chaque planète décrit une orbite elliptique dont l'un des foyers est le Soleil.

2) **Loi des aires** : le segment allant de la planète au soleil balaie des aires égales en des temps égaux.

3) **Loi des périodes** : les carrés des périodes de différentes planètes sont proportionnels aux cubes de leur distance moyenne au soleil.

Lois de la réflexion : Le rayon incident, la normale à la surface et le rayon réfléchi sont dans un même plan. L'angle de réflexion est égal à l'angle d'incidence.

Lois de Newton : Première loi de Newton : Dans un repère inertiel, tout corps qui n'est soumis à aucune force conserve son état de repos ou de mouvement rectiligne uniforme.

Deuxième loi de Newton : Dans un repère inertiel, l'accélération d'un corps de masse m soumis à une force est telle que cette force est égale au produit par m de l'accélération.

Troisième loi de Newton : Loi de l'action et de la réaction. Les actions mutuelles de deux corps sont toujours d'intensité égale et opposées.

Longueur d'onde : Distance entre deux points pour lesquels, à un instant donné, les valeurs caractérisant une onde périodique sont exactement les mêmes.

Longueur d'onde de de Broglie : Longueur d'onde associée à une particule, égale au quotient de la constante de Planck par la quantité de mouvement de la particule.

Lumière visible : Rayonnement électromagnétique de fréquence comprise entre environ 4×10^{14} Hz et $7{,}5 \times 10^{14}$ Hz, soit de longueur d'onde comprise entre environ $7{,}5 \times 10^{-7}$ m et 4×10^{-7} m (0,75 micromètre et 0,4 micromètre).

Magnétosphère : Volume autour de la Terre où le champ magnétique terrestre garde de l'influence. La magnétosphère « écrante » la Terre du vent solaire.

Masse spécifique : Masse par unité de volume d'une substance.

L'unité SI en est le kilogramme par mètre cube (kg/m^{-3})

Mécanisme de Higgs : Voir Champ de Higgs.Le mécanisme de Higgs est un ensemble de circonstances telles que l'état dans lequel le champ de Higgs a sa plus basse énergie est un état de symétrie brisée.

Ménisque : Surface courbe que prend un liquide dans un récipient au voisinage des parois. Il est dû aux forces cohésives entre les molécules du liquides et aux forces entre celles-ci et les parois du récipient.

Méson : Particule de masse intermédiaire entre celle de l'électron et celle du proton. Les mésons résultent de la combinaison d'un quark et d'un antiquark. Ils subissent l'interaction forte et donc appartiennent à la famille des hadrons.

mètre (m) : Unité SI de longueur.

Micro-ondes : Rayonnement électromagnétique de fréquence comprise entre environ 3×10^8 Hz et 3×10^{11} Hz, donc de longueur d'onde comprise entre 10^{-4} m et 1 m.

Miroir concave : Miroir courbé dont la surface intérieure est réfléchissante.

Miroir convexe : Miroir courbé dont la surface extérieure est réfléchissante.

Molécule : Structure formée par des atomes qui se combinent en partageant certains de leurs électrons.

Moment : Produit d'une force et de la distance du point par rapport auquel on prend le moment à l'axe de la force.

Moment cinétique : Caractérise l'état de rotation d'un objet et le fait que son inertie tend à maintenir sa rotation. Le moment cinétique d'un corps est conservé si le moment résultant des forces extérieures est nul. (Loi de conservation du moment cinétique).

Moment d'inertie : Le moment d'inertie d'un corps est une caractéristique de celui-ci qui mesure sa capacité à résister à un changement de son état de rotation autour d'un axe.

Mouvement uniforme : Mouvement à vitesse constante.

Mouvement uniformément accéléré : Mouvement ayant une accélération constante. Exemples : chute d'un corps près de la surface de la terre sous l'attraction gravitationnelle de celle-ci; mouvement circulaire à vitesse constante.

Muon : Particule fondamentale de masse égale à environ 200 fois celle de l'électron. Un muon est un lepton qui se désintègre en un électron et des neutrinos.

newton (N) : Unité SI de force. Un newton est un kilogramme mètre par seconde carrée ($kg.m/s^2$).

Nombre de masse : Nombre total de protons et neutrons dans un noyau.

Onde : Un phénomène de transmission de signaux dû à une succession d'ébranlements émis par une source. Dans un milieu, il n'y a pas de déplacement du milieu avec l'onde. Les ondes électromagnétiques se propagent même en l'absence de milieu matériel.

Onde électromagnétique : Propagation de champs électrique et magnétique variables dans l'espace.

Ondes radio : Rayonnement électromagnétique dans une région du spectre de fréquences inférieures à 3×10^8 Hz, donc de longueur d'onde supérieure à 1 m.

Ondes stationnaires : Ondes qui ne se propagent pas. Les ondes stationnaires résultent généralement de la superposition d'ondes progressives se propageant en sens inverse.
On peut les observer sur une corde vibrante fixée à ses deux extrémités.

Particule alpha : Voir désintégration alpha. Particule nucléaire stable formée de deux protons et deux neutrons. Elle constitue le noyau de l'hélium.

Particule bêta : Voir désintégration bêta. Un électron émis par le noyau d'un atome provient d'une désintégration bêta.

Particules virtuelles : Particules qui existent seulement dans le bref intervalle de temps que leur alloue le principe d'incertitude de Heisenberg.

Période : Temps nécessaire pour qu'un système périodique se retrouve exactement dans le même état. La période est l'inverse de la fréquence.

Photon : Quantum de lumière. Les photons sont les médiateurs de l'interaction électromagnétique. le photon est un boson de spin 1 et de masse nulle.

Pion : Particule qui est le médiateur de l'interaction forte. Appelé aussi pi méson.

Poids : Force de gravitation qui attire vers le centre de la Terre un objet à sa surface ou peu éloigné de celle-ci.

Polarisation : Orientation du vecteur oscillant d'une onde ou de l'axe de rotation d'un objet en mouvement.

Positron : Antiparticule de l'électron. Particule fondamentale ayant la même masse que l'électron et une charge électrique positive égale à la valeur absolue de celle de l'électron.

Pression : Force par unité de surface. L'unité SI de pression est le pascal (Pa). Un pascal vaut un newton par mètre carré (N/m^2). La pression atmosphérique normale est 101,3 kPa.

Principe d'équivalence : On ne peut distinguer les effets d'un mouvement uniformément accéléré des effets de l'attraction gravitationnelle. Ou encore : masse gravitationnelle et masse inertielle sont équivalentes et aucune expérience ne peut les distinguer.

Principe d'incertitude : Voir principe d'incertitude de Heisenberg.

Principe d'incertitude de Heisenberg : Il n'est pas possible de mesurer simultanément la position et la quantité de mouvement d'une particule.

Principe de la relativité galiléenne : Les lois de la mécanique sont les mêmes dans tous les repères inertiels.

Principe de Pascal : La pression appliquée à un liquide est transmise identique à tous les points du liquide et aux parois.

Principes de la thermodynamique : Principe zéro : Deux systèmes en équilibre thermodynamiques avec un même troisième sont en équilibre thermique entre eux. Premier principe : L'énergie interne d'un système isolé est une constante. Deuxième principe : La chaleur ne peut passer spontanément d'un corps froid à un corps chaud. Ou encore : Tout système isolé ne peut voir diminuer son entropie. Troisième principe : Il est impossible d'atteindre le zéro absolu.

Production de paires : Processus dans lequel des photons de haute énergie créent une paire positron-électron.

Proton : Un des principaux constituants de la matière. Le proton a une charge électrique positive de $1{,}602 \times 10^{-19}$ C et une masse de $1{,}672 \times 10^{-27}$ kg ou 1,007 276 uma.

Puissance : Énergie fournie ou reçue par unité de temps.

Quanta : Paquets d'énergie introduits en 1900 par Max Planck pour expliquer le rayonnement émis par un corps chauffé. Albert Einstein généralisa ce concept et proposa que la lumière se comporte à la fois comme une onde et comme des quanta d'énergie ou photons.

Quantités vectorielles : Quantités décrites par leur module, leur direction et leur sens. Exemples : une vitesse, un champ électrique.

Quarks : Particules fondamentales. Les quarks sont les constituants des hadrons. Il existe six variétés de quarks : *up* et *down*, *strange* et *charm* et enfin *bottom* et *top*. L'interaction forte provient de l'attraction entre quarks.

radian (rad) : Angle au centre d'un cercle, sous-tendu par un arc de longueur égale au rayon du cercle.

Radioactivité : Émission, due à la désintégration de noyaux instables, de plusieurs particules telles que des électrons, des photons, des neutrons, des neutrinos ou des positrons.

Rayon de Schwartzchild : Le rayon auquel doit être réduit celui d'un corps céleste pour que la vitesse de libération étant égale à la vitesse de la lumière, celle-ci ne puisse en sortir (trou noir).

Rayonnement cohérent : Rayonnement électromagnétique dans lequel tous les photons ont même fréquence et sont en phase.

Rayonnement infrarouge : Rayonnement électromagnétique dans une région spectrale de fréquences comprises entre environ 4×10^{14} Hz et 10^{11} Hz, donc de longueurs d'onde comprises entre environ $7{,}5 \times 10^{-7}$ m et 3×10^{-3} m.

Rayonnement ionisant : Rayonnement possédant assez d'énergie pour enlever un électron d'un atome.

Rayonnement Laser : Rayonnement monochromatique, cohérent (voir rayonnement cohérent), obtenu par émission stimulée de photons.

Rayonnement ultraviolet : Rayonnement électromagnétique de fréquence comprise entre environ $7{,}5 \times 10^{14}$ Hz et 3×10^{18} Hz, soit de longueur d'onde comprise entre environ 4×10^{-7} m et 10^{-10} m.

Rayons-X : Rayonnement électromagnétique de fréquence comprise entre environ 3×10^{16} Hz et 10^{21} Hz, soit de longueur d'onde comprise entre environ 10^{-8} m et 3×10^{-13} m.

Rayons gamma : Rayonnement électromagnétique de fréquence plus grande que 3×10^{19} Hz, donc de longueur d'onde plus petite que 10^{-11} m.

Réaction en chaîne : Réaction dont certains de ses produits déclenchent d'autres réactions du même type, permettant ainsi un auto entretien.

Réflexion totale : Réflexion qui se produit quand un faisceau de lumière incident d'un milieu d'indice de réfraction donné à un milieu d'indice plus faible a un angle d'incidence supérieur à un angle critique dépendant du rapport des indices des milieux.

Rendement : Rapport du travail fourni par une machine à l'énergie totale consommée.

Repère inertiel : Repère dans lequel s'applique le principe de relativité de Galilée ou principe d'inertie. Tous les repères inertiels ont entre eux des vitesses relatives constantes.

Résistance : Rapport constant existant dans un conducteur entre la tension appliquée à celui-ci et le courant y circulant. L'unité SI de résistance est l'Ohm, (Omega).

Semi-conducteur : Matériau dont la conductivité électrique est intermédiaire entre les isolants et les conducteurs. L'addition de très petites quantités d'impuretés à sa structure cristalline modifie la conductivité d'un semi-conducteur.

Solide amorphe : Voir Cristal.

Son : Onde longitudinale de compression mécanique qui se propage dans un milieu. Ses fréquences vont d'une fraction de Hertz à quelques mégahertzs. Les ondes sonores audibles ont des fréquences comprises entre 20 Hz et 20 000 Hz.

Supercordes : Théorie qui ambitionne d'unifier la description de toutes les forces de la nature. Elle représente toutes les particules élémentaires par des cordes, ouvertes on fermées, de dimensions inférieures à 10^{-35} m.

Supergravité : Théorie tentant d'unifier la gravité avec les trois autres forces grâce à une nouvelle et puissante symétrie de jauge qui unit les quarks et les leptons à des particules médiatrices appelées supersymétries. Elle est formulée dans des espaces de dimension > 4.

Symétrie : Si un objet reste inchangé après qu'on ait effectué sur lui une certaine opération, on dit qu'il est symétrique par rapport à cette opération ou qu'il a la symétrie correspondant à cette opération.

Symétrie de jauge : Les théories physiques restant invariantes sous un changement touchant tous les points de l'univers obéissent à une symétrie de jauge globale. Quand les changements différent en chaque point de l'espace, on dit que la théorie obéit à une symétrie de jauge locale.

Température : Mesure de l'énergie cinétique moyenne par molécule d'un corps.

Temps propre : Intervalle de temps mesuré par un observateur dans son référentiel.

Tension : Différence de potentiel; quotient de la variation d'énergie potentielle électrique d'une charge par la valeur de cette charge.

Tension superficielle : Forces intermoléculaires agissant sur les molécules de la surface d'un liquide et tendant à minimiser sa taille. Elles sont aussi responsables de la montée des liquides dans de très fins tubes, qui constitue le phénomène de la capillarité.

Théorème de Nöther : Théorème qui établit une relation entre la symétrie et les lois de la physique. Pour chaque symétrie continue dans les lois de la physique, il existe une loi de conservation correspondante. Par symétrie continue, on entend une symétrie dans laquelle la transformation correspondante peut varier continûment, comme dans une rotation.

Transistor : Dispositif semi-conducteur qui peut servir d'interrupteur de courant et d'amplificateur dans un circuit électronique.

Travail : Quand une force constante agit sur un objet, le travail effectué est égal au produit de la force et du déplacement de l'objet. L'unité SI en est le joule (J), égal à i newton.m (Nm).

Travail de sortie : L'énergie minimum nécessaire pour arracher un électron à un métal.

Trou noir : Si une étoile a une masse supérieure à 3 fois la masse du soleil, l'attraction gravitationnelle rend l'étoile si dense que la vitesse de libération devient plus grande que la vitesse de la lumière.

Trou noir : L'étoile devient alors un « trou noir », d'où rien ne sort.

Ultrasons : Ondes sonores de fréquence supérieure à 20 000 Hz.

Unités fondamentales : Les unités fondamentales SI sont le mètre, le kilogramme, la seconde et l'ampère;

Vent solaire : Courant de particules de fortes énergies émises par le Soleil.

Vitesse de libération : La vitesse de libération d'un objet à la surface de la terre est la vitesse minimum qu'il doit posséder pour échapper à l'attraction gravitationnelle de la terre. Elle vaut 11,2 km/s.

Vitesse du son : Dépend des propriétés élastiques et inertielles du milieu transmetteur et de sa température. Dans l'air à 20 °C, la vitesse du son vaut 343 m/s.

Vitesse moyenne : Définie comme le quotient de la distance totale parcourue par le temps mis à la parcourir. L'unité de vitesse SI est le mètre par seconde (m/s).

Voltage : Voir tension.

Zéro absolu : Température à laquelle aucune énergie ne peut être extraite d'un objet. C'est la température minimum atteignable. Elle est égale à –273,15 °C

Annexe A
Puissances de dix

Les physiciens travaillent sur des quantités qui vont de l'infiniment petit à l'immensément grand. La distance qui nous sépare de la plus proche galaxie, par exemple, exige l'écriture d'un grand nombre de zéros si on l'exprime de façon conventionnelle. La masse d'un électron exprimée en kilogrammes est au contraire un nombre minuscule : 26 zéros après la virgule ! On évite ces difficultés en recourant aux puissances de dix pour écrire les nombres très grands ou très petits.

Le produit :

$$10 \times 10 \times 10 \times 10 \times 10 \times 10$$

où le facteur 10 figure 6 fois, peut s'écrire :

$$10^6$$

Supposons que l'on ait affaire au produit :

$$10 \times 10 \times 10 \times 10 \times 10 \times 10 \times 10 \times 10 \times 10 = 10^9$$

où le facteur 10 figure 9 fois. On peut écrire ce produit sous la forme :

$$(10 \times 10 \times 10 \times 10 \times 10 \times 10) \times (10 \times 10 \times 10)$$

ou encore :

$$10^6 \times 10^3$$

Cet exemple illustre le fait que :

$$10^6 \times 10^3 = 10^9$$

et, de façon générale, que :

$$\boxed{10^m \times 10^n = 10^{(m+n)}}$$

Pour multiplier le puissances de dix, on *additionne* les exposants de ces puissances.

Supposons que l'on souhaite maintenant effectuer l'opération suivante :

$$\frac{10^6}{10^3}$$

que l'on peut écrire :

$$\frac{10 \times 10 \times 10 \times 10 \times 10 \times 10}{10 \times 10 \times 10} = 10 \times 10 \times 10 = 10^3$$

On constate que :

$$\frac{10^6}{10^3} = 10^3$$

et, en général, que :

$$\boxed{\frac{10^m}{10^n} = 10^{(m-n)}}$$

Pour diviser des puissances de dix, on *soustraie* l'exposant du dénominateur de celui du numérateur.

Si les exposants m et *n* sont les mêmes (égaux à 4, par exemple), l'expression devient :

$$\frac{10^4}{10^4} = 10^{(4-4)} = 10^0$$

Puisque $\frac{10^4}{10^4} = 10^{(4-4)} = 10^0$ est égal à 1, alors :

$$\boxed{10^0 = 1}$$

Un autre cas important est celui où l'exposant du numérateur est égal à 0 :

$$\frac{10^0}{10^4} = 10^{(0-4)} = 10^{-4}$$

et comme $10^0 = 1$, on a donc :

$$\frac{1}{10^4} = 10^{-4}$$

De façon générale :

$$\boxed{\frac{1}{10^n} = 10^{-n}}$$

Par exemple :

$$\frac{1}{10^7} = 10^{-7} \qquad \text{et} \qquad \frac{1}{10^{-12}} = 10^{12}$$

Qu'arrive-t-il quand l'exposant est une fraction, par exemple, $10^{\frac{1}{2}}$ (ou $10^{0,5}$) ?

Si nous multiplions $10^{\frac{1}{2}}$ par lui-même, nous obtenons 10, puisque nous savons déjà que, pour multiplier des puissances de dix, il faut ajouter les exposants. Ce qui donne :

$$10^{\frac{1}{2}} \times 10^{\frac{1}{2}} = 10$$

Puisque $10^{\frac{1}{2}}$ multiplié par lui-même donne 10, $10^{\frac{1}{2}}$ est la racine carrée de 10, soit :

$$10^{\frac{1}{2}} = \sqrt{10} = 3,16$$

Si nous multiplions maintenant $10^{\frac{1}{3}}$ trois fois par lui-même, nous obtenons aussi 1, puisque $\frac{1}{3} + \frac{1}{3} + \frac{1}{3} = 1$:

$$10^{\frac{1}{3}} \times 10^{\frac{1}{3}} \times 10^{\frac{1}{3}} = 10$$

On en déduit que $10^{\frac{1}{3}}$ est la racine cubique de 10, soit :

$$10^{\frac{1}{3}} = \sqrt[3]{10} = 2,15$$

Par exemple

Annexe B

Les éléments

Élément	Symbole	Numéro atomique (Z)
Actinium	Ac	89
Aluminium	Al	13
Américium	Am	95
Antimoine	Sb	51
Argent	Ag	47
Argon	Ar	18
Arsenic	As	33
Astatine	At	85
Azote	N	7
Baryum	Ba	56
Berkelium	Bk	97
Beryllium	Be	4
Bismuth	Bi	83
Bore	B	5
Brome	Br	35
Cadmium	Cd	48
Calcium	Ca	20

Élément	**Symbole**	**Numéro atomique (Z)**
Californium	Cf	98
Carbone	C	6
Cérium	Ce	58
Césium	Cs	55
Chlore	Cl	17
Chrome	Cr	24
Cobalt	Co	27
Cuivre	Cu	29
Curium	Cm	96
Dysprosium	Dy	66
Einsteinum	Es	99
Erbium	Er	68
Etain	Sn	50
Europium	Eu	63
Fer	Fe	26
Fermium	Fm	100
Fluor	F	9
Francium	Fr	87
Gadolinium	Gd	64
Gallium	Ga	31
Germanium	Ge	32
Hafnium	Hf	72
Hélium	He	2
Holmium	Ho	67
Hydrogène	H	1
Indium	In	49
Iode	I	53
Iridium	Ir	77
Krypton	Kr	36
Lanthane	La	57
Lawrencium	Lw	103
Lithium	Li	3

Élément	Symbole	Numéro atomique (Z)
Lutécium	Lu	71
Magnésium	Mg	12
Manganèse	Mn	25
Mendélévium	Md	101
Mercure	Hg	80
Molybdène	Mo	42
Néodyme	Nd	60
Néon	Ne	10
Neptunium	Np	93
Nickel	Ni	28
Niobium	Nb	41
Nobélium	No	102
Or	Au	79
Osmium	Os	76
Oxygène	O	8
Palladium	Pd	46
Phosphore	P	15
Platine	Pt	78
Plomb	Pb	82
Plutonium	Pu	94
Polonium	Po	84
Potassium	K	19
Praséodymium	Pr	59
Prométhéum	Pm	61
Protactinium	Pa	91
Radium	Ra	88
Radon	Rn	86
Rhénium	Re	75
Rhodium	Rh	45
Rubidium	Rb	37
Ruthénium	Ru	44
Samarium	Sm	62

Élément	Symbole	Numéro atomique (Z)
Scandium	Sc	21
Sélénium	Se	34
Silicium	Si	14
Sodium	Na	11
Soufre	S	16
Strontium	Sr	38
Tantale	Ta	73
Technétium	Tc	43
Tellure	Te	52
Terbium	Tb	65
Thallium	Tl	81
Thorium	Th	90
Thulium	Tm	69
Titane	Ti	22
Tungstène	W	74
Uranium	U	92
Vanadium	V	23
Xénon	Xe	54
Ytterbium	Yb	70
Yttrium	Y	39
Zinc	Zn	30
Zirconium	Zr	40

Annexe C

Les prix Nobel de physique

1901	Wilhelm Konrad Röntgen (1845-1923)	pour la découverte des rayons X.
1902	Hendrik Antoon Lorentz (1853-1928) Pieter Zeeman (1865-1943)	pour leur travail sur l'influence du magnétisme sur le rayonnement.
1903	Antoine Henri Becquerel (1852-1908)	pour sa découverte de la radioactivité.
	Pierre Curie (1859-1906) Marie Slowdowska Curie (1867-1934)	pour leur recherche commune sur le phénomène du rayonnement radioactif.
1904	Lord Rayleigh (John William Strutt) (1842-1919)	pour ses recherches sur les densités des gaz et pour sa découverte de l'argon.
1905	Philipp Eduard Anton von Lenard (1862-1947)	pour ses travaux sur les rayons cathodiques.
1906	Joseph John Thomson (1856-1940)	pour ses recherches sur la conduction de l'électricité par les gaz.
1907	Albert Abraham Michelson (1852-1931)	pour ses instruments d'optique et la mesure de la vitesse de la lumière.
1908	Gabriel Lippmann (1845-1921)	pour sa méthode de photographie en couleurs par technique interférentielle.
1909	Guglielmo Marconi (1874-1937) Carl Ferdinand Braun (1850-1918)	pour leur développement de la télégraphie sans fil.
1910	Johannes Diderik van der Waals (1837-1932)	pour sa découverte de l'équation d'état des gaz et des liquides.

1911	Wilhelm Wien (1864-1928)	pour son travail sur le rayonnement du corps noir.
1912	Nils Gustaf Dalen (1896-1937)	pour son invention de régulateurs automatiques utilisés dans les phares.
1913	Heike Kamerlingh Onnes (1853-1926)	pour son travail sur les propriétés de la matière à basse température et la liquéfaction de l'hélium.
1914	Max von Laue (1879-1960)	pour sa découverte de la diffraction des rayons X par les cristaux.
1915	William Henry Bragg (1862-1942) William Laurence Bragg (1890-1971)	pour leur analyse des structures cristallines à l'aide des rayons X.
1917	Charles Glover barkla (1890-1944)	pour ses études sur les atomes par diffraction de rayons X.
1918	Max Planck (1858-1947)	pour sa découverte des quanta d'énergie.
1919	Johannes Stark (1874-1957)	pour sa découverte du dédoublement des raies spectrales sous l'effet d'un champ électrique.
1920	Charles-Edouard Guillaume (1861-1938)	pour sa découverte de l'invar, alliage de nickel et d'acier à très faible coefficient de dilatation.
1921	Albert Einstein (1879-1955)	pour son explication de l'effet photoélectrique.
1922	Niels Bohr (1885-1962)	pour son modèle de l'atome.
1923	Robert Andrew Millikan (1868-1953)	pour sa mesure de la charge de l'électron et pour son travail expérimental sur l'effet photoélectrique.
1924	Kark Manne Georg Siegbahn (1888-1979)	pour ses recherches en spectroscopie des rayons X.
1925	James Franck (1882-1964) Gustav Hertz (1887-1975)	pour leur recherches sur les collisions entre atomes et électrons.
1926	Jean Perrin (1870-1942)	pour son travail sur la structure discontinue de la matière et la mesure de la taille des atomes.

1927	Arthur Holly Compton (1892-1962)	pour sa découverte de l'effet qui porte son nom.
	Charles Thomson Rees Wilson (1869-1959)	pour avoir inventé la chambre à condensation, dite chambre de Wilson, qui permit de rendre visibles les traces de particules chargées.
1928	Owen Willans Richardson (1879-1959)	pour sa découverte de l'effet thermo-ionique.
1929	Louis de Broglie (1892-1987)	pour sa découverte de la nature ondulatoire des électrons.
1930	Sir Chandrasekhara Venkata Raman (1888-1970)	pour son travail sur la diffusion de la lumière.
1932	Werner Heisenberg (1901-1976)	pour le développement de la mécanique quantique.
1933	Erwin Schrödinger (1887-1962)	pour le développement de la mécanique ondulatoire.
	Paul Adrien Maurice Dirac (1902-1984)	pour le développement de la mécanique quantique relativiste.
1935	James Chadwick (1891-1974)	pour la découverte du neutron.
1936	Victor Franz Hess (1883-1964)	pour la découverte des rayons cosmiques.
	Carl David Anderson (1904-1984)	pour la découverte du positron.
1937	Clinton Joseph Davisson (1881-1958) George Paget Thomson (1892-1975)	pour leur découverte expérimentale de la diffraction des électrons par les cristaux, qui fut une confirmation de l'hypothèse émise par de Broglie.
1938	Enrico Fermi (1901-1954)	pour l'obtention de nouveaux éléments radioactifs par irradiation de neutrons.
1939	Ernest Orlando Lawrence (1901-1958)	pour l'invention du cyclotron.
1943	Otto Stern (188-1969)	pour la découverte du moment magnétique de l'électron.
1944	Isidor Isaac Rabi (1898-1988)	pour sa découverte de la méthode de résonance magnétique qui permit d'étudier les propriétés magnétiques des noyaux.

1945	Wolfgang Pauli (1900-1958)	pour l'énoncé du principe d'exclusion.
1946	Percy Williams Bridgman (1882-1961)	pour son travail dans le domaine des hautes pressions.
1947	Sir Edward Victor Appleton (1892-1965)	pour ses études de la physique de la haute atmosphère.
1948	Patrick Maynard Stuart Blackett (1897-1974)	pour ses découvertes en physique nucléaire par la photographie des rayons cosmiques à la chambre de Wilson.
1949	Hideki Yukawa (1907-1981)	pour sa prédiction de l'existence des mésons.
1950	Cecil Frank Powell (1903-1969)	pour sa méthode photographique d'étude des processus nucléaires et sa découverte de nouveaux mésons.
1951	Sir John Douglas Cockroft (1897-1967) Ernest Thomas Sinton Walton (1903-1995)	pour leur travail sur la transmutation des noyaux atomiques à l'aide d'un accélérateur de particules.
1952	Felix Bloch (1905-1983) Edward Mills Purcell (né en 1912)	pour leur découverte de la résonance magnétique nucléaire dans les liquides et les gaz.
1953	Fritz Zernike (1888-1966)	pour son invention du microscope à contraste de phase.
1954	Max Born (1882-1970)	pour son interprétation probabiliste de la fonction d'onde.
	Walther Bothe (1891-1957)	pour sa méthode de coïncidence pour étudier des particules subatomiques.
1955	Willis Eugene Lamb (né en 1913)	pour ses découvertes sur la structure fine du spectre de l'hydrogène.
	Polykarp Kusch (1911-1993)	pour la détermination précise du moment magnétique de l'électron.
1956	William Shockley (1910-1989) John Bardeen (1908-1991) Walter Houser Brattain (1902-1987)	pour leur invention du transistor.
1957	Chen Ning Yang (né en 1922) Tsung Dao Lee (né en 1926)	pour leur prédiction que la parité n'est pas conservée dans la désintégration bêta.

1958	Pavel Aleksejevic Cerenkov (1904-1990) Il'ja Michajlovic Frank (1908-1990)	pour la découverte du rayonnement Cerenkov.
	Igor Evgen'evic Tamm (1895-1971)	pour son interprétation du rayonnement Cerenkov.
1959	Emilio Gino Segre (1905-1989) Owen Chamberlain (né en 1920)	pour leur découverte de l'antiproton.
1960	Donald Arthur Glaser (né en 1926)	pour le développement de la chambre à bulles.
1961	Robert Hofstadter (1915-1990)	pour sa découverte de la structure interne des nucléons.
	Rudolf Ludwig Mössbauer (né en 1926)	pour sa découverte de l'effet Mössbauer, émission de rayons gamma sans recul.
1962	Eugene P. Wigner (1902-1995)	pour sa découverte de principes de symétrie et leur application à la théorie des particules élémentaires.
	Maria Goeppert Mayer (1906-1972) J Hans D Jensen (1907-1973)	pour leur travail concernant la structure en coquille du noyau.
1964	Charles H Townes (né en 1915) Nikolai G Basov (né en 1922) Alexander M Prochorov (né en 1916)	pour le développement des masers et des lasers.
1965	Sin-itiro Tomonaga (1906-1979) Julian Schwinger (1918-1994) Richard P Feynman (1918-1988)	pour leur développement de l'électrodynamique quantique
1966	Alfred Kastler (1902-1984)	pour le développement de méthodes optiques d'étude des niveaux d'énergie dans les atomes.
1967	Hans Albrecht Bethe (né en 1906)	pour des découvertes concernant la production d'énergie dans les étoiles.
1968	Luis W Alvarez (1911-1988)	pour la découverte d'états de résonance des particules élémentaires.
1969	Murray Gell-Mann (né en 1929)	pour son travail théorique sur la classification des particules élémentaires.

1970	Hannes Alvén (né en 1908)	pour des découvertes en magnétohydrodynamique.
	Louis Neel (né en 1904)	pour ses découvertes sur l'antiferromagnétisme et le ferrimagnétisme.
1971	Dennis Gabor (1900-1979)	pour l'invention des principes de l'holographie.
1972	John Bardeen (1908-1991) Leon N Cooper (né en 1931) J Robert Schrieffer (né en 1931)	pour leur élaboration de la théorie de la superconductivité.
1973	Leo Esaki (né en 1925)	pour la découverte de l'effettunnel dans les semi-conducteurs.
	Ivar Giaever (né en 1929)	pour la découverte de l'effet tunnel dans les supraconducteurs.
	Brian D Josephson (né en 1940)	pour son travail théorique sur les propriétés des courants à travers des barrières tunnel.
1974	Antony Hewish (né en 1924)	pour la découverte des pulsars.
	Sir Martin Ryle (1918-1984)	pour son travail en radio-interférométrie.
1975	Aage Bohr (né en 1922) Ben Mottelson (né en 1926) James Rainwater (1917-1986)	pour leur travail sur la structure du noyau atomique.
1976	Burton Richter (né en 1931) Samuel Chao Chung Ting (né en 1936)	pour leur découverte indépendante des particules J et psi.
1977	Philip Warren Anderson (né en 1923) Sir Neville Francis Mott (né en 1905) John Hasbrouck Van Vleck (1899-1980)	pour la théorie quantique des solides.
1978	Peter L Kapitza (1894-1984)	pour son travail fondamental en physique des basses températures.
	Arno A Penzias (né en 1926) Robert Woodrow Wilson (né en 1936)	pour la découverte du rayonnement hyperfréquence du fond du ciel.
1979	Sheldon Lee Glashow (né en 1932) Abdus Salam (né en 1926) Steven Weinberg (né en 1933)	pour leur théorie d'unification de l'interaction faible et de l'interaction électromagnétique.
1980	James W Cronin (né en 1931) Val L Fitch (né en 1923)	pour la découverte des violations de parité dans la désintégration des mésons K neutres.

1981	Nicolaas Bloemergen (né en 1920) Arthur Leonard Schawlow (1921-1999)	pour leur développement de la spectroscopie Laser.
	Karl M Siegbahn (né en 1918)	pour le développement de la spectroscopie d'électron à haute résolution.
1982	Kenneth Geddes Wilson (né en 1936)	pour son travail sur les transitions de phase.
1983	Subrehmanyan Chandrasekhar (1910-1995)	pour son travail sur la structure et la formation des étoiles.
	William A Fowler (1911-1995)	pour son travail sur la formation des éléments chimiques.
1984	Carlo Rubbia (né en 1934) Simon van der Meer (né en 1925)	pour leur découverte des particules W et Z, qui transportent l'interaction faible.
1985	Klaus von Klitzing (né en 1943)	pour sa découverte del'effet Hall quantique.
1986	Ernst Ruska (1906-1988)	pour l'invention du microscope électronique.
	Gerd Binnig (né en 1947) Heinrich Rohrer (né en 1933)	pour l'invention du microscope à balayage.
1987	Karl Alex Muller (né en 1927) J George Bednorz (né en 1950)	pour leur découverte de la supraconductivité à haute température
1988	Leon Lederman (né en 1922) Melvin Schwartz (né en 1932) Jack Steinberger (né en 1921)	pour l'obtention de faisceaux de neutrinos et leur découverte du neutrino mu.
1989	Norman Ramsay (né en 1915)	pour le développement de la spectroscopie par résonance atomique.
	Hans Dehmelt (né en 1922) Wolfgang Paul (1913-1993)	pour leur mise au point de techniques pour piégerles atomes.
1990	Jerome Friecman (né en 1930) Henry Kendall (1926-1999) Richard Taylor (né en 1941)	pour des expériences démontrant l'existence des quarks.
1991	Pierre-Gilles de Gennes (né en 1932)	pour ses recherches sur les supraconducteurs, les polymères et les cristaux liquides.
1992	Georges Charpak (né en 1924)	pour la conception et la réalisation de détecteurs de particule élémentaires.

1993	Russel Hulse (né en 1941) Joseph Taylor (né en 1941)	pour la mise en évidence d'ondes gravitationnelles.
1994	Bertram N Brockhouse (né en 1918) Clifford G Shull (né en 1915)	pour leurs contributions au développement de techniques de diffusion de neutrons dans l'étude de la matière condensée.
1995	Martin L Perl (né en 1927) Frederick Reines (né en 1918)	pour leurs contributions expérimentales à la physique des leptons.
1996	David M Lee (né en 1931) Douglas D Osheroff (né en 1945) Robert C Ridcharson (né en 1937)	pour leur découverte de la superfluidité de l'hélium 3.
1997	Steven Chu (né en 1948) Claude Cohen-Tannoudji (né en 1938) Williams D Phillips (né en 1948)	pour le développement de méthodes pour piéger et refroidir les atomes.
1998	Robert B Laughlin (né en 1950) Horst L Stomer (né en 1949) Daniel C Tsui (né en 1939)	pour leur découverte d'une nouvelle forme de champ quantique avec des excitations chargées fractionnellement.
1999	Gerardus 'T Hooft (né en 1946) Martinus J G Veltman (né en 1931)	pour avoir élucidé la structure quantique des interactions électrofaibles en physique
2000	Zhores I Alferov (né en 1930) Herbert Kroemer (né en 1928) Jack S Kilby (né en 1923)	pour des travaux ayant permis les techniques modernes de l'information, en particulier par leur invention de transistors rapides, de diodes lasers et de circuits intégrés
2001	Eric Cornell (né en 1961) Wolfgang Ketterle (né en 1957) Carl Wieman (né en 1951)	pour l'obtention de la condensation de Bose-Einstein dans des gaz dilués d'atomes alcalins, et pour leurs études fondamentales préalables des propriétés des condensats.
2002	M. Koshiba (né en 1926) R. Davis (né en 1914) R. Giacconi (né en 1931)	pour leurs contributions dans le domaine de l'astrophysique et principalement pour la détection des neutrinos.
2003	Alexeï Abrikosov (né en 1928) Vitaly L. Ginzburg (né en 1916) Anthony J. Leggett (né en 1938)	attribué pour des travaux pionniers dans le domaine théorique des supraconducteurs et des suprafluides.

Annexe D

Chronologie de la physique

L'Antiquité grecque

- 425 av. J.-C. Démocrite postule que la matière est constituée de petites particules indivisibles, les *atomes*.
- 280 av. J.-C. Aristarque de Samos détermine les distances relatives de la Terre au Soleil et à la Lune. Il détermine aussi les dimensions relatives du Soleil, de la Lune et de la Terre. Ces considérations le conduisent à postuler que la Terre tourne autour du Soleil.
- 240 av. J.-C. Archimède énonce la loi qui régit la force exercée par un liquide sur un solide immergé (Principe d'Archimède).
- 235 av. J.-C. Ératosthène mesure la circonférence de la terre.
- 130 av. J.-C. Hipparque estime de la taille de la Lune à partir de la parallaxe d'une éclipse.
- 130 av. J.-C. Ptolémée propose une théorie du mouvement des corps célestes selon laquelle la Terre est le centre de l'Univers tandis que le Soleil et les planètes lui tournent autour.

La physique pré-galiléenne

- 1269 Petrus de Maricourt réalise des expériences sur les aimants et les boussoles.
- 1514 Nicolaus Copernic bâtit sa théorie héliocentique. (Il la publie en 1543, peu de jours avant sa mort.)

La physique classique

1592 *Galileo Galilei* (Galilée) invente le thermomètre.

1600 William Gilbert publie *De Magnete* qui préfigure le traitement moderne du magnétisme. Il montre aussi que la Terre est un aimant.

1604 Galilée prouve que les corps en chute libre sont accélérés vers le sol avec une accélération constante. Il montre également que la distance parcourue par un objet en chute libre augmente comme le carré du temps.

1609 Johannes Kepler publie ses deux premières lois des mouvements planétaires dans un livre intitulé *Astronomia Nova*.

1609 Galilée, après avoir entendu parler de cette invention, construit une lunette astronomique.

1613 Galilée introduit son principe d'inertie.

1619 Johannes Kepler publie sa troisième loi du mouvement planétaire.

1621 Willebrord van Roijen Snell énonce la loi de la réfraction.

1638 Galilée introduit le concept de relativité du mouvement dans son *Discours sur deux nouvelles sciences*.

1651 Blaise Pascal montre que la pression appliquée en un point d'un liquide est transmise sans modification à tous les points du liquide (Principe de Pascal).

1662 Robert Boyle, au cours d'expériences sur les gaz, montre que si une quantité constante de gaz est maintenue à une température constante, la pression et le volume du gaz suivent une relation mathématique simple.

1665-1666 Isaac Newton commence son travail sur le mouvement des corps. Il parachève aussi sa théorie des couleurs, invente le calcul différentiel et énonce sa loi de la gravitation.

1668 Newton conçoit et construit un télescope à miroir.

1672 Newton, dans une lettre à la Royal Society, décrit ses expériences pour expliquer la nature de la couleur. Cette lettre deviendra sa première publication scientifique .

1676 Robert Hooke propose sa loi reliant l'élongation d'un ressort à la force de traction appliquée.

1714 Gabriel Fahrenheit introduit le thermomètre à mercure et sa nouvelle échelle de température.

1738 Daniel Bernoulli pose les fondements de l'hydrodynamique.

1742 Anders Celsius propose une nouvelle échelle de température.

1747 Benjamin Franklin montre qu'un type d'électrisation peut être neutralisé par l'autre. Il en déduit que les deux types d'électricité sont non seulement différents mais aussi *opposés*. Il établit la convention des signes en électricité.

1766 Joseph Priestley postule que la force entre deux charges électriques est proportionnelle à l'inverse du carré de la distance.

1777 Charles de Coulomb invente une balance de torsion pour mesurer la force entre des objets électriquement chargés (Loi de Coulomb).

1787 Jacques-Alexandre Charles découvre la loi de variation du volume d'un gaz avec la température. Il ne parvient pas à publier sa découverte.

1798 Henry Cavendish adapte la balance de torsion inventée par Coulomb à la mesure de la constante gravitationnelle.

1798 Benjamin Thompson, compte de Rumford, avance l'idée que la chaleur est une forme de mouvement.

1800 Alessandro Volta invente la pile électrique.

1802 Thomas Young démontre, par une expérience qui fait date, que la lumière est un phénomène ondulatoire.

1802 Gian Domenico Romagnosi propose dans un article de journal qu'un courant électrique agit sur un aimant. Sa découverte est largement ignorée. Oersted, savant plus connu, devait découvrir le même effet en 1819.

1804 Joseph Louis Gay-Lussac, ignorant le travail de Charles en 1787, découvre la relation entre la dilatation d'un gaz à pression constante et la température. Cette découverte est connue aujourd'hui sous le nom de loi de Gay-Lussac.

1808 John Dalton bâtit sa théorie atomique.

1814 Joseph von Fraunhöfer invente le spectroscope à réseau et observe les raies d'absorption du soleil deux ans plus tard.

1819 Hans Christian Oersted découvre qu'un courant électrique fait dévier l'aiguille d'une boussole. Sa découverte, publiée dans un journal scientifique, est très remarquée.

1820 André Ampère donne une formulation mathématique à la découverte d'Oersted. En langage actuel, la loi d'Ampère énonce : un courant électrique crée un champ magnétique.

Biot et Savart proposent une loi donnant la force entre un courant électrique et un champ magnétique.

1822 Ampère montre que deux fils transportant du courant électrique s'attirent ou se repoussent.

1827 Georg Ohm montre que le courant et la tension sont reliés par une relation simple, appelée aujourd'hui loi d'Ohm.

1831 Michael Faraday montre expérimentalement qu'un champ magnétique variable crée un courant électrique (Loi de Faraday).

1838 Friedrich Bessel observe pour la première fois la parallaxe d'une étoile à l'aide d'un instrument astronomique.

1842 Christian Doppler propose son effet Doppler dans le cas des ondes sonores et lumineuses.

1843 James Joule mesure l'équivalent mécanique de la chaleur.

1846 Gustav Kirchhoff propose des règles régissant les circuits électriques (lois de Kirchhoff).

1848 William Thompson, Lord Kelvin, introduit ce qui est maintenant l'unité de température absolue : le kelvin.

1850 Rudolf Gottlieb, plus connu sous le nom de Clausius, énonce la deuxième loi de la thermodynamique.

1851 Armand Fizeau mesure la vitesse de la lumière dans un milieu en mouvement.

1868 James Clerk Maxwell suggère qu'il existe des ondes électromagnétiques et que la lumière en fait partie.

1869 Dimitri Mendeleiev propose son tableau périodique des éléments chimiques.

1873 Johannes van der Waals construit la théorie des forces intermoléculaires dans les fluides.

1887 Heinrich Hertz produit des ondes électromagnétiques en laboratoire.

La physique moderne

1887	Albert Michelson et E W Morley, dans une expérience mémorable, démontrent l'absence d'éther, substance dont on pensait auparavant qu'elle remplissait tout l'espace.
1895	Wilhelm Röntgen découvre les rayons X.
1897	J. J. Thomson détermine le rapport de la charge sur la masse de l'électron.
1898	Pierre et Marie Curie découvrent deux éléments radioactifs : le radium et le polonium.
	Ernest Rutherford découvre les rayonnements alpha et bêta.
1900	Max Planck introduit le concept des quanta dans le rayonnement du corps noir (constante de Planck).
1905	Albert Einstein : explique le mouvement brownien et l'effet photoélectrique ; publie sa théorie de la relativité restreinte ; postule l'équivalence de la masse et de l'énergie.
1906	Albert Einstein propose une explication quantique des lois régissant la chaleur spécifique des solides.
1909	Robert Millikan mesure la charge del'électron.
1911	Heike Kamerlingh Onnes introduit sa théorie de la supraconductivité.
1912	Ernest Rutherford découvre le noyau de l'atome.
1913	Niels Bohr propose sa théorie quantique des orbites atomiques.
1915	Albert Einstein publie sa théorie de la relativité générale.
1916	Karl Schwarzschild calcule le rayon critique autour d'une étoile effondrée en-dessous duquel plus rien ne peut s'échapper.
1917	Albert Einstein présente sa théorie de l'émission stimulée, qui conduira plus tard aux lasers dont elle est le fondement théorique.
1918	Emmy Nöther propose une relation mathématique entre les symétries et les lois de conservation de la physique.
1923	Louis de Broglie prédit la nature ondulatoire des particules.

1925	Werner Heisenberg développe sa mécanique des matrices, la première théorie quantique.
1926	Erwin Schrödinger développe la mécanique ondulatoire, une autre formulation de la mécanique quantique.
	Werner Heisenberg propose le principe d'incertitude.
1927	Niels Bohr propose le principe de complémentarité.
	Niels Bohr développe l'interprétation de la mécanique quantique de l'école de Copenhague.
1930	Ernest Orlando Lawrence et M Stanley Livingstone inventent le cyclotron.
1932	James Chadwick identifie le neutron.
	Werner Heisenberg postule que le noyau d'un atome est composé de protons et de neutrons.
1942	Enrico Fermi obtient la première réaction en chaîne.
1948	Sin-itro Tomonaga, Julian Schwinger et Richard Feynman développent l'électrodynamique quantique (QED).
	John Bardeen, Walter Brattain et William Schockley inventent le transistor.
1953	Charles Townes invente le laser.
1954	C. N. Yang et Robert L Mills proposent une théorie de jauge non-abélienne.
1956	Murray Gell-Mann et Kazuhiko Nishijima introduisent le nombre quantique d'étrangeté.
1957	John Bardeen, Leon Cooper et John R Schrieffer présentent leur théorie de la supraconductivité.
1961	Sheldon Glashow introduit le boson neutre vecteur intermédiaire des interactions électrofaibles.
	Murray Gell-Mann et Yuval Ne'eman découvrent indépendamment la symétrie SU(3) des hadrons.
1964	Peter Higgs, Robert Brout et F. Englert introduisent le mécanisme de Higgs de brisure de symétrie.
	Murray Gell-Mann et George Zweig proposent indépendamment la théorie des quark.

1965 John Stewart Bell énonce et prouve un puissant théorème (le théorème de Bell) qui donne les limites théoriques des corrélations entre les résultats de mesures simultanées effectuées sur deux particules séparées. Les limites de ces corrélations sont données sous forme d'une inégalité.

Arno Penzias et Robert Wilson découvrent fond diffus cosmologique.

1967 Steven Weinberg et Abdus Salam proposent indépendamment l'unification électrofaible qui est basée sur d'importantes contributions de Sheldon Glashow. Ils partageront tous les trois le prix Nobel de physique.

1974 Howard Georgi et Sheldon Glashow proposent le groupe de symétrie SU(5) comme base de la Grande unification et prédisent la désintégration du proton.

1977 Une équipe du Fermilab détecte le quark bottom.

1981 Michael Green et John Schwarz proposent la théorie des supercordes de type I.

1982 Alain Aspect réalise une expérience dont on considère qu'elle confirme les aspects non locaux de la mécanique quantique.

1983 Une équipe dirigée par Carlo Rubbia détecte au CERN les bosons W^+, W^- et Z°.

1994 Une équipe du Fermilab détecte le quark top.

2000 Des indices prometteurs de l'existence du boson de Higgs sont observés dans le grand collisionneur Électron-Positron du CERN (LEP).

Index

D

047447 - (II) - (3) - OSB 80° - TRE - API

Achevé d'imprimer sur les presses de SNEL Grafics sa
rue Saint-Vincent 12 – B-4020 Liège • Tél +32(0)4 344 65 60 - Fax +32(0)4 341 48 41
mai 2005 — 35033

Dépôt légal de la 1re édition : novembre 2004
Dépôt légal : juin 2005 (suite du 1er tirage) • *Imprimé en Belgique*